中国科学院大学研究生教学辅导书系列

有机化合物的光化学
——从概念到应用

Photochemistry of Organic Compounds
From Concepts to Practice

〔捷克〕Petr Klán　〔瑞士〕Jakob Wirz　著

李 嬚　杨国强　吴世康　译

科学出版社
北　京

图字：01-2017-1533 号

内 容 简 介

本书较为全面地讲述了光化学基础知识和应用。第 1 章分类概述了量子力学处理电磁辐射与分子相互作用的基本内容，并列出了一些历史性评述；第 2 章描述了光物理和光化学，以及能量传递和光反应分类的基本概念；第 3 章给出了实验室技术和设备，包括量子产率的测定、Stern-Volmer 动力学以及光谱数据全分析；第 4 章给出了描述电子激发和相关电子结构变化的模型，它们可以用来帮助读者理解并预测光化学反应活性；第 5 章描述了重要反应中间体机理研究和时间分辨研究的典型案例；第 6 章分类讨论了典型有机发色团的光化学，并在各部分列出了推荐的综述文章，以及理论和计算光化学的参考文献，同时还给出了 39 个案例，对一些具体例子给出了概述，包括实验方法的详细描述；第 7 章针对光化学在有机合成中的应用，按目标结构列出了光化学逆合成的图示汇总；第 8 章给出了各种信息来源和一些常用参数等。书中还穿插给出了 45 个专题，介绍了光化学在科学技术和日常生活中的应用。在章节末尾和部分章中给出了习题，以辅助读者对学习内容的深入理解。

本书可作为光物理、光化学、材料科学和生命科学等领域研究人员的工具书，也可作为相关领域研究生及本科高年级学生的学习教材和参考书。

图书在版编目(CIP)数据

有机化合物的光化学：从概念到应用／（捷克）彼得·克兰（Petr Klán），（瑞士）雅各布·维茨（Jakob Wirz）著；李嫕，杨国强，吴世康译 .—北京：科学出版社，2019.4
书名原文：Photochemistry of Organic Compounds：From Concepts to Practice
中国科学院大学研究生教学辅导书系列
ISBN 978-7-03-061088-1

Ⅰ.①有… Ⅱ.①彼… ②雅… ③李… ④杨… ⑤吴… Ⅲ.①有机化合物-光化学-研究生-教材 Ⅳ.①O622 ②O644.1

中国版本图书馆 CIP 数据核字（2019）第 075431 号

责任编辑：钱 俊 周 涵 田轶静／责任校对：杨 然
责任印制：吴兆东／封面设计：陈 敬

科学出版社出版
北京东黄城根北街 16 号
邮政编码：100717
http://www.sciencep.com
北京虎彩文化传播有限公司 印刷
科学出版社发行 各地新华书店经销
*
2019 年 4 月第 一 版 开本：720×1000 B5
2019 年 10 月第二次印刷 印张：33
字数：666 000
定价：168.00 元
（如有印装质量问题，我社负责调换）

© 2009 P. Klán and J. Wirz

All Rights Reserved. Authorised Translation from the English Language edition published by John Wiley & Sons, Limited. Responsibility for the accuracy of the translation rests solely with China Science Publishing & Media Ltd. (Science Press) and is not the responsibility of John Wiley & Sons Limited. No part of this book may be reproduced in any form without the written permission of the original copyright holder, John Wiley & Sons Limited.

原 书 作 者

Petr Klán

Department of Chemistry, Faculty of Science, Masaryk University Czech Republic, klan@sci.muni.cz

Jakob Wirz

Department of Chemistry, University of Basel, Switzerland, J.Wirz@unibas.ch

译 者 序

　　这是一本难得的、比较全面地涉及光化学基础知识和应用的书，可以作为光化学教学的教材和研究工作中随手翻阅的参考书。

　　光化学的基础知识涉及大量的物理学知识，通常对学习化学或进行化学研究的人员，特别是实验化学工作者而言，理论性很强，在学习过程中会有些难度。多年来，译者在自己的科研和教学工作中，一直希望有一本书可以将物理学中的相关内容和这些知识的来源等与光化学研究和应用紧密结合起来。在读到 Klán 和 Wirz 教授撰写的这本书后，感觉这就是我们寻找的那本书，因此希望将其翻译成中文介绍给国内的读者。

　　本书特点鲜明，书中列出了 45 个专题，介绍了光化学在科学技术和日常生活中的应用，以及涉及地球上动植物（包括我们人类自己）和深度空间中的一些重要的光化学过程。另外，译者特别喜欢书中给出的 44 个案例，通过案例对研究工作进行详细的描述，甚至包括实验方法的详细说明，这些内容对充分理解书中涉及的基础知识和专业实验提供了很好的帮助。书中每一章节的末尾和部分章节中的习题训练，也可以帮助读者深入理解相关章节的内容，对于学习具有很大的帮助。

　　21 世纪将是信息科学、能源科学快速发展时期，光化学知识及其研究在信息社会和新能源开发中的地位将越来越重要。本书列举了大量与现代信息科学和能源科学相关的研究成果，对有关工作进行了总结，并对一些工作的应用前景进行了预期。相信这些内容将对从事相关领域工作的研究人员和相关专业的学生提供有效的帮助。

　　由于译者专业知识的限制，特别是一些理论物理知识的欠缺，再加上存在语言障碍，在翻译工作中难免有些不妥之处，希望有关的专业人士能给予指正和帮助，以便在后续的版本中改正。

　　感谢中国科学院大学教材出版中心对本书出版的资助。

李　嫕　杨国强　吴世康
2018 年 4 月于北京

序

这是一本从几方面看都很及时的书。首先,光化学家和相关专业学生急需更换他们一直使用的过时的基础教科书和参考书,或至少补充最新的资料;其次,从最近的光化学会议可以看到,目前大多数光化学研究是由非光化学专业的科学家进行的,他们通常并不认为自己是光化学家,仅仅是将光诱导转换作为一种便利的工具,这也就不难理解这些人需要全面、易懂并包括当前进展介绍的书籍;再次,无论喜欢与否,人类正在被无情地拖入一个时代,在这个时代中,以可持续方式产生能量的能力尤为重要,而这几乎明确表示要对太阳能进行开发。如果不是化学家、化学工程师、材料科学家以及物理学家和生物学家,那谁来提供高效、经济、环境友好的将太阳能捕获以及将其转换为电和燃料的新材料、催化剂和方法呢?随着世界各国开始面对现实并认真投资太阳能研究,这些领域的研究人员将很快增多,对覆盖光物理和光化学并适合学生培训的一本好教科书的需求也与日俱增。

Klán和Wirz教授撰写的这本书具有权威性,各部分很均衡,可以满足相关主题最新研究的需要。考虑到作者在该研究领域的丰富经验和地位,这并不出人意料。令我震撼的是他们提供了广泛和全面的光化学和光物理内容,我很欣赏他们以清晰简单的方式解释复杂概念的能力,即使是初学者也可以很好理解。或许是想要掩饰主题中一些更为复杂的理论问题,但即使作者想这样,在书中也看不出来。他们避免泛泛肤浅的陈述,给出简明而准确的讨论,并辅以大量令人印象深刻的原始文献。我喜欢该书的组织结构,特别是大量案例研究和专题研究,它们并未干扰该书的主体内容走向;我也喜欢书中每章选定的习题。另外,第7章中的图示汇总特别有用。希望该书获得巨大成功。

Josef Michl

科罗拉多大学波尔得分校

(University of Colorado at Boulder)

前　言

物质对光的吸收打开了物理和化学过程的一个新维度,光化学本质上是一个跨学科领域,涉及所有自然科学和很多技术领域。本书旨在为各个领域的科学家以及化学专业的本科生和研究生提供实用指南,激励和帮助他们处理研究中伴随光吸收产生的有益和无益影响。我们试图面对而不是逃避困难,为读者提供简单的概念和指导原则,有时甚至是极度简化。

相关文献报道非常广泛,本书引用了超过1500篇参考文献,但显然仍不够全面,书中引用了当代(至2008年中期)以及早期开拓性研究,推荐了一些优秀文献,并在专题中进行了更深入的阐述。我们还借鉴了文献中的优秀内容和老师们的材料,但因个人偏爱可能还会漏掉某些重要的内容。书中插入了45个专题,在其中给出了光化学在化学、物理、医药、技术和实际生活中的特殊应用,以及在人体、绿色植物、大气,甚至在深度空间中重要的光化学过程。此外,书中44个案例研究对一些具体例子给出了概述,通常伴有实验方法的详细描述。章节末尾和部分章节中的习题训练是为了辅助读者对前期学习内容加深理解。

有关量子力学处理电磁辐射与分子相互作用的基本内容分类概述在第1章绪论中,同时还列出了一些历史性评述。第2章描述了光物理、光化学和能量传递的基本概念,以及光化学反应的分类。第3章描述了实验室技术和设备,包括量子产率的测定、Stern-Volmer动力学,以及光谱数据的整体分析。第4章给出了简单却十分有用的描述电子激发和相关电子结构变化的模型,它们被设计用来帮助读者理解并预测光化学反应活性。第5章描述了重要反应中间体(如卡宾、自由基和烯醇)机理研究和时间分辨研究的典型案例。

内容丰富的第6章分为8节,讨论最典型的有机发色团的光化学,内容根据有机化学中常用的结构分类组织,如烷烃、烯烃、芳香化合物和含氧原子的化合物,并强调内容的形象描述。每节中包括了对相应发色团光物理性质和它们典型光反应的简单描述,同时也列出了一系列的综述文章及精选的理论和计算光化学参考文献。节中内容按光反应机制对各小节分类,首先对机制进行概括性讨论,随后给出一系列例子,包括详细反应机制图示和讨论;通常还会提供这些特定反应的基本信息,例如,活性激发物种的多重度、关键反应中间体和化学产率,并辅以各种文献作为参考。6.8节重点讨论辅助发色团的反应,如光敏剂、光催化剂和光引发剂。

第7章为逆合成光化学,按目标结构列出了反应图示的汇总,这些目标结构可用第6章描述的光化学反应进行合成。

致谢

  非常感谢阅读本书部分章节的同事，他们提出的宝贵意见提醒我们注意到本书的不足之处，他们是：Silvia Braslavsky, Silvio Canonica, Georg Gescheidt, Richard S. Givens, Axel Griesbeck, Dominik Heger, Martin Jungen, Michael Kasha, Jaromír Literák, Ctibor Mazal, Josef Michl, Pavel Müller, Peter Šebej, Jack Saltiel, Vladimír Šindelář, Aneesh Tazhe Veetil 和 Andreas Zuberbühler。

Petr Klán
Jakob Wirz

目 录

译者序
序
前言

第1章 绪论 ·· 1
    1.1 谁在担心光化学？ ·· 1
    1.2 电磁辐射 ·· 7
    1.3 色彩的感知 ·· 10
    1.4 电子态：分子量子力学原理 ··· 11
    1.5 习题 ··· 20

第2章 光物理概述和光反应分类 ······································ 22
    2.1 光物理过程 ·· 22
    2.2 能量传递、猝灭和敏化 ·· 40
    2.3 光化学反应路径的分类 ·· 61
    2.4 习题 ··· 65

第3章 实验技术和方法 ·· 67
    3.1 光源、滤色器和检测器 ·· 67
    3.2 制备型光反应设备与技术 ·· 75
    3.3 吸收光谱 ·· 78
    3.4 稳态发射光谱及校正 ·· 79
    3.5 时间分辨发光 ·· 83
    3.6 偏振光吸收和发射光谱 ·· 84
    3.7 闪光光解 ·· 86
    3.8 时间分辨红外和拉曼光谱 ·· 100
    3.9 量子产率 ·· 101
    3.10 低温研究与基质隔离 ·· 119
    3.11 光声量热 ·· 120
    3.12 双光子吸收光谱 ·· 122
    3.13 单分子光谱 ·· 122
    3.14 习题 ··· 123

第4章 电子激发与光化学活性量子力学模型 ……… 125

- 4.1 概述薛定谔方程 ……… 125
- 4.2 Hückel 分子轨道理论 ……… 128
- 4.3 HMO 微扰理论 ……… 131
- 4.4 对称性 ……… 135
- 4.5 电子激发的简单量子化学模型 ……… 138
- 4.6 成对理论和 Dewar 的 PMO 理论 ……… 142
- 4.7 需要改进的内容，SCF、CI 和 DFT 计算 ……… 145
- 4.8 自旋-轨道耦合 ……… 157
- 4.9 光反应活性的理论模型、相关图 ……… 158
- 4.10 习题 ……… 163
- 4.11 附录 ……… 164

第5章 光化学反应机理和反应中间体 ……… 167

- 5.1 什么是反应机理？ ……… 167
- 5.2 电子转移 ……… 167
- 5.3 质子转移 ……… 176
- 5.4 主要光化学中间体：实例和概念 ……… 181
- 5.5 双键的光异构化 ……… 202
- 5.6 化学发光和生物发光 ……… 204
- 5.7 习题 ……… 206

第6章 激发态分子的化学 ……… 208

- 6.1 烯烃和炔烃 ……… 208
- 6.2 芳香化合物 ……… 248
- 6.3 含氧化合物 ……… 265
- 6.4 含氮化合物 ……… 307
- 6.5 含硫化合物 ……… 343
- 6.6 卤化物 ……… 350
- 6.7 分子氧 ……… 363
- 6.8 光敏剂、光引发剂和光催化剂 ……… 379

第7章 逆合成光化学 ……… 406

第8章 信息来源、表格 ……… 416

参考文献 ……… 420

索引 ……… 498

第1章 绪 论

1.1 谁在担心光化学？

光化学已成为所有科学分支不可分割的部分，诸如化学、生物化学、医学、生物物理学、材料科学、分析化学、信息传输学等。日常生活中，我们被通过光化学技术制造的产品或通过光化学和光物理过程发挥功能的产品所包围着，这些例子比比皆是，例如，信息技术(计算机芯片和通信网络、数据存储、显示、线路板和电子纸、精确时间测量)，纳米技术，可持续技术(太阳能存储、污水净化)，安全和分析设备(全息图像、传感器)，化妆品(护肤、染发等)，以及照明(发光二极管)。

脉冲激发产生的高活性激发态和中间体可用快速光谱技术表征，具有高灵敏度以及高空间和时间分辨能力新型设备的出现使人们对单个分子进行检测、监测单个分子的反应和跟踪其在空间的运动成为可能。为了利用不断增长的信息资源，了解光化学的各个方面，将需要许多跨学科领域的研究人员。电子激发态分子的高活性和短寿命是其在基态复合物、有序介质以及超分子结构中预结合具有超高灵敏度的原因，因为分子吸光到达激发态后极易与相邻区域的反应对象发生反应。

光与物质相互作用能产生惊人的影响，结果可能难以预测。光会按你所想的去做一些事情吗？例如，将硼氢化钠加到睾酮溶液中，一个受过良好训练的化学家对该反应可能出现的结果会有可信的判断，但当对睾酮的溶液进行光照时，他或她还敢对反应进行预测或作有把握的猜测吗(图示1.1)？

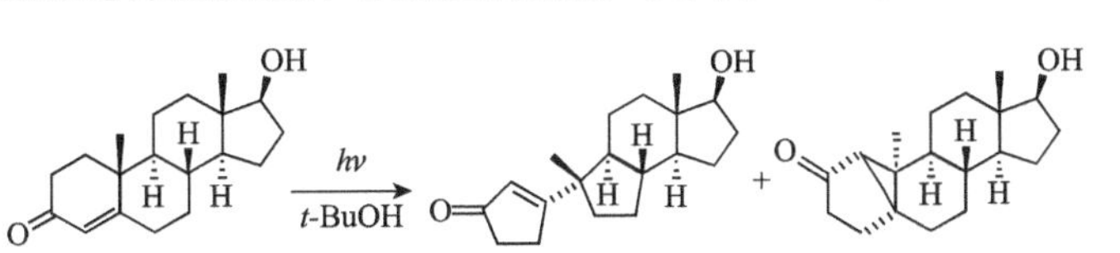

图示1.1

很多合成化学家回避使用关键光化学反应步骤[1]，而这些光化学反应的应用有可能大大减少合成所需产物的反应步骤，随着对绿色化学的日益重视，这一定会有所改变。电子激发态分子的化学活性与其基态有着根本性的不同，事实上，光反应活性的一般指导原则通常与其基态化学相反(作为例子可回想 Woodward-

Hoffmann 规则)。这就是合成化学的巨大潜力:很多情况下光化学可以获得基态化学不能得到的结果,光为化学增加了一个新的维度。克级规模的光化学合成简单,只需要一些相对廉价的设备。

阳光直接或间接(通过提供食品和燃料)驱动生物群中大多数的化学转换,太阳光谱的分布与温度为 5800 K 的**黑体(black body)**十分接近(图 1.1,粗实线)。地球大气层外侧垂直于太阳光线的表面接收到的太阳辐射功率(**太阳常数,solar constant**)为 1366 W m^{-2},这一数值随一年中地球与太阳间距离和太阳活动的变化有百分之几的变化,地球接收的总辐射量由其截面积 πR^2 确定,地球表面积为 $4\pi R^2$,因此平均单位地表面积接收到的辐射为太阳常数的 1/4,即 342 W m^{-2}。然而,地球表面测得的太阳辐射光谱在穿过大气层的过程中被吸收和散射修改,如图 1.1 中所示(虚线),平流层中的臭氧强烈吸收波长低于约280 nm 的辐射(这是对生物有害的光谱范围,以 UVC 表示),因此只有 UVB(280~315 nm)、UVA(315~400 nm)以及可见光透过。水、二氧化碳和氧分子选择性吸收可见光,特别是红外区域,纬度、一天里的时间、季节和臭氧层的变化、云、烟、霾等均会进一步减少地表接收到的太阳辐射,因此,到达地球表面的全球平均辐射量约为 200 W m^{-2},为了比较,这里给出一名成年人的能量代谢量,一名成年人每天代谢消耗约 9000 kJ,相当于约100 W 的能量耗散。

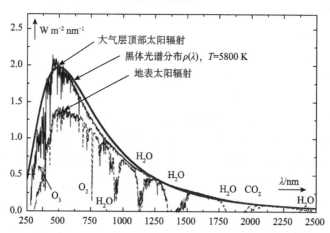

图 1.1 地球大气层外(—)和地表(- - -)太阳辐射光谱与 $T=5800$ K 黑体辐射谱(—)的比较。图中的光谱经许可根据 ASTM(美国材料试验协会)标准 G173-03e1(太阳光谱辐射参考的标准表格)绘制。地表光谱中较宽的倒峰是图示地球大气中物质吸收所致,两个光谱短波长范围的锐线(Fraunhofer 线)是外围太阳气体吸收所致

光合作用(photosynthesis)(图示 1.2)是食物和化石燃料的来源,在生命起源

中起重要作用①。一棵完全成熟的山毛榉在阳光明媚的日子里吸收约 10 m³ 的 CO_2（包含在 $4×10^4$ m³ 空气中），产生相同数量的 O_2 和 12 kg 的碳水化合物。每年全球光合作用在生物质中储存约 $2×10^{12}$ t 的 CO_2，相当于 $2×10^{19}$ kJ，但它们中多数通过再氧化过程最终回到大气中。

$$H_2O(l) + CO_2(g) \xrightarrow{h\nu} (CH_2O)(s) + O_2(g), \Delta H(298K) = + 467 \text{ kJ mol}^{-1}$$

图示1.2 光合作用

太阳辐射在非生物环境光化学中也起着重要作用，主要发生在地表水中，但对这些过程的了解还很有限，因为每个光敏物质都是以高度稀释状态存在的。在晴朗夏日正午，欧洲中部地表水接收的阳光约 1 kW m^{-2}，或每小时接收约 2 mol 波长在 300～500 nm 的光子（可引发光化学反应的波长范围），每年积累的太阳辐射大约为此剂量的 1300 倍[2]。

太阳辐射因其对生命物质的影响以及作为自然能源日益受到人们的重视，目前人类的能量消耗[3]为每年 $4.6×10^{20}$ J 或 $1.4×10^{13}$ W，约为到达地表太阳能的 0.015%，或者是自然光合作用能量存储的 2.4%。解决不断增长的全球变暖问题，以及由于预期碳燃料消耗减少导致的能源供给缺口已成为21世纪的主要挑战之一[4-6]，即使乐观地假设总消耗将趋于平稳，如图 1.2(a) 所示[尽管发展中国家的能源需求不断增长，图 1.2(b)]，当化石燃料的来源消耗殆尽时，如何填补能源缺口，以及强烈限制能量消耗的要求是否可以减缓全球变暖的速度，这些都还远不清楚。值得开发的铀矿也是有限的，余下几种可能的选择是通过可持续技术的实质贡献，主要有太阳能存储（光伏和制氢）、核聚变、风能、潮汐以及地热资源。为了21世纪全球能源需求和不可再生资源的平衡，我们需要努力提高所有需要能量过程的效率和寻找高耗能方式的替代方法。光驱动过程将成为低碳经济转型的主要贡献者[7]，光伏电池的生产每年以约 40% 的速度增长，一旦这些技术能够与化石燃料的成本上涨竞争，可再生能源的开发将会大幅度地增加。

利用标准实验室技术，通过物理有机化学良好设计的传统方法可以非常详细地了解瞬态中间体的性质和化学行为，例如，猝灭和敏化、捕获或自由基时钟（radical clock）②，但从稳定光产物的结构和其产率随各种添加物变化的逆向推理需要严格的制备和分析工作，此外，中间体的寿命只能从对猝灭或捕获速率常数作一

---

① 虽然查尔斯·达尔文（Charles Darwin）关于生命的起源含糊其词，但在给朋友的一封信中曾给出了著名的关于"温暖小池塘"的猜测，在小池塘中随时间的推移可累积各种化学物质。大约100年后，Miller 和 Urey 用闪电穿透装有液体水"海洋"和富氢气体"大气"（如甲烷、氨和硫化氢）的烧瓶，在后续实验中又加上了光，他们在得到的"反应原液"中发现了包括各种氨基酸在内的各种化合物。

② 在化学中，自由基时钟是一种化合物，它以间接的方法协助测量自由基反应的动力学，自由基时钟化合物本身以已知速率反应，作为另一反应速率测定的校准。——译者注

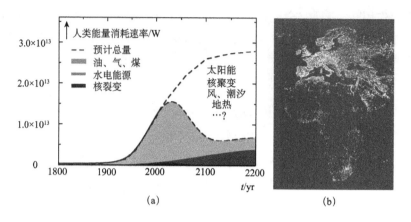

图 1.2　(a)人类能量消耗速率。目前人均能耗约 2300 W(欧洲 6000 W,美国 12000 W);
(b)夜间非洲和欧洲人工光源分布的卫星照片

些假设后的数据进行估计(3.9.6 节);另一方面,闪光光解(3.7 节)毫不费力即可给出绝对速率常数,但产生的可用于鉴定观察的瞬态物种的确定信息极少,只用光学闪光光解得到的动力学数据进行归属很容易得到虚假的结果,因此强烈推荐两种方法联合使用。一旦反应机理被假设,定量比较加入试剂对产物分布、量子产率和瞬态动力学的影响,可以对闪光光解中观察到的瞬态物种的归属进行严格测试(3.9.8 节,公式 3.38)。其他时间分辨光谱技术(如 MS、IR、拉曼光谱、EPR、CIDNP 以及 X 射线衍射)提供的详细结构信息瞬态中间体得以明确归属,多数情况下还可确定它们的化学和物理性质。

专题1.1　历史评述

上述很多关于光化学对人类未来的影响早在 100 年前 Giacomo Luigi Ciamician(1857~1922)[8,9]的预言中就已有表述。第一个将有机化合物颜色与它们分子结构关联的尝试可以追溯到 19 世纪中叶,当时合成染料已成为化学工业中最重要的产品。1876 年,Witt 引入了名词**发色团**(**chromophore**,具有产生颜色潜力的分子基团)与**助色团**(**auxochrome**,增加颜色深度的极性取代基),Dilthey、Witzinger 和其他人则进一步发展了这一基本模型。直至 1930 年后分子量子力学问世,这些颜色理论一直保持着经验性并且相当神秘,又经历了 20 年的时间,Platt 的自由电子模型(FEMO)、Hückel 的分子轨道理论(HMO)以及 Pariser、Parr 和 Pople 的构型相互作用模型(PPP SCF CI)等简单分子轨道理论对共轭分子电子光谱解释给出了清晰满意的模型,这些模型还成功地对相关系列分子给出了合理化趋势,并描述激发态电子结构和反应活性。

更为成熟的**从头算**(*ab initio*)方法可以并且也将越来越多地对适当大小有机分子的激发态能量、跃迁矩和激发态势能面提供准确预测,但这些方法并不适宜泛化、直觉判断或是对取代效应进行预测。因此,将定量的从头算结果转换为简单清晰的 MO 理论语言十分必要。

如何理解电子激发态分子反应活性的通用思路直到 1950 年后才出现,T. Förster、M. Kasha、G. Porter、E. Havinga、G. Hammond、H. Zimmerman、J. Michl、N. Turro 和 L. Salem 是智慧的领袖,他们发展了光化学中结构与反应活性关系的基本概念(4.1 节),图 1.3 为几位光化学领域偶像级人物的肖像。光谱技术与计算方法结合为激发态及其电子结构提供了充分的表征,像相关图这样的简单模型被用来定性预测势能面,低温基质隔离技术可对反应中间体作出明确鉴定。

图 1.3　几位光化学领域的偶像。上排(从左到右):Giacomo Ciamician(1857~1922),Theodor Förster(1910~1974),Michael Kasha(1920~2013①)。下排(从左到右):George Hammond(1921~2005),George Porter(1920~2002),Ahmed Zewail(1946~2016②)。照片经科学家 M. K. 和 A. Z. 或他们生前研究所继任者允许复制

商品激光器和电子设备的快速发展使利用闪光光解对原初瞬态中间体进行实时检测成为可能,光化学作为研究有机反应机理的主要学科出现,因为光化学反应可用来产生中间体,这些中间体被假设干扰基态化学反应。前沿研究提供了前所未有的空间分辨率和时间分辨率,可在原子尺度分辨率下监测结构动态学、检测工作状态的单个酶或 DNA 分子以及构筑光驱动分子器件。

---

① 2013 为译者加上的,Kasha 教授已于 2013 年 6 月 12 日去世。——译者注
② 2016 为译者加上的,Zewail 教授已于 2016 年 8 月 2 日去世。——译者注

专题 1.2 量的计算

按照惯例,在国际单位制(International System,SI)中物理量由数值和单位组成,有七个**基本物理量(base quantity)**(表 1.1),每一个物理量都有自己的量纲。目前,相应的**基本单位(base unit)**在国际纯粹与应用化学联合会(IUPAC)绿书——《物理化学中的量、单位和符号》(*Quantities, Units and Symbols in Physical Chemistry*)[10]中给出了定义。单位名称和符号间应有明确的区别,例如,摩尔单位名称英文为 mole,其符号为 mol。

表 1.1　SI 基本物理量

名称	基本量		SI 单位	
	量的符号	量纲符号	名称	符号
长度	l	L	米(metre)	m
质量	m	M	千克(kilogram)	kg
时间	t	T	秒(second)	s
电流	I	I	安培(ampere)	A
热力学温度	T	Θ	开尔文(kelvin)	K
物质的量	n	N	摩尔(mole)	mol
发光强度	I_v	J	坎德拉(candela)	cd

测量相当于将对象与一个具有相同量纲的参考量进行比较(例如,用米尺量物体),**物理量 Q** 的大小可用**数值或测量(numerical value or measure)** $\{Q\}$ 和相关**单位(unit)** $[Q]$ 的乘积表示,见公式 1.1。

$$Q = \{Q\}[Q], \quad 如 \quad h = 6.626 \times 10^{-34} \text{ J s}$$
公式 1.1

用于表示单位的符号以罗马字体印刷,表示物理量或数学变量的符号以斜体字印刷,通常使用单个字母,如果需要还可用下标或上标作进一步说明。任何物理量的单位均可用 SI 基本单位的乘积表示,其指数为整数,例如 $[E] =$ m^2 kg s^{-2}。无量纲物理量,更恰当的是称为量纲为一的量,是纯数值物理量,例如,溶剂的折射率 n。作为一个数和一个单位乘积的物理量,无量纲量的单位也为一,因为乘法的中性元是一,不是零。

量的计算(quantity calculus)、数值和物理量以及单位的运算遵循一般代数规则[11]。组合单位各单位间用空格分开,如 J K^{-1} mol^{-1}。物理量及其单位的比值 $Q/[Q]$ 为纯数值,物理量的函数必须以纯数值函数表示,例如 $\log(k/\text{s}^{-1})$ 或 $\sin(\omega t)$。**无量纲量(scaled quantities)** $Q/[Q]$ 对表头或图中坐标轴标记尤其有用,因为在表格条目或图的坐标轴处只出现单纯的数值。我们在实际"处理"方程中还将大量使用无量纲量 $Q/[Q]$,这样的方程非常便于重复使用,而且明确了应用中必须采用哪些单位。例如,公式1.2给出的理想气体公式的实用形式。

$$p = 8.3145 \frac{n}{\text{mol}} \frac{T}{\text{K}} \left(\frac{V}{\text{m}^3}\right)^{-1} \text{Pa}$$

公式1.2

如果压力需要以psi为单位,则公式可通过乘以转换因子 1.4504×10^{-4} psi $= 1$ Pa,得到公式1.3

$$p = 1.206 \times 10^{-3} \frac{n}{\text{mol}} \frac{T}{\text{K}} \left(\frac{V}{\text{m}^3}\right)^{-1} \text{psi}$$

公式1.3

本书中,**质子(proton)**和**电子(electron)**分别用化学家们常用的符号 H^+ 和 e^- 来表示,而不用IUPAC建议的符号p和e表示,符号 e 表示基本电荷,电子的电荷为 $-e$,质子电荷为 e。化学图示中这些电荷将分别以⊕和⊖表示。一些基本物理量和能量转换因子在表8.1和表8.2中给出。

1.2 电磁辐射

我们考虑的是光与物质的相互作用,这里"光"的表述很宽泛,包括跨度超过20个数量级的整个电磁波谱(图1.4)的近紫外区(UV, $\lambda = 200 \sim 400$ nm)和可见光区(VIS, $\lambda = 400 \sim 700$ nm)。

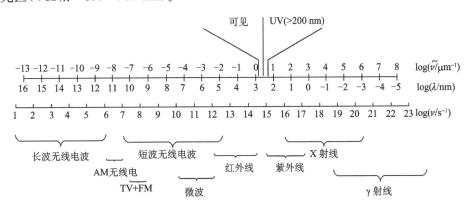

图1.4 电磁波谱

光化学第一定律(**the first law of photochemistry**, Grothus, 1817; Draper, 1843)指出,只有被吸收的光在光化学转化中是有效的。

光化学第二定律(**the second law of photochemistry**, Einstein, 1905)指出,光吸

收是量子过程,通常一个分子吸收一个光子。

1905 年,Einstein 用光的粒子性假说解释了**光电效应(photoelectric effect)**,当光照射到置于真空管内的金属表面时,电子可从金属表面逸出,这是将光转换为放大电信号的光电倍增管和图像增强器工作的基础(见 3.1 节),逸出电子的动能与光强无关。这一出人意料的结果直到 Einstein 提出光能可被量子化为称作**光子(photon)**的小块时才被理解。光子是电磁能的基本量子,即给定频率 ν 光可能的最小量。一个光子的能量可通过 **Einstein 方程(Einstein Equation**,公式 1.4)得到,式中 $h=6.626\times10^{-34}$ J s,为 Planck 常量[①]。

$$E_p = h\nu$$

公式 1.4

Einstein 大胆预测,光子的能量低于从特定金属表面逐出电子所需能量时不能将电子逐出,因此,光的频率低于某一阈值 ν_{th} 时,不论光强有多强,都不会产生光电效应。此外,他预测以光电子动能最大值 E_{max} 对光的频率 ν 作图,应为一斜率为 h 的直线(图 1.5),这在十年后被 R. A. Millikan 证实[12]。

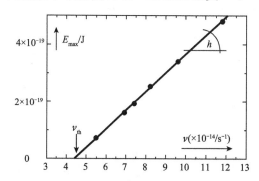

图 1.5 金属钠表面逐出光电子的最大动能作为光频率的函数。摘自参考文献[12]

光的频率 ν 与其波长 λ 成反比,$\nu=c/\lambda$,其中 c 为光速,$c=2.998\times10^8$ m s^{-1},频率通常以波数 $\tilde{\nu}$ 代替,$\tilde{\nu}=\nu/c=1/\lambda$,相当于每个单位长度内的波的数目,SI 基本单位为 $[\nu]=$s^{-1} 和 $[\tilde{\nu}]=$m^{-1};我们通常将导出单位 cm^{-1}($=100$ m^{-1})和 μm^{-1}($=10000$ cm^{-1})用于振动跃迁的波数和电子跃迁的波数。

通过吸收一个光子传递给分子的能量为 $\Delta E=h\nu=hc\tilde{\nu}$,1 mol 波长 $\lambda\approx300$ nm 光子(1 einstein)的能量相当于 $N_A E_p = N_A hc\tilde{\nu} \approx 400$ kJ mol^{-1},该能量足以使有机分子中任一单键发生均裂。例如,如果将萘浸入 3000 K 的热浴中,萘将获得类

---

① 常量 h 是 1899 年 Max Planck 在推导再现**黑体辐射(black-body radiator)**强度分布的公式时引入的(2.1.3 节),为此,Planck 不得不假设热体是以能量 $h\nu$ 的量子形式发射光,但他认为这一假设是一个令人惊奇的数学游戏,而不是自然的基本性质。

似大小的能量[$C_{p,m}(g)=136$ J K^{-1} mol^{-1}],这是否意味着紫外辐射可将有机分子无一例外地破坏掉呢?幸运的是情况并非如此,我们将会看到是何种原因所致。光的物理描述令人难以置信,但经典光学可通过将光数学处理为电磁波而被完全"理解"(图1.6)。

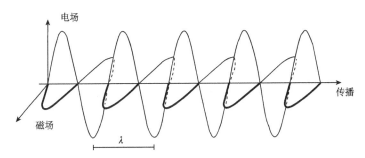

图1.6 沿 x 轴传播的电磁波。注意比例参数 λ,对于 $\lambda=300$ nm 的光,一个完整的波跨越的长度比平均分子长度大两个数量级以上。传播轴可用时间 t 替代,以表明在给定空间位点的电磁波振荡,对于 $\lambda=300$ nm 的光波,所示标尺表示 10^{-15} s 的时间跨度

光的其他现象最好用光的粒子性描述(公式1.4)。这些看似矛盾的性质与光的双重性质是分不开的,因此,在考虑一些简单过程时两者都必须予以考虑,例如,物质对光的吸收过程。以上所述并不会让读者感到惊讶,因为之前已经听过很多次了,让我们来看图1.7所示的实验。

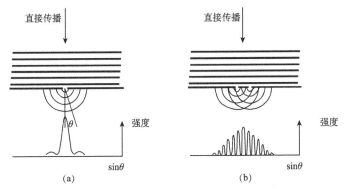

图1.7 平行波(表示光波或波动箱中的水波)遇到带有一个狭缝的屏障产生衍射(a)和遇到带有两个狭缝的屏障时(两狭缝间距离为狭缝宽度的十倍)产生干涉-衍射图案(b)

光的波动理论预测平行波遇到有一个小孔(狭缝)(a)或两个小孔(狭缝)(b)的屏障时产生衍射图案,带有两个狭缝的图1.7(b)强度分布呈现波峰和波谷,是从两个狭缝产生的衍射光束间相长干涉和相消干涉的结果。当置于远处的光源强度大大降低,降低到每秒只有一个光子到达屏障时,会发生什么呢?此时光子经过屏障后彼此间不能发生相互作用,它们一次一个击中检测屏,但如果我们等

的时间足够长,得到良好的强度分布统计,我们将得到与用强光源得到的波峰波谷完全相同的图案。因此,当单个光子接近图 1.7(b)中两个小孔附近时具有类似波的性质,当经过屏障的一个狭缝时表现为"与自身"干涉①。在 1.4 节中我们将会看到,电子在经典物理学中可作为携带基本电量$-e$的粒子处理,$e=1.602\times 10^{-19}$ C,电子也具有类似波的性质。

1.3 色彩的感知

推荐综述[13]。

视觉(vision) 由眼睛视网膜吸收光开始,视网膜上有五百万个视锥细胞和九千万个视杆细胞(专题 6.1),人类有三种不同响应曲线的视锥细胞,视锥细胞相比视杆细胞对光的敏感性弱(视杆细胞保证弱光下的视力),但它们可以感知颜色;此外,视锥细胞对刺激的响应时间比视杆细胞快。在三基色光源构成的三角形内绘制颜色的尝试要追溯到 Maxwell 的工作,图 1.8 所示的修正图是由国际照明委员会(International Commission on Illumination)在 1931 年定义的,通过观察单色光源看到的纯光谱色处于从紫(violet,400 nm)到红(red,700 nm)的弯曲实线上,底部连接 380 nm 和 700 nm 的直线表示非光谱色紫红(purple),它可通过紫光和红光混合得到。

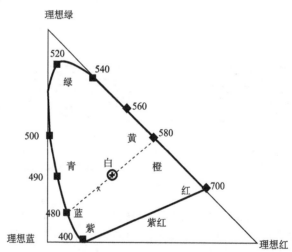

图 1.8 色"三角"。任何感知的颜色都可用曲线包围区域内的一个点表示,纯光谱色波长单位为 nm

---

① "恐怕我不能解释得更清楚了",爱丽丝非常礼貌地回答,"因为我自己也不明白是怎么开始的"(Lewis Carroll《爱丽丝梦游仙境》);"我们都知道光是什么,但却很难说清它到底是什么"(Samuel Johnson)。

从光源直接观察到的任意一种可感知的颜色都对应于曲线和底部斜线包围面积中的一个点,沿图 1.8 中的点线,我们从光谱蓝(或称饱和蓝,480 nm)起,经浅蓝、白和浅黄色到饱和黄(580 nm)。可产生"白色"感觉的一对颜色称为**互补对**(**complementary pair**),两者的连线通过白色点,因此,蓝色和黄色构成互补对,橙色(600 nm)和蓝绿色(488 nm,也称为"青色")也构成互补对,这些颜色称为**加色**(**additive colour**)。物理学上,黄(580 nm)光光谱与红(700 nm)和绿(520 nm)混合光光谱明显不同,但二者以相同的方式刺激我们的眼睛,我们没有注意到它们间的差异。加色再生过程通常用红(red)、绿(green)和蓝(blue)(RGB)产生其他颜色,将这些基元色中的一种与另一种等量组合,则产生加色次生色青(cyan)、洋红(magenta)和黄(yellow)(CMYK,K 表示黑色);将全部三种基元色等量组合产生白色。计算机显示器和电视屏幕是加色组合的常见应用。

某感知颜色(例如,图 1.8 中的点×)的主导波长为从白色点通过×点画一条直线到达曲线处的波长,图中×点主导波长为 480 nm,与主导波长相关的颜色称为**色调**(**hue**),构成光组成色调的量被称为**饱和度**(**saturation**),即曲线上的颜色是完全饱和的。当主导波长或色调被白光稀释时,饱和度降低。上面所有的讨论均与光强无关。

现在来看白光照射到染色表面漫反射出的可感知颜色,如果染料吸收在 480 nm(蓝光),可感知颜色是它的互补色黄光(白光减去蓝光),这些通过涂料、染料或油墨等产生的颜色称为**减色**(**subtractive colour**)。由于不存在光谱色"紫红"(purple),因此没有吸收单一波长的染料可产生作为互补对的绿色。绿色染料——叶绿素有两个吸收带,一个在 450 nm 附近,另一个在 700 nm 附近。

低饱和度颜色的例子是蓝天以及日落时阳光的浅红色,这些颜色是大气中阳光**瑞利散射**(**Rayleigh scattering**)的结果(图 1.1),它源于空气密度的变化以及空气中纳米粒子的存在,散射的概率随 $1/\lambda^4$ 变化。黄昏和黎明时切向射入的阳光中短波长(蓝)光因散射大大减少,从而呈现浅红色;相反,被大气散射的阳光富集了短波长光,因此天空呈蓝色。

视觉是非常复杂的生理过程,视网膜不仅仅是基色光接受体、视杆细胞和视锥细胞的宿主,在其背后更有一个复杂的神经系统,在光信号传输到大脑之前执行处理任务。例如,观察不同光源照射的染色表面,虽然反射光光谱因光源不同可能相差很大,但感知到的颜色却基本相同,由于我们对颜色感知的校准并不完美,因此买衣服时,在决定买之前你会想看看新衣服在户外的颜色。

1.4 电子态:分子量子力学原理

推荐参考书和综述[14-20]。

本节将对电子光谱、光物理过程和原初光化学反应研究所需的量子化学原理进行概述,熟悉量子力学的读者可以跳过这部分,但是对于不熟悉的读者来说可能有些困难。后面多数章节将不需要对这些概念有深刻的理解,但没有量子力学坚实背景的读者会发现花些时间掌握这里给出的内容是有益的,后面还会用到。对于计算化学[14]、计算光化学[15-17]以及量子力学理论和模型的详细处理,建议读者参阅专业教材。用来描述电子激发态和它们的反应活性的简单量子化学模型将在第4章讨论。

分子的稳态受限于一组离散能级 E,它们由薛定谔(Schrödinger)方程定义:

$$\hat{H}\Psi = E\Psi$$

公式1.5 薛定谔方程

波函数(wavefunction) $\Psi = \Psi(q_{el}, q_{nucl})$ 由分子内电子坐标 q_{el} 和核坐标 q_{nucl} 决定(每个粒子有三个坐标),它具有波的数学性质,当与其他波相互作用时表现出干涉性质。**量子力学哈密顿算符 $\hat{H}$(Hamiltonian operator $\hat{H}$)** 为微分算符①,是作用于波函数的数学指令,$\hat{H}$ 的主项①通过波函数对其坐标作二次微分($-\partial^2/\partial x_i^2$)确定电子和核的动能,并②确定围绕所有带电粒子库仑势产生的势能,负势能来自电子和核间吸引力($-e^2 Z_i/(4\pi\varepsilon_0 r_{ij})$),正势能来自电子间排斥力($e^2/(4\pi\varepsilon_0 r_{ij})$)和核间排斥力($e^2 Z_i Z_j/(4\pi\varepsilon_0 r_{ij})$),式中 Z_i 和 Z_j 为核电荷,r_{ij} 为粒子 i 和 j 间的距离。这些成对吸引和排斥项以原子单位分别简化为 $-Z_{ij}/r_{ij}$、$1/r_{ij}$ 和 $Z_i Z_j/r_{ij}$(表8.3),意味着没有粒子可以独立于其他粒子运动。

如果函数 Ψ 通过 $\hat{H}\Psi$ 数学运算除称作**本征值(eigenvalue)**的常数因子 E(其为允许态能量)均可再现,波函数 Ψ 为公式1.5的正常解(称为**本征函数,eigenfunction**)。对于给定电子和核的体系公式1.5有很多解,每一个解与一个本征值 E 相关。众所周知,氢原子最低能量本征值及其相关的本征函数称为**原子轨道(atomic orbital, AO)**,如图1.9所示,图中以符号 ϕ 替代 Ψ 来表示AO波函数,用 ε 替代 E 表示一个电子的轨道能量。

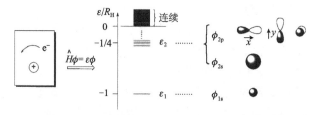

图1.9 氢原子能量和原子轨道。$R_H = 13.6$ eV

只有类氢原子(仅有一个电子的原子或离子)的精确本征函数 Ψ 已知,对于多电子原子,更不用说化学分子了,薛定谔方程(公式1.5)无法求解得到精确的波函

---

① $\hat{H}$ 顶部符号 ^ 用来区分算符和代数元。

数;然而,有效的近似方法使我们可以高度准确地确定这些体系的能级以及相关波函数。电子比核轻很多,$m_H/m_e \approx 1800$,因此电子运动得非常快,就像草场上吃草的牛身边的跳蚤。**玻恩-奥本海默近似[Born-Oppenheimer(BO)approximation]** 忽略了核与电子运动间的相关性,对于任意选择的固定核位置计算电子分布和能量,通过对不同分子结构重复这一操作逐点构建出势能面(PES)。例子如图 1.10 所示,图中为一假设的双原子分子的势能曲线,在键长 r_e 处有一阱深为 D_e 的极小。所谓势能不仅包括核和电子的势能,还包括电子的动能,包括了核动能的总能量用水平线表示($v=0$ 表示最低振动能级)。超过两个核的分子($N>2$)的 PES 很难用图形表示,它们通常以沿一个或两个"相关"内坐标贯穿($3N-6$)维空间的二维、最好是三维切面表示,这点应一直牢记,因为这类图形可能会误导我们。

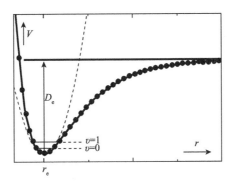

图 1.10 双原子分子的势能图,图中虚线为势能的谐振近似,它常被用来确定振动波函数和靠近势能阱底部能量

作为 BO 近似的结果,波函数可被分解为电子波函数 Ψ'_{el} 和振动波函数 χ 的乘积,这里没有考虑旋转态,因为它们在溶液光谱中分辨不出来。

$$\Psi \approx \Psi'_{el}(q_{el}, q_{nucl}) \chi(q_{nucl})$$

公式 1.6　电子波函数与振动波函数的分解

振动波函数仅依赖于核坐标 q_{nucl},核在固定电子势中的运动常常近似为谐振势(图 1.10 中虚线)来确定接近势能面底部的振动波函数,电子波函数携带电子运动和分布的全部信息,它仍依赖于 q_{el} 和 q_{nucl} 两组坐标,但后者目前为固定的参数,不是独立的变量,即核在空间中位置固定。BO 近似是一种弱近似,多数情况下是完全合理的,它不仅大大简化了求解公式 1.5 的数学任务,从概念的角度也有重要的影响:**稳态电子态(stationary electronic state)** 和 PES 的概念是 BO 近似的人工产物;但它也有不适用的情况,当两个电子态能量相近,在对无辐射衰减过程处理时就必须放弃(见 2.1.5 节)。

分子内磁场有三个来源：电荷在空间运动、电子自旋和核自旋，后两项是电子和一些核的基本性质，没有经典的类比。迄今为止，我们忽略了分子体系中的磁相互作用，它们甚至没有作为哈密顿算符的势能贡献被提到（公式 1.5），因为它们与所考虑的库仑项相比太弱了。但是，磁相互作用是涉及**多重度(multiplicity)** 改变光物理过程的唯一驱动力，因此在处理这些过程时必须明确考虑（4.8 节）。此外，我们在后面还将看到：电子自旋函数对称性必须始终明确处理，因为它会通过**泡利原理(Pauli principle)** 对电子分布产生强烈影响。

经典力学中，在圆形轨道上运行的质点的角动量 l 用**矢量**(vector)[①]$l = r \times p$ 确定（图 1.11），该矢量在空间有一定取向，可用其在笛卡儿坐标系中的分量 ℓ_x、ℓ_y、ℓ_z 和长度 $\ell = mvr = (\ell_x^2 + \ell_y^2 + \ell_z^2)^{1/2}$（角动量大小）来确定。

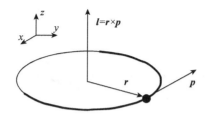

图 1.11　在圆形轨道上运行质点的角动量 l

在原子轨道中电子的能量是量子化的，因此其角动量也是量子化的。角动量总量为 $\hbar = h/2\pi$，角动量矢量 l 仅有一个分量可被精确确定，因此，通过求解薛定谔方程得到的原子轨道（图 1.9）可用两个量子数说明，轨道角动量量子数 l，以及任意选择作为 z 组分的角动量量子数 m_l。量子数 l 是一个非负整数，对一个给定 l 值，有 $2l+1$ 个允许的 m_l 值（公式 1.7）。量子数 $l=0$ 与 s 轨道相关，$l=1$ 与 p 轨道相关等。在量子数为 l 的轨道上，轨道磁矩 $\boldsymbol{\mu}$ 的大小为：$\mu = \mu_B [l(l+1)]^{1/2}$，式中常数 $\mu_B = e\hbar/2m_e = 9.274 \times 10^{-2}$ J T^{-1}，称为**玻尔磁子(Bohr magneton)**。

$$l = 0, 1, 2, \cdots \quad 和 \quad m_l = l, l-1, \cdots, -l$$

公式 1.7　轨道角动量量子数

对 $\boldsymbol{\mu}$ 的可视化量化的经典比喻是重力场内的旋转陀螺，作为对重力的响应，

[①]　矢量具有大小和方向，本书中矢量（和矩阵，3.7.5 节）符号采用加粗斜体印刷。在笛卡儿坐标系中，矢量 $\boldsymbol{a}$ 完全由其分量 a_x, a_y, a_z 以及在笛卡儿坐标轴上的投影确定，$\boldsymbol{a}$ 的长度或大小由毕达哥拉斯表达式 $a = |\boldsymbol{a}| = (a_x^2 + a_y^2 + a_z^2)^{1/2}$ 给出。两个等长和等方向的矢量相等，与它们所在空间位置无关；两个矢量的和（或差）可通过它们分量的和（或差）确定，$\boldsymbol{a} \pm \boldsymbol{b} = \boldsymbol{c}$, $c_x = a_x \pm b_x$ 等。两个矢量的标量积以 ab 表示，也是一个标量，$ab = ab\cos\varphi$，式中 φ 是 $\boldsymbol{a}$ 和 $\boldsymbol{b}$ 相夹的小夹角，以 $\boldsymbol{a} \times \boldsymbol{b}$ 表示的矢量乘积（或交叉乘积）是一个长度矢量 $\boldsymbol{c}$，$c = ab\cos\varphi$，它等于由 $\boldsymbol{a}$ 和 $\boldsymbol{b}$ 构成平行四边形的面积，矢量 $\boldsymbol{c}$ 垂直于 $\boldsymbol{a}$ 和 $\boldsymbol{b}$ 构成的平面，并指向右手法则给出的方向（右手以角度 φ 从 $\boldsymbol{a}$ 转到 $\boldsymbol{b}$，拇指的指向）。

陀螺围绕力轴旋转不会跌倒,旋转轴扫出一个锥面。在 $l\neq 0$ 轨道的电子对沿 z 轴的外加磁场 **H** 的响应与之相似:轨道磁矩 **μ** 将围绕着 z 轴旋转,基本区别是磁矩在 z 轴上的投影允许仅假设公式 1.7 定义的离散值集 m_l。

电子自旋角动量(electron spin angular momentum)的量子数限定为 $s=1/2$,因此,类似公式 1.7(以 s 代替 l,以 m_s 代替 m_l),电子自旋相对 z 轴只能有两个自旋磁量子数确定的方向,即 $m_s=+1/2$("上"旋,↑)和 $m_s=-1/2$("下"旋,↓)。Stern 和 Gerlach 首先证实了电子自旋磁矩的存在,他们使一束银原子穿过一个不均匀的磁场,由于银原子具有单个不成对电子,银原子束分为两组,一组为 $m_s=+1/2$ 的银原子,另一组为 $m_s=-1/2$ 的银原子。

来自量子数为 j_1 和 j_2 的两个角动量源体系总角动量 j 的允许量子数可从公式 1.8 给出的序列计算得到

$$j=j_1+j_2,j_1+j_2-1,\cdots,|j_1-j_2|$$

公式 1.8　角动量量子数组合

图示表示的公式 1.8 如图 1.12 所示,两根长度为 j_1 和 j_2 的小棒,需要找出长度为 j 的第三根小棒与它们一起形成三角形的所有可能方式。第三根小棒的长度 j 须从长度 j_1+j_2 开始,并且只能以整步骤减小。注意,只有长度 $j=0$ 或 $j=j_1+j_2$ 的"三角形"是允许的。

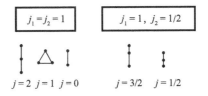

图 1.12　角动量的矢量加和

小写字母用来标记轨道的量子数(s 为电子自旋,l 为轨道角动量,j 为总角动量),大写字母(S 为总自旋角动量量子数,L 为总轨道角动量,J 为总角动量)用来标记原子或分子的整体状态。例如,一个 p 电子($s=1/2,l=1$)的总角动量可以是 $j=s+l=3/2$ 和 $j=s+l-1=|s-l|=1/2$,因此,含单个 p 电子原子的角动量可以是 3/2 和 1/2。

当分子中有两个电子时,其总自旋角动量量子数 S 可由公式 1.9 得到。

$$S=s_1+s_2,s_1-s_2=1,0$$

公式 1.9　含两个电子分子的总自旋角动量

当分子中有三个电子时,S(为非负整数或半整数)可通过第三个自旋与前两个自旋 $S=1$ 和 $S=0$ 耦合得到,$S=3/2$、1/2 和 1/2,有更多电子的体系以此类推。当分子内所有电子自旋均成对时(↓↑),总电子自旋量子数 S 为 0,没有净电子自旋存在；有单个未成对电子的自由基，其 $S=1/2$；对于有两个未成对电子的体系，其 $S=1$。$S=0$ 态只能有一个 M_S 值，$M_S=0$，为单重态；$S=1$ 的态的 M_S 值可以是 $M_S=1、0$ 或 -1(公式 1.7)中的任意一个，为三重态。态的**多重度(multiplicity)** M 等于 $2S+1$，因此，$S=0$ 的体系多重度 M 为 1(**单重态，singlet state**)，$S=1/2$ 的 M 为 2(**二重态，doublet state**)，$S=1$ 的 M 为 3(**三重态，triplet state**)，多重度表明属于一个电子态不同磁亚能级的数目。分子物种的多重度通常在左上角标出，例如，$^3O_2$ 和 ^2NO 分别表示氧的三重态基态和 NO 自由基。光化学中，符号 S_1 和 T_1 通常用来表示具有偶数电子的分子最低激发单重态和三重态(见 2.1.1 节)。在计算涉及多重度改变的光物理过程速率时，必须考虑电子自旋与轨道磁矩间的相互作用(**自旋-轨道耦合，spin-orbit coupling，**SOC)，它在光化学中起重要作用(2.1.1 节，SOC 将在 2.1.6 节及 5.4.4 节中讨论)。

如果我们在哈密顿算符中不考虑磁相互作用，电子波函数 Ψ_{el}' 可进一步分解为所谓的空间部分 Ψ_{el} 和自旋函数 σ 的乘积，公式 1.10 所示为两电子体系的分解结果(对于多电子体系，需要对自旋函数线性组合)。对于单电子，自旋函数 $\sigma=\alpha$ (或 ↑)表示 $m_s=1/2$ 的态，函数 $\sigma=\beta$(或 ↓)表示 $m_s=-1/2$ 的态。

$$\Psi \approx \Psi_{el}(q_{el}, q_{nucl})\chi(q_{nucl})\sigma$$

公式 1.10　电子、振动和自旋波函数的分解

波函数空间部分 Ψ_{el}(图 1.13, $2p_y$)保留了电子围绕固定核位置的空间分布信息。Max Born 首先提出：空间波函数的平方乘以体积元 dv，$\Psi_{el}^2 dv$，等于在体积元 dv 内发现电子的概率。对于含单个电子的原子轨道这很容易想象，$\phi^2 dv = \phi^2(x_1, y_1, z_1)dxdydz$ 为围绕给定位置(x_1, y_1, z_1) 在体积元 $dv = dxdydz$ 中发现电子的概率；对于含多个电子的物种，$\Psi_{el}^2 dv$ 为围绕空间中给定位置(x_1, y_1, z_1) 在体积元内发现一个电子的概率，或者围绕空间中给定位置(x_2, y_2, z_2) 在体积元内发现另一个电子的概率，以此类推。

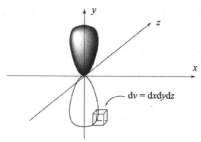

图 1.13　$2p_y$ 原子轨道的空间波函数。明暗图形(充填/空)表示波函数符号的改变，概率 $(2p_y)^2 dv$ 始终 $\geqslant 0$

Ψ_{el}^2 作为概率函数的 Born 解释要求波函数 Ψ_{el} 是归一的，即在整个空间内 $\Psi_{el}^2 dv$ 的积分等于 1(公式 1.11)，因为以 Ψ_{el} 描述的电子体系一定处于整个空间的

某处。对整个空间积分需要对 n 个电子中的每一个电子的三个坐标作多重积分，缩写为 $\langle \Psi_{el} | \Psi_{el} \rangle$[①]；波函数总是可以通过用 $\langle \Psi_{el} | \Psi_{el} \rangle_1$ 除 Ψ_{el} 来归一化

$$\int \Psi_{el}^2 d\nu = \iiint \cdots \iiint \Psi_{el}^2 dx_1 dy_1 dz_1 \cdots dx_n dy_n dz_n = \langle \Psi_{el} | \Psi_{el} \rangle$$

公式 1.11

多重度 $M>1$ 的电子态亚能级接近**简并(degenerate)**，也就是它们具有几乎相同的能量。亚能级间小的能量差是由于分子内弱磁相互作用，在强外磁场影响下亚能级分裂增加。

电子自旋最重要的影响应归于**泡利原理(Pauli principle)**——量子力学的基本假设，它可叙述如下：将任意电子对 e_i 和 e_j 对调，例如，对调它们的坐标 q_{e_i} 和 q_{e_j}（公式 1.12），总波函数（公式 1.10）必须是反对称的。

$$\Psi(\cdots q_{e_i}, \cdots q_{e_j}, \cdots; q_n) = -\Psi(\cdots q_{e_j}, \cdots q_{e_i}, \cdots; q_n)$$

公式 1.12　总波函数反对称

为了与 Born 解释一致，波函数必须是对称（从公式 1.12 中删去负号）或反对称的：电子是不能区分的，互换任意一电子对中的电子 Ψ^2 保持不变，因为当标记 i 和 j 互换时，围绕坐标 q_{e_i} 体积元内发现 e_i 的概率与围绕坐标 q_{e_j} 体积元内发现电子 e_j 的概率相同。对称和反对称波函数都将满足这一条件，但 Pauli 原理只允许反对称波函数。

基于 Pauli 原理，电子自旋对波函数相关的能量有很大的影响。让我们来看分解波函数公式 1.10，两个对称或两个反对称函数的乘积是对称的，而一个对称和一个反对称函数的乘积则是反对称的。表示单重态（$S=0$）的双电子体系自旋函数是反对称的，而表示三重态（$S=1$）的双电子体系自旋函数则是对称的[18]。振动波函数 $\chi(q_{nucl})$ 不依赖于电子坐标，因此不随电子交换发生改变，即对称的。因此，为了满足 Pauli 原理，三重态电子波函数必须是反对称的。

下面来看描述三重态两个电子分布的电子波函数 Ψ_{el}，当以矢量 $r_{e_1} - r_{e_2}$ 确定的两个电子的距离趋于 0 时，由于它是反对称的，其符号发生改变（图 1.14），于是波函数的平方 Ψ_{el}^2 围绕此点一定有一个宽的极小。具有平行自旋的两个电子永远不可能处在空间同一点，同时，由于 Ψ_{el} 是连续函数，具有平行自旋

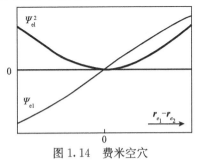

图 1.14　费米空穴

---

① 波函数可以是复数函数，于是 Ψ_{el} 定义了一个复数 $a+ib$（$i=\sqrt{-1}$），而不是对电子坐标多维参数空间中的每个点定义一个实数。在这种情况下 Ψ_{el}^2 必须用 $\Psi_{el}^* \Psi_{el}$ 替换，其中 Ψ_{el}^* 是 Ψ_{el} 的复共轭（$a+ib$ 用 $a-ib$ 替代），在简化符号 $\langle \Psi_{el} | \Psi_{el} \rangle$ 中，第一个波函数被认为是第二个波函数的复共轭。

的两个电子相互靠近的概率很小，两个电子分布上的这种减少称为**费米空穴**(Fermi hole)。它与使电子保持一定距离的电子间库仑排斥毫不相干，相反，这种功能有点像交通信号灯，(理想情况下)防止汽车相撞。单重态电子波函数在电子交换情况下是对称的，因此交通规则不适用，这也就是**洪德定则**(Hund's rule)的基础(见 4.1 节)。

Born 解释还要求对分子的所有对称操作波函数是对称或反对称的，即当所有电子和核的坐标通过对称等价坐标交换时，波函数是对称或反对称的。例如，孤立原子周围的电子分布在无外场存在时一定是球形对称的。

一旦确定了本征函数 Ψ_n，该态体系所有可观察性质便确定了，本征函数中角标 n 用来区分代表不同态公式 1.5 的不同解。对给定态的每一个可观察性质，都有一个相关的算符 $\hat{O}$，其性质通过执行积分 $\langle \Psi_n | \hat{O} | \Psi_n \rangle$ 来说明，于是，与 Ψ_n 相关的能量通过哈密顿算符 $\hat{O}=\hat{H}$ 确定，$E_n = \langle \Psi_n | \hat{H} | \Psi_n \rangle$。与此类似，偶极矩矢量 $\boldsymbol{\mu}_n$ 可由 $\boldsymbol{\mu}_n = \langle \Psi_n | \hat{M} | \Psi_n \rangle$ 得到，其中 $\hat{M}$ 为偶极矩算符(2.1.4 节)。

近似波函数并非算符 $\hat{H}$ 的本征函数，因此运算 $\hat{H}\Phi_n$ 不能重现不变的 Φ_n，如何从近似波函数 $\Phi_n \approx \Psi_n$ 来计算能量呢？我们可以在近似方程 $\hat{H}\Phi_n \approx E_n\Phi_n$ 的两侧同时乘以 Φ_n，于是得到 $\Phi_n\hat{H}\Phi_n \approx \Phi_n E_n \Phi_n$。在该式的右侧，因为能量为常数，$\Phi_n E_n = E_n \Phi_n$，于是我们可以用 $E_n\Phi_n^2$ 替代 $\Phi_n E_n\Phi_n$；但对于该式的左侧则不然，因为 $\hat{H}$ 为微分算符：$\Phi_n\hat{H} \neq \hat{H}\Phi_n$。$\Phi_n\hat{H}\Phi_n \approx E_n\Phi_n^2$ 对整个空间积分得到公式 1.13。对于归一化波函数 Φ_n，$\langle \Phi_n | \Phi_n \rangle = 1$。多数其他可观测量的算符 $\hat{O}$ 比 $\hat{H}$ 简单得多，因此，对于给定近似波函数 Φ_n，分别以 $\hat{O}$ 代替 $\hat{H}$，以可观测的 o_n 代替 E_n，公式 1.13 的评估更简单。

$$\langle \Phi_n | \hat{H} | \Phi_n \rangle \approx E_n \langle \Phi_n | \Phi_n \rangle, \text{即} \ E_n \approx \frac{\langle \Phi_n | \hat{H} | \Phi_n \rangle}{\langle \Phi_n | \Phi_n \rangle}$$

公式 1.13

从公式 1.13 所示近似波函数计算得到的可观测量称为**期望值**(expectation value)，是概率论中的一种表达。实际应用中，我们总是要对近似波函数满意。我们如何在不同的近似中选择呢？如果我们的尝试波函数存在可调参数(如分子轨道中的原子轨道系数，见 4.1 节)，我们又该如何选择可调参数的最佳值呢？这里，Rayleigh 的**变分原理**(variation theorem)有重要意义，它告诉我们从近似波函数 Φ_1 计算得到的基态能量 E_1 的期望值 $\langle E_1 \rangle$ 总是大于真实能量 E_1(公式 1.14)。变分原理的证明可从量子力学教科书中得到[18]。

$$\frac{\langle \Phi_1 | \hat{H} | \Phi_1 \rangle}{\langle \Phi_1 | \Phi_1 \rangle} = \langle E_1 \rangle \geqslant \frac{\langle \Psi_1 | \hat{H} | \Psi_1 \rangle}{\langle \Psi_1 | \Psi_1 \rangle} = E_1$$

公式 1.14 变分定理

因此，可给出最低本征值 E_1 的波函数将是最好的。在用可调参数确定了尝

试波函数 Φ 后,我们想通过确定给出最低期望值的那些参数来对其进行优化,如果我们采用的尝试波函数 Φ 为**标准正交基础组**(orthonormal basis set)[①]的**线性组合**(linear combination,LC),例如,一组标准正交的原子轨道 ϕ_i(LCAO)(公式1.15):

$$\Phi = c_1\phi_1 + c_2\phi_2 + \cdots = \sum_i c_i\phi_i$$

公式 1.15

式中,Φ 要求是归一化的,$\langle\Phi|\Phi\rangle=1$,于是我们必须解一组联立微分方程 $(\partial E/\partial c_i)=0$,即**久期方程**(secular equation),以找出系数 c_i 的最佳值。这是线性代数中众所周知的问题,非平凡解(平凡解为零波函数;对所有 $i,c_i=0$)只存在于**久期行列式**(secular determinant)(公式1.16)等于零时。

$$\|H_{ij}-\delta_{ij}E\| = \begin{Vmatrix} H_{11}-E & H_{12} & \cdots & H_{1n} \\ H_{21} & H_{22}-E & \cdots & H_{2n} \\ \vdots & \vdots & & \vdots \\ H_{n1} & H_{n2} & \cdots & H_{nn}-E \end{Vmatrix} = 0$$

公式 1.16　久期行列式

公式 1.16 中的元 H_{ij} 表示积分 $\langle\Phi_i|\hat{H}|\Phi_j\rangle$,久期行列式左侧所用的简化符号 δ_{ij} 为克罗内克 δ(Kronecker's δ),其在 $i=j$ 时取值 1,其他情况下取值 0,可以从公式右侧的扩展形式中看到。求解公式 1.16 得到一组称为矩阵 $(H_{ij}-\delta_{ij}E)$ **本征值**(eigenvalue)的能量 E_n,其相关系数组 c_{in}[**本征矢量**(eigenvector)]通过将每一个解 E_n 代入久期方程得到,相应的**本征函数**(eigenfunction) Φ_n 由公式 1.15 中给出,式中系数由与 E_n 相关的本征矢量定义。这将在 4.3 节中以实例说明。

相同的方法可用来计算两个体系间的相互作用能。如果孤立分离体系的波函数为 Ψ_n 和 Ψ_m,我们可用它们作为公式 1.15 中的尝试波函数来确定复合体系的能量。在零级 BO 波函数 Ψ_n 和 Ψ_m 间的辐射或无辐射跃迁概率正比于积分 $\langle\Psi_n|\hat{O}|\Psi_m\rangle$ 的平方,其中算符 $\hat{O}$ 取决于所考虑的过程(见 2.1.4 节~2.1.6 节)。

从数学角度看,寻找分子如公式 1.5 所示(近似的)本征函数的任务不会比求解具有类似数目物体的力学体系(如太阳系)的牛顿方程更为复杂。一个重要的区别是分子内所有粒子间相互作用具有可比的大小,均在电子伏特量级(1 eV× N_A=96.4 kJ mol^{-1});而另一方面,计算卫星轨道或行星运动时,人们可以从少量的物体开始(如太阳、地球、月亮、卫星),然后再加上与其他物体的相互作用,例如,以更远距离或较轻物体的相互作用作为弱微扰,这样可大大简化卫星轨道的

[①] 基础组函数 ϕ_i 为标准正交,即正交,$i\neq j$ 和归一化时,$\langle\phi_i|\phi_j\rangle=0$,对所有 $i,\langle\phi_i|\phi_i\rangle=1$。

计算任务。

微扰理论(perturbation theory) 在量子力学中具有重要意义,求解薛定谔方程1.5的艰巨任务可以通过从哈密顿算符 H 中移去一些特别难处理的项来简化,利用简化算符 H^0 的本征函数,有可能估算更为完整算符 $H = H^0 + \hat{h}$ 的本征矢量和本征值,式中 $\hat{h}$ 称为**微扰算符(perturbation operator)**。

微扰理论在对相关系列化合物趋势(取代效应)的预测上也是非常有价值的。为了计算苯的能量,从头算方法用来估算当6个碳核、6个质子和42个电子结合形成苯时释放的能量,为 6×10^5 kJ mol^{-1};预测化学反应活性其所需精度在 1 kJ mol^{-1} 的量级(活化能减小 1 kJ mol^{-1} 相当于相应速率常数增加50%),这不禁让人想起试图通过称量有、无船长存在时船的重量来确定船长体重。微扰理论可直接估算一对密切相关化合物间小的能差,无须计算母体的绝对大小。我们将在第4章中广泛应用微扰理论。[①]

1.5 习　题

1. 计算一摩尔波长 $\lambda = 400$ nm 光子的能量。[$E_p = 300$ kJ mol^{-1}]

2. 确定金属钠的功函数 φ(从金属钠移去一个电子所需的能量)以及图1.5中的 Planck 常量 h。[$\varphi \approx 1.84$ eV, $h \approx 6.6 \times 10^{-34}$ J s。注意:钠的第一电离势:$I_1 = 5.14$ eV,是指钠原子在气相中电离]

3. 给 400 nm、500 nm 和 600 nm 光的颜色命名,并对在 490 nm 和 630 nm 具有相同强度发射的光源颜色命名。[图1.8]

4. 对最大吸收分别在 400 nm 和 500 nm,以及在 400 nm 和 600 nm 两处具有等吸收强度的染料颜色命名。[图1.8]

5. 玻恩-奥本海默近似的优势是什么?什么时候需要超越?[分解电子波函数与振动波函数,势能面(PES)的存在;IC 和 ISC 速率常数计算,近简并态]

6. 在 d 轨道上的一个电子有多少个可能的角动量量子数?[6]

7. 假设原子 A 和 B 的基态能量,(a) $E_A = -20$ eV 和 $E_B = -30$ eV 或(b)

[①] 以 $\|A\|$ 表示的尺寸为 $n \times n$ 的正方形矩阵 $A = (A_{ij})$ 的行列式(见3.7.5节脚注)是通过子式展开的拉普拉斯展开式的矩阵元素 A_{ij} 计算得到的数值(见数学教科书)。1×1、2×2 和 3×3 行列式的结果如下:

$$\|A_{11}\| = \|A_{11}\|, \quad \left\|\begin{matrix} A_{11} & A_{12} \\ A_{21} & A_{22} \end{matrix}\right\| = A_{11}A_{22} - A_{12}A_{21}$$

$$\left\|\begin{matrix} A_{11} & A_{12} & A_{13} \\ A_{21} & A_{22} & A_{23} \\ A_{31} & A_{32} & A_{33} \end{matrix}\right\| = A_{11}A_{22}A_{33} + A_{12}A_{23}A_{31} + A_{13}A_{21}A_{32} - A_{12}A_{21}A_{33} - A_{11}A_{23}A_{32} - A_{13}A_{22}A_{31}$$

$E_A = E_B = -25$ eV,在给定距离它们相互作用的矩阵元,$\langle \Psi_A | \hat{H} | \Psi_B \rangle = 1$ eV,计算组合体系 A⋯B 的最低本征值[对(a)和(b)两种情况]。[(a) -30.1 eV;(b) -26 eV]

8. 如果在其他星系的行星上存在植物,它们的颜色可能与地球上植物不同,请解释。[参考文献[21]]

第 2 章 光物理概述和光反应分类

2.1 光物理过程

《光化学常用词汇汇编》(第三版)(*Glossary of Terms Used in Photochemistry*,3rd edition)一书中给出了光化学中常用词汇定义和概念权威描述,原文可以从 IUPAC 网站或光化学社团的网站上(http://pages.unibas.ch/epa 或 http://www.i-aps.org/)下载得到。

2.1.1 能级图

图 2.1 所示为基态和各激发态能级以及激发态光物理过程示意图,通常称为 **"Jabłonski 图"**①[25],而法国光化学界更喜欢称之为"J. Perrin 图"[26]。虽然有人曾利用类似的能级图解释从激发固态溶液中观察到的长寿命发光,但最早将其归属于溶解的有机分子三重态亚稳态物种的是在 1941 年由 Lewis、Lipkin 和 Magel 提出[27],该假设提出后很快在 1943 年和 1944 年先后被 Terenin[28]和 Lewis、Kasha[23]证实,1958 年 Hutchison 和 Mangum[29]制备了定向排列有少量萘分子的均四甲苯晶体,捕获到了萘三重态的 ESR 信号,最终为有机分子三重态的存在提供了无可辩驳的证据。

图 2.1 中分子②电子能态用粗水平横线(—)表示,在垂直方向的排列次序表示了它们相对能量大小;随能量增加分子电子态依次标记,从单重态基态 S_0 开始,然后是第一单重激发态 S_1,第二单重激发态 S_2,等等。以细线(—)表示的振动能态通常并不绘出,在图 2.1 中,每个电子能态最低的细线表示该能态的零振动

---

① 摘自佛罗里达州立大学 M.Kasha 教授 2008 年 7 月 25 日给 J.W. 的私人通信:"Alexander Jabłonski 曾打算将他的能级图应用于染料分子,由于最低的 S_1 态与 T_1 态的间隔很小(通常为 1000~2000 cm^{-1}),Jabłonski 给出了纯动力学分析,认为从亚稳激发态(T)到邻近激发态(S)的跃迁通常可以通过热激发实现。需要说明的是 T 态称为亚稳激发态是基于 1944 年 Lewis 和 Kasha 的研究结果[23],Jabłonski 并未接受这一解释。我受邀在波兰的托伦(Torun)波兰物理学会所组织的纪念 Jabłonski 的专题讨论会上报告的论文得到了波兰物理学家的赞扬,在这次会议上我被告知,Jabłonski 在大约临终前一年终于接受了"亚稳"确实是染料最低激发三重态的观点。"

② 我们所用**分子**一词包括离子和自由基在内的所有(亚)稳态分子物种。

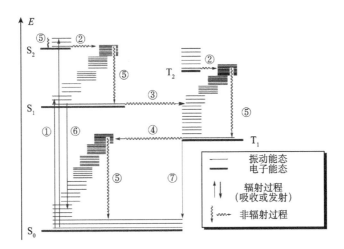

图 2.1 描述分子能态和光物理过程的能级图(通常称为 Jabłonski 图)。粗水平线的纵向位置代表最低电子能量,细线表示振动能级,水平线长度及其在横坐标上的位置只是为了避免图中过于拥挤,并无物理意义

能级($v=0$)。不同**多重度(multiplicity)**能态置于图中不同纵列①,对于基态为单重态的分子,各单重态置于图中左侧纵列,而三重态则置于图中右侧纵列,最低的三重激发态以 T_1 表示,第二、第三及更高三重激发态分别以 T_2、T_3 及 T_n 表示。

光物理过程(photophysical process) 可以是**辐射跃迁(radiative transition)** 也可以是**无辐射跃迁(radiationless transition)**,使分子从一种电子态到另一种电子态;通常不同电子态键长与键角会有一定程度的不同,但分子结构并未发生改变。辐射跃迁与光子的吸收和发射相关,用直线箭头(↑或↓)表示,无辐射跃迁与吸收或发射无关,用波形箭头($\leadsto$)表示。**电子振动跃迁(vibronic transition)** 是电子量子数和振动量子数不同的两个态间的跃迁,**电子振动(vibronic)** 一词是由振动(vibrational)和电子(electronic)两个词整合而成的。

对图 2.1 的说明:

① 电子吸收的时间尺度即分子与光子发生强相互作用的时间。近紫外光子波长比有机分子平均尺寸大两个数量级,假设光子的"长度"与其波长量级相当,例如,$\lambda=300$ nm,光子以光速($c=3\times 10^8$ m s^{-1})穿过一个分子所需时间为 $t\approx \lambda/c=10^{-15}$ s。在时间和能量均为变量的情况下,从 **Heisenberg 不确定性原理**

---

① 水平移位并**不**是指结构变化。能级代表给定电子态势能面上的最小,每个态对应的结构会稍有不同。如果一个激发态在接近基态结构时没有能量最小,这种陈述将没有意义。

(Heisenberg uncertainty principle)[①](公式 2.1)可以得到更合理的推论。

$$\delta E \delta t \geqslant \hbar/2 = h/4\pi$$

公式 2.1　Heisenberg 不确定性原理

式中"不确定性"δ 定义为同时测量时间与能量时的标准偏差。在电磁场存在下分子内电子跃迁过程中,其分子能量测不准量 δE 与光子能量($E_p = h\nu = hc/\lambda$)在同一量级,因此,当 $\lambda = 300$ nm 时,$\delta t \geqslant \lambda/(4\pi c) \approx 1 \times 10^{-16}$ s。

虽然电子激发态附近存在高密度振动(和转动)能态,在 UV-Vis 范围内电磁辐射的吸收总会产生电子激发态。吸收光到达高能振动态的跃迁是"禁阻"的(观察不到),只有电子激发跃迁具有相当的强度,因此也被称为电子光谱。到第一激发振动能级的跃迁在电磁波谱的红外区域,在近红外区($0.1 < \tilde{\nu}/\mu m^{-1} < 1$)可以观察到第二激发振动能级(泛频,overtone)或两个振动自由度同时被激发(合频带)很弱的跃迁。紧随电子吸收,等能振动态间发生无辐射跃迁②~④,将在下文说明。

②**内转换**(internal conversion, IC)是多重度相同的两个电子态间等能无辐射跃迁。

③和④**系间窜越**(intersystem crossing, ISC)是电子多重度不同的两个态间等能无辐射跃迁。在基态为单重态的分子内,ISC 可以是从单重态到三重态的过程③,也可以是相反的过程④。

IC 和 ISC②~④实际是激发态分子内能量再分配的过程,电子能量被分布在多种振动模式上。该过程需要时间,就像在跳蚤市场内要将一张大额纸币用指定外币找零一样困难(见 2.1.5 节)。IC 和 ISC 过程伴随熵增加(低能电子态中的高态密度),而且其后续过程⑤在溶液中非常快,因此,两者均为不可逆的过程。

⑤**振动弛豫**(或称振动冷却、振动失活或热能化)包括分子通过振动跃迁(吸收、IC 或 ISC)获得的过剩振动能量转移给周围介质的所有过程。该过程通过与其他分子的碰撞发生,在溶液中将振动量子转移给周围介质所需时间与一个振动周期相似($1/\nu_{vib}$),相当于与溶剂分子碰撞间隔的时间(100 fs),较大的分子($\geqslant 10$ 个原子)在溶液中热化半衰期通常为几皮秒,但在低温导热性差的稀薄气体中可能需要更长的时间;高真空下分子(孤立分子)不能通过与其他分子的碰撞发生振动弛豫,通过红外辐射释放过剩振动能量的过程非常慢。但是热分子会进行分子内振动能量再分布(intramolecular vibrational redistribution, IVR),能量从最初振动跃迁形成的振动模式在其他振动模式中重新分布,也就是说,分子充当其自身的热浴。"较大"分子(苯或更大的分子)的 IVR 过程在亚皮秒时间尺度发生,但

---

① Uncertainty 译自德文 **Unschärfe** 一词,英文译为 indeterminacy 比 uncertainty 更为准确。

低密度振动态的小分子有可能需要更长的时间。

⑥**荧光(fluorescence)**①[30]是激发态分子自旋多重度**保持**的自发辐射发光,通常发生在第一单重激发态 S_1。

⑦**磷光(phosphorescence)**②[30]是激发态分子自旋多重度**改变**的自发辐射发光,通常发生在第一激发三重态 T_1。

原初光化学过程(primary photochemical process) 是在电子激发态发生的不同于反应物的原初光产物的过程。光化学过程永远与最终回到基态反应物的各种光物理过程竞争,只有生成新产物的光反应比竞争光物理过程快时才能有效生成新产物,因此,了解各种光物理过程的时间尺度(表 2.1,图 2.2)非常重要。分子在溶液中的光物理过程通常遵循一级反应动力学。当分子 M 在 $t=0$ 时被短脉冲光激发到达激发态 M^*,几个衰减过程同时存在时,激发态分子起始浓度 $c_{M^*}(0)$ 随时间的衰减可用公式 2.2 描述。

表 2.1　光物理过程一览表

过程	名称	时间尺度($\tau=1/k_{\text{process}}$)/s	章节
①	吸收	10^{-15}	2.1.1
②	内转换	$10^{-12} \sim 10^{-6}$	2.1.7,2.1.5(Kasha 规则)
③	系间窜越($S \to T$)	$10^{-12} \sim 10^{-6}$	2.1.6(El Sayed 规则)
④	系间窜越($T \to S$)	$10^{-9} \sim 10$	2.1.6
⑤	振动弛豫	$10^{-13} \sim 10^{-12}$	2.1.5
⑥	荧光	$10^{-9} \sim 10^{-7}$	2.1.3
⑦	磷光	$10^{-6} \sim 10^{-3}$	2.1.6

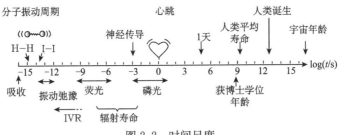

图 2.2　时间尺度

---

① 荧光一词源于矿物萤石(fluorospar)。1852 年,G. G. Stokes 将萤石或硫酸奎宁溶液用棱镜分离出的太阳光中的紫外线照射,在描述观察到的发射时创造了荧光(fluorescence)一词。Stokes 陈述:发射光总是比激发光具有更长的波长,而这一说法正是当今众所周知的 Stokes 定律,波长的位移被称为**斯托克斯位移(Stokes shift**,2.1.9 节)。实际上,类似的实验现象早在 1833 年和 1842 年被 D. Brewster 和 E. Becquerel 分别报道。

② 磷光一词源自希腊语 φως=light 和 φορειν=to bear,它曾在中世纪用于描述光照后可在暗处发光的材料。

$$c_{M^*}(t) = c_{M^*}(0)e^{-(\Sigma k)t}$$
公式 2.2　一级反应速率方程

M* 的**寿命**[lifetime, $\tau(M^*)$]定义为起始浓度 $c_{M^*}(0)$ 减小到 $c_{M^*}(0)e^{-1} \approx 0.368c_{M^*}(0)$ 时所需的时间, 亦即 $\tau(M^*) = 1/\Sigma k$, Σk 为引起 M* 衰减的所有过程的速率常数之和。用于估算分子光物理过程速率常数更详细的方法将在下面章节中描述。

光物理与光化学过程的差别并非总是十分清晰, 例如, 根据前面的定义烯烃的 E-Z 异构化可看作是一个光化学过程, 但这一过程同样也可看作是烯烃的光物理过程, 因为在缺少同位素标记的情况下, 这种几何异构体是很难区分的。

发光(luminescence)一词表示来自电子激发态物种的自发辐射发光, 它包括荧光和磷光以及化学发光(5.6 节)。

2.1.2　Beer-Lambert 定律

样品的**吸光度** $A(\lambda)$ 可用公式 2.3 表示①[10,22]:

$$A(\lambda) = \log(P_\lambda^0/P_\lambda^{tr}) = -\log[T(\lambda)], \quad T(\lambda) = 10^{-A(\lambda)}$$
公式 2.3

公式 2.3 中 P_λ^0 和 P_λ^{tr} 分别为入射光和透射光强度, $T(\lambda) = P_\lambda^{tr}/P_\lambda^0$ 为样品在给定波长 λ 下的内**透过率**(transmittance), 其中吸收和透射波长 λ 均可以用相应的波数来表示, $\tilde{\nu} = 1/\lambda$, $A(\lambda) = A(\tilde{\nu})$, $T(\lambda) = T(\tilde{\nu})$。$A(\lambda)$ 和 $T(\lambda)$ 应不再分别用"光密度"(optical density, OD)和透射(transmission)来表述, 而应使用"消光"(extinction)一词来表述吸收、散射和发光的总效应。公认用于 $1 - T(\lambda)$ 定量表达的词是**吸收率**(absorptance)一词, 用符号 α 表示。

Beer-Lambert 定律(公式 2.4)仅适用于无浓度依赖聚集效应的吸光物种(Lambert 定律)。

$$A(\lambda) = \varepsilon(\lambda)cl$$
公式 2.4　单一吸收化合物的 Beer-Lambert 定律

公式 2.5 是 Beer-Lambert 定律对于含有 n 种吸收物种 $B_i (i = 1, 2, \cdots, n)$ 混合

---

① **辐射功率**(radiant power, P)是单位时间内的发射、传递或接收到的所有波长的辐射能量 Q, $P = dQ/dt$; 如果辐射能量在所考虑时间间隔内为一常数, 则 $P = Q/t$; 辐射功率的国际单位为瓦, $[P] = W$。**光谱辐射功率**(spectral radiant power)为一微分, $P_\lambda = dP(\lambda)/d\lambda$, 表示在每个波长间隔的**辐射功率** P; 光谱辐射功率以波数表达时, $P_{\tilde{\nu}} = dP(\tilde{\nu})/d\tilde{\nu}$, 等于 $P_\lambda/\tilde{\nu}^2$, 因为 $|d\lambda/d\tilde{\nu}| = 1/\tilde{\nu}^2$, 比值 $T(\lambda) = P_\lambda^0/P_\lambda^{tr} = P_{\tilde{\nu}}^0/P_{\tilde{\nu}}^{tr}$ 中消去了因子 $1/\tilde{\nu}^2$; 光谱辐射功率的单位为 $[P_\lambda] = W\ m^{-1}$ 和 $[P_{\tilde{\nu}}] = W\ m$。**辐射强度**(intensity 或 irradiance)的符号为 I, 是单位面积接收到的辐射功率, 其单位为 $[I] = W\ m^{-2}$。比值 P^0/P^{tr} 与 I^0/I^{tr} 相等。长期以来, "强度"(intensity)在表达光子通量、辐照或辐射功率时并不加以区别, 但针对暴露于辐射下的对象时, 它应只用于定性描述。

溶液的扩展形式。当这些物种间没有相互作用时，体系中总吸光度为每个组分吸光度（$A_i(\lambda)=\varepsilon_i(\lambda)c_i l$）的简单叠加。式中常数 $\varepsilon_i(\lambda)$ 称为物种 B_i 在波长 λ 的(**十进制**)**摩尔吸光系数**[**molar(decadic) absorption coefficient**]，波长同样可以用波数来表示，即 $\varepsilon_i(\lambda)=\varepsilon_i(\tilde{\nu})$。式中光程 l 通常以厘米为单位，浓度 c_i 以摩尔浓度 $M = \text{mol dm}^{-3}$ 为单位，因此，摩尔吸光系数 $\varepsilon_i(\lambda)$ 的单位为：$[\varepsilon_i(\lambda)]=\text{dm}^3\ \text{mol}^{-1}\ \text{cm}^{-1} = M^{-1}\ \text{cm}^{-1}$。

$$A(\lambda) = \sum_{i=1}^{n} A_i(\lambda) = l\sum_{i=1}^{n}\varepsilon_i(\lambda)c_i$$

公式 2.5　混合物的 Beer-Lambert 定律

2.1.3　从吸收光谱计算荧光速率常数

激发态分子除了自发发射荧光和磷光外（2.1.1 节），电磁辐射与激发态分子相互作用还能引起**受激发射**（**stimulated emission**），与所吸收（受激）的光子完全相同。早在 1917 年量子力学问世之前，阿尔伯特·爱因斯坦（Albert Einstein）就推导出吸收与发射速率间存在的紧密关系（见专题 2.1）。

专题 2.1　吸收与发射的爱因斯坦系数

有两个电子态（激发态 m 和基态 n）的气体分子（图 2.3）在辐射能量密度为 ρ 的黑体光源（如太阳）辐射产生的电磁场内处于平衡状态。

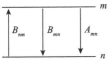

B_{nm}：吸收（受激）爱因斯坦系数
B_{mn}：受激发射爱因斯坦系数
A_{mn}：自发发射爱因斯坦系数

图 2.3　二能级辐射过程示意图

黑体辐射源（**black-body radiator**）的频率分布 $\rho_\nu = d\rho/d\nu$ 可由 Planck 定律（公式 2.6）给出：

$$\rho_\nu = \frac{8\pi h\tilde{\nu}^3}{e^{h\nu/k_B T}-1}$$

公式 2.6　黑体辐射源的 Planck 分布

式中的 T 为黑体温度。

当气体与辐射场达到平衡时，能级 m 和 n 的布居数 N_m 和 N_n 一定为常数，$dN_m/dt = dN_n/dt = 0$。根据图 2.3 所定义的爱因斯坦系数可以得到公式 2.7：

$$dN_m/dt = B_{nm}N_n\rho_\nu - N_m[A_{mn}+B_{mn}\rho_\nu] = 0$$

公式 2.7

对 ρ_ν 求解可得公式 2.8：

$$\rho_\nu = \frac{A_{nm}/B_{nm}}{N_n/N_m - B_{mn}/B_{nm}}$$

公式 2.8

公式 2.8 分母中平衡布居比 N_n/N_m 遵从 Boltzmann 方程（公式 2.9）：

$$N_n/N_m = e^{\Delta E/k_B T} = e^{h\nu/k_B T}$$

公式 2.9 Boltzmann 定律

式中 $\Delta E = h\nu$，为分子电子态 m 和 n 间的能量差。

只有当 $B_{mn} = B_{nm} = B$，亦即 $B_{mn}/B_{nm} = 1$ 时，公式 2.8 才与公式 2.6 具有相同的形式。将公式 2.8 与公式 2.6 关联，删除目前已多余的 m 和 n 标志，我们可以得到最终关系（公式 2.10）：

$$A = 8\pi h \tilde{\nu}^3 B$$

公式 2.10

激发态分子的受激发射概率 $B\rho_\nu$ 与其逆过程——基态分子的吸收相同，这是由微观可逆定律决定的，微观可逆定律为：如果激发态分子的数目 N_m 与基态分子的数目 N_n 相同，则受激吸收与受激发射的速率也一定相同。如果利用某些方法使布居数反转，即 $N_m > N_n$，与频率为 ν 的电磁辐射相互作用的净效应将为受激发射（见图 2.4），这也就是**激光(laser)**工作原理。激光的英文 LASER 是辐射受激发射光放大（light amplification by stimulated emission of radiation）英文首字母的缩写（见 3.1 节）。

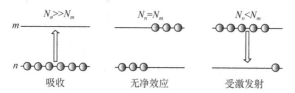

图 2.4 与电磁辐射相互作用的净效应

多原子分子因存在电子振动跃迁而具有宽的吸收和发射光谱，爱因斯坦方程（公式 2.10）将二能级体系的吸收和发光系数相关，对公式 2.10 进行几次扩展，即可推导出从分子的宽吸收光谱确定其荧光速率常数 k_f 的公式。最著名的是 Strickler 和 Berg 的推导[31]，形式简单，应用方便，足以满足大多数应用需求，如公式 2.11 所示[32]：

$$\frac{k_f}{s^{-1}} = 2900 n^2 \left(\frac{\tilde{\nu}_{max}}{\mu m^{-1}}\right)^2 \int_{吸收带} \frac{\varepsilon}{M^{-1} cm^{-1}} \frac{d\tilde{\nu}}{\mu m^{-1}}$$

公式 2.11 从吸收光谱确定荧光速率常数

公式中 n 为溶剂折射率,ε 为**摩尔吸光系数**(molar absorption coefficient),$\tilde{\nu}_{\max}$ 为最大吸收处的波数。但是,吸收带间的重叠通常会妨碍对单个吸收带的积分,第一吸收带与其荧光间存在镜像关系的假设可能会对此有帮助。通常情况下,通过寿命测量得到的荧光速率常数 k_f(公式 3.33)与从吸收光谱计算得到的结果(公式 2.11)有很好的一致性($\pm 20\%$),即使粗略估计也可正确给出 k_f 的数量级,这在实际研究中可能很有用;但有时实验测得的 k_f(通过 $k_f = \Phi_f / \tau_f$ 测得,见 3.9.7 节公式 3.33)远小于通过公式 2.11 计算得到的结果,说明此时到达最低激发态 S_1 的电子跃迁可能被更强的吸收带所掩盖。这一结果使线性多烯中"禁阻"态得以确定(见 4.7 节)。

2.1.4 偶极矩、跃迁矩和选择规则

电偶极子可用两个距离为 r、电量相同而分别带有正电和负电的电荷 $+q$ 和 $-q$ 来表示。**偶极矩**(dipole moment)$\boldsymbol{\mu}$ 为从负电荷指向正电荷的**矢量**(vector)[①],$\boldsymbol{\mu} = qr$,$\boldsymbol{\mu}$ 的大小通常以非国际单位——德拜(Debye,D)表示,$1\text{ D} = 3.336 \times 10^{-30}$ C m。一个与质子间相距 100 pm 的电子,其偶极矩为:$\mu = 4.8$ D。在量子力学中,分子在基态时的偶极矩 $\boldsymbol{\mu}$ 可通过基态波函数 Ψ_0 作为偶极矩算符的期望值得到(公式 2.12)。矢量 $r_i = (x_i, y_i, z_i)$ 定义电子 i 的位置,矢量 $r_\mu = (x_\mu, y_\mu, z_\mu)$ 定义核 μ 的位置,Z_μ 为核电荷,e 为基本电量,$\boldsymbol{\mu}$ 在三个方向的分矢量 μ_x、μ_y 和 μ_z 可通过代入矢量 r 相应的分矢量得到。

$$\hat{M} = e(\sum r_i - \sum Z_\mu r_\mu), \quad \boldsymbol{\mu} = \langle \Psi_0 | \hat{M} | \Psi_0 \rangle$$

公式 2.12

光吸收的量子力学处理中,光的波动性和粒子性均必须予以考虑。只有当激发能与光子能量($\Delta E = h\nu$)相匹配时,也就是说只有当分子吸收一个光子可以到达某一激发态时,光才能被吸收(图 2.5)。

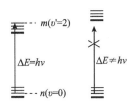

图 2.5 吸收频率为 ν 光的共振条件

当符合 Bohr 共振条件时,可从频率为 ν 的光波电矢量与分子中电子和核的相

---

① 在很多化学教科书上,配位键的化学符号(如 $H_3N \rightarrow BH_3$)指的是给电子的方向,但偶极矩矢量是从"+"到"-"来表示的,这令人困惑,但 IUPAC 的偶极矩定义是从负电荷到正电荷方向。

互作用来计算光吸收的可能性。分子直径比 UV-Vis 辐射波长要小得多(图 1.6),辐射电磁场作用在分子上用线性电场进行处理,可忽略磁相互作用。假设分子最初处于基态 n 的最低振动能级($v=0$),吸收光子后到达其激发态 m 的某个振动能级,例如在图 2.5 中所示的 $v'=2$ 振动能级,相反地,对于发射可以假设 $v'=0$,而 v 则可为任意值,于是单一电子振动吸收带 $M_{n,0 \to m,v'}$ 的**跃迁矩(transition moment)** 可通过公式 2.13 得到。

$$M_{n,0 \to m,v'} = e \langle \Psi_{n,0} | \hat{M} | \Psi_{m,v'} \rangle$$

公式 2.13 跃迁矩

与偶极矩 $\boldsymbol{\mu}$ 类似,矢量 $M_{n,0 \to m,v'}$ 的大小也以德拜(Debye, D)表示,矢量方向与分子笛卡儿坐标相关。选择适当的波函数 $\Psi_{n,0}$ 和 $\Psi_{m,v'}$,利用公式 2.12 和公式 2.13 可分别计算偶极矩和跃迁矩。比较计算和实验(3.6 节)获得的跃迁距结果对于确认电子激发简化模型是否正确是非常必要的(4.4 节)。需要注意的是,分子的偶极矩和跃迁矩间没有相关性,事实上,它们之间可以是完全独立的。

为了计算跃迁矩 $M_{n,0 \to m,v'}$,我们采用近似波函数,波函数被分解为电子函数 Ψ_{el}、振动波函数 χ 以及自旋函数 σ 的乘积(公式 1.10)。偶极矩算符 $\hat{M}$ 是一个乘法算符,$\hat{M}\Psi = \Psi \hat{M}$,不影响自旋函数,因此公式 2.13 可被分解为积分的乘积(公式 2.14)。

$$M_{n,0 \to m,v'} = e \langle \Psi_{el,n} \chi_0 | \hat{M} | \Psi_{el,m} \chi_{v'} \rangle \langle \sigma_n | \sigma_m \rangle$$

公式 2.14

自旋函数为**标准正交(orthonormal)**:当 $\sigma_n = \sigma_m$ 时,积分 $\langle \sigma_n | \sigma_m \rangle$ 为 1,在其他情况下为零,因此单重态-三重态和三重态-单重态跃迁(或自由基中二重态-四重态跃迁)的跃迁矩为零。这也是我们的第一个**选择规则(selection rule)**,**即在不同多重态之间的电子跃迁是禁阻的**(其跃迁矩为零)。需要说明的是,选择规则并不是绝对的,就像现实生活中的许多规则可以被打破一样,在第 4 章中我们还会遇到更多。选择规则仅在有限近似下保持,就像这里忽略了磁相互作用。在没有重原子存在的情况下,多重度选择规则起重要作用,因为在大多数有机分子中磁相互作用很弱。如我们在 2.1.1 节中所述,单重态-三重态跃迁的吸收系数和磷光速率常数(2.1.3 节中专题 2.1)比相应的自旋允许单重态-单重态跃迁的吸收系数和荧光速率常数要小几个数量级。

利用 $\hat{M}$ 的定义(公式 2.12),公式 2.14 的一重积分可扩展如下:

$$\langle \Psi_{el,n} \chi_0 | \hat{M} | \Psi_{el,m} \chi_{v'} \rangle = \langle \Psi_{el,n} | \sum r_i | \Psi_{el,m} \rangle \langle \chi_0 | \chi_{v'} \rangle$$
$$- \langle \Psi_{el,n} | \Psi_{el,m} \rangle \langle \chi_0 | \sum Z_\mu r_\mu | \chi_{v'} \rangle$$

公式 2.15

公式被拆分为两项,振动波函数 χ 因其不依赖于电子的位置 r_i 可被分离出来,如果我们忽略电子对精确核位置参数的依赖性,电子波函数也可被分离出来①。由于电子波函数 $\Psi_{el,n}$ 和 $\Psi_{el,m}$ 标准正交,公式中第二项将消失,因此,自旋允许跃迁的跃迁偶极矩可用公式 2.16 表示:

$$M_{n,0 \to m,v'} = e\langle \Psi_{el,n} | \sum r_i | \Psi_{el,m}\rangle\langle \chi_0 | \chi_{v'}\rangle = M_{el,n \to m}\langle \chi_0 | \chi_{v'}\rangle$$
公式 2.16

公式 2.16 表示从基态零振动能级到电子激发态 v' 振动能级的单一**振动跃迁(vibronic transition)** 的跃迁矩。振动重叠积分 $\langle \chi_0 | \chi_{v'}\rangle$ 称为 **Franck-Condon 积分(Franck-Condon integral)**,它们通常不为零,这是因为两个振动波函数代表不同的电子势能面(从单谐振势计算得到的振动波函数标准正交)。因此,单一振动带的跃迁矩可由两个因子的乘积得到,即**电子跃迁矩(electronic transition moment)**(公式 2.17)和 Franck-Condon 积分 $\langle \chi_0 | \chi_{v'}\rangle$(基态最低振动能级($v=0$)以及激发态给定振动能级 v' 间的重叠积分)的乘积。

$$M_{el,n \to m} = e\langle \Psi_{el,n} | \sum r_i | \Psi_{el,m}\rangle$$
公式 2.17

电子跃迁矩可通过进一步简化计算得到,将在 4.4 节中介绍。对于对称的分子,当电子跃迁矢量 $M_{el,n \to m}$ 的三个分量(x,y,z)不为零时(4.4 节),群论提供了简单的预测方法。有关振动重叠效应将在 2.1.9 节中讨论。

为了得到吸收带的总强度,我们将每个振动能级 v' 的贡献加和,如公式 2.18 所示。

$$M_{n \to m} = e\langle \Psi_{el,n} | \sum r_i | \Psi_{el,m}\rangle \sum_v \langle \chi_0 | \chi_{v'}\rangle$$
公式 2.18　电子跃迁的总跃迁矩

当电子基态的某些低阶振动能级 $v>0$ 存在实质性布居时,我们还需要考虑 $M_{n,v>0 \to m,v'}$[所谓**热带(hot band)**]的贡献,从 $v>0$ 到 $v'=0$ 的跃迁处于 0-0 跃迁(从 $v=0$ 到 $v'=0$)的长波长侧。热带可通过热平衡态振动激发态 Boltzmann 布居的温度依赖性进行确定。

总跃迁矩 $M_{n \to m}$ 的平方(公式 2.18)正比于**振子强度(oscillator strength,f_{nm})**(公式 2.19),式中的频率 $\bar{v}_{nm}$ 和波数 $\bar{\nu}_{nm}$ 为电子跃迁的平均值,D 为单位德拜(Debye),1 D$=3.336\times10^{-30}$ C m,f_{nm} 的量纲为 1。

$$f_{nm} = \frac{8\pi^2 m_e \bar{v}_{nm}}{3he^2} | M_{n \to m} |^2 \approx 4.7 \times 10^{-3} \frac{\bar{\nu}_{nm}}{\mu m^{-1}} \frac{|M_{n \to m}|^2}{D^2}$$
公式 2.19　振子强度

---

① 该近似不适用于禁阻电子跃迁,例如,$\langle \Psi_{el,n} | \sum r_i | \Psi_{el,m}\rangle = 0$ 的情况(对称性禁阻跃迁,4.4 节)。

在早期的原子模型中,在三个维度上电子谐振的振子强度最初被定义为1。振子强度可以通过实验测定,如公式 2.20 所示,对吸收带积分即可得到振子强度,式中的 ε 为**摩尔吸光系数**(molar absorption coefficient)。

$$f_{nm} = 4.3 \times 10^{-5} \int \frac{\varepsilon(\tilde{\nu})}{M^{-1}\ cm^{-1}} \frac{d\tilde{\nu}}{\mu m^{-1}}$$

公式 2.20　振子强度的实验测定

典型吸收带宽度约为 $0.3\ \mu m^{-1}$,因此,对于很强的跃迁 $\varepsilon \approx 10^5\ M^{-1}\ cm^{-1}$,振子强度 f 实际上近似为 1。

2.1.5　内转换速率常数和能隙定律

无辐射跃迁(radiationless transition,IC 和 ISC)为初始激发态电子能量转换为低能量电子态振动能量的过程(见图 2.1)。在玻恩-奥本海默近似中(1.3 节),各电子态势能面没有交叉,因此它们之间的无辐射跃迁是不可能的,为了去除人为因素,在哈密顿算符中必须明确电子与核运动关系;此外,除非存在磁相互作用,涉及多重度改变的无辐射跃迁(ISC)仍然是禁阻过程。这些相对较小的作用项可以通过时间依赖的**微扰理论**(perturbation theory)引入(公式 2.21)。

$$k_{i \to f} = \frac{2\pi}{\hbar} V_{if}^2 \rho_f$$

公式 2.21　费米黄金规则

公式 2.21 由 Dirac 提出,之后费米将其称为**第二黄金规则**(golden rule No. 2),也就是现在经常提到的**费米黄金规则**(Fermi's golden rule)。因此,始态与终态间的无辐射跃迁速率常数 $k_{i \to f}$ 与两个因子的乘积成正比:一个是与始态能量匹配的终态激发振动能级密度 ρ_f,另一个是起始和最终 BO 态间的振动耦合项 $V_{if} = \langle \Psi_i | \hat{h} | \Psi_f \rangle$ 的平方,式中的 $\hat{h}$ 为**微扰算符**(perturbation operator),通过耦合核和电子运动促进 IC 过程,通过耦合电子自旋和轨道角动量(自旋-轨道耦合,SOC)允许 ISC 过程发生;结果是态密度被 Franck-Condon 积分 $\langle \chi_i | \chi_f \rangle$ 的平方加权(见2.1.9 节)。一旦无辐射跃迁发生,分子内振动能量再分配(intramolecular vibrational redistribution,IVR),多余的能量通过振动弛豫耗散到溶剂中,此过程非常快,因此,无辐射过程 IC 和 ISC 通常都是不可逆的。

对速率常数 $k_{i \to f}$ 的定量计算也有必要,适用于"大"分子的**能隙定律**(energy gap law)已有很好的经验性结论:**在一系列相关分子中,IC 和 ISC 的速率常数随分子两个电子能态的能差 ΔE 增大呈指数下降**。对它的物理背景已有分析[34-38]:这里存在两个相反的效应,虽然振动态密度随能隙的增大而大大增加,但在大能隙情况下始态振动波函数 χ_i 和终态波函数 χ_f 间的 Franck-Condon 重叠积分 $\langle \chi_i | \chi_f \rangle$(图 2.6)更强的指数衰减起主导作用[回想理想气体中的 Maxwell-Boltzmann

速率分布 $\rho(v)$,在高速率 v 下指数项 $\exp(-mv^2/2kT)$ 控制了态密度项 v^2]。

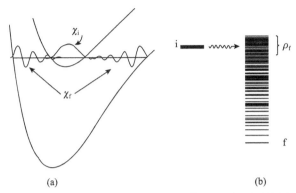

图 2.6 (a)在大能隙情况下,IC 的 Franck-Condon 积分 $\langle\chi_i|\chi_f\rangle$ 小,这是因为高激发振动态波函数 χ_f 快速振荡与 χ_i 的重叠区域振幅小;(b)终态振动能级密度随能隙增大

最被认可的模式是,高频振动对始态和终态间振动耦合贡献最大,很少的振动量子就可以满足电子激发态能量的需要,因此它们的 Franck-Condon 积分相对较大。Siebrand[39]通过实验很好地诠释了能隙定律和认可模式的影响(图 2.7):芳香碳氢化合物 $T_1 \to S_0$ 的无辐射衰减速率常数 k_{TS} 随能隙增加呈指数衰减,氢化合物($\tilde{\nu}_{CH} \approx 3000$ cm^{-1})的速率常数比相应的全氘代化合物($\tilde{\nu}_{CD} \approx 2250$ cm^{-1})大约 1 个数量级。为将观察到的**同位素效应(isotope effect)**模型化(见专题 5.2),分别从氢化合物和氘代化合物三重态能量 E_T(以 μm^{-1} 为单位)中减去常数 $E_0^H =$ 0.4 μm^{-1} 和 $E_0^D = 0.55$ μm^{-1},得到的差值再除以分子中氢原子的相对数目 $\eta = N_H/(N_C + N_H)$。

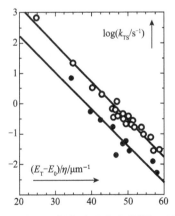

图 2.7 芳香碳氢化合物三重态无辐射衰减速率常数[39]。黑色圆点表示全氘代化合物

无辐射跃迁速率常数与能隙 ΔE 间粗略的指数关系可以转换为有用的经验规则,用于估算 IC 和 ISC 的速率常数。能隙 ΔE 通常从吸收或发射光谱确定,我们

用 $\Delta\tilde{\nu}$ 替代 ΔE，$\Delta\tilde{\nu}=\Delta E/h\nu$，内转换速率常数可通过公式 2.22 粗略估算得到。

$$\log(k_{\text{IC}}/\text{s}^{-1}) \approx 12 - 2\Delta\tilde{\nu}/\mu\text{m}^{-1}$$

公式 2.22　内转换能隙定律

2.1.6　系间窜越速率常数和 El Sayed 规则

有机分子的光反应很多是经三重态进行的，因此，反应中会涉及两次系间窜越过程，第一次是从激发单重态经系间窜越形成三重态，第二次则是原初光产物（如三重态双自由基）回到单重态形式，进一步形成基态稳定产物，这些过程中相对较慢的一步通常决定了整个反应的速率。长寿命的激发三重态易被猝灭（2.2.2 节），可以对产物的分布进行操控。ISC 过程需要自旋翻转，而只有磁相互作用可以诱导自旋翻转发生。电子自旋相比其他类型运动的磁耦合作用要小，因此，ISC 的速率通常比 IC 要小。事实上，在计算 IC 速率常数时公式 2.21 中的电子耦合项 V_{if} 通常在近似中被忽略掉了，而在考虑弱磁相互作用的影响时自旋-轨道耦合（SOC）必须考虑在哈密顿算符中，在空间分离的双自由基中，电子自旋与核磁场间相互作用的超精细耦合有可能变为主要因素（5.4.4 节）[40]。

在无重原子存在的有机分子中，ISC 速率常数比 IC 要低约五个数量级，并且也遵守能隙定律（公式 2.23）。

$$\log(k_{\text{ISC}}/\text{s}^{-1}) \approx 7(\text{对 } n,\pi^* \leftrightarrow \pi,\pi^* \text{ 为 } 10) - 2\Delta\tilde{\nu}/\mu\text{m}^{-1}$$

公式 2.23　系间窜越的能隙定律

但是，对于涉及轨道类型改变①的 ISC 过程，ISC 速率仅比 IC 速率低约两个数量级，例如 α,β-不饱和酮的 $^1n,\pi^*-^3\pi,\pi^*$ 跃迁（图 2.8）。ISC 过程的这些定性描述被称为 **El Sayed 规则（El Sayed's rule）**[41]。可以通过现代量子力学软件包准确计算费米黄金规则（公式 2.21）中出现的 SOC 项 V_{if}，其结果与 El Sayed 规则描述的完全一致，但对 ISC 速率常数的主要影响因素有一些直观理解显然也是很有必要的（见 4.8 节和 5.4.4 节）。

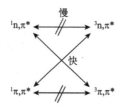

图 2.8　ISC 过程的 El Sayed 规则

---

①　对称性符号 σ 和 π 分别用于标记**分子轨道（molecular orbital, MO）**相对分子结构对称平面（4.4 节）的对称和反对称，非键 σ 轨道（孤对电子）以 n 标记。

用公式 2.23 计算单重态到三重态 ISC 速率常数时还要注意,如果 $E(T_x) \leqslant E(S_1)$,从 S_1 到达的有可能是高激发三重态 T_x,而不是最低激发三重态 T_1,这会减小能隙,同时还可能有轨道类型变化。例如,从二苯酮或 1,4-萘醌的 $S_1(n,\pi^*)$ 态进行的 ISC 过程速率常数约为 $2 \times 10^{11} \text{s}^{-1}$,$\log(k_{\text{ISC}}/\text{s}^{-1}) \approx 11.3$,推测是因为 $S_1(n,\pi^*)$ 态与近等能具有 π,π^* 特征的 T_x 态耦合,而不是直接与 $T_1(n,\pi^*)$ 态耦合[42]。

2.1.7 量子产率和定义

量子产率 $\Phi_x(\lambda)$ 等于反应物发生光化学或光物理事件 x 的数目 n_x 除以被反应物吸收波长为 λ 的光子数 n_p,即 n_x/n_p(公式 2.24)①。n_x 和 n_p 两者均以摩尔或爱因斯坦(einstein,1 einstein=1 mole)为单位,Φ_x 的量纲为 1。

$$\Phi_x(\lambda) = n_x/n_p$$

公式 2.24　过程 x 的量子产率

为避免混淆,对过程 x 明确定义是十分必要的。例如,若 x 为 A→B 的光化学反应,n_x 可以用反应物的消耗来定义(反应物消失量子产率,$\Phi_{-A} = -n_A/n_p$)②,也可以用产物的生成量来定义(产物生成量子产率,$\Phi_B = n_B/n_p$),这两者可以不同,当反应中不仅仅有产物 B 生成时,$\Phi_B < \Phi_{-A}$。通常量子产率 $0 \leqslant \Phi_x \leqslant 1$,表示分子吸收光子后经历某特定过程的概率。但是,依据过程 x 的定义,不同量子产率也可以大于 1,例如,对光反应 A→2B,产物生成量子产率 $\Phi_B = n_B/n_p$ 就可在 $0 \leqslant \Phi_x \leqslant 2$ 范围。如果光反应产生自由基或其他中间体,而产生的自由基或其他中间体可以引发单体 C 发生链式反应,$R^* + C \longrightarrow R-C^* \xrightarrow{C} R-C-C^* \xrightarrow{C} \cdots$,于是单体 C 消失量子产率将没有上限,$\Phi_{-C} \geqslant 0$;当 C 与吸光物种不同时,$\Phi_{-C} = -n_C/n_p$,与前面所给定义并非严格一致,因为物种 C 并不吸收光。从 **Kasha 规则(Kasha's rule)** 扩展可知,量子产率通常不依赖于激发波长,但也有许多例外,例如,当分子含有两个或多个发色团或样品为含多个非平衡构象异构体的混合物时,量子产率和产物分布有可能具有强烈的波长依赖性(5.5 节)。

产物生成量子产率 Φ_B 不同于产物 B 的化学产率。如果 B 是唯一的光产物,则化学产率可接近 100%;但如果光物理过程远超过产物的生成过程,Φ_B 可能会较低。相反,当反应主要生成 B 以外的产物时,即使产物 B 的化学产率低,反应物消

---

① 当样品中存在其他吸收入射光的物种时,只有部分入射光被反应物 A 吸收,$A_A(\lambda,t)/A(\lambda,t)$,式中的 $A_A(\lambda,t)$ 为光被反应物 A 吸收的部分(公式 2.4),而 $A(\lambda,t)$ 为样品对照射波长为 λ 光的吸收总量(公式 2.5)。某些作者定义 n_p 为**样品吸收**的光子(其中可能包含了此辐照波长下其他物种的吸收),并单独考虑内过滤效应,根据这一定义,量子产率已不再是反应物 A 的性质,因此不推荐使用。

② 化合物 A 的消失使 $n_A < 0$,因此 $\Phi_{-A} > 0$。

失的量子产率 Φ_{-A} 仍可以很高。

对反应过程的定量分析是受过良好训练化学家的任务,但确定吸收光子的数量(n_p)不在此任务之列,而确定光反应量子产率两者都是需要的(公式 2.24)。有关量子产率测定的实验方法以及这些数据的重要性将在 3.9 节中详细讨论。

2.1.8　Kasha 规则和 Vavilov 规则

Kasha 规则(Kasha's rule):具有明显发光的多原子分子只从指定多重度最低激发态发光。这一概念已扩展到激发态物种的化学反应,也就是说具有一定产率的多原子分子反应只在给定多重度的最低激发态发生。Kasha 规则是能隙定律的结果(2.1.5 节),即指定多重度高激发态间的能差通常比最低激发单重态或最低激发三重态与基态间能差要小得多,因此从高激发态发生 IC 过程的速率远大于荧光速率,更不用说磷光速率。只有最低激发态 S_1 和 T_1 发生的辐射衰减速率可以与无辐射衰减相竞争。

Kasha 规则也有例外,在下列三种情况下易发生来自 S_2 态的荧光:①第一和第二激发单重态能隙大时,S_2 到 S_1 的 IC 过程相对缓慢,此时如果 $S_0 \to S_2$ 跃迁具有大的振子强度,$S_2\text{-}S_0$ 的荧光就可与 IC 过程竞争;类似地也可能观察到 $S_2\text{-}S_1$ 的荧光。例如,薁(azulene,**1**)[43]和环[3,3,3]吖嗪(cycl[3,3,3]azine,**2**)[44,45](案例研究 4.1),这些化合物 S_2 的荧光比 S_1 的要强得多。②当 $S_2\text{-}S_1$ 的能隙和 $S_0 \to S_1$ 跃迁振子强度均很小,而 $S_0 \to S_2$ 跃迁振子强度很大时,S_1 态倾向具有长寿命,此时可观察到基于热布居形成的相邻 S_2 态的荧光。这类来自 S_2 态的荧光也称为双能级发光,随温度降低 S_2 态热布居减少,其荧光减弱。双能级发光最经典的例子是卵苯(ovalene,图示 2.1),其 $S_2\text{-}S_1$ 能隙在气态为 1800 cm^{-1},而在甲苯溶液中仅为约 500 cm^{-1}[46,47]。③在仔细消除杂散光后利用高灵敏度检测器通常也可检测到从高激发单重态发射的弱荧光。研究者通过三重态-三重态湮灭的方法巧妙地实现了对来自芳香碳氢化合物高激发单重态荧光的观察,而通过直接激发观察延迟荧光的方法是观察不到的[48,49]。图 2.9 给出了芘的全部发射光谱,这是非常值得研究的惊人结果,除了溶液中来自 T_1 态的磷光外,还可以看到来自几个高激发单重态的荧光。

薁 (**1**)　　环 [3,3,3] 吖嗪 (**2**)　　卵苯

图示 2.1　违反 Kasha 规则呈现 S_2 荧光的化合物

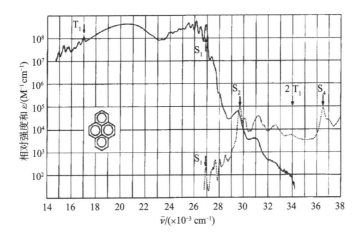

图 2.9 芘甲基环己烷溶液(1×10^{-5} M)在 193 K 的延迟发光(实线)和吸收光谱(虚线)。注意发光强度的对数坐标覆盖了 8 个数量级。已获准从文献[39]复制,版权 1967,American Institute of Physics

Vavilov 规则(Vavilov's rule):**发光量子产率通常与激发波长无关**。发光量子产率是分子吸收光子后以荧光或磷光的形式发射光子的概率。Vavilov 规则也可看作是 Kasha 规则的推论,意味着被激发到高激发态的分子将通过 IC 过程和振动弛豫定量地弛豫到最低激发态。Vavilov 规则也有例外,例如,当光子能量高于苯蒸气 $S_0 \rightarrow S_1$ 跃迁能 3000 cm^{-1} 时,苯蒸气的荧光由于极快的无辐射跃迁过程[所谓**第三通道(channel three)**][50]而骤降到零。

2.1.9 Franck-Condon 原理

Franck-Condon 原理(Franck-Condon principle)假设**电子跃迁时分子内原子核的位置和它所处的环境不发生改变**。远轻于原子的电子运动非常迅速,因此,伴随电子激发电子结构的改变(电子重排)可被视为发生在冻结核的库仑场中,产生的电子激发态具有与基态相同的结构,称为 Franck-Condon 态,该跃迁称为**垂直跃迁(vertical transition)**。

Franck-Condon 原理的量子力学公式已在 2.1.5 节中给出,振动跃迁强度正比于跃迁所涉及的两个态振动波函数的 Franck-Condon 积分的平方。因此,电子跃迁谱带的形状取决于电子激发态相对于基态的位移,如图 2.10 所示为给定分子一个振动自由度的情况。

当激发态电子势能面(PES)相比基态位移很小时[图 2.10(a)],基态最低振动能级 $v=0$ 与激发态最低振动能级 $v'=0$ 重叠最大,此时 0-0′跃迁最强;随位移增大,基态振动波函数 $v=0$ 与激发态较高振动能级[$v'=1$,图 2.10(b)]间的重叠变成最大,此时最强振动能带移向更高波数 $\tilde{v}$。

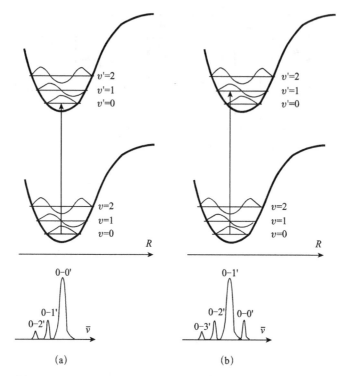

图 2.10　Franck-Condon 原理图示，底部图为吸收带的振动结构

0-0′带位置决定了激发态到基态的能量，$E_{0-0} = h\nu_{0-0}$，通常可以在气态光谱中精确定位，特别是在高分辨光谱中，高分辨光谱可以通过低温分子束获得。但在溶液中许多分子的电子吸收光谱中看不到振动精细结构，以致无法确定 ν_{0-0}，此外，图 2.10 中给出的强度依赖关系只适用于对称性允许的跃迁（4.4 节）。借助振动可产生弱吸收，可以观察到对称性禁阻的跃迁；当考虑振动跃迁总对称性时，到达高振动态的振动跃迁（非全对称）变为弱允许。禁阻的 0-0 带有时候（但很少）也可在溶液光谱中检测到，这是因为存在溶剂诱导的对称性扰动，但也应考虑来自热带可能的贡献（2.14 节）。

当以频率或波数为横坐标时，荧光光谱的分布通常与第一吸收带呈近似的**镜像关系(mirror-image relationship)**，这可以从 Franck-Condon 原理预测，当基态和激发态势能曲线形状相似时，吸收和发射的主要振动带间隔也大致相同，如图 2.11(b)所示。当吸收带不能明确给出 0-0′带位置时，通常以吸收和发射（归一化到相同高度）的交叉点来定义 0-0′带的位置，并由此来确定激发能（见案例研究 5.1）。

吸收和荧光的 0-0′带位置通常不完全一致，其位置差称为**斯托克斯位移(Stokes shift)**。激发态通常比基态更易极化并具有更大的极性，分子在 Franck-

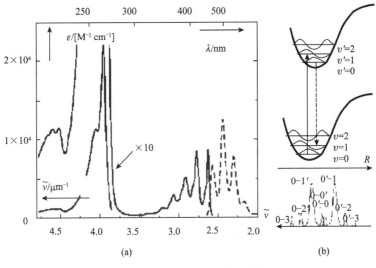

图 2.11 蒽的吸收和荧光发射

Condon 激发后发生溶剂弛豫使激发态稳定化，因此，吸收的 0-0′ 带通常比发射出现在更高的频率处。当激发态的极性远小于基态时，荧光的 0-0′ 带则有可能出现在比吸收更高的频率处[**反斯托克斯位移(anti-Stokes shift)**]。斯托克斯位移一词也被用于表示吸收和发射最大值间的差（见 2.1.1 节关于荧光的脚注），而此值可能比 0-0′ 带的位移大得多。

专题 2.2　荧光增白剂

荧光增白剂(fluorescent whitening agent，FWA)是重要的工业产品[51]，被广泛用于掩盖衣服、纸张以及道路标记表面的黄斑，使之产生"比白色更白"的效果，它们也可掺在聚合物板中作为阳光收集器。FWA 为吸收在近紫外区、荧光在可见光区(通常为蓝光)的染料，荧光染料吸收并发射更长波长的光被用来增强滑雪坡道标志牌的能见度或用作标记墨水突出文本等。例如，荧光素溶液由于其强荧光看起来是绿色的，事实上溶液的颜色是黄色，当以透过溶液看到光源的角度看溶液时就能看到溶液原本的颜色——黄色。纸和衣服如果使用了荧光增白剂，在紫外线照射下看起来会十分明显，例如，在酒吧或薄层色谱分析中使用的"黑光"照射下。纸币中除安全标记外一般不含荧光增白剂，通过检测荧光标记来判断是否为伪钞。

荧光增白剂在近紫外区应具有强吸收，但在可见光区应没有吸收，也就是说应具有在 400 nm 下锐增的吸收带，FWA 还应具有高的荧光量子产率和低的 ISC 与 IC 量子产率，以及高的光稳定性，除此之外，它还应具备在工业应用中所必需的一些性质,诸如与基质间良好的吸附能力和强的黏附力、低毒性以及在环境中能快速降解等。

最常用作荧光增白剂的化学品有二苯基乙烯(stilbene)类、苯乙烯类、三嗪类、苯并噁唑类、香豆素类、萘酰亚胺类化合物,以及它们共价键合的衍生产物(图示 2.2)。DSBP 是二苯基乙烯基联苯衍生物,它是在洗衣剂中应用最多的荧光增白剂,据估算 20 世纪 90 年代其在世界范围的年生产量约为 3000 吨,研究表明,它在水中可用 Fe(Ⅲ)离子进行光化学降解[52]。

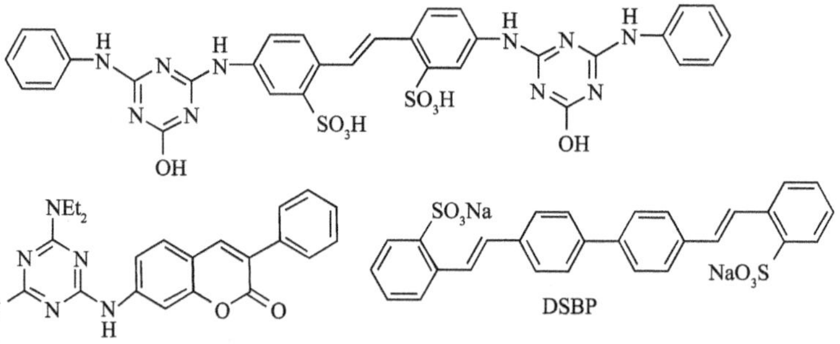

图示 2.2 典型的商用荧光增白剂

最新进展是利用量子点作为纤维的荧光增白剂(见专题 6.30)。

2.2 能量传递、猝灭和敏化

2.2.1 溶液中的扩散控制反应以及自旋统计学

建议阅读综述[53]。

电子激发态具有高反应活性,可以产生多种原初光产物。因此,基于溶液中反应物分子每一次相遇的分子间反应过程也称为扩散控制反应,在光化学中是相当普遍的。

溶液中溶质分子间相遇频率比气相分子碰撞频率要低,这是因为大量溶剂分子的存在阻碍了溶质分子的移动。相反,一旦反应物分子在溶液中相遇,周围溶剂分子又阻止它们分开,它们将发生多次碰撞[Franck-Rabinowitch **笼效应(cage effect)**,专题 6.11]。

分子 A 和分子 B 经**相遇复合物(encounter complex)** A··B 的反应可用图示 2.3 进行动力学处理,式中 k_d 为双分子扩散速率常数,k_{-d} 为从相遇复合物逃离的一级速率常数,k_P 为相遇复合物形成产物的一级反应速率常数。

$$A + B \underset{k_{-d}}{\overset{k_d}{\rightleftharpoons}} A \cdot \cdot B \xrightarrow{k_P} P$$

图示 2.3

相遇复合物浓度 $c_{A \cdot \cdot B}$ 变化的净速率等于它的生成速率减去它的衰减速率（公式 2.25）。

$$dc_{A \cdot \cdot B}/dt = k_d c_A c_B - (k_{-d} + k_P) c_{A \cdot \cdot B}$$

公式 2.25

在整个反应过程中，浓度 $c_{A \cdot \cdot B}$ 与 c_A 和 c_B 相比很小，在经过一个短的诱导期后，相遇复合物的生成速率将在很大程度上与其衰减速率达到平衡，于是我们可以假设 $dc_{A \cdot \cdot B}/dt \approx 0$ [**稳态近似(steady-state approximation)**]。将公式重排可以得到 $c_{A \cdot \cdot B} \approx k_d c_A c_B / (k_{-d} + k_P)$，产物的生成速率 $dc_P/dt = k_P c_{A \cdot \cdot B}$ 可从公式 2.26 得到。

$$dc_P/dt \approx k_d c_A c_B \frac{k_P}{k_{-d} + k_P}$$

公式 2.26

式中比值 $k_P/(k_{-d} + k_P)$ 表示相遇复合物生成产物的**效率**（见 3.7.4 节）。在 $k_{-d} \ll k_P$ 的极限条件下，多数相遇复合物生成产物，公式 2.26 可简化为 $dc_P/dt \approx k_d c_A c_B$，此时反应的总表观速率常数接近扩散速率常数，亦即 $k_r \approx k_d$。早在 1917 年，von Smoluchowski 就从 Fick 扩散第一定律推导出适用于大的球形溶质理想情况的公式 2.27。

$$k_d = 4\pi r^* D N_A$$

公式 2.27　von Smoluchowski 公式

式中的参数 r^* 为反应发生时 A 与 B 的距离，$D = D_A + D_B$ 为 A 和 B 的扩散系数之和，A 和 B 的扩散系数可从 Stokes-Einstein 公式 2.28 计算得到。

$$D_A = \frac{k_B T}{6 \pi \eta r_A}$$

公式 2.28　Stokes-Einstein 公式

式中 k_B 为 Boltzmann 常量，η 为溶剂黏度，通常采用非国际单位泊（Poise，1 P = 0.1 kg m^{-1}s^{-1} = 0.1 Pa s）表示，r_A 为分子 A 的半径，假设分子 A 为球形，且其尺寸远大于溶剂分子。扩散系数的国际单位为 $[D] =$ m^2 s^{-1}。

至此已采用了各种近似，我们可进一步假设 $r_A \approx r_B \approx r^*/2$，以气体常数 R 取代 $k_B N_A$ 即可导出公式 2.29。

$$k_d = \frac{8RT}{3\eta}$$

公式 2.29　大的球形溶质的扩散速率常数

公式 2.29 中 r^* 与扩散系数 D 均已被消去，因为 D 反比于分子半径 $r^*/2$，因此,在这一近似中扩散速率常数 k_d 仅与温度和溶剂黏度相关。一些常用溶剂的黏度和利用公式 2.29 计算得到的扩散速率常数列于表 8.3。扩散对双分子反应速率的影响可以通过改变温度或在给定温度下改变溶剂的组成来研究。对许多溶剂而言[54-56],尽管它们并非醇类[57],但其黏度对温度的依赖关系仍符合 Arrhenius 方程,以 $\log\eta$ 对 $1/T$ 作图,在相当宽的温度范围内是线性关系,以 $\log(k_d\eta/T)$ 对 $1/T$ 的作图也同样是线性的[56]。

对于尺寸与溶剂分子相当或更小的溶质分子,由公式 2.29 计算得到的 k_d 值过低,因为小分子可在较大的溶剂分子间"滑行"(见 2.2.5 节)。对于小尺寸溶质分子而言,利用 von Smoluchowski 公式 2.27 比利用简化的公式 2.29 更能给出准确的预测,前提是扩散系数和反应距离 r^* 可被分别测定[58]。

电中性反应物在低黏度溶剂中形成的相遇复合物的寿命大约在 0.1 ns 量级,即 $k_{-d} \approx k_d$ M,在分子直径尺度随机扩散频率约为 10^{11} s^{-1},相遇复合物解离产物会再次相遇发生"二次复合"[59];但如果在约 1 ns 的时间内二次复合并未发生,解离产物将扩散分开,不会有再次相遇的机会。相遇复合物最初的电子多重度(2S+1)决定了反应物的命运,因为其寿命通常不足以使系间窜越过程发生。

当至少一种反应物的多重度超过 1 时,我们可将图示 2.3 进一步描述为图示 2.4,将反应物的多重度 m 和 n 包括其中[53]:

$$^mA + {}^nB \underset{k_{-d}}{\overset{k_d}{\rightleftharpoons}} {}^{(2S+1)}(A \cdot \cdot B) \xrightarrow{k_P} P$$

图示 2.4

乘积 $mn=(2S_A+1)(2S_B+1)$ 为相遇复合物可能的总自旋角动量量子数 S 的数值,可以通过对各反应物量子数 S_A 和 S_B 组合得到,如公式 2.30 所示。

$$S = S_A + S_B, S_A + S_B - 1, \cdots, |S_A - S_B|$$

公式 2.30

在室温和高于室温条件下,每个多重态 ^mA 和 ^nB 的亚能态的能差 δE 很小,即 $\delta E \ll kT$,因此电子在平衡条件下几乎是平均分布的(Boltzmann 定律,公式 2.9),而且任意相遇自旋态的形成概率相同,如果有 mn 个选择,它等于**自旋统计因子(spin-statistical factor)** $\sigma = (mn)^{-1}$。

例如,带有一个不成对电子的自由基 $S=1/2$,其多重度为 $2S+1=2$。两个自由基 ^2A 和 ^2B 相遇可形成四个自旋态,每个自旋态的形成概率相同,$\sigma=1/4$,其中三个自旋态为三重态,$S=S_A+S_B=1,2S+1=3$,只有一个为单重态,$S=S_A+S_B-1=0,2S+1=1$,只有自旋态为单重态无须 ISC 过程即可进行自由基复合,形成单重态产物 P=A-B。这些讨论说明,自由基复合速率常数不会大于 1/4 的扩散速率常数,因为只有 1/4 的碰撞发生复合。

当两个处于三重态的分子(自旋量子数 $S_A=S_B=1$)发生碰撞时,可形成总量

子数 $S=2$、1 或 0 以及相应多重度分别为 $2S+1=5$、3 或 1 的相遇复合物,如果唯一可能的产物 P 多重度为单重态,反应的自旋统计因子 σ 为 1/9(图示 2.5)。因此,氧猝灭三重态生成单重态氧的表观速率常数(2.2.5 节)通常不会超过氧扩散速率常数的 1/9[60,61]。与之类似,通过三重态-三重态湮灭形成激发单重态(公式 2.51)以及基于两个三重态蒽碰撞形成蒽二聚体[62](图示 6.90)也遵从 1/9 的自旋统计因子。

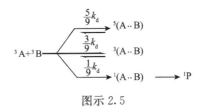

图示 2.5

2.2.2 能量传递

建议阅读参考书[63,64]。

在这一节中我们将讨论激发态分子 D^*(能量给体)将激发态能量传递给相邻分子 A(能量受体)的过程(公式 2.31)。D^* 和 A^* 的多重度将在不同能量传递机制讨论中具体说明。

$$D^* + A \longrightarrow D + A^*$$

公式 2.31 能量传递

能量传递允许分子 A 在不吸收入射光的情况下实现电子激发。例如,在光合生物的光捕获中,能量被含几十、甚至几百个叶绿素分子的天线系统吸收,然后传递到反应中心,再转化为可存储的化学能(专题 6.25 和专题 6.26)[65]。我们在这里只考虑能量给体 D 的最低激发单重态和最低激发三重态,因为在多数情况下从 D 较高激发态发生的**内转换**(internal conversion)和**振动弛豫**(vibrational relaxation)(见 2.1.1 节)相比竞争的分子间能量传递过程要快得多。但也可能会有一些例外,例如,在很低压力气相条件下热弛豫很慢,或者是 A 的局域浓度很高使能量传递迅速发生[66]。能量传递过程是等能的过程:能量给体 D 失去的能量全部在受体中再现。如果 A 的电子激发能量比 D 低,初始时 A 的激发态振动能级被布居,之后过剩的能量将快速耗散到介质中,使能量传递成为不可逆过程[图 2.12(a)]。

辐射能量传递(radiative energy transfer)通过电磁辐射的途径进行:从激发态给体 D^* 自发辐射出的光子随后被受体 A 吸收,这是迄今在稀薄气体体系(如星际空间)能量传递的主要过程。在应用普朗克定律(Planck's law)对**黑体辐射源**(**black-body radiator**)(专题 2.1)频率分布的推导中考虑了辐射能量传递,此种能

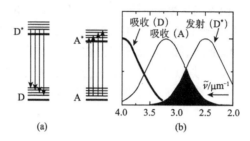

图 2.12 D* 到 A 能量传递的共振条件。(a)图中粗水平线表示电子能态,细水平线表示振动能态;(b)图中黑色部分为光谱重叠积分 J

量传递概念上简单,并且在任何环境下都应予以考虑,因此又被称为**"简易"机制能量传递(trivial energy transfer)**。但是,我们将会看到通常情况下它并不是主要的能量传递过程,除非是在分子间相互作用可被忽略的很大而且稀释体系中。A 的吸收光谱必须与 D* 的发射光谱有重叠 A 才能吸收由 D 发出的光子[见图 2.12(b)]。

从 D 发出的光子被 A 吸收的概率 p 可由公式 2.32 给出:

$$p = \int_{\tilde{\nu}} \bar{I}_{\tilde{\nu}}^{D^*} [1 - 10^{-A(\tilde{\nu})}] d\tilde{\nu}$$

$$\bar{I}_{\tilde{\nu}}^{D^*} = I_{\tilde{\nu}}^{D^*} \Big/ \int_{\tilde{\nu}} I_{\tilde{\nu}}^{D^*} d\tilde{\nu}, \quad 即 \int_{\tilde{\nu}} \bar{I}_{\tilde{\nu}}^{D^*} d\tilde{\nu} = 1$$

公式 2.32 从 D* 到 A 的辐射能量传递概率

式中归一化的**光谱辐射强度(spectral radiant intensity)**[①][10,22] $\bar{I}_{\tilde{\nu}}^{D^*}$ 为 D* 荧光发射的光谱分布,$10^{-A(\tilde{\nu})}$ 等于从 D* 发光点到达溶液边缘的透过率 $T(\tilde{\nu})$。考虑指定波数间隔 d$\tilde{\nu}$ 光子的再吸收概率,公式 2.32 可以推导为 $dp = \bar{I}_{\tilde{\nu}}^{D^*}[1 - T(\tilde{\nu})]d\tilde{\nu}$。

将指数项 $10^{-A} \approx 1 - \ln(10)A$ 作泰勒展开,忽略掉高次项,并以 $\varepsilon_A(\tilde{\nu})c_A \ell$ 替代 $A(\tilde{\nu})$,即可得到适用于低吸收值 A 的公式 2.33 的近似表达,能量传递的概率 p 与浓度 c_A、样品(容器)尺寸和形状相关的发射光子的平均光程以及光谱重叠积分 J 成正比(见图 2.12)。对 D* 发射和 A 吸收的光谱分布 $\bar{I}_{\tilde{\nu}}^{D^*}$ 和 $\varepsilon_A(\tilde{\nu})$ 进行归一化处理,于是**重叠积分 $J^{\tilde{\nu}} = J^{\lambda}$ 不依赖于所涉及跃迁的振子强度**。

$$p \cong 2.303 c_A \ell J$$

$$J^{\tilde{\nu}} = \int_{\tilde{\nu}} \bar{I}_{\tilde{\nu}}^{D^*} \bar{\varepsilon}_A(\tilde{\nu}) d\tilde{\nu}, \quad \int_{\tilde{\nu}} \bar{I}_{\tilde{\nu}}^{D^*} d\tilde{\nu} \equiv \int_{\tilde{\nu}} \bar{\varepsilon}_A(\tilde{\nu}) d\tilde{\nu} \equiv 1$$

---

① **辐射强度(radiant intensity)** I 为全部波长范围内单位立体角 Ω 内的辐射功率 P(公式 2.3),$I = dP/d\Omega$。如果在考虑立体角范围内辐射功率为常数,则 $I = P/\Omega$,I 的单位为 W sr^{-1}。**光谱辐射强度(spectral radiant intensity)**是辐射强度对波长或波数的微商:$I_\lambda = dI/d\lambda$,$I_{\tilde{\nu}} = dI/d\tilde{\nu}$,其国际单位为:$[I_\lambda] =$ W m^{-1} sr^{-1},$I_{\tilde{\nu}} =$ W m sr^{-1}。

$$J^\lambda = \int_\lambda I_\lambda^{D^*} \bar{\varepsilon}_A(\lambda) d\lambda, \quad \int_\lambda \bar{I}_\lambda^{D^*} d\lambda \equiv \int_\lambda \bar{\varepsilon}_A(\lambda) d\lambda \equiv 1$$

公式 2.33　D^* 到 A 辐射能量传递概率

相同分子间辐射机制能量传递由于发射的光子被再次捕获，其发光物种 D^* 的表观寿命倾向增长，但这种情况很少出现，因为当 D=A 时重叠积分 J 必然很小（图 2.12），另一方面，当 D≠A 时，优化的条件下 J 值可接近 1。**从 D^* 到受体 A 的辐射能量传递不影响 D^* 的寿命**，这是因为能量传递发生在 D^* 的自发辐射之后，而且当 A 的激发能比 D 低时，A^* 过剩的振动能量的快速耗散使能量传递成为不可逆过程。

在实际应用中，通常可以观察到 D^* 的荧光寿命（见 3.5 节）和量子产率（见 2.2.7 节）随受体 A 的加入而**降低**，此现象称为**浓度猝灭（concentration quenching）**。当然，当 D^* 与 A 间存在某些相互作用时，D^* 寿命的缩短并不能归因于 D^* 的自发辐射，这种情况称为**非辐射能量传递（nonradiative energy transfer）**过程（受激能量传递应是更恰当的表达，但很少被采用）。此外，Pringsheim 在 1924 年注意到在固态溶液中荧光偏振（见 3.6 节）随 D 浓度增加迅速降低，超出了基于辐射机制能量传递所能给出的合理解释，而且它本应依赖于样品尺寸，但事实却也并非如此。同年，Perrin 将荧光的去偏振性归结为非辐射能量传递，并提出了一个经典的电动力学模型来解释长程能量传递；此后，Perrin 又给出了量子力学解释，但无论是哪种模型都不能准确地再现已有数据。

能量传递有时也可类似地用无线电发射和接收来理解，但这种方法只适用于辐射机制能量传递，并不适用于非辐射机制能量传递，因为在后一种过程中，给体激发能的释放是在受体的刺激下发生的。

非辐射能量传递的量子力学处理基于**费米黄金规则（Fermi's golden rule**，公式 2.21）。相邻分子能量传递前的始态零级波函数 $\Psi_i = \Psi_{D^*}\Psi_A$ 与终态波函数 $\Psi_f = \Psi_D\Psi_{A^*}$ 耦合得到的相互作用项 $V_{if} = \langle \Psi_i | \hat{h} | \Psi_f \rangle$，允许在**无光子介入**的情况下发生长程能量传递。包含在微扰算符 $\hat{h}$ 中的库仑相互作用可作多级数展开；如果分子间距离远大于分子尺寸，式中代表给体 D^* 和受体 A 跃迁矩的偶极-偶极相互作用的第一项在允许跃迁中将起主导作用。两个偶极间相互作用与距离的三次方成反比，因此，正比于 V_{if}^2（公式 2.21）的 **Förster 共振能量传递（FRET）**[①]的速率常数 k_{FRET} 与 D^* 和 A 间距离 R 的 6 次方成反比（公式 2.34）。

[①] FRET 一词最早在生命科学相关的论文中使用，作为荧光共振能量传递（fluorescence resonance energy transfer）首字母的缩写，但此用词并不恰当，因为荧光并不包括在传递中，传递是非辐射的。RET（共振能量传递，resonance energy transfer）一词更为合适，但 RET 也可被用作"电子回传"（return electron transfer，5.4.3 节）。由于 FRET 为首字母缩写组成，目前字母 F 代表"Förster 或 Förster-type"一词。

$$k_{\text{FRET}} = R_0^6/(R^6 \tau_D^0)$$

公式 2.34　Förster 共振能量传递

式中 τ_D^0 为没有受体分子 A 存在时 D^* 的寿命，R_0 为临界传递距离(critical transfer distance)，当距离 R 等于 R_0 时，$k_{\text{FRET}}=1/\tau_D^0$，能量传递与自发辐射的速率常数相等，即此时两个过程具有相同的概率。能量传递速率常数 k_{FRET} 为一级速率常数，其单位$[k_{\text{FRET}}]=\text{s}^{-1}$，它与固定距离和固定相对取向的 D^* 与 A 间的能量传递速率相关。

应用费米黄金规则，Förster 推导出临界传递距离 R_0 与实验可测得光谱数据间的重要关系式(公式 2.35)①[67,68]，这些光谱数据包括没有受体 A 存在时给体的发光量子产率 Φ_D^0，取向因子 κ，光谱重叠区域介质的平均折射率 n，以及光谱重叠积分 J，有关 J 和 κ 的大小将在后面具体说明。以公式 2.35 计算得到的给、受体发色团 D^* 和 A 间距离与已知结果高度一致。因此，FRET 广泛用于确定连接在三级结构未知的生物高分子上标记物 D 和 A 间的距离，称为**"分子标尺"**(molecular ruler)(专题 2.3)。

$$R_0^6 = \frac{9\ln 10}{128\pi^5 N_A} \frac{\kappa^2 \Phi_D^0}{n^4} J$$

公式 2.35　计算临界能量传递距离 R_0 的 Förster 公式。在 Förster 的几篇论文中，
分母中的 π^5 被错印为 π^6，Förster 已在他后续论文中对此进行了更正[69,70]②

光谱重叠积分 J 既可用波数也可用波长来表达(公式 2.36)。对 D^* 发射光谱覆盖的面积作归一化处理，$\bar{I}_{\tilde{\nu}}^{D^*}$ 和 $\bar{I}_{\lambda}^{D^*}$ 分别为以波数和波长表示的归一化光谱辐射强度。需要说明的是这里定义的光谱重叠积分 J 不同于在辐射能量传递中的定义(公式 2.33)，只有 D^* 发射光谱分布 $\bar{I}_{\tilde{\nu}}^{D^*}$ 和 $\bar{I}_{\lambda}^{D^*}$ 被归一化，而受体 A 的激发跃迁矩以摩尔吸光系数 ε_A 的方式明确写入公式中。由于 D^* 的发射光谱被归一化到单位面积，而且吸光系数 ε_A 在波数和波长两种单位表达相等，因此积分 $J^{\tilde{\nu}}$ 和 J^{λ} 也相等。

$$J^{\tilde{\nu}} = \int_{\tilde{\nu}} \bar{I}_{\tilde{\nu}}^{D^*} \varepsilon_A(\tilde{\nu}) \frac{\mathrm{d}\tilde{\nu}}{\tilde{\nu}^4}, \quad J^{\lambda} = \int_{\lambda} \bar{I}_{\lambda}^{D^*} \varepsilon_A(\lambda) \lambda^4 \mathrm{d}\lambda$$

---

① "对于在斯图加特的学者 Förster 而言，将这本书称为"家中的圣经"一点都不为过，一是因为它为我们提供了理解方式，二是它精确和简洁的风格，在我们尚未真正掌握它的丰富内涵之前，书中每一个重要用词和很多句子都需要仔细和重复阅读，或者有翻译的诠释会更好。由于此书未译成英文，对于不精通德文的人，书中大部分内容就如同被七封印密封，美国同行们说它保证了德国多年来在荧光光谱方面的领先地位"。[译自 1974 年 A. Weller 为 Förster 所写讣闻]

② 公式 2.35 中，只要两侧单位的乘积相同，单位可任意选择。在很多论文、综述和教科书中，分子上的因子为 9000 而不是 9，显然，这是将 dm^3 (出现在摩尔吸光系数 ε 中)转换为 cm^3 所致。如果因子为 9000，公式 2.35 两侧的单位就不再相同(**应当小心！**)，这种混乱和不必要的实践应当避免，在进行转换时必须要标明给出的单位，如无量纲公式 2.37 中那样。

$$\int_{\tilde{\nu}} \bar{I}_{\tilde{\nu}}^{D^*} d\tilde{\nu} \equiv 1, \quad \int_{\lambda} \bar{I}_{\lambda}^{D^*} d\lambda \equiv 1$$

公式 2.36　非辐射能量传递的光谱重叠积分

有了数字常数以及长度转换系数后，我们可以得到 R_0 的实用表达式公式 2.37。使用不同的单位比例常数也将有所不同，因此，在计算 J 值时也就没必要非要将给体发射光谱转换为波数(3.4节)。

$$\frac{R_0}{\text{nm}} = 0.02108 \left(\frac{\kappa^2 \Phi_D^0}{n^4} \frac{J^\lambda}{\text{mol}^{-1} \text{ dm}^3 \text{ cm}^{-1} \text{ nm}^4} \right)^{\frac{1}{6}}$$

公式 2.37　R_0 的实用表达式

在 $J^{\tilde{\nu}}$ 和 J^λ 中的变量 $\tilde{\nu}$ 和 λ 有时也分别用表示最大光谱重叠位置的波数或波长的恒定平均值 $\bar{\tilde{\nu}}$ 和 $\bar{\lambda}$ 代替，于是它们可被移到积分值 J 的前面。取向因子 κ 可通过公式 2.38 来确定：

$$\kappa = \frac{\boldsymbol{\mu}_D \boldsymbol{\mu}_A - 3(\boldsymbol{\mu}_D \boldsymbol{r})(\boldsymbol{\mu}_A \boldsymbol{r})}{\boldsymbol{\mu}_D \boldsymbol{\mu}_A}$$

公式 2.38　取向因子

公式 2.38 中的 $\boldsymbol{\mu}_D$ 和 $\boldsymbol{\mu}_A$ 为 D 和 A 的跃迁矩矢量，$\boldsymbol{r}$ 为 R 方向上的单位矢量。根据跃迁偶极矩 $\boldsymbol{\mu}_D$ 和 $\boldsymbol{\mu}_A$ 的相对取向，κ^2 的大小在 0~4 的范围。相关角度定义如图 2.13 所示，当由 $\boldsymbol{\mu}_D$ 产生的电场垂直于 $\boldsymbol{\mu}_A$ 时，也就是当 $\theta_{DA}=\theta_D=90°$ 或 $\theta_{DA}=\theta_A=90°$ 时，或公式 2.38 中分数分子中的两项可相互抵消时，$\kappa^2=0$；当所有矢量都排成一行，即 $\theta_{DA}=\theta_D=\theta_A=0°$ 时，$\kappa^2=4$。

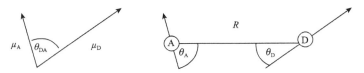

图 2.13　取向因子 κ 的角度定义

有两个问题必须认真加以考虑，一是低黏度介质中扩散对能量传递速率的影响，这将在后面进行讨论；二是选择适当的取向因子 κ。对于溶液中的 FRET，通常会合理假设在 D^* 的寿命时间内分子 D^* 和 A 进行快速的布朗转动(Brownian rotation)，对跃迁偶极所有可能的取向进行平均得到 $\langle \kappa^2 \rangle = 2/3$。在刚性介质中，偶极虽然无规取向但在给体发光寿命时间内分子并不旋转，此时就必须采用其他平均值，例如，对大的三维样品而言，$\langle |\kappa^2| \rangle = 0.476$[71]。将荧光标记物连接到生物大分子(如酶或 DNA)的某个特定位置，通过测定其 FRET 效率来确定这些位点间距离时，采用 $\langle \kappa^2 \rangle = 2/3$ 的取向因子可能多余的担心[72]已被去除[73]。

专题 2.3 能量传递——生物高分子中距离测量和运动示踪的工具

FRET 效率(公式 3.32,3.9.7 节)可定义为：$\eta_{\mathrm{FRET}} = k_{\mathrm{FRET}}/(k_{\mathrm{FRET}} + 1/\tau_{\mathrm{D}}^{0})$。以公式 2.34 代替 k_{FRET}，可得公式 2.39。可以看出，当 R 值超过临界 Förster 半径 R_0 后，该函数曲线迅速下降，如图 2.14 所示。

$$\eta_{\mathrm{FRET}} = R_0^6/(R_0^6 + R^6)$$

公式 2.39 效率 η_{FRET} 与距离的关系

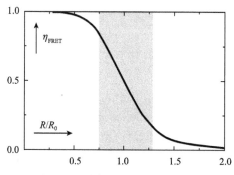

图 2.14 效率 η_{FRET} 对距离的函数

将给体发色团 D 和受体 A 连接在生物大分子(如发夹式 DNA 或酶)的某特定位置，保持其他条件相同，测定有、无受体 A 存在时的稳态荧光强度，即可测得 FRET 效率，$\eta_{\mathrm{FRET}} = 1 - I_\lambda^0/I_\lambda^A$。通过 D 和 A 的光谱性质计算临界 Förster 半径 R_0(公式 2.37)，根据实验测得的 η_{FRET}，可用公式 2.39 确定表观给体-受体间的距离 $R = R_{\mathrm{app}}$(公式 2.40)，因此表达为"**分子标尺**"(**molecular ruler**)或"**光谱标尺**"(**spectroscopic ruler**)[74,75]。

$$R_{\mathrm{app}} = R_0 \left(\frac{I_\lambda^A}{I_\lambda^0}\right)^{1/6}$$

公式 2.40 FRET 作为分子标尺

已有充分的证据表明，在相对刚性的体系中计算或通过其他方法测定的 D 与 A 间的距离 R 与通过 FRET 测定的 R_{app} 结果高度一致。但在柔性大分子中，由于给体-受体间距离分布很广，测得的 R_{app} 值与真实的给体-受体间距离会有一定的差距，利用稳态 FRET 测量距离 R_{app} 明显高估了实际平均距离[76]。因此，处理柔性大分子或构象混合物体系时，有必要采用时间分辨 FRET 测量[75]。

近年来，单分子光谱(single-molecule spectroscopy, SMS, 3.13 节)已成功用于探测控制蛋白质折叠的自由能面[77]，不同于整体测量的单分子方法在 FRET 应用中向前迈出重要的一步[78-82]。单个变性蛋白质分子的构象变化随

FRET重复"开"和"关",如"日记"一样记录下来,用来寻找其固有结构(图2.15)。理想情况下,人们还希望能对单个多肽链扭动通过能量图景时重构随时间变化的动力学进行研究,因为每个分子都会经不同的路径到达其折叠态;类似地,也可以通过单分子FRET监测底物转化时构象的变化来理解酶的工作过程[83]。可以预测,利用FRET的SMS研究工作还将继续引起广泛的关注。

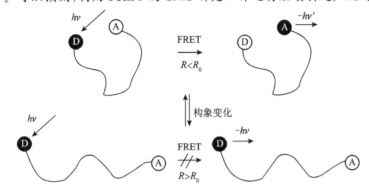

图2.15　图中空心圆和实心圆分别代表D和A的基态和激发态

Levinthal在1969年提出了著名的悖论,指出多肽链构型空间如此之大,随机寻找很难找到其固有的构象。进化显然已经选择了多肽链,它们可快速可靠地到达其固有折叠,它们的自由能图景呈现最小的凹凸不平度,整体呈浅漏斗状。

柔性双发色团体系D-(CH$_2$)$_n$-A的三重态-三重态能量传递(triplet-triplet energy transfer,TET)速率常数k_{et}可通过稳态猝灭和量子产率的方法确定。当$n=3$时,k_{et}的大小与刚性双发色团体系相当,因此认为此时"通过键"(through-bond)进行的能量传递机制起重要作用;当连接体聚亚甲基链增长,逐渐下降的TET速率常数表明是"通过空间"(through-space)相互作用,快速构象平衡使^{3}D与A间相遇接触,与"通过键"机制竞争,当$n \geq 5$时"通过空间"进行的能量传递机制是体系中能量传递的唯一机制[84,85]。

皮秒时间尺度的单键构象变化是肽链折叠最基本的步骤,分子内环的形成允许未折叠多肽链在蛋白质折叠过程中寻找有利的相互作用;纳秒时间尺度的动力学表示链扩散在自由能图景寻找不同局域最小的过程。因此,三重态-三重态能量传递非常适合监测多肽链的接触生成速率以研究肽链折叠早期动力学[86-88]。作为替代方法,用长寿命荧光化合物2,3-二氮杂双环[2,2,2]辛-2-烯(2,3-diazabicyclo[2,2,2]oct-2-ene,DBO)监测寡肽链的接触猝灭,得到了高度一致的结果[89,90]。5'-DBO-(X)$_n$-dG(X=dA,dC,dT,dU,$n=2,4$)型单链寡脱氧核苷酸末端到末端碰撞动力学也可用同样的方法研究,荧光团共价连接于5'位的末端,而dG作为有效的内猝灭剂连接在3'位末端[91]。

当受体激发能略低于给体、确保给受体间具有良好的光谱重叠时,从单重态给体 $^1D^*$ 向基态单重态受体 A 的 FRET 效果最好。相同分子 D=A 间只存在 0-0 跃迁的光谱重叠,其 FRET 过程相对较慢,特别是在低温条件下;但在高温下,由于 $^1D^*$ 的一些激发振动能级被热布居,光谱重叠增加,将有利于 FRET 过程。在单晶中,长程能量传递可反复发生,直至能量被能量较低的缺陷所俘获。有序体系中发色团间的 FRET 过程研究也得到了有意义的结果,如上载了发色团的沸石体系[92],单分子层组装体[93],自组装柱状液晶相[94-96],树枝形聚合物[97,98],以及其他可用于分子开关、转换开关[99,100]或天线分子[101,102]的共价连接发色团体系等。在 m 个给体和 n 个受体发色团紧密相关的体系中,仅考虑相邻成对发色团间相互作用的简单模型可能是不够的,应同时考虑所有给受体间 $m \times n$ 的电子耦合作用,这是个更为离域的模型,具有更快的能量传递速率(激子跳跃)[103]。

公式 2.37 预测,受体 A 的禁阻跃迁能量传递距离 R_0 很短,例如,受体为吸光系数 ε 很小的有机分子的单重态-三重态能量传递;当 $R_0 \leqslant 0.5$ nm 时,偶极近似不再适用,而其他相互作用开始起作用(见下文)。另一方面,尽管三重态-单重态能量传递(公式 2.41)是自旋禁阻的过程,但如果三重态给体具有高磷光量子产率,并与受体单重态吸收有良好光谱重叠,三重态给体到单重态受体间的 FRET 过程也可以有效地发生[104,105],三重态发光体 $^3D^*$ 的低跃迁偶极可从它的长寿命 $^3\tau_D^0$ 得到补偿。

$$^3D^* + A \longrightarrow D + {}^1A^*$$

公式 2.41　三重态-单重态能量传递

一些常见单重态给体和受体对的 Förster 半径列于表 2.2 中。

表 2.2　实验测得各种 D-A 对的 Förster 半径

给体	受体	介质	R_0/nm	类型	文献
蒽(六苯并苯)	罗丹明 6G	PMMA	2.84	$^1D^* \to A$	[106]
蒽(六苯并苯)	吖啶黄	PMMA	3.59	$^1D^* \to A$	[106]
1,12-苯并苝	吖啶黄	PMMA	3.34	$^1D^* \to A$	[106]
芘	芘	PMMA	3.59	$^1D^* \to A$	[106]
9,10-二氯蒽	苝	—	3.78	$^1D^* \to A$	[106]
菲-d_{12}	罗丹明 B	CA[a]	4.33	$^3D^* \to A$	[105],[106]
芘	TMPD^{+b}	CH_3CN	4.0	$^1D^* \to {}^2A$	[107]
香豆素 460	[Ru(bpy)$_3$]$^{2+}$	CH_3CN	4.4	$^1D^* \to A$	[108]

a 醋酸纤维素;
b Wurster 蓝色自由基阳离子。

能量传递如何影响受体荧光衰减动力学和强度呢? 在刚性或高黏度介质中,可以认为分子在 $^1D^*$ 寿命内是静止的(除可能的布朗旋转外),正如 Förster 所预测的[67,68],D 被短脉冲光激发后,因 $^1D^*$ 荧光发射,其光谱辐射强度 $I_{\tilde{\nu}}^{D^*}$ 随时间 t 呈非指数衰减(公式 2.42)[63]。

$$I_{\overline{\nu}}^{D^*}(t, c_A) = I_{\overline{\nu}}^{D^*}(t=0) e^{-\left\{\frac{t}{\tau_D^0} + \frac{2c_A}{c_A^0}\sqrt{\frac{t}{\tau_D^0}}\right\}}$$

公式 2.42　固态溶液中 Förster 衰减动力学

τ_D^0 为没有受体 A 存在时给体的荧光寿命，c_A 为受体浓度，c_A^0 为受体 A **临界浓度(critical concentration)**，由公式 2.43 确定。

$$c_A^0 = \frac{3}{2\pi^{3/2} N_A R_0^3} = 4.473 \times 10^{-25} \left(\frac{R_0}{\text{nm}}\right)^{-1} \text{mol dm}^{-3}$$

公式 2.43　临界浓度

传递到 A 的共振能量加速了 $^1D^*$ 的衰减，因此给体的荧光量子产率减小，而受体 A 的荧光量子产率相应增加。假设分子间距离遵从统计(高斯)分布，Förster 推导出公式 2.44 所示的受体相对荧光量子产率 $\Phi_A(c_A)/\Phi_A^{\max}$[68]。

$$\frac{\Phi_A(c_A)}{\Phi_A^{\max}} = \sqrt{\pi} x e^{x^2} \left\{1 - \frac{2}{\sqrt{\pi}} \int_0^x e^{-y^2} dy\right\}$$

公式 2.44　浓度猝灭

公式 2.44 大括号中的第二项为高斯误差函数，$x = c_A/c_A^0$；$\Phi_A^{\max}$ 为 A 的荧光量子产率，无论是 A 被直接激发，还是在 A 高浓度下 D 激发后将能量全部传递给 A 的情况。该函数及表示 A 对 $^1D^*$ 的浓度猝灭的对应函数 $\Phi_D(c_A)/\Phi_D^0 = 1 - \Phi_A(c_A)/\Phi_A^{\max}$ 如图 2.16 所示。

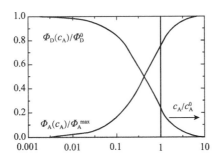

图 2.16　刚性溶液中给体 D 和受体 A 的相对荧光量子产率。图中竖线标记浓度为 $c_A = c_A^0$

因此，刚性溶液中临界能量传递距离 R_0 可通过测量不同受体 A 浓度下 D 和 A 的相对荧光量子产率(公式 2.44)或测量 D 荧光衰减的时间分辨(公式 2.42)确定，所得结果与通过 Förster 公式 2.37 计算的结果完全一致。

流动溶液中的情况可分为三种。受体 A 浓度高度稀释情况下，给体与受体间的距离很难在 10 nm 以内，此时辐射机制能量传递为主要过程，$^1D^*$ 的寿命不因 A 的存在而受到影响。在中等受体 A 浓度下，A 引起 $^1D^*$ 的荧光猝灭主要基于 A 向 $^1D^*$ 的扩散，给体荧光寿命 τ_D 内分子的平均扩散距离可由公式 2.45 给出：

$$\bar{r} = \sqrt{2D\tau_D}$$
公式 2.45　平均分子扩散距离

式中的 D 为给体与受体扩散系数之和,可通过 Stokes-Einstein 公式 2.28 计算得到。

当扩散距离 $\bar{r} > 3R_0$ 时,荧光以接近指数方式衰减,给体荧光寿命随 A 浓度的增加线性减小,其荧光猝灭符合 Stern-Volmer 动力学(3.9.8 节,公式 3.36)。然而,从表观给体荧光猝灭得到的能量传递双分子速率常数 k_{et} 经常会大于从公式 2.26 计算得到的扩散速率常数 k_d,这是因为共振能量传递并不需要 D 和 A 间的紧密接触。最后一种情况是在高浓度和低黏度溶剂中,$\bar{r} \leqslant 3R_0$,给体的荧光衰减动力学变得复杂,但如果需要,对其进行分析也是可能的[109,110]。

三重态-三重态能量传递(公式 2.46)过程中电子总自旋守恒,是自旋允许的过程,但因为 A 的单重态-三重态吸收振子强度极小,从库仑作用角度来看它是禁阻的。Dexter 报道了基于电子交换机制三重态能量传递的量子力学处理,三重态能量传递被认为是给体分子 $^3D^*$ 与受体 A 分子轨道间同时进行两个电子交换过程(5.2 节),如图 2.17 所示。

$$^3D^* + A \longrightarrow D + {}^3A^*$$
公式 2.46　三重态能量传递

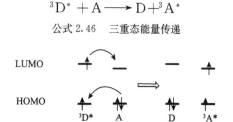

图 2.17　从 $^3D^*$ 到 A 三重态能量传递的电子交换机制。图中的水平线表示分子轨道能量

我们不必关心电子交换过程的量子力学处理,只需要知道通过电子交换进行的三重态能量传递,**Dexter 机制(Dexter mechanism)**,要求 D 和 A 分子轨道有适当重叠,其临界能量传递距离本质上等于 D 和 A 的范德瓦耳斯半径之和。

三重态能量传递可通过纳秒闪光光解(3.7 节)方便地测量,这是因为最低三重态分子有很强的三重态-三重态特征吸收光谱,通常会扩展到可见光区域(图 2.18)。

三重态能量传递在制备光化学中是产生分子三重态的重要方法,一方面有些分子不能通过直接激发和相继发生的 ISC 过程到达三重态,另一方面也可避免因激发到单重态而发生的不必要的副反应。激发合适的给体分子而不直接激发目标底物生成目标底物三重态的方法叫作**三重态敏化(triplet sensitization)**。有效的能量传递要求给体 D 的三重态能量 $E_T(D) = E(^3D^*) - E(D)$ 要高于受体的三重态能量,即 $\Delta E_T = E_T(A) - E_T(D) \leqslant 0$,除此之外,还必须可以选择性地激发给

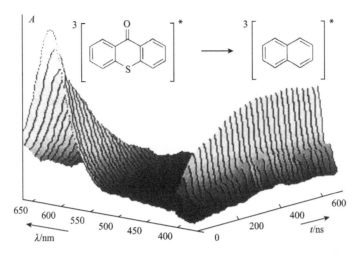

图 2.18 以 351 nm 的纳秒脉冲光选择性激发硫杂蒽酮,不同衰减时间三重态硫杂蒽酮到萘的能量传递(硫杂蒽酮三重态:$\lambda_{max}=650$ nm,$E_T=265$ kJ mol^{-1};萘:1×10^{-3} M,三重态萘的 T-T 吸收:$\lambda_{max}=415$ nm,$E_T=254$ kJ mol^{-1})

体,通常选择吸收比受体在更长波长处的给体来实现(图 2.19)。

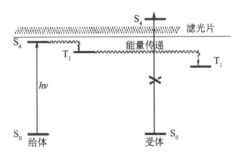

图 2.19 三重态敏化

二苯酮($E_T=288$ kJ mol^{-1})和呫吨酮(氧杂蒽酮,xanthone)(对于硫杂蒽酮,$E_T=265$ kJ mol^{-1},图 2.18)的吸收均处于较长波长处,而且较小的单重态-三重态能隙使它们 ISC 效率很高($\Phi_{ISC}\approx1$),因此常用作三重态敏化剂。除此之外,也可以使用过量的给体来确保大部分光被其吸收,例如,使用丙酮作为溶剂。

如果受体三重态能量与给体相当或高于给体,即 $\Delta E_T=E_T(A)-E_T(D)\geqslant0$,热平衡相遇复合物的分离效率与受体激发能的关系由 Boltzmann 分布定律 $n_{A^*}/n_{D^*}=\exp(-\Delta E_T/RT)$ 给出,可以预测当能量传递过程为强吸热过程时($\Delta E_T/RT\gg1$),能量传递速率常数 $k_{et}=k_d n_{A^*}/(n_{A^*}/n_{D^*})$ 将呈指数形式衰减(公式 2.47),这已在 2,3-丁二酮($E_T=236$ kJ mol^{-1})与一系列不同三重态能量受体间的三重态能量传递的开创性研究中观察到[111]。

$$k_{et} = \frac{k_d}{1+e^{\Delta E_T/RT}} \approx k_d e^{-\Delta E_T/RT}, \quad \Delta E_T \gg 0$$

公式 2.47

Hammond、Saltiel 及其同事紧随其后也观察到：当受体的弛豫激发三重态结构与其基态明显不同时，例如，二苯基乙烯的情况，其能量传递的速率常数会比公式 2.47 预测的要小。这些发现引发了对二苯基乙烯和相关化合物扭曲三重态几何构型的广泛研究(5.5 节)，并创造出**非垂直能量传递**(nonvertical energy transfer, NVET)一词来描述这种情况。

Balzani 从电子转移理论(5.2 节)推导得到了 NVET 的经典处理(公式 2.48)[113]。

$$k_{et} = \frac{k_d}{1+e^{\Delta G/RT}+\dfrac{k_{-d}}{k_{et}^0}e^{\Delta G^\ddagger/RT}}$$

公式 2.48

给体和受体三重态激发自由能变化 ΔG 通常可用光谱能量差 $\Delta E_T = E_T(A) - E_T(D)$ 替代，$E_T(A)$ 和 $E_T(D)$ 通过其磷光光谱的 0-0 带确定，忽略掉了激发 A 和 D 到其三重态时所引起的熵变(见 3.11 节)。分母中的活化自由能 $\Delta G^\ddagger$ 描述了 D 到 A 非垂直能量传递所需的额外自由能，它被视为拟合参数，当 $\Delta G^\ddagger = 1300 \text{ cm}^{-1}$ 时，相对于 $\Delta G = 0$ 时的 $k_d/2$ 速率常数 k_{et} 减小约两个数量级。

另一称为"热带"机制("Hotband" mechanism)的模型支持二苯基乙烯敏化中 NVET 速率温度依赖性研究结果[114,115]。在该模型中，假设基态受体振动热布居模式为去往接近弛豫激发态几何构型的通道，如图 2.20 所示，不同三重态给体间的能量差几乎全部体现为活化熵而并非为活化焓的事实支持了这一模型，正如 Balzani 推导结果所预期的一样。

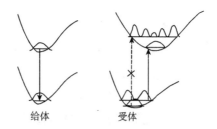

给体　　　　受体

图 2.20　给体能量不足以与 A 发生垂直的能量传递(虚线箭头)，但足以发生热活化 NVET。图中给出了振动波函数的平方

NVET 的其他例子还有以 1,3,5,7-环辛四烯[116]和环丁二烯衍生物[117]为三重态能量受体的研究。1,3,5,7-环辛四烯基态为褶皱结构，而其激发三重态为平面结构；环丁二烯基态为长方形结构，而其激发三重态为正方形结构。

镧系离子具有长发光寿命和在可见光区的强发光，但它们的 f-f 吸收带很弱，通过 FRET 过程将能量传递给镧系离子效率不高。但如果将镧系离子与作为捕光天线的合适的发色团形成复合物，有效的 FRET 过程、甚至双光子吸收过程均可实现[118]。镧系离子配合物(图 2.21)被用于活细胞中离子通道的成像，研究细胞中蛋白质-蛋白质间的相互作用或 DNA-蛋白质复合物，还被用于高通量筛选实验中与 DNA 转录因子相关的肽二聚体的测定，以及配体与接受体间的相互作用研究[119]。

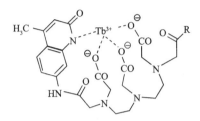

图 2.21 用作生物物理研究探针的铽离子复合物

2.2.3 激基缔合物和激基复合物

芘在除气环己烷稀溶液($<10^{-4}$ M)中的荧光光谱具有振动结构，最大峰在 395 nm 处；随芘浓度增加，芘的荧光量子产率降低，而最大峰在约 480 nm 处的无结构宽发光带生成并逐渐增强[图 2.22(a)]。

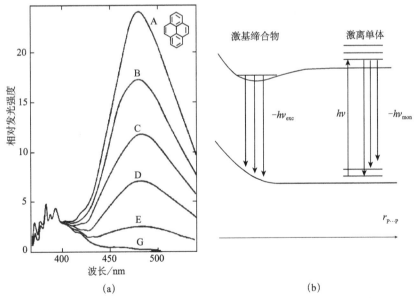

图 2.22 (a)不同浓度芘环己烷溶液的荧光光谱，芘单体发光强度归一化为同一数值 Φ_f。A：10^{-2} M；B：7.75×10^{-3} M；C：5.5×10^{-3} M；D：3.25×10^{-3} M；E：10^{-3} M；G：10^{-4} M。复制自文献[109]，版权 1970，John Wiley & Sons，Ltd.。(b)激基缔合物形成势能面；$r_{p\cdots p}$ 为两个芘分子间的距离，所示单体的振动能级为游离状态，并不是 $r_{p\cdots p}$ 时的情况

Förster 首先对这一现象进行了确定和解释[120],这种无结构发射归属为激发单重态芘 $^1P^*$ 与另一基态芘分子 P 碰撞形成的激发态芘二聚体($^1P^*\cdot\cdot P$)的发光。随后发现很多芳香分子均有类似的行为。Stevens 提出用**激基缔合物(excimer, excited dimer)**一词来表示此物种,与基态复合物的激发态相区别。从图 2.22(a)可以看到,即使在相对较低浓度下,仍以激基缔合物的形成为主,这是因为芘有超长的激发态寿命,$^1\tau=650$ ns,即使在低浓度 $^1P^*$ 也可通过扩散与 P 碰撞。

从图 2.22(b)可以看出,两个芘分子在基态接近时是相互排斥的,但当一个芘分子为激发态时两者靠近则略有吸引。芘的振动态是指与分子间距离 $r_{P\cdots P}$ 正交的分子内坐标,因此芘单分子的发光带具有精细结构,处于浅势能最低处的激基缔合物在基态势能面却无对应的振动态。

芘荧光的时间分辨测量显示,分子被激发的瞬间只能观察到带有精细结构的单体发射,因为芘分子在基态没有相互作用;随扩散碰撞形成了激基缔合物,宽发射峰增长,最终单体与激基缔合物达到平衡。

为何许多电子激发态的分子倾向于与一个或多个基态分子作用,而基态分子间没有这种作用呢?我们首先想到的是两个分子相互作用是熵不利的,因为这会丧失单分子平动和转动自由度。通过统计热力学我们可以很容易地计算出气相中芘的平动熵为 $S_{trans}=174$ J K^{-1} mol^{-1}($p=1$ bar,1 bar$=10^5$ Pa,$T=298$ K),虽然在溶液中分子因移动受限平动熵会略低,但激基缔合物形成导致的熵变 $\Delta_{exc}S$ 仍在 -100 J K^{-1} mol^{-1} 量级。因此,激基缔合物的形成要求其焓变 $\Delta_{exc}H$ 必须是放热的(公式 2.49)。室温下,芘在异辛烷中激基缔合物形成的平衡常数为 $K_{ass}=3.3\times10^3$ M^{-1}[121]。

$$\Delta_{exc}G = \Delta_{exc}H - T\Delta_{exc}S < 0 \text{ 要求 } \Delta_{exc}H < -30 \text{ kJ mol}^{-1}(T = 298 \text{ K})$$

公式 2.49　激基缔合物形成的热化学

当两个芘分子以相对短的链共价相连时,激基缔合物的形成只有部分旋转自由度的丢失(图 2.23)[122-124],此时激基缔合物更易形成。

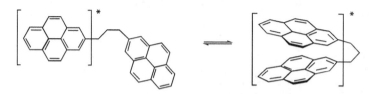

图 2.23　共价键连接两个芘化合物激基缔合物的形成

量子力学处理表明,有三种不同类型的稳定化作用均对激基缔合物的稳定性有贡献。其中最重要的一种称为**激子相互作用(exciton interaction)**,可看作是相邻分子间激发态能离域引起的稳定化能,在单重态能量传递的 Förster 处理中也考虑了这种相互作用,将在最后一节中讨论。对激基缔合物我们采用了尝试波函

数 Ψ_{exc},它由两个分子 A 和 B 任意一个被激发的波函数的平均混合组成,$\Psi_{exc} = c[\Psi_A\Psi_B^* \pm \Psi_A^*\Psi_B]$。如果波函数 Ψ_A、Ψ_A^*、Ψ_B 和 Ψ_B^* 分别表示游离分子基态和最低激发单重态的本征函数,激基缔合物的能量可用变分定理计算(公式 1.14),导出 2×2 的久期行列式(公式 2.50)。

$$\left\| \begin{matrix} H_{11} - \varepsilon & H_{12} \\ H_{21} & H_{22} - \varepsilon \end{matrix} \right\| = 0$$
公式 2.50

当 A=B=P(芘)时,与两个基本函数相关的能量相同,$H_{11} = H_{22} = E(P) + E(P^*)$,相互作用项也相同 $H_{12} = H_{21}$,在最简单近似下它们等于两分子跃迁矩 $M_{0\to 1}$(公式 2.18)的相互作用。久期行列式扩展为二次方程 $(H_{11}-\varepsilon)^2 - H_{12}^2 = 0$,产生两个激子态(图 2.24),较低能的激子相对于游离分子的稳定化能为相互作用能 H_{12}。

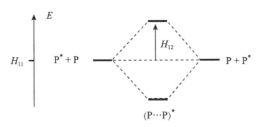

图 2.24 激子相互作用

芘的 $S_0 \to S_1$ 跃迁很弱,$\log(\varepsilon/M^{-1}\,cm^{-1}) \approx 2$(见 4.7 节),基于上述方法简单处理可以预期其激子稳定化程度低,在这种情况下计算 H_{12} 时必须将高激发态以及有着 $\Psi_{A+}\Psi_B^- \pm \Psi_A^-\Psi_{B+}$ 类型的电荷转移态考虑在内。在激发态分子与不同基态分子形成的碰撞复合物中电荷转移态的贡献更为重要,此时激发态分子和基态分子作为电子给体或受体,这类激发态复合物称为**激基复合物**(exciplex),将在 5.2 节中进行讨论。单重态-三重态跃迁的跃迁矩基本为零,所以激子相互作用几乎不能诱导生成三重态碰撞对 $^3A^*\cdots B$,事实上,**三重态激基缔合物**(triplet excimers)也没有明确已知的例子[125],要观察到激基缔合物的磷光或者需要在很高的浓度下(但同时伴随杂质发光干扰的风险),或者以共价键连接两个发色团来减少激基缔合物形成熵不利[126]。

迄今为止,我们忽略了激基缔合物中两分子轨道的重叠,但在短距离下(如 $r_{P\cdots P} \leqslant 300\,pm$),轨道重叠可进一步稳定化激基缔合物。如图 2.25 所示,分子间轨道重叠引起的简并轨道一级微扰(4.3 节)并不能稳定化基态碰撞复合物(事实上反而去稳定化,因为双重占据轨道的反键相互作用在一定程度上比成键相互作用要强),但在激基缔合物中可以有两个电子的净稳定化作用。

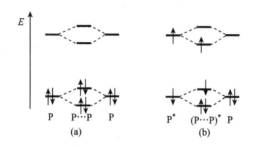

图 2.25 两个芘分子 P 碰撞复合物的分子轨道图解[(a)基态;(b)激基缔合物]

2.2.4 延迟荧光

迄今为止,我们所讨论的荧光均来自直接激发分子 M 到其单重激发态,如果分子 M 最初被激发到较高激发单重态,则经 IC 过程到达其 S_1 态,并发射即时荧光,荧光寿命在纳秒量级。除此之外,经 ISC 过程到达 T_1 态后可以想象有几个过程可以实现 S_1 态的再布居,再布居 S_1 态的发光与荧光具有相同的光谱特征,但其发光寿命远长于即时荧光发射,这就是**延迟荧光**(delayed fluorescence)。这些过程又细分为"**P-型**"(P-type)和"**E-型**"(E-type)延迟荧光[32]。这里我们不考虑诸如杂质或离子化后与形成 $^1M^*$ 的再结合导致的"虚假"延迟荧光。

E-型延迟荧光(E-type delayed fluorescence)的经典例子是在除气溶剂中曙红(eosin,4′,5′-二溴-2′,7′-二硝基荧光素二钠盐)的延迟荧光,名字 **E-型**就来自曙红(**e**osin)英文词的首字母,曙红具有高 ISC 量子产率和小的单重态-三重态能隙,$\Delta E_{ST} = 18$ kJ mol^{-1}。具有 T_1 态寿命的延迟荧光来自热活化再布居 S_1 态,它由 T_1 态反向 ISC 过程形成。随温度降低 E-型延迟荧光强度显著降低[32]。在具有大的单重态-三重态能隙的芳香碳氢化合物中未观察到 E-型延迟荧光(4.7 节)。

三重态敏化剂氧杂蒽酮延迟荧光的研究报道[127]为 El Sayed 规则(2.1.6 节)提供了典型的例证,其 ISC 过程超快,仅需 1 ps。在水溶液中观察到寿命为 700 ps 的延迟荧光,稳态和时间分辨温度依赖实验结果表明,首先从 $S_1(\pi,\pi^*)$ 态经 ISC 生成能量几乎与 S_1 态相同的 $T_2(n,\pi^*)$ 态,延迟荧光归因于 $T_2(n,\pi^*)$ 态的逆向 ISC,该过程与到 $T_1(\pi,\pi^*)$ 态的内转换过程竞争。

P-型延迟荧光(P-type delayed fluorescence)首先在芘(pyrene)中观察到[128] (图 2.9),随后也在许多其他芳香化合物中观察到[48,49]。P-型延迟荧光是三重态-三重态湮灭过程的结果(公式 2.51),当两个三重态分子 $^3M^*$ 的能量加和大于 $^1M^*$ 的能量,即 $2E_T(M) > E_S(M)$ 时,根据自旋统计规则(图示 2.5),两个 $^3M^*$ 分子相遇有 1/9 的概率形成单重态分子对,而根据能隙定律它将倾向于生成一个激发单重态分子 $^1M^*$。

$$^3M^* + {}^3M^* \longrightarrow {}^1(M\cdots M) \longrightarrow {}^1M^* + M$$

公式 2.51　三重态-三重态湮灭

三重态-三重态湮灭需要两个激发三重态分子$^3M^*$，因此，在普通光源照射下，P-型延迟荧光的强度正比于辐射功率的平方。P-型延迟荧光的衰减并不遵从简单的速率定律，其衰减动力学与三重态的衰减相关，是一级和二级动力学的混合。

2.2.5　分子氧

经过长时期艰苦的研究人们才对科学史上最迷人的光氧化过程有了真正的理解（见 6.7 节）[129,130]。早在 1924 年 G. N. Lewiszai 就提出顺磁性的氧是双自由基物种，四年后，R. S. Mulliken 提出了氧的分子轨道描述，预测在其基态三重态之上存在两个激发单重态，他将已知的氧在"1.62V"（1.31 μm^{-1}, 762 nm）处的"大气吸收带"归属为这些"亚稳态"的高能态。

1931 年，H. Kautsky 认为敏化生成的短寿命高活性分子氧形式是染料光氧化的原因[131]，并通过巧妙设计的实验证实了他的观点。他将黄色染料和无色的氧化底物（无色孔雀石）分别吸附在硅胶小球上，然后将它们混合，只有在有氧并有光照的情况下，无色硅胶颗粒才被氧化转变为孔雀绿颜色，而当缺少光照或有氧气存在时则不发生颜色变化。

Kautsky 的"三相试验"表明，激发黄色染料产生的可迁移激发态 O_2 物种能够接触无色硅胶颗粒，并氧化吸附在上面的无色染料。尽管有令人信服的证据，但 Kautsky 的假说仍受到巨大挑战，历时 30 多年才被普遍接受，事后看来，这是一个不同学科间信息封闭的典型例子。遗憾的是，虽然 Kautsky 在开始时就将具有化学活性的氧物种归属为我们后来知道的 O_2 的单重激发态，但因后来观察到可用长于 1.31 μm^{-1} 的红外光诱导光氧化，其假说内容除了氧存在较低单重态的部分很快就被遗忘了，而 Mulliken 和 Hückel 早已预测了氧较低单重态的存在，并在 1934 年被 Herzberg 确认。1939 年 Kautsky 将活性物种重新归属为低能单重度几乎没有产生什么影响，1963 年 Kasha 报道了由化学过程产生单重态氧的发光[132]，一年后 Foote 又报道了由化学过程产生单重态氧的化学活性与通过敏化得到的相同[133]，自此 Kautsky 的假说才被重新认可。

分子氧的分子轨道（MO）图在 4.4 节图 4.13 中给出，其最高占据轨道是双重简并轨道，在这两个分子轨道上总共配有两个电子，根据**洪德定则**（**Hund's rule**），分子氧的基态为三重态。三重态氧的符号为 $^3\Sigma_g^-$，处于基态三重态之上氧的两个单重态 $^1\Delta_g$ 和 $^1\Sigma_g^+$ 能量分别为 95 kJ mol^{-1} 和 158 kJ mol^{-1}[134-136]。较高能量的激发态 $^1\Sigma_g^+$ 在溶液中会很快失活，变为长寿命的 $^1\Delta_g$ 态，通常被称为**单重态氧** $^1O_2$。单重态氧是具有超高反应活性（6.7 节）和高细胞毒性的物种。

分子氧（$^3O_2$）在光化学中起着重要作用。室温下，空气饱和的有机溶剂、水和全氟烷烃中氧的浓度分别为 2×10^{-3} M、0.27×10^{-3} M 和 5×10^{-3} M,与其在空气中的浓度 8×10^{-3} M 接近[137]。氧在低黏度有机溶剂中扩散很快,在丙酮和环己烷中扩散速率常数 k_d 分别约为 4.5×10^{10} M^{-1} s^{-1}[137]和 2.7×10^{10} M^{-1} s^{-1}[138]。由于三重态氧有两个激发单重态,它是激发态十分有效的猝灭剂。激发态敏化剂分子 $^1S^*$ 可以通过公式 2.52 所示的系列反应产生两个单重态氧分子:

$$^1S^* + {}^3O_2 \longrightarrow {}^3S^* + {}^1O_2, \quad {}^1S^* + {}^3O_2 \longrightarrow {}^3S^* + {}^3O_2$$
$$^3S^* + {}^3O_2 \longrightarrow {}^1S + {}^1O_2$$

公式 2.52　分子氧对激发单重态和激发三重态的猝灭

上面公式第一行中的两个反应都是自旋允许的,$^1S^*$ 与 $^3O_2$ 的每一次碰撞均可发生(单重态被猝灭)。当敏化剂的单重态-三重态能隙 $\Delta E_{ST} = E_S - E_T \geqslant$ 95 kJ mol^{-1},满足能量传递给 $^3O_2$ 的能量要求时,第一个反应过程是放热的,这种情况下基于能隙定律有利于 $^1O_2$ 的形成。当 ΔE_{ST} 较小时,单重态氧不能生成,但能发生第二个反应过程,称为**氧催化 ISC(oxygen catalysed ISC)**,该过程也是自旋允许的过程,这是因为 $^3S^*$ 与 $^3O_2$ 形成的初始碰撞复合物整体具有三重态多重度。当 $^3S^*$ 与 $^3O_2$ 形成的碰撞复合物整体具有单重态多重度时(1/9 的概率,见图示 2.5,2.2.1 节),第二行中所列的反应(三重态猝灭)也是自旋允许的。单重态氧生成的量子产率通常低于上述简单考虑的期望值,这主要是因为在极性溶剂中的电荷转移作用[139]。实际上,**未除气有机溶剂中的氧猝灭使有机分子激发态 S_1 的寿命限制在约 20 ns,T_1 约 200 ns**。因此,在长寿命态发生的光化学反应量子产率将随态寿命增加而降低,除非除去体系中所含氧。

各种条件下单重态氧的生成量子产率和寿命已被详细研究。$^1O_2$ 的产率通常通过化学捕获的方法测得,例如,用 1,3-二苯基异苯并呋喃化学捕获 $^1O_2$ 的方法(6.7 节)。单重态氧的寿命主要通过其在 1270 nm 处的磷光发射测得,近来已在单细胞中观察到单重态氧的磷光发射[140],也可以通过测量其到高激发态单重态($^1\Delta_g \rightarrow {}^1\Sigma_g^+$,$\tilde{\nu}_{max} = 0.52$ μm^{-1})的吸收得到单重态氧的寿命[141]。系统研究表明,用过剩能量耗散到溶剂中的能隙定律(2.1.5 节)可以很好地理解 $^1O_2$ 的寿命[143-145]和量子产率[142],在没有猝灭剂存在时,$^1O_2$ 在 D$_2$O 中的寿命($\tau_\Delta \approx$ 68 μs)比其在 H$_2$O 中的寿命($\tau_\Delta \approx$ 3.5 μs)长约 20 倍,这是因 O—H 伸缩振动是 $^1O_2$ 的电子激发能量转换为溶剂振动能更好的模式。

$^1O_2$ 的振动失活已被完美地应用于烯烃高度立体选择性光氧化反应。反应中相邻 C—H 键作为 $^1O_2$ 猝灭剂对烯烃反应位点进行保护[146],当保护 C—H 基团以 C—D 替换时,会大大降低反应的选择性。作者预测该立体控制新概念可能具有普适性,可能有利于各种光化学反应中的手性控制。

专题 2.4 气压涂料(barometric paint)

压敏涂料(pressure-sensitive paint, PSP)为风洞研究中机翼以及汽车表面的二维压力分布提供了可视化方法。在机翼表面上涂上一层含发光染料具有氧渗透性的聚合物薄膜,铂卟啉是最常用的发光染料,它发射强磷光,可被氧气严重猝灭[147]。在风洞中用光照射表面,并用 CCD 相机进行监测(3.1 节),光源和相机配有滤色片,以确保没有来自光源的光进入检测器。利用发光猝灭的 Stern-Volmer 关系处理,PSP 可给出表面氧压随风速变化的连续分布图(3.9.8 节)。另一种补充方法是基于卟啉-敏化单重态氧在 1270 nm 处的发光,可通过 InGaAs 近红外相机成像[148]。

传统用于设计和优化机翼或其他形状的方法是构建"负载模型",即在翼面上钻出数百个称为测压孔的小洞,再将每个小洞分别连接到多路压力传感器上,借此给出飞机提升所需的支撑结构以及其他设计要求。构建这类模型需要花费数百万美元,并且需要耗费大量时间。PSP 的目标是只用少数几个测压孔校准 PSP 的发光,通过发光的高分辨数码图像获得与"负载模型"相同的信息。此外,PSP 还可获得无法配备测压孔处的信息数据,例如,机翼模型中很薄的部件。

2.3 光化学反应路径的分类

势能面(potential energy surface, PES)的概念(1.4 节)允许我们对波包在内的核坐标(3N−6)多维空间移动的抽象量子力学概念的描述形象化。分子吸收光子后的初始位置可能是在激发态势能面高点[**Franck-Condon 原理**(Franck-Condon principle)],激发态 PES 附近的极小称为**光谱极小**(spectroscopic minima),因为它们的位置和形状可从吸收光谱的振动结构得到。当分子在激发态势能面开始"滚落"时,释放的能量不可逆地耗散到周围介质中,很像滚动弹子的势能通过摩擦最终转换为热能的情况,而且也像弹子一样,分子沿着最陡的途径下降①,到达局域极小后,有各种光物理途径可以选择,如荧光、内转换或系间窜越。虽然理论上有各种路径可以选择,但在 PES 的斜坡上热弛豫是最快的过程。考虑到有充裕的时间接近极小,分子有可能通过热再活化挤过势垒,在 PES 上找到更小的极小。一

---

① 使用这个经典比喻显然应有所保留,它除了忽略了波动力学外,也没有适当考虑溶剂效应,而后者有可能在分子结构变化的"下山"路径上加上一个势垒(见 5.5 节)。

旦分子到达基态势能面,基态势能面的形状将掌控接下来的过程。理论计算和筑模工作(4.9节)将用来预测或估算相关的PES形状(图2.26),可以作为参考用来理解有机分子的光化学反应性。

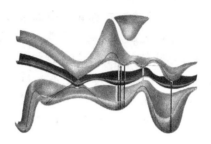

图2.26 势能面
复制自文献[16],版权1990,John Wiley & Sons,Ltd.

分子究竟在反应坐标的哪一个点从激发态PES跳到基态上呢?对这一问题的询问引出了光反应的分类,Förster最早提出将光反应分为四种不同的类型。图2.27中给出了四种类型光反应激发态和基态PES的二维截面图,沿反应坐标从反应物A到产物B。这里并未明确激发态热能面代表单重态还是三重态。

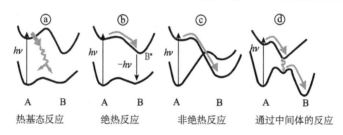

图2.27 光反应的四种类型

类别ⓐ 从激发态的局域(光谱)极小经内转换生成电子基态的"热"(振动激发)分子。分子初始经IC或ISC获得的过剩能量通常足以使一些反应发生,但在溶液中几个皮秒内发生的振动弛豫冷却了这些分子,实际上,通过热基态反应生成新产物B的过程很难与振动弛豫回到A的过程竞争。图2.27中的二维图示在这方面存在一定程度的误导:除了沿反应坐标移动外,沿多数自由度移动都将遇到高的势垒。生成B的反应需要有分子内振动重排,使大部分过剩能量进入有利于B生成的内部自由度,换句话说,基态势能面上势垒上方区域态密度低,所以即使过剩能量远高于势垒,仍能感觉到势垒的存在。很少有热基态反应被证实发生的另一原因可能是很难获得反应经此路径的确凿证据。在低压气态分子和低温稀薄气体体系中,由于振动冷却慢,热基态反应很可能发生。

类别ⓑ 反应完全在激发态势能面上进行,先形成终产物激发态B*,称为**绝**

热反应(adiabatic reaction)①。绝热反应在三重态并不罕见，这是因为在三重态势能面上与反应竞争的光物理衰减过程很慢，使需要跃过巨大势垒的反应得以发生；另一方面，单重态绝热反应通常只涉及势垒低、结构变化小的过程，例如，价键异构化、几何异构以及氢或质子迁移。

从激发反应物 A 观察到产物 B^* 的发光(或在闪光光解实验中观察到 B^* 的三重态-三重态瞬态吸收)，可以看作是ⓑ类绝热反应的明确证据，但这仅限于 A 被选择性激发、产物 B 不吸收激发波长光的情况。如果光产物 B 可被激发光源激发，则很容易误将非绝热反应认为是绝热反应[149]。

类别ⓒ 非绝热反应(diabatic reaction)②在两个势能面的交叉点(锥形交叉，专题 2.5)或近似交叉(回避交叉或漏斗)发生，通过几何构型改变直接从激发态生成基态光产物。在这类反应中，除了吸收产生的激发态外通常检测不到其他中间体生成，因为分子到达的是基态势能面的最高点或接近最高点处，会立即转化为稳定产物。

势能面可以发生如图示ⓒ所示那种交叉吗？在相当一段时间对此问题存在争议。一个争论是属于相同不可约表示的 Born-Oppenheimer 态，也就是在分子对称操作中具有相同转换性质空间波函数的态(4.4 节)不可能具有完全相同的能量，因为精确 Hamiltonian 算符通常会产生使它们分开的相互作用项。事实上，**非交叉规则(noncrossing rule)** 仅严格适用于双原子分子体系[150-153]，多原子分子中势能面交叉可以在 $(3N-8)$ 维度几何子空间受限发生(专题 2.5)。然而，仅有一个自由度的单一反应坐标在多数几何构型下禁止意外势能面交叉发生，于是在全部 $(3N-6)$ 维度，几何空间内的多数截面只有如图示ⓒ所示的回避交叉形式。由于在所用模型中忽略了相关相互作用项，近似交叉势能面称为**非绝热势能面(diabatic surface)** (4.9 节)。在非绝热反应中，分子到底是通过锥形交叉还是回避交叉生成产物是个相当学术的问题。如果两个态在能量上非常接近势能面就没有意义了，因为 Born-Oppenheimer 近似不适用，这种情况下能量耗散极快[153]。

1932 年，Landau 和 Zener[154]独立推导出计算分子沿非绝热路径反应的概率 p_{12} 的半经典模型，他们假设起始电子态的电子结构在通过回避交叉点时保持不变。在 **Landau-Zener 模型(Landau-Zener model)** 中，核运动用经典描述，即核运动参数化引入，而且只有单一反应坐标，如图 2.27 图示ⓒ所示。Landau-Zener 模型以公式 2.53 表示：

---

① 这里"绝热"一词意为反应途径不能"跨越界面"，亦即不离开激发态势能面。在热力学上"绝热"一词则有着完全不同的内涵，是说材料与外界没有热量交换。

② 英文中 diabatic 也可用双重否定形式 nonadibatic 表示。

$$p_{12} = \exp\left(\frac{-4\pi^2 V_{12}^2}{hv \mid s_1 - s_2 \mid}\right) = \exp(-2\pi\omega_{12}\tau)$$

公式2.53　非绝热反应的Landau-Zener模型

式中V_{12}是交叉点两个零级态的电子耦合项，h为Planck常量，v(不是ν!)为分子沿反应坐标、接近交叉点时的核速率，$\mid s_1 - s_2 \mid$为在交叉点上两个交叉势能面的斜率差。即使现在可以对体系的p_{12}进行准确计算，Landau-Zener模型仍提供了有用的初步预测。

专题2.5　锥形交叉

　　两个势能面发生交叉需要满足两个条件：两个态的能量必须相同以及两个电子态间的相互作用必须为零。不同多重态间的电子相互作用通常很小，因此不同多重态的势能面可以自由交叉，但相同多重态间零相互作用额外要求核坐标的($3N-6$)维空间减少第二自由度，因此，势能面被允许在($3N-8$)维子空间内交叉，即使它们具有相同的空间对称性。线性分子有$3N-5$个自由度，其子空间减少为$3N-7$个自由度。双原子分子仅有一个自由度，即核间距r，因此，上述两个条件不可能同时满足，相同对称性不同间不能交叉，这也就是双原子分子的**非交叉规则**(**noncrossing rule**)。

　　如果势能面画成与两个特殊内坐标x_1和x_2的关系形式，它定义了所谓的分支平面，势能面将呈围绕简并区的双锥形状。在保留的$3N-8$方向势能面简并保持，而在分支平面的运动增加了简并度(图2.28)。

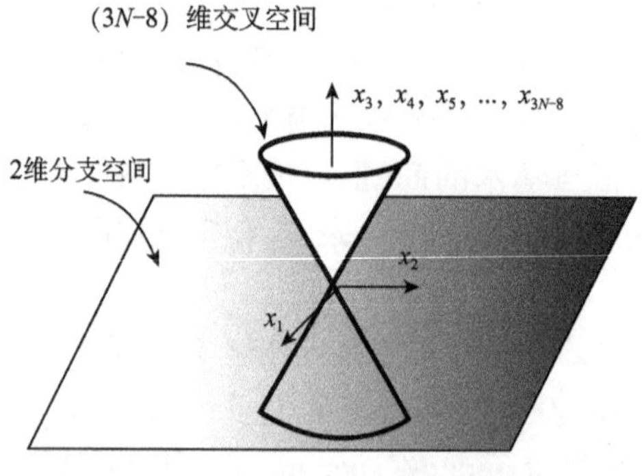

图2.28　锥形交叉。改编自文献[22]

　　当认识到$2\pi V_{12}/h$为非绝热态两个电子结构间体系振荡频率ω_{12}，$V_{12}/\mid s_1 - s_2 \mid$为"相互作用长度"，相互作用持续时间$\tau$等于$V_{12}/[v\mid s_1 - s_2 \mid]$，公式2.53是合理的。图2.29给出了两种情况。

　　在反应坐标原点处交叉的零级非绝热势能面以虚线表示，$V_{12} = 0.05$ eV时将得到绝热曲线的回避交叉(实线)。原子运动速度与其质量相关,在 $10^4 \sim 10^5$ cm s^{-1} 量级,对于相对较轻的原子我们选择 10^5 cm s^{-1};非绝热势能面的斜率左侧选择 0 和 0.01 eV pm^{-1},右侧选择 0 和 0.05 eV pm^{-1}。当分子沿着反应坐标从左向右运动时,Landau-Zener 模型(公式 2.53)预测通过回避交叉区域发生非绝热反应的概率为 $p_{12}=9\%$,也就是说此情况下还有 91% 的概率停留在上部势能面上;当斜率差增加五倍时(右侧图示情况),p_{12} 为 62%。

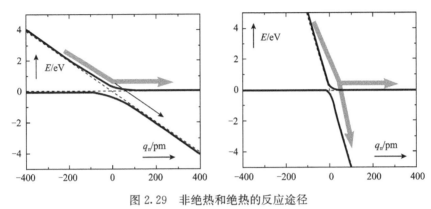

图 2.29 非绝热和绝热的反应途径

非绝热反应很少在三重态进行,因为旋轨耦合诱导不同多重态间的相互作用项很小(4.8 节)。即使与单重态基态势能面交叉出现在内核坐标的 $(3N-6)$ 维空间的某些区域中,分子在其寿命内也出现在这一区域,仍很难找到其前往基态势能面的入口。

类别ⓓ 这类反应通过形成反应中间体进行,例如,自由基对、卡宾、双自由基或两性离子,这些中间体具有能量较低的激发态,并位于激发态势能面极小附近。很多光反应都属于这一类型(见 5.4 节)。

2.4 习　　题

1. 利用公式 2.11 以及图 2.11 所示蒽的吸收光谱,计算蒽在折射率为 $n=1.5$ 溶剂中的荧光速率常数 k_f。对于粗略估算的第一吸收带的面积,可以简单画一个面积大致相同的长方形,以长方形长宽乘积来代替积分 [$k_f \approx 1 \times 10^8$ s^{-1}]。

2. 参考公式 2.22、公式 2.23 以及表 8.6,估算蒽 S_1 态的速率常数 k_{IC} 和 k_{ISC},以及 T_1 态的 k_{ISC}。[$k_{IC} \approx 5 \times 10^6$ s^{-1},$k_{ISC}(S_1) \approx 6 \times 10^7$ s^{-1},$k_{ISC}(T_1) \approx 1 \times 10^4$ s^{-1}]。

3. 参考蒽(图 2.11)和联乙酰(图 6.5)的光谱,给出蒽到联乙酰 FRET 的 Förster 临界距离 R_0 的粗略估算值(公式 2.37);这种情况 Förster 理论是否适用 R_0 的预测?[$R_0 \approx 50$ pm;不适用,计算得到的距离太短,不适用于偶极近似]。

4. 很少得到具有 IR 吸收的高荧光量子产率染料,请解释。[低的荧光速率常数(公式 2.11)和快速 IC 竞争过程(公式 2.22)]。

5. 请给出 Jabłonski 图(图 2.30)中各过程的名称,并讨论这些过程的概率,以及可使这些过程发生所需的特殊条件。[①单重态-三重态吸收;很弱,重原子溶剂或氧压,磷光激发。②三重态-三重态吸收;闪光光解。③三重态-单重态磷光;不易发生,因为 IC 过程太快。④三重态-单重态 ISC;不易发生,因为 IC 过程太快。⑤荧光;很弱,违反 Kasha 规则]。

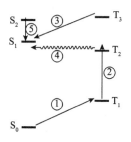

图 2.30　光物理过程

6. 浓度为 1×10^{-5} M 的染料溶液,$\varepsilon(\lambda_{irr})=2.5\times 10^4$ M^{-1} cm^{-1},如果没有染料存在,溶剂在 1 cm 的液槽中的 $A(\lambda_{irr})=0.4$,问波长 λ_{irr} 的辐射有百分之多少被染料吸收?[38.5%]。

7. 当 $v=10^5$ cm s^{-1},$V_{12}=0.02$ eV,$|s_1-s_2|=0.02$ eV pm^{-1},计算非绝热反应(公式 2.53)的概率 p_{12}。[$p_{12}=83\%$]。

8. 基于一级反应速率常数的 Arrhenius 经验定律,$k_r=A\exp(-E_a/RT)$,计算在单重态和三重态势能面可与其他光物理衰减过程速率常数 k_d 竞争引发反应的最大活化能 E_a。假设 $k_r(S_1)=k_d(S_1)\approx 1\times 10^8 s^{-1}$,$k_r(T_1)=k_d(T_1)\approx 1\times 10^3 s^{-1}$,$A=1\times 10^{13} s^{-1}$,$T=300$ K。[$S_1:E_a=30$ kJ mol^{-1};$T_1:E_a=60$ kJ mol^{-1}]。

9. 溶液除气后某些光反应的量子产率增加可达 100 倍,请问哪个激发态易被氧气猝灭?除气溶液中激发态的寿命是多少?[T_1,～20 μs]。

第 3 章 实验技术和方法

推荐参考书[137],[155]～[159]。

3.1 光源、滤色器和检测器

本书绪论中给出了地球的主要光源——太阳的光谱(图 1.1)。太阳光中仅含少量的 UV 辐射,因此,实验室中的光解实验通常用配有光学滤色片的人工紫外光源或可见光光源,这些滤色片可将辐射波长限制在一定的波长范围。各种光源、起波滤色片、截止滤色片、窄带通滤色片或溶液滤色器的光谱分布可从手册或厂商提供的材料中得到。这里我们仅对部分内容进行讨论。

实验室中连续光照最常用的 UV-Vis 光源是氙灯和汞弧光放电灯,氘灯和钨灯常用在光谱仪中。各种汞灯均已商品化(图 3.1),它们的辐射光谱强烈依赖于汞蒸气的压力。图 3.2 为典型**低压汞灯**的线光谱(汞蒸气压约 10^{-3} mbar),图 3.3 为**中压汞灯**(～1 bar)的谱线图。低压汞灯的两个主要发射分别在 253.7 nm 和 184.9 nm,分别来自 Hg($^3P_1$) 和 Hg($^1P_1$) 态的失活,基于灯管石英外壳的透光能力,通常部分短波谱线会被滤掉,这些灯常用于 Rayonet 反应器中(见后)。中压汞灯中,激发的汞原子可与电子发生多次碰撞,使部分汞原子被激发至高能态,由

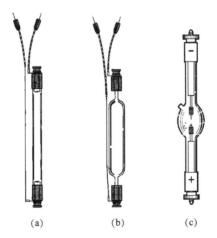

图 3.1 低压汞灯(a)、中压汞灯(b)和高压汞灯(c)图例。经 Ace Glass Inc.,Newport Corp 和 Oriel Product Line 允许复制

此产生更多对光化学实验有用的发光谱线,例如,313.9 nm 和 365.4 nm 的谱线。灯外壳温度可达 600 ℃,并产生大量的红外辐射和热,因此实验中必须用循环水冷却或使用水比色皿过滤器,以防止样品被加热。

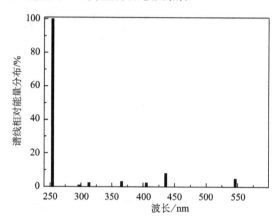

图 3.2 15 W Helios Italquartz 低压汞灯谱线相对能量分布。复制自文献[157]

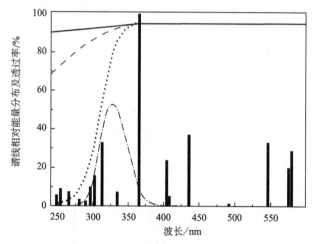

图 3.3 125 W 中压汞灯谱线相对能量分布及各种材料截止滤色片透过曲线:石英(—),Vycor 玻璃(- - -),Pyrex 玻璃(……),窄带通滤色器(—·—·—)[$Cr(SO_4)_2 \cdot 12H_2O$ 的 0.5 M H_2SO_4 溶液,15%(质量浓度)]。复制自 Ace Glass Inc. Catalogue 及文献[157]

最强的 UV 光源是**高压汞灯**(~100 bar),高温和高压使谱线变宽,叠加在连续辐射背景上(图 3.4)。常用的汞-氙灯[Hg(Xe)]仍有典型的汞发射谱线,特别在 UV 区域;连续的氙灯光谱与太阳辐射(图 1.1)相似,因此被应用在环境光化学研究中。

钨丝白炽灯工作温度在 2200~3000 K,发射的光主要在可见和红外范围。这类光源可用于有色发色团的光化学反应,如光解溴或氯分子引发光卤化反应(6.6.1 节)。

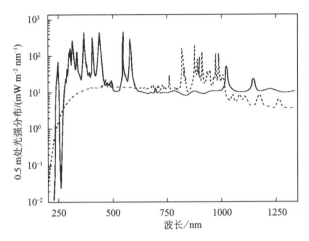

图 3.4　200 W Hg(Xe)(—)和 150 W Xe 灯(- - -)典型辐射光谱。经 Newport Corp. Oriel product line 允许复制

激光(见专题 3.1)具有强度高、严格的单色性和光束平行的特点,广泛应用于时间分辨光化学研究中(3.5 节和 3.7 节),同时也被用于远程样品预制备实验,例如,置于 NMR 或 ESR 腔中的样品。脉冲激光可引起单个分子吸收两个或多个光子,或使短寿命中间体被二次激发,因此有可能形成与连续照射不同的产物。当光产物对光敏感而产物的二次光解不能通过波长选择避免时,脉冲激光又显示出其优势,即如果在激光脉冲时间内不能形成光产物(通常反应经中间体或三重态进行的情况),用单个激光脉冲照射样品的方式即可避免二次光解产物的生成,制备规模可以很方便地用图 3.5 所示装置实现。图 3.5 所示装置中滚筒部分浸入含

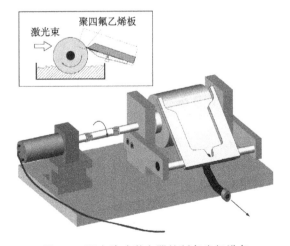

图 3.5　配有脉冲激光器的制备光解设备

底物的溶液中,旋转时其表面会附着一层溶液薄膜,根据激光重频调节滚筒的转速,在滚筒再次浸入溶液前以连接在收集臂上的聚四氟乙烯板将光照后的反应液膜刮至收集器中。整个设备可以安装在充有惰性气体并带有石英玻璃窗(照射用)的树脂玻璃箱内,用玩具模型店中就可买到的直流马达即可驱动滚筒的转动,可通过改变电压来调节转动速度。

专题 3.1　激光

激光为低发散角单色相干电磁辐射。Theodore Maiman 于 1960 年制造了第一台激光器[160],目前激光广泛应用于 CD 和 DVD 播放器等光学存储设备、条形码阅读器、激光笔以及激光印刷中,激光还应用于切割和雕刻、目标识别和制导武器、外科手术和美容等领域,当然,激光也广泛应用于光化学研究。激光具有确定波长和短脉冲时间,已成为光物理和光谱研究中最重要的工具。

激光器由装有增益介质的光学谐振腔构成,介质经外部能源(通常为闪光灯、其他激光器或放电)泵浦到激发态,当激发态粒子数超过低能态[**布居数反转或粒子数反转(population inversion)**,图 2.4],在谐振腔内发生光放大,产生激光发射。

在**连续(continuous wave,CW)**模式中,布居数反转通过稳态泵浦源得以保持,激光输出基本不随时间改变;在**脉冲模式(pulsed mode)**中,激光输出由短脉冲组成,腔体长度决定了脉冲间的时间间隔。很多应用需要很短的激光脉冲,**Q-开关激光器(Q-switched laser)**通过控制谐振腔内镜面反射实现布居数反转,一旦储存的泵浦能量达到需要水平,通过电/声光学 Q-开关调节出口反射比使光释放,直至布居数反转消失,利用这种方法可实现 3~20 ns 的脉宽。**锁模激光器(mode-locked laser)**发射的脉宽约为 30 ps,如再辅以一些特殊技术,脉宽可缩短至几飞秒(fs)。根据能量-时间不确定性原理(公式 2.1),如此短的脉冲所包含的光谱波长范围肯定很宽,激光介质必须具有在宽波长范围增益性质才能对不同波长的光进行放大,钛掺杂人工生长的蓝宝石(钛-蓝宝石,Ti-Sapphire)就是一种合适的材料。

只有两个电子态的双能级体系不能实现布居数反转,当基态吸收与激发态受激发射平衡时,最佳情况也只能达到两个态布居数相近,导致光学透明。发射激发态布居必须采用非直接激发的方法,在**三能级激光**中[**three-level laser**;图 3.6(a)],激发使激光介质泵浦到较高能级 2,它通过非辐射过程快速衰减到长寿命能级 3,避免了进一步泵浦诱导的受激发射,而能级 3 的布居数最终超过了基态布居数。二苯酮完全满足三能级体系要求,但其磷光发射速率常数太小；Maiman 在含 Cr^{3+} 的红宝石激光器中实现了三能级体系激光发射。更有效的激光器可基于**四能级(four-level)**体系构建，在四能级体系中，能级 3 受激发射到达处于较低能态的能级 4，能级 4 经第二个非辐射过程快速衰减到基态能级 1。在四能级体系中，只需要很少几个原子被激发到较高能级即能实现能级 3 和能级 4 之间的布居数反转，因此，这类激光体系中四能级体系相比三能级体系是更有效也更实用的激光体系。

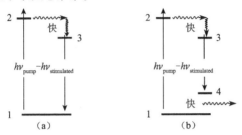

图 3.6　三能级(a)和四能级(b)激光体系

经典光学也称为线性光学，假设透明物质对电磁辐射具有线性响应，以折射率表示。光与物质相互作用的描述仅保留 Taylor 展开式中的第一项(线性)，描述物理响应的线性规律只考虑了其中一点，众所周知的例子是描述弹簧弹性的胡克定律(Hooke's law)。一个 1 mJ 的脉冲在 1 ps 内的功率可达 1 GW，相当于一个现代核电站，因此，对于高功率激光器，非线性响也必须予以考虑，也就是必须考虑 Taylor 展开式中的高次项(二次项、三次项等)。**非线性光学(Nonlinear optics)**[161]能够产生不同寻常但非常有用的性质，例如，BBO 晶体的倍频(二次谐波的产生)、光学参量下转换、光学参量振荡器等，但也会有类似介质击穿这样不希望的现象发生。近来在量子点中实现的光放大研究有望激励新技术的发展[162,163]。

从 **Heisenberg 不确定性原理**(Heisenberg's uncertainty principle；公式 2.1)可以推断，短脉冲激光将不再是高纯单色性的。钛-蓝宝石飞秒激光器可从振荡器直接产生超连续光谱，并导致了**光学频率梳(optical frequency comb)**的发展[164]，这是一种在腔内保持短脉冲循环的锁模飞秒激光器，在每一个循环中一个衰减的复制脉冲逃逸，发射有规律的超短脉冲序列激光。为了测量未知激光的频率，将光束和脉冲序列用分束镜叠加，并用检测器记录干涉信号。锁模飞秒激光器的光学频率梳扩展了时间和频率的检测极限。精确比较氢原子和其他原子的光学共振频率与铯原子钟的微波频率，可以确定基本常数可能的缓慢变化的灵敏度极限。光学高次谐波的产生将频率梳技术扩展到了极紫外区域，频率梳技术也开启了阿秒科学的大门。

一些光化学实验室中常用的激光器以及它们的性质列于表 8.4 中。

光学滤色片可改变宽谱光源的光谱输出,从宽光谱发射分布的光源基本可以得到单色光,如低压汞灯。商品化玻璃滤色片以及易于制备的滤色液是单色仪的廉价替代品,最常用的截止滤色片(长波通过)是用来制造光化学装置的玻璃(3.2节),包括灯的外壳、冷阱、试管等,也可在光源和样品之间加上额外的玻璃滤色片。熔融石英与熔融二氧化硅具有很高的 UV 透过性,它们的截止波长可以达到 180 nm 以下,但依厚度和质量不同有些仅在低于 250 nm 截止,在 250 nm 以上几乎是完全透明的(图 3.3)。Vycor 玻璃有很好的耐温和耐热冲击能力,可在波长接近和大于 250 nm 辐照时使用,而 Pyrex 玻璃则只能在波长大于 290 nm 辐照时使用。各种短波或长波透过滤色片和带通滤色片均有商业化产品,它们的光学参数可从制造商提供的目录中得到。**二向色滤光片(dichroic filter)**是一类薄膜介质镜,它选择性地只允许很窄波长范围的光通过,其他波长的光被反射掉而不是被吸收,因此二向色滤光片并不吸收太多的能量,也就不会被加热或在长时间使用中老化。

滤色液(solution filter)在任何光化学实验室均可方便地制得,它们的组成和光学性质可从相关文献查到[135,157,158]。图 3.3 所示为 $Cr(SO_4)_2$ 溶于稀硫酸水溶液制得的带通滤色液,它的透光范围为 (325 ± 20) nm,将其应用于中压汞灯,可将 313.9 nm 的发射谱线分离出来。有些滤色液的光稳定性有限,因此使用中需要经常检测其透过率。

纯溶剂也可用作光学滤色液,例如,甲醇和苯可分别滤掉 205 nm 和 280 nm 以下的大部分辐射(表 3.1)。在设计溶液光化学实验时,必须考虑溶剂的(内)滤色效应,因为它可能降低反应效率。

表 3.1　常用溶剂的截止波长[a]

溶剂	截止波长/nm
水	185
乙腈	190
正己烷	195
甲醇	205
乙醚	215
乙酸乙酯	255
四氯化碳	265
苯	280
吡啶	305
丙酮	330

a 参考文献[1]。

光电倍增管(photomultiplier, PMT)在 UV、可见以及近红外区域对光敏感,可用于单个光子的检测。光电倍增管由装有光阴极、序列倍增电极(dynode)和阳极的玻璃或石英真空管构成(图 3.7)。当一个能量足够高的入射光子($E_p \geqslant h\nu_{th}$,光电效应;见图1.5)照射到光阴极上,一个电子被逐出,并直击电子放大器。电子放大器通常由8个倍增电极组成,每个倍增电极比前一个具有更高的正电压,电子在电场中被加速;当电子击中第一个倍增电极,发射出更多的电子时,它们被加速并前往第二个倍增电极,序列倍增电极在每一步都产生更多的电子。最终电子到达阳极,积累的电量产生一个很锐的电流脉冲,表明有一个光子到达了光阴极。每一个入射的光子经光电倍增管放大后可以产生约 10^8 个电子,到达阳极电子的单个脉冲的半峰宽时间在 1 ns 量级,这限制了光电倍增管的时间分辨率。

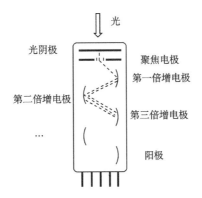

图 3.7 头部向上光电倍增管示意图

在**光电二极管(photodiode)**中,光吸收使电子从半导体的价带跃迁到导带,产生可移动的电子和带正电荷的位点,即"电子空穴",当对其施加外电压(反偏压,光导模式)时,将产生通过二极管的光电流。二极管阵列是由几千个光电二极管组成的一维或二维阵列,每个二极管所占面积仅为 100 μm^2。储存数字图像的读出可通过测量重新加载每个照射二极管背后电容器所需电量完成[**电荷耦合器件(charge coupled device,CCD)**],通常 CCD 驱动频率为 30 Hz。二极管阵列已经在很大程度上取代了照相设备中的光敏胶片。

图像增强器(image intensifier)也称为微通道板(microchannel plate,MCP)检测器,是一类基于光电效应工作原理的二维电子倍增管阵列(例如,2 cm×2 cm 芯片上有 1000×1000 个电子倍增管)。当图像投射到 MCP 上,光子撞击到检测板光阴极时,基于光电效应从金属表面逐出的电子在电场中加速和放大。MCP 的阳极是一个荧光屏,在单个光电子产生的快速电子撞击下可以发射相当于 10^4 个光子;由于人眼对绿色最敏感,通常采用绿色荧光体,于是,一个放大的单色图像再现在荧光屏上。荧光屏通常与 CCD 相机联合使用以记录图像。微通道板直至近红外区域都有很好的灵敏度,因此也应用于夜视仪。在时间分辨应用中,通过在光阴极附近施加电压可使微通道板的门控时间达到 1 ns,只要施加电压存在,产生的光电子就不能到达加速区,则设备检测不到光子;它可以用来捕捉高速运动下的物体或光谱闪光光解。在光谱学应用中,多色光谱仪(实际上就是一种单色仪,只是单色输出狭缝以宽频出口代替)的输出聚焦在 MCP 上,将光谱在一维上按波长展开,绿色荧光屏的两侧分别显示红光和蓝光,得到的图像可通过 CCD 相机读出。时间分辨受限于 MCP 的门控时间,而不是 CCD 相机的缓慢读出过程。**微通道板光电倍增管**(microchannel plate photomultiplier, MCP PMT)的最快响应时间可以达到 30 ps。

条纹相机(streak camera)是将光脉冲的时间分辨数据转换为在检测器上的空间分布。例如,短脉冲光激发的荧光样品所得的发光光谱脉冲,沿着某一方向经狭缝撞击一维光阴极阵列,产生的光电子在阴极射线管中被加速同时通过由一对极板产生的随电子与狭缝正交时间增强的电场,在阴极射线管末端荧光屏上一个方向上显示发光脉冲的光谱分布,而在另一个方向则显示其随时间的变化。利用 CCD 阵列记录荧光屏上的图像,可以同时得到发光光谱脉冲的时间分辨和光谱数据。为记录周期性实验现象,条纹相机需要如示波器那样被触发,在单脉冲模式最快速光电条纹相机的时间分辨可以达到约 0.2 ps,但触发抖动和仪器响应抖动限制了累积周期信号的时间分辨率,其仅为 10 ps 或更长[1]。

专题 3.2 有机发光二极管(organic light-emitting diode, OLED)

推荐参考书[165]。

发光二极管(light-emitting diode, LED)与我们每天的生活紧密相伴,多数情况是用于电子设备中小的指示光源[2]。LED 发光颜色依赖于所用半导体材料,可以从 IR 到近紫外区域。早在 20 世纪 60 年代后期红色 LED 就已商品化了,并被普遍应用于七段显示器;之后,其他颜色的发光二极管变得普遍可得,并出现在很多应用中。随着发光二极管材料技术的发展,其光输出增加,LED 的亮度足以满足照明应用需求。20 世纪 90 年代初研制出低成本蓝光 LED,完成了 RGB 三原色需求(见 1.3 节)。高亮度彩色 LED 在 20 世纪 90 年代逐渐发展,使户外标记板、广告牌和运动场的大型显示屏得以重新设计。

近年来,有机发光二极管(OLED)在高亮度显示领域已开始商业化应用,低成本和高性能的特性使其在未来拥有绝好的机会。OLED 最终有可能会替代手机、便携式电脑这些移动设备中需要背光的液晶显示(liquid crystal display, LCD),甚至可能替代荧光灯或白炽灯等照明光源。发射在近紫外区的 LED 和 OLED 也已被研发出来,它们越来越多地作为光源应用于制备型光化学装置以

---

[1] 条纹相机发展很快,累积周期信号的时间分辨率早已达到皮秒以致飞秒量级。——译者注
[2] LED 已广泛应用。——译者注

及定量测量工作,如量子产率的测定。

电致发光的基本原理是半导体材料中形成的电子-空穴对[激子(exciton),见专题 6.29]的复合(载流子复合)。根据自旋统计学(2.2.1 节),半导体材料中载流子复合形成 25% 的单重态激子和 75% 的三重态激子,LED 中三重态激子通常以热的形式被浪费掉了;在 OLED 中,能量传递给掺杂的过渡金属有机配合物(6.4.4 节),含有重原子的过渡金属有机配合物具有强自旋-轨道耦合(SOC,4.8 节)作用,打开了 $T_1 \rightarrow S_0$ 的辐射途径。SOC 还可增强 $S_1 \rightarrow T_1$ 的系间窜越(ISC),所有激子均可转换为具有高发光量子产率和亚微秒寿命的过渡金属配合物的三重态(三重态捕获)(图 3.8)。因此,过渡金属有机配合物掺杂 OLEDs 的效率可以达到 LED 或纯有机荧光发光化合物 OLED 的四倍。

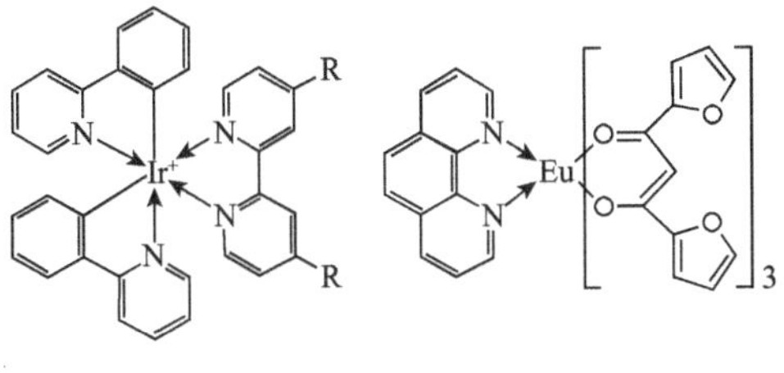

图 3.8　OLED 中掺杂用过渡金属有机配合物

3.2　制备型光反应设备与技术

光化学反应机理研究需要有精巧的设备,而用于光化学制备的光照技术相对简单并且价格低廉。尽管如此,在溶液中进行的光化学合成还是要满足一些特殊要求,以减少副产物生成使反应高产率进行,光化学家必须仔细选择合适的辐照波长和反应物浓度,考虑溶剂的内过滤效应,以及光照时是否需要除氧等[156,158]。光是一种化学试剂(或引发剂),因此反应用容器以及所用光学配件(如棱镜等)在所需波长下必须是透明的。产物或反应过程中形成的中间体也可能吸收辐照波长的光,它们的浓度随反应进行增加,因此反应效率会随之降低并最终停止反应。有些情况下利用如图 3.5 所示装置或降低反应物浓度可以避免副反应的发生,这种装置还可以促进光穿透样品,但需要较大体积的反应混合物。由于氧分子是高效三重态猝灭剂(2.2.5 节和 6.7.1 节),通常在光照反应前须对溶液除氧,最常用的方法是在光照前或光照中用氩气或氮气冲洗溶液几分钟(同时也可促进溶液均匀混合),更严格可靠的方法是用**冷冻-抽真空-解冻(freeze-pump-thaw)** 的方法除气,这种方法需要包括液氮冷冻溶液、高真空泵抽真空以及关闭真空阀门后将冷冻的溶液解冻几个步骤,为了完全除去溶解的气体需要几次循环。除气后装有冷冻溶液的玻璃反应器可通过喷灯烧结密封或用聚四氟乙烯螺旋塞密封。

浸没型光化学反应器(图3.9)是最常用的制备型光化学设备[158],通常由双层壁浸没阱构成,双层壁浸没阱用来对灯进行水冷和滤去辐射光中的红外辐射,样品溶液置于装有灯浸没阱的外部,通常在氩气氛围下用磁棒搅拌。这种反应器对于需要用很窄波长激发的光解实验并不理想,反应器所用材料(Pyrex玻璃、石英等,3.1节)限制了照射波长范围,除非在灯和浸没阱之间再插入一个用滤色片制成的套筒。此外,尽管使用了剧烈搅拌,生成的聚合型产物仍有可能沉积在反应器壁上并吸收部分辐射光,这一问题可通过使用落膜式光化学反应器或微结构型光化学反应器解决[166],在这类反应器中,反应溶液沿着辐照浸没阱以液膜形式落下,而光解后的溶液从处于反应器底部的出口连续流出。在光化学反应中使用落膜式反应器的另一优点是光可以充分穿透薄层反应液,可被更有效地利用。

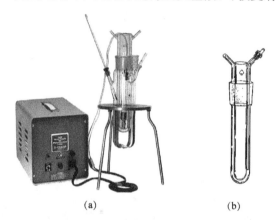

图3.9 (a)带有灯和电源的浸没型光化学反应器;(b)浸没阱的细节图。经 Ace Glass Inc. 允许复制

光化学反应也可在**外置型**光反应器中进行[158],这种方法非常简单,即将反应液置于辐射光源的外部。一种方法是利用图3.9所示的浸没阱,但样品置于旁边独立的容器内,整个装置可以浸没在恒温水浴或甲醇浴中以控制反应混合物的温度。外置型光反应器已有商品出售,光反应器中样品置于中间,其周围为一组紫外灯,如图3.10所示。

一类使用无极放电灯(electrodeless discharge lamp,EDL)的特殊光化学反应器也被设计出来,当它置于微波(MW)场内可产生UV辐射[167-169]。无极放电灯由充有惰性气体和可激发物质的玻璃管(外壳)构成,其在低压惰性气体环境下封装制得,低频电磁场(300~3000 MHz)触发气体放电,从而产生UV-Vis辐射。将无极放电灯置于反应溶液内进行反应可同时对样品进行UV和MW辐射,进行低

图 3.10 Rayonet 光化学反应器(外置型)。经 Southern New England Ultra Violet Company 允许复制

成本高温光化学反应。

非均相过渡金属光催化[170](6.8.1 节)使用不溶的半导体金属氧化物和硫化物,光照下发生激发半导体表面与反应物间的界面电子转移过程。这类光解反应器通常由装有反应混合物(例如,TiO_2 悬浮在反应物水溶液中)的恒温透明容器构成,并配有连续强烈搅拌,与前面所描述的外置型光反应器类似,可见或紫外光源置于反应器上方或反应器侧面。这类装置可用于大规模污水处理。

有序和限制介质可提供内腔和表面,有时也称为微反应器或纳米反应器[171],可以控制光化学反应的选择性[172,173]。有很多不同种类的**微反应器(microreactor)**,例如,胶束或单层膜等分子聚集体,冠醚或环糊精等大环主体化合物内腔,沸石和氧化硅或氧化铝等微孔固体内腔或表面[171,172]。这类光解实验的进行与光催化反应类似,吸附了反应物的固体还可在没有溶剂存在的条件下从外部照射。

很多有机化合物在晶态也可以进行光化学转化[172](见专题 6.5)。分子间作用力限制了固态分子的转动和平动,因此,只有某些特殊(有利)构型可以发生反应。在典型的光化学实验中,晶体材料首先用玛瑙研钵研成粉末,然后以薄层形式将研好的粉末置于两个石英片间,样品在充有氮-氩气的聚乙烯袋内密封后用外部光源照射。

有些厂家还提供连续和脉冲模式的**太阳模拟器**(**solar simulator**,图 3.11),可模拟不同条件下的太阳光谱,例如,海平面或外空间的太阳光谱,其输出波长可用光学滤色片调节。太阳模拟器主要用于科学和各种过程控制研究,例如,光生物、材料稳定性测试、光刻、太阳能电池测试以及环境研究。高分子材料通过 UV 光照交联(6.8.1 节)增韧或硬化称为**固化(curing)**[174],这种基于外部 UV 光照固体表面的技术对油墨和涂料来说是一种广受欢迎的环境友好的加工方法。

图 3.11 太阳模拟器。经 Newport Corp,Oriel Product Line 允许复制

3.3 吸 收 光 谱

UV-Vis 吸收光谱也叫电子光谱,因为观察到的吸收带表示电磁辐射频率,其对应光子能量 $h\nu$ 与吸收分子电子基态和电子激发态的能量差 $\Delta E=h\nu$ 相匹配。**任何光化学研究都应首先测量底物的吸收光谱和发射光谱**,这些简单的测量可直接告诉我们最低激发单重态的能量,并了解寿命和反应能力等大量信息。吸收带振动结构可以告诉我们激发态势能面相对于基态势能面的位移(2.1.9 节)。电子激发的量子力学模型预测(第 4 章)可直接与以**振子强度(oscillator strength)**量化的吸收带总强度、与溶剂变化和取代基效应对跃迁能的影响(4.4 节)以及与通过偏振光谱得到的跃迁矩取向(3.6 节)等进行比较。基于这些原则有可能对激发态进行明确的归属,量子力学模型可用于提取诸如激发态的电子结构、偶极矩以及反应活性等信息,接下来还应对照射引起的吸收连续变化进行分析(3.7.5 节)。

传统的吸收光谱仪是双光束仪器,通过样品的光强反复与参考光束比较,保证了对检测光源强度随时间和波长变化的精确校正,因为单色仪透过率和检测器灵敏度均具有波长依赖性。尽管光电倍增管非常灵敏,已经接近单光子检测极限,但可检测探测光和参比光强度比最好也只有约 0.01%。

多数光谱仪给出的吸收光谱以波长 λ 表示,化学家们也已习惯基于波长表达的吸收光谱,以 λ_{max} 表示最大吸收。而光谱学家长期来习惯以能量而不是用波长来表示,通常用频率 ν 或波数 $\tilde{\nu}$ 表示。这种表示有很多优点,例如,电子振动特征是等距的,而且第一吸收带通常与荧光光谱呈镜像关系(2.1.9 节)。新型仪器通常配以计算机,因此可以很容易地将波长转换为波数,对于光学光谱仪来说,这些数据以 μm^{-1} 为单位可方便地测得,$1\ \mu m^{-1}=10^6\ m^{-1}$,于是波数变化范围为从相当于 λ=1000 nm 的 $1\ \mu m^{-1}$ 到相当于 λ=200 nm 的 $5\ \mu m^{-1}$。非国际单位 cm^{-1}($1\ \mu m^{-1}=10^4\ cm^{-1}$)主要用于红外(IR)、拉曼(Raman)以及微波光谱,本书中,吸收光谱以波数 $A(\tilde{\nu})$ 表示时($\tilde{\nu}=\nu/c=1/\lambda$,$[\tilde{\nu}]=\mu m^{-1}$),波数从右到左线性增加,因此标于谱图顶部的波长刻度是非线性的,但仍以化学家所习惯的波长从左到右的形式增加。利用关系式 $E=Nahc\tilde{\nu}$,我们可以得到分子能量转换的实用性公式 3.1。

$$E = 119.6 \frac{\tilde{\nu}}{\mu m^{-1}}\ kJ\ mol^{-1}$$

公式 3.1　波数到摩尔能量的转换

在测定摩尔吸光系数 ε 时,必须十分小心地使用干净玻璃器皿和溶剂,而且在测量前必须记录或校正仪器的基线。准确吸收值的测量范围为 $0.1 \leqslant A \leqslant 1.5$,太低的吸收值易受基线误差干扰,但超过 1.5 的吸收也应避免,因为此时透过样品池的光量非常小,读数易受到杂散光的影响,特别是波长小于 250 nm 时。需要对试样做三次独立的测量,包括用小的容器(铂或一次性铝质)称量几毫克样品、用容量瓶(20 mL)溶解样品以及用移液管和容量瓶经几次稀释得到要测量的溶液,小心操作,三次测量的误差应在±3%以内。有机分子的摩尔吸光系数在不同波长下可以相差几个数量级,因此通常需要几次稀释才能准确测量强度相差很大的吸收带,数字化光谱可用计算机进行合并处理,这对像酮类化合物这种有着很弱 n,π* 跃迁的吸收测量尤为重要(4.4 节和图 6.5),因为在浓度 10^{-4} M 或更小时很弱的跃迁常被漏掉。

3.4　稳态发射光谱及校正

推荐参考书[32,175]及综述[176,177]。

荧光光谱仪是单光束仪器,图 3.12 给出了包括连续光源(通常为氙灯)在内的常规仪器的基本结构。发射光谱非常灵敏,是基于零背景的技术,而且光电倍增管在良好工作条件下很有可能探测到单个光子。一个入射光子引发光阴极释放出的光电子可以产生大量电子(通常大于 10^6 个电子)。光电倍增管的响应时间分辨是单个电子脉冲的宽度(通常 1~2 ns),而不是光阴极释放光电子和电子脉冲到达阳极之间所需的时间。对光电倍增管加以冷却可以减少电子的热释放,由于热电子给出的脉冲强度比较低,而且电子闸门可以抑制低于一定阈值的信号,因此可利用电子闸门进一步降低背景噪声。这一技术被称为**光子计数(photon counting)**技术,只有超过一定阈值的脉冲才被计数,例如,10^6 个电子的脉冲。利用单色仪 M1 选择激发波长(通常为样品最大吸收波长),扫描单色仪 M2 即可测量得到荧光光谱。

图 3.12 所示为荧光光谱仪光路设置,发射光的收集光路与激发光约成 90°角(直角形光路)。为了避免发射光再吸收导致的发光光谱扭曲(**内过滤效应,inner filter effect**),测量时应使用稀溶液,对于那些必须用高光学密度样品进行测量的情况,多数仪器光路采用同面光路设置,即以 45°角激发样品,检测光路与入射光路同面,并与样品成 30°角以避免激发光反射的干扰。

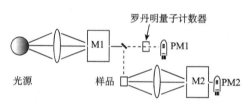

图 3.12　稳态荧光光谱仪的基本组成。图中方块 M1 和 M2 为单色仪,检测器 PM1 和 PM2 为光电倍增管

对于荧光光谱的测量和校正有更多需要严格遵守的实验要求,不像吸收光谱那么简单。高灵敏度的发射光谱可以定性和定量检测到极微量样品的发光,例如,工业废水或河水中的苯并芘;弱发光化合物的发射光谱对强荧光发射的杂质十分敏感,这些杂质有可能存在于样品或溶剂中,也可能存在于制备溶液所用玻璃器皿或样品池中。因此,在测量样品荧光光谱之前应先用纯溶剂测量空白光谱,用来校正微量杂质的发光以及溶剂导致的瑞利散射和拉曼发射。即使这些干扰因素被消除或至少后续校正定量化,样品还有可能在日光或相对强的光谱仪激发光照射下发生光反应生成发光化合物,这也会影响结果的正确性。

荧光激发光谱(fluorescence excitation spectra)是将单色光仪 M2 设置在样品发光的一个峰值,扫描单色仪 M1 获得的(见专题 3.3)。激发光谱是作用光谱(action spectrum)[①],发射强度正比于样品在激发波长吸收光的量(图 4.23),说明

---

① 作用光谱(action spectrum)为每个入射(吸收前)光子所引起的生物、化学或物理响应对波长或波数作图。

Vavilov 规则(2.1.7 节)得以保持。测量中一定要采用直角光路设计,只有当仪器的激发光束经量子计数(见后)校正和样品的吸收值小于 0.05 时(见 3.9.1 节,公式 3.18),激发光谱才能真实再现荧光化合物的吸收光谱,当吸收值更高时,需要在光到达样品中部(聚焦在单色光器 M2 狭缝处)前将其衰减。

单色仪狭缝大小的选择同样重要,狭缝小减弱了透过光的强度,可给出更好的光谱分辨率。测试中总是要综合考虑各方面因素,太小的狭缝透过的光太弱,可通过增加检测器灵敏度(较高电压)和增加积分时间(减慢扫描速度)补偿,但这将增加背景噪声。单色仪入射狭缝和出射狭缝相同时测量效果最好,但实际测量时 M1 和 M2 常常会选择不同大小的狭缝,选择小的 M2 狭缝有利于发射光谱的分辨率,而如果想要得到适当的激发光谱分辨率,则需选择小的 M1 狭缝。这些讨论同样适用于 M1 和 M2 两个单色仪同时使用的情况。

激发光谱在混合物的分析中尤其有用。如果部分发射光谱是来自杂质的影响,激发光谱就会明显不同于样品的吸收光谱。这也可用于确定低温测量工作中(3.10 节)辐照产生的吸收光谱是否来自单一光产物。

很少有化合物在溶液中有明显的**磷光**发射,2,3-丁二酮(biacetyl)是广为人知的例外。磷光寿命(毫秒)要比荧光寿命(纳秒,见 2.1.1 节)长很多,因此测量所用溶剂必须是高度纯化的,而且需要经过严格除气,以减少氧气和其他偶然带入杂质引起的猝灭。为避免扩散猝灭的发生,化合物通常溶解在 77 K 可冻结成透明玻璃体的混合溶剂中,如乙醚-异戊烷-乙醇(5:5:2)混合物或各种烷烃溶剂的混合物;测试时样品池(通常为石英管)浸没到装有液氮的透明石英杜瓦内。

室温下能形成固相玻璃态的溶液体系[硼酸钠或聚甲基丙烯酸甲酯(PMMA)玻璃体],也可用于有机或无机化合物磷光的测量。新蒸的甲基丙烯酸甲酯溶液置于带塞玻璃管内在 80℃加热数天聚合,得到的高分子模块可随意切割成想要的形状,经抛光得到透明的样品块。在聚合过程中大部分氧气已被消耗,而空气扩散进入固体模块中的速度相当缓慢(<1 毫米/月),所得样品可作为参比样品用于磷光光谱仪的调试,或是在教室给学生展示萘磷光的缓慢衰减,其衰减过程可持续很多秒。

磷光光谱通常比荧光光谱要弱,即使在固态溶液样品的测试中也是如此,想对磷光进行无干扰检测就必须将荧光消除。在样品周围安装一个以马达驱动可以不同速度旋转的金属筒(旋转罐),可以方便地实现对荧光的消除。筒上的小孔使样品仅在很短的时间内暴露于激发光下,而在此时间内检测器"看"不到样品,筒进一步旋转使样品面向检测器,而此时荧光已全部衰减完;样品的磷光寿命则可通过磷光强度对转速的变化测得。在新型号仪器中,荧光的消除通常以脉冲光源(闪光灯或脉冲激光器)代替连续光源而实现,或者在激发脉冲后的短时间内使光电倍增管电子失活。

> **专题 3.3　磷光激发光谱**
>
> 　　单重态-三重态吸收光谱很难测量,因为有机分子中这类禁阻跃迁的吸收系数极弱。理论上人们可以采用高浓度和长光程来实现,但实际测量中这将需要材料具有超高纯度,而且在较短激发波长范围存在单重态-单重态吸收,该方法也不适用。利用这种方法对有机化合物进行测量几乎从未测得可靠的结果(实例见图 6.5)。
>
> 　　单重态-三重态吸收强度可使用含重原子的介质增强(如四溴化碳或液体氙等),以及高压氧下(氧气压力法)利用顺磁增强的特别方法。大部分测量工作是 Evans 在 1960 年左右在氧压高达 130 个大气压的条件下完成的,但将具有反应活性的有机分子和溶剂置于高压氧下是很危险的事情。因此,Evans 曾报道:"乙炔-氧混合物在高压下的实验只测了一次[乙炔为 20 atm(1 atm = 1.01325×10^5 Pa),氧为 100 atm],当打开反应器的针状阀门释放压力时发生了剧烈爆炸,反应器的石英窗化为细粉,不锈钢底板也高速飞出"[178]。
>
> 　　1965 年 Kearns 报道了**磷光激发(phosphorescence excitaiton)**更为方便的测量方法。发射光谱比吸收光谱有高得多的灵敏度,特别对磷光而言,可以有效地将其与杂散光和荧光区分,因此,通过监测产生磷光发射来测定单重态-三重态吸收光谱通常比较容易实现。

　　由于荧光光谱仪是单光束仪器,要想得到可重复且有意义的发射光谱就必须做一系列的校正。光源随时间的波动以及其强度随波长的变化可用**量子计数器(quantum counter)**进行校正,量子计数器由装有荧光染料溶液的三角形样品池和用来监测从样品池发射荧光总强度的光电倍增管(PM1,图 3.12)组成,所用荧光染料通常为罗丹明 6G,其浓度应足够高可将所有激发波长 λ 下的入射光完全吸收,而且其荧光量子产率还必须不依赖激发波长 λ,此时来自 PM1 的信号正比于单位时间激发光束的光子数目,部分激发光聚焦在量子计数器的样品池上。当扫描单色仪 M1 记录激发光谱时,光源强度随时间和波长的变化可通过将荧光检测器 PM2 和 PM1 的输出信号相除(比率测量)得以自动校正。显然,激发光谱的校正范围只能到达所用荧光染料吸收的红端。

　　目前使用的光谱仪中多采用光栅,光谱色散在波长上是线性的,因此光谱带通("白光"经过单色仪后光的宽度 δλ)与波长无关,通常荧光光谱仪给出的光谱图以波长为坐标。如果要将发射光谱的坐标转换为波数,需要将仪器的读出转换,按照 $P_{\tilde{\nu}} = P_\lambda / \tilde{\nu}^2$ (见公式 2.3 的脚注)对每个波长间隔发射的**光谱辐射功率(spectral radiant power)** P_λ^{em} 进行转换,这将导致光谱形状的明显变化。对于荧光量子产率(3.9.5 节)或 Förster 重叠积分(见 2.2.2 节)的确定,并不需要也不推荐将光谱从波长坐标转换为波数坐标。

发射光谱校正是必要的,因为单色仪的透波率,特别是检测器的灵敏度均依赖于发射光的波长和偏振。以精确定义的魔角放置偏振器可以避免固体样品偏振发射所导致的失真[175]。商品化仪器可能附带有灵敏度函数 $S(\lambda)$,通过将测得的信号与其相乘 $P_\lambda^{em} = P_\lambda^{obs} S(\lambda)$ 对测量的发射光谱进行校正。函数 $S(\lambda)$ 通常会随仪器的老化发生改变,因此应定期对仪器的灵敏度函数 $S(\lambda)$ 进行校准,可用已被准确测量的标准荧光染料的真实荧光光谱进行校准,如硫酸奎宁[179],或用标定过的钨灯进行校准。如果发射光谱转换为波数坐标,其灵敏度函数 $S(\lambda)$ 也必须换成 $S(\tilde{\nu})$(见公式 3.2)。

$$S(\tilde{\nu}) = S(\lambda) \mid d\lambda/d\tilde{\nu} \mid = S(\lambda)/\tilde{\nu}^2$$
公式 3.2

3.5 时间分辨发光

推荐综述[170,180],见 3.13 节。

脉冲光源、光学元件、快速灵敏的检测器以及用于数据采集和分析的电子设备的发展已使多种商品化仪器被制造出来,可以高时间分辨、高光谱分辨和高空间分辨采集发光数据。仪器灵敏度也达到了极限水平,可对单个分子性质进行表征(见 3.13 节)。本节仅对这些技术中的一部分进行综述。

在**脉冲荧光仪**中,样品被来自激光器或火花隙(spark gap,类似于汽车发动机点火燃烧用火花隙)的短脉冲光激发。火花隙价格低廉,可高重复性产生脉宽约 2 ns 的激发脉冲,火花隙的工作重频为 $10^4 \sim 10^5$ Hz,荧光信号通过单光子计数(3.4 节)以及电子化时间-振幅转换器采集。如果脉冲持续时间与荧光衰减寿命相当或更长(这是常见的情况),此时荧光强度随激发脉冲时间增大并经过一个极大值,只有当脉冲强度可以忽略时,反映的才是样品真实的衰减函数。然而,平均信号的最佳统计允许用激发脉冲波形对衰减信号作数学解卷积,利用这种方法进行荧光寿命测量的时间分辨可以达到约 200 ps。如果使用锁模激光器的短脉冲激发,以快速微通道板光电倍增管作为检测器,荧光寿命测量的时间分辨还可以提高一个数量级(3.1 节)。

在**相调制荧光仪**中,连续激发光束利用 Pockel 盒调制到 GHz 频率,荧光信号用锁相放大器检测。它所能达到的时间分辨依赖于仪器,与脉冲荧光仪的时间分辨类似。**条纹相机**(3.1 节)具有可同时测量全部发射光谱时间分辨的优点,最快仪器的时间分辨可以达到几个皮秒,但信号平均通常要求达到一定的信噪比,而且触发信号的抖动可使时间轴上积累的信号变得模糊。

超短荧光寿命最好用**光子上转换**的方法进行测定,对于希望建立这种实验装置的非专家来说,这种方法的最佳技术描述可参见 IUPAC 出版物"超快强激光化学"[181]中的相关部分,其时间分辨主要受限于所用激光器的脉宽。一个频率为 ν_G 的强门脉冲与频率为 ν_F 的荧光在非线性光学晶体内混合(专题 3.1),产生一个总频率(和频)为 ν_U 的短脉冲。门脉冲代表荧光的一个时间窗口,在此时间内荧光被上转换,并且上转换光的强度被测量。控制荧光与门脉冲间的光学延迟,即可得到荧光的动力学曲线。由于上转换信号出现在荧光带的远蓝端,通过单色仪或光学滤色片可方便地将上转换信号与频率为 ν_G 和 ν_F 的信号分离。

3.6 偏振光吸收和发射光谱

建议参考书[182]。

分子骨架中跃迁矩取向可通过量子力学计算进行预测(2.1.4 节和 4.4 节),跃迁矩方向在实验中可通过对具有良好分子取向样品的线性偏振吸收研究进行评估。分子在单晶中完全取向,但对单晶的光学测量要求很高,实际上很难实现,特别是吸收研究中要求使用超薄晶体。

部分取向更容易实现,通常也足以满足确定跃迁矩方向的需要,特别是那些具有对称轴的分子。部分取向可以使用线性偏振的激发光源,通过外加电场或将溶质溶于透明的各向异性介质中(如液晶、拉伸聚合物)[182]经**光选择(photoselection)**实现。光选择是下文讨论各向异性发光测量的基础,也用于那些在刚性介质(如聚甲基丙烯酸甲酯)或低温玻璃态溶剂中经光化学过程形成或破坏的分子。遗憾的是通过静电场实现偶极分子优先取向的效应很小。

迄今为止,最简单的用于制备部分取向样品的方法是由 Thulstrup、Eggers 和 Miahl 发展的在拉伸聚乙烯薄片中掺杂的方法[182,183],该方法不需要任何特殊设备,只需要 UV-Vis 或 IR 光谱仪以及线性偏振器就可在任一实验室中应用。商品聚乙烯通常含有各种添加物,如 UV 稳定剂等,这些添加物必须除去,除非可以买到光学纯的薄片才可直接使用。将这些薄片以探针溶液溶胀,然后蒸去溶剂,或将薄片置于含底物蒸气的真空腔中,两种方法均可得到掺杂薄片。掺杂薄片拉伸到约为其原始长度的六倍,对它们的吸收光谱进行两次测量,一次线偏振光电矢量与薄片拉伸方向平行,一次线偏振光电矢量与薄片拉伸方向垂直。图 3.13 为摘自文献[182]的测量结果,计算机处理给出了两个光谱的一系列线性组合(图 3.13 的中间图),一些光谱特征已从这两个光谱组合中消失。在光谱仪中冷却样品可以提高其分辨率,但并不是必须的。已经公认上述光谱简化的方法可以可靠地还原具有对称平面分子的偏振光谱,如同从全部取向样品中获得的一样。对于部分取向样品偏振光谱的详细测量步骤和分析,读者可参阅原始文献。

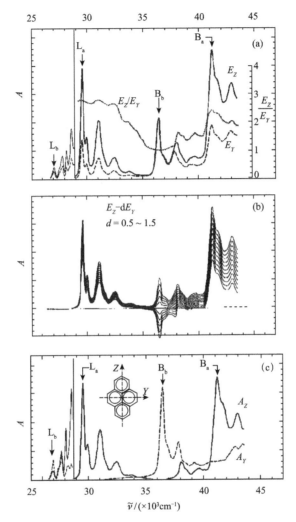

图3.13 77K下芘掺杂在拉伸聚乙烯中。(a)基线校正偏振吸收光谱 E_Z(平行)和 E_Y(垂直于拉伸方向);(b)偏振光谱 E_Z 和 E_Y 的线性组合;(c)简化芘 UV 光谱。$A_Z = E_Z - 1.0 E_Y$,$A_Y = 1.75(E_Y - 0.36 E_Z)$。经允许复制自文献[182]。Platt 符号 L_b、L_a、B_b 和 B_a 表示4.7节所描述的电子跃迁,左侧弱 L_b 带的偏振(<29000 cm^{-1},光谱在高浓度下测量得到)是混合偏振

大部分光源在一定程度上都是线性偏振的,特别是激光。因此,样品发射的光也应是偏振的。**各向异性(degree of anisotropy)** R 用公式3.3定义:

$$R = \frac{I_\parallel - I_\perp}{I_\parallel + 2I_\perp}, \quad -0.2 \leqslant R \leqslant 0.4$$

公式3.3 发射的各向异性

式中的 $I_\parallel$ 和 $I_\perp$ 分别为发射线性偏振片平行和垂直于线性偏振入射电磁辐射电矢量时所测得的发光强度。$I_\parallel + 2I_\perp$ 的大小正比于总发射强度。

在发色团随机取向的各向同性样品中,发射的各向异性来自优先激发(光选择)分子,这些分子的吸收跃迁矩取向恰恰与激发光的偏振方向平行。R 的理论值与吸收和发射跃迁矩 $\boldsymbol{\mu}_a$ 和 $\boldsymbol{\mu}_e$ 间角度 ϕ 相关:$R = \langle 3\cos^2\phi - 1 \rangle / 5$,式中符号 $\langle \rangle$ 表示光选择分子取向的平均值。由此得到公式 3.3 给出的数值范围,当 $\phi = 90°$ 时,R 为 $-1/5$,当 $\phi = 0°$ 时,R 为 $2/5$。实际应用中,R 值常会因各种去偏振情况减小:例如,发光分子在其寿命内的旋转扩散,在测量激发或发射波长范围内不同偏振跃迁的重叠,发光发色团间的能量传递(2.2.2 节),以及发光分子的绝热反应,例如,质子转移(5.3 节)。当转动时间与发光寿命相当时,时间分辨的各向异性测量可用于确定大分子的旋转扩散速率,如标记的生物高分子。在高黏度介质中,旋转扩散可被减小或抑制。

3.7 闪光光解

建议文献为下面第二段中提到的综述。

自 1949 年 Norrish 和 Porter 发明闪光光解以来[184],闪光光解已经成为一种最为重要的工具,可产生足够浓度瞬态中间体用于时间分辨光谱测量以及基元反应步骤的确定(见 5.1 节)。**光解(photolysis)** 一词在严格意义上表示光诱导化学键断裂(希腊文 **lysis** 为分解的意思),但自闪光光解被用于描述短脉冲光激发技术后,就不再考虑光解一词原本的意思了。

瞬态中间体通过它们的吸收进行观察(瞬态吸收光谱,一些瞬态物种的吸收光谱见参考文献[185]),其他一些方法用来产生检测量反应中间体的方法也已发明出来,例如,停流(stopped flow)、脉冲辐解、温度或压力突变等,能提供更多信息的用于检测和鉴定反应中间体的新方法也被引入闪光光解技术中,特别是 EPR、IR 和拉曼光谱(3.8 节),以及质谱、电子显微镜和 X 射线衍射等,这些检测技术不需要太快,只要信号生成的时间能被准确测量即可(见 3.7.3 节),例如,质谱仪(飞行时间质谱)中离子的分离或电子显微镜中电子的分离大约在微秒级或更长时间。尽管如此,飞秒级时间分辨也已实现[186,187],在一个飞秒脉冲时间内(1 fs = 10^{-15} s)离子或电子均已形成。有关纳秒闪光光解[137,188-191]、超快电子衍射和电镜[192]、结晶学[193]以及泵浦-探测吸收光谱[194,195]的详细介绍见文献及IUPAC "超快强激光化学"专集。

泵浦脉冲持续时间是限制闪光光解时间分辨的一个主要因素。通常使用的半峰宽(full width at half-height, FWHH)描述显然不全面,因为许多脉冲的形状偏离高斯分布,例如,常用的放电闪光灯以及准分子激光器的拖尾和余辉会严重影响可达到的时间分辨。目前只有几个研究组还在使用所谓的"传统"设备,即微秒放电闪光灯泵浦源的闪光光解系统,这些仪器在毫秒时间范围仍然运行很好,而且整套设备的价格只相当于一台激光器价格的一小部分。在短激光脉冲的产生、检测器时间分辨和灵敏度、数字转换器的速率和动态范围以及计算机运行速度和存储容量等方面取得的巨大发展将时间分辨提高到了飞秒水平。

多数配有纳秒或更长脉冲激光器的闪光光解系统用于动力学模式测量,即检测单一波长瞬态吸收随时间的变化,对于光谱测量可以用门控微通道板作为光学快门(和放大器)、二极管阵列作为检测器来实现,得到相对激光脉冲一定时间延迟的数字化瞬态吸收光谱。本质上,这两种方式检测的是同一物理信息两个一维切面,即瞬态吸收 $A(\lambda,t)$ 随波长 λ 和时间 t 变化二维阵列的两个一维切面(图 2.18)。配有较短激发脉冲的亚纳秒时间分辨体系通常用于光谱模式测量(泵浦-探测光谱)。动力学和光谱数据分析详见 3.7.4 节和 3.7.5 节。

要警惕假象!在进行闪光光解测量时我们要时刻记住这点。很多因素均可导致瞬态波形或光谱失真,这些因素包括:杂散光和荧光,声子冲击波,由激光脉冲聚焦产生的不均匀瞬态分布,来自闪光灯或 Q-开关激光器的外电脉冲,信号回声等。

3.7.1 闪光光解动力学

闪光光解(图 3.14)是用来测量吸收随时间变化的单光束设备。

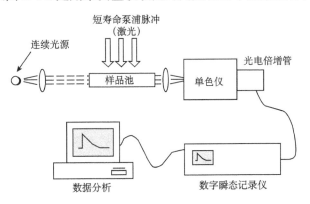

图 3.14 闪光光解的动力学装置

根据使用的脉冲激发光源、光路设计(激发光平行或垂直于检测光)和聚焦光学元件,产生的瞬态物种浓度可能有很大不同。当然要避免泵浦光和探测光取向完全平行,以防止强泵浦脉冲打到探测光的检测器,两种光路设计各有优点,可以方便切换的两种光路设计会非常有用。以散焦泵浦光垂直激发的优势是在样品中产生的瞬态中间体浓度相对较低,可以减小瞬态中间体间双分子反应半衰期,例如,三重态-三重态湮灭或自由基-自由基重组反应;灵敏度可以通过较长的瞬态吸收采集光程得以保持。当以准分子激光器为光源时通常光程采用 4 cm,而当以传统的放电闪光灯为光源时,光程则采用 10~20 cm。泵浦光与探测光采用平行取向的优点是样品吸收可以达到最大,激发光基本上全部被样品吸收。

对于非指数衰减动力学曲线,区分是二级反应还是两个重叠在一起具有相似速率常数的一级反应比较困难。在这种情况下,减小瞬态中间体的初始浓度可能会有帮助,瞬态中间体初始浓度的减小可通过减小反应物浓度或激发脉冲的强度或将平行激发改为垂直激发检测。当降低了瞬态中间体初始浓度时,如果是二级衰减动力学过程,其半衰期将变长,而如果是一级衰减的加和,其半衰期将保持不变。

闪光光解产生瞬态物种的浓度分布是不均匀的,这种不均匀来自激光束剖面热点、聚焦光学元件、样品溶液的内过滤效应以及泵浦光激发和探测光探测体积的不完全重叠。不均匀样品分布会扭曲动力学曲线[196],即使以信号强度减小为代价,也要尽量减小其影响。垂直于探测光存在的浓度梯度也会导致动力学曲线失真,即使是一级反应动力学曲线,这是因为此时溶液的平均吸收不再正比于瞬态浓度平均值,垂直激发时激发波长处的吸收应低于约 0.5。对于给定装置来说,不均匀样品分布的影响可通过测量强吸收瞬态中间体来确定,例如,在未除气溶液中 9,10-二溴蒽三重态呈单纯的一级衰减动力学。在与激发光平行的方向检测瞬态吸收时,不均匀瞬态分布失真较小,此时测量可使用较高的样品浓度。

常规的机理研究方法是观察瞬态物种生成或衰减速率随另一组分浓度的变化,另一组分可以是:敏化剂、猝灭剂、捕获剂、酸或缓冲剂,通过表观一级速率常数 k_{obs} 的浓度依赖关系,得到双分子速率常数(见 3.9.7 节)。

良好的动力学数据通常在百分之几的误差范围内可以重复。拟合单次动力学数据得到的标准误差通常较小,但通过分析多条衰减曲线对其可重复性进行评估也很有必要,因为探测光源在整个测量期间内的不稳定性以及温度变化等系统误差不会表现在单次衰减曲线中。一级反应速率常数对数的温度依赖性服从 Arrhenius 定律,与活化能 E_a 成正比,$d\log(k/s^{-1})/dT = E_a/(2.3RT^2)$,因此低活化能体系的快速反应通常对温度变化不十分敏感。假设 $A = 10^{13}$ s^{-1},可以预测温度每增加 1 ℃大小在 10^6 s^{-1} 的速率常数会有 5% 的增加,因此,高精度动力学数据的测试必须将样品池置于恒温浴内。

以脉宽为 2~20 ns 的 Q-开关激光器、准分子激光器或染料激光器激发诱导快速过程,这些快速过程的时间分辨可用采样速度 $\geqslant$1 GHz s^{-1} 并带有高带宽放大器($\geqslant$500 MHz)的数字示波器来观察。新型数字示波器的高存储深度即使在高的时间分辨下也能提供长延迟时间,因此可在单次测量中捕获快和慢两类过程。此外,这些设备的前置触发捕获装置不再需要级联触发器,当触发由光电二极管激光脉冲直接产生时,可以在很大程度上消除抖动。

3.7.2 光谱检测系统

早期用于记录瞬态中间体吸收光谱的照相板或胶片已被二极管阵列取代。瞬态光谱采集的时间窗口可以通过施加一个短探测脉冲确定,也可以在二极管阵列前放置微通道板图像增强器,与连续探测光源结合实现纳秒时间窗口,图像增强器不仅在有效时间窗口内增强探测光的强度,同时还作为激活(去活)上升时间约 1 ns 和开/关传输比 $>10^6$ 的快门,当探测光源在检测器较长积分时间(~ 30 ms)内连续照射时,就需要这样有效的快门。截止滤色片不透过低于截止波长的光,应使用截止滤色片来保护检测器不受激发脉冲的影响并消除来自光栅的二级反射。当某些波长的探测光过量时,可用适当染料配制成的补偿滤色液均化光源的光谱分布。图 3.15 所示为纳秒激光闪光光解(laser flash photolysis,LFP)的商品化装置。

图 3.15 纳秒激光闪光光解的光谱装置。经 Applied Photophysics Ltd 允许复制

当荧光或泵浦脉冲持续时间较长时,荧光会干扰瞬态吸收动力学测试。泵浦脉冲通常要比探测脉冲或连续探测光强几个数量级,因此,探测光很容易被散射光和荧光淹没。"杂散光"问题可通过使用适当的滤色片或使用脉冲探测灯解决,也可以利用散射光和探测光不同的角色散解决。

当检测波长处于反应物的吸收范围内时,基态漂白会出现负吸收,瞬态动力学应在几个不同波长下测量,而瞬态光谱则应在不同延迟时间 t 下测量。

条纹相机允许探测单脉冲激发后样品的整体二维吸收谱 $A(\lambda, t)$,但很少应用于泵浦-探测闪光光解,原因是它的精度不高,而且价格昂贵。在动力学装置上探测不同波长的动力学过程以及在光谱装置上探测不同时间延迟的瞬态光谱都需要重复激发样品,泵浦脉冲强度的变化会影响从动力学模式逐点得到的光谱信息,以及从连续光谱中得到的动力学信息。仪器性能的系统变化或样品随时间的分解易在光谱模式下产生虚假动力学,或在动力学的模式下产生虚假的光谱特征。当然,最好能在测量中去除带来这些问题的根源。实际测量中,不同波长下的动力学和不同延迟时间的瞬态光谱应随机进行测量,而不是按固定的顺序,如果在数据采集时间内(通常为 10 min～1 h)有系统变化发生,它们将会导致随机噪声增加,而不是产生扭曲动力学的假象。

激光脉冲的波动可通过对每一个脉冲强度的独立监测较正消除。样品的降解可通过使用流动样品体系来避免。

3.7.3 泵浦-探测光谱

超短脉冲激光的脉宽已能达到几个飞秒($1\ fs=10^{-15}\ s$),并已有商业产品,但光电倍增管以及相关电子数字化设备的响应远不够快,无法对远低于 1 ns 的信号进行跟踪,因此,皮秒和飞秒时间分辨装置需要用光学延迟线来确定激发脉冲与探测脉冲间的时间延迟(图 3.16)。将泵浦脉冲聚焦到某溶液或 CaF_2 片上,产生的宽超连续光谱(300～700 nm)用作**泵浦-探测光谱(pump-probe spectroscopy)**中的探测脉冲[194],泵浦和探测脉冲光程差为 0.3 mm 时相当于二者间有 1 ps 的时差。要确保两个脉冲在样品上的空间重叠不会因时间延迟设置而发生变化,通过定期检测泵浦脉冲产生的特定吸收来确定泵浦光与探测光路处于适当光学对准状态,所检测的泵浦脉冲产生的特定吸收应存在于整个时间延迟范围并且不变,如果检测到该吸收有增强或衰减现象,就说明两束脉冲光没有对准。这也是为什么通常光学延迟线长度限定为 0.3 m,光走一个来回需要 2 ns。

一种更为讲究的研究电子基态激发振动态动力学的方法是在瞬态吸收试验中使用飞秒 pump-dump-probe 方式。分子首先被激发到 S_1 态,然后使用长波长的第二个脉冲(dump 脉冲),S_0 态激发振动能级通过受激发射得以布居[197]。

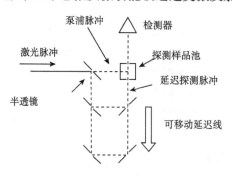

图 3.16 泵浦-探测装置的概念性设计图

3.7.4 动力学数据分析

基元过程(elementary process)只考虑很少分子(通常为一或两个分子,忽略周围溶剂分子)参与的反应,并**假设**该反应为越过单一势垒的一步过程。化合物 A

的单分子基元反应的微分速率方程为 $-dc_A/dt=-kc_A$ 时,称为**一级反应**(只有单一浓度与速度常数 k 相关);对于双分子基元反应,可以是两个相同分子 A 间的反应也可以是分子 A 与不同分子间的反应,微分速率方程分别为 $-dc_A/dt=-2kc_A^2$ 和 $-dc_A/dt=-kc_Ac_B$,均为**二级反应**;零级微分速率方程 $-dc_A/dt=-k$ 不能用来表示基元反应,在快速反应动力学中也不会遇到。一级反应速率常数的单位为 s^{-1},二级反应速率常数单位通常为 $M^{-1}\ s^{-1}=dm^3\ mol^{-1}\ s^{-1}$。

当中间体或激发态分子 A 经历两个平行不可逆一级反应生成两个产物 B 和 C 时(图示 3.1(a)),反应 A→B 和反应 A→C 的速率常数分别为 k_{AB} 和 k_{AC},如果 $k_{AB}<k_{AC}$,例如 $k_{AB}=0.2\ s^{-1}$,$k_{AC}=0.8\ s^{-1}$,我们可能会得出形成 C 的表观速率常数大于 B 的结论,但事实并非如此。A 消失的微分速率方程如公式 3.4 所示:

$$-dc_A(t)=(k_{AB}+k_{AC})c_A(t)dt$$

公式 3.4　化合物 A 发生两个平行反应的速率方程

这是个用单一表观速率常数 $k_{obs}=k_{AB}+k_{AC}$ 表示的一级反应速率方程。积分后得下式:

$$c_A(t)=c_A(t=0)e^{-k_{obs}t}$$

公式 3.5

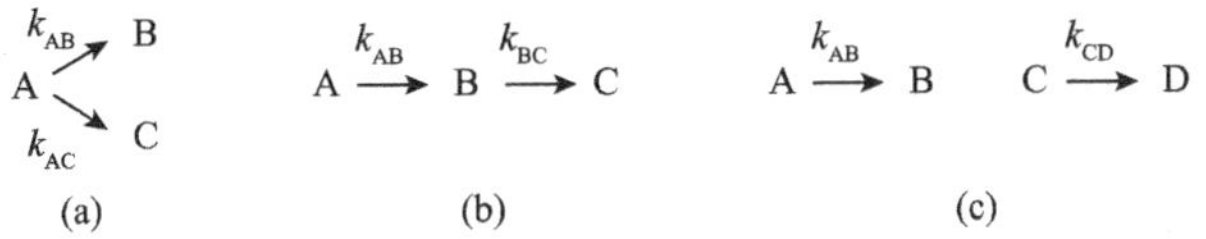

图示 3.1　平行(a)、连续(b)(顺序)和独立(c)反应

化合物 B 生成的微分速率方程为 $dc_B(t)=k_{AB}c_A(t)dt$,将公式 3.5 的 $c_A(t)$ 代入其中,假设 $c_B(t=0)=0$,积分得到下式:

$$c_B(t)=c_A(t=0)\frac{k_{AB}}{k_{obs}}(1-e^{-k_{obs}t})$$

公式 3.6

因此,A 消失的表观速率常数 $k_{obs}=k_{AB}+k_{AC}$ 与 B(和 C)生成的速率常数相同,差异仅仅是指前因子部分的比值,对 B 为 $k_{AB}/k_{obs}=k_{AB}/(k_{AB}+k_{AC})$,相应地对 C 为 k_{AC}/k_{obs},比值表示两个反应的**效率**,如图 3.17 所示。可以很容易地将此论证扩展到给定反应物发生不止两个平行一级反应的情况,对于给定基元反应过程其效率等于该过程速率常数 k_x 除以导致反应物 A 消耗的所有竞争过程速率常数之和(公式 3.7)。

$$\eta_x=k_x/\sum k_i$$

公式 3.7　单步一级反应效率

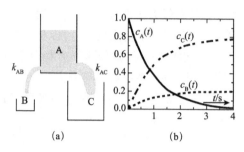

图 3.17 两个平行反应 A→B 和 A→C 的动力学。(a)以两个带有不同大小孔的水桶说明；
(b)化合物 A、B 和 C 浓度随时间的变化

许多反应图式包括了平行的一级和二级反应,并且具有简单的解析解[198],因此,对于此处感兴趣的快速反应数值积分的方法就不需要了。当用吸收光谱监测反应时,在观察波长 λ 处溶液的总吸收 $A(\lambda,t)$ 可通过 Beer-Lambert 定律与反应物种 B_i 的浓度 c_i 相关(公式 2.5)。因此,在 $k_{AB}=k_{CD}$ 的极限条件下,两个平行进行的反应 A→B 和 C→D[图示 3.1(c)]将产生一个模糊了两个独立步骤存在和相对振幅的单指数。

在连续反应 A→B→C[图示 3.1(b)]中出现了各步反应速率常数类似的特殊问题[199]。时间依赖 B 浓度的积分速率如公式 3.8 所示(图 3.20 中给出了 c_A 到 c_C 浓度随时间的变化),如果在观察波长下只有 B 吸收光,吸收增大后紧跟着吸收衰减,则明确表明这是个连续反应。如果 $k_{AB}\approx k_{BC}$,利用公式 3.8 对得到的动力学曲线作非线性最小二乘法拟合很困难或根本不可能,因为对 $k_{AB}=k_{BC}$ 的表达不确定。此外,还应注意公式 3.8 并不受微观速率常数 k_{AB} 与 k_{BC} 互换的影响,因此表观速率常数不能归属为连续反应中的某个步骤,除非还有其他的信息,例如,已知中间产物 A、B 和 C 的吸光系数。在生成-衰减曲线中的上升部分总是对应于快速反应,但它并不一定是连续反应中的第一个反应。

$$c_B(t) = c_A(t=0) \frac{k_{AB}}{k_{AB} - k_{BC}} [\exp(-k_{BC}t) - \exp(-k_{AB}t)]$$

公式 3.8

当中间产物 B 的衰减比它的生成快时,即 $k_{BC}\gg k_{AB}$,则指前因子项的绝对值将变小,任何时间瞬态浓度 c_B 都小。当 $k_{BC}\gg k_{AB}$ 时,产物 C 的生成将接近一级速率方程,即公式 3.6(以标记 C 代替 B),这是因为中间体 B 的瞬态浓度极低已可忽略。这说明观察到反应 A→C 的一级速率方程并不保证没有中间体参与反应,只表示观察到的反应 A→C 是一个基元反应。

从含有任何数目连续、平行和独立一级反应的反应图示推导出的速率方程可以闭合形式积分,得到一系列指数项加和,于是,发生着这些反应的溶液总吸收 A 可表达为一系列指数项加和(公式 3.9),可参阅本节的最后一段。

$$A(t) = A_0 + A_1\exp(-\gamma_1 t) + A_2\exp(-\gamma_2 t) + \cdots$$
公式 3.9

可发生二级反应的瞬态物种的一级衰减速率常数并不能确切地确定,即使对表观二级反应贡献已作了某种校正。典型的例子是除气溶液中蒽三重态的半衰期,多台仪器测量结果显示其在 20 μs～1 ms 范围(数值在同一台仪器测量中可重复,但在不同仪器或使用不同方法纯化的溶剂时变化很大),在减少了与母体分子间扩散碰撞引起的猝灭(自猝灭)、与其他三重态分子间的猝灭(三重态-三重态湮灭)以及来自诸如氧的杂质猝灭剂的猝灭时,溶液中三重态蒽的寿命可以达到 25 ms[200]。因此,易发生二级衰减的瞬态物种寿命应始终被认为是其下限,例如长寿命的三重态或自由基。

光电倍增管、光电二极管以及二极管阵列在一定光通量范围内是线性响应的。在此范围内,其读数将正比于样品的光透过率 T。由于积分时间很短,与暗电流相关的噪声通常可以忽略。在这些条件下,透过率**相对**误差以及从 $A=\log(1/T)$ 计算而得到的样品吸收的**绝对**误差将是常数。对于模型函数(如公式 3.9)中吸收数据最小化残差平方(χ^2),其中每个吸收数据点均适度获得相等的加权。不建议为了获得线性模型函数而转换数据点,例如,对一级反应可转换为 $\log A$,对二级反应可转换为 A^{-1},因为相关的误差也会转换,需要对数据点重新加权。

试验模型函数通常为独立变量时间的非线性函数。有各种数学方法对非线性函数的迭代 χ^2 值最小化,应用最广的 Marquardt 方法强力高效,并非模型函数中所有参数都需要通过迭代计算确定。动力学模型函数(如公式 3.9)是由线性参数(如吸收变化的振幅 A_i)和非线性参数(如速率常数 k_i)混合组成的,对于给定的一组 k_i,其线性参数 A_i 无须迭代计算即可确定(如线性回归),它们可在非线性最小二乘法探查中从参数空间消除。这增加了确定全局最优解的可靠性,并可大大缩短计算所需的时间。

虽然分析模型函数(微分动力学方程的闭合形式积分)可用于多数快速动力学反应过程,但它在从表观速率系数 γ_i 推导基元反应物理相关速率常数 k_i(公式 3.9)以及从拟合得到的模型参数 γ_i 确定浓度随时间变化时并非微不足道。此外,这一数学模型符合很多机理(基元反应的组合),在这种数学意义不很明确的情况下还需要有其他的信息,可以是基于化学知识的机理考虑,也可以是已知个体摩尔吸光系数和/或速率常数。可接受与不可接受机制的区别也可建立在如下基础上:即在整个光谱中,所有物种的吸收必须为非负值,而且所有物种的浓度在任何时间都必须是非负值。作为一个原则,**我们不应假设比满足表观速率方程更为复杂的机制**,除非已有其他可靠证据表明需要更为复杂的机制(奥卡姆剃刀原理,

Occam's razor)[①]。

3.7.5 瞬态光谱全分析

推荐参考书[201,202]。

多数吸收和发射光谱仪均连有计算机,可实现对光谱的数字化记录。如果光谱随时间变化,例如,监测光反应时间歇测得的吸收光谱,则可得到如图 3.18 所示的一系列光谱,吸收数据可保存在**矩阵 A**[②]中(公式 3.10)。**奇异值分解**(singular value decomposition,SVD)是用来分析这些数据的方法[201],也可用称为**主成分分析**(principal component analysis)和**因子分析**(factor analysis)的方法,处理步骤

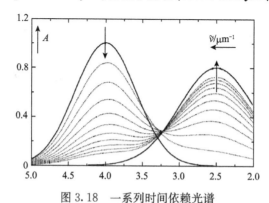

图 3.18 一系列时间依赖光谱

---

① 奥卡姆剃刀原理(Occam's razor,有时也拼写为 Ockham's razor)是英国逻辑学家和天主教方济会修士 William Ockham 于 14 世纪提出的一个原则。这一原则是:解释任何现象应尽可能少地假设,去除那些在解释性假说或理论预测中没有影响的内容。这一原理经常以拉丁文 **lex parsimoniae** 表述(简约法则或简明法则,"law of parsimony"或"law of succinctness"):**entia non sunt multiplicanda praeter necessitatem**,意思是"如无必要,勿增实体",也常被表述为:其他内容相同时,最简单的解决方法是最好的。[All other things being equal,the simplest solution is the best。作者摘自维基百科,2007 年 11 月 14 日]。

② 矩阵 $A=(A_{ij})$ 是数字为 A_{ij} 的 $(r×c)$ 矩形阵列(公式 3.10);r 为以 $i=1,\cdots,r$ 标记的行数,c 为以 $j=1,\cdots,c$ 标记的列数。**正方形矩阵**有相等的行数与列数,即 $r=c$。将行和列互换得到矩阵 A 的**转置矩阵** A',$A'=(A_{ji})$。在**对角矩阵 D** 中,所有非对角元素均消失了,即 $A_{ij}=0(i≠j)$,因此 $D'=D$。如果对所有的 i 和 j 均存在 $A_{ij}=A_{ji}$,则矩阵是**对称的**。

矩阵运算最好用计算机执行,这里只是给出一些定义,并非计算方案。相同尺寸的矩阵 $(r×c)$ 的加(或减)可通过对应元素的加(或减)$A±B=(A_{ij}±B_{ij})$ 实现,两个矩阵的乘积 $C=A×B$ 只有在 A 的列数等于 B 的行数时才能成立。C 矩阵元素 C_{ik} 可由下式给出:

$$C_{ik}=\sum_{l=1}^{m}A_{il}B_{lk}$$

如果行列式 $\|A\|$ 消失(见 1.4 节最后的角注),方形矩阵是**奇异**的。矩阵 A 的**逆矩阵 A^{-1}** 用公式 $A^{-1}×A=E$ 来定义,式中 E 是**单位矩阵**,$E=(\delta_{ij})$,δ_{ij} 为 **Kronecker's δ**,当 $i=j$ 时其值取 1,其他情况其值取 0,因此 $E×A=A×E=A$。只有当 A 是非奇异性的,即 $\|A\|≠0$,A 的逆矩阵才可被确定。方形矩阵 A 的对角化即求解其**本征值**和**本征矢量**(1.4 节)。

基本相同,这些方法通常已纳入光谱仪自带软件。重要的是要了解这些方法能做些什么以及它们可在何种程度反映使用者的偏好。

$$\boldsymbol{A}(t_i,\tilde{\nu}_j) = \begin{pmatrix} A(t_1,\tilde{\nu}_1) & A(t_1,\tilde{\nu}_2) & \cdots & A(t_1,\tilde{\nu}_j) & \cdots & A(t_1,\tilde{\nu}_c) \\ A(t_2,\tilde{\nu}_1) & A(t_2,\tilde{\nu}_2) & \cdots & A(t_2,\tilde{\nu}_j) & \cdots & A(t_2,\tilde{\nu}_c) \\ \cdots & \cdots & \cdots & \cdots & \cdots & \cdots \\ A(t_i,\tilde{\nu}_1) & A(t_i,\tilde{\nu}_2) & \cdots & A(t_i,\tilde{\nu}_j) & \cdots & A(t_i,\tilde{\nu}_c) \\ \cdots & \cdots & \cdots & \cdots & \cdots & \cdots \\ A(t_r,\tilde{\nu}_1) & A(t_r,\tilde{\nu}_2) & \cdots & A(t_r,\tilde{\nu}_j) & \cdots & A(t_r,\tilde{\nu}_c) \end{pmatrix} = (A_{ij})$$

公式 3.10 $(r\times c)$ 维光谱数据矩阵 $\boldsymbol{A}$

矩阵 r 行 $(i=1,\cdots,r)$ 代表样品在给定时间 t_i 的吸收光谱,c 列 $(j=1,\cdots,c)$ 为在给定波数 $\tilde{\nu}_j$ 下吸光度的时间函数。图 3.18 中连续变化光谱的**等吸收点**从 3.3 μm^{-1} 移到 3.2 μm^{-1},说明观察到整个过程并非均一反应。事实上,这一系列光谱完全是人造的,假设一个两步反应 $B_1 \to B_2 \to B_3$,其中 $k_{1\to 2}=0.5\ s^{-1}$,$k_{2\to 3}=2\ s^{-1}$。如果光谱闪光光解能得到这些光谱,则图 3.19 所示光谱信噪比约为 10,随机噪声被加在光谱中。在这种情况下,均一反应的系统偏离很容易在肉眼检查中被忽略。

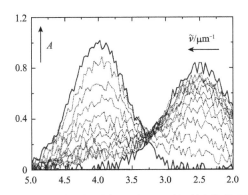

图 3.19 加载无规噪声的图 3.18 的时间-依赖光谱

根据 Beer-Lambert 定律(公式 2.5),观察到的吸光度 A_{ij} 是三个组分 B_k($k=1,2,3$)吸光度的线性组合,因此 $(r\times c)$ 维矩阵 $\boldsymbol{A}$ 由乘积 $\boldsymbol{C}\cdot\boldsymbol{\varepsilon}$ 构成,其中矩阵的 $\boldsymbol{C}(r\times 3)$ 的列包含物种 $B_1\sim B_3$ 浓度随时间的变化,它们由假设的速率方程给出;矩阵 $\boldsymbol{\varepsilon}(3\times c)$ 的行包含它们的光谱(公式 3.11)。为了将矩阵运算形象化,我们用长方形表示矩阵,其中高度代表行数,宽度代表列数。为简化起见,将样品池长度 $l=1$ cm 乘到 $\boldsymbol{\varepsilon}$ 矩阵元素内,浓度随时间的变化以及 $B_1\sim B_3$ 的光谱如图 3.20 所示。

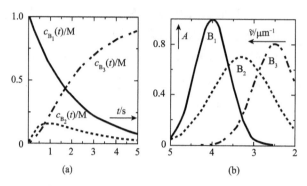

图 3.20　组分 $B_1 \sim B_3$ 浓度随时间变化关系(a)和它们的吸收光谱(b)

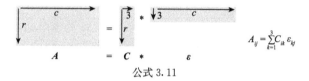

$$A_{ij} = \sum_{k=1}^{3} C_{ik} \varepsilon_{kj}$$

公式 3.11

现实中,我们可以得到如图 3.19 所示的光谱数据 A,但并不知道其隐含矩阵 C 和 ε。全分析的目的就是要恢复这一过程,即通过对完整光谱数据 A 的分析恢复组分数、各组分的光谱、ε 和与决定浓度随时间变化的速率常数相关的速率方程、C 全分析由两个步骤组成,即**因子分析(factor analysis)**和**目标因子转换(target factor transformation)**。对于因子分析,我们首先从数据矩阵 A 形成协方差矩阵(covariance matrix)$M = A * A'$,其中 A' 为数据矩阵 A 的转置矩阵(公式 3.12)[①]。

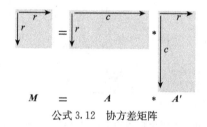

公式 3.12　协方差矩阵

协方差矩阵 M 是尺寸为 $r \times r$ 的对称正方形矩阵,$M_{ij} = M_{ji}$,可被对角化。求解久期行列式 $\| M - \delta_{ij} \lambda \| = 0$,得到 r 个本征值 λ,以及 r 个对应的正交归一化[②]本征向量 $v_i, i = 1, \cdots, r$ 每个本征向量长度是 r[③]。收集矩阵 V 列的本征矢量,我们发现可通过 $V' * M * V$ 运算(见公式 3.13)使矩阵 M 对角化,出现在对角矩阵中本征

---

①　另一个协方差矩阵可构建为 $A' * A$,它有大得多的尺寸 $c \times c$,由于 $A' * A$ 和 $A * A'$ 所包含信息相同,我们选择较小的一个。

②　矩阵乘积 $V * V'$ 尺寸为 $r \times r$ 的对角单元矩阵(δ_{ij})。

③　数学过程与用量子力学优化 LCAO 波函数相同(1.4 节和 4.2 节)。

值 $S=(\delta_{ij}\lambda_i)$ 按大小排序。

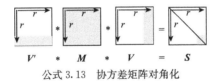

公式 3.13　协方差矩阵对角化

这些矩阵运算很容易用数学软件包编程,例如,在 MATLAB 中,仅需要两个表述,"M=A*A';"和"[V,S]=eig(M);",用合理大小的矩阵(如 $c=1000$ 和 $r=20$)在台式计算机上几秒钟即可完成计算。我们现在需要确定某一位置的重要因子数目,亦即对光谱矩阵 A 有贡献的独立成分的数目,使用无噪声光谱(图 3.18)时,对角矩阵 S 只在底部右侧含有三个非零对角元素,我们得到 A 由三个组分($n=3$)生成的信息。在决定了要被保留的本征值数目 n 后,我们可简化矩阵 V 和 S 为尺寸 $r\times n$ 以及尺寸 $n\times n$ 的 V_{red} 和 S_{red} 的阴影区域(公式 3.13),通过 $U_{red}*S_{red}*V_{red}$ 乘积重建光谱矩阵的转置矩阵 $A_{reconstr}'$(公式 3.14)。为确定尺寸 $c\times n$ 的光谱本征矢量 U_{red} 的矩阵,我们将右侧 $A_{reconstr}'$ 与 V_{red} 相乘,得到 $A_{reconstr}'V_{red}\cong A'*V_{red}=U_{red}*S_{red}[V_{red}$ 行是正交归一的,$V_{red}'*V_{red}=(\delta_{ij})$,因此 $U_{red}=A'*V_{red}*(S_{red})^{-1}]$。$V_{red}$ 行中的系数代表了三个光谱本征矢量 $U_{red}(c\times n)$ 的权重,将它们乘以对角化 S_{red} 的本征值重新构建 A 行中的光谱。从无噪声数据重建的光谱与图 3.18 完全相同。

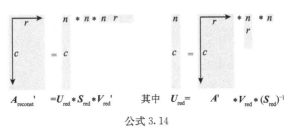

公式 3.14

利用图 3.19 中的噪声光谱,通过 M 的对角化得到的最大本征值呈递降序列,为 135.1,43.2,0.19,0.12,0.11,0.10 等。噪声产生了 11 个非零本征值,很难确定这些光谱是否由两个或更多个组分构成。值得注意的是,递降序列的本征值在一秒钟内下降了约 40%,而此后下降很小。从统计原则[201]来看,可以推断第三个本征值在 95% 的水平已经不重要了,但作为化学家,我们根据以往的知识(或相信)认为反应涉及中间体,因此我们还是会选择三个组分。保留三个本征值的重建光谱如图 3.21(a)所示。

至此,我们已经实现了两个目标,第一,是存储于矩阵 U_{red}、S_{red} 和 V_{red} 中的数据(可在以后使用)数量至少降低了一个数量级;第二,作为额外的好处,许多随机的噪声被消除了(比较图 3.19 和图 3.21)。我们还必须认识到,通过对本征值数目进行选择,可以在重建的数据中引入某些偏差,这可从图 3.21(b)说明,其中有些数据的重建只用了两个本征值,所有数据均被强制通过等吸收点。

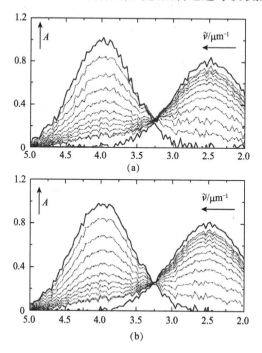

图 3.21　用三个本征值(a)或两个本征值(b)重建的光谱

图 3.22 中给出了用于重建光谱的三个本征矢量($U_{red} * S_{red}$ 的列),很明显,它们并不与物种 $B_1 \sim B_3$ 的光谱相对应,第一个本征矢量(实线)表示整个光谱系列的"平均",始终为正数,第二个本征矢量(点线)有一个节点,允许在单个光谱重建中进行"首次校正",而最后一个本征矢量(虚线,放大 5 倍)则为"二次校正"。这让人联想到以相同的数学过程得到的分子轨道(4.2 节),最低 MO 全部键合在一起,能级每增加一级,增加一个节点。

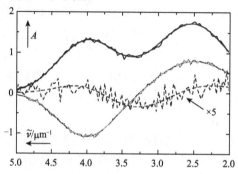

图 3.22　光谱数据中的三个本征矢量。平滑线为从无噪声光谱(图 3.18)得到的本征矢量

矩阵 V_{red} 中行矢量定义了正交本征矢量在三维空间中的一些点,它们处在一个平面内(有噪声时接近平面),与图 3.23 中所示的三组分反应一致。第一步 $B_1 \rightarrow B_2$ 反应将沿直线进行,当多于三个物种参与反应时,将会产生系统误差,偏离回归平面。

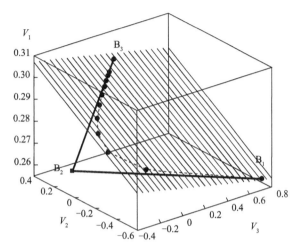

图 3.23　在特征矢量空间的一个平面上进行的 $B_1 \rightarrow B_2 \rightarrow B_3$ 反应

在完成了因子分析后,我们希望确定产生表观光谱数据化学物种的光谱。要实现从本征光谱到组分光谱(**目标因子**)的转换,还需要额外的信息。我们可能知道对应起始材料 B_1 的初始光谱以及对应产物 B_3 的最终光谱,初始光谱的变化应可归因于 $B_1 \rightarrow B_2$ 的反应,而最终光谱的变化则应归因于 $B_2 \rightarrow B_3$ 的反应。因此,我们可用回归平面中两条直线的交点在本征矢量空间内估算代表物种 B_2 的点坐标(图 3.23)。

除此之外,还有其他更为强大的方法。我们知道物种的光谱不能有负吸收,这足以让我们分析那些只有很少重叠的光谱,如高分辨的 IR 光谱。如果我们知道光谱按一定顺序排列,例如,化学反应随时间进行或滴定过程中体系 pH 值连续变化的情况,就可以使用**自建模(self-modelling)**方法[**渐进因子分析(evolving factor analysis)**][202,204]。如果我们知道或有理由假设物种的浓度 C 按一定的速率方程(如目前的例子)或质量作用定理(滴定中)变化,例如,假设模型的速率或平衡常数,就可利用模型函数中的试验参数对 C 矩阵作出初始猜测,模型参数还可通过非线性最小二乘法进一步优化[201-203,205,206]。所有上述方法的目的都是要将光谱数据 A 分解为有化学意义的浓度随时间变化关系 C 和组分光谱 ε(公式 3.11),最佳选择则依赖于体系已知的额外信息,建议用无偏差的自建模方法测试任一选择模型。

为完成例子的全分析,我们可用物种 $B_1 \sim B_3$ 的积分速率方程(公式 3.8,

3.7.4节)和试验参数k_{AB}和k_{BC}构建一个试验矩阵$C(r\times3)$,从C猜测出发,对物种光谱ε的初始猜测不经迭代即可得到,$\varepsilon=(C'*C)^{-1}*C'*A$(MATLAB指令:"EPS=C\A;")。基于非线性参数k_{AB}和k_{BC}变化确定C,矩阵ε通过最小化残差平方总和优化,$R=A-C*\varepsilon$。终态物种的光谱包含在矩阵ε的行中,如图3.24所示,从噪声光谱中得到的速率常数为$0.24\ \mathrm{s}^{-1}$和$2.2\ \mathrm{s}^{-1}$。

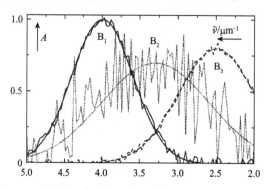

图3.24　重建的物种光谱,噪声曲线来自图3.19的光谱数据

综上所述,光谱数据的全分析在正确认识和小心操作下是验证提出模型非常有用的方法。但统计分析通常并不能消除可能隐藏在实验数据中的系统误差,相反,它会强调来自选择模型的偏差,有可能给研究体系带来虚假复杂性。没有一种数学处理可对数据采集不够优化的方法进行补偿。

3.8　时间分辨红外和拉曼光谱

在NMR和红外(IR)吸收光谱出现以前,广泛使用的互补性拉曼(Raman)光谱是鉴定功能基团最重要的研究工具,它通过特征振动频率来鉴定功能团,时至今日,拉曼光谱仍在分析化学中保持着它的地位。红外和拉曼光谱均提供指纹信息,利用它们可以对简单分子甚至生物高分子的特定位点进行明确的识别。由于振动带的低吸收系数,时间分辨红外光谱的应用由于灵敏度低而受阻,最早仅用于检测类似金属羰基化合物的极强振动带,但近20年来,随着带有傅里叶变换的设备和可产生宽频谱飞秒脉冲的Ti:蓝宝石激光放大器的出现,这种情况有了巨大的变化。振动光谱的方法目前已广泛应用于化学和生物反应动力学研究。

在皮秒级时间分辨拉曼光谱中,样品被高能量和高品质光脉冲泵浦和探测,在$1000\sim2000\ \mathrm{cm}^{-1}$的窗口产生完整的振动光谱[207]。基于海森伯(Heisenberg)不确定性原理(公式2.1),人们希望振动光谱被限制在皮秒或更高的时域,因为1 ps变换极限脉冲具有$15\ \mathrm{cm}^{-1}$ FWHM的能量宽度,10 fs脉冲具有$1500\ \mathrm{cm}^{-1}$的固有能量带宽,这一僵局被超快飞秒受激拉曼光谱技术巧妙解决,超快飞秒受激拉曼光谱利用相干技术实现了＜100 fs 的时间分辨和＜35 cm^{-1} 的光谱分辨[208,209]。一束附加的飞秒泵浦脉冲光(460～670 nm,＜30 fs)用来引发光化学反应,其脉冲比分子振动活性模式周期要短得多,它在激发态势能面上产生一个局域性波包,光谱分辨率主要受限于拉曼脉冲的带宽(＜10 cm^{-1}),而时间分辨率则决定于泵浦和拉曼探测脉冲(典型的＜50 fs)的互相关。这一技术还有其他优点,诸如提高的信噪比、短数据采集时间、背景荧光不敏感等,它被用来监测视觉的原初过程[210]。

为获得纳秒时间尺度的红外光谱,常用光谱仪中通常是以 Nd:YAG 激光器激发样品。对于光活性样品,必须使用流动样品池,样品池的光程应不小于 0.1 mm,脉冲重复频率则限制在～1 Hz。在**步进扫描(step-scan) FTIR** 光谱仪中[211],在干涉图上逐点收集随时间的变化,然后再逐点重建,最终将它转换为时间分辨红外光谱。除此之外,也可以用配有强红外光源的色散型红外光谱仪[212]进行测量。这两种方法的时间分辨率均在约 50 ns。FTIR 仪器提供了一种触发的快速扫描模式,可在几个毫秒内采集完整光谱[213]。

3.9 量子产率

量子产率是个基本量,用于定义光吸收诱导过程的光子经济学。光物理和光化学过程速率常数的确定需要量子产率(3.9.7 节),依据所研究过程有多种不同的技术用来测量量子产率,我们将对化学实验室中常用的测定方法进行介绍。量子产率的测量是一种艺术,但其中有许多陷阱,实验者除了重测之外几乎没有其他复核结果的办法,而重测并不能发现可重复的系统误差。因此,在实验室测量未知化合物量子产率之前先再现一个相关且已知过程量子产率的测量是非常必要的。

3.9.1 微分量子产率

对一给定过程 x **量子产率**的定义已在本书 2.1.7 节公式 2.24 给出,$\Phi_x(\lambda) = n_x/n_p$,式中 n_x 为在光照过程中发生的光化学或光物理事件 x 的数量,n_p 为以波长 λ 光照时反应物吸收光子的数量,n_x 和 n_p 均可以摩尔(mol)或爱因斯坦(einstein)为单位,Φ_x 的量纲为 1。

对于光活性体系,反应物吸收光的量会随反应进行发生变化,生成产物的量也会随光产物被照射发生二级光反应而进一步变化。在这种情况下,量子产率 $\Phi_x(\lambda) = n_x/n_p$ 必须用微分量子产率进行定义(公式 3.15)。在实验中无法测量无限小转换,我们不得不采用有限剂量的光来确定量子产率。在特定情况下对公式 3.15 准确积分是可能的,这将在后面讨论(3.9.3 节)。为了避免二级光反应的干扰,任何情况下都应尽量采用低反应转化率(＜10%),至于采用多低的转化率取决于所用分析方法(如 GC、吸收和发光光谱等)的灵敏度。

$$\Phi_x(\lambda) = \mathrm{d}n_x/\mathrm{d}n_\mathrm{p}$$
公式 3.15　微分量子产率

对于单色光而言，**摩尔光子通量** $q_{\mathrm{m,p}}^0 = n_\mathrm{p}/t$ 即单位时间照射到样品池内的光子数量(以摩尔或爱因斯坦为单位)，它与照射光谱的辐照功率 P_λ^0 成正比(公式 3.16)，$q_{\mathrm{m,p}}^0$ 的单位(公式 2.3)为 mol s^{-1}。

$$q_{\mathrm{m,p}}^0 = P_\lambda^0/N_\mathrm{A}hc\tilde{\nu}$$
公式 3.16　摩尔光子通量

当反应物仅吸收波长为 λ 的光时，样品在一个短时间间隔 $\mathrm{d}t$ 内吸收的光子数量 $\mathrm{d}n_\mathrm{p}$ 就等于吸收的摩尔光子通量 $q_{m,\mathrm{p}}$(公式 3.17)。

$$\mathrm{d}n_\mathrm{p} = q_{\mathrm{m,p}}^0[1-T(\lambda)]\mathrm{d}t = q_{\mathrm{m,p}}^0[1-10^{-A(\lambda,t)}]\mathrm{d}t$$
公式 3.17

当光透过比例很大时，需要做一个小的校正，要加上从样品池背面反射回液体中光的量(约 4%)。当有其他吸收照射波长光的物种存在或生成光产物吸收照射波长光时，公式 3.17 右侧需要乘上反应物 A 的吸收分数 $A_\mathrm{A}(\lambda,t)/A(\lambda,t)$，如公式 3.18 所示。

$$\mathrm{d}n_\mathrm{p} = q_{\mathrm{m,p}}^0[1-10^{-A(\lambda,t)}]\frac{A_\mathrm{A}(\lambda,t)}{A(\lambda,t)}\mathrm{d}t$$
公式 3.18

对于低吸光度情况，$A(\lambda,t) \ll 0.1$，商数 $[1-10^{-A(\lambda,t)}]/A(\lambda,t)$ 接近 $\ln(10) = 2.303$，于是 $\mathrm{d}n_\mathrm{p}/\mathrm{d}t \approx 2.303 q_{m,\mathrm{p}} A_\mathrm{A}(\lambda,t)$。对于高吸光度情况，$A(\lambda,t) > 2$，公式中 $10^{-A(\lambda,t)}$ 项可以忽略。当反应过程通过 GC、HPLC 或 NMR 等分析方法进行检测时，量子产率通常用公式 3.15 计算，只需简单地以短时间间隔 Δt 照射后测得的小增量 Δn_x 和 Δn_p 代替微分项 $\mathrm{d}n_x$ 和 $\mathrm{d}n_\mathrm{p}$，在光照时间间隔内吸光度 $A(\lambda,t)$ 和 $A_\mathrm{A}(\lambda,t)$ 的平均值则用于计算组分 A 吸收的光子数 Δn_p(公式 3.18)，并且在单位时间间隔 Δt 内的转化率应保持低于 10%。以这一方法测量得到的量子产率在连续照射时间内应为常数，如果出现了下降趋势则表明发生了二级光反应。

3.9.2　露光计

推荐阅读综述[214]。

利用公式 3.18 测量量子产率需要知道照射到样品池的**辐射功率** $P_\lambda^0 = q_{\mathrm{m,p}}^0 N_\mathrm{A} hc\tilde{\nu}$。辐射功率的绝对测量很难精确实现，因此在化学实验室中很少采用，实际操作中，辐射功率使用**露光计(actinometry)** 测量。露光计是一种可进行光诱导反应的化学体系，这一反应的量子产率 $\Phi_\mathrm{act}(\lambda)$ 是准确已知的。将公式 3.15 和公式 3.18 反过来应用，即通过测定单位时间内露光计的转化率($\mathrm{d}n_x/\mathrm{d}t = \mathrm{d}n_\mathrm{act}/\mathrm{d}t$)和代

入已知 $\Phi_{act}(\lambda)$ 值来确定光源的辐射功率。好的化学露光计要求：其量子产率明确已知，并且最好是在很宽波长、辐射功率和总辐射能量范围为常数，具有高的灵敏度和精确度，使用简单，所用材料应是触手可及的光敏材料。

　　用分光光度计监测样品和露光计溶液的反应，可以方便地获得准确结果（3.9.3 节）。由于多数光源会随时间波动，样品和露光计溶液的照射应同时进行（见 3.9.10 节图 3.29）。另外，利用"旋转木马"(merry-go-round)装置（见 3.9.10 节图 3.30)进行光照，并继之以标准分析方法进行测量也经常在有机实验室中使用。已知的各种化学露光计及推荐标准操作在文献中有详细描述[214]。草酸铁露光计可能是应用最为广泛的一种[214-216]，它通过与热电堆及其他露光计的比较被反复校正，可用现成的化学试剂进行制备（案例研究 3.1)，并可在很宽的照射波长范围(205～509 nm,表 3.2)使用；它的缺点是必须在暗室红光下进行操作，而且其量子产率存在波长依赖性。方便可逆的偶氮苯露光计的详细描述参见 3.9.4 节；另一种可逆也曾被广泛应用的露光计——Aberchrome 540 已不再商用，它有疲劳现象并存在副反应[217]，也不再推荐使用；meso-二苯基半日花烯(meso-diphenylhelianthrene)的自敏化光氧化反应可用于照射波长范围 475～610 nm 的露光计（图示 6.259)[219]。另外，一些具有标准瞬态吸收的化合物也被推荐用作激光脉冲的露光计[214]。

表 3.2　草酸铁露光计在不同波长下的量子产率

波长/nm	量子产率[32]	量子产率[216]
509	0.86	
480	0.94	
468	0.93	
436(0.15 M)	1.01	
436(0.006 M)	1.11	
405	1.14	
365/366(0.15 M)	1.18	
365/366(0.006 M)	1.22	1.27
340		1.23
334	1.23	
320		1.27
313	1.24	
297/302	1.24	1.25
260～300		1.25
253.7	1.25	1.40
240		1.45
225		1.46
220		1.47
214		1.50
205		1.49

案例研究 3.1　露光计——草酸铁

纯草酸铁钾由三份(体积)分析纯 1.5 M 草酸钾和一份(体积)1.5 M 分析纯氯化铁混合制得，沉淀得到的绿色草酸铁钾[$K_3Fe(C_2O_4)_3 \cdot 3H_2O$]用热水重结晶三次，得到的晶体用 45 ℃ 热空气流干燥。整个操作必须在配有红色安全光的暗室中进行，晶体可无限期在暗室中存储。

0.006 M 露光计溶液的制备是以 2.947 g 的草酸铁晶体溶于约 800 mL 水中，加入硫酸(1.0 N＝0.5 M, 100 mL)，再将溶液稀释至 1 L 混合均匀制得。0.15 M 露光计溶液的制备方法类似，以 73.68 g 草酸铁制得。使用光程为 1 cm 的样品池，0.006 M 和 0.15 M 的溶液分别对波长短于 390 nm 和 445 nm 光的吸收不少于 99%，在长于这些波长的范围，露光计溶液对照射波长光的吸收分数须进行测量。

光照时，体系中发生下列反应：

$$[Fe(C_2O_4)]^+ \xrightarrow{h\nu} Fe^{2+} + C_2O_4^- \cdot$$
$$C_2O_4^- \cdot + [Fe(C_2O_4)]^+ \longrightarrow 2CO_2 + Fe^{2+} + C_2O_4^{2-}$$

光解后，生成的亚铁离子与配体 1,10-菲罗啉结合形成相应的配合物，后者可用光谱仪进行测定。光的最小可检测剂量约为 2×10^{-10} einstein mL^{-1}，可准确测量($\pm 2\%$)的最大光剂量约为 5×10^{-6} einstein mL^{-1}。

下述方法摘自文献[32]和[219]，该方法建议制作下述(a)、(b)和(c)溶液混合溶液的校正图，三种溶液分别为：(a)0.4×10^{-3} M 的 Fe^{2+} 的 0.1 N 硫酸溶液(使用前通过稀释 0.1 M 的 $FeSO_4$ 0.1 N 硫酸标准溶液制得)，(b)由 600 mL 1 M 醋酸钠缓冲溶液和 360 mL 1 N 硫酸稀释至 1 L 制得，(c)0.1%(w/v)的 1,10-菲罗啉一水合物水溶液，溶液(c)必须保存在暗处，且保存时间不超过 3 个月。在一组 20 mL 的容量瓶中顺序加入下列体积的溶液并混合均匀：溶液(a)体积分别为 $x=0.0$ mL, 0.5 mL, 1.0 mL, $\cdots$, 4.5 mL, 5.0 mL；溶液(b)5 mL 以及$(10-x)$ mL 的 0.1 N 硫酸；2 mL 溶液(c)，加水至刻度，混合均匀后放置 0.5 小时以上。在 1 cm 样品池中测量每个样品在 510 nm 的吸光度，并用未加亚铁离子的溶液($\leqslant 0.01$)对得到的每个读数进行校正。测量前，溶液可置于暗室中保存几个小时。用所得吸光度结果对亚铁离子的摩尔浓度作图，应得到线性关系，其斜率应为 $\varepsilon = 11050$ M^{-1} cm^{-1}。

光照露光计时，其溶液应以磁子搅拌。照射后，用移液管移出一定量的溶液(2 mL)到 20 mL 容量瓶中，加入光解物体积一半(1 mL)的缓冲溶液(b)和 2 mL 的菲罗啉溶液(c)，加水至刻度，混合均匀并放置 0.5 小时以上，测量其在 510 nm 处的吸光度，对相同体积未曝光露光计溶液重复此操作并进行测量。利

> 用校准的斜率转换亚铁离子的吸光度差,再用表3.2推荐的量子产率将全部照
> 射溶液中形成的二价铁离子转换为照射剂量(公式2.24)。如果有必要还可以
> 计算光吸收分数(公式3.17)。

3.9.3 反应进程的分光光度法测定

在连续光照过程中间歇地记录反应体系的吸收光谱是一种方便、灵敏和高度准确监测光反应过程的方法。这种方法对均一反应适用性最好,但并不意味着反应必然只生成单一光产物,只需在整个过程中反应产物分布保持不变。当瞬态中间产物寿命太长(>1 min)干扰分光光度法监测或某些光产物在热或光照条件下不稳定时,都会导致非均一反应的出现。当光产物对光敏感在长时间照射下发生二次光解时,如果已知光敏感光产物的吸收光谱,起始光反应量子产率可在低转化率下估算。

对非均一反应体系的灵敏监测可通过对光解过程整组光谱的全分析来实现。3.7.5节描述的这些方法对在实验精度范围内重建光谱序列所需光谱组分最小数目以及时间相关的组分浓度给出了最佳估算,借此可以准确地定义反应进程;更简单的方法是只监测几个变化最大波长的吸光度变化。对于均一反应,$\Delta A(\lambda_1,t)$对$\Delta A(\lambda_2,t)$作图为线性关系,对于两个依次进行的光反应,其吸光度差作图是曲线形状,但如果以吸光度变化的商作图,即$\Delta A(\lambda_1,t)/\Delta A(\lambda_2,t)$对$\Delta A(\lambda_1,t)/\Delta A(\lambda_3,t)$作图则为线性关系[198,220,221]。**等吸收点(isosbestic point)**可作为反应均一性最简单的判断标准;等吸收点可以用波长、波数或是频率来表示,因为反应物和产物恰巧在此点具有相同的吸收,在等吸收点处样品的总吸光度不变(图3.25)。如果中间体的光谱不交叉在同一点,则反应为非均一反应,如图3.18所示。

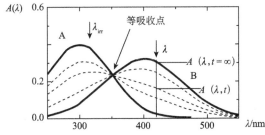

图3.25 光反应A→B的分光光度法监测。照射波长和观察波长分别以λ_{irr}和λ表示

我们现在可以推导几个公式,用于单向光反应A→B的分光光度法量子产率测定,可逆光反应将在3.9.3节中讨论。读者不应被某些公式的复杂外表吓住,它们易于应用,并且还因吸收测量的精确性可给出高度重复的结果。单色光源以光子通量$q_{m,p}^0$(公式3.16)连续照射体积V的样品溶液,诱导光反应发生,$q_{m,p}^0$与照

射时间 t 的乘积等于在 t 时间内照射到样品池内的光子数量。注意多数情况下照射波长 λ_{irr} 与观察波长 λ 是不同的。为简化表达,我们将观察波长下的吸收 $A(\lambda,t)$ 缩写为 A_t,将照射波长 λ_{irr} 下的吸收 $A(\lambda_{irr},t)$ 缩写为 A_t',下标 t 以 0 或 ∞ 替代,分别表示未照射和彻底照射的情况。类似地,用 ε 和 ε' 分别表示观察波长和照射波长的吸光系数。

要想用吸收测量确定量子产率 $\Phi_{-A} = -dn_A/dn_p$,就必须知道起始材料 A 和反应产物(混合物)B 的摩尔吸光系数。在曝光时间间隔 dt 内被反应物吸收光子数的微分 dn_p 可由公式 3.18 得到,将反应物 A 在时间 t 的吸收 $A_{A,t}'$,用 $\varepsilon_A' n_A(t) l/V$ 替代,其中 l 为光程,我们得到公式 3.19。

$$dn_p = q_{m,p}^0 (1 - 10^{-A_t'}) \frac{\varepsilon_A' n_A(t) l}{V A_t'} dt$$

公式 3.19

观察波长 λ 下反应体系的总吸收可由公式 $A_t = [\varepsilon_A c_A(t) + \varepsilon_B c_B(t)] l$ 得到,由于 $c = n/V$ 和 $n_B(t) = n_A(t=0) - n_A(t)$,我们可将溶液中组分 A 的量表达为表观吸光度的函数,如下式:

$$n_A(t) = \frac{A_t - A_\infty}{l(\varepsilon_A - \varepsilon_B)} V$$

公式 3.20

公式 3.20 的微分为 $dn_A = dAV/([\varepsilon_A - \varepsilon_B]l)$,用公式 3.20 置换得到公式 3.21:

$$dn_A = \frac{n_A(t)}{A_t - A_\infty} dA$$

公式 3.21

我们将公式 3.19 和公式 3.21 代入 $\Phi_{-A} = -dn_A/dn_p$,并以 $Q(\lambda_{irr})$ 代替 $\Phi_{-A} \varepsilon_A'$,即得到公式 3.22,这就是以分光光度法测定量子产率的通用微分方程,引入所谓**准量子产率(pseudo quantum yield)** $Q = \Phi_A \varepsilon_A'$ 的理由在 3.9.4 节中将似乎显而易见。

$$Q(\lambda_{irr}) dt = \frac{V A_t'}{l q_{m,p}^0 (1 - 10^{-A_t'})(A_t - A_\infty)} dA(\lambda)$$

公式 3.22　分光光度法测定量子产率的微分方程

公式 3.22 的近似积分可通过倒置光动力因子 $F(\lambda_{irr}, t)$ 的线性内插法[222]获得(公式 3.23)。

$$F(\lambda_{irr}, t) = \frac{(1 - 10^{-A_t'})}{A_t'}, \quad \bar{F}(\lambda_{irr}) = \frac{F(\lambda_{irr}, t_2) + F(\lambda_{irr}, t_1)}{2}$$

公式 3.23

用常数 $\bar{F}^{-1}(\lambda_{irr})$ 替代变数 $F^{-1}(\lambda_{irr}, t)$,公式 3.22 对短光照时间间隔 $\Delta t = t_2 - t_1$ 积分,得到普遍适用的运算公式 3.24。

$$Q(\lambda_{\mathrm{irr}}) \cong \frac{V}{lq_{\mathrm{m,p}}^0 \bar{F}(\lambda_{\mathrm{irr}})(t_2-t_1)} \ln\left[\frac{A_{t_1}-A_\infty}{A_{t_2}-A_\infty}\right]$$

公式 3.24

当在照射波长下有很大吸收时(总吸光度 $A_t' > 3$), $1-10^{-A(\lambda_{\mathrm{irr}})} \approx 1$, 此时 $\bar{F}(\lambda_{\mathrm{irr}})$ 可用 $(1/A_{t_1}' + 1/A_{t_2}')/2$ 替代。

当以产物 B 不吸收的波长激发反应物 A 时, 即 $\varepsilon_B' = 0$, 对公式 3.22 准确积分[①]可得公式 3.25:

$$Q(\lambda_{\mathrm{irr}}) = \frac{V\log\left(\frac{10^{A_0'}-1}{10^{A_t'}-1}\right)}{ltq_{\mathrm{m,p}}^0}, \quad A_{t\,\mathrm{or}\,0}' = (A_{t\,\mathrm{or}\,0}-A_\infty)\frac{\varepsilon_A'}{\varepsilon_A-\varepsilon_B}$$

公式 3.25

当在照射波长下监测反应时, 即 $\lambda=\lambda_{\mathrm{irr}}$, 公式 3.25 中的 $A_{t\text{或}0}'$ 与 $A_{t\text{或}0}$ 相同。

利用分光光度法测定量子产率时,在准确采集实验数据前要先做一个粗略测试,以确定实验适用于哪种情况(公式 3.24 或公式 3.25)。需要注意的是,如果使用常用单位而非国际单位,例如,$[V]=\mathrm{cm}^3$,$[\varepsilon]=\mathrm{mol}^{-1}\,\mathrm{dm}^3\,\mathrm{cm}^{-1}$ 和 $[l]=\mathrm{cm}$ 时,这些公式的右侧必须乘以 1000。对于定量测量,还是值得花些时间根据适当的公式写个小程序,以利用测得的吸光度计算量子产率。

3.9.4 可逆光反应

在一个可逆光反应中(图示 3.2),例如,偶氮苯的光异构化,反应物 A 消失的微分速率可通过公式 3.26 得到,式中 $\mathrm{d}n_{\mathrm{p,A}}$ 和 $\mathrm{d}n_{\mathrm{p,B}}$ 如公式 3.19 所定义,分别为 A 和 B 吸收光的量。

$$A \underset{h\nu}{\overset{h\nu}{\rightleftharpoons}} B$$

图示 3.2

$$-\mathrm{d}n_A = \Phi_{A\to B}(\lambda_{\mathrm{irr}})\mathrm{d}n_{\mathrm{p,A}} - \Phi_{B\to A}(\lambda_{\mathrm{irr}})\mathrm{d}n_{\mathrm{p,B}}$$

公式 3.26

以波长为 λ_{irr} 的光照射,一旦体系达到其光稳态(photostationary state, PSS),反应物 A 的量不再改变, $-\mathrm{d}n_A/\mathrm{d}t = 0$, 上式中 $\mathrm{d}n_{\mathrm{p,A}}$ 和 $\mathrm{d}n_{\mathrm{p,B}}$ 以公式 3.19 代入,可以得到公式 3.27:

$$\frac{\Phi_{A\to B}}{\Phi_{B\to A}} = \frac{\varepsilon_B' n_B(\infty)}{\varepsilon_A' n_A(\infty)}$$

公式 3.27

[①] 所用积分为: $\int(1/[a+be^{px}])\mathrm{d}x = x/a - \ln(a+be^{px})/(ap)$,其中 $x=(A_t-A_\infty)$,$a=1$,$b=-1$,$p=-\ln(10)\varepsilon_A'/(\varepsilon_A-\varepsilon_B)$。

式中 $n_A(\infty)$ 和 $n_B(\infty)$ 分别为光稳态时 A 和 B 的量,吸光系数 ϵ' 对应照射波长 λ_{irr}。

因此,光稳态组成 $n_A(\infty)/n_B(\infty)$ 可用正向反应和逆向反应量子产率比以及它们的吸光系数 ϵ' 来确定。在以分光光度法确定该组成时,化合物 A 和 B 的吸收光谱至少有一个必须是已知的。为了确定单一反应量子产率,$\Phi_{A \to B}$ 或 $\Phi_{B \to A}$,我们需要定义准量子产率 Q[222](公式 3.28)。

$$Q(\lambda_{irr}) = \epsilon_A' \Phi_{A \to B} + \epsilon_B' \Phi_{B \to A}$$

公式 3.28　准量子产率

如前面章节中所述,我们得到微分方程 3.22,其中 $Q(\lambda_{irr})$ 值现在可用公式 3.28 定义。在前面章节中我们已经知道,公式 3.22 的积分是通过公式 3.24 和公式 3.25 得到的,单一反应量子产率($\Phi_{A \to B}$ 或 $\Phi_{B \to A}$)即可通过结合公式 3.27 和公式 3.28 从 $Q(\lambda_{irr})$ 得到。这些关系也被用于可逆体系露光计,例如,小心校正过的偶氮苯 E-Z 异构化,其在常见照射波长下的 Q 值列于表 3.3 中[223]。还应确定实验条件下偶氮苯的 $Z \to E$ 热逆向反应不干扰量子产率的测定,如果样品池处于靠近光源位置则应对其进行冷却。当 E-偶氮苯用作可见光区(405 nm 或 436 nm)的露光计时,为使其在可见光照射下产生较大吸光度变化,需要先用 313 nm 的光预照射。

表 3.3　偶氮苯露光计的 Q 值[223]

λ_{irr}/nm	$Q/(\times 10^{-3} dm^3 \cdot mol^{-1} \cdot cm^{-1})$
254(Hg)	2.75±0.05
280(Hg)	2.7±0.2
313(Hg)	3.70±0.05
334(Hg)	2.80±0.05
337.1(N_2 激光器)	2.8±0.1
365/366(Hg)	0.13±0.01
405/408	0.53±0.01
436	0.82±0.01

在实际应用中,很多可逆光反应在长时间照射下因少量副反应的发生不能保持在光稳态,因此 PSS 组成应通过测定两种异构体接近 PSS 的量来确定,或者(也是更适合的方法)通过接近 PSS 的两种异构体真实混合物来确定。

3.9.5　发光量子产率

荧光量子产率 Φ_f 和磷光量子产率可方便地通过与已知发光量子产率的标准参比化合物[157,176,179]比较测得。如 3.4 节中所提到的,样品和参比的吸光度应保持低于 0.05,以避免内过滤效应的影响。

根据微分量子产率定义(公式 3.15),以荧光发射的光子通量 $q_{m,p}^{em}$ 等于被荧光化合物吸收的入射光子通量 $q_{m,p}^0$ 乘以荧光量子产率 Φ_f(公式 3.29)。

$$q_{\mathrm{m,p}}^{\mathrm{em}} = q_{\mathrm{m,p}}^{0}[1 - 10^{-A}]\Phi_{\mathrm{f}}$$
公式 3.29

将上列的指数函数展开,并只保留序列的第一项,可得到公式 3.30:

$$q_{\mathrm{m,p}}^{\mathrm{em}} \approx q_{\mathrm{m,p}}^{0}\ln(10)A\Phi_{\mathrm{f}}$$
公式 3.30

对于低吸光度 A 的情况,样品发射的光子通量将正比于 A,这也是获得可靠荧光激发光谱的前提条件(3.4 节)。当 $A(\lambda)=0.05$ 和 0.01 时,从近似公式 3.30 引入的误差分别为 5.5% 和 1%,当样品与参比的吸光度接近相等时误差可以被消去。

样品的荧光量子产率可从公式 3.31 得到,式中 $F(s) = \int I_\lambda(s) d\lambda$ 和 $F(r) = \int I_\lambda(r) d\lambda$ 分别为样品 s 和参比物 r 校正荧光光谱的积分(3.4 节),二者的测量必须在低吸收值(最好相等)下用相同仪器进行。在量子产率测量中并不建议将发射光谱转换为波数刻度。

$$\Phi_{\mathrm{f}}(s) = \Phi_{\mathrm{f}} \frac{n^2(\lambda_{\mathrm{em}},s)A(\lambda_{\mathrm{exc}},r)F(s)}{n^2(\lambda_{\mathrm{em}},r)A(\lambda_{\mathrm{exc}},s)F(r)}$$
公式 3.31

对样品 $n(s)$ 和参比 $n(r)$ 溶液折射率的校正允许荧光从溶液到空气发射角度发生改变,这个校正非常重要,例如,$n_\mathrm{D}^2(苯)/n_\mathrm{D}^2(水) \approx 1.27$,而且还可能在一定程度上依赖于仪器的光学参数。此外,样品池内的内反射也与折射率相关。因此,最好是将样品和参比物二者溶解在相同的溶剂中,以避免这些因素带来的误差。

认真仔细的实验操作可以得到高度重复的量子产率数据,相对标准误差只有百分之几,这种可重复性对于系列相关化合物相对量子产率的比较或猝灭研究是很有用的(3.9.8 节)。但我们应该了解,绝对量子产率通常会有系统误差,而这些系统误差并不呈现在统计结果中,在不同实验室或用不同露光计测定量子产率时,通常会有 10% 或更大的差异。

3.9.6 多色露光计与异相体系

在量子产率测定中,并非总能选到理想的测试条件。例如,污水中异相光催化有机溶质的矿化,是在半导体颗粒(如 TiO_2)悬浮液中以宽谱带光源照射完成的(专题 6.29)。一种测量相对光子效率来近似转换为这类体系量子产率的方案被提出[224,225],为了确定地表水中非生物体光解量子产率还设计出了一种太阳光露光计[226]。

量子产率在 10^{-6} 量级或更低时很难准确测定,但其同样重要,例如,织物上的染料[227,228]或用于异相体系单分子光谱的荧光染料的耐光性(3.13 节),在后一种应用中,光漂白很可能是同时或顺序吸收了几个光子形成高激发态所致。因此,实验条件下必须采取相对稳定的措施。

3.9.7 量子产率与速率常数

基态化学中以单一反应为主,因此反应动力学测量通常可直接给出所研究过程的速率常数,但如 2.1.1 节中所述,光化学反应经常会伴随光物理过程的竞争。在 3.7.4 节中我们曾指出:从反应物或激发态 A 开始的特定单步一级反应过程 x 的效率等于其比率 η_x,即过程 x 的速率常数 k_x 除以与之竞争消耗反应物 A 的所有过程速率常数之和,$\eta_x = k_x/\sum k_i$(公式 3.7)。从指定反应物开始的所有途径的总效率一定为 1,指定反应步骤的效率即表示该步骤发生的**概率,因此,单步反应的量子产率等于它的效率**,$\varPhi_x = \eta_x$[①],从速率常数的角度看没必要再援引**稳态近似**(公式 2.26)来确定反应的效率。事实上,在 3.7.4 节已假设反应物 A 的起始浓度 $c_A(t=0)$ 很大,正如强脉冲光照射产生大量激发态布居的情况,在连续照射下,效率 η_B 和 η_C 将相同。

现在来看图示 3.3 中的光化学序列反应过程,有两个不同的光产物 B 和 C 生成,其中 B 从反应物 A 的单重态 $S_1(A)$ 形成,而 C 从反应物 A 的三重态 $T_1(A)$ 形成。

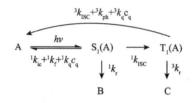

图示 3.3　典型序列反应

图示 3.3 中反应速率常数左上标表示反应步骤是从单重态 ^1k 开始还是从三重态 ^3k 开始。例如,从激发单重态 S_1 生成产物 B 的反应效率 $^1\eta_B$ 可用公式 3.32 表示:

$$^1\eta_B = {}^1k_r/({}^1k_r + {}^1k_{ic} + {}^1k_f + {}^1k_{ISC} + {}^1k_q c_q)$$

公式 3.32

式中 ^1k_r 为从单重激发态 S_1 产生光产物 B 反应的速率常数,$^1k_{ic}$ 为回到基态 A 内转换过程的速率常数,^1k_f 为荧光发射过程的速率常数,$^1k_{ISC}$ 为到达三重态系间窜越过程的速率常数,^1k_q 为猝灭剂 q 对 S_1 态猝灭的二级反应速率常数。只要猝灭剂浓度 c_q 保持不变,观察到的 T_1 衰减过程将符合一级反应速率定律,因为乘积 $^1k_q c_q$

[①] 有时**量子效率**也用 η 表示,但它容易产生误解,因为效率并非是针对光量子定义的。

相当于一级速率常数。B 的生成是继分子 A 被激发到其激发单重态 $S_1(A)$ 后的单步反应过程,因此,此步反应效率等于产物 B 生成的量子产率,$^1\eta_r=\Phi_B$。

另一方面,产物 C 的形成通过两步,两步的效率分别为 $^1\eta_{ISC}$(公式 3.32)和 $^3\eta_C=^3k_r/(^3k_r+^3k_{ISC}+^3k_{ph}+^3k_q c_q)$,其中 ^3k_r 为从最低三重态 T_1 生成产物 C 过程的反应速率常数,$^3k_{ph}$ 为磷光发射的速率常数,$^3k_{ISC}$ 为系间窜越到基态的速率常数,^3k_q 为 T_1 被猝灭剂 q 猝灭的二级反应速率常数。产物 C 形成的总量子产率等于两个反应步骤效率的乘积,$\Phi_C=^1\eta_{ISC}\eta_C$。许多作者并不区分效率和量子产率,对二者均用符号 Φ 或 ϕ 表示,这种情况下,就必须对表示单步的量子产率和总量子产率加以区分,以避免混淆,如 $\Phi_C=^1\Phi_{ISC}\Phi_C$。

让我们作如下总结:**多步过程 x 的量子产率等于完成这一过程所需所有各步骤效率的乘积,这使我们可以通过测定量子产率和寿命来确定速率常数。**动力学测量可以得到激发态或反应中间体衰减过程的表观速率方程,例如,时间分辨荧光或动力学闪光光解等,当中间体 x 的衰减符合一级反应动力学时(常见情况),其表观寿命 $\tau=1/k_{obs}$ 等于对该物种衰减过程所有有贡献速率常数之和的倒数[①]。

对于单步反应,例如,从激发单重态 S_1 生成产物 B 的反应(图示 3.3),其速率常数 ^1k_r 可从其量子产率 $\Phi_B=^1\eta_B$ 和荧光寿命 τ_f 来确定,$\Phi_B=^1k_r\tau_f$。通常情况下,单步过程 x 的效率和反应速率间存在公式 3.33 所示的关系。

$$\boxed{\eta_x=k_x\tau_x,如\ \Phi_f=k_f\tau_f}$$

公式 3.33

公式 3.33 同样适用于从三重态生成产物 C 反应的效率,$^3\eta_C=^3k_r^3\tau$。但速率常数 ^3k_r 不能直接从该过程的量子产率 $\Phi_C=^1\eta_{ISC}^3\eta_C$ 和三重态寿命 $^3\tau$ 得到,因为涉及第一步的效率 $^1\eta_{ISC}$(公式 3.34)。

$$\Phi_C=^1\eta_{ISC}^3\eta_r=^1\eta_{ISC}^3k_r^3\tau,\quad 即\ ^3k_r=\Phi_C/(^3\tau\ ^1\eta_{ISC})$$

公式 3.34

我们将在下节三重态敏化或猝灭实验的 Stern-Volmer 分析中了解 ISC 效率的测定。

3.9.8 Stern-Volmer 分析

第 2 章中我们讨论了激发分子 M* 在溶液中的多种能量传递过程,能量从 M* 传递给其他分子意味着 M* 的**猝灭**,M* 的寿命也因此变短,其发光产率相应降低。另一种重要的猝灭机制是 M* 与电子给体或受体间的电子转移(5.2 节),因为电子

[①] **荧光寿命** $\tau_f=1/k_{obs}$ 比**辐射寿命**要短,辐射寿命被定义为荧光速率常数的倒数,$\tau_r=1/k_f$。

激发态分子是更强的氧化剂或还原剂(公式 4.1)。当 M* 与合适的猝灭剂发生碰撞时,通常会发生放能的电子转移和能量传递过程,其扩散控制猝灭速率常数 k_q 在 $10^9 \sim 10^{10}$ M^{-1} s^{-1} 量级(表 8.3)。

通过加入猝灭剂降低光物理过程或光化学过程 x 量子产率的目的通常是确定发生 x 过程激发态的多重度和寿命,并获得速率常数 k_x 的信息。猝灭实验很容易实施,不需要复杂的设备,也不需要十分复杂的操作。荧光就是一个简单的例子,荧光量子产率 Φ_f 等于它的效率(3.9.7 节),它与猝灭剂 q 浓度的关系遵守公式 3.35。

$$\Phi_f^q = \frac{{}^1 k_f}{\sum {}^1 k_i + {}^1 k_q c_q}$$

公式 3.35

这里的荧光猝灭项 ${}^1 k_q c_q$ 与无猝灭剂存在时消耗 S_1 态的各种过程之和分开来写,按照公式 3.36,无猝灭剂存在时的荧光量子产率 Φ_f^0 与加入不同量猝灭剂时的荧光量子产率 Φ_f^q 的比值将随猝灭剂浓度 c_q 增加线性增大,这被称为 **Stern-Volmer** 方程。需要注意的是:涉及共振能量传递的单重态猝灭动力学可能会比较复杂,例如,在黏性或刚性介质中,共振受体存在时,给体的荧光呈非指数衰减(2.2.2 节,公式 2.42)。其他偏离 **Stern-Volmer** 简单表达的情况将在下面讨论。

$$\frac{\Phi_f^0}{\Phi_f^q} = \frac{{}^1 k_f}{{}^1 k_f} \frac{\sum {}^1 k_i + {}^1 k_q c_q}{\sum {}^1 k_i} = 1 + \frac{{}^1 k_q c_q}{\sum {}^1 k_i} = 1 + {}^1 k_q {}^1 \tau_f^0 c_q$$

公式 3.36　荧光猝灭 Stern-Volmer 方程

测量比值 Φ_f^0 / Φ_f^q 而不是测量 Φ_f 值本身的优点是插入公式 3.31 时很多项被消掉了,前提是猝灭剂在激发波长下不吸收光,于是 Φ_f^0 / Φ_f^q 即可简化为 $F^0(s)/F^q(s)$,即在无猝灭剂存在和有猝灭剂时发射光谱的积分比。如果发射光谱形状不受猝灭的影响,$F^0(s)/F^q(s)$ 还可用任意波长 λ 下所观察到的荧光信号强度比 $I_\lambda^0 / I_\lambda^q$ 来代替,而且测量比值 Φ_f^0 / Φ_f^q 也不需要对检测器进行校正,因为在比值中校正因子已经被消去了。因此,**荧光强度比 $I_\lambda^0 / I_\lambda^q$ 随猝灭剂浓度 c_q 增加线性增大**(公式 3.37)。荧光猝灭研究得到的一个重要结果是斜率,${}^1 K_{SV} = {}^1 k_q \tau_f^0$,称为 **Stern-Volmer 系数**,${}^1 K_{SV}$ 的单位为 M^{-1}。

$$\frac{I_\lambda^0}{I_\lambda^q} = 1 + {}^1 K_{SV} c_q$$

公式 3.37　荧光猝灭的实用 Stern-Volmer 方程

公式 3.36 给出的 Stern-Volmer 方程可用于任意光物理或光化学单步过程 x。由于 $\Phi_x^0 = k_x \tau^0$ 以及 $\Phi_x^q = k_x \tau^q$,在无猝灭剂和有猝灭剂存在时的量子产率比值 Φ_x^0 / Φ_x^q 等于反应激发态或中间产物的寿命比(公式 3.38),这为时间分辨方法[荧光寿命测量(3.5节)或闪光光解动力学测试(3.7.1节)]观察到的中间体 x 的归属提供了准确的测试方法。**对于观察到的量子产率 $\Phi_x = \eta_x$ 的单步过程 x 中间体的归属,要求以寿命和量子产率独立测量得到 Stern-Volmer 系数 K_{SV} 在实验误差范围内相同。**

$$\boxed{\Phi_x^0/\Phi_x^q = \tau^0/\tau^q = 1 + K_{SV}c_q}$$

公式 3.38　单步反应的通用 Stern-Volmer 关系

要区分 $K_{SV} = k_q\tau^0$ 中两个独立参数的贡献需要用时间分辨的方法。τ^q 的倒数即为观察中间体的衰减速率常数 k_{obs},它随猝灭剂浓度 c_q 增加而线性增大(公式 3.39)。

$$k_{obs} = 1/\tau^0 + k_q c_q$$

公式 3.39

式中,k_q 和 τ^0 可从一系列随 c_q 变化的动力学实验得到线性关系的斜率与截距中得到。在缺少时间分辨数据的情况下,活性中间体的寿命 τ^0 通常可从 K_{SV} 进行估算,即假设速率常数在接近扩散控制猝灭的 $10^9 \sim 10^{10}$ $M^{-1}s^{-1}$ 量级,也可合理参考相关体系已知的猝灭速率常数;猝灭速率常数实际上可能小于扩散控制的情况,即 $k_q \leqslant k_d$,因此,由此得到的寿命应为其寿命的上限。

反应物本身作为猝灭剂猝灭其激发态 M^* 的情况也很普遍,$M^* + M \longrightarrow 2M$,要想从量子产率与浓度 c_M 的依赖关系上准确确定**自猝灭(self-quenching)** 是很困难的,因为 M 的吸收随其浓度增加而增大,但该效应可以很容易通过时间分辨的方法测量。将公式 3.39 中下标 q 以 M 取代,再以 $1/k_{obs}(c_M \to 0)$ 替代 τ^0,我们即可得到公式 3.40,激发态分子 M^* 的表观衰减速率常数 $(k_{obs}(c_M) = 1/\tau^M)$ 随着 M 浓度增加而线性增大,直线斜率 k_M 即为自猝灭的速率常数,截距 $k_{obs}(c_M \to 0)$ 为无限稀释条件下 M^* 的衰减速率常数[229]。

$$k_{obs}(c_M) = k_{obs}(c_M \to 0) + k_M c_M$$

公式 3.40　自猝灭

很多因素会导致猝灭结果偏离简单的 Stern-Volmer 方程,我们在前面讨论过共振能量传递的单重态猝灭有可能导致给体激发态的非指数衰减(2.2.2节)。一个常见但经常会忽视的误差来源是猝灭剂的竞争吸收或光散射;加入大量猝灭剂引起的介质效应也可能偏离简单的 Stern-Volmer 方程,如盐的加入引起的离子强度变化;当猝灭剂与反应物在基态形成复合物时,会观察到很大的线性偏离。

多步反应通常不遵守简单的 Stern-Volmer 方程(公式 3.38),Φ_x^0/Φ_x^q 对 c_q 作图得到的曲线会呈现向上或向下弯曲,下面只对部分例子进行讨论,更多的案例可在文献中找到[230]。这里给出的有关偏差的实例能使读者针对特定反应过程确定适当的 Stern-Volmer 方程,让我们来看图示 3.3 所给出的反应实例,反应物 A 经其激发单重态和三重态分别生成产物 B 和产物 C，反应物 A 消失的量子产率等于 B 和 C 生成量子产率(公式 3.32 和公式 3.34)之和，$\Phi_{dis}=\Phi_B+\Phi_C={}^1\eta_B+{}^1\eta_{ISC}^3\eta_c$，将定义效率 η 的速率常数代入比值 $\Phi_{dis}^0/\Phi_{dis}^q$ 中，经过代数整理，我们得到公式 3.41，这是一个含三个参数的函数，$a={}^1k_{ISC}{}^3\eta_c^0/{}^1k_r=\Phi_C^0/\Phi_B^0$，${}^1K_{SV}={}^1k_q{}^1\tau^0$，${}^3K_{SV}={}^3k_q{}^3\tau^0$。

$$\frac{\Phi_{dis}^0}{\Phi_{dis}^q}=\frac{(1+{}^1K_{SV}c_q)(1+{}^3K_{SV}c_q)}{1+{}^3K_{SV}c_q/(1+a)}$$

公式 3.41　反应物 A 经单重态和三重态两种途径(图示 3.3)猝灭反应的 Stern-Volmer 方程

当产物 B 和 C 相同或它们的产率可以合并时，公式 3.41 也适用于产物的生成。对于从单重态生成产物 B 的单步反应，保持公式 3.38 原有形式 $\Phi_B^0/\Phi_B^q=(1+{}^1K_{SV}c_q)$；对于经三重态形成产物 C 的两步反应，得到公式 3.42。

$$\Phi_C^0/\Phi_C^q=(1+{}^1K_{SV}c_q)(1+{}^3K_{SV}c_q)$$

公式 3.42　经最低激发单重态和三重态猝灭两步反应
(图示 3.3)生成产物 C 的 Stern-Volmer 方程

图 3.26(a)给出了三种 Stern-Volmer 函数的例子，其中参数 ${}^1K_{SV}=5$ M^{-1}，${}^3K_{SV}=1000$ M^{-1} 和 $a=\Phi_C^0/\Phi_B^0=10$，由于三重态寿命通常要比单重态长很多，即使在猝灭常数 ${}^1k_q$ 和 ${}^3k_q$ 相同时，${}^3K_{SV}$ 通常也远大于 ${}^1K_{SV}$。图 3.26(b)中 ${}^1K_{SV}$ 被设为零，亦即假设单重态猝灭可以忽略，${}^1K_{SV}\ll 1$，此种情况下公式 3.42 可简化为公式 3.43；这是常见的情况，因为单重态寿命可能很短，而且猝灭剂单重态能量常高于要猝灭的能量，此时 ${}^1k_q\ll {}^3k_q$。与三重态酮类化合物相比，交替烯(见 4.7 节)具有大的单重态-三重态能隙，间戊二烯(1,3-戊二烯)经常作为三重态猝灭剂，因为它的三重态能量低于多数酮类化合物，其 ${}^3k_q$ 接近控制扩散，而它的单重态能量通常高于这些酮类化合物(${}^1k_q\ll {}^3k_q$)间戊二烯和其他多烯烃化合物要使用新蒸的化合物，因为它们会聚合形成难溶的聚合物，特别是在极性溶剂中，形成混浊的溶液。山梨酸(sorbic acid)或无机过渡金属离子可用作水溶液中的猝灭剂。

$$\Phi_C^0/\Phi_C^q=1+{}^3K_{SV}c_q$$

公式 3.43　仅有三重态猝灭两步反应(图示 3.3)
生成产物 C 的 Stern-Volmer 方程

我们值得花些时间理解图 3.26 中的图形。先看图 3.26(b)，图中给出的是只有三重态猝灭的情况，因此，从单重态直接生成的产物 B 的产率不受三重态猝灭的影响(水平点划线)；向上的直线表示三重态产物 C 的形成(虚线，公式 3.43)，由于 ${}^3K_{SV}$ 很大，该线陡增，图中表示反应物 A 消失的实线初始阶段有与 C 生成相同陡度的斜率，但在 $\Phi_{dis}^0/\Phi_{dis}^q=11=1+a$ 时达到一个平台；当猝灭剂浓度 $c_q>0.2$ M 时，三重态反应被完全抑制，但单重态产物 B 继续形成不受影响。图 3.26(a)为单重态和三重态两个激发态均被猝灭的情况，表示单重态产物的点划线有着对

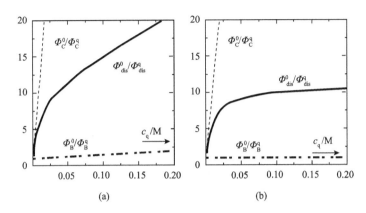

图 3.26 两步过程 Stern-Volmer 曲线(图示 3.3)
(a)S_1 和 T_1 均被猝灭；(b)仅三重态有效猝灭

应$^1K_{SV}$很小的斜率；表示 C 生成的虚线看起来与(b)图中相同，但实际上它已不再为直线，表现出向上弯曲的趋势，在很高的猝灭剂浓度下，它以二次方函数增加，$\Phi_C^0/\Phi_C^q \longrightarrow {}^1K_{SV}^3K_{SV} c_q^2$(公式 3.42)；最终，表示 $\Phi_{dis}^0/\Phi_{dis}^q$ 的弯曲实线在三重态路径被抑制后并未达到饱和，当猝灭剂浓度高于 $c_q = 0.1$ M 时，单重态猝灭使 $\Phi_{dis}^0/\Phi_{dis}^q$ 继续以斜率$^1K_{SV}(1+a)=55$ M^{-1}线性增加。

三重态敏化(2.2.2 节)可用来测定三重态反应物猝灭的$^3K_{SV}$值。如果对从反应物 A 经三重态敏化生成产物 B 全部反应过程中的每一个步骤都详细处理，将会导致一个相当复杂的 Stern-Volmer 表达，但如果敏化剂的 ISC 过程很快且高效($\Phi_T=1$)，同时 A 的浓度远高于加入猝灭剂的浓度，我们可假设敏化剂到 A 的三重态能量传递在任意猝灭剂浓度下均是快速和高效的，于是，以 Φ_B^0/Φ_B^q 对 c_q 作图，将得到符合简单的 Stern-Volmer 关系的直线，从其斜率即可得到$^3K_{SV}$。

一个经常遇到的案例列于图示 3.4，在该反应过程中 A 的单重态 $S_1(A)$ 与底物 B 反应，如烯烃生成环加成产物 C。多数情况下，底物 B 大大过量，因此 c_B 就可被看作常数。图示 3.4 中包括了中间体 A··B，它可以是激基复合物(5.2 节)或双自由基中间体(5.4.4 节)，既可正向反应生成产物 C，$^{A··B}k_r$，也可逆向回到起始的原料 A+B，$^{A··B}k_d$，假设在 $S_1(A)$ 发生的所有竞争衰减过程均使其回到起始原料。

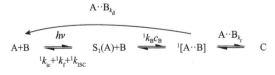

图示 3.4 双分子反应

产物 C 生成的量子产率 Φ_C 应等于生成 C 的两步反应效率的乘积，$\Phi_C =$

$^1\eta_{A\cdots B}{}^{A\cdots B}\eta_C$,式中$^1\eta_{A\cdots B}={}^1k_B c_B/(\Sigma^1 k+{}^1k_B c_B)$,$^{A\cdots B}\eta_C={}^{A\cdots B}k_r/({}^{A\cdots B}k_r+{}^{A\cdots B}k_d)$;$\Phi_C$的倒数可从公式 3.44 得到。

$$1/\Phi_C = \frac{1}{^{A\cdots B}\eta_C}\left(1+\frac{1}{^1k_B{}^1\tau^0 c_B}\right)$$

公式 3.44 双倒数 Stern-Volmer 方程

以 Φ_C 的倒数对 c_B 倒数作图,即得到所谓双倒数图,该图应为线性的,从截距与斜率比得到 $^1K_{SV}={}^1k_B{}^1\tau^0$。详见下面统计分析评论。

以捕获剂对活性中间体(如卡宾或自由基)进行捕获也会减小产物 C 的量子产率。利用 Stern-Volmer 方程作类似处理,可用来鉴定闪光光解中观察到的瞬态中间体,当一半产物被捕获产物所取代时,相同捕获剂浓度下活性中间体的寿命会减小一半。

最后,称为**浓度猝灭或静态猝灭**的现象会导致 Stern-Volmer 曲线向上弯曲,即使猝灭剂在中等浓度($c_q \geqslant 0.01$ M)。当分子被激发时,紧邻猝灭剂的分子将立即被猝灭,因此,荧光衰减曲线在初始时将是非指数的,表现为一个快速初始组分;这些分子的初始消耗将使猝灭剂周围剩余激发分子处于不均匀分布,其结果是扩散系数 k_d 不再是一个常数,成为随时间变化的函数 $k_d(t)$,直至激发分子的统计分布再次建立。这些效应的相关影响已有详细分析[231]。给体-受体接触对中电子转移的特征速率也可从 Stern-Volmer 曲线的弯曲度中提取得到[232]。

关于 Stern-Volmer 猝灭数据统计分析还要考虑下面的情况。测得的量子产率或寿命比的标准误差通常随猝灭剂浓度增加而增大,我们应该通过估算方差的倒数权重的每个数据点,或者是将 Stern-Volmer 方程转换为另一种适当的形式,使标准误差分布为**同方差(homoskedastic)**,即不依赖于猝灭剂浓度。数据点的方差可通过重复测量或**先验(a priori)**进行估计,但用非线性最小二乘法拟合(见 3.7.4 节)可很容易地找到适用同方差函数的参数。将 Stern-Volmer 关系转换为大的**异方差(heteroskedastic)**线性形式,并使用未加权的线性回归分析方法,这种处理方法很常见,但并不合理。

在实际应用中,$k_{obs}=1/\tau$ 的**相对误差**以及因此引起的 $\log(k_{obs}^q/k_{obs}^0)$ 的误差常与猝灭剂浓度无关。利用闪光光解测定没有猝灭剂存在和不同浓度猝灭剂存在情况下三重态衰减速率常数 k_{obs}^0 和 k_{obs}^q 时,我们期望公式 3.38 仍然适用,$\tau^0/\tau^q = k_{obs}^q/k_{obs}^0 = 1+K_{SV}c_q$。图 3.27(a)是在假设 $K_{SV}=1000$ M^{-1},在 k_{obs} 值上增加 10% 的随机噪声时得到的仿真数据,经未加权线性回归处理得到的斜率为 $K_{SV}=(965\pm 43)$ M^{-1},截距并不准确,约为 1.7 ± 2.4。对速率常数取对数(图 3.27(b))后,同样的数据变为同方差,对函数 $\log(a+K_{SV}c_q)$ 作非线性最小二乘法拟合,得到更准确的截距 $a=0.86\pm 0.12$,以及斜率 $K_{SV}=(975\pm 22)$ M^{-1}。通常掌握的实验数据比这里给出的少得多,因此通过线性回归得到的可能是高度失真的结果。

人们可以用适当的非线性方法分析,但多以图 3.27(a)形式呈现结果以强调线性关系。

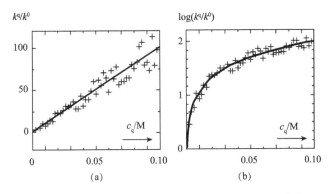

图 3.27 异方差(a)和同方差(b)的 Stern-Volmer 曲线

3.9.9 三重态形成量子产率

三重态是瞬态中间体,其量子产率 $\Phi_T = {}^1\eta_{ISC}$ 不易测量。磷光量子产率 $\Phi_{ph} = {}^1\eta_{ISC}{}^3\eta_{ph}$,因此 Φ_{ph} 实际为 Φ_T 的低限,Φ_{ph} 的测量需要在低温下进行。通过磷光光谱测量可获得三重态能量 E_T,当 E_T 已知时,可用光热方法(3.11 节)测量溶液中三重态量子产率[233]。

一些 Φ_T 接近于 1 的重要三重态敏化剂的三重态-三重态吸收系数已被准确测定[234],如二苯酮($\varepsilon_{530}=7200$ $M^{-1}cm^{-1}$)和占吨酮($\varepsilon_{610}=5300$ $M^{-1}cm^{-1}$)等,可通过闪光光解监测三重态能量传递(图 2.18)估算其他化合物的 Φ_T,将敏化与直接激发探针产生的三重态吸收进行比较,从而对探针的 Φ_T 进行估算[235];在能量传递实验中,需要确定敏化剂和探针的浓度以及它们的激发波长,使敏化剂能够吸收掉大部分泵浦脉冲光。另一种将能量传递给 β-胡萝卜素($E_T \approx 96$ kJ mol^{-1},$\varepsilon_{515}=187000$ M^{-1} cm^{-1})也是十分有用的方法,它不仅可以用来确定瞬态中间体是否为三重态,还可用来估算 Φ_T[236]。虽然部分激发脉冲不可避免地会被 β-胡萝卜素吸收,但直接激发下 β-胡萝卜素的自发 ISC 过程效率并不高。单重态氧的近红外发射也已被用于测量孟加拉红(Rose Bengal)的 Φ_T[237]。

有两种自校准测量化合物 Φ_T 的方法,它们不需要已知参比化合物的 Φ_T。Horrocks 等提出了准确测量化合物 Φ_T 的方法,这种方法基于闪光光解对三重态-三重态吸收的测量并结合荧光猝灭的 Stern-Volmer 分析(3.9.8 节)[238],利用溴苯作为 9-苯基蒽荧光的重原子猝灭剂。近来,延迟荧光的时间分辨测量(2.2.4 节)也已用于三重态量子产率的准确测定[239]。

3.9.10 量子产率测量的实验装置

在量子产率测量中,只要可能应尽量使用单色光源,例如,配有带通滤色片或单色仪(图3.28)的低压或中压汞灯,窄带宽光电二极管或激光器等,因为量子产率只能针对单色辐射定义,但如果露光计的吸收光谱与样品接近,该条件也可放宽(3.9.6节),此时我们可假设量子产率不依赖于辐射波长。光源在整个测量过程中的稳定性也十分重要。中压汞弧灯在经过约30分钟的起动时间后可有几个小时的稳定输出,氙灯输出会因电弧在两个电极间从一个位置向另一个位置的跳跃而突然波动。光源强度随时间的波动可用光电二极管监测,脉冲激光器需要定期进行检测。

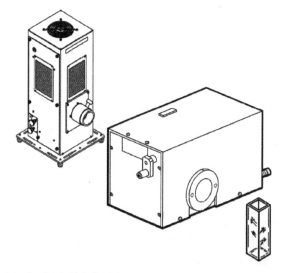

图3.28 光学工作台组成(光源、单色仪、样品池)。经 Newport Corp, Oriel Product Line 允许复制

露光计可采用不同的光路设计。图3.29中,样品和露光计分别装在带有小搅拌磁子的标准石英样品池(1 cm×1 cm×4 cm)中,中等吸收下(如$A<2$)需要有效的搅拌,要同时光照样品和露光计。首先将露光计溶液置于两个样品池内,对来自光束分束镜(半透反射镜)照射到两个样品池光的相对量进行校准,这样的光路设置对光源强度变化不敏感。如果样品与露光计溶液的体积不同,还需要对体积进行较正 $V(c=n/V)$。为方便起见,也可用光电二极管代替露光计对相对光强持续监测,二极管的输出可在样品室放置露光计进行校正;在后续光照样品过程中,光的量可从二极管读数计算得到。

另一种方便但准确度稍低的测量反应系列量子产率的方法是利用旋转木马装置(图3.30)。它可放置约20个具有相同吸光度的样品和露光计溶液的样品管(试管),所有样品管围绕中心管形光源旋转;光源可以是配有适当滤色片或荧光滤色液的低压或中压汞灯；旋转保证所有样品均接收到相同量入射光的照射。光照后，用常规方法分析样品组分，如 NMR 或 GC 等方法。当每个样品具有不同的量子产率时需要注意，例如，猝灭剂或反应物的加入量逐渐增加的情况，此时每个样品中反应物吸收光的量不同(公式 3.18)。

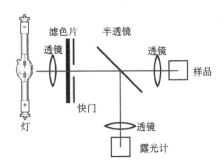

图 3.29 反应量子产率测量的实验光路设计

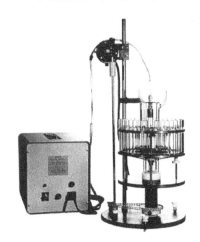

图 3.30 旋转木马装置。经 Ace Glass Inc. 允许复制

3.10 低温研究与基质隔离

建议阅读综述[240-244]。

低温下光照固态溶液的研究已有很长的历史，1944 年 Lewis 和 Kasha[23] 对有机分子三重态的鉴定可以说是该研究的顶峰。十年后，George Pimental 开拓了基质和大大过量惰性气体在冷表面共冷凝技术，创造了基质隔离(matrix isolation)的方法，可以防止液体冻结时发生聚集。商业闭循环低温恒温器的出现不再需要液氦(He)，以氩(Ar,12 K)和氖(Ne,4 K；两级冷却)即可实现低成本基质隔离操作，这一技术已在很多实验室中广泛应用。尺管如此，将有机溶液冷冻成透明玻

璃体的简单方法[157-159]仍然有它的用处,很多光谱技术用来跟踪基质隔离物种的反应,主要包括 IR(高分辨光谱)、光学光谱和 ESR,也有用质谱检测通过激光解吸或离子溅射[246]从基质释放出物种的方法。基质隔离方法强大的变形是质量选择离子沉积[247]。

很多综述中可以读到对基质隔离工作的评述[240,242-244,247],一些特殊的结果将在本书其他章节提到,本小节我们只介绍几个代表性工作。低温下基质隔离的两种不同效应使高活性反应中间体僵化,这样无须快速检测手段即可对他们的光谱进行表征。一种效应是反应物种被包裹在惰性介质的笼中,阻止了扩散和双分子反应;尽管如此,该反应仍可通过与分子氧或一氧化碳等反应性气体共沉积或通过控制升温软化基质引发。另一种效应是低温下单分子反应受到抑制,即使是小的活化能垒也会变得不可超越,而且笼效应也有可能抑制结构变化。

反应目标分子可通过闪速真空热解、等离子体等气态物种的快速沉积形成,或通过高能辐射(如 UV、X 射线、γ 射线等)稳定的基质隔离分子形成;稀有气体基质的导热性很差,光反应原初产物中遗留的过剩能量耗散非常缓慢,将导致分子进一步重排。这与通过内转换形成热分子的情况相同,因此辐射基质隔离物种生成的产物有可能来自热基态反应,这种情况在溶液中很少见(2.3 节),因此会有违背直觉的发现:辐射冷基质中隔离分子形成的产物分布有可能与高温热解情况类似。

3.11 光声量热

吸收光后热沉积的测量可以提供光谱、动力学以及热化学方面的信息,这一技术是 Alexander Graham Bell 在 1880 年发明的,用于语言无线传输[248]。涂有反射涂层的膜将扬声器的声波转换为反射太阳光振荡光束,反射光束被远程收听者用类似听诊器的装置探测,该装置内部涂有覆盖黑烟灰的封闭透明检测器,用来重建叠加在光波上的声波图形,由光吸收产生的热振荡释放将声波以周围空气振荡体积变化的形式再现。

Bell 继续开发更好的声音传输技术,但"光谱测声器"(spectrophone)在 80 多年后才被重新发现,并被发展为一种用于痕量气体分析的高灵敏技术。作为光化学家,我们对热沉积的时间分辨分析更感兴趣,一篇发表在 1992 年的评述文章全面综述了至文章发表时的光热方法在化学和生物领域中的应用[249],另一篇发表在 2003 年的文章对方法学进行了概述和讨论[250]。在光物理和光化学过程中,热释放引起的溶剂体积变化既可用直接贴在样品池上的麦克风检测,也可通过光学方法检测由此产生溶剂折射率的局域变化。光折射技术通常使用下列三种方法之一,即当两束光波平行偏振相干时的**瞬态光栅**(transient grating)、**热透镜**(thermal lensing)或光束偏转(beam deflection)。

尚没有对复杂但可重复冲击波的直接分析,冲击波是短光脉冲在样品池中产生的,可用麦克风记录,样品中产生的冲击波与发色团在短时间(通常在 1ns 内)将吸收的光能全部以热释放的情况类似。从参比物(如二茂铁溶液)产生的参考波称为 T-波,活性中间体引起的样品热延迟释放表现为冲击波随时间变化的延迟,由亚稳态光产物或高能激发态形成导致的不完全热释放表现为信号振幅减小;这一对信号用数学解卷积的方法进行分析,相当于通过多指数衰减函数参数的迭代拟合重现样品中观察到的波形[251,252]。

例如,未除气二苯酮乙腈溶液由于 ISC 和热弛豫快速(<1ns)释放部分吸收的能量,二苯酮三重态以约 200ns 的寿命衰减,观察到的信号由两部分组成,一部分来自因快速过程振幅减小的 T-波,另一部分来自因三重态衰减导致的延迟热释放,通过在以三重态指数衰减函数定义的短时间间隔 Δt 内热量释放加上小的 T-波增加来对观察到的信号建模。发生在样品中过程的强度和速率常数通过对观察到样品信号的指数函数中的非线性试验参数、速率常数进行迭代最小二乘法拟合确定(见 3.7.4 节中最小二乘法拟合中线性与非线性参数的分离)。

时间分辨光热方法灵敏度很高,并且可覆盖很宽的时间范围(1 ps～1 s),即使每一种方法仅有较窄的时间窗口。时间分辨光热方法可用来检测其他光谱方法检测不到的活性中间体或酶的变化,只要这些过程伴有明显的热或体积变化。在装备有脉冲激光的实验室中,该技术只需很低成本就可得以实施,只需按规定操作就可得到高精度的速率常数。此外,该技术是唯一可提供活性中间体热化学数据(生成热)的方法。

但是,利用光声方法获得反应焓数据时必须谨慎小心,虽然这些结果通常具有高度可重复性,仅有几个 kJ mol^{-1} 的标准误差,但这些数据可能隐含了系统误差,系统误差主要有两个来源,第一是所研究过程的量子产率必须是高度精确已知的,在上面讨论的二苯酮例子中可知这个问题并不重要,因为二苯酮三重态产率已经非常接近 1,但对那些以较小量子产率生成的中间体而言,生成量子产率百分之几的误差将会转化为与活性中间体形成和衰减焓相关的巨大误差;第二是作为压力波测到的体积变化可能源于热、也可能源于非热,非热原因导致的体积变化可能来自库仑效应,如电荷数量变化、偶极矩变化或与反应相关的氢键变化,以及与构象变化或分解反应相关的反应物摩尔体积变化等。

要区分这些累积的效应并不容易,但为了确定诸如化学键强度等热力学参数却是必须的。在 3.9 ℃测量很稀的水溶液,此时水的热膨胀系数为零(或稍低的温度和较浓的水溶液,如缓冲溶液),可从无辐射失活[253,254]引起的热效应中分离出所谓结构体积变化。该技术还提供了独一无二的可能,利用该技术有可能确定伴随较短寿命物种(如三重态)生成或衰减过程的熵变[254,255]。

对于有机溶剂中的反应,区分它们的热和非热效应更为复杂。已经提出了一些方法[256],考虑到有机溶剂的热膨胀系数比水大很多,可以预测这些溶剂中的非热体积变化通常应比热效应小得多,从而可以忽略。但还是要注意,有些反应(如极性有机溶剂中的电子转移反应)可能会伴随有很大程度的溶剂重组,这会增加结构体积变化。

3.12 双光子吸收光谱

分子与强脉冲激光作用,当激发波长太长,分子吸收一个光子不能实现激发态布居时,可导致分子同时吸收两个或更多个光子,这种现象用非线性光学[161]描述(专题3.1),但要区别于相继吸收两个光子的情况,如三重态-三重态吸收。双光子吸收截面很小,即使在强辐照下,因此双光子吸收通常用比激发波长更蓝的荧光来测量。双光子荧光的激发光谱与常规吸收光谱不同,这是因为双光子吸收的选择规则不同,这可用来确认具有很低吸光系数的激发态。

双光子吸收被开发应用于光动力治疗、活性组织中光脱除保护基的释放(专题6.18)以及立体光刻(3D光存储)等。生物组织对光的强散射阻碍了共聚焦显微镜成像,但这可通过双光子荧光显微镜解决,因为近红外光照射产生的散射很低,可以通过归属多重散射信号光子的来源来实现深层组织成像。

3.13 单分子光谱

推荐阅读综述[78,81,258-261]。

20世纪70年代末①,单分子检测和操控变得可行,这要感谢现代显微技术与激光的结合,在过去几十年里,**单分子光谱(single-molecule spectroscopy**,SMS)的影响增长迅速。单分子检测主要不是灵敏度的问题,因为长期以来光电倍增管已经能够检测到达光阴极的单个光子,单分子光谱主要受限于背景噪声以及荧光分子的光稳定性。在开始阶段,单分子光谱仅能在低温下对少数隔离在惰性基质中的高度光稳定荧光分子进行检测,但先进技术和统计分析方法的应用抑制了杂散光、噪声和背景信号,目前已可以在室温下对生物介质中的单分子进行检测,**共聚焦显微镜(confocal microscope)** 可探测生物组织中亚飞升体积,并可排除此体积之外的光,它使信噪比提高了几个数量级。

除了分析化学所能达到的最终极限这一明显挑战外,我们为什么会对单分子

---

① E. Schrodinger 在 *Br. J. Philos. Sci.* (1953,3,233-242)文中写道:"……我们从未只对一个电子或原子或(小)分子进行实验,但在思考实验时我们有时候假设做了,这必然导致荒谬的结果……"

检测感兴趣呢？常规测量是对分子进行整体测量，得到的是所研究性质的平均值，但分子性质在时间和空间上的分布比平均值更为重要，单分子检测可以提供这些性质在非均相介质中随时间波动和区域变化的信息，因此，单分子可作为其环境和运动的高灵敏报告者。在开创性研究中，单个分子多达 8 个独立参数（各向异性、荧光寿命、荧光强度、时间、激发光谱、荧光光谱、荧光量子产率、发色团间的距离）被同时分析，并通过特征图形对混合物中 16 个不同的化合物进行定量分析[262]。

荧光相关光谱（fluorescence correlation spectroscopy）借助自相关函数的方法分析荧光强度随时间的变化，通过自相关函数可以测量单分子的平动和转动扩散系数、流速以及化学过程的速率常数。例如，对 β-环糊精为主体与客体分子间复合物形成动力学的单分子研究表明，主客体之间首先形成相遇复合物，相遇复合物进一步发生单分子包结反应，而后一步过程是决速步[263]。

单分子技术生物学应用的最终目标是以分子分辨率跟踪单个分子在三维空间的运动轨迹来研究活体器官中的生物过程。有意义的例子比比皆是，例如，蛋白质分子的折叠，病毒对单细胞的入侵，以及病毒对细胞核的攻击[264]。单分子光谱还能够检测罕见的情况，例如，蛋白质错误折叠和反应中间体。现代光学影像技术的空间分辨率已接近 1 nm，远远超过了常规显微镜的衍射极限[265]。对蛋白质（工作中的酶）[83]以及核小体 DNA 的原位动力学研究已有报道[266]。

绿色荧光蛋白（green fluorescent protein，GFP）（图示 3.5）及其变体是活细胞成像和细胞动力学的研究中十分有用的探针[267,268]。在化学文摘（Chemical Abstract）中搜索 'GFP' 给出 35000 篇参考文献（至 2007 年 6 月），绝大多数出现在近 15 年里。单分子光谱被用来研究非平衡条件下名为 Citrine 的绿色荧光蛋白突变体的去折叠途径[269]，确定了处在折叠与去折叠能量形貌图中的中间体，发现了蛋白沿平行路径去折叠的两个不同构象。

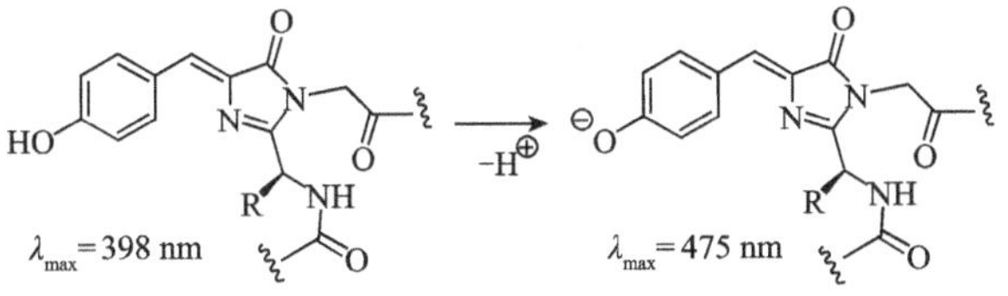

图示 3.5　绿色荧光蛋白的发色团

3.14 习 题

1. 以 $m^{-2}\ h^{-1}$ 为单位估算强太阳光（800 W m^{-2}）下地表水中能发生的非生物光转化最大量，假设太阳光谱中有 5% 波长足够短的光可使光反应（量子产率＝1）发生。[0.5 mol $m^{-2}\ h^{-1}$]

2. 用脚注中给出的提示推导出公式 3.5。

3. 1-氨基蒽醌(AQ)和(E)-间戊二烯(Q)间的光环加成逆向量子产率图为线性,斜率 0.20 dm³ mol⁻¹ 与截距 1.20 的比值等于 AQ 荧光被 Q 猝灭的 Stern-Volmer 常数,$K_{SV}=0.17$ dm³ mol⁻¹。由此得出结论:反应是从 AQ 激发单重态、通过形成激基复合物中间体[1](AQ···Q)* 进行的,请解释。[参考文献[270]]

4. 蒽在除气乙腈中的荧光量子产率为 0.3,通入空气后减小了 30%,请估计蒽在除气溶液中的单重态寿命和荧光速率常数;参看 2.2.1 节,氧在空气饱和乙腈中的浓度为 $2×10^{-3}$ M。[$\tau_f^0=5.6$ ns, $k_F=5.4×10^7$ s⁻¹]

5. 测量了不同猝灭剂浓度[$q=0, 0.02$ M, 0.04 M, $\cdots$, 0.2 M]下的相对量子产率 Φ^0/Φ^q,其数据为:$\Phi^0/\Phi^q=1.0, 2.1, 3.2, 4.5, 4.8, 5.2, 6.0, 8.5, 8.5, 9.0, 9.0$,在实验精度范围内相对量子产率随猝灭剂浓度变化的函数为线性关系(公式 3.38)。分别利用(a)线性回归分析和(b)非线性最小二乘法拟合公式 3.38 的对数函数[$\log(\Phi^0/\Phi^q)$],确定截距和斜率 K_{SV},参看图 3.27,哪种分析方法更可靠?[(a)截距 $1.40±0.33$,斜率为 $42±3$,(b)截距 $1.08±0.10$,斜率为 $46±2$]

6. 导出公式 3.41。

第 4 章　电子激发与光化学活性量子力学模型

4.1　概述薛定谔方程

对中等尺寸有机分子得到薛定谔方程 1.5 的合理准确的解似乎是不可能完成的任务。以一个适当尺寸的分子来说明这个问题，例如，含有 42 个电子的苯，在仅列出其波函数 10 个数值的表格中，每一个变量下就能有 10^{126} 个条目（每个电子都需要三个坐标标定），这一数目远大于可见宇宙中原子的数目。然而在今天，我们已经可以用近似"**从头算**"（*ab initio*）或"**密度泛函理论**"（density functional theory [1]）的方法得到相当大尺寸有机分子的薛定谔方程 1.5 的数值解，这些数值解具有化学准确性。

尝试波函数通常由易于积分的高斯误差函数线性组合构成，得到的结果具有预测价值，并且这些计算已成为所有化学领域化学家的日常工具，用来指导实验，至少是排除站不住脚的假设。这是一项了不起的成就，在几十年前看来是遥不可及的。尽管如此，基于**微扰理论**（perturbation theory）的简单定性模型仍然是需要的，它们可以用来理解和预测系列相关化合物性质的变化趋势。这里我们将描述一个最小的量子力学模型，它可对电子激发态以及它们的电子结构和反应性提供有用的定性描述，该模型还提供了一种语言，用来表达基本上是"黑匣子"的**从头算**最新研究成果。

分子的电子结构通常用**分子轨道**（molecular orbital, MO）进行描述，这多少有些随意，因为严格地说轨道是不能用于描述多电子体系的。仅对类氢原子而言，**原子轨道**（atomic orbital, AO）是薛定谔方程 1.5 的精确解。如果我们想要构建一个电子波函数，例如，将两个电子置于其最低原子轨道 ϕ_{1s} 中的氦原子，它被确定为 He^+（类氢原子），$\Psi_{el}(He) \approx \phi_{1s}(e_1)\phi_{1s}(e_2) = \phi_{1s}^2$，我们会遇到两个问题。第一个问题是：氦的哈密顿算符（Hamiltonian operator）包含有说明两电子间排斥作用的库仑项 e^2/r_{12}，但在确定 He^+ 的 ϕ_{1s} 时该项并未包括进去；如果我们用得到的 He^+ 原子轨道计算氦能量（公式 1.14）的最低期望值 $\langle E_1 \rangle$，结果将会大大偏高，因为此

---

[1]　除了最简单的体系外，薛定谔方程的完整精确解是得不到的，这不可避免地要用到近似方法，但所谓的**从头算**方法尽量避免使用经验参数替代部分计算，尽管这些经验参数是通过对实验数据的调整优化得到的。

时两个电子挤在太小的 He^+ 的 ϕ_{1s} 轨道中。这一问题可通过在确定 He 原子轨道时引入某些可减小核电荷的屏蔽因子来加以修正,利用半经验方法或考虑电子间的排斥作用对 He 的原子轨道进行再优化处理,这两种方法均可使氦的原子轨道更加弥散,从而得到较低的期望值 $\langle E_1 \rangle$。

尽管如此,计算所得到的能量值仍然大大高于基态 He 原子的能量,除非我们在计算 He 的能量时求助于某些经过校正的经验屏蔽因子,这是由于存在更加基础和难于处理的问题。假如我们采用如下乘积函数的形式来代表 He 的电子波函数,$\Psi_{el}(He) \approx \phi_{1s}(e_1)\phi_{1s}(e_2)$,也就是说我们假设两个电子的运动彼此是独立的:则代表两个电子在时间均化空间分布的波函数的平方[**Born interpretation(Born 解释)**,1.4 节]为两个电子各自分布的乘积 $\Psi_{el}^2 \approx \phi_{1s}(e_1)^2\phi_{1s}(e_2)^2$。但是,只有当这两个事件完全独立时,两个事件的组合概率才等于各自概率的乘积,如同在两个盘子内投掷两个色子。显然,这非并一个原子或分子中两个电子的运动的情况,更合适的描述是,当一个电子的位置确定后,另一个电子不太可能在其附近。电子的运动是相关的,它们倾向于相互避开,如果 e_1 恰好在原子的一侧,则 e_2 就会在另一侧出现。与计算静止轨道上电子的时间均化静电相互作用相关的误差称为**相关误差(correlation error)**,在有机分子内每个电子对其大小约为 1 eV(或 ~100 kJ mol^{-1})。因此以这种方法根据变分原理(variation theorem)(公式 1.14)计算得到的能量就太高了。

牢记这些警示性要点,我们仍然要利用分子轨道的乘积函数来构筑尝试波函数。进一步,我们还将通过**原子轨道的线性组合(linear combinations of atomic orbital**,LCAO)来构筑**分子轨道(molecular orbital)**,以便利用有效的 Rayleigh-Ritz 方法(公式 1.6)。LCAO 方法的依据是原子核附近的电子运动可以用 AO 合理地描述。在做了这些不合常规的事情以后,我们要再进一步,即忽略所有的电子相互作用,但不必丧失信心!虽然粗略的方法不可能给出分子和它们激发态的准确能量,除非它们被参数化(半经验方法),但它们对物理性质保留了合理的量度,使我们可以深入了解并进行有用的预测。

在继续讨论前,先回忆一下**构造原理(aufbau principle)**:当我们对给定分子定义了一整组轨道后,就可将电子逐步填充到最低能量轨道中,**每个轨道中不允许填充多于两个自旋相反的电子**。为什么不能将所有电子都置于最低能量的分子轨道 Ψ_1 中呢?这是 **Pauli 原理(Pauli principle**,公式 1.12)的结果,它要求与电子交换相关的波函数是反对称的。设想两个电子的自旋态相同,即 $\alpha\alpha$(↑↑),自旋函数 $\alpha\alpha$ 为对称的(在电子交换时将保持不变),因此电子波函数就必须是反对称的,Ψ_1 中含两个电子的尝试电子波函数将是对称的,$\Psi \approx \Psi_1(e_1)\Psi_1(e_2)$。我们可以构筑一种反对称的线性组合,$\Psi \approx [\Psi_1(e_1)\Psi_1(e_2) - \Psi_1(e_2)\Psi_1(e_1)]$,会发现它们在空间所有位置上均为零,也就是说这种态不存在;因此如果自旋平行的两个电子在两个不同轨道上:则 $\Psi \approx [\Psi_1(e_1)\Psi_2(e_2) - \Psi_1(e_2)\Psi_2(e_1)]/\sqrt{2}$ 是一个可接受的反对称波函数,基于两个电子交换会发生符号改变。

倘若波函数中电子部分遵循构造原理,则反对称波函数就总是可以利用适当的线性组合[**Slater 行列式(Slater determinant)** 或反对称波函数]来构筑,而且我们还可以将这个技术问题交给计算机程序去处理。在一组给定轨道中,确定电子分布的排列方式称为**电子构型(electronic configuration)**[①]。稳定有机分子的基态通常用**闭壳(closed-shell)**构型来表示,其中最低可用轨道由两个自旋反平行的电子(↑↓)占据[图 4.1(a)]。我们以字母 χ 表示构型的波函数,$^1\chi_0 = \Psi_1^2 \Psi_2^2 \cdots \Psi_i^2$ 为(单重态)基态构型;电子激发可以用一个或多个电子从成键轨道 Ψ_i 到未占有轨道 Ψ_j 来描述,形成的激发态(单重态或三重态)构型为 $^{1或3}\chi_{i \to j} = {}^{1或3}(\Psi_1^2 \Psi_2^2 \cdots \Psi_i \Psi_j)$。

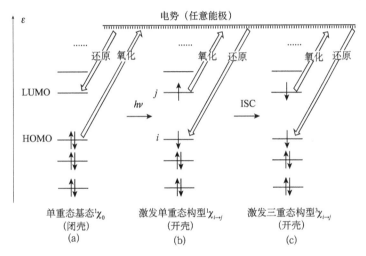

图 4.1 电子构型。HOMO 和 LUMO 分别表示基态最高占据分子轨道和最低未占分子轨道

在激发态开壳构型中,Pauli 不相容原理允许有过剩的自旋平行电子(例如,图 4.1(c)三重态中的↓↓)。在两个占有数相同但总自旋不同的构型中,具有最高自旋的构型将具有最低的能量,因此,三重态构型比相应开壳单重态的能量要低。这是最初针对原子制定的**洪德第一定则(Hund's first rule)**的扩展。这是个规则(rule),不是定律(law),但它在多数情况下是适用的。Hund 规则可被归因于**费米空穴(Fermi hole)**,"交通规则"使电子在反对称空间波函数内保持分离(图 1.14)。图 4.1 中未显示单重态与三重态间的能量差,因为在这里决定忽略电子相互作用,它将在 4.7 节作为后续添加的内容再次介绍时显示出来。

---

① 构型一词在立体化学中有着不同的含义。

无须对 MO 做任何计算,我们就可从图 4.1 给出结论:即**分子 M 在电子激发下将成为更强的氧化剂和更强的还原剂**。在忽略熵效应的情况下,它们相应标准电位 E°/V 的差等于以电子伏特为单位测得的激发单重态或激发三重态的能量 $E_{0\text{-}0}$(公式 4.1),因此,如果 S_0-S_1 吸收的 0-0 带处于 3 μm^{-1}(即 333 nm),其激发态氧化和还原电位将移动 3.72 V! 注意针对氧化的第二个方程内符号的变化。

$$\frac{E^\circ(M^*/M^{-\cdot}) - E^\circ(M/M^{-\cdot})}{V} = \frac{E_{0\text{-}0}(M)}{eV} = 0.01036 \frac{E_{0\text{-}0}(M)}{kJ\ mol^{-1}} = 1.240 \frac{\tilde{\nu}_{0\text{-}0}(M)}{\mu m^{-1}}$$

$$\frac{E^\circ(M^{+\cdot}/M^*) - E^\circ(M^{+\cdot}/M)}{V} = -\frac{E_{0\text{-}0}(M)}{eV} = -0.01036 \frac{E_{0\text{-}0}(M)}{kJ\ mol^{-1}} = -1.240 \frac{\tilde{\nu}_{0\text{-}0}(M)}{\mu m^{-1}}$$

公式 4.1 受激分子的氧化和还原

4.2 Hückel 分子轨道理论

Hückel 分子轨道(Hückel molecular orbital,**HMO**)理论[271]仅涉及不饱和体系的 π-电子,σ-电子被看作是冻结核的一部分,亦即我们只用假设为标准正交(正交归一)的不饱和碳原子 $C_1, C_2, \cdots, C_\mu, \cdots, C_\nu, \cdots, C_\omega$ 的轨道 $2p_z$-AO ϕ(公式 4.2)。

$$\langle \phi_\mu | \phi_\nu \rangle = \begin{cases} 1, & \mu = \nu \\ 0, & 其他 \end{cases}$$

公式 4.2

HMO 由 $2p_z$-AO 线性组合(LCAO)构成:

$$\Psi = c_1\phi_1 + c_2\phi_2 + \cdots + c_\mu\phi_\mu + \cdots + c_\nu\phi_\nu + \cdots + c_\omega\phi_\omega = \sum_{\mu=1}^{\omega} C_\mu\phi_\mu$$

为了找到本征值问题 $\hat{H}^{HMO}\Psi = E\Psi$ 的解,必须设置相应的**久期行列式**(secular detenir-nant)(见公式 1.16)。我们并不打算对久期行列式的矩阵元进行计算,相反,要将矩阵元作为可调节参数加以处理(公式 4.3)。因此,HMO 模型没有任何物理输入,它只使用 π-体系的拓扑结构(连接)。

$$H_{\mu\mu} = \langle \phi_\mu | \hat{H}^{HMO} | \phi_\mu \rangle = \alpha \quad (\text{对碳原子 } C_\mu, \alpha \text{ 为一常数})$$

$$H_{\mu\nu} = \langle \phi_\mu | \hat{H}^{HMO} | \phi_\nu \rangle = \begin{cases} \beta, & \mu \text{ 和 } \nu \text{ 绑定在一起} \\ 0, & 其他 \end{cases}$$

公式 4.3 HMO 矩阵元清单

参数 α 和 β 分别称为库仑积分和共振积分,共振积分是负(稳定)能量。作为例子,现在让我们用公式 4.3 所定义的矩阵元设置环丁二烯(**3**,图 4.2)的 HMO 久期行列式,行列式由行元素 $\mu = 1, \cdots, 4$ 和列元素 $\nu = 1, \cdots, 4$ 形成的矩阵元 $H_{\mu\nu} - \delta_{\mu\nu}\varepsilon$ 组成。

$$\|H_{\mu\nu}-\delta_{\mu\nu}\varepsilon\| = \begin{Vmatrix} \alpha-\varepsilon & \beta & 0 & \beta \\ \beta & \alpha-\varepsilon & \beta & 0 \\ 0 & \beta & \alpha-\varepsilon & \beta \\ \beta & 0 & \beta & \alpha-\varepsilon \end{Vmatrix} = 0$$

公式 4.4

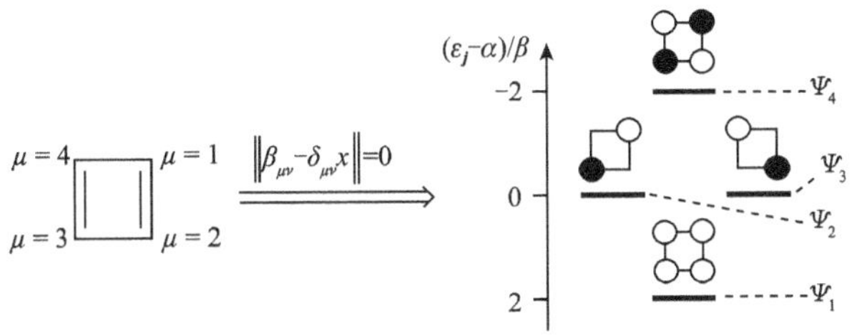

图 4.2 环丁二烯(**3**)的 Hückel 分子轨道。2-AO 为从顶部向下看,圆圈半径正比于 AO 系数 $|C_{j\mu}|$ 的大小,其面积正比于 $C_{j\mu}^2$;图中明暗为相对符号,如果 $C_{j\mu}>0$ 为白色,则 $C_{j\mu}<0$ 为黑色(或相反)。NBMO Ψ_2 和 Ψ_3 的系数为 $|C_{j\mu}|=1/\sqrt{2}$ 或 0,Ψ_1 和 Ψ_4 的系数为 $|C_{j\mu}|=0.5$

行列式相对简单的形式可通过将所有矩阵元以 β 除掉,并以 $-x$ 取代 $(\alpha-\varepsilon)/\beta$ 得到。由于行列式被设置等于零,因此除以一个常数是允许的,于是我们可得到 Hückel 行列式(公式 4.5)。在 Hückel 行列式中对角线上的所有元素 $B_{\mu\mu}$ 均等于 $-x$,而非对角线元素除了以 σ-键(μ-ν)相连的原子 μ 和 ν,其 $B_{\mu-\nu}=1$ 外,$B_{\mu\nu}$ 均等于零。

$$\|B_{\mu\nu}-\delta_{\mu\nu}x\| = \begin{Vmatrix} -x & 1 & 0 & 1 \\ 1 & -x & 1 & 0 \\ 0 & 1 & -x & 1 \\ 1 & 0 & 1 & -x \end{Vmatrix} = 0$$

公式 4.5 环丁二烯(**3**)的 Hückel 行列式

公式 4.5 通过台式计算机采用诸如 MATLAB[①] 的数学程序在不到一秒钟的时间即可解出,可得到一套四个本征值 $\varepsilon_j=\alpha+x_j\beta$,$j=1,\cdots,4$,以及与每个本征值 ε_j 相关并定义四个 Hückel 分子轨道(公式 4.6)的四个 HMO 系数 $c_{j_1},\cdots,c_{j_4}$,所得结果以图像形式列出于图 4.2 中。对化合物 **3** 的 Hückel 计算产生两个非键轨道,$\varepsilon_2=\varepsilon_3=\alpha$ 和 $x_2=x_3=0$。

$$\Psi_j = \sum_{\mu=1}^{\omega} c_{j\mu}\phi_\mu, \quad j=1,2,\cdots,n$$

公式 4.6 Hückel 分子轨道(对环丁二烯,$n=\omega=4$)

[①] 从互联网上即可得到简单的 HMO 程序:http://www.chem.ucalgary.ca/SHMO/。

简并波函数(degenerate wavefunction)以相同本征值相关的波函数,通常情况下其任意归一化线性组合为等效波函数。因此,如图 4.2 中所示波函数 Ψ_2 与 Ψ_3,图 4.3 中的正交波函数 Ψ_2' 和 $\Psi_3'[\Psi_2'=(\Psi_2+\Psi_3)/\sqrt{2}$ 和 $\Psi_3'=(\Psi_2-\Psi_3)/\sqrt{2}]$ 是 NBMO 相等可接受的解。

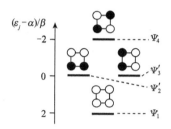

图 4.3　环丁二烯(**3**)可选择的 HMO 组合。所有系数的大小均为 $|c_{j\mu}|=0.5$

对于含任意个碳原子数 n 的特殊体系的 Hückel 行列式存在一般解,例如,线性聚烯烃(公式 4.7)和单环聚烯烃体系(公式 4.8)。

$$\varepsilon_j=\alpha+2\beta\cos\left(\frac{\pi}{n+1}j\right),\quad j=1,2,\cdots,n$$

公式 4.7　含 n 个碳原子的线性聚烯烃 HMO 能量

$$\varepsilon_j=\alpha+2\beta\cos\left(\frac{2\pi}{n}j\right),\quad j=0,1,2,\cdots,n-1$$

公式 4.8　含 n 个碳原子的单环聚烯烃的 HMO 一般解

从公式 4.8 可以看到,最低轨道的能量总为 $\varepsilon_0=\alpha+2\beta$,当 n 为偶数时,最高轨道的能量为 $\alpha-2\beta$。其他轨道为双重简并,$\varepsilon_j=\varepsilon_{n-j}$,因为余弦函数是对称的。公式 4.8 可通过将 n 多边形内接于半径为 2β 的圆内图像化重现(图 4.4)。

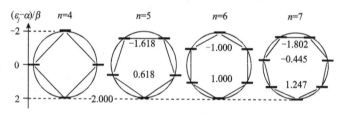

图 4.4　单环体系 HMO 能量的 Frost-Musulin 图解

诸如环戊二烯阴离子、苯以及卓䓬阳离子等具有 $(4N+2)\pi$-电子$(N=0,1,2,\cdots)$的体系具有**闭壳**(closed shell)结构,也就是在它们的基态构型中,最高占据分子轨道简并对中有四个电子存在时能量上最有利。这就是我们所熟知的**芳香性 Hückel 规则**(Hückel rule of aromaticity)的基础。

在确定了 HMO 轨道和填入了适当数目的 π-电子后,我们就可通过对每个轨道 Ψ_j 指定**占有数**(occupation number) b_j 来表征所得到的构型,如双重占有 $b_j=$

2,单重占有 $b_j=1$,未占有 $b_j=0$ 等。原子 μ 上 π-电子的**电荷密度**(charge density) q_μ 可通过公式 4.9 得到。

$$q_\mu = \sum_j^n b_j c_{j\mu}^2$$

公式 4.9　HMO 电荷密度

原子 μ 和 ν 间的**键序**(bond order) $p_{\mu\nu}$ 可通过公式 4.10 得到。

$$p_{\mu\nu} = \sum_j^n b_j c_{j\mu} c_{j\nu}$$

公式 4.10　HMO 键序

在环丁二烯(**3**)中,绑定原子对间的键序为 0.5,在所有原子上的电荷密度等于 1,平均每个碳原子上有一个 π-电子。

4.3　HMO 微扰理论

在应用 **Rayleigh - Schrödinger 微扰理论**(Rayleigh - Schrödinger perturbation theory)时,HMO 理论可以给出特别简单直观的结果,我们将利用它来说明趋势和进行预测(见 4.6 节)[①]。下面给出的一级和二级微扰公式的推导详见本章附录(4.11 节)。

微扰体系的 Hückel 算符 $\hat{H}^{HMO}$ 可用其母体分子算符 $\hat{H}^0$ 与微扰算符 $\hat{h}$(公式 4.11)加和来进行表述。与 $\hat{H}^{HMO}$ 自身一样(公式 4.3),我们通过列出矩阵元 $h_{\mu\nu} = \langle \phi_\mu | \hat{h} | \phi_\nu \rangle$ 来定义微扰算符 $\hat{h}$。

$$\hat{H}^{HMO} = \hat{H}^0 + \hat{h}$$

$h_{\mu\nu} = \delta\alpha_\mu$,　原子 μ 上的诱导扰动

$h_{\mu\nu} = h_{\nu\mu} = \delta\beta_{\mu\nu}$,　原子 μ 和 ν 间的共振扰动

$h_{\mu\nu} = h_{\mu\mu} = 0$,　其他方式

公式 4.11　对表 8.5 中给出的杂原子建议的 HMO 扰动参数 $\delta\alpha_\mu$ 和 $\delta\beta_{\mu\nu}$

原子 μ 和 ν 间由于键长交替或双键扭曲引起的共振积分变化可以通过公式 4.12 进行模拟。

$\beta_{\mu\nu} = \beta e^{-A(r-r_0)}$,　$A \approx 0.02$ pm^{-1},　$r_0 = 140$ pm (对于苯)

$\beta_{\mu\nu} = \beta \cos(\varphi)$,　式中 φ 为沿着 π-键的扭曲角

公式 4.12　随着键长及键的扭曲 $\beta_{\mu\nu}$ 的变化[272]

一级微扰用给定母体体系的 Hückel 轨道系数 $c_{j\mu}$ 来预测相应轨道能量 ε_j 的

---

① 在量子力学早期,微扰理论的应用处于相当重要的位置,因为与分别计算各个体系相比它只需较少的计算工作。但在计算机时代,这已不再是一种正当的理由了。

改变 $\delta\varepsilon_j$,诱导扰动 $\delta\alpha_\mu$ 引起的变化通过驻留在 μ 原子 Ψ_j 轨道上电子的概率 $c_{j\mu}^2$ 来确定(公式 4.13)。

$$\delta\varepsilon_j^{(1)} = c_{j\mu}^2 \delta\alpha_\mu$$

公式 4.13 通过在 μ 原子上引入诱导效应 $\delta\alpha_\mu$ 的 MO 能量的一级微扰

2-甲基取代的 1,3-丁二烯作为诱导效应的例子列于图 4.5 中。为简单起见,我们将占有轨道按能量降低为序,标以数字 1,2,…,而对未占有轨道则按能量的增大为序,标以数字 -1,-2,…。

原子 μ 和 ν 间的共振积分的变化 $\delta\beta_{\mu\nu}$ 将改变其能量 ε_j,ε_j 的大小可通过公式 4.14 计算。对那些含有几个不等于 0 元素的算符 $\hat{h}$,其**一级微扰具有加和性**。

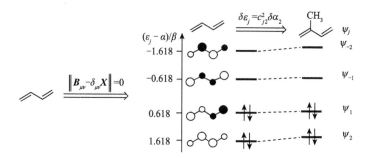

图 4.5 $\delta\alpha_2(CH_3) = -0.4\beta$ 时 2-甲基取代 1,3-丁二烯的诱导效应。丁二烯 HMO 系数的数值为 $|c_{j\mu}| = 0.372$ 或 0.602

$$\delta\varepsilon_j^{(1)} = 2c_{j\mu}c_{j\nu}\delta\beta_{\mu\nu}$$

公式 4.14 共振积分 $\beta_{\mu\nu}$ 变化 $\delta\beta_{\mu\nu}$ 引起 MO 能量 ε_j 的一级微扰

图 4.6 给出了顺式丁二烯中部分 1,4-键合的共轭效应实例。

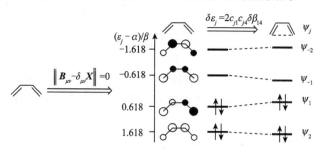

图 4.6 $\delta\beta_{14} = 0.3\beta$ 时顺式丁二烯中 1-4 相互作用的共轭效应

只有当给定轨道的扰动 $\delta\varepsilon_j^{(1)}$ 值相对给定轨道的能量 ε_j 与其他所有轨道能量 ε_i 差足够小时,即 $|\varepsilon_j - \varepsilon_i| \gg \delta\varepsilon_j^{(1)}$ 时,微扰理论才能给出可靠的结果。为了计算在简并轨道 $\varepsilon_i = \varepsilon_j$ 上的扰动,我们需要求解相应的久期方程,也就是两个简并 MO 的 2×2 行列式。但当 $\varepsilon_i \neq \varepsilon_j$ 时,多小才算是小呢?另外,利用母体体系的 HMO 本征函数计算微扰体系能量变化是否合理?为了回答这些问题,我们就必须再进一

步,即允许波函数在扰动下发生改变,这需要更多工作,也暴露出一级微扰理论的局限性。在意识到这些限制后,我们就可在多数情况但并非全部情况下自信地使用简单的一级微扰理论进行处理。

通过公式 4.15 可计算得到轨道 Ψ_j 能量的二级微扰的变化。含几个 $\neq 0$ 矩阵元的**二级微扰算符 $\hat{h}$ 不具有加和性**。

$$\delta\varepsilon_j^{(2)} = \delta\varepsilon_j^{(1)} + \sum_{i\neq j}^{n} \frac{\langle \Psi_i \mid \hat{h} \mid \Psi_j \rangle^2}{\varepsilon_j - \varepsilon_i}$$

公式 4.15　MO 能量 ε_j 的二级微扰

利用公式 4.11 中给出的 AO 的矩阵元 $h_{\mu\nu}$ 参数列表,微扰矩阵元 $\langle \Psi_\mu | \hat{h} | \Psi_\nu \rangle = h_{ij}$ 由未扰动体系的本征函数 Ψ_i 与 Ψ_j 确定。例如,对于原子 μ 上的单个诱导扰动 $\delta\alpha_\mu$,我们得到 $h_{ij} = c_{i\mu}c_{j\mu}\delta\alpha_\mu$;对于原子 μ 和 ν 间的单个共振扰动 $\delta\beta_{\mu\nu}$,$h_{ij} = h_{ji} = (c_{i\mu}c_{j\nu} + c_{i\nu}c_{j\mu})\delta\beta_{\mu\nu}$。如果需要,可通过公式 4.16 确定微扰体系改进的分子轨道 $\Psi_j^{(1)}$ 成组数据。

$$\Psi_j^{(1)} = \Psi_j^{(0)} + \sum_{i\neq j}^{n} \frac{\langle \Psi_i | \hat{h} | \Psi_j \rangle^2}{\varepsilon_j - \varepsilon_i} \Psi_i^{(0)}$$

公式 4.16　HMO 波函数的一级微扰

我们可通过简单的案例来说明一级与二级微扰的预测结果,并将它们与扰动体系的完整 HMO 计算进行比较。我们选择乙烯作为母体体系,考察由于原子 1 处引入取代基或是原子 1 以杂原子 N 或 O 取代导致的诱导微扰。求解 2×2 久期行列式(公式 4.17)可得到精确解。

$$\left\| \begin{matrix} -x + \delta\alpha_1/\beta & 1 \\ 1 & -x \end{matrix} \right\| = x^2 - x\frac{\delta\alpha_1}{\beta} - 1 = 0$$

$$x_{1,2} = \frac{\delta\alpha_1/\beta \pm \sqrt{(\delta\alpha_1/\beta)^2 + 4}}{2}, \quad x = (\alpha - \varepsilon)/\beta$$

公式 4.17　诱导微扰乙烯的精确 HMO 计算

为了阐明一级(公式 4.13)与二级(公式 4.15)计算的准确性,在图 4.7 中将它们的结果与精确解(公式 4.17)进行比较。扰动 $\delta\alpha_1$ 可在 $0\sim 3\beta$ 间变化,N(乙烯亚胺)和 O(甲醛)的参数分别为 $\delta\alpha_\mu/\beta = 0.5$ 和 1.0,如果公式 4.17 中判别式 $(\delta\alpha_\mu/\beta)^2$ 的值远小于 4,并且可被完全忽略,公式 4.17 就等于一级微扰理论的结果(公式 4.13);如果 $(\delta\alpha_\mu/\beta)^2$ 项比 4 小但不能忽略时,公式 4.17 中的平方根就可以扩展为 $(1+x)/2 = 1 + x/2 + \cdots$,于是我们可得到二级微扰的结果(公式 4.15)。由此可见,一级微扰结果对即使是大的扰动也是适用的,例如,以 O 代替 CH_2 的甲醛。

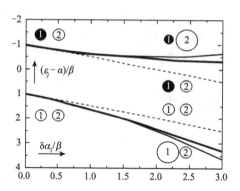

图 4.7 乙烯中诱导微扰比较,一级微扰(虚线)、二级微扰(细实线)和完整 HMO 计算(粗实线)结果。图中圆圈半径的大小表示在原子 1 和 2 上 Ψ_1 和 Ψ_{-1} MO 系数大小,它在一级微扰下保持不变,二级微扰或完整 HMO 计算所得 MO 集中在成键轨道 Ψ_1 的扰动原子 1 上

但是,必须认识到这些结果与乙烯的两个 HMO 间存在大的能量差($\varepsilon_1 - \varepsilon_{-1} = 2\beta$)有关。所谓"小"扰动 h_{ij} 的标准现在已清楚了:即在通常情况下,一级微扰适用于 $(\delta\varepsilon_i)^2/(\varepsilon_i - \varepsilon_j)^2 \ll 1$ 的情况,而二级微扰适用于 $(\delta\varepsilon_i)^2/(\varepsilon_i - \varepsilon_j)^2 < 1$ 的情况。

如上所述,一级微扰理论显然不适用于简并轨道,因为简并波函数的线性组合的选择是任意的(参看图 4.2 及图 4.3)。这需要对包括两个简并轨道的久期行列式求解,但如果我们选择的基础组适用于弱对称微扰体系,两个简并轨道间相互作用的非对角矩阵元为零,则可以避免对久期行列式示解。这也许不值得动用计算机计算,更重要的是,当我们从对称适用的轨道开始计算时,结果就变得越来越清晰。我们将在下节中讨论对称性的影响,对简并轨道一级微扰的讨论也放在下节。

从微扰理论得到的一个重要结论是:**共振相互作用的引入,总会使高级轨道去稳定化,而稳定化低级轨道**①,对于一个给定大小的扰动 $\delta\beta_{\rho\sigma}$,随能隙增大变化**减小**(图 4.8)。要注意的是:当两个基础原子轨道在相互作用前简并时,它们等量混合(a);当两个基础原子轨道间能隙增大时(c),低能(成键)分子轨道中较低能量的基础原子轨道的权重增大。

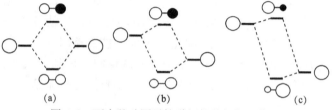

图 4.8 两个基础原子轨道间的共振相互作用

---

① "凡有的,还要加给他,叫他有余;凡没有的,连他所有的也要夺去。"(马太福音 13:12)。

4.4 对 称 性

建议阅读参考书[134,273-275]。

对称性影响在预测,**特别**是在波函数、电子态和分子态间的跃迁性质上有很大的影响。对称运算的数学处理是数学的一个特殊分支,称为**群论**(group theory)。这里仅给出某些重要应用的简要介绍。

对称操作(symmetry operation)是对分子进行的动作,例如,通过一个镜面对分子的坐标 σ 作映射,或围绕对称轴 C 旋转等,分子并不改变。假如分子是对称性的,亦即它在进行某些对称操作 $\hat{S}$ 时保持不变,则它的分子轨道 Ψ_i 对 $\hat{S}$ 而言一定既可以是对称的 $\hat{S}(-\Psi_i)=\Psi_i$,也可以是反对称的 $\hat{S}(-\Psi_i)=-\Psi_i$,因为通过 $\Psi_i^2 d\nu$(Born 解释,图 1.13)给出的电子分布必须保持不变,$\hat{S}(\Psi_i^2)=\Psi_i^2$。例如,在乙烯上可进行七种不同的对称操作(图 4.9)。群论中还包括第八种操作,即所谓**同一性操作**(identity operation)E,但它并不重要,就像在代数中"乘"1 的恒等运算。任何分子或波函数在同一性的操作中都将保持不变。

图 4.9 中有三个分别标记为 $C_2(x)$、$C_2(y)$ 和 $C_2(z)$ 的**双重对称轴**(twofold symmetry axes),它们与坐标轴 x、y 和 z 一致。图中坐标体系原点为分子的**倒置中心** i(inversion centre i),也就是当原子 μ 的核坐标 x_μ、y_μ 和 z_μ 被 $-x_\mu$、$-y_\mu$ 及 $-z_\mu$ 置换后,分子保持不变。最后,还有三个对称平面 $\sigma(xy)$、$\sigma(xz)$ 和 $\sigma(yz)$,它们与坐标轴对[$\sigma(xy)$ 标

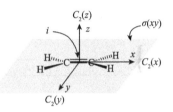

图 4.9 对称操作

为阴影面]所扩展的平面一致。具有相同对称操作的分子属于同一**点群**(point group),在这里可用 Schönflies 符号 D_{2h} 标记。对象的对称操作群定义为其所属点群,图 4.10 列出了在已知(或假设)的 3D 结构基础上确定分子点群的流程图。通过垂直于一个轴的平面做旋转结合映射的操作是一种反射旋转;n 重反射旋转轴用符号 S_n 表示。要注意的是 $S_1 \equiv \sigma$ 和 $S_2 \equiv i$。

对称平面符号 σ 经常是以标记 v("垂直的",与最高级 n 的旋转轴一致)或 d("二面的"或"对角的",与最高级 n 的旋转轴以及如丙二烯的正交轴间的二等分角一致)和 h("水平的",与最高级 n 旋转轴垂直)等来表示。

点群的**特征标表**(character table)定义了(波)函数的对称性质①,对每一个对称操作而言,对称为 1,反对称则为 -1。在表 4.1 第一行中列出了点群的所有对称操作,而在第一列中则列出了所有可能不可约表示的 **Mulliken 符号**(Mulliken

---

① 高对称性($n>2$)点群特征标表有 ±1 之外的情况,但在这里不考虑这类点群。

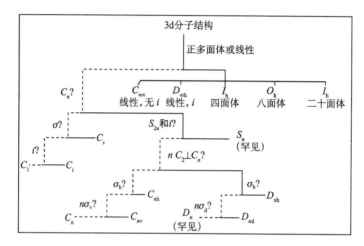

图 4.10 确定点群的流程图(Schönflies 符号,$n=2,3,\cdots$)。为确定给定对象的点群,可自上而下回答问题,肯定回答则沿实线向右,否定回答则沿虚线向左

symbol),其对称转换性质为波函数所允许的。作为实例,D_{2h}点群的特征标表如表4.1所示,其他相关点群的特征标表在很多书中可以找到[134,273-275]。最后一列为用于决定电偶极和跃迁矩的 x、y 和 z 轴的转换性质(4.5 节)。

表 4.1 点群 D_{2h} 的特征标表

D_{2h}	E	$C_2(z)$	$C_2(y)$	$C_2(x)$	i	$\sigma(xy)$	$\sigma(xz)$	$\sigma(yz)$	
A_g	1	1	1	1	1	1	1	1	
B_{1g}	1	1	−1	−1	1	1	−1	−1	
B_{2g}	1	−1	1	−1	1	−1	1	−1	
B_{3g}	1	−1	−1	1	1	−1	−1	1	
A_u	1	1	1	1	−1	−1	−1	−1	
B_{1u}	1	1	−1	−1	−1	−1	1	1	z
B_{2u}	1	−1	1	−1	−1	1	−1	1	y
B_{3u}	1	−1	−1	1	−1	1	1	−1	x

现在我们又要回到**简并轨道的一级微扰理论**(4.3 节),由于两个简并轨道 Ψ_i 与 Ψ_j 的任意线性组合是同等有效的,我们设置一个尝试波函数 $\Psi_k = a_{ki}\Psi_i + a_{kj}\Psi_j$,并求解其久期方程 4.18。对所有线性组合而言,无扰动体系的本征值将相同,$\varepsilon_i^{(0)} = \varepsilon_j^{(0)} = \varepsilon_k^{(0)} = \varepsilon^{(0)}$。

$$\left\| \begin{matrix} \varepsilon^{(0)} + \delta\varepsilon_k^{(1)} - \varepsilon & h_{kl} \\ h_{lk} & \varepsilon^{(0)} + \delta\varepsilon_l^{(1)} - \varepsilon \end{matrix} \right\| = 0$$

公式 4.18 两个简并轨道的一级微扰

假如我们按如下方式选择简并轨道的线性组合,即相对于保留在扰动分子内的对称元素而言一个为对称的,而另一个为反对称的,那么非对角元素将等于零,

$h_{kl}=h_{lk}=0$,因为如果函数是**反对称的**,任意函数在其变量 x 的整个范围内积分为零: $\int f(x)dx=0$(图 4.11)。如果 $f(-x)=-f(x)$,则该函数就可称为反对称的(a)。两个反对称函数的乘积是对称的(s),可以写成: $a\otimes a=s$,类似的,$s\otimes s=s$,但是 $a\otimes s=s\otimes a=a$。

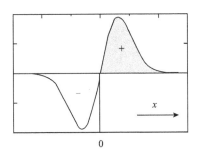

图 4.11 反对称函数的积分

在选择了对称匹配的基础组 Ψ_k 和 Ψ_l 后,其 2×2 行列式(公式 4.18)是对角化的,对角元素为与对称和反对称波函数 Ψ_k 和 Ψ_l 相关的解,$\delta\varepsilon_{\pm}^{(1)}=\delta\varepsilon_k^{(1)}$ 和 $\delta\varepsilon_l^{(1)}$。能量 $\varepsilon_k^{(0)}$ 和 $\varepsilon_l^{(0)}$ 的一级微扰于是可通过非简并轨道一级微扰公式(公式 4.13 和公式 4.14)给出。相同的结果可通过求解任意其他线性组合得到的 2×2 非对角行列式(公式 4.18)得到。**当简并轨道的线性组合按匹配于扰动体系的对称性选择时,一级微扰公式可用于母体体系的简并分子轨道。**

作为实例,让我们来看环丁二烯(**3**)中键长的交替效应。假设分子从平均键长为 140 pm 的方形结构出发,弛豫到原子 1-2 和 3-4 双键相连的 Kekulé 结构,双键长度缩短到 130 pm,而单键则增长到 150 pm。从公式 4.12 我们可得到 $\beta_{12}=1.22\beta$ 和 $\beta_{23}=0.82\beta$,即 $\delta\beta_{12}=\delta\beta_{34}=0.22\beta$ 和 $\delta\beta_{23}=\delta\beta_{41}=-0.18\beta$。我们之所以选择如图 4.12 所示的这样一组非键轨道 Ψ_2' 和 Ψ_3'(参见图 4.3),是因为它们有适当的对称性来应对扰动。一级微扰是加和性的,等于每个键 $\delta\varepsilon_+^{(1)}=0.40\beta$ 和 $\delta\varepsilon_-^{(1)}=-0.40\beta$ 贡献的加和(公式 4.14)。

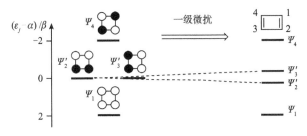

图 4.12 环丁二烯(**3**)中的键长交替效应

让我们从分离的两个氧原子价电子层原子轨道 2s、$2p_x$、$2p_y$ 和 $2p_z$ 出发,应用相同的方法构建氧分子定性分子轨道图。分子轨道的构建是通过选择对称性匹配的基础原子轨道组,经线性组合而成,例如,$\sigma_\pm=(2s_1\pm 2s_2)\sqrt{2}$,$\pi_{z\pm}=(2p_{z1}\pm 2p_{z2})$等。$2p_z$轨道间的重叠最大,使在$3\sigma$与$4\sigma^*$分子轨道间有大的能差。如图4.13所示,HOMO $2\pi^*$轨道为二重简并,并仅有两个电子,因此,按照Hund规则,氧分子的基态为三重态。

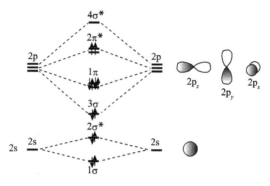

图4.13 氧分子的MO示意图

4.5 电子激发的简单量子化学模型

推荐参考书[15]。

我们假设有机分子在其电子基态时可以合理地用闭壳**电子构型**(**electronic configuration**,也称电子组态)进行描述,它是按 **Pauli 原理**(**Pauli principle**)电子成对地填充到最低能量的 HMO 内形成的。激发态构型通过一个电子提升到未占轨道来实现(图4.1)。依据 Hückel 理论,将一个电子从轨道 Ψ_i 提升到未占轨道 Ψ_j 所需要的激发能等同于相应轨道间的能量差(公式4.19)。

$$\varepsilon_j-\varepsilon_i=(x_j-x_i)\beta=hc\tilde{\nu}$$

公式4.19 HMO 激发能

电子从 1,3-丁二烯最高占据分子轨道 HOMO(Ψ_1)被激发到最低未占分子轨道 LUMO(Ψ_{-1})需要 -1.236β 的能量(β 为负能量),我们可以利用这一结果得到 β 的第一校正值。1,3-丁二烯第一 π,π^* 跃迁的吸收最大值为 $\tilde{\nu}_{max}=4.6~\mu m^{-1}$,因此,$-\beta/hc \approx 3.7~\mu m^{-1}$。

为计算跃迁矩 $M_{el,n\to m}=e\langle\Psi_{el,n}|\Sigma r_i|\Psi_{el,m}\rangle$(公式2.17),我们用闭壳构型 $\chi_0=\Psi_1^2\Psi_2^2\cdots\Psi_i^2\cdots\Psi_{HOMO}^2$ 表示基态波函数 $\Psi_{el,n}$,用 $\chi_{i\to j}=\Psi_1^2\Psi_2^2\cdots\Psi_i\cdots\Psi_j$ 表示激发态波函数 $\Psi_{el,m}$。对那些在 χ_0 和 $\chi_{i\to j}$ 占据相同轨道的电子坐标进行积分得到 1,$\langle\Psi_i|\Psi_i\rangle=1$,于是跃迁矩被简化为仅包括参与跃迁的轨道 Ψ_i 和 Ψ_j:$M_{el,i\to j}=e\langle\Psi_i|\Sigma r_i|\Psi_j\rangle$。算符 $\Sigma r_i=\Sigma(x_i,y_i,z_i)$ 和电子跃迁矩 $M_{el,i\to j}$ 均为矢量,坐标 x_i、y_i 和 z_i 定义电子 e_i 的位置,为得到电子跃迁矩矢量的单独分量(公式4.20),我们必须积分乘

积 $\Psi_i u \Psi_j = u\Psi_i\Psi_j$，式中 u 表示 x、y 或 z。由于坐标 u 本身是反对称的，因此 $M_{el,i\to j}$ 将为零，除非与相应坐标 u 之一的跃迁密度 $\Psi_i\Psi_j$ 也是反对称的。

$$M_{el,i\to j}=e(\langle\Psi_i|x|\Psi_j\rangle,\langle\Psi_i|y|\Psi_j\rangle,\langle y_i|z|y_j\rangle)$$

公式 4.20　一个电子跃迁 $\Psi_i\to\Psi_j$ 的电子跃迁矩

下面分析乙烯的 π,π^* 跃迁，乙烯的 HMO 为 $\pi=(\phi_1+\phi_2)/\sqrt{2}$ 和 $\pi^*=(\phi_1-\phi_2)/\sqrt{2}$，图 4.14(c) 中的跃迁密度为二者的乘积 $\pi\pi^*=1/2(\phi_1+\phi_2)(\phi_1-\phi_2)=1/2(\phi_1^2-\phi_2^2)$，这很容易计算，但结果却难以置信。从结果字面上看，有 50% 的机会使一个电子处于左侧的 p_z-AOϕ_1 上，并有同等机会使右侧的 p_z-AOϕ_2 **减少一个电子**。我们不必问在空间的某个地方"减去电子"的物理意义！从两个波函数的量子力学干涉得到的跃迁密度不存在有意义的经典类比。总电荷是中性的，跃迁矩在 x 方向具有有限分量，在 y 和 z 方向为零，将跃迁密度代入公式 4.20 中得到 $M_{el,\pi\pi^*}=e[1/2(x_1-x_2),0,0]$，式中 x_1 和 x_2 为碳原子 1 和 2 的 x 坐标。结合公式 2.19，可预测乙烯 π,π^* 跃迁的振子强度为 $f=0.3$。

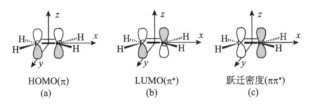

图 4.14　乙烯的 HMOs

从对称性角度(4.4 节)也可得到同样的结论。乙烯 π 与 π^* 轨道的转换性质可以通过分析图 4.14 来确定。对于同一性操作，所有轨道都是对称的(1)；对 $C_2(z)$ 而言，π 轨道是对称的(1)，而 π^* 轨道是反对称的(-1)，等等；导出 π 轨道行矢量 $(1,1,-1,-1,-1,-1,1,1)$ 和 π^* 轨道行矢量 $(-1,1,-1,1,-1,1,-1)$，于是 π 轨道(表 4.1)属于不可约表示 B_{1u}，π^* 轨道属于 B_{2g}，从跃迁密度 $\pi\pi^*(1,-1,-1,1,-1,1,1,-1)$ 得到的矢量属于 B_{3u}，其转换类似于 x 轴(见表 4.1 最后一列)，表明跃迁矩与 x 轴平行。上面的练习似乎无关紧要，得到的是我们通过 HMO 轨道简单分析已得到的结论(图 4.14)。值得注意的是，有关对称性的争论完全不需要任何显示计算，属于不可约表示的给定基础轨道组构成的分子轨道可仅用群论进行确定[134,273-275]。在所有方向跃迁矩均为零的电子跃迁称为**对称性禁阻(symmetry forbidden)**，这些电子跃迁密度属于不可约表示，不能像对称轴那样转换。

Hückel 理论在预测吸收光谱和跃迁矩上有优势吗？答案是好坏参半：有，也没有。首先，Hückel 理论不考虑单重态和三重态构型间的能量差，因为它完全忽略了电子排斥力。此外，我们还将看到对于某些类型的分子，用最低单激发组态不足以描述其最低激发单重态。对于含有$(4N+2)$个 p 电子($N=1,2,3,\cdots$)的环状体系,其在基态十分稳定("芳香",Hückel 规则,4.2 节),HMO 理论曾预测该体系的全部四个最低能跃迁具有相同能量;事实上,在苯中这些跃迁裂分为三个具有显著能量差的吸收带(被称为"苯的灾难"),在环戊二烯阳离子中裂分为两个。我们的目的就是要了解 HMO 理论和适用范围,以及什么情况下需要对简单模型升级。

我们先看好的一面,HMO 在对多类化合物的某些类型能带位置和强度的预测中有相当不错的表现。从公式 4.7,线性多烯化合物(乙烯,1,3-丁二烯,1,3,5-己三烯,$\cdots$)的 HOMO-LUMO 能隙可用公式 4.21[①] 表达。

$$\varepsilon_{\text{LUMO}} - \varepsilon_{\text{HOMO}} = -4\beta\sin[\pi/(2n+2)] \approx -2\beta\pi/(n+1)$$
公式 4.21

由于跃迁波长与跃迁能的倒数成正比,HMO 理论所预测的线性多烯的吸收波长与所含碳原子数 n 线性相关(公式 4.22)。

$$\lambda_{0\text{-}0} \approx -hc\frac{n+1}{2\beta\pi}$$
公式 4.22 对线性多烯 HOMO-LUMO 跃迁波长的 HMO 预测

图 4.15 中给出了八个全反式线性多烯观察到的吸收波长 $\lambda_{0\text{-}0}$ 与碳原子数 n 之间的关系($\times$)[276],虽然 $\lambda_{0\text{-}0}$ 随着多烯链增长而增大,但结果却令人失望,因为观察到的关系显然是非线性的,对很长的多烯其吸收波长会达到一个平台。从该系列化合物前三个的结果进行线性外推,我们可以预测胡萝卜素(β-carrotene 为有 11 个共轭双键的全反式多烯)是蓝色的。

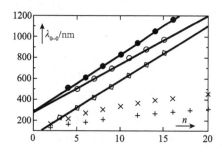

图 4.15 共轭线性链的吸收带。系列化合物和相应数据的来源见正文中说明

公式 4.22 的偏离主要源于线性多烯分子内键长的交替,在聚乙炔系列化合物中表现出更强的键长交替效应[277]($+$)。我们可用公式 4.12 调整共振积分 β 对单键、双键或三键键长的调节,而不是用公式 4.12 引入两个新参数(其可能解决

---

① 回想标记 j 在 LUMO 和 HOMO 中分别为 $n/2+1$ 和 $n/2$。此外,$\cos\alpha = \sin(\alpha+\pi/2)$,$\sin\alpha = \sin(\pi/2-\alpha)$,最终 $\sin\alpha \approx \alpha$ 也是很好的近似,即使对最小碳原子数 $n=2$ 的乙烯。

问题),我们看公式 4.22 的 HMO 预测对没有键长交替的线性共轭体系是否有效,事实上,它确实有效。拥有两个等效共振结构的对称菁染料(□),$Me_2N-(CH=CH)_{(n/2-3)}-CH=N^+Me_2$ 和 $Me_2N^+=(CH-CH)_{(n/2-3)}=CH-NMe_2$,不存在交替键长的情况,准确遵守预测的线性关系,其直线斜率为 $-\beta/hc=(3.05\pm0.05)$ μm^{-1}。线性链 $HC_{2n}H^+$(阳离子自由基,●)和 $HC_{2n+1}H^+$(三重态基态,○)以及线性碳链 C_n(n 为奇数,未标于图中)和 C_n(n 为偶数,未标于图中)的第一吸收带随 n 增加而线性增大。[241]

由 Clar 在 20 世纪 30 年代和 40 年代完成的类苯(benzenoid)芳烃吸收光谱的系统研究[279]表明,这些化合物有四种类型的 UV-Vis 吸收带,它们沿同系物规则变化,如线性并苯(苯,萘,蒽,…)(图 4.16)。

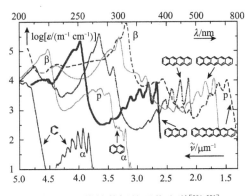

图 4.16 线性芳烃的吸收光谱[280,281]

Clar 标记了四种不同的吸收带 α、p、β 和 β'(按能量增大的次序,萘的 β'带略大于 5 μm^{-1}),并基于它们下述特征以及在同系物系列的规则变化。经验性地标定了超过 100 个类苯碳氢化合物。其中 α 带为尖锐且具有不规则电子振动结构的弱带,$\log(\varepsilon/M^{-1} cm^{-1}) \approx 2 \sim 3$,它的位置对温度、溶剂极性和极化率不敏感,但是其强度受取代基影响很大,例如,当以卤素或烷基取代时其强度会大大增加。p 带具有中等强度,$\log(\varepsilon/M^{-1} cm^{-1}) \approx 4$,它呈现能差约 1400 cm^{-1} 的独特振动峰,在极性溶剂中以及随碳氢化合物尺寸的增大而显著红移。$\log(\varepsilon/M^{-1} cm^{-1}) \approx 5 \sim 6$ 的强 β 带吸收范围更宽,对溶剂和取代效应不敏感。最后,$\log(\varepsilon/M^{-1} cm^{-1}) \approx 4 \sim 5$ 的 β'带不太突出,并非总是清晰可辨,因为进一步的跃迁在远-紫外区。α 带作为苯和萘的第一吸收带可以被清晰地观察到,在蒽和并四苯中包裹在强 p 带下被掩盖,再次被观察到是在并戊苯和并六苯的 p 带和 β 带间的窗口处,表现为微弱且相对尖锐的特征峰。

按 Hückel 理论(公式 4.16)(图 4.17)的预测,p 带与 HOMO-LUMO 能隙相关很好,线性回归给出 $-\beta/hc=(2.2\pm0.1)$ μm^{-1},但奥(azulene,**1**)和环[3,3,3]吖嗪(cycl[3,3,3]azine,**2**)的那些点(○)完全偏离了回归线(参看案例研究 4.1),

将这些点放在图上就是为了强调这种相关性仅适用于类苯碳氢化合物。

在更大系列的类苯碳氢化合物中,第一离子化电势 $I_{1,v}$ 与用稍微修饰的 Hückel 公式计算得到的 HOMO 能量之间也发现有良好的相关性(**Koopmans 理论**,4.7 节)。正如基于成对理论(4.6 节)所期望的,离子化电势 $I_{1,v}$ 与 ^1L_a 带能量强烈相关。也注意到有少数例外,但在重新研究中发现假设的结构是错误的[283]。令人惊讶的是这些多核碳氢化合物高级成员的结构鉴定完全依赖(或信服)于它们的电子光谱和光电子能谱。例如,较早的"环蒽"(circumanthracene)X 射线结构就是不正确的,因为所用晶体是严重无序的[283]。

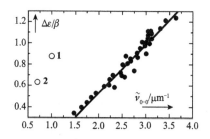

图 4.17 类苯芳香碳氢化合物 p 带位置与 HMO 的 HOMO-LUMO 能隙的相关性。除了不属于同类化合物的薁(**1**)和环[3,3,3]吖嗪(**2**)外,数据取自文献[282]

4.6 成对定理和 Dewar 的 PMO 理论

推荐的阅读文献[284,285]。

不含奇数元环的共轭碳氢化合物称为**交替碳氢化合物**(**alternant hydrocarbon**,**AH**)。**交替**与**非交替碳氢化合物**(**NAH**)的区别为共轭碳氢化合物提供了十分重要的分类,特别是其激发态。在交替碳氢化合物中,不饱和碳原子可被分为两组,星号组(*)和非星号组(○),没有同组原子相连,但这对非交替碳氢化合物是不可能的(图 4.18)。

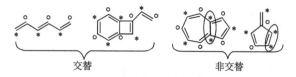

图 4.18 交替和非交替碳氢化合物

Coulson 和 Rushbrooke 曾为交替碳氢化合物推导出了几个定理和推论[286],可归纳如下:

(1) $\varepsilon_j \neq \alpha (x_j \neq 0)$ 的 HMO 成对出现,能量为 $\varepsilon_{\pm j} = \alpha \pm x_j \beta$,以 1,3-丁二烯的 HMO 为例。需要注意的是,当成键扰动引入到原子 1~4 时(图 4.6),轨道配对

保持完好,但当引入的为诱导扰动时(图4.5)则并非如此。成对分子轨道($\varepsilon_j \neq \alpha$)的 HMO 系数 $c_{j\mu}$ 在数值上相同,即 $|c_{j\mu}| = |c_{-j\mu}|$,但它们在同组内符号相反,即 $c_{j\mu}^0 = c_{-j\mu}^0$ 和 $c_j^* = -c_{-j}^*$,符号改变在星号组还是在非星号组并不重要,因为相反符号的波函数是等值的。因此,成键轨道 Ψ_j 和它的配对反键轨道 Ψ_{-j} 的能量和 HMO 系数可通过公式 4.23 相关联(参看图 4.6)。

$$\Psi_j = \sum_{\mu^0} c_{j\mu}^0 \phi_\mu^0 + \sum_{\nu^*} c_j^* \phi_\nu^*, \quad \varepsilon_j = \alpha + x_j \beta$$

$$\Psi_{-j} = \sum_{\mu^0} c_{j\mu}^0 \phi_\mu^0 - \sum_{\nu^*} c_j^* \phi_\nu^*, \quad \varepsilon_{-j} = \alpha - x_j \beta$$

公式 4.23 成对轨道

(2)非键分子轨道(nonbonding molecular orbital, NBMO)是一类能量为 $\varepsilon_j = \alpha, x_j = 0$ 的分子轨道。NBMO 的数目至少等于两组原子数差的绝对值,因此奇数交替碳氢化合物(奇数原子的交替碳氢化合物)至少有一个 NBMO。

(3)NBMO 必须是"自成对"的,即在一个原子组内它们的系数必须为零(成对条件 $c_{j\mu}^0 = -c_{-j\mu}^0$ 要求 $c_{j\mu}^0 = 0$)。因此,NBMO 完全被限制在一个原子组内,如果原子组大小不同,就在较大的原子组内。那些与 $c_{j\mu}^0 = 0$ 原子连接的原子系数加和必须为零。

(4)中性交替碳氢化合物(公式4.9)所有原子 μ 上的 π 电荷密度 q_μ 为 1。

(5)中性交替碳氢化合物的一组原子内所有原子间的键序(bond order)$p_{\mu\nu}$ 为零(公式4.24)。

$$\sum_j b_j c_{j\mu}^* c_{j\nu}^* = \sum_j b_j c_{j\mu}^0 c_{j\nu}^0 = 0$$

公式 4.24

规则(4)使我们不需要 Hückel 矩阵对角化来确定 NBMO 的系数[287]。从分配任意 a 值给诸多非零系数原子中的一个开始,然后再将 a 的倍数或分数分配给同组的其他原子,利用规则(3),即与 $c_{\text{NBMO},\mu} = 0$ 原子连接的原子的系数加和必须为零,最后,NBMO 还必须凭借设定的 a 值归一化(公式4.25)。

$$\sum_\mu c_{\text{NBMO},\mu}^2 = 1$$

公式 4.25

作为例子,我们在图 4.19 中给出了苄基自由基的 NBMO。

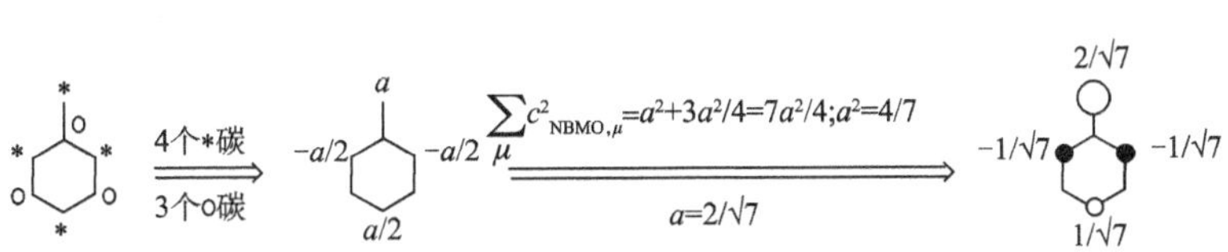

图 4.19 苄基 NBMO 的简单快速确定

由于中性交替碳氢化合物(包括奇数 AH 自由基,如苄基)在所有原子 C_μ 上的 π 电荷密度 q_μ 为 1(规则(5)),通过向苄基的 NBMO 加上或移去一个电子而得到苄基阴离子或阳离子的过剩电荷 $q_\mu - 1$ 分别等于 $-c_{NBMO,\mu}^2$ 和 $c_{NBMO,\mu}^2$。

Coulson-Rushbrooke 定理非常重要,它将让我们对共轭分子的电子结构有定性的理解,特别是它们的激发态结构。Dewar 发展了一种简单的扰动方法(**PMO 理论**)来估算具有偶数共轭原子 π 体系的 HOMO-LUMO 能隙和激发能[284,285,288]。由于奇数交替碳氢化合物的 NBMO 可以很容易地确定,一些感兴趣的体系可拆分为两个奇数交替碳氢化合物,图示 4.1 列出了一些例子。

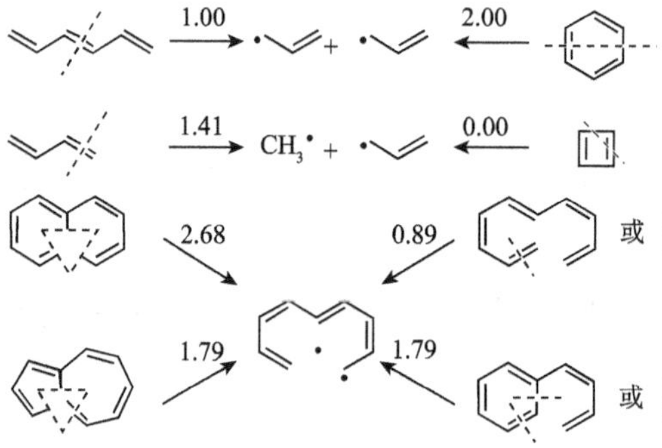

图示 4.1 PMO 理论以 β 为单位确定的 HOMO-LUMO 能隙

为计算初始体系的 HOMO-LUMO 能隙,确定了两个碎片的非键分子轨道 1 和 2 的系数;要将已切断的键重新结合为非键分子轨道,首先必须选择对称性匹配的线性结合, $\Psi_\pm = (\Psi_{NBMO,1} \pm \Psi_{NBMO,2})/\sqrt{2}$;最终的能量变化可通过一级微扰方程(公式 4.14)计算。一级微扰具有加和性,因此如要将碎片 1 上的 ρ 原子与碎片 2 上的 σ 原子重新结合成键,所有能量的变化也需要加和,得到的 HOMO-LUMO 能隙(公式 4.26)列在图示 4.1 相应的箭头上。当两个奇数交替碳氢化合物碎片结合时,HOMO-LUMO 能隙也等于总的 π 能量变化 δE_π,根据 PMO 理论,δE_π 近似等于碎片非键轨道中的两个电子的稳定能[284,285,288]。

$$\varepsilon_{LUMO} - \varepsilon_{HOMO} = 2\sum_{\rho-\sigma} c_{1\rho} c_{2\sigma} \beta_{\rho\sigma}$$

公式 4.26 PMO 理论预测的 HOMO-LUMO 能隙

有多种方式将交替碳氢化合物拆分为两个奇数交替碳氢化合物,因此在应用公式 4.26 时存在多种可能,得到的 HOMO-LUMO 能隙也不一定相同,最好的一级估算来自最小的非键轨道裂分。通常情况下,"芳香"拓扑结构在基态高度稳定的 π 电子体系具有大的非键分子轨道裂分特征,这种体系有着大的激发能。因此,**PMO 理论预测在分子基态与最低激发态(S_1 或 T_1)π 电子能量间存在近似的镜像关系**[289]。

微扰理论特别适合预测取代效应对电子跃迁的影响。诱导或共振扰动引起的各个轨道能量的变化 $\delta\varepsilon_j$ 已在 4.3 节中给出,对于从成键轨道 Ψ_i 到未占有轨道 Ψ_j 间单电子激发的跃迁,其跃迁能可通过 $\varepsilon_j-\varepsilon_i$(公式 4.19)得到,因此,通过一级微扰计算的能带位移可以很容易地从公式 4.27 得到。在案例研究 4.1 中给出了例子。

$$\delta\Delta\varepsilon = \delta\varepsilon_j^{(1)} - \delta\varepsilon_i^{(1)}$$

公式 4.27 跃迁能诱导效应

如果跃迁是交替碳氢化合物 HOMO-LUMO 间的跃迁,基于成对理论的结果 $\delta_{\varepsilon_j}^{(1)} = \delta_{\varepsilon_i}^{(1)}$,一级理论预测诱导扰动将完全没有影响,但实际上可观察到小的红移,这可以归因于饱和烷烃链的准 πMO 的**超共轭(hyperconjugation)**效应[290]。另一方面,烷基取代使交替碳氢化合物离子自由基的吸收光谱产生大的位移,这些碳氢化合物的电荷分布等于 MO 系数的平方,从 MO 上移去一个电子或在 MO 上加上一个电子将分别形成阳离子自由基和阴离子自由基,这些位移可通过 HMO 理论准确预测[291]。

4.7 需要改进的内容,SCF、CI 和 DFT 计算

我们一开始通过消除所有电子相互作用项得到一个"近似"哈密顿算符 $\hat{H}^0$,这使我们得以对固定核位置的薛定谔方程方便求解(图 1.10)。将电子排斥完全忽略显然是一个不好的近似,但得到的电子波函数可以用来计算电子推斥力作为补救措施。下面,我们仍将保留冻结核近似,即只考虑共轭分子的 π 电子。如果以 Hückel MO 作为起点,将电子排斥项 $1/r_{12}$ 重新引入哈密顿算符中(1.4 节),将对能量产生两类新贡献。

考虑处于原子轨道 ϕ_μ 和 ϕ_ν 上两个电子 e_1 和 e_2 的相互作用,倘若它们有相反的自旋,我们也不排除两个电子在同一原子轨道上的可能性,即 $\mu=\nu$。电子 1 和电子 2 的时间均化分布分别由 $\phi_\mu^2(e_1)d\nu_1$ 和 $\phi_\nu^2(e_2)d\nu_2$ 给出(Born 解释),因此,电子 e_1 和 e_2 间的库仑排斥可通过电子 e_1 和 e_2 分别在小体积元 $d\nu_1$ 和 $d\nu_2$ 中所有排斥贡献的加和得到(见图 4.20)。

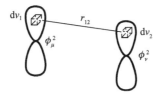

图 4.20 两个体积元电子密度间的库仑排斥

对整个空间($d\nu = d\nu_1 d\nu_2 = dx_1 dy_1 dz_1 dx_2 dy_2 dz_2$)积分,得到分子轨道的 Ψ_i 和 Ψ_j 中两个电子的**库仑排斥积分** J_{ij}(**Coulomb repulsion integral** J_{ij})(公式 4.28)。

$$J_{ij} = \left\langle \Psi_i^2(e_1) \left| \frac{1}{r_{12}} \right| \Psi_j^2(e_2) \right\rangle = \left\langle \left(\sum_\mu c_{i\mu} \phi_\mu(e_1) \right)^2 \left| \frac{1}{r_{12}} \right| \left(\sum_\nu c_{j\nu} \phi_\nu(e_2) \right)^2 \right\rangle$$

公式 4.28　库仑排斥积分 J

积分 J 可以利用**零微分重叠**(**zero differential overlap, ZDO**)近似的方法简化为双中心库仑排斥积分 $\gamma_{\mu\nu}$ 的双重加和(公式 4.29),即假设不同原子的原子轨道是不重叠的,即在 $\mu \neq \nu$ 时,$\phi_\mu \phi_\nu = 0$。

$$J_{ij} \approx \sum_\mu \sum_\nu c_{i\mu}^2 c_{j\nu}^2 \gamma_{\mu\nu}, \quad \gamma_{\mu\nu} = \left\langle \phi_\mu^2(e_1) \left| \frac{1}{r_{12}} \right| \phi_\nu^2(e_2) \right\rangle$$

公式 4.29

在半经验计算中,对占据在同一碳原子 μ 的 p 轨道上的两个电子通常采用 $\gamma_{\mu\mu} \approx 10.8$ eV,在 $\mu \neq \nu$ 的情况下,积分 $\gamma_{\mu\nu}$ 通常采用点电荷近似 $\gamma_{\mu\nu} \approx e^2/(r_{\mu\nu} + a)$ 估算,式中 $a = e^2/\gamma_{\mu\nu} = 133$ pm,亦即 $\gamma_{\mu\nu} \approx 1440/(r_{\mu\nu}/\text{pm} + 133)$ eV。

但是这并未完全完成,因为我们假设电子是可以区分的(识别 e_1 和 e_2),而实际上这不可能,因此在量子力学上也不被允许。利用 **Slater 行列式**(**Slater determinant**)对电子构型作校正计算(4.1 节),得到没有经典类比的自旋平行电子库仑排斥 J_{ij} 的修正,也就是所谓的**交换积分** K_{ij}(**exchange intergral** K_{ij})(公式 4.30),它代表的是重叠密度 $\Psi_i \Psi_j d\nu_1$ 和 $\Psi_i \Psi_j d\nu_2$ 间的库仑排斥[①]。由于 Pauli 原理产生的"交通规则"(费米空穴,第 1.4 节),自旋平行电子间的有效排斥 $J_{ij} - K_{ij}$ 小于经典物理的期望值。下式右侧的近似表达也是通过 ZDO 近似得到的。

$$K_{ij} = \left\langle \Psi_i(e_1) \Psi_j(e_1) \left| \frac{1}{r_{12}} \right| \Psi_i(e_2) \Psi_j(e_2) \right\rangle \approx \sum_\mu \sum_\nu c_{i\mu} c_{j\mu} c_{i\nu} c_{j\nu} \gamma_{\mu\nu}$$

公式 4.30　交换积分

我们一开始就用到了 HMO,它们不是包括电子排斥项哈密顿算符 $\hat{H}$ 的本征函数,但我们现在可以用算符 $\hat{H}$ 代替 $\hat{H}^{\text{HMO}}$,通过求解久期方程来重新优化 HMO 的原子轨道系数,即设置久期行列式等于零,$\| H_{ij} - \delta_{ij} E \| = 0$(公式 1.16,1.4 节)。由此所得到的分子轨道将不同于用来计算积分 J 和 K 的 HMO,相反,从新的分子轨道计算后者将给出不同的 J 和 K 值。但新的分子轨道仍然不是 $\hat{H}$ 的适当本征函数,而且必须重复操作,直到分子轨道系数不再变化为止。当轨道通过进一步再优化不再有显著变化时,我们就达到了**自洽场**(**self-consistent field**,

---

① 遗憾的是符号反转归属已在 EPR 光谱中出现,例如,J 作为交换积分,K 作为库仑积分。我们保留在电子光谱中常用的符号,也是 IUPAC 推荐使用的,积分以原子单位给出(表 8.3)。

SCF)。描述以上过程的数学方法称为 Hartree-Fock(HF)方法,它必须迭代进行,因为需要某些尝试性分子轨道预先计算出在优化轨道时需要的积分 J 和 K。

通过 SCF 理论得到的轨道能量可由公式 4.31 给出,式中总和囊括了基态构型中所有的双占有轨道,所谓的**核积分** h_{ii}(**core integral** h_{ii})为在核的冻结核场内分子轨道 Ψ_i 中一个单电子的能量和 σ 电子(但不是其他 π 电子)的能量,它们对应 HMO 能量。

$$\varepsilon_i = h_{ii} + \sum_{j}^{occ}(2J_{ij} - K_{ij})$$

公式 4.31　SCF 的轨道能量

公式 4.31 可以凭直觉导出。考虑下面的简单情况,在双占有轨道 Ψ_i 上一个电子的能量为 $\varepsilon_i = h_{ii} + J_{ii}$,与从公式 4.31 所得的 $h_{ii} + 2J_{ii} - K_{ii}$ 相同,因为根据公式 4.29 和公式 4.30 的定义,$J_{ii} = K_{ii}$。需要注意的是平行自旋电子间的有效排斥力为 $J_{ij} - K_{ij}$,对于在轨道 Ψ_i 和 Ψ_j 有四个电子的体系,轨道 Ψ_i 中一个电子的能量为 $\varepsilon_i = h_{ii} + J_{ii} + 2J_{ij} - K_{ij}$。

轨道能量与分子的氧化和还原相关。Koopmanns 定理指出,根据闭壳分子的单个行列式 SCF 计算,式 4.31 定义的轨道能量是气相分子垂直电离能 $I_{v,i} = -\varepsilon_i$ 的最佳估算,它可通过光电子能谱确定。类似的,未占轨道能量则是电子亲和性的量度 $E_{ea} = \varepsilon_j$,式中 E_{ea} 为从单电荷负离子脱去一个电子所需的能量[①]。SCF(以及 HMO 轨道能量)也与溶液中测得的标准氧化还原电位相关(图 4.1)。

给定电子基态构型 χ_0 的总能量可通过公式 4.32 得到。需要注意的是这不像 HMO 理论那样,总能量并不简单地表现为占据轨道能量加和的两倍,因为每个电子对间的相互作用要计算两次。

$$E(\chi_0) = \sum_{i}^{occ}(h_{ii} + \varepsilon_i) = 2\sum_{i}^{occ}h_{ii} + \sum_{i}^{occ}\sum_{j}^{occ}(2J_{ij} - K_{ij})$$

公式 4.32　基态构型的 SCF 能量

激发单重态或三重态的构型可通过将一个电子从占据轨道 Ψ_i 激发到未占轨道 Ψ_j 构建(图 4.1),它们高于基态构型的能量可通过从公式 4.31 和公式 4.32 得到的公式 4.33 给出。

$$E(^1\chi_{i \to j}) - E(^1\chi_0) = \varepsilon_j - \varepsilon_i - J_{ij} + 2K_{ij}$$
$$E(^3\chi_{i \to j}) - E(^1\chi_0) = \varepsilon_j - \varepsilon_i - J_{ij}$$

公式 4.33　单激发组态 $^1\chi_{i \to j}$ 和 $^3\chi_{i \to j}$ 的能量

因此,化合物单重态和三重态构型能量差相当于与激发相关轨道 Ψ_i 和 Ψ_j 间

[①] 未占(虚拟)轨道的能量可通过**从头算(ab initio)** 计算得到,但它并不适用于估算电子亲和性和还原电位。

交换积分的两倍(公式 4.34)。

$$E(^1\chi_{i\to j}) - E(^3\chi_{i\to j}) = 2K_{ij}$$

公式 4.34 单重态和三重态激发组态能量差

这是 SCF 理论的重要结果。事实上,我们利用 Hückel 分子轨道可以很好地估算积分 K_{ij} 的大小,通常情况下根本无须作任何 SCF 计算!如果电子交换是 Pauli 原理允许的,$-K_{ij}$ 作为具有相同自旋可交换电子的稳定化贡献,而 $+K_{ij}$ 作为具有相反自旋可交换电子的去稳定化贡献,公式 4.33 和公式 4.34 可直观地再次证明是合理的。例如,构型 $\chi_{i\to j} = \Psi_i^1 \Psi_j^1$ 的能量为 $E(^1\chi_{i\to j}) - E(^1\chi_0) = h_{ii} + h_{jj} + J_{ij} + K_{ij}$ 和 $E(^3\chi_{i\to j}) - E(^1\chi_0) = h_{ii} + h_{jj} + J_{ij} - K_{ij}$,因此,$E(^1\chi_{i\to j}) - E(^3\chi_{i\to j}) = 2K_{ij}$。

我们来看确定 $^1\chi_{i\to j}$ 和 $^3\chi_{i\to j}$ 能隙 ΔE_{st} 大小的交换积分 K_{ij} 相关的一些重要定性规则,当轨道 Ψ_i 和 Ψ_j 分开至"平均"距离 $\langle r_{ij}\rangle$ 时(图 4.21),库仑积分 J_{ij} 大约减小至 $1/\langle r_{ij}\rangle$,代表重叠排斥的交换积分以指数 $\exp(-\langle r_{ij}\rangle)$ 形式更快地减少。

图 4.21 库仑积分 J_{ij} 和交换积分 K_{ij} 的距离依赖性

因此,对于具有电荷转移特征的跃迁(K_{ij} 小),其单重态-三重态能隙小,单重态吸收相比 HMO 能隙 $\Delta\epsilon$ 预测将处于更长波长处。这些结论可分别从公式 4.34 和公式 4.33 快速得到,相关例子包括离子自由基对和共价连接给体-受体分子的电荷转移态(如 4-氨基-4′-硝基二苯基乙烯),以及酮类的 n,π* 激发态(丙酮或二苯酮),酮分子的 n 轨道定域在氧原子上,π* 轨道则分布在整个共轭体系,并且氧原子上的系数很小。另一种极端情况是交替碳氢化合物,其 HOMO-LUMO π,π* 跃迁的单重态-三重态能隙很大,并且处于相对短波长处,因为给定原子上的 HOMO 和 LUMO 系数具有相同量级(4.6 节),即 HOMO 和 LUMO 集中在相同原子上,而且 $\langle r_{ij}\rangle$ 小。这也可用来解释薁(azulene,**1**)和环[3,3,3]吖嗪(cycl[3,3,3]azine,**2**)等分子的"反常"性质(图 4.17)(案例研究 4.1)。

案例研究 4.1 光谱-薁(azulene,1)和环[3,3,3]吖嗪(cycl[3,3,3]azine,2)的电子光谱和光物理性质

图 4.22 和图 4.23 分别列出了薁(**1**)和环[3,3,3]吖嗪(**2**)的吸收和荧光光谱,这些化合物的第一激发单重态 S_1 和第二激发单重态 S_2 能隙很大,它们的荧光发射来自违反 Kasha 规则(2.1.8 节)的第二激发单重态 S_2。

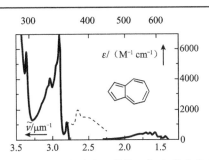

图 4.22 薁(**1**)的吸收(改编自文献[280])和荧光发射(---)光谱

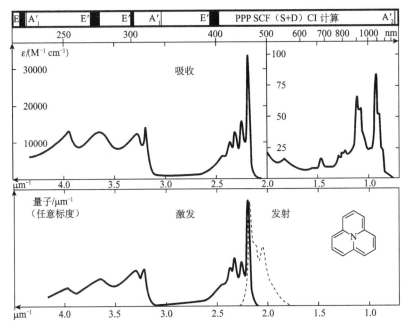

图 4.23 环[3,3,3]吖嗪(**2**)的吸收和荧光光谱(---)及激发光谱。经允许复制自文献[36]

化合物(**1**)和(**2**)的第一吸收带偏离了类苯碳氢化合物 p 带与相应 HMO 能隙 $\Delta\varepsilon$ 关系的回归线(图 4.17):蒽是无色的($\tilde{\nu}_{0\text{-}0}=1.9\ \mu m^{-1}$),但化合物(**1**)是蓝色的($\tilde{\nu}_{0\text{-}0}=1.0\ \mu m^{-1}$)[292],尽管它们的 HOMO-LUMO 能隙几乎相等($\Delta\varepsilon$ 分别为 0.828β 和 0.877β)。并四苯是黄色的,$\Delta\varepsilon=0.59\beta$,$\tilde{\nu}_{0\text{-}0}=2.1\ \mu m^{-1}$,而 $\Delta\varepsilon=0.63\beta$ 的化合物(**2**)的第一吸收带处于近红外区域,$\tilde{\nu}_{0\text{-}0}=0.7\ \mu m^{-1}$。为什么 Hückel 理论无法重现最低激发单重态能量两倍(**1**)和三倍(**2**)的变化呢?

薁(**1**)和环[3,3,3]吖嗪(**2**)的 HMO 前线轨道如图 4.24 所示,对于化合物 **2**(底部图),可考虑其中心氮原子的孤对电子与[12]轮烯([12]annulene)对称性匹配(4.4 节)的 NBMO 相互作用而简单地构建,中心氮原子参数为 $\delta\alpha_N=1.5\beta$

(表 8.5，由于化合物 **1** 为平面结构，假设 $\delta\beta_{C-N}=0$)。

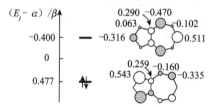

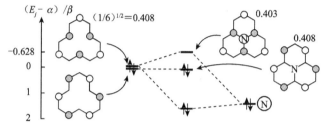

图 4.24 化合物 **1**（顶部）和化合物 **2**（底部）的 HMO 前线轨道

通过对化合物 **2** 完整的 HMO 计算，得到 HOMO-LUMO 能隙为 0.63β（仅用前线轨道的一级微扰结果为 0.69β）。对图 4.24 的分析表明，这些分子 HOMO 与 LUMO 轨道间的区域重叠很小，亦即分子轨道系数是大部分（**1**）或完全（**2**）分配到不同原子组，因此，它们的交换积分 $K_{HOMO,LUMO}$ 很小，在（**1**）情况下为 0.25 eV[292]，而在（**2**）情况下基本为零。在交替碳氢化合物蒽和并四苯中，相同原子的 HOMO 和 LUMO 系数很大，同时交换积分 $K_{HOMO,LUMO}$ 也很大（~ 0.7 eV），于是化合物 **1** 和化合物 **2** 的"反常"（图 4.17）可追溯到 HMO 中完全忽略了电子相互作用；从公式 4.33 可以预测它们的最低激发单重态的能量比 HMO 理论预测的结果将分别低 0.9 eV 和 1.4 eV 或 0.7 μm^{-1} 和 1.1 μm^{-1}；从公式 4.34 我们可以预期这些化合物与交替碳氢化合物蒽和并四苯相反，它们的单重态-三重态能隙很小，事实上确实如此，$\Delta E_{ST}(\mathbf{1})=5.4$ kJ mol^{-1}[293]，$\Delta E_{ST}(\mathbf{2})\leqslant 2$ kJ mol^{-1}[34]。

环吖嗪和菲基阴离子 $\mathbf{4}^{-}$ 是等共轭对（图 4.25）。菲基自由基 $\mathbf{4}^{\bullet}$ 是交替碳氢化合物，其所有碳原子上电荷密度均为 1，$\mathbf{4}^{-}$ 中过量的电荷通过其 NBMO 的平方给出，在原子 $\mu=1,3$ 上，$q_{\mu}=1/6=0.167$，等等。由于 HOMO-LUMO 激发伴随着实质性电荷重组，可以预期取代会引起吸收带大的位移。例如，已知有许多氮原子在 1、3 位取代的氮杂环吖嗪，利用一级微扰理论（公式 4.13），可以预期每个氮原子稳定 HOMO 的大小为 $0.408^{2}\delta\alpha_{N}=0.25\beta$，LUMO 将不受影响，因为 $c_{1,LUMO}=c_{3,LUMO}=0$。事实上，氮杂环吖嗪的第一吸收带位置的确与 N 原子数很好地关联，它从母体化合物 **2** 的近红外区域（$\tilde{\nu}_{0-0}=0.7$ μm^{-1}）一直位移至 1,3,5,7,9,11-六氮杂环吖嗪[34]的可见区域（$\tilde{\nu}_{0-0}=2.4$ μm^{-1}）。

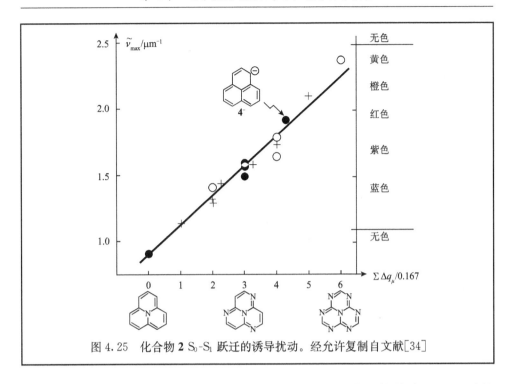

图 4.25 化合物 2 S_0-S_1 跃迁的诱导扰动。经允许复制自文献[34]

由于平均电子排斥被最小化，SCF 计算提供改进的分子轨道，但电子运动的相关性仍被忽略了，利用 HF 步骤的 SCF 从头算算法并没有使用前面提到的 ZDO 和冻结核近似，但即使用简称为 **Hartree-Fock 极限（Hartree-Fock limit）**的"无穷大"原子轨道基础组来优化分子轨道，利用从头算方法对单行列式波函数计算得到的能量仍然太高。相对于真实能量的多余量被称为**相关误差（correlation error）**，其大小约为每电子对 1 eV。虽然我们已通过计算单个电子在所有其他电子和核的平均场内的最佳轨道来解释电子排斥，但我们并未明确考虑它们的运动，只是保留了描述单个电子运动分子轨道的概念。SCF 波函数在本质上仍然是单个电子的波函数，它描述单个电子在分子内静止核场和其他电子的时间平均场中的运动。为了与电子运动相关，我们必须赋予波函数更多的灵活性，这可以通过设置电子态 J 的波函数为构型的线性组合来实现（公式 4.35）。

$$\Psi_J = \sum_K C_{JK}\chi_K$$

公式 4.35 CI 波函数

再次，波函数 Ψ_j 可通过求解久期方程优化，即设置久期行列式为零 $\|H_{JK} - \delta_{JK}E\| = 0$（公式 1.16，1.4 节），用包含有电子相互作用项 $1/r_{ij}$ 的哈密顿算符计算矩阵元 H_{JK}，标记 J 用于标识与每个本征值 E_j 相关的波函数，称为状态波函数，以大写符号 Ψ_j 表示。χ_K 中的标记 K 为构型标记，等同于之前用符号 $i \to j$，表明

单激发构型所涉及的轨道。这一方法称为**构型相互作用**（configuration interaction，CI 或 SCI，如果仅单激发构型被包括在优化中）。当然，多重激发构型也可包括在设置的尝试波函数中（双重激发构型为 DCI 等）。CI 波函数的缺点是它不能以透明的方式进行解释，除非每一个态和跃迁均可以用在 CI 波函数中有很大系数 C_{JK} 的"主导"构型很好地描述。

给 CI 波函数的附加自由度是允许相关的，"原则上"（即在从头算的计算中采用无穷大原子轨道基础组和无穷大激发构型组），这一方法可为薛定谔方程 1.5 提供精确解。上面提到的那些近似就是包括在 Pariser、Parr 和 Pople 发展的方法（PPP SCF CI 方法）[294-296] 中的内容。对于大的有机分子，这种计算在台式计算机上几秒钟就能完成，可用于预测和解释平面芳香分子、自由基和离子自由基的吸收光谱。

我们已经能够在不考虑电子相关甚至完全不考虑电子排斥作用的情况下推导出一系列有用的结果。实际上，单行列式的 SCF 波函数通常类似于由简单 HMO 建立的构型，HMO 程序也有一些严重的缺陷，例如有着相同占据数的单重态与三重态构型的简并，可以通过 HMO（公式 4.34）确定的相应 K 积分的定性分析消除。但是事实证明，通过 HMO 或 PPP SCF 方法计算得到的激发态构型常常存在简并对，不仅是由于分子的对称性，而且常常是 **Coulson-Rushbrooke 成对定理** (Coulson-Rushbrooke pairing theorem) 的意外结果。为了得到这种激发态的充分表达，必须考虑简并构型间一级构型相互作用。

以萘的吸收光谱（图 4.26）为例，为预测其近紫外吸收带，我们仅需考虑四个列于图 4.26 左侧的内层 HMO，Ψ_2 到 Ψ_{-2}。(b)列出了四个最低单激发构型以及它们相对基态 $^1\chi_0$ 的能量，$E(^1\chi_{i\rightarrow j}) - E(^1\chi_0) = \varepsilon_j - \varepsilon_i$，其以 β 为单位，其为负值。由于轨道能量的成对性，$E(^1\chi_{1\rightarrow -2}) = E(^1\chi_{-1\rightarrow 2})$（公式 4.23）。如果我们利用 SCF 方法计算激发构型的能量（公式 4.33），它们将发生变化，但其定性图像保持不变，特别是简并的 $E(^1\chi_{1\rightarrow -2}) = E(^1\chi_{-1\rightarrow 2})$ 将不会移动，说明在 PPP SCF 的计算中成对定理仍保持有效。

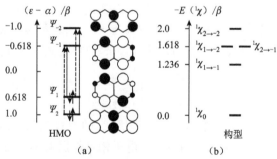

图 4.26 萘的内层 HMO(a)和最低构型能量(b)。在 Ψ_2 和 Ψ_{-2} 中系数大小为 $|c_{j\mu}| = 0.408$，在 Ψ_1 和 Ψ_{-1} 中分别为 0.425 和 0.263

由于 SCF 计算不允许相互关联，构型波函数不是哈密顿算符 $\hat{H}$ 的本征函数。我们设置一个 CI 波函数（公式 4.35），只考虑两个简并波函数，$\Psi_\pm = C_1 \chi_{1\to-2} + C_2 \chi_{2\to-1}$，而且我们必须求解 2×2 久期行列式（公式 4.36）。

$$\left\| \begin{matrix} E(\chi_{1\to-2})-E & H_{12} \\ H_{21} & E(\chi_{2\to-1})-E \end{matrix} \right\| = 0$$

公式 4.36　一级 CI 计算

通过 PPP SCF 方法计算得到的非对角元素 $H_{12}=H_{21}$ 很重要，$H_{12}=0.8$ eV。前两个简并构型产生的裂分足以使较低的 CI 态低于构型 $\chi_{1\to-1}$ 的能量，完整 PPP SCF SCI 计算得到的结果基本相同（图 4.27）。

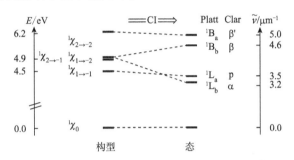

图 4.27　PPP SCF SCT 计算得到的萘的态图

图 4.27 中所示态的符号 ^1L_b、^1L_a、^1B_b 和 ^1B_a 是 1949 年由 Platt 引入的[297,298]，他假设了一个自由电子模型，类似于电子在一个盒子中，其中环状体系中的 π 电子是被限制在恒电位的一维环线中（圆形线圈）。在周长为 l 的环线中单个电子的本征值可由公式 4.37 给出：

$$\varepsilon_q = q^2 h^2 / (2m_e l^2), \quad q = 0, \pm 1, \pm 2, \cdots$$

公式 4.37　Platt 环电位中单个电子的本征值

由于模型中不包含吸引电位，因此所有轨道能量 ε_q 均为正值。除了最低一个 $q=0$ 外，其他的都是双重简并的。在周边有 $(4N+2)$ 个电子的闭壳构型 χ_0 中，直至 ε_N 和 ε_{-N} 的所有轨道都是双重占据的（图 4.28）。量子数 q 表示电子在轨道 ε_q 中的轨道角动量，具有 $|q|>0$ 的能级容纳电子绕环线顺时针或逆时针方向运动。Platt 的初始模型已根据 LCAO MO CI 理论重建，经完善和扩展以覆盖广泛的电子光谱数据[15,299]。Platt 符号①仍在使用，即使其初始模型现在只具有历史意义。

我们再回到图 4.27，单激发构型跃迁矩很容易利用公式 4.20 和图 4.26 给出

---

① 激发到构型 $^1\chi_N^{N+1}$ 和 $^1\chi_{-N}^{N-1}$ 的轨道角动量变化为 $\Delta q=1$（允许），跃迁到 $^1\chi_{-N}^{N+1}$ 和 $^1\chi_N^{N-1}$ 的轨道角动量变化为 $\Delta q=2N+1$（禁阻）；由两个组成的态标记为 B（从 $\Delta q=0$ 的 A 开始），后两个标记为 L。以 a 和 b 标记吸收带的极化。对含有垂直于分子平面对称面的分子，下标 a 表示从基态指向 1 或 2 个周边原子的跃迁，而下标 b 表示仅穿过化学键，而不指向周边原子的跃迁（参见图 4.26）。

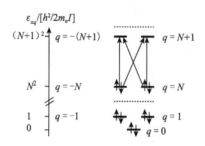

图 4.28 周边有 $4N$ 个电子的闭壳基态构型

的 HMO 系数计算,所有四种跃迁都是允许的和面内极化的(x 长轴,y 为短轴),$M_{el,y}(\chi_{1\to-1})=82e$ pm, $M_{el,x}(\chi_{2\to-1})=M_{el,x}(\chi_{1\to-2})=153e$ pm,以及 $M_{el,y}(\chi_{2\to-2})=70e$ pm。构型 $\chi_{2\to-1}$ 和 $\chi_{1\to-2}$ 的一级混合产生两个态 $\Psi_{\pm}=2^{-1/2}(\chi_{2\to-1}\pm\chi_{1\to-2})$,两个构型的跃迁矩在低能态抵消,在高能态加和。利用公式 2.19 和图 4.27 中所示计算得到的与实验结果接近的跃迁能,我们可预测下列四种跃迁的振子强度:$f(^1L_b)=0$, $f(^1L_a)=0.25$, $f(^1B_b)=1.3$, $f(^1B_a)=0.17$。

萘第一跃迁的能量、极化以及强度预测结果与实验结果非常吻合[299]。由于跃迁矩的抵消,^1L_b 的吸收很弱,$\varepsilon \approx 10^2$ $M^{-1}cm^{-1}$。虽然激发态属于 D_{2h} 点群的不可约表示 B_{3u}(4.4 节),^1L_b 跃迁应与 ^1B_b 带一样也是 x 极化,^1L_b 跃迁的振动带实际上是混合极化,与振动强度从较高激发态借用有关。作为成对定理的结果,这些经常出现在交替碳氢化合物中的带被称为**宇称禁阻(parity forbidden)**。

宇称禁阻跃迁的强度对取代引起的母体化合物的轻微扰动十分敏感。如果我们通过一级微扰理论(4.4 节,公式 4.13)计算诱导扰动对跃迁 $\chi_{2\to-1}$ 或 $\chi_{1\to-2}$ 的影响,它们将向相反方向变化,因为所涉及的轨道并不成对,即使两种构型 $\chi_{2\to-1}$ 和 $\chi_{1\to-2}$ 在能量上微小的不平衡都会破坏 ^1L_b 跃迁中两个振子强度的完整抵消,从而导致强度增大。例如,喹啉的跃迁能与萘的类似,但如所预期,其 ^1L_b 带强度的增大超过一个数量级。在交替碳氢化合物中,包括混合的 ^1L_b 和 ^1B_b 态在内的所有态全部原子上的电荷密度均为 1,因此能量变化不大。在 $\chi_{2\to-1}$ 和 $\chi_{1\to-2}$ 构型中,当它们通过构型相互作用以 1:1 混合时,不均匀但相反的电荷分布会抵消。通常情况下,**交替碳氢化合物的 π,π^* 跃迁能量对诱导扰动不太敏感**。

具有 $(4N+2)\pi$ 电子($N=1,2,\cdots$)的轮烯化合物是 Platt 周边模型的母体代表,$[n]$ 轮烯$[n=4N+2, N=1,2,3$ 和 $4]$ 的吸收光谱如图 4.29 所示。

含有 $(4N+2)\pi$ 电子轮烯的四个最低单激发构型在 HMO 和 Platt 自由电子模型(图 4.28)中是简并的,HMO 的激发能①可从公式 4.8 给出,$\varepsilon_{LUMO}-\varepsilon_{HOMO}=$

---

① HOMO 和 LUMO 的标记 j 和 i 分别为 n 和 $n+1$,利用三角方程 $\cos\alpha-\cos\beta=-2\sin\gamma\sin\delta$,其中 $\gamma=(\alpha+\beta)/2$ 和 $\delta=(\alpha-\beta)/2$。

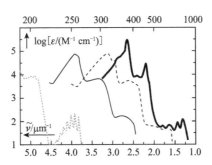

图 4.29 [n]轮烯的吸收光谱:苯=[6]轮烯[280](······),1,6-methano[10]轮烯[300](—),[14]轮烯[301](- - -),[18]轮烯[302](━)

$-4\beta\sin(\pi/n)$。PPP SCF CI 计算将它们分为三个态,分别归属于 D_{nh} 点群的不可约表示 $B_{2u}(^1L_b)$、$B_{2u}(^1L_b)$ 和 $E_{1u}(^1B_{a,b})$,但三个带的位置仍与 $\sin(\pi/n)$ 线性相关[302]。从基态(A_g)跃迁到前两个态是对称禁阻的,进一步到达 ^1L_b 态的跃迁为宇称禁阻,而到达简并 $^1B_{a,b}$ 态的最高能量跃迁是允许的。轮烯系列中的最小成员苯只能观察到出现在深紫外区域的到 $^1B_{a,b}$ 态的跃迁。

最近,($4N+2$)碳环化合物(C_{10}、C_{14}、C_{18} 和 C_{22})的电子光谱被报道[303,304],其中 C_{14} 的光谱形状不同于较大的碳环,如 C_{18} 和 C_{22},说明存在某种结构扭曲(如键长交替)。富勒烯(C_{60})的最低单重态位于 1.57 μm^{-1}(639 nm),其在整个可见和紫外区域呈现多个跃迁,借助计算和对称性参数,这些跃迁均得到了归属[305,306]。

联苯和三去氢[12]轮烯(trisdehydrol[12]annulene)是 $4n$ 元环共轭碳氢化合物的代表,它们的吸收光谱形状完全不同于类苯芳香化合物,HOMO 和 LUMO 源于理想周边的两个非键分子轨道,最低激发单重态和三重态均可通过构型 $\chi_{HO\rightarrow LU}$ 来加以描述。在 D_{2h} 对称或更高对称性的分子中,跃迁是对称禁阻的。非辐射衰减通常主导其光物理性质,因此其荧光和系间窜越量子产率很低[307]。Platt 周边模型的 LCAO 方案现已扩展用来处理[n]轮烯的衍生物 $4N$ π 电子共轭体系[308,309]。

阴离子自由基和阳离子自由基丰富的吸收光谱扩展到可见光区,甚至经常扩展到近红外区域。交替碳氢化合物的阴离子自由基和阳离子自由基的光谱通常十分类似,几乎重合,这是成对定理(4.6节)的另一显著成果。例如,在描述萘的 HMO 图中(图 4.26),分别加上或除去一个电子,在阴离子和阳离子中画箭头指向其最低能量激发构型,可以十分清楚地看到,阳离子的每一个跃迁均在阴离子中存在一个等能的跃迁。例如,阳离子的 $E(\chi_{2\rightarrow 1})$ 等于阴离子中的 $E(\chi_{-1\rightarrow -2})$ 等,因此,阳离子和阳离子的构型图是相同的。对于构型相互作用计算的非对角元素也是如此,因此用 PPP SCF CI 计算来预测交替碳氢化合物阴离子的吸收光谱与相应阳离子的结果相同。已有大量离子自由基光谱[310]。

许多线性多烯呈现反常的荧光行为,表现在从吸收光谱计算得到的荧光速率常数(公式 2.11)远小于通过荧光寿命和量子产率测量得到的结果(公式 3.33)。1972 年 Hudson 和 Kohler 报道了全反式 1,8-二苯基-1,3,5,7-辛四烯低温下高分辨吸收光谱和发射光谱,证明最低激发单重态 S_1 不能通过 MO 理论预测的在 410 nm 观察到的强允许 π,π^* 跃迁($f\approx1.5$)实现[311],相反,可以在溶液光谱中稍长波长处检测到隐藏在 π,π^* 吸收尾部很弱的具有精细结构的吸收($f \approx 0.06$)。

寻找"禁阻"态始于实验测得荧光速率常数 $k_f=\Phi_f/\tau_f$ 比用 Stricker-Berg 关系(公式 2.11)计算结果小几个数量级的发现,这种"禁阻"态对应长寿命荧光发射的 S_1 态,基于包含双激发构型的 PPP SCF CI 计算被快速确认。该态的主要构型为 $^1\chi_{HO,HO\to LU,LU}$,通过从 HOMO 到 LUMO 的**双重(two fold)** π,π^* 激发形成的构型。作为仅有的双重占有轨道构型,它属于相同全对称不可约表示基态,^1A_g,因此到达 S_1 态的跃迁矩为零。

按照简单的 HMO 理论,$E(\chi_{HO,HO\to LU,LU})=2E(\chi_{HO\to LU})=2(\varepsilon_{LU}-\varepsilon_{HO})$,如何能使一个双激发构型 $\chi_{HO,HO\to LU,LU}$ 在能量上比单激发构型 $\chi_{HO\to LU}$ 低呢? 当电子推斥力被包括在哈密顿算符中:$E(\chi_{HO,HO\to LU,LU})-2E(\chi_{HO\to LU})=2K_{HO,LU}$,双激发构型可通过交换相互作用稳定化。在交替碳氢化合物中交换积分 $K_{HO,LU}$ 大,而在共轭多烯中能隙 $\varepsilon_{LU}-\varepsilon_{HO}$ 小,因此,PPP SCF CI 计算将线性多烯的双激发态置于单激发态稍低一点处[312]。激发态 ^1A_g 在烯烃光化学中起重要作用,它通过双键扭曲的结构弛豫被进一步稳定化,降低了能隙 $\varepsilon_{LU}-\varepsilon_{HO}$(5.5 节)。

全反式构型线性多烯第一允许 π,π^* 跃迁的跃迁矩是最大的,正如 HMO 理论所预测:在跃迁密度中的局域电荷与几何形状无关,但在全反式异构体中跃迁偶极最大。中心双键异构化为 Z 构型通常会伴随在短波长处出现新的 π,π^* 吸收带,即所谓的**顺式(cis-)峰**,这一现象已经在很多线性共轭体系中观察到,包括β-胡萝卜素、新番茄红素(neolycopene)[313]、α-胡萝卜素[314]以及 1,6-二苯基-1,3,5-己三烯[315],利用包含有简并 $\chi_{2\to-1}$ 与 $\chi_{1\to-2}$ 构型的一级构型相互作用的 HMO 模型(参看萘的情况,图 4.27)可以很容易理解顺式峰的出现。在两种异构体中,较低能态通过构型相互作用混合是禁阻的,但与中心双键正交的较高能态具有中等跃迁矩,例如,己三烯的 3-Z 异构体,但全反式异构体中跃迁矩为零。

做个小结,如果需要,可以利用电子排斥(公式 4.33)和电子运动相关(对简并激发构型作一级构型相互作用计算,公式 4.36)的定性考虑升级 HMO 模型,这能够正确地捕捉共轭分子中电子跃迁的本质。很明显,现代更复杂的量子化学计算已给出更可靠的定量预测,但 HMO 模型仍保留有它的价值,作为一种语言将黑箱计算的输出转换为明白易懂的形式,它提供了全面分析、分类以及归纳和推断的方法。当然,HMO 和 PPP SCF CI 两种方法对非平面分子的几何优化均不适宜。

最后,我们提一下完全不同的量子化学方法,即所谓的**密度泛函理论**(density functional theory,DFT)。这一方法设计用来直接确定电子密度,而不是电子波函数本身,电子密度的知识也足以推断任何感兴趣的可观测量。精确的DFT是一种**从头算**方法,尽管大多数情况下以泛函的形式引入经验参数,例如,B3LYP和M06[316],DFT方法已广受欢迎,因为其以最低的计算成本达到了所需的精度水平。激发态能量和跃迁矩可利用含时密度泛函理论(TDDFT)方法得到,它用来确定基态频率依赖极化率的极点。对于处理激发态的计算量子化学的先进方法,如CASPT2[19],以及有关它们优势和局限性的讨论,读者可参阅专业书籍[14,137]。

4.8 自旋-轨道耦合

推荐阅读综述[318-320]。

系间窜越(intersystem crossing,ISC)速率常数可用Fermi黄金规则计算(公式2.21,2.1.5节)。在耦合项 $V_{if}=\langle \Psi_i | \hat{h}_{magn} | \Psi_f \rangle$ 中,Ψ_i 为起始态波函数,例如,单重态 S_1,Ψ_f 为终态波函数,这里即为发生ISC后到达的三重态;$\hat{h}_{magn}$ 为考虑磁相互作用的微扰算符。自旋-轨道耦合(SOC)通常被认为是引起ISC的主要相互作用,除非自由基中心在空间上很好地分离如同在扩展的局域双自由基(5.4.4节)和自由基对中。在这些体系中,电子和核自旋间的磁相互作用[**超精细耦合**(hyperfine coupling)]变得十分重要。SOC是El Sayed规则的基础(2.1.6节和图4.30),它表明涉及轨道类型变化($n,\pi^* \leftrightarrow \pi,\pi^*$)的ISC过程通常比不涉及轨道变化的要快得多。这里给出的仅为SOC的简要和定性的描述,SOC的定量计算可用几种量子化学程序包来进行,实例将在5.4.1节~5.4.4节中讨论。

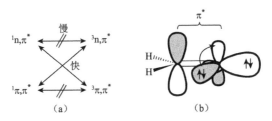

图4.30 (a)ISC的El Sayed规则;(b)甲醛的 n,π^* 跃迁

SOC算符 $\hat{h}_{SO}$ 是单电子项和双电子项的总和,我们只考虑更基础的单电子项,它表示电子自旋磁偶极矩与电子自身轨道运动(1.4节)所引起的磁偶极矩间的相互作用。双电子部分的近似通过对单个原子引入**有效**SOC常数ζ实现,它用来对双电子部分的影响进行校正。原子的SOC常数约随原子序数Z的四次方而增大,因此,对一个占据LCAO-MO的未成对电子,对SOC提供主要贡献的是来自于处在重原子核上并具有大的角不对称性的(p,但不是s)原子轨道。质子的原子

序等于1,邻近电子主要在 s 轨道上逗留,因此 H 原子的贡献很小。重原子存在下 ISC 速率加快称为**重原子效应(heavy-atom effect)**,重原子可以存在于分子本身,也可以存在于周围介质中,如四溴化碳或氙基质。逆向重原子效应很罕见,但也有报道[321]。双占据轨道上电子的贡献可以忽略不计,因为两个相反电子磁矩的贡献被抵消了,例如,在内壳轨道上的电子。在有着两个单占分子轨道的双自由基中,SOC 来自占据这两个轨道的电子。

SOC 矩阵元$\langle S_1|\hat{h}_{SO}|T_1\rangle$表示由$\langle S_1|\hat{h}_{SO}|T_{1x}\rangle$、$\langle S_1|\hat{h}_{SO}|T_{1y}\rangle$和$\langle S_1|\hat{h}_{SO}|T_{1z}\rangle$三项组成的矢量,因为 T_1 由能量十分接近的三个态构成,反应分子可以在其中任何一个态。通常情况下,ISC 到达特定三重态亚能级的各项彼此不同,因此从 S_1 经 ISC 形成的三重态亚能级从开始就存在不平均布居,从 T_1 不同亚能级到达基态 S_0 的 ISC 速率也不同。但是,室温下 T_1 三个亚能级间在纳秒时间尺度建立平衡,并且长寿命三重态衰减遵循单指数速率方程。对于平衡亚能级,其S_0-T 自旋-轨道耦合矢量的长度$[\langle S_0|\hat{h}_{SO}|T_{1x}\rangle^2+\langle S_0|\hat{h}_{SO}|T_{1y}\rangle^2+\langle S_0|\hat{h}_{SO}|T_{1z}\rangle^2]^{1/2}$决定了 ISC 的总速率。

在 SOC 算符中包含两个项的乘积,一项作用在波函数自旋部分,将三重态转换为单重态;另一项作用在波函数空间部分,将一种电子构型转换为另一种。SOC 矢量的每一组分($\langle S_0|\hat{h}_{SO}|T_{1u}\rangle$,$u=x,y$ 或 z)均为所有原子的总和以及每个原子对分子所有轨道基础组对总和的贡献。总和中的项乘以通过构型相互作用展开得到的数值系数以及从 T_1 的两个单占分子轨道的价态(主要为 p-)轨道系数,总和中的主要贡献来自那些两个轨道基础组处于同一原子上("单中心项")的部分。每一项反映了围绕其 u 轴旋转 90°原子将轨道对中的一个转换为另一个的程度。如果波函数空间部分仅仅是两个分子轨道 Ψ_i 和 Ψ_j 的占据数不同,那么我们只需要考虑三个矩阵元$\langle \Psi_i|\hat{h}_{SO}|\Psi_j\rangle$(图 4.30)。

4.9 光反应活性的理论模型、相关图

当尝试对光反应结果进行预测时,一定不能受基态反应活性规则的影响;相反,期望相反的结果! 这种笼统的说法可以用 Dewar 的 PMO 理论(4.6 节)证明,Dewar 的 PMO 理论推测:激发态 π 电子能量与基态电子能量间存在近似的镜像关系。例如,"芳香性"特征,被作为稳定基态的特征指标,在激发态则往往是不稳定因素,反之亦然。可以提供的例子有:通过 9-羟基芴异裂反应形成反芳香芴基阳离子(5.4.5 节,图示 5.19)和芳基乙酸 **5** 和 **6**(图示 4.2)[322,323]的光脱羧反应,光脱羧反应的量子产率和反应速率分别为:$\Phi(\mathbf{5})=0.042, k(\mathbf{5},S_1)=9\times 10^6 \text{ s}^{-1}$,以及 $\Phi(\mathbf{6})=0.60, k(\mathbf{6},S_1)=6\times 10^9 \text{ s}^{-1}$。相反的情况曾被期望于化合物 **5** 和 **6** 的热脱羧反应,分别形成"芳香"和"反芳香"的阴离子。

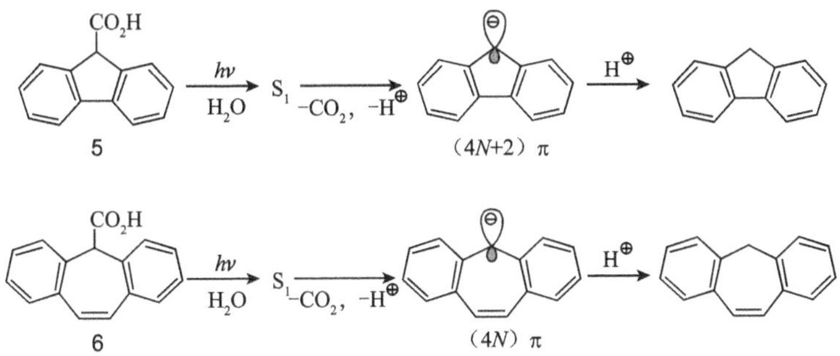

图示 4.2 光脱羧反应[322,323]

在 2.1 节,我们曾发展了拇指规则来预测给定分子的光物理过程速率常数(表 2.1)。不可避免的能量浪费过程将单重态寿命限制在纳秒量级或更小,而三重态寿命可达毫秒量级或在未除空气溶液中的 200 ns。对于可有效竞争的光反应,Arrhenius 公式表明,激发态势能面(PES)的势垒超过 $E_a = 30$ kJ mol^{-1}(S_1 态)和 $E_a = 60$ kJ mol^{-1}(T_1 态)时反应将被禁阻。

当通过垂直激发(Franck-Condon 原理)形成激发单重态后,分子很可能沿最陡的下滑路径到达局域极小,并通过内转换快速弛豫到最低单重态;通过系间窜越到达三重态也是一种选择,特别对那些具有低能 n,π* 态或含有重原子的分子。现在我们要寻找指导原则来预测哪种反应途径可与最终回到起始材料的光物理过程竞争。

激发态和基态势能面的锥形交叉和回避交叉对应于单重激发态势能面的最小,在该区域经内转换回到基态特别快,在分子几何空间的这些位置表示可将分子虹吸到基态的漏斗,基态势能面的形状将掌控后续的反应,有可能生成一个新结构的分子,即光产物。由于激发态势能面的漏斗被定义在基态势能面能量最大处,光产物通常比起始原料具有更大的生成热。我们接下来的任务是预测这些漏斗在哪种几何构型以及它们是否可以从吸收一个光子后的初始分子结构获得。预计没有漏斗处于最低三重态势能面上,因为没有更低能的三重态,而且在交叉点与较低能单重态发生非绝热 ISC 过程的可能性很小(公式 2.53)。因此,从三重态势能面上的局域极小通过 ISC 发生的三重态衰减很可能更慢。

现代量子力学可以提供准确的激发态的势能面[14,16,17],为了得到有用的答案,这类计算要求必须正确地提出问题。化学家来自相关反应的直觉和知识对建议起始反应物可能的光产物很有帮助。预测激发势能面上沿特定反应坐标的起始斜率的定性原则可以利用异裂反应的激发态电荷密度、均裂反应的键序和围绕正常双键的旋转,通过一级微扰理论获得。因此,激发导致的电荷密度和键序的**变化**是最重要的因素[324]。

早期利用激发态电荷分布预测立体选择性的例子有硝基甲氧基苯的芳香族

亲核取代反应(案例研究 6.15)[325,326]和给体取代苄基衍生物的光溶剂解反应(图示 6.147)[327]。基态时,给体取代的苯衍生物电荷分布对应于等电子的苄基阴离子,它可以通过非键分子轨道的平方得到[邻位和对位活化,图 4.31;图中没有给出连接在邻位、间位或对位的带有离去基团(如—CH_2OAc)的饱和侧链],HOMO-LUMO 激发积累的过剩电荷主要积累在间位,在邻位上较少,将有利于离去基团的异裂反应。

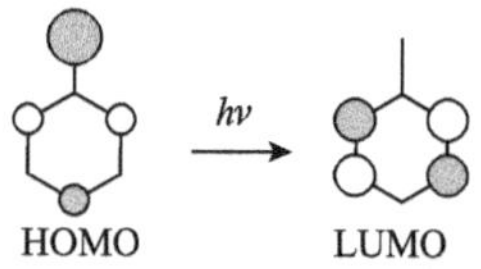

图 4.31 苄基阴离子在 HOMO-LUMO 激发下的电荷分布重组。基态电荷分布通过 HOMO 的平方给出,激发态通过 LUMO 平方给出

在三氟甲基萘酚的光水解反应中,计算得到的激发单重态电荷分布与它的八个同分异构体激发态异裂速率常数相关很好[328,329]。这些化合物中反应活性最高的是以 1,8-、1,5-和 2,3-取代衍生物,利用闪光光解观察到了 3-三氟甲基-2-萘酚(**7**,图示 4.3)的原初光产物,萘醌甲烯(methide)。根据溶剂极性和离去基团的不同,均裂反应也可以与异裂竞争,但通过三重态途径进行的竞争和均裂反应并不需要按照相同反应模式进行[330]。

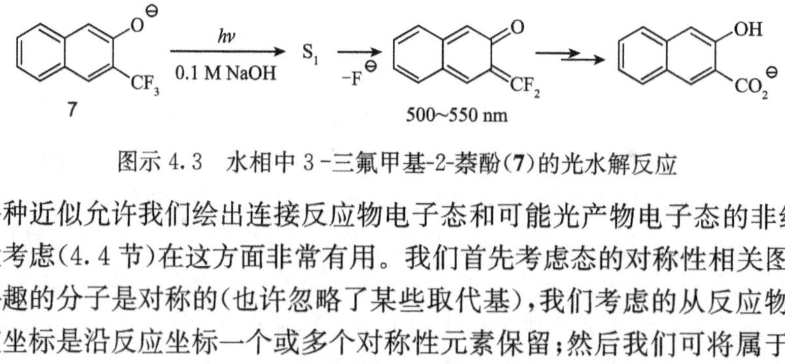

图示 4.3 水相中 3-三氟甲基-2-萘酚(**7**)的光水解反应

各种近似允许我们绘出连接反应物电子态和可能光产物电子态的非绝热面,对称性考虑(4.4 节)在这方面非常有用。我们首先考虑态的对称性相关图[331],如果感兴趣的分子是对称的(也许忽略了某些取代基),我们考虑的从反应物到产物的反应坐标是沿反应坐标一个或多个对称性元素保留;然后我们可将属于相同不可约表示的反应物与产物的态连起来。从对反应物和可能产物的最低电子态能量估算开始,这些信息可以从电子光谱、计算或有根据的猜测中得到;可以肯定,首选反应路径可能不保留任何对称性,而我们选择对称反应路径仅仅是因为它允许我们构筑相关图。因为势能面是连续的,该路径将给出一些势能面附近形状的特征。来看发生在最低 n,π* 激发三重态的酮质子化反应(图 4.32),羰基是平面的,我们假设质子是在对称平面上进攻羰基氧的。

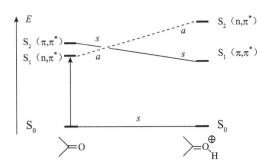

图 4.32 酮的 n,π* 激发三重态质子化反应的态对称图

氧原子的质子化可使酮的 n,π* 态强烈去稳定化,因此,它将比共轭羧酸的 π,π* 态有更高的能量。我们现在可以通过简单计算未成对电子将反应物和产物的两种最低激发单重态进行分类,闭壳基态和 π,π* 激发态的波函数是对称(s)的,因为它们在反对称(a)的 π 和 π* 轨道上含有偶数个电子(回想 4.4 节,$a \otimes a = s$),n, π^* 态波函数相对于对称平面来说则是反对称的(a),因为它们具有单占据 π* 轨道和对称的 n 轨道,$a \otimes s = a$。将具有相同对称性的态关联,我们可以看到,只要对称平面保持,n,π* 激发态酮的质子化反应是一个态对称性禁阻的反应。

二苯酮在基态时是很弱的碱,其质子化需要很强的酸,其共轭酸酸性为 $pK_a(S_0) = -4.7$,相比其激发三重态的酸性($pK_a(S_1) = -0.4$)减小 4 个数量级(参见案例研究 5.1),但三重态二苯酮的质子化要比通常的氧质子化反应($k_{H^+} = 3.8 \times 10^8 \text{ M}^{-1} \text{ s}^{-1}$)慢得多,而且它是芳香核快速水合反应($k_0 = 1.5 \times 10^9 \text{ s}^{-1}$)之前的决速步(图示 4.4)[332]。水合中间体经 ISC 重新生成二苯酮,是造成酸水溶液中发生的芳香酮质子化猝灭并降低常规反应量子效率的原因,但它也为取代芳基酮在酸水溶液中新的光化学反应打开了路径[333-335](参见图示 6.239)。苯基氮烯的面内质子化反应也是态对称性禁阻的(见 5.4.2 节)。

图示 4.4 二苯酮在酸水溶液中的光水合反应

Norrish II 型反应态对称图(6.3.4 节)表明,只有从 n,π* 单重态和三重态分别生成共价双自由基(5.4.4 节)$^1D_{\sigma,\pi}$ 和 $^3D_{\sigma,\pi}$ 的反应是允许的,从 π,π* 态发生反应是禁阻的(图 4.33)[331]。

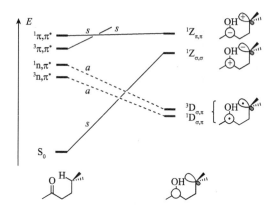

图 4.33 分子内抽氢反应态对称性图解。对称标记相对碳链的平面

由 Woodward 和 Hoffman[336] 提出的用于电环反应、σ 键迁移反应(6.1.2 节)以及环加成反应的**轨道相关图(orbital correlation diagram)**已广为人知,其构建细节在这里不再赘述,这里只以两个乙烯分子 $[2_s+2_s]$ 环加成反应生成环丁烯作为例子予以说明(图 4.34 所示)。

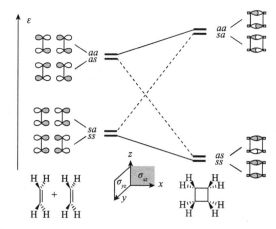

图 4.34 对[2+2]环加成的 Woodward-Hoffmann 分子轨道相关图解。标记 s(对称)和 a(反对称)依次参考对称面 σ_{xz} 和 σ_{yz}

从分子轨道相关图沿对称性保持反应坐标预测势能面的形状,我们必须构建电子构型的相关图(图 4.35)。

可以看到两个烯烃分子的基态构型与环丁烷的双激发构型相关,因为在烯烃(对称,sa)成键 π 轨道反对称结合的电子对被提升到环丁烷中具有相同对称性的反键 σ* 轨道。从对称性 aa 的单激发构型$\chi_{sa \to as}$出发,终止于相同对称性 aa(虚线

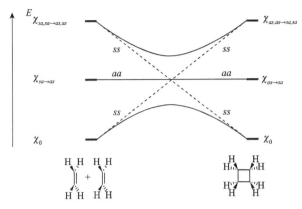

图 4.35 [2+2]环加成反应最低构型相关图

的单激发构型$\chi_{as \to sa}$，对称性 ss 的 χ_0 与相同对称性的双激发构型间的构型相互作用分裂为两个分离的对称性 ss 的交叉态（实线），但"强制对称"(symmetry-imposed)势垒保持，其将基态反应分类为"禁阻"。

从最低单激发态 S_1 出发的反应（在图 4.35 中以构型$\chi_{sa \to as}$表示）不会碰到强制对称势垒，分为"允许"一类。事实上，从 S_1 开始的反应通常不经过绝热过程到达产物的最低激发单重态。相反，在一级非绝热势能面交叉附近区域常可看作一个漏斗，分子可从该处回到基态势能面。简单说，按照 Woodward-Hoffman 规则，"禁阻"的基态反应在光反应中通常是"允许"的，反之亦然，但也确实存在例外[337]。

简单的价键理论提供了另一种方法来构建相关图，并用于预测非绝热面的交叉区域[20,338]。

4.10 习　　题

1. 预测在最低激发态 S_1 上薁(Azulene)的甲基取代效应（在化合物的 1、2、4、5 和 6 位以 C—Me 来替代 C—H）。用$\delta\alpha_{C-Me} = -0.333\beta$估计经甲基取代后而引起的（去稳定化）诱导扰动，并与实验位移$-790\ cm^{-1}$、$430\ cm^{-1}$、$370\ cm^{-1}$、$-350\ cm^{-1}$和$460\ cm^{-1}$相比较。[$0.097, -0.033, -0.065, 0.034, -0.087\beta$]

2. 预测蒽甲基取代诱导的一级微扰引起的第一吸收带位移。[无]

3. 预测由 1-位甲基取代导致的萘阳离子自由基第一吸收带的位移。[$0.425^2(-0.333)\beta = -0.06\beta$，蓝移，参考文献[291]]

4. 预测氮取代对萘的第一吸收带的影响（喹啉和异喹啉，能量以及带强度）。[无位移，引起萘^1L_a带强度增大，参看图 4.27]

5. 预测萘在 1 和 2 位甲基取代后其第一电离势的变化,HOMO 系数为 $c_{\text{HOMO},1}=0.425$ 和 $c_{\text{HOMO},2}=-0.263$。[参考文献[291]]

6. 请解释为何顺式(cis-)二烯的吸收带比反式(trans-)类似物处于更长波长处。[图 4.6]

7. 核实图示 4.1 中体系通过 PMO 理论计算得到的 HOMO-LUMO 能隙大小。

8. 为何蒽的阳离子自由基和阴离子自由基的吸收光谱几乎相同?[4.7 节的最后部分]

9. 利用图 4.26 给出的 HMO 系数计算萘 ^1L_a 跃迁的跃迁矩和振子强度。[$M_{\text{el},y}=82e$ pm, $f=0.25$]

10. 从公式 4.7 推导出公式 4.21。

11. 为什么交叉共轭烯烃要比线性共轭烯烃的吸收处于更短波长?比较 1,3,5-己三烯和 1,1-二乙烯基乙烯。[PMO]

4.11 附　　录

4.11.1　一级微扰

假设母体分子的 Hückel 久期行列式的解已被确定,亦即其本征值 ε_j 以及相关的正交 HMO Ψ_j 整套数据为已知,我们对体系引入一"小"的扰动,如引入一个取代基或将 C 原子用另一杂原子来代替,如 N。为了这个目的,我们必须首先将 MO 能量 ε_j 表达为 MO 系数的函数。将公式 4.6 代入 $\varepsilon_j=\langle\Psi_j|\hat{H}|\Psi_j\rangle$,得到公式 4.38。

$$\varepsilon_j = \left\langle \sum_{\mu=1}^{\omega} c_{j\mu}\phi_\mu \,\middle|\, \hat{H} \,\middle|\, \sum_{\nu=1}^{\omega} c_{j\nu}\phi_\nu \right\rangle = \sum_{\mu=1}^{\omega}\sum_{\nu=1}^{\omega} c_{j\mu}c_{j\nu}\langle\phi_\mu|\hat{H}|\phi_\nu\rangle$$

公式 4.38

公式右侧表达的是以积分加和来代替对加和积分的结果。我们用参数表(公式 4.3)来代替积分 $\langle\phi_\mu|\hat{H}|\phi_\nu\rangle$,保留那些归属给特定原子或键参数的原子标记,因为我们将在特定原子 $\alpha_\mu=\alpha+\delta\alpha_\mu$ 或键 $\beta_{\mu\nu}=\beta+\delta\beta_{\mu\nu}$ 上引入扰动。

$$\varepsilon_j = \sum_{\mu=1}^{\omega} c_{j\mu}^2 \alpha_\mu + \sum_{\mu=1}^{\omega}\sum_{\substack{\nu=1\\\nu\neq\mu}}^{\omega} c_{j\mu}c_{j\nu}\beta_{\mu\nu} = \sum_{\mu=1}^{\omega} c_{j\mu}^2 \alpha_\mu + 2\sum_{\mu\sim\nu}^{\omega} c_{j\mu}c_{j\nu}\beta_{\mu\nu}$$

公式 4.39

公式 4.39 最后一项加和仅包括那些被束缚的原子对($\mu\sim\nu$),否则 $\beta_{\mu\nu}=\langle\phi_\mu|\hat{H}|\phi_\nu\rangle$ 将为零,并且还要被 2 乘,因为左边的双重加和中每个键都出现两次,并且 $\beta_{\mu\nu}=\beta_{\nu\mu}$。在原子 μ 上引入扰动,$\alpha_\mu=\alpha+\delta\alpha_\mu$,能量 ε_j 的变化为 $\delta\varepsilon_j=(\delta\varepsilon_j/\delta\alpha_\mu)\delta\alpha_\mu$。

公式 4.39 的偏微分为 $(\delta\varepsilon_j/\delta\alpha_\mu) = c_{j\mu}^2$，于是我们得到诱导扰动 $\delta\alpha_\mu$ 对 ε_j 的影响公式 4.13。同样，在原子 μ 和 ν 间的共振积分变化 $\delta\beta_{\mu\nu}$ 也将以 $\delta\varepsilon_j = (\delta\varepsilon_j/\delta\beta_{\mu\nu})\delta\beta_{\mu\nu}$ 改变能量 ε_j。公式 4.39 对 $\beta_{\mu\nu}$ 的偏微分为 $(\delta\varepsilon_j/\delta\beta_{\mu\nu}) = 2c_{j\mu}c_{j\nu}$（公式 4.14）。

4.11.2 二级微扰

扰动体系的算符写为 $\hat{H} = \hat{H}^0 + \hat{h}$，式中的 $\hat{H}^0$ 为母体分子的 Hückel 算符，而 $\hat{h}$ 为微扰算符。我们可为扰动体系设置一个新的 Hückel 行列式，除了已有的与母体体系算符 $\hat{H}^0$ 相关的本征函数 $\Psi_j^{(0)}$ 和本征值 $\varepsilon_j^{(0)}$，对新体系我们已有一个良好的起点。因此，可通过函数 $\Psi_j^{(0)}$ 的线性组合设置波函数（公式 4.40）。

$$\Psi = \sum_{j=1}^{n} a_j \Psi_j^{(0)}$$

公式 4.40

优化系数 a_j 通过久期行列式为零的变分确定，这里行和列的标记指的是公式 4.40 定义的基础组，而不是公式 4.5 中的原子轨道基础组。

$$\|H_{ij} - \delta_{ij}\varepsilon\| = \begin{Vmatrix} \varepsilon_1^{(0)} + \delta\varepsilon_1^{(1)} - \varepsilon & h_{12} & \cdots & h_{1n} \\ h_{21} & \varepsilon_2^{(0)} + \delta\varepsilon_2^{(1)} - \varepsilon & \cdots & h_{2n} \\ \vdots & \vdots & & \vdots \\ h_{n1} & h_{n2} & \cdots & \varepsilon_n^{(0)} + \delta\varepsilon_n^{(1)} - \varepsilon \end{Vmatrix} = 0$$

公式 4.41

基础函数 $\Psi_j^{(0)}$ 为 $\hat{H}^0$ 的本征函数，$H_{ij}^0 = 0$，因此矩阵 H_{ij} 的非对角元素等于 h_{ij}，在对角元素中，我们有 $H_{ii} - \varepsilon = H_{ii}^0 + h_{ii} - \varepsilon = \varepsilon_i^{(0)} + \delta\varepsilon_i^{(1)} - \varepsilon$，求解公式 4.41 即可得到扰动体系精确 Hückel 本征值。不过，我们求解第一本征值的近似值，$\varepsilon_1 \approx \varepsilon_1^{(0)} + \delta\varepsilon_1$。基于相比 $\varepsilon_1^{(0)}$ 与未扰动体系其他本征值的能量差 $|\varepsilon_i^{(0)} - \varepsilon_1^{(0)}| \gg \delta\varepsilon_1 (i \neq 1)$ 扰动小的假设，我们可以简化公式 4.41：① 除第一个外的所有对角元素，$\varepsilon \approx \varepsilon_i^{(0)}$；② 只有第一列和第一行中的非对角元素对 ε_1 有实质影响，我们将其他元素均设为零；③ 忽略除 $i = 1$ 外的其他所有对角元素中的一级微扰 $\delta\varepsilon_i^{(1)}$；于是得到公式 4.42。

$$\begin{vmatrix} \varepsilon_1^{(0)} + \delta\varepsilon_1^{(1)} - \varepsilon & h_{12} & h_{13} & \cdots & h_{1n} \\ h_{21} & \varepsilon_2^{(0)} - \varepsilon_1^{(0)} & 0 & \cdots & 0 \\ h_{31} & 0 & \varepsilon_3^{(0)} - \varepsilon_1^{(0)} & \cdots & 0 \\ \vdots & \vdots & \vdots & & \vdots \\ h_{n1} & 0 & 0 & \cdots & \varepsilon_n^{(0)} - \varepsilon_1^{(0)} \end{vmatrix} = 0$$

公式 4.42

当任一行的倍数加到其他行时，将不改变行列式的数值。第二行乘以 $h_{12}/$

$(\varepsilon_2^{(0)} - \varepsilon_1^{(0)})$,并从第一行减去所得到的结果,第一项变为 $\varepsilon_1^0 + \delta\varepsilon_1^{(1)} - \varepsilon - h_{12}h_{21}/(\varepsilon_2^{(0)} - \varepsilon_1^{(0)})$,第二项为零。将第三行乘以 $h_{13}/(\varepsilon_3^{(0)} - \varepsilon_1^{(0)})$,并从第一行减去所得到的结果,$h_{13}h_{31}/(\varepsilon_3^{(0)} - \varepsilon_1^{(0)})$ 项从第一项中被减去,第三项为零。重复操作直至最后一行,估算对角行列式得到公式 4.43。

$$\left(\varepsilon_1^{(0)} + \delta\varepsilon_1^{(1)} - \varepsilon - \sum_{i=2}^{n} \frac{h_{1i}h_{i1}}{\varepsilon_i^{(0)} - \varepsilon_1^{(0)}}\right)(\varepsilon_2^{(0)} - \varepsilon_1^{(0)})(\varepsilon_3^{(0)} - \varepsilon_1^{(0)})\cdots = 0$$

公式 4.43

我们已假设 $\varepsilon_i^{(0)}$ 不与任意其他本征值 $\varepsilon_i^{(0)}$ 简并,于是第一个括号可以为零,得到下式:

$$\varepsilon = \varepsilon_1^{(0)} + \delta\varepsilon_1^{(1)} - \sum_{i=2}^{n} \frac{h_{1i}h_{i1}}{\varepsilon_i^{(0)} - \varepsilon_1^{(0)}} = \varepsilon_1^{(0)} + \delta\varepsilon_1^{(1)} + \sum_{i=2}^{n} \frac{h_{1i}h_{i1}}{\varepsilon_1^{(0)} - \varepsilon_i^{(0)}}$$

公式 4.44

式中加和表示二级微扰 $\delta\varepsilon_1^{(2)}$。公式 4.42 中的任何一行 i 都可进行同样的操作,得到二级微扰通用公式(公式 4.15),其中表示的未扰动体系的本征值 ε_i 的上标(0)已被删除。

第 5 章 光化学反应机理和反应中间体

5.1 什么是反应机理?

反应机理一词已成为化学家日常用语的一部分,但它对不同人传递了不同的信息。IUPAC"金书"(www.goldbook.iupac.org)中反应机理的定义是:"从反应物到反应产物过程的详细描述,包括对反应中间体、产物和过渡态的组成、结构、能量以及其他性质尽可能完整的表征。对特定反应可接受的机理(以及一系列可能在证据上还不能被排除的可能的机理)必须与反应的化学计量、速率方程以及其他可用的实验数据一致,例如,反应的立体化学过程"。基于奥卡姆剃刀原理(见 3.7.4 节),人们应该总是选择与所有可获得证据一致的最简单机理。

对一个分子反应机理的真实描述(从经典力学角度)实际上是海森伯不确定性原理所禁止的(公式 2.1)。小分子在气相的某些反应机理已被详细阐明,反应物各个旋转和振动量子态的反应速率常数均已被确定。我们采用一个更折中的观点;反应机理是逐步顺序进行的基元过程和反应中间体,通过它们,整个化学变化得以发生。

理想情况下光化学反应机理应包括:2.3 节光化学反应路径分类中主要过程的详细表征;除反应中间体结构和宿命、寿命和反应活性的信息外,反应路径所涉及激发态的寿命、量子产率以及所有相关光物理和光化学过程的速率常数。

了解反应机理除了"学习"知识的满足至少还有两个目的,第一,它可提供一种分类,使数量巨大的个体分子的化学反应简化为易于管理的分组,从而允许通过类比进行预测;第二,它使化学家可通过反应条件设计提高产率、产物生成速率或反应选择性,抑制不需要的反应或使反应形成新产物。

在对一些最常见反应中间体的性质进行讨论之前,我们先看一下光化学中最简单的基元过程:电子和质子转移。

5.2 电子转移

与分子电子激发相关联的分子内电子重新分布改变了分子所有的物理性质,特别是它的酸性(5.3 节)和氧化还原性质。电子激发态分子既是强氧化剂,也是强还原剂(4.1节,图4.1),激发态分子 M* 与电子给体 D(或受体 A)扩散相遇将会形成**接触离子对**(**contact ion pair**)或**溶剂分离离子对**(**solvent separated ion pair**),这取决于电子转移在确定距离发生时 M* 与 D(或 A)间发生直接接触,还是在 M* 和 D(或 A)间至少存在一个溶剂分子。例如,光照含 N,N-二甲基苯胺与萘的非极性溶液中的萘,可生成扩散控制的自由基离子接触对(图示5.1)。

接触离子对表示被称为**激基复合物**(**exciplex**)的激发态超分子体系,它的多重度最初由接触对前体的多重度决定,在后续反应中它可以有几种选择。它可通过辐射或非辐射衰减过程[**逆向电子转移**(**return electron transfer**,RET)]回到中性反应物的基态,也可发生系间窜越过程[339],还可从溶剂笼[340]中逃逸形成"自由"自由基离子对或发生某些反应,例如,从 $D^{·+}$ 到 $M^{·-}$ 的质子转移或 $D^{·+}$ 重排成某产物 $D'^{·+}$ [341],它的实际命运强烈依赖于溶剂的极性和磁场的存在[339]。

在相对静电介电常数(以前称为介电常数)为 ε_r 的溶剂中,两个具有相反电荷离子自由基间的库仑吸引力等于 $e^2/(4\pi\varepsilon_0\varepsilon_r a)$,式中的 ε_0 为电常数(也称为真空介电常数),a 为两电荷中心间平均距离的参数。在真空中,将两个单电荷离子分开的静电功很大,当 $a=100$ pm($\varepsilon_r=1$)时,$e^2/(4\pi\varepsilon_0\varepsilon_r a)=14.4$ eV 或 1.39×10^3 kJ mol^{-1};但它在极性溶剂中大大降低,在水中($\varepsilon_r=78$)仅为 18 kJ mol^{-1},因此离子分离在纳秒时间尺度发生。

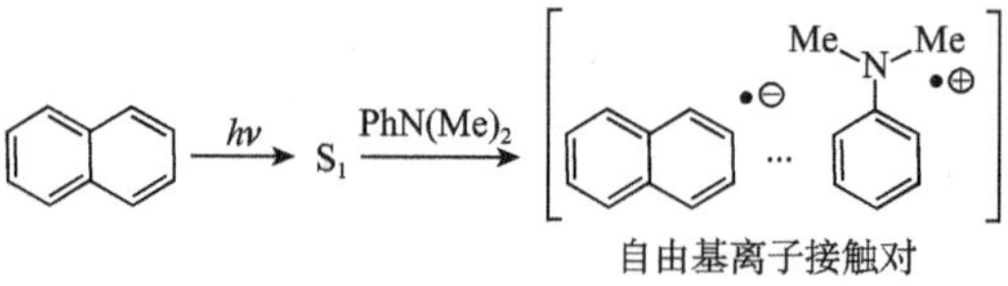

图示5.1 电子转移

在激发态相遇复合物 $(D··A)^*$ 中的**光诱导电子转移的 Gibbs 自由能** $\Delta_{et}G°$ 可用公式5.1估算,式中 $E°(D^{·+}/D)$ 为给体自由基阳离子的标准电极电位,$E°(A/A^{·-})$ 为受体 A 的标准电极电位,$\Delta E_{0\text{-}0}$ 为参与反应受激分子(D^* 或 A^*)的 0-$0'$ 激发能。

$$\Delta_{et}G°=N_A\{e[E°(D^{·+}/D)-E°(A/A^{·-})]+w(D^{·+},A^{·-})-w(D,A)\}-\Delta E_{0\text{-}0}$$

公式5.1 光诱导电子转移自由能

通常情况下,反应物(D,A)和产物(D^+,A^-)库仑吸引的静电功项 w 分别为:$w(D,A)=z_d z_A e^2/(4\pi\varepsilon_0\varepsilon_r a)$ 和 $w(D^+,A^-)=z_d+z_A-e^2/(4\pi\varepsilon_0\varepsilon_r a)$,式中 z_d 和 z_A 为给体 D 和受体 A 电子转移前的电荷数目,z_{D^+} 和 z_{A^-} 为电子转移后的电荷数目;对于中性物种 D 和 A,其 $z_d=z_A=0$。选择常用单位并收集有关常数,我们得到标度公式5.2。

$$\frac{\Delta_{et}G°}{kJ\ mol^{-1}} = 96.49\frac{E°(D^{•+}/D)-E°(A/A^{•-})}{V}+138.9\frac{z_D+z_{A^-}-z_Dz_A}{\varepsilon_r a/nm}-119.6\frac{\Delta E_{0-0}}{\mu m^{-1}}$$

公式5.2 电子转移自由能的标度方程①

非极性溶剂中,电子给体分子和受体分子混合可能伴随基态弱电荷转移或**电子给受体复合物[electron-donor-acceptor (EDA) complex]**[342]。在简单量子力学处理中,EDA复合物的基态波函数可用无键基态(A··D)和电荷转移态($A^-··D^+$)的共振杂化描述(见公式5.3),式中 $c_{0,no\ bond} \approx 1, c_{0,dative} \approx 0$。

$$\Psi_0 = c_{0,no\ bond}\Psi(A··D)+c_{0,dative}\Psi(A^-··D^+)$$

公式5.3 EDA基态复合物的波函数

电荷转移激发态则可用公式5.4表示,其中 $c_{1,no\ bond} \approx 0, c_{1,dative} \approx 1$。

$$\Psi_1 = c_{1,no\ bond}\Psi(A··D)+c_{1,dative}\Psi(A^-··D^+)$$

公式5.4 电荷转移激发态的波函数

这些波函数解释导致EDA复合物形成的A与D间吸引力、增大的极性以及形成EDA复合物时经常能观察到的电荷转移吸收的存在。A^- 与 D^+ 的最低激发态必须包括在波函数中,用来描述额外的电荷转移带,除了分子A和D的吸收带外,出现的电荷转移带通常宽且振子强度低,因为给体的HOMO和受体的LUMO间几乎没有重叠(4.4节,公式4.20)。已知有很多EDA复合物形成的例子,例如,四氰基乙烯与芳烃间形成复合物就是人们熟知的一类。四氰基乙烯与甲苯之间形成的电荷转移复合物覆盖了整个可见光区域,随着甲基取代数目的增加,吸收峰最大值红移,从苯的 $\tilde{\nu}_{max}=2.6\mu m^{-1}$ 红移至六甲基苯的 $\tilde{\nu}_{max}=1.9\mu m^{-1}$ [343]。这些溶液可作为滤色液衰减氙灯发射光谱的峰值部分,使其成为分布更加均匀的"白色"光源用于光谱分析。

从分子激发态到基态(或相反)的电子转移均可导致荧光猝灭,在无EDA复合物形成的情况下,电子转移猝灭的双分子速率常数可用荧光猝灭Stern-Volmer图斜率结合M*荧光寿命的测量得到(3.9.8节,公式3.36)。Rehm和Weller[344]曾报道过四种激发态芳香化合物(3,4-苯并吖啶、蒽、1,2-苯并蒽和1,12-苯并芘)在乙腈溶液中的荧光被一系列氨基和甲氧基取代苯衍生物给体分子猝灭的速率常数 k_q。以 $\log(k_q/M^{-1}\ s^{-1})$ 对电子转移自由能作图(公式5.2),当 $\Delta_{et}G° \leqslant 0$ 时,数据是沿接近扩散速率常数 $k_d \approx 1.6\times 10^{10}\ M^{-1}\ s^{-1}$ 的曲线,当 $\Delta_{et}G° \geqslant 0$ 时数据快速减小(图5.1)。

利用闪光光解观察到离子自由基的形成,确立了猝灭机制。Rehm和Weller[345]提出了经验公式5.5用来处理数据,其中 $\Delta_{et}G°$ 为接触对中光诱导电子转移自由能(公式5.1),$\Delta G^{\ddagger}$ 为转移一个电子时结构和溶剂重组所需要的活化自由能,

---

① $\Delta_{et}G°$ 应为电子转移自由能变化,而非电子转移自由能。书中还有多处类似的地方。——译者注

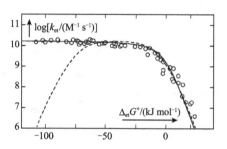

图 5.1 Rehm-Weller 图,公式 5.5 用于数据拟合。图中点线为当 $\Delta_{et}G° \geqslant -50$ kJ mol^{-1} 时 Marcus 公式 5.7 的拟合数据[344]

k_d 和 k_{-d} 分别为相遇复合物形成和解离的速率常数,$K_d = k_d/k_{-d}$ 为复合物形成的平衡常数,Z 为在相遇复合物内双分子碰撞频率,$Z \approx 10^{11}$ s^{-1}。[346] 这里所用的 $k_d/(ZK_d)$ 值为 0.25。

$$k_q = \frac{k_d}{1 + \frac{k_d}{K_d Z}(e^{\Delta_{et}G^{\ddagger}/RT} + e^{\Delta_{et}G°/RT})}$$

式中

$$\Delta_{et}G^{\ddagger} = \frac{\Delta_{et}G°}{2} + \sqrt{\left(\frac{\Delta_{et}G°}{2}\right)^2 + (\Delta_{et}G^{\ddagger}(0))^2}$$

公式 5.5 Rehm-Weller 方程

公式 5.5 中的两个参数 k_d 和 $\Delta G^{\ddagger}(0)$,当 $\Delta_{et}G° = 0$ 时,活化自由能可以通过对数据进行非线性最小二乘法拟合确定,得到 $\Delta G^{\ddagger}(0) = (90 \pm 10)$ kJ mol^{-1} 和 $k_d = (2.2 \pm 0.3) \times 10^{10}$ M^{-1} s^{-1}。显然,Rehm-Weller 方程与实验数据相符(图 5.1),但与 Marcus[346] 早些时候所做的大胆预测不一致。Marcus 预测:不但反应吸能时 ($\Delta_{et}G° > 0$)电子转移的速率会减小,当反应强烈放能时($\Delta_{et}G° \ll 0$)电子转移的速率也会减小,也就是所谓的 **Marcus 反转区(Marcus inverted region)**。作者指出,当 $\Delta_{et}G° \geqslant -50$ kJ mol^{-1} 时,Marcus 理论依然与实验数据相符(见下面公式 5.7),但在更负的 $\Delta_{et}G°$ 值偏离实验数据可达 4 个数量级,如图 5.1 中虚线所示。

即使所研究系列化合物的 $\Delta_{et}G°$ 值低至 -250 kJ mol^{-1},观察到的猝灭速率常数仍保持在扩散极限[347],为什么在 Rehm-Weller 实验和后来得到的相关数据中没有观察到预测的反转区的降低呢?这一问题争论了很多年。Rehm 和 Weller 考虑过一些可能的解释,例如,H 原子转移(本质上同时发生电子和质子转移)或低能激发态离子自由基的形成,它们可导致自由能变化 $\Delta_{et}G°$ 相比公式 5.1 计算结果有更小的负值,但这对某些数据依然无法解释。有关 Weller 个人及其工作的历史展望参见文献[348]。

经典的 Marcus 理论[346]可以改写为如下的简化形式,想象一个反应坐标 Q,

它表示当$(A \cdot \cdot D)^*$内部发生电子转移生成$(A^- \cdot \cdot D^+)$时$(A \cdot \cdot D)^*$相遇对和周围溶剂的结构变化(图5.2(a)),图中左侧曲线为沿反应坐标Q的$(A \cdot \cdot D)^*$势能面,近似为抛物线(粗实线),图中右侧一系列抛物线可垂直位移,表示具有不同电子转移自由能$\Delta_{et}G°$的各种$(A \cdot \cdot D)^*$对。

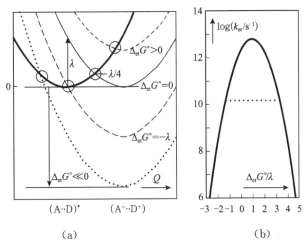

图5.2 (a)受体A和给体D相遇复合物中电子转移反应$(A \cdot \cdot D)^* \longrightarrow (A^- \cdot \cdot D^+)$的势能曲线;(b)结合公式5.6与公式5.7预测的速率常数。图的解释见文中叙述

首先看热中性反应,$\Delta_{et}G° = 0$(实线)。它可表示相同分子间的电子转移,即$(M^- \cdot \cdot M) \to (M \cdot \cdot M^-)$,反应坐标$Q$解释了一个或另一个分子上存在过量电子引起的所有结构变化,$\Delta_{et}G° = 0$的情况也曾在著名的Creutz-Taube[349]离子**8**(图5.3)和相关的所谓混合价化合物[350]中实现了$\Delta_{et}G° = 0$的情况,化合物**8**在近红外区域(水中$\lambda_{max} = 1560$ nm)呈宽的中等强度(振子强度$f \approx 0.03$)电子吸收带,而在两个Ru原子处于Ⅱ价或Ⅲ价氧化态的模型化合物中没有观察到。普鲁士蓝的颜色也归属为电荷转移吸收,电子从Fe(Ⅱ)转移到处在不同环境的Fe(Ⅲ),因此$\Delta_{et}G° \neq 0$。

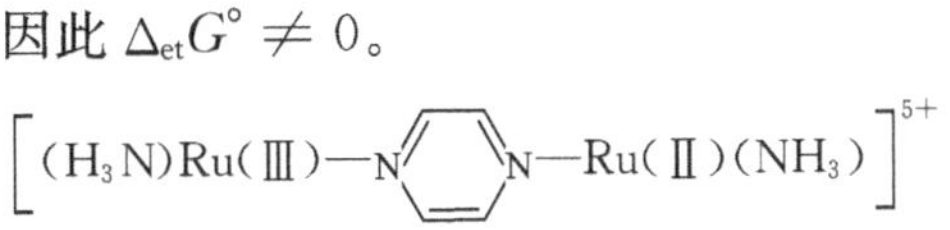

$$[(H_3N)Ru(Ⅲ)—N\bigcirc N—Ru(Ⅱ)(NH_3)]^{5+} \quad\quad KFe(Ⅲ)[Fe(Ⅱ)CN_6]$$

$$\textbf{8} \quad\quad\quad\quad\quad 普鲁士蓝$$

图5.3

图5.2中以λ标记的化合物**8** IR跃迁能表示从Ru(Ⅱ)到Ru(Ⅲ)电子转移的Franck-Condon能量,也称为**重组能(reorganization energy)**。简单几何考虑表明两个抛物线的交叉点位于$\lambda/4$处,忽略掉熵项,$\lambda/4$相当于Rehm和Weller使用的$\Delta G^{\ddagger}(0)$的量,即化合物**8**热自交换的活化自由能。但是,考虑到在交叉点处零

级态间的电子耦合项 V_{12},表示零级绝热曲线的抛物线将会发生分裂,该跃迁概率可用 Landau-Zener 模型(公式 2.53)估算。近期工作表明,来自 V_{12} 的稳定化实际上与化合物 **8** 的 $\lambda/4$ 相当,因此热势垒几乎消失[351]。共享同一配体的金属中心之间的电子转移称为**内球电子转移(inner-sphere electron transfer)**。

我们回到分子间电子转移[**外球电子转移(outer-sphere electron transfer)**],假设相遇对 $(A\cdot\cdot D)^*$ 中的电子耦合项 V_{12} 足以保证交叉点处电子转移的高概率,但比 $\Delta G^{\ddagger}(0)=\lambda/4$ 小得多,于是电子转移速率通过 Eyring 过渡态理论给出(公式 5.6)。

$$k_{et}=\frac{k_B T}{h}e^{-\Delta G^{\ddagger}/RT}, T=298\text{K 时,式中}\frac{k_B T}{h}=6.21\times 10^{12}\,\text{s}^{-1}$$

公式 5.6

当自由基离子对 $(A^-\cdot\cdot D^+)$ 的曲线向上或向下移动表示 $\Delta_{et}G^\circ$ 的某些变化时,交叉点的几何位置(图 5.2 中的圆形标记)取决于其重组能 λ 和电子转移自由能 $\Delta_{et}G^\circ$(公式 5.7)。

$$\Delta G^{\ddagger}=\frac{\lambda}{4}\left(1+\frac{\Delta_{et}G^\circ}{\lambda}\right)^2$$

公式 5.7 电子转移活化自由能的经典 Marcus 关系

将公式 5.7 代入公式 5.6 中,得到经典 Marcus 理论预测的速率常数 k_{et} 的反转抛物线(图 5.2(b))。曲线左侧 $\Delta_{et}G^\circ < -\lambda$, k_{et} 随 $\Delta_{et}G^\circ$ 减小而减小,称为 **Marcus 反转区(Marcus inverted region)**。显然,扩散速率将限制电子转移的速率常数,如图 5.2 中的水平点线,然而,对于高度放能的反应减小应会再次出现。

反转区存在(或不存在)并不是一个纯学术兴趣问题,**反向或逆向电子转移(back electron transfer or return electron transfer,RET)**对将光诱导电荷分离储存为电化学驱动力的所有尝试提出了挑战,例如,在光合作用(专题 6.25)或光伏电池中(专题 6.31)。从初始形成的离子对 $(A^-\cdot\cdot D^+)$ 到基态接触对 $(A\cdot\cdot D)$ 的 RET 过程是一个耗能过程,电化学电位以热的形式被耗散掉。因此,处于反转区深处(通常不希望)的 RET 过程的速率常数是太阳能储存器件效率的决定性因素。

反转区存在的明确实验证据是 1984 年 Miller 等提供的[352],他们在刚性连接的双发色团分子中利用脉冲电子注入形成阴离子自由基 **9**(图 5.4),观察远程分子内电子转移过程。无论是"给体"发色团联苯还是处于连接体饱和 5α-雄甾烷另一端的"受体"发色团,对电子的初始捕获具有几乎相同的概率,通过时间分辨观察随后发生的吸收变化来确定电子转移速率达到平衡。

在 170~373 K 温度范围测定了化合物 **9** 中电子转移速率的温度依赖性[353]。以 2-萘基作为电子受体,其速率常数呈现 Arrhenius 型依赖关系,如所预期的那

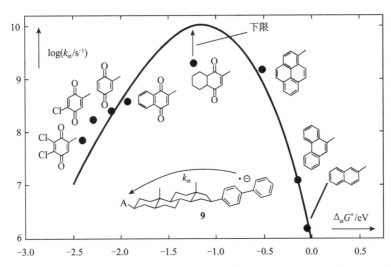

图 5.4　化合物 **9** 在 2-甲基四氢呋喃中的分子内电子转移速率常数。经允许摘自文献[352]，美国化学会版权

样，为活化能为 $\lambda/4$ 的热中性反应，但以 2-苯醌基和 5-氯-2-苯醌基为受体基团的化合物基本上与温度**无关**。显然，Marcus 关于"反转区"的预测是正确的，但理由并不合适。

电子转移速率常数在反转区的变小并非由于如图 5.2(a)最低抛物线（点线）所示的势垒重新出现，相反，放能的电子转移过程应被视为一种无辐射跃迁，在反转区，速率对自由能变化 $\Delta_{et}G^\circ$ 的依赖关系只是能隙定律的另一种表达形式（2.1.5 节），它预测随能隙增大速率降低。借助费米黄金规则（公式 2.21）修改的反转区电子转移反应的理论处理[354,355]与这些研究结果一致，很多详细的实验研究也证实了这些关系[340,356,359]。

电子转移与三重态-三重态能量传递间的关系很重要[360]。Dexter 三重态能量传递的量子力学处理将三重态能量传递描述为同时发生的两个电子交换（2.2.2 节，图 2.17），这已被实验"证实"[360]：在与上述化合物 **9** 相似的实验条件下，对一系列双发色团化合物 D-sp-A（sp 为间隔体）电子转移过程和三重态-三重态能量传递速率常数进行测量，包括反应 $D^{\bullet-}$-sp-A $\longrightarrow$ D-sp-$A^{\bullet-}$（电子转移，k_{et}）、$D^{\bullet+}$-sp-A $\longrightarrow$ D-sp-$A^{\bullet+}$（空穴转移，k_{ht}）和 ^{3}D-sp-A $\longrightarrow$ D-sp-^{3}A（三重态能量传递，k_{TT}）的速率常数，其中 A 为 2-萘基，D 为每个变化超过几个数量级的不同给体发色团。值得注意的是三重态能量传递速率常数变化超过 5 个数量级（$10^5 \sim 10^{10}$ s^{-1}），与计算得到的结果 $k_{TT}=Ck_{et}k_{ht}$（$C=4\times 10^{-10}$ s）十分吻合。

分子内电子转移(intramolecular electron transfer) 现象不仅在饱和间隔体连接两个或多个发色团的体系中观察到（如化合物 **9**），也在电子给体与受体基团以共轭方式连接的体系中观察到。第一个明确验证且研究最多的实例是 4-(N,N-二甲氨基)苯甲腈(DMABN,图示 5.2),它有两个荧光谱带,谱带位置和相对强度强烈地依赖于溶剂的极性(**双重荧光**)。由于电荷转移跃迁振子强度很低①,吸收最初布居的是所谓的局域激发态(LE),随后分子内**电荷转移**(**charge transfer,CT**)态的形成通常伴随有一个小的能垒,表明存在某些结构变化。电荷的分离甚至发生在对称化合物中,例如,9,9-联蒽(BA)。CT 态的偶极矩通常极大,在 10~30 D,与 CT 态几乎完全电荷分离相一致,大偶极矩是 CT 态荧光发射具有大溶致变色位移的原因。

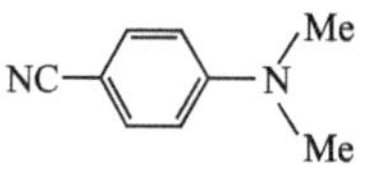

图示 5.2　具有分子内电荷转移性质的共轭双发色团化合物

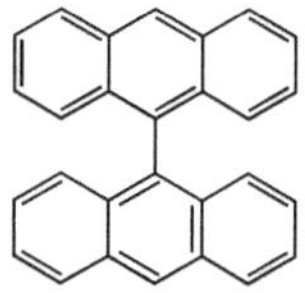

一篇聚焦于分子内电荷转移与结构变化的全面综述已见诸报道[363]。备受争议的结构问题导致在这些现象讨论中出现了一些令人困惑的缩略词:扭曲的分子内电荷转移(TICT),平面分子内电荷转移(PICT),以及简单的分子内电荷转移态(ICT)等。从 LE 到 ICT 态的转换通常很快(<1 ps),由于伴随极性的突然增大,这类化合物被用作探针研究溶剂弛豫动力学[364]。缩略词 ICT 应该用在缺少与 CT 相关结构变化的情况。

光诱导电子转移生成的自由基离子对在进一步反应中可以有几种选择(5.4.3 节)[341,365]。

专题 5.1　生物高分子中的电子转移

从 20 世纪 90 年代起,已有大量的研究致力于 DNA 和多肽链中电子转移(ET)生物学重要过程,某些蛋白质可对电荷进行长程传输[366],例如,酶的核糖核苷酸在 DNA 复制和修复中起重要作用,它为这些过程提供所有必需的单体前体(脱氧核苷酸),酪氨酸自由基的产生在距核糖核苷酸被还原为脱氧核糖核苷酸位点 3.5 nm 处。为了测量 ET 速率常数,反应通常以短的光脉冲引发,通过位点选择电荷注入来确定 ET 的速率与生物大分子结构的依赖关系。在氧化还原标记的金属蛋白内,小分子氧化剂或还原剂用于光激发的发色团共价连接到氧化还原蛋白的多肽侧链上,在包含有血红素辅基的酶中,铁可用锌替代,于是可通过修饰辅基的锌卟啉激发态的产生光引发 ET 反应(参阅 6.4.4 节)。

---

① 公式 4.20 的跃迁矩与分子激发偶极矩变化无关,若轨道 Ψ_i 与 Ψ_j 在空间上不重叠,则 $M_{el\,i \to j}=0$。

生物学中另一种用来研究固定 ET 距离的方法是通过对多种辅基的蛋白或酶中的某种辅基进行修饰,这里的原型是细菌反应中心。

氧化应激或 UV-照射引起的碱基氧化可导致 DNA 损伤。在双螺旋 DNA 中,产生的正电荷("电子空穴")与水和氧发生反应生成突变产物(如 8-氧桥鸟嘌呤)之前可以迁移几个纳米的距离,这种长距离空穴转移可能有助于保护 DNA 抗氧化应激的编码区域,沿 DNA 链插入给体和受体已用于研究 ET 的速率(案例研究 6.31)。另一种方法是用 DNA 碱基(典型的如鸟嘌呤)作为电子给体,激发态电子受体为连接在 DNA 链末端的二苯基乙烯二甲酰胺(发夹式两点连接)[367,370]或蒽醌[371,372]。β-位带有磷酸酯离去基团的四氢呋喃自由基经快速异裂反应产生二氢呋喃自由基阳离子(图示 5.3),该体系已被用于 DNA 和肽的定位电荷注入,以研究长程电子转移反应[373,376]。

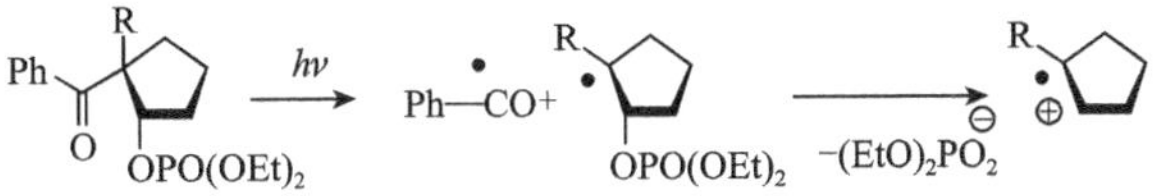

图示 5.3

有关 DNA 长程导电性质及其导线行为最早的争论[377]已经得到了解决,目前已建立起生物大分子中可依不同机制发生快速长程电荷传输的概念[367,378,379](如图示 5.4)。短距离的 ET 通过所谓**超交换机制(superexchange mechanism)**进行,其速率常数用费米黄金规则计算(公式 2.21),预期速率常数随电子给体 D^* 和受体 A 间距离 r 的增加呈指数下降,即 $k_{et} \propto \exp(-\beta r)$,经计算参数 β 在 (14 ± 2) nm^{-1} 量级,因此,当距离约为 1 nm 时,超交换机制的 ET 可忽略不计。对横跨多个碱基对的 ET 过程,**跳跃机制(hopping mechanism)**发挥作用,其 DNA 的杂环碱基作为空穴迁移的电荷载体,特别是具有最低氧化电位的鸟嘌呤。空穴传输过程的距离依赖性在很大程度上受 DNA 序列的影响[380],相邻成对鸟嘌呤(GG)和三重鸟嘌呤(GGG)成为空穴陷阱。肽链中,氨基酸的芳香侧链作为中间电荷载体[373,376]。生物大分子 DNA 和蛋白质的长程电子传输以多步跳跃反应形式发生。

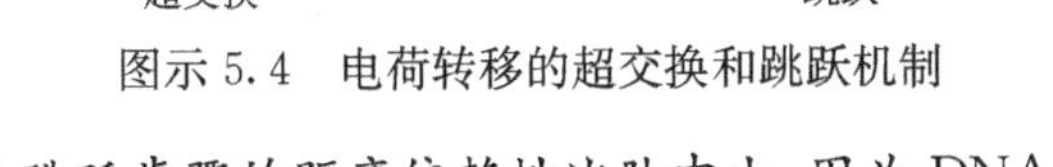

图示 5.4 电荷转移的超交换和跳跃机制

DNA 中每个跳跃步骤的距离依赖性比肽中小,因为 DNA 作为电荷传输中介比肽链更有效。另一方面,肽链比 DNA 双链更柔顺,肽链中氨基酸侧链间距离可以通过构象变化缩短,有关肽链序列和三级结构的影响仍有待详细研究。对核糖核苷酸还原酶、DNA 光解酶以及光系统 II 的研究表明,像酪氨酸及色氨酸这样的芳香氨基酸对蛋白质内的 ET 十分重要。

曾经对穿过至少 600 nm 长的 DNA 分子的电流作为施加电压的函数进行了测量[381]。

5.3 质子转移

激发态分子的酸性常常与其基态显著不同,而且激发态酸可以发生绝热电离(2.3 节),产生激发态共轭碱。激发单重态的酸度常数 K_a^* 可从热力学循环确定,即利用基态酸度 pK_a、酸及其共轭碱的吸收光谱,这个循环以 Theodor Förster 的名字命名,因为 Theodor Förster 首先用它解释了苯酚和芳香胺的中性化合物被激发后观察到的共轭碱的荧光,酸 AH 及其共轭碱 A^- 的 **Förster 循环**(**Förster cycle**)如图 5.5 所示。

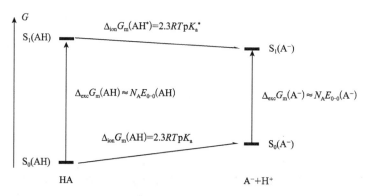

图 5.5 Förster 循环

水溶液中酸 AH 电离的摩尔自由能变化为:$\Delta_{ion}G_m(AH, aq) = G_m(A^-, aq) + G_m(H^+, aq) - G_m(AH, aq)$,为方便起见,我们设置 pH=0,于是 $G_m(H^+, aq) \equiv 0$ 并去掉 aq(水溶液)符号,电子激发态酸 AH^* 电离的摩尔自由能变化可通过热力学循环给出(公式 5.8),式中 $\Delta_{ion}G_m(AH^*) = RT\ln(10)pK_a^*$ 和 $\Delta_{ion}G_m(AH) = RT\ln(10)pK_a$ 分别为酸 AH 在激发态和基态的电离自由能,$\Delta_{exc}G_m(AH)$ 和 $\Delta_{exc}G_m(A^-)$ 分别为 AH 和 A^- 的激发自由能。

$$\Delta_{ion}G_m(AH^*) - \Delta_{ion}G_m(AH) = \Delta_{exc}G_m(A^-) - \Delta_{exc}G_m(AH)$$

公式 5.8

从吸收光谱确定 AH 和 A^- 的跃迁能 $E_{0-0}(AH)$ 和 $E_{0-0}(A^-)$,为了将跃迁能置于自由能尺度上,我们忽略体积和熵效应,即假设在基态时与电离相关的体积和熵的变化 $\Delta_{ion}V_m(AH)$ 和 $\Delta_{ion}S_m(AH)$ 与其在激发态类似(公式 5.9)。

$$\Delta_{\text{ion}}V_m(\text{AH}) \approx \Delta_{\text{ion}}V_m(\text{AH}^*), \quad \Delta_{\text{ion}}S_m(\text{AH}) \approx \Delta_{\text{ion}}S_m(\text{AH}^*)$$

公式 5.9

借助通式 $\Delta G = \Delta U + p\Delta V - T\Delta S$，公式 5.8 右侧激发自由能可用激发能来替代，$\Delta_{\text{ion}}G_m(\text{AH}^*) - \Delta_{\text{ion}}G_m(\text{AH}) \approx \Delta_{\text{exc}}U_m(\text{A}^-) - \Delta_{\text{exc}}U_m(\text{AH}) = N_a[E_{0\text{-}0}(\text{A}^-) - E_{0\text{-}0}(\text{AH})]$。将 Einstein 方程 $E_p = hc\tilde{\nu}$ 代入，得到公式 5.10。

$$pK_a^* = pK_a + 21.0\left[\frac{\tilde{\nu}_{0\text{-}0}(\text{A}^-)}{\mu m^{-1}} - \frac{\tilde{\nu}_{0\text{-}0}(\text{AH})}{\mu m^{-1}}\right]$$

式中 $T = 298$ K 时，$\frac{N_A hc}{RT \ln 10} 10^6 \mu m^{-1} = 21.0$

公式 5.10　Förster 方程

实践中，与公式 5.9 近似相关的误差可以忽略，更重要的是与通过漫吸收光谱估算波数 $\tilde{\nu}_{0\text{-}0}$ 相关的不确定性。在缺少明确 0-0 带情况下，将荧光光谱强度调整到与吸收光谱最大相同，吸收光谱与荧光光谱交叉点处的波数即为 AH 和 A$^-$ 的 0-0 跃迁位置的最佳估算(图 5.6)。

案例研究 5.1　机理光化学——2-萘酚和 4-羟基苯乙酮绝热的质子转移反应

Förster 首先观察到了 2-萘酚(**10**)在激发单重态的绝热脱质子化，并以此说明公式 5.10 的使用。化合物 **10** 在酸性和碱性水溶液中的吸收和荧光发射光谱如图 5.6 所示，通过光谱滴定测得化合物 **10** 的基态酸度常数为 $pK_a = 9.5$。

酸 AH 和碱 A$^-$ 的 0-0 跃迁波数从其相应吸收和荧光光谱的交点估算得到，分别为 $\tilde{\nu}_{0\text{-}0}(\text{AH}) = 2.95~\mu m^{-1}$ 和 $\tilde{\nu}_{0\text{-}0}(\text{A}^-) = 2.65~\mu m^{-1}$。将这些数据代入公式 5.10 中，我们得到化合物 **10** 在激发单重态的酸度常数 $pK_a^* = 3.2$，因此，当化合物 **10** 被激发到其最低单重激发态时，预计其酸度增加超过 6 个数量级。这一预测通过荧光滴定进行了验证：将最大发射波长处(酸 AH：$\lambda_{\max} = 355$ nm 和碱 A$^-$：$\lambda_{\max} = 425$ nm)的相对荧光强度作为 pH 值的函数进行测量(图 5.7)。

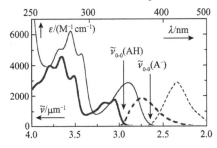

图 5.6　2-萘酚(**10**)在酸性水溶液(0.1 M HClO$_4$，粗线)和碱性水溶液(0.1 M KOH，细线)中的吸收(实线)和荧光光谱(虚线)

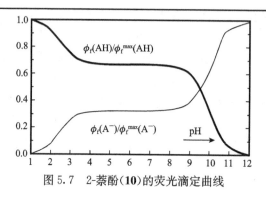

图 5.7 2-萘酚(**10**)的荧光滴定曲线

通过 Förster 循环计算得到的酸度常数为热力学数值,但是,酸-碱平衡很难在酸或碱激发单重态寿命内得以充分建立。当 pH 值大大低于基态 pK_a 值时,只有 AH 被激发,当 pH 值升到 3 左右时,AH 的荧光降低而 A^- 的荧光增强,说明发生了 $^1AH^*$ 绝热去质子化形成 $^1A^{-*}$(图 5.7)。在 pH>3 时 AH 的荧光只减少了约 30%,来自 $^1A^{-*}$ 的相应量的荧光出现,当 pH 值超过 AH 的基态 pK_a 值时,AH 的荧光完全消失,此时仅有 $^1A^-$ 被激发。因此,荧光的速率常数和 $^1AH^*$ 绝热电离速率常数具有可比的量级。

苯酚酸度在激发态的急剧增大可通过纳秒级脉冲光源激发用来降低水溶液的 pH 值(光酸),但是,释放出的质子与碱性酚盐间的扩散控制复合使基态平衡很快重新建立。

由于三重态具有长寿命,三重态的绝热质子化平衡通常可以充分建立。在 Förster 工作发表不久,Jackson 和 Porter 利用闪光光解滴定的方法测定了 2-苯酚(**10**)三重态的酸度[382],当 pH 值高于 2-苯酚(**10**)三重态 pK_a^* 值 8.1 时,2-苯酚(**10**)的三重态-三重态吸收从 $\lambda_{max}=432$ nm 移至 460 nm。三重态的酸度也可用 Förster 循环预测,酸及其共轭碱的三重态激发能 E_T 通过它们磷光光谱的 0-0 带确定。

4-羟基苯乙酮(**11**)是三重态质子转移有意思的例子[383],其羰基碱性在激发下可剧烈增强。4-羟基苯乙酮(**11**)的基态 pK_a 值为 7.9,水溶液中(pH<7)泵浦探测吸收光谱表明,到达其三重态 $^3\mathbf{11}$($\lambda_{max}=395$ nm)的 ISC 过程很快,$k_{ISC}=2.7\times10^{11}$ s^{-1};在 pH>3.6 时,随后 $^3\mathbf{11}$ 电离为 $^3\mathbf{11}^-$ 阴离子($\lambda_{max}=405$ nm)在约 50 ns 内发生,在 pH=4 时,生成的阴离子其羰基氧上迅速再质子化,在平衡后(约 200 ns)可以观察到烯醇 **12** 的三重态-三重态吸收($\lambda_{max}=360$ nm);当 pH 值高于 **12** 的 pK_a^* 值达到 7 以上时,$^3\mathbf{11}^-$ 的三重态-三重态吸收($\lambda_{max}=405$ nm)寿命很长。因此,**在 pH 为 4~6 范围内,三重态烯醇的互变异构体 12 相比三重态酮 11 在热力学上更为稳定**。光谱和热力学数据总结在图 5.8 中。当烯醇 **12**

衰减到基态时,它成为超强的酸,并立即质子化水转变为阴离子 **11**⁻;基于对 **11** 和 **12** 间平衡的计算和测得的三重态 $pK_a^*(12)=4.6$,估算烯醇 **12** 基态的 pK_a 值约为 -8.5。

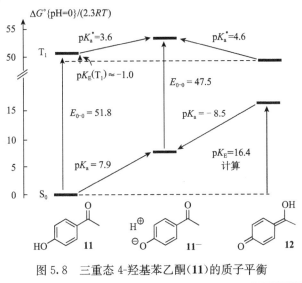

图 5.8 三重态 4-羟基苯乙酮(**11**)的质子平衡

专题 5.2 同位素效应和隧穿

同位素在机理化学中起着多种作用,通常将同位素标记在反应物的某个特定位点,根据同位素标记在反应产物中的位置来支持或排除假设的反应机理。**动力学同位素效应(kinetic isotope effect)**,即同位素取代引起的反应速率常数的变化,有可能在时间分辨实验中或表现为反应产物量子产率的变化而被观察到。在多步序列反应(串行反应)中,它们为决定反应总速率决速步的性质提供了重要信息。

氢同位素效应最常被研究,因为氢相对便宜,氢标记化合物的合成通常简单,同位素效应明显,因此易于以足够的精度进行测量。动力学同位素效应可主要归因于反应物中 C—H 和 C—D 伸缩振动的零点能 $E_0=h\nu/2$ 的差异。振动频率 ν 与(谐振)势力常数 k 和振子的折算质量 μ 相关(公式 5.11)。

$$\nu=\frac{1}{\pi}\sqrt{\frac{k}{\mu}}, \quad \mu=\frac{m_X m_Y}{m_X+m_Y}$$

公式 5.11 谐振子振动频率

在 2.1.5 节(图 2.7),我们已提到动力学同位素效应对无辐射衰减的影响可归因于 C—H 和 C—D 间伸缩振动频率较大的差异。由于氢同位素 X 比与其相连核 Y 轻,因此在一级近似上我们可忽略公式 5.11 分母中的 m_X,因为相对于 $m_Y \geqslant 12u$ 来说,m_X 仅为 $1u$ 或 $2u$(X=H 或 D),于是得到 $\mu \approx m_X$ 以及 $\nu_H/\nu_d \approx \sqrt{2}$。对于 C—H 伸缩振动 $\tilde{\nu} \approx 3000$ cm^{-1},其零点能差异很大,E_0(C—H)$-E_0$(C—D)$\approx hc\tilde{\nu}_H(1-1/\sqrt{2})/2 \approx 440 hc$ cm^{-1} 或约 5 kJ mol^{-1}。另一方面,H 或 D 原子在氢迁移反应的过渡态结合相当松散,例如,在光烯醇化中(6.3.6 节),D 迁移活化能 E_a 将比 H 转移活化能高约 5 kJ mol^{-1}。于是,可以通过 Arrhenius 方程 $k=A\exp(-E_a/RT)$ 来估算,H 和 D 迁移相应的速率常数比 k_H/k_d 在室温下可接近 10,在更低温度下比值会更大。$k_H/k_d \approx 5 \sim 10$ 的同位素效应被称为**原初同位素效应**,表明质子是"飞行"的,因此在观察到的反应步骤中过渡态是松散结合。如果同位素标记原子只是处于过渡态反应中心附近的一个旁观者,则动力学同位素效应会很小,$k_H/k_d \approx 1.0 \pm 0.1$[**次级同位素效应(secondary isotope effect)**]。

根据 Arrhenius 经验公式,以速率常数 k 的对数与 $1/T$ 作图应为斜率为 $-E_a/RT$ 的减小的直线关系,但当在温度剧烈降低时,有时会发现 $\log(k/\text{s}^{-1})$ 偏离了线性关系,如图 5.9 所示,图中 Arrhenius 参数假设定为:$A=1\times 10^{13}$ s^{-1},E_a(X=H)=6 kJ mol^{-1} 和 E_a(X=D)=10 kJ mol^{-1}。此外,常数项 k_t 被添加到 Arrhenius 公式中,$k=A\exp(-E_a/RT)+k_t$,即 k_t(X=H)=1×10^{12} s^{-1} 和 k_t(X=D)=1×10^{10} s^{-1}。

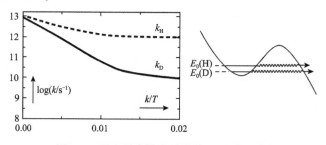

图 5.9　具有隧穿效应反应的 Arrhenius 图

上面与温度无关项 k_t 归属于氢或氘原子在越过势垒时的**隧穿(tunnelling)**,它是量子力学现象,隧穿速率依赖于势垒的形状(高度与宽度)以及粒子的质量[384],因此电子的隧穿比核要容易得多,H 的隧穿比 D 和重核要容易。虽然从给定振动能级隧穿并不需要活化能,其速率常数也因此不依赖于温度,但从较高能级隧穿更容易进行,这是因为高能级势垒的宽度与高度均有所减小(图 5.9)。较高温度时较高能级的布居增加,即使在室温下隧穿对氢原子转移速率常数的贡献也可能很大[385]。

> 合适的例子是 o-烷基苯基酮及相关化合物的光烯醇化反应(6.3.6节),对其原初光反应[386-388]和基态逆向转移反应[389]的温度依赖性的详细研究已为这些反应的隧穿贡献提供了令人信服的证据。

5.4 主要光化学中间体:实例和概念

推荐参考书[390,391]。

大量活性中间体的信息已囊括在物理有机化学的教科书和推荐参考书中,涉及这些中间体的很多反应将在本书第6章讨论。

5.4.1 卡宾(Carbene)

很多光反应经卡宾中间体进行(见图示 6.169~图示 6.172)。通过光谱和理论计算确定卡宾母体亚甲基(CH_2)三重态基态的平衡键角和到其最低单重态能隙的工作长期存在分歧,直至1984年才得以解决[392]。亚甲基三重态基态是弯曲的(134°),但其反向势垒低,其单重态-三重态能隙 ΔE_{ST} 为 38 kJ mol^{-1}[393]。两个价电子占据了 CH_2 两个对称性匹配的非键分子轨道,其中一个占据纯 p-π 原子轨道,另一个占据本质上为 sp^2 杂化的 σ 原子轨道(图5.10),p-π 原子轨道能量显著高于具有 s 特征的 sp^2-σ 原子轨道。最低单重态的平衡键角减小至 102°,两个未成对电子处于同一个原子上,有利于开壳三重态的交换积分较大。但 CH_2 的能隙 ΔE_{ST} 还是很小,因为双占据的 sp^2-σ 原子轨道的能量较低,使闭壳单重态得以稳定化。因此,Hund规则有利于三重态应用。

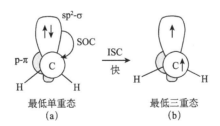

图 5.10 CH_2 的最低单重态(a)和三重态基态(b)构型

卡宾单重态-三重态能隙的绝对预测长期以来一直是理论化学的挑战,取代卡宾 XCY 的取代趋势合理性却很明确[394,395]。两类相互作用应予以考虑影响 σ 原子轨道能量的诱导效应和影响 p-π 原子轨道的共轭作用。取代基 X 和 Y 可分为 π-给体(—NR_2,—OR,—SR,卤素)和 π-受体(—CO—R,NO_2),它们可以分别提高和降低 p-π 原子轨道能量；σ-给体(—SiR$_3$)和 σ-受体(卤素,特别是—F),它们可分别提高和降低 sp^2-σ 原子轨道能量。影响键角的因素也应予以考虑,例如,环卡宾中的空间要求和几何限制。键角接近 180°时有利于三重态,接近 120°的较小键角增加了 σ 原子轨道的 s-特征,从而有利于单重态。基于这些准则,表 5.1 所示的趋势就容易理解了。

表 5.1 取代卡宾 X-C-Y 的几何结构和单重态-三重态能隙[394]

X	Y	$\Delta E_{ST}/(kJ\ mol^{-1})$	ϕ(X—C—Y) 单重态	ϕ(X—C—Y) 三重态
F	F	−236	104	118
Cl	Cl	−84	109	126
Br	Br	−52	112	129
H	F	−66	102	121
H	Cl	−27	101	124
SiH$_3$	SiH$_3$	82	180	180

卡宾的系间窜越极快,因为它与电子从 sp^2-σ 原子轨道转移到 p-π 原子轨道相关,这是强一级自旋-轨道耦合(SOC,4.8 节)的理想情况,据此可以认为卡宾的单重态-三重态平衡通常先于卡宾的分子间反应(见案例研究 6.29)。单重态卡宾通常活性更强,倾向于主导化学反应,即使三重态在能量上略低。多数单重态卡宾的双分子反应速率接近扩散控制,溶剂的"惰性"使分子间反应研究并不容易。氟利昂-113(Freon 113,1,1,2-三氯-1,2,2-三氟乙烷)和乙腈是常用溶剂,但后者可与活性单重态卡宾形成叶立德(ylide)[396]。此外,单重态卡宾还易质子化生成碳正离子(5.4.5 节)。

单重态卡宾快速的分子内反应包括 1,2-迁移(主要为氢迁移)形成烯烃和经 Wolff 重排形成烯酮(图示 6.171)。在金刚烷烯中,1,2-氢迁移因几何约束受阻,借此为研究简单双烷基卡宾[397]分子间反应活性提供了方便的体系,这种卡宾具有单重态基态[398]。卡宾进行 C—H 和 O—H 插入反应(图示 6.178),加成到烯烃上形成环丙烷,这在合成上是非常有用的反应(图示 6.169～图示 6.173)。按照 **Skell 假设(Skell hypothesis)**,也被称为 **Skell-Woodworth 规则(Skell-Woodworth rule)**,单重态卡宾加成到烯烃上是协同和立体专一的[与(Z)-烯烃加成专一性生成顺式取代环丙烷],然而三重态卡宾的反应是分步的,经三重态双自由基中间体进行,中间体具有足够长寿命允许发生构象旋转,导致立体化学关系混乱。基于这些准则,单重态-三重态能隙的大小可通过产物分布估算。

一些特别稳定的卡宾已经合成得到,它们或是通过引入有一定空间要求的取代基以阻止二聚反应(三重态卡宾)[399,400],或是以强的 π 电子给体基团(单重态卡宾)取代[401](图示 5.5)。后者或许用叶立德(两性离子)描述更为合适。

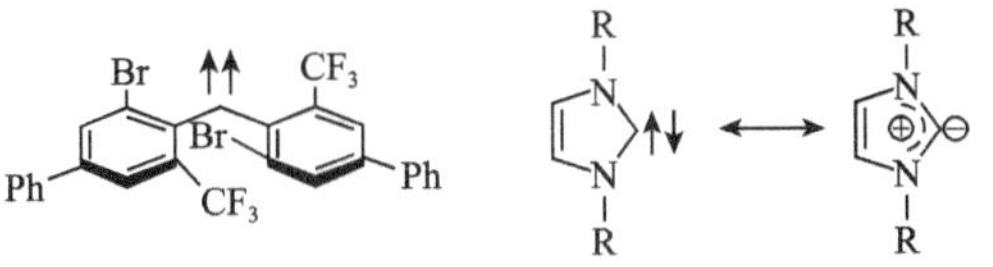

图示 5.5　稳定卡宾

卡宾单重态-三重态快速平衡原则有一个引人注目但很好理解的例外是 2-萘基(羰甲氧基)卡宾(**13**),图示 5.6[212,402-405]。在 12 K 氩基质中照射重氮前体,得到三重态卡宾 ^{3}**13** 两种构象异构体的混合物,它们用红外光谱(2120 cm^{-1},1846 cm^{-1},1660 cm^{-1})、UV-Vis 光谱(590 nm 处的尖峰伴有 1380 cm^{-1} 能量差的振动峰)和 ESR 谱[402]进行了表征。继续以大于 515 nm 光照射,^{3}**13** 转变为单重态卡宾 ^{1}**13**,它在 12 K 暗处可存在几个小时! 在 12 K 放置过夜或以 450 nm 光照射,^{1}**13** 回复到 ^{3}**13**。^{1}**13** 在 12 K 显著的稳定性可归因于其羰甲氧基构象的相关变化。这些发现给出了一个罕见但令人信服的自旋态构象控制的例子。单重态和三重态势能面极小处在不同的几何构型,因此,^{1}**13** 到三重基态的 ISC 过程被能垒所禁阻。重氮前体在溶液中的泵浦-探测光谱表明,氮的丢失发生在亚皮秒时间尺度,室温下 ^{1}**13** → ^{3}**13** 的 ISC 速率常数至少为 10^{11} s^{-1}[404]。时间分辨 IR 研究进一步探测了卡宾自旋态之间的平衡[212,403],在己烷中三重态卡宾 ^{3}**13** 为基态,但在乙腈中基态则为单重态 ^{1}**13**,在极性更大的溶剂中,^{1}**13** 相对 ^{3}**13** 有约 4 kJ mol^{-1} 的稳定能。平衡的卡宾发生 Wolff 重排和酯甲基的 C—H 键插入反应。

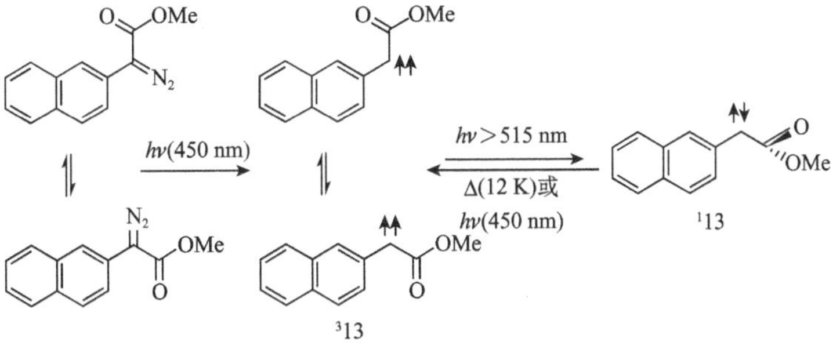

图示 5.6　12 K 氩中 α-重氮(2-萘基)乙酸酯的基质光解[402]

5.4.2　氮宾

推荐综述[406,407]。

氮宾(R—N)是次价(hypovalent)物种,通常由叠氮化物(R—N$_3$)经热或光化学脱氮生成,它们很容易合成和分离,特别是从酰基叠氮化物和芳基叠氮化物制备。以光(254 nm)直接照射,简单的烷基叠氮化物通常得不到可检测或可捕获的活性中间体烷基氮宾,因为快速的 1,2-迁移形成相应的亚胺,但三氟甲基氮宾可

通过对 CF_3N_3 光照形成[408]。

基于高质量从头算方法计算给出了氮宾电子结构的清晰讨论[407]，计算结果与实验数据很好地吻合。母体双原子氮宾-亚氨基(NH)的基态为三重态，最低单重态双重简并，比三重态基态高 150 kJ mol^{-1}，能隙 ΔE_{ST} 比亚甲基(图 5.10)大得多，因为 NH 对称性相同的 2p 原子轨道没有 s-特征。由于苯基氮宾对称性降低，其最低单重态不再简并，最低单重态与三重态基态间的能隙减小到 75 kJ mol^{-1}。

描述苯基氮宾较低单重态和三重态基态的空间波函数对称性相同(图 5.11)，但从头算方法计算得到的两个最低电子态的波函数和弛豫几何结构有显著差异。在单重态波函数中，最高单独占据的 π 轨道几乎完全定域在苯环上，以保持它的电子远离 p-σ 原子轨道上其他未成对电子，该态可看作是一个亚氨基自由基连接在环己二烯自由基上。在三重态，相同的 π 轨道主要定域在电负性更强的 N 原子上，因为两个未成对电子间大的交换积分使具有相同自旋电子间保持排斥。苯基氮宾的最低单重态和三重态用相同轨道占据描述，一级自旋-轨道耦合为零(4.8 节)。此外，单重态-三重态能隙较大，因此**氮宾中的单重态-三重态 ISC 比卡宾中要慢几个数量级**。

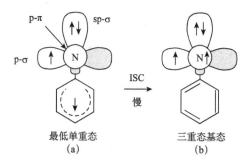

图 5.11 苯基氮宾的最低单重态(a)和三重态基态(b)构型

苯基氮宾母体已被详细地研究[406]，叠氮苯及其大多数衍生物在溶液中热或光化学分解反应形成难处理的聚合物焦油。研究发现胺类化合物抑制溶液中叠氮苯热[409]或光化学分解[410]中间体的形成是聚合的原因，了解此后有意义的机理研究才成为可能。有关叠氮苯光化学机理的现有结论归纳在图示 5.7 中。

原初光产物单重态苯基氮宾的反应强烈依赖于温度[411]。室温下 ISC 很慢，无法与生成苯并氮丙环(benzazirine,**14**)的环化反应和后续开环形成 1-氮杂-1,2,4,6-环庚四烯(**15**)的反应竞争，双去氢氮杂卓(didehydroazepine,**15**)可被二乙胺所捕获形成可分离的氮杂卓 **16**。单重态氮宾到三重态氮宾的 ISC 过程在很大程度上与温度无关，其速率常数为 $k_{ISC} \approx 3 \times 10^6$ s^{-1}，仅在温度低于 200 K 时才变得重要。除了苯并氮丙环 **14**，图示 5.7 中的所有中间体均已通过不同光谱技术得到确认表征[406]。根据计算，单重态苯基氮宾扩环通过经由 **14** 的两步机制完成，第

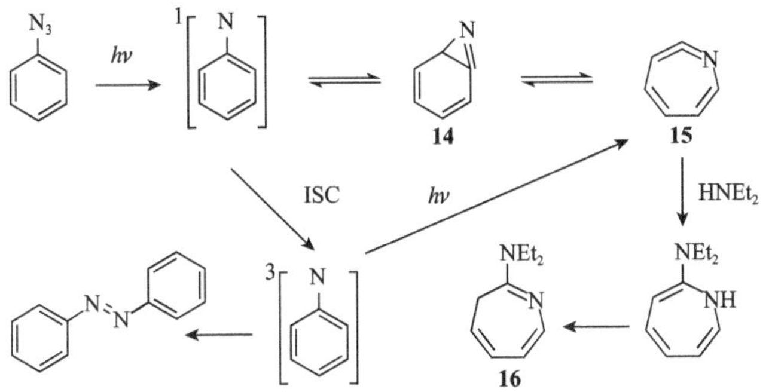

图示 5.7 叠氮苯的光化学

一步环化形成 **14** 的反应为决速步,随后快速开环形成 **15**。在 77 K 玻璃态溶液中,ISC 为主要过程,此温度下三重态氮宾在暗处稳定,但对光十分敏感,光照产生 **15**;升温使玻璃态溶液融化,此时三重态苯基氮宾二聚生成偶氮苯。不同取代基对苯环的影响以及萘基和其他芳基叠氮化物的反应活性均已被研究[406]。

单重态芳基氮宾是一类强碱,在水溶液中形成氮翁离子(nitrenium ion)[412],4-联苯基氮宾(4-biphenylynitrene)共轭酸的酸度常数估算为 $pK_a=16$。因为苯基氮翁离子为闭壳单重态基态[413],单重态苯基氮宾面内质子化为态对称性禁阻反应(参看 4.9 节图 4.32)。事实上,单重态氮宾被水质子化比对强氮碱的预期慢得多,它很难与扩环反应有效竞争,即使用强矿物酸对单重态 2,4,6-三溴苯基氮宾进行质子化,其反应的速率也比扩散控制极限低约一个数量级,尽管这是强放热反应[414]。另一方面,苯基氮翁离子极度亲电,在水溶液中一旦形成将很快将水加到其对位上(见图示 5.8);利用叠氮化物捕获的方法估算母体苯基氮翁离子在水溶液中的寿命为 125~240 ps[415]。

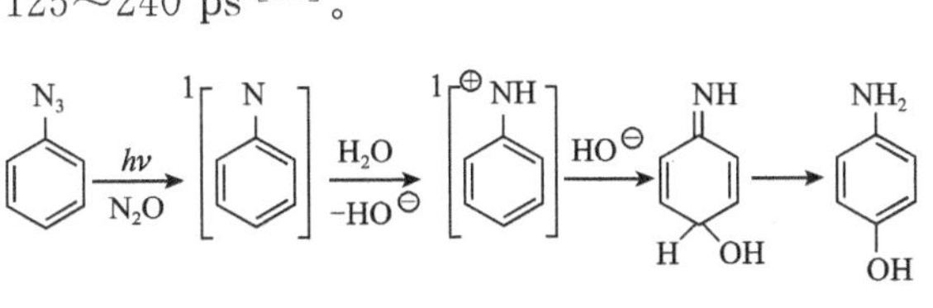

图示 5.8

由于上述的复杂情况,母体苯基氮翁离子 2007 年才在非亲核溶剂 100% 甲酸中叠氮苯的飞秒级泵浦-探测光谱中作为瞬态中间体被检测出来[416];在该介质中,苯基氮翁离子($\lambda_{max}=500$ nm)的生成时间为 12 ps,寿命为 110 ps。对位取代的氮翁离子有更长的寿命,因此,4-联苯基氮翁离子和 2-芴基氮翁离子在相应叠氮化物水或酸性水溶液中的纳秒闪光光解中很容易观察到,其寿命分别为 300 ns 和 30 μs[412];这两种氮翁离子均可与鸟嘌呤衍生物反应,如 2′-脱氧鸟苷,其速率常数接近扩散极限[412,417]。这些观察可很好地解释为什么对位保护的芳胺(如 2-萘胺)

具有致癌性,因为已知芳胺可经历双重代谢活化产生可攻击 DNA 的氮翁离子,而且氮翁离子在水溶液中可以存在足够长的时间[418]。

烷基氮翁离子也用瞬态吸收光谱进行了研究,反芳香性的咔唑氮翁离子为开壳单重态,在 620 nm 处有强吸收,在乙腈溶液中其寿命为 330 ns(图示 5.9)[419],它与 1,3,5-三甲氧基苯(TMB)反应的速率常数为 9.5×10^9 M^{-1} s^{-1}。

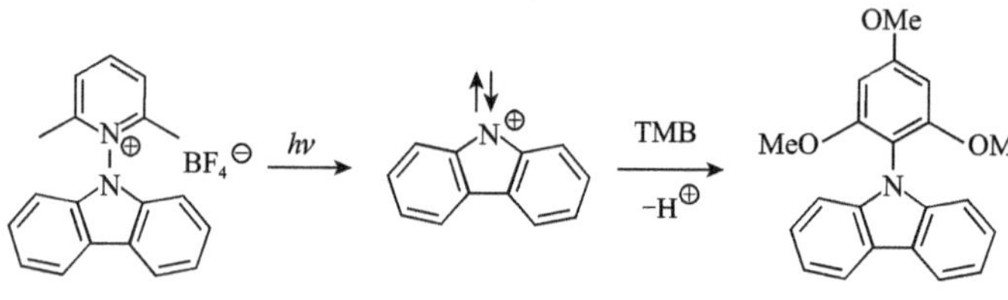

图示 5.9 咔唑基氮翁离子

有机叠氮化物因其叠氮基小被用于**光亲和标记(photoaffinity labelling)**,当连接于酶抑制剂时(见专题 6.16),可以保持其作为抑制剂的活性。叠氮化物易于合成且光诱导脱氮反应高效,遗憾的是,单重态芳基氮宾的快速扩环通常太快,致使希望的交联反应难以发生,而三重态氮宾的反应活性不够,难以应用,于是发展了通过抑制扩环反应来延长单重态氮宾寿命的策略。一个有前景的化合物是 2,3,5,6-四氟-4-叠氮苯乙酮,它在苯溶液中释放出寿命为 172 ns 的单重态氮宾,可与很多底物反应形成强交联[420]。单重态基态氮宾衍生物(如酰基氮宾[421])和可形成双去氢氮杂卓(**15**)的氮宾反应活性都足够高,可以捕获肽和核苷中胺基团,均被推荐作为光亲和标记[422];在水溶液中形氮翁离子的 2-芴基叠氮化物也可以考虑用作光亲和标记。

5.4.3 自由基和离子自由基

大量产生自由基中间体和由此生成产物的光反应将在第 6 章中讨论。这些反应包括均裂反应,如酮的 α-断裂反应(Norrish I 型反应,6.3.3 节)、酮抽氢反应(图示 6.99)和脂肪族偶氮化合物 E-Z 光异构化后氮消除反应(图示 6.166)。Norrish I 型反应优先从酮的 n,π* 态进行,态相关图[331]、隧穿计算、从头算和 DFT 计算方法都已被用来解释 n,π* 和 π,π* 的单重态和三重态的相对反应活性、反应速率和 σ-键均裂的最佳位点(深入了解阅读参考文献[423])。n,π*-激发酮单重态和三重态的反应活性是可比的,但芳香酮经 ISC 到达三重态很快(10^{11} s^{-1},饱和酮仅为 10^8 s^{-1})。

碳中心自由基与烯烃[424,425]、氧[426,427]等不同底物反应的速率常数依据热力学、空间位阻和立体电子效应的不同可以相差几个数量级。自由基复合反应速率常数 k_{rec} 通常接近扩散控制极限,$k_r = k_d/4$[58],式中因子 1/4 是基于自旋统计学

(2.2.1 节),观察到的自终止反应二级反应速率常数为 $2k_r$。

键断裂形成共生自由基对的总多重度与其前体激发态相同,值得注意的是,由于存在**化学诱导动态核极化**(**chemically induced dynamic nuclear polarization**,CIDNP,专题 5.3)现象,前体的多重度通常可用最终产物的 NMR 谱来确定。

专题 5.3　化学诱导动态核极化(CIDNP)

CIDNP 的发现以在反应体系 NMR 谱中偶然观察到发射(负峰)为标志[428,429],这在 CIDNP 现象早期研究的个人观点中已经呈现[430]。

CIDNP 现象基于如下原理[431,432]:最初,自由基对以自旋相关态产生,为形成基态单重态产物,自由基对的电子自旋态必须为单重态。重要的是,电子自旋与核自旋态相互作用,当总自旋(核自旋加上电子自旋)守恒时,有利于从三重态到单重态自由基对的 ISC 过程,因此,某种核自旋态将有利于三重态自由基对复合。最初,核自旋态处于 Boltzmann 平衡①,但如果从三重态对出发的反应路径生成的产物与从单重态对出发不同,就可以观察到 CIDNP 现象,这是因为核自旋态不均匀地分布到不同产物,其结果是其 NMR 信号出现增强的吸收或发射。

两个自旋相关成对自由基间反应生成最终产物的反应称为**笼反应**(**cage reaction**)。当三重态自由基对的寿命不足以发生 ISC 回到单重态,两个自由基分开,分开后的自由基最终找到新的反应伙伴,这被称为**逃逸反应**(**escape reaction**)。每个反应类型会产生不同的极化 NMR 信号,也就是说,共振出现在增强吸收(A)或发射(E)中。Kaptein 和 Closs 发展了简单规则,使我们可以从个体 CIDNP 信号(A 或 E)和短寿命自由基对的磁性参数(各向同性超精细耦合常数和 g 因子)来确定前体自由基对的多重度[433]。

核自旋对二苄基酮及其衍生物光化学的显著影响(见专题 6.11)已有报道,在适当条件下已实现了在特定产物中 ^{13}C 同位素的大量富集[434]。磁场以及"微反应器"(胶束、沸石等)等对这些反应的影响已有详细的研究[435]。

光诱导电子转移(5.2 节)产生的自由基离子对在进一步反应时有几种选择[341,365,436],它们可发生逆向电子转移(RET)重新生成基态母体体系,由于自由基对整体单重态和三重态有着近似的简并性,自由基对中的 ISC 过程比在其母体

---

① 核自旋态间的能量差与 k_BT 相比非常小,即使在强磁场下,因此,在热平衡态,所有核自旋态的布居与 Boltzmann 定律(公式 2.9)基本一致,这就是为什么表示不同核自旋态间跃迁的 NMR 谱相对不敏感。要得到好的谱图,我们需要用毫克级的样品量,而在 UV 光谱测量中通常仅需几个微克的样品。合适频率的电磁辐射产生样品的吸收和受激发射(图 2.4),净吸收来自处于较低自旋态的微小过量分子。

芳香化合物中要快得多，RET 过程可在 1 ns 内完成，形成反应物之一的三重态("快速三重态"生成)，自由基离子对中的 ISC 过程被归因为基于磁场效应的超精细耦合[437,438]。作用体系中的阳离子自由基可发生重排，因为在瞬态自由基离子中重排势垒比其母体体系中低(一个熟知的例子是四环烷重排为降冰片二烯，图示 6.139)。CIDNP 信号的观察(见专题 5.3)已经证实这是评估该反应机理的有力工具。

在乙腈水溶液中萘自由基阳离子的产生可通过双光子电离或与 $SO_4^{\cdot -}$ 反应两种途径，它在水溶液中的寿命为 25 μs[439]。

等价于基态为单重态分子三重态的是自由基的**四重态**(quartet state，$S = 3/2$)，根据 Hund 规则，四重态构型应比相应含三个未成对电子的激发二重态(doublet)具有更低的能量，但这种含三个未成对电子的构型通常比最低激发二重态构型的能量高，如图 5.12 中左侧三个分子轨道图式，因此，经 ISC 到达长寿命四重态只能从自由基的高级激发二重态处发生，但二重态的内转换通常很快，所以经 ISC 到达长寿命四重态的过程并不易发生。因此，很难观察到四重态→二重态的磷光，而且自由基四重态在光化学中几乎不起作用。

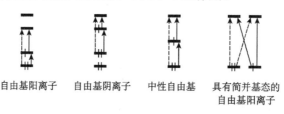

自由基阳离子　　自由基阴离子　　中性自由基　　具有简并基态的自由基阳离子

图 5.12　自由基的四重态。单电子激发导致单个未成对电子构型以实线箭头表示，导致三个未成对电子构型的以虚线箭头表示

自由基离子的情况不同，其两个未成对电子处于简并(或接近简并)分子轨道上(图 5.12，右)，自由基离子的二重态基态将是简并的(或接近简并)，最低激发态可能含三个未成对电子，事实上，可以观察到这种体系的四重态和四重态→二重态的磷光，例如，十环烯(decacyclene)自由基阴离子[440,441]、乙炔和苯的自由基阳离子[442,443]。

5.4.4　双自由基

推荐综述和参考书[16,318,444]。

本节旨在给有机化学家提供相对简单的指导原则、合理的结构与反应活性的关系以及预测双自由基反应活性和它们对可控参数(如温度、溶剂极性和磁场)变化响应的经验规则。在作必要的修正后，对卡宾和氮宾也适用。

近紫外光子的能量与有机分子键能相近，因此，光反应经常由共价键均裂引发,如果原初产物仍以共价键相连,均裂形成双自由基(图 5.13)。**双自由基(biradical**,也称为 **diradical**)通常定义为具有两个自由基中心(可能离域)的分子物种,即比标准价键规则预测价键数少一的物种。当两个自由基中心处于同一个原子上时(1,1-双自由基),这种次价物种被称为卡宾(5.4.1 节)、氮宾(5.4.2 节)等。两个自由基中心可以饱和共价键连接[**定域双自由基(localized biradical)**],也可离域于同一 π 体系[**共轭双自由基(conjugated biradical)**]。

化学转换涉及键的断裂和新键的形成,双自由基就处于这一交界面,因此它们的性质十分重要。表示双自由基的分子结构对应连接激发态和基态势能面的漏斗(图 2.26),由于几个电子态的近似简并,双自由基的电子结构就像变色龙,很难预测其化学性质,但同时也给予了影响其行为的机会。长期以来,它们固有的不稳定性使人们放弃了探索其作为双功能试剂的合成潜力。固态基质和溶液中对双自由基的各种实验研究(双自由基中间体的系统捕获研究、光谱检测和鉴定,以及溶液中反应动力学的研究)结合理论模型的发展,已经给出了一些清晰的结果,鉴定出在合成上有意义的相对长寿命双自由基。

含两个自由基中心的分子将有两个非键分子轨道,被两个电子占据,如果两个电子自旋平行,它们一定分别占据一个非键分子轨道,形成三重态构型;如果两个电子自旋相反,根据 Pauli 原理,还可以构建另外两种构型,两个电子同时置于一个或另一个非键分子轨道中。我们得到一个三重态和三个单重态(图 5.13),依据 HMO 理论,所有这些态的能量相同。当我们考虑电子相互作用时,三重态可能是双自由基基态(Hund 第一规则),两个带有局域电荷的单重态(电子-空穴对态)以价键(VB)理论描述可看作**两性离子(zwitterion)**,在能量上通常比每个自由基中心只有一个电子的所谓**共价单重态(covalent singlet state)**高。

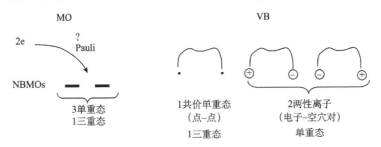

图 5.13 双自由基的四种低能电子态

上面给出的双自由基定义是基于 G. N. Lewis 的价键规则,但不包括 1,3-环丁二烯(**3**)这类的分子,它们具有满足这些规则的结构,亦即 Kekulé 结构,但依据 HMO 理论分子 **3** 有两个非键分子轨道(4.2 节,图 4.2),因而表现为双自由基的电子性质,于是人们可定义双自由基为在两个(基本)非键轨道上有两个电子的开壳物种。相反,我们倾向于采用下面对双自由基的实用定义,它无须参考任何模型(VB 或 MO):双自由基是具有三个低能电子单重态和一个三重态的分子物种，其中三重态的能量低于或略高于最低单重态[445]。低能电子态热布居依赖于温度，因此单重态-三重态能隙应与 $k_\mathrm{B}T(N_\mathrm{A}k_\mathrm{B}T=RT=2.5\ \mathrm{kJ\ mol^{-1}}$，室温)比较判断。当两个自由基中心存在明显相互作用，或是当它们本身有不同的负电性，抑或是当结构弛豫时，例如，环丁二烯中键的定域，非键分子轨道经常会在一定程度上分裂，一个非键分子轨道稳定了另一个非键分子轨道。单重态-三重态间能隙超过 $k_\mathrm{B}T$ 的类似双自由基物种可称为**类双自由基(biradicaloid)**。

已对共轭 **Kekulé 双自由基**(例如，至少可画出一种 Kekulé 结构的化合物 **3**)与**非 Kekulé 双自由基(non-Kekulé biradical)**，例如不具有合适的 Kekulé 结构的三亚甲基甲烷 **17**)进行了区分(如图 5.14 所示)。在非 Kekulé 交替碳氢化合物中，星号(*)原子数 s 超过了无星号(o)原子数 u，非键分子轨道数至少必须等于 $|s-u|$，即 $\geqslant 2$(4.6 节)，因此，所有非 Kekulé 碳氢化合物均为双自由基。对于 Kekulé 碳氢化合物，$|s-u|\geqslant 0$，它们通常是闭壳基态稳定分子，如苯或丁二烯；但诸如有两个非键分子轨道或 HOMO 与 LUMO 间能隙很小的环丁二烯(**3**)这样的 Kekulé 碳氢化合物，也被称为 Kekulé 双自由基或类双自由基。另外两种 Kekulé 双自由基(**20** 和 **21**)如图示 5.10 所示。

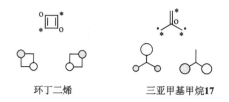

图 5.14　环丁二烯及三亚甲基甲烷的非键分子轨道

共轭双自由基另一种重要分类是基于它们的 Hückel 非键分子轨道能否被限制在一组**不相交(disjoint)**原子上[446]。如 4.2 节所讨论的，简并波函数任意归一化线性组合是一个同等有效波函数，化合物 **3** 和 **17** 具有最小局域重叠的非键分子轨道线性组合如图 5.14 所示。化合物 **3** 带星号和不带星号原子组在空间上完全分离，因此，**3** 是一个**不相交双自由基(disjoint biradical)**；而化合物 **17** 任意非键分子轨道线性组合均不能与 **3** 相同，被分类为**非不相交双自由基(nondisjoint biradical)**。

不相交与非不相交共轭双自由基间的区别为理解它们电子性质提供了有用的依据。给定双自由基所属类别可通过 PMO 分析立判(4.6 节)。烯丙基自由基与甲基自由基结合形成化合物 **3** 或 **17**，每种情况下均生成两个非键分子轨道，因为它发生在烯丙基自由基非键分子轨道的节面上。非键分子轨道系数很容易从规则 4(公式 4.25)得到：连接在 $c_{\mathrm{NBMO},\mu}=0$ 原子上的原子系数总和必须为零。PMO 分析直接给出"定域"非键分子轨道，电子在开壳中尽可能分占不同轨道，最

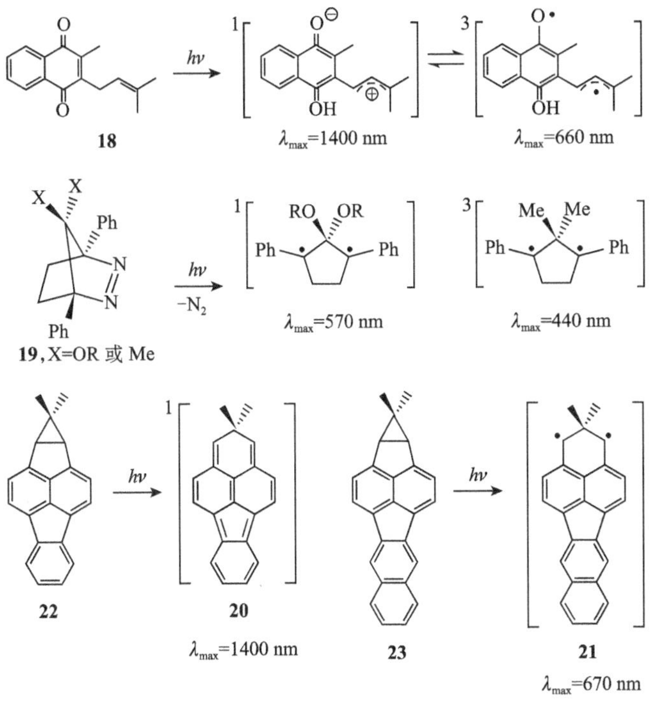

图示 5.10　单重态和三重态双自由基的第一吸收带

适合用单一构型描述最低能量单重态和三重态。

从这个定域基础组开始,单重态-三重态能隙($\Delta E_{ST} = E_S - E_T$)可用两个非键分子轨道 Ψ_i 和 Ψ_j 间的交换积分 K_{ij}(公式 4.34)的两倍进行估算,对于非不相交双自由基(如 **17**),它将相当可观(约为 1 eV),但对于不相交双自由基(如 **3**),其在零微分重叠(zero differential overlap, ZDO)近似下为零。化合物 **17** 的基态的确为三重态,其 ΔE_{ST} 为 (67.4 ± 0.4) kJ mol^{-1}[447]。从头算计算预测 ^{3}**17** 的平衡几何形状为平面构型(D_{3h} 对称性),而 ^{1}**17** 则弛豫为垂直的几何形状,其中一个亚甲基与其他原子的平面正交(C_{2v})[448]。另一方面,环丁二烯(**3**)的基态为单重态,键长交替使其稳定。从我们的简单模型得到 ΔE_{ST}(**3**)=0,但从头算计算略倾向于单重态,即使对于平面正方形的 **3**,这是由称为自旋极化的小稳定性导致的。如果允许这一小的修正,基于简单 PMO 方法的分类可为很多共轭双自由基的基态多重度提供有力的预测。

交换积分随距离增加迅速减小(图 4.21),单重态-三重态能隙随自由基中心距离增加也迅速降低。在 1,2-双自由基(90° 扭曲的烯烃,5.5 节)和定域 1,n-双自由基($n>2$)中,能隙通常在几个 kJ mol^{-1} 以内,即与室温下的 RT 相当。能隙 ΔE_{ST} 在双自由基的 ISC 过程中起决定作用。

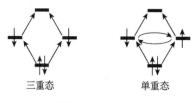

图 5.15 单重态和三重态双自由基中电子跃迁的 MO 图示

由于双自由基具有三个低能单重态，可以预测通常情况下单重态双自由基比相同（或相似）结构三重态双自由基的吸收波长更长，这可用图 5.15 中的分子轨道图解进行说明，图中给出了可到达单重态双自由基的两个额外低能跃迁。

氧分子是一个典型的例子（2.2.5 节），在三重态基态，它仅吸收深紫外区域的光，但单重态氧的最低激发态（$^1\Sigma_g^+$）只比其最低单重态（$^1\Delta_g$）高 62.7 kJ mol^{-1}。有机单重态双自由基长波长吸收带的其他例子已在图示 5.10 中给出。

图示 5.10 最上面一行给出了 m-醌甲基化物双自由基，它通过光解维生素 K$_1$ 的类似物（甲基萘醌类，**18**）形成[449]，该双自由基的单重态和三重态处于热平衡，在极性介质中，它的两性离子单重态稳定，吸收在 1400 nm。第二行为 2,2-双取代 1,3-二苯基环戊烷-1,3-双自由基，通过光解相应偶氮烷烃前体 **19** 生成。2,2-二甲基衍生物基态为三重态，它们的吸收光谱与苄基自由基类似，在 320 nm 处有一个中等强度吸收带，在 440 nm 处呈现一个很弱的宇称禁阻带[450]；2,2-二氟-和 2,2-二烷氧基取代衍生物的基态为单重态，在可见光区 $\lambda_{max}=500\sim600$ nm 呈现宽的强吸收带[451]。在最下面一行中为两个非交替碳氢化合物，2,2-二甲基-2H-苯并[cd]芴蒽（**20**）及其苯并类似物 2,2-二甲基-2H-二苯并[cd,k]芴蒽（**21**），通过光解它们的环丙烷前驱体 **22** 和 **23** 形成[452]；化合物 **21** 是唯一已知的具有三重态基态的 Kekulé 双自由基，具有单重态基态的化合物 **20** 的单重态-三重态能隙估算为 -10 kJ mol^{-1}，化合物 **21**（基态为三重态）的单重态-三重态能隙约为 $+5$ kJ mol^{-1}，虽然 ^{3}**21** 具有大的结构，但其第一吸收带的波长比 ^{1}**20** 短得多。饱和单重态卡宾金刚烷烯在 620 nm 处呈现一个宽的弱吸收带[398]。

图示 5.11 为通用示意图，用于分析涉及双自由基中间体 B 反应机理，也适用于卡宾（5.4.1 节）和氮宾（5.4.2 节）。当反应物分子 M 通过热或光化学使键均裂形成双自由基时，双自由基的初始多重度与其前体相同。单重态双自由基（^{1}B）的寿命短，因为回到反应物 M 或形成另一个新产物的自旋允许键的形成通常很快（皮秒时间尺度）；在碳氢化合物双自由基中，到达双自由基三重态（^{3}B）ISC 的过程很难与上述过程竞争，除非在卡宾中（5.4.1 节）或者在低温下键的形成需要活化能的情况。

三重态双自由基可以从反应物 M 的三重态产生，因为需要经 ISC 回到基态为单重态的产物，它们通常具有较长的寿命（纳秒）。在空气饱和的溶液中，它们可被氧捕获形成过氧化物（卡宾形成羰基化合物）；与之类似，在高光强照射下可以形成 ^{3}B 二聚体，这是自旋允许过程，发生概率是碰撞的 1/9（图示 2.5）。低温下，

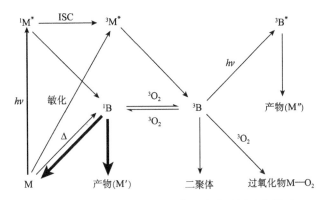

图示 5.11　经双自由基中间体反应的通用反应图示

三重态双自由基可以长时间稳定存在，并且可用 ESR 谱进行识别。在闪光光解实验或低温下，^{3}B 吸收光有可能经其激发态 ^{3}B* 生成新的产物。研究实例为 1,4-迫萘合环庚烷(**24**)的偶氮前体的光反应[453]，见图示 5.12 和案例研究 5.2。

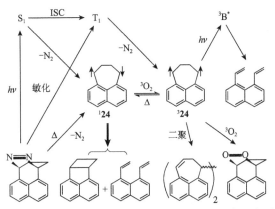

图示 5.12　共轭碳氢化合物双自由基单重态和三重态反应活性[453]

案例研究 5.2　机理光化学——环戊烷-1,3-双自由基

1,3-二苯基环戊烷-1,3-双基的单重态[454,455]（^{1}CP，图示 5.13）可通过直接光照或热解其偶氮前体生成，也可通过 1,4-二苯基双环[2,1,0]戊烷(房烷)中心键的热均裂生成，这些键的均裂释放出大量的应变能，而且产生的双自由基被苯基稳定。因此，房烷的中心键很弱，并且伴随简并环翻转反应，该环翻转反应必须经作为过渡态或中间体的 CP 双自由基进行，室温下约每秒发生两次。环翻转活化参数通过 H-NMR 测得：$\Delta H^\ddagger = (51.0 \pm 0.4)$ kJ mol^{-1}，$\Delta S^\ddagger = (-69 \pm 6)$ J K^{-1} mol^{-1}[455]。

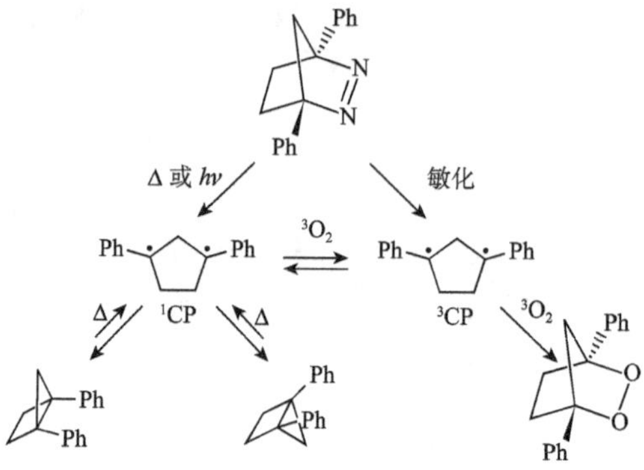

图示 5.13

^{1}CP 是处在势阱中和自发地经 ISC 到达 ^{3}CP 吗？对第二个问题的回答是否定的[454]，闪光光解和氧捕获实验证实了这点。三重态 ^{3}CP 经 ESR 谱确认，在温度降至 3.8 K 时仍然存在，说明三重态是该双自由基的基态。二苯酮闪光光解敏化偶氮前体形成 ^{3}CP，其寿命在除气溶液中为 27 μs (λ_{max} = 320 nm)。^{3}CP 被氧猝灭很快，$k = 7.5 \times 10^9$ M^{-1} s^{-1}，生成内过氧化物 (endoperoxide)。直接闪光光解偶氮化合物，没有观察到 ^{3}CP，而是高产率地生成了房烷；后者在除气溶液中稳定，但在含空气乙腈溶液中与氧反应生成内过氧化物。氧化反应对氧和房烷两者浓度均遵循一级速率方程，$k_{ox} = 2.1$ M^{-1} s^{-1} (24 ℃)。于是，当氧气浓度为 2×10^{-3} M (空气饱和) 或更低时，环翻转反应 ($k_{flip} = 2$ s^{-1}) 比氧化反应 ($k_{ox}[O_2] = 4.3 \times 10^{-3}$ s^{-1}) 快得多。这些观察不包括 ^{1}CP 经自发的 ISC 过程形成的 ^{3}CP 被捕获发生的氧化反应，因为任何形成的 ^{3}CP 都会被定量捕获，对氧浓度的速率方程为零级。

回到第一个问题，此问题答案是肯定的。^{1}CP 是一个亚稳态中间体，正如氧捕获发生的事实所表明的，^{1}CP 与 ^{3}O$_2$ 的任何碰撞将诱导**氧催化 (oxygen-catalysed) ISC**，这是一个自旋允许的过程 (2.2.5 节)；一旦 ^{3}CP 形成，它很可能离开与 ^{3}O$_2$ 形成的整体为三重态的碰撞复合物，不能直接形成内过氧化物；但 ^{3}CP 将很快被另一个氧分子捕获，因此 ^{3}CP 的形成是不可逆的。从很多先例可知，催化 ISC 发生在扩散极限，$k_{cat} \approx 2.8 \times 10^{10}$ M^{-1} s^{-1}，表观氧化动力学表明 ^{1}CP 的寿命至少为 20 ps，防止其发生环化反应的势垒约为 12 kJ mol^{-1}[454]。这些结果在图 5.16 中用环翻转反应的势能面予以说明。

三重态双自由基 ^{3}CP 怎么回到单重态基态呢？如图 5.16 所示，它必须经过一个小势垒到达与单重态势能面的交叉点处，在交叉点自旋-轨道耦合 (SOC) 的大小 (4.8 节) 将决定非绝热反应的小概率 (Landau-Zener 模型，公式 2.53)，也就是说分子将找到去往单重态基态的逃逸口。将双自由基中自旋-轨道耦合项的一般性分析[320]应用到³CP,对于平面的³CP双自由基,三重态到最低单重态的自旋-轨道耦合为零,因为最低单重态波函数(共价键,点-点)不能与两性离子(电子-空穴对)波函数混合,两性离子波函数需要与共价三重态产生自旋-轨道耦合(4.8节)。这已经解释了几何结构受限的³CP双自由基具有非常长寿命的原因,但这些寿命对于结构环境相当敏感,如图示5.14所示的例子,显然,2,2-二甲基取代显著缩短了这些几何结构受限三重态1,3-双自由基的寿命。

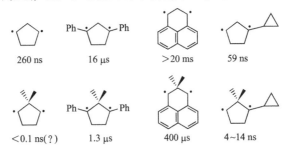

图示5.14　一些三重态1,3-双自由基在除气溶液中的寿命

为了理解这一趋势,我们需要审视通过将较低两性离子(空穴-电子对)态掺杂到共价单重态基态波函数允许发生自旋-轨道耦合的要求。必须满足两个条件[320]:分子必须要沿生成房烷的反应坐标弯曲(图5.16)和两个非键分子轨道必须通过"共价"相互作用分开。图5.17给出了平面CP简化分子轨道图解。

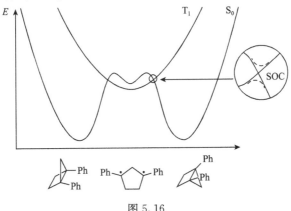

图5.16

图5.17的左侧为两个对称性匹配的非键分子轨道s(相对2位CH₂基团构成平面的对称)和a(反对称)之间的相互作用,分两个阶段考虑。直接通过空间相互作用稳定s非键分子轨道,但对a的非键分子轨道去稳定化,这种相互作用被涉及2-CH₂的假-π分子轨道的通过键的相互作用抵消,产生的小能隙γ使

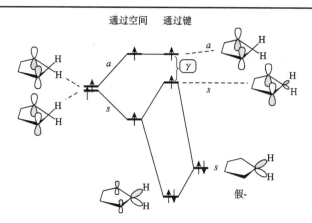

图 5.17 环戊烷-1,3-双自由基(CP)的分子轨道相互作用图。对称性标记 a 和 s 指相对 2 位 CH_2 基团定义平面的对称

两个非键分子轨道分开,在每个双自由基三重态填有一个电子。这种可引起低能位闭壳两性离子(电子-空穴对)波函数与共价波函数混合的矩阵元为 γ,因此 ISC 速率常数将正比于 $\gamma^{2[450]}$。将 2-位上的 CH_2 基以 CMe_2 替代,假-π 轨道与 π-非键分子轨道的 s-结合相互作用的基础能量将会提高约 1.5 eV。结果是对称的非键分子轨道比反对称的高,能隙 γ 增大,这将增加电子-空穴对波函数在非平面几何形态对 S_0 的贡献,使 2,2-二甲基取代的 CP 双自由基的 ISC 速率增大[457]。

另一种修饰的方法是在 1,3-二苯基 CP 双自由基母体的苯基上进行取代。一系列 33 对称与不对称取代三重态 1,3-二芳基 CP 用闪光光解进行了研究[450],从 ISC 速率常数的温度依赖关系测得 Arrhenius 参数,得到活化能 E_a 为 8~25 kJ mol^{-1},指前因子 A 为 10^7~10^{10} s^{-1}。低的 A 因子反映出在面交叉中 ISC 发生概率低。与直觉相反但与模型相符[320],不对称的推-拉取代并**不增加**空穴-波函数对 S_0 的贡献,因此也不增加 ISC 速率。除溴和碘取代化合物外,表观速率常数与 γ^2 的计算值能够很好地吻合,溴和碘取代化合物表现出的 ISC 速率增大可归因于重原子效应[4.8节]。

某些单重态双自由基通过环酮化合物飞秒-脉冲去羰基化过程产生,其飞秒动力学通过时间分辨质谱进行了研究[460]。单重态的三亚甲基($\cdot CH_2CH_2CH_2\cdot$,120 fs)、四亚甲基($\cdot CH_2CH_2CH_2CH_2\cdot$,700 fs)及其母体 CP(190 fs)非常短的寿命已有报道,但要注意的是,这些双自由基是在过量能量作用下在气相中作为孤立物种形成的(CP 双自由基是吸收了两个 307 nm 的光子形成的)。某些单重态 1,4-双自由基是通过 2-戊酮的 Norrish II 型反应形成的(6.3.4 节),它们的寿命以同样方法测得,在 0.5~0.7 ps 范围[461],这些双自由基的寿命(特别是 CP)在溶液中可能会显著增长。少量的单重态双自由基寿命是通过氧捕获估算的,例如 1,3-二苯基 CP(案例研究 5.2)和 1,4-迫萘合环庚烷(24,图示 5.12)[453],或者利用泵浦-探测光谱来测量[如在 2,7-二氢-2,2,7,7-四甲基芘的光环化反应中的 1,3-双自由基中间体,图 6.11],见图示 5.15。

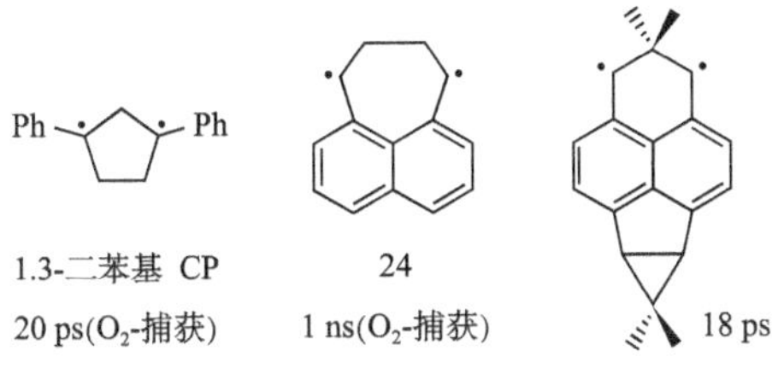

图示 5.15　单重态双自由基寿命

图示 5.16 给出了通过环酮的激光闪光光解产生的一系列定域三重态 1,n-双自由基(经 Norrish I 型断裂,6.3.3 节)[40]。对于较短链化合物,主要产物通过歧化反应生成,但当 $n \geqslant 10$ 时,可高产率地得到对位环蕃类化合物。三重态双自由基中间体的寿命($\lambda_{max} = 320$ nm)随着链长增加先从 45 ns($n=6$)增长到 80 ns($n=8$),然后再随链进一步增长而减小到 50 ns($n=12$ 和 15)。到达单重态的 ISC 过程被认为是产物形成反应的决速步。单重态-三重态能隙 ΔE_{ST} 和自旋-轨道耦合均随自由基中心距离增大而呈指数下降。不同柔性双自由基构象异构体的 ISC 速率不同,后续产物的生成发生在具有短末端距的少数单重态构像异构体。尽管双自由基大多数时间处于伸展构象,但自旋-轨道耦合诱导的 ISC 将在少数几个具有相对较短自由基中心距离的构象异构体中发生,$n=8$ 时这类构象最少;双自由基具有最长的寿命。

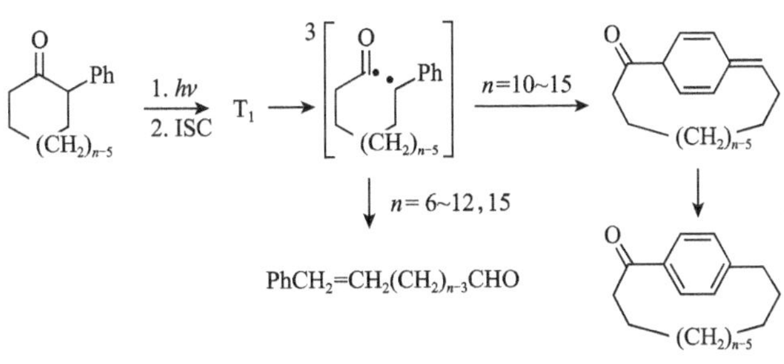

图示 5.16

多数有意义的结果是通过测量这些双自由基在 50 μT(地球磁场)到 0.1 T 磁场 B 中的寿命得到的。在有或无磁场存在下,ISC 速率常数的比值 k_{ISC}^b / k_{ISC}^0 从 1($B=50$ μT)增加到最大值 1.13,然后又降低到 0.8~0.9 的渐近值($B=0.1$ T)。

对 $n=12$,在 3 mT 达到最大值,而对 $n=11$ 和 10,分别在 12 mT 和 60 mT 时达到最大值。对这些数据和其他数据分析证明,ISC 过程中自旋-轨道耦合起主要作用(对 $n=12$ 为 76%,对 $n=11$ 为 88%);但对最长链化合物超精细的耦合(HFC)变得十分重要;还应指出的是,对于 $1,n$-二苄基双自由基,在 $n>6$ 时超精细耦合(HFC)成为主要作用,因为在没有酰基存在时自旋-轨道耦合作用很小(回忆一下,自旋-轨道耦合随着原子序数 Z 的四次方而增大,4.8 节)。

案例研究 5.3 机理光化学——p-羟基苯甲酰基化合物的光-Favorskii 反应

p-羟基苯甲酰基(pHP)是一种对阴离子底物 X^- 有效的**光脱除保护基团 (photoremovable protecting group)**(见专题 6.18)。举例来说,从化合物 **25**[X=OPO(OEt)$_2$,图示 5.17]中二乙基磷酸酯的释放伴随 pHP 的光-Favorskii 重排,生成了仅能吸收小于 300 nm 光的 p-羟基苯乙酸(**26**)。随着快速有效的 ISC 过程,反应从 **25** 的最低三重态 T_1($\lambda_{max}=390$ nm)进行;该反应仅能在含水溶剂中进行,而且 T_1 寿命随乙腈中水含量的增大呈二次方降低[383],伴随二乙基磷酸酯 X 为离去基团,在除气干燥乙腈中 T_1 寿命可达几个微秒,当溶剂全部为水时减小到 60 ps[462]。可见水在离去基团消除过程中起重要作用。

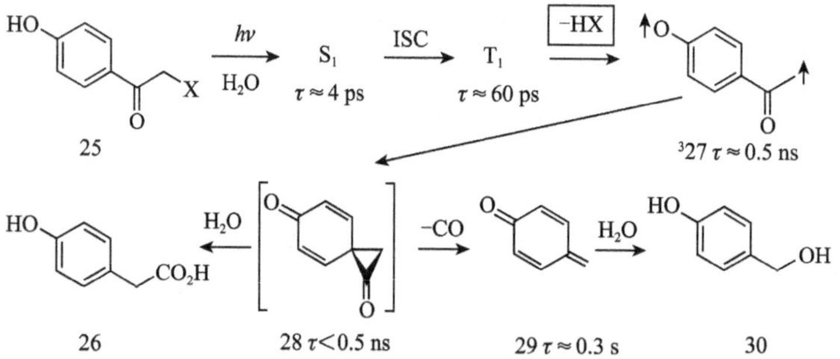

图示 5.17 p-羟基苯甲酰基二乙基磷酸酯光断裂机理

化合物 **25** 在 50% 水乙腈溶液中的时间分辨共振拉曼光谱证明,以脉冲激发 **25**,终产物 **26** 的生成速率常数为 2.1×10^9 s^{-1}[207],**26** 的生成略迟于 T_1(**25**)的衰减,$k=3.0\times10^9$ s^{-1},这些速率常数是通过光学泵浦-探测光谱在相同溶剂中分别测得的。导致 **26** 延迟生成的中间体可归属为寿命 $\tau\approx0.5$ ns 的三重态双自由基 ^{3}**27**[462],它在 445 nm 和 420 nm 处呈现弱但特有的吸收带,类似于苯氧自由基的吸收。推测 ISC 是 ^{3}**27** 环化为螺-二烯醇 **28** 衰减过程的决速步。没有检测到中间体 **28**,其在反应条件下的衰减一定比生成的速率要快。低水浓度条件下,**28** 脱羰生成 p-醌甲基化物(**29**)的过程与生成 **26** 的水解过程竞争,生成

的 **29** 水解生成最终产物 p-羟基苄醇(**30**)。

要确定离去基团的释放速率还需要详细了解这一机理。利用二乙基磷酸酯的快速有效释放($\tau=60$ ps,$\Phi \geqslant 0.4$),p-羟基苯甲酰基保护有望在快速反应研究中应用,例如,蛋白质折叠的原初步骤(无规卷曲到 α-螺旋的形成)(图 5.18)。

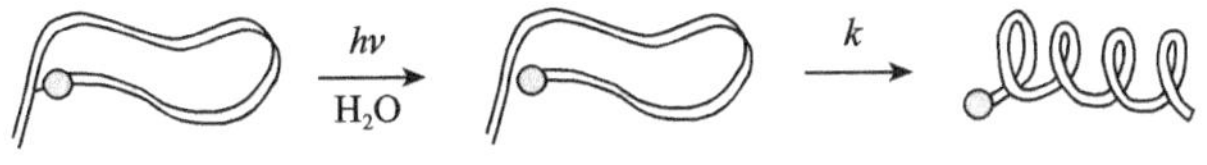

图 5.18

5.4.5 碳正离子和碳负离子

推荐综述[391,463]。

由于 20 世纪 20 年代 H. Meerwein、C. Ingold、S. Winstein 和其他人开拓性的研究,碳正离子作为反应中间体已在物理有机化学中占有重要的地位。G. Olah 发现很多碳正离子在超酸溶剂中可以稳定存在。长期以来,乙烯基阳离子被认为是超短寿命的,甚至不能作为反应中间体存在,但现在可以通过卤化物、乙酸酯和醇类化合物在极性溶剂中的光诱导异裂方便地得到并进行研究[464]。碳正离子中间体的衰减通常是由溶剂加成所致的一级反应,其速率随介质亲核性增加而增大。2,2,2-三氟乙醇(TFE)和 1,1,1,3,3,3-六氟异丙醇(HFIP)尤其适用于激光闪光光解来研究碳正离子,因为这些溶剂有助于碳正离子的有效形成,而对碳正离子的捕获却很慢。碳正离子的寿命对溶液中氧气的存在不敏感。

高活性苯基阳离子在近紫外区无吸收,在很长时间没有被检测到,现在它已通过 1,3,5-三甲基苯(TMB)"滴定"的方法确认(图示 5.18)[465]。

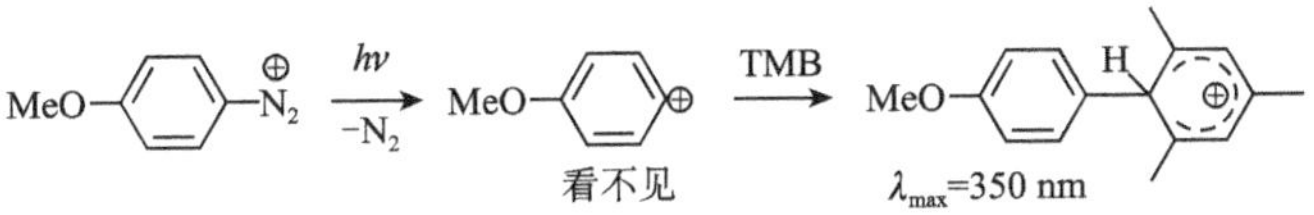

图示 5.18 通过 1,3,5-三甲基苯(TMB)捕获使光化学产生的苯基阳离子可视

芴基正离子(**31**)是一种"反芳香"的碳正离子,在质子溶剂中通过光照 9-芴醇产生(见图示 5.19)[466-469]。阳离子 **31** 在 515 nm 处呈一窄吸收带,9-芴醇前体单重态的寿命($\lambda_{max,abs}=630$ nm,$\lambda_{max,em}=370$ nm)在极性溶剂中明显减小,在环己烷中为 1.7 ns,而在水中小于 10 ps。在质子溶剂中 C—OH 键异裂的加速必须归因于快速质子转移给初期 OH⁻ 离去基团,因为 C—OH 键断裂发生的时间(<10 ps)

比离子溶剂化(25 ps)要快[468]。阳离子 **31** 在水和 TFE 中寿命为 20 ps[468],在碱金属沸石内为几百纳秒[469],在 HFIP 中为 30 μs[467]。

测得 **31** 的水合平衡常数为 $pK_R=-15.9$[470],因此 9-芴醇在水中异裂分解平衡常数为 $K_{diss}=K_R/K_W=10^{19.9}$,它相当于基态的自由能变化 $\Delta_r G^\circ=114$ kJ mol^{-1}。

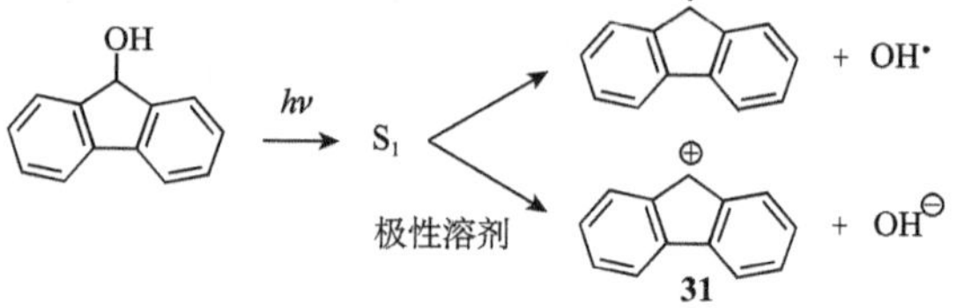

图示 5.19

5.4.6 烯醇

推荐综述[471-473]。

闪光光解对理解水溶液中的烯醇化学做出了很大贡献。简单酮类化合物的烯醇化平衡常数 $K_e=c_{enol}/c_{ketone}$ 通常很小,很难直接确定平衡时烯醇浓度 c_{enol}。例如丙酮的烯醇化常数为 $pK_E=8.3$,因此水溶液中 2-羟基丙烯的相对量仅为 5 ppb,尽管如此,大多数羰基化合物的反应通过烯醇中间体进行,因为烯醇中间体一旦形成即为高活性的亲电试剂。酸催化丙酮溴化反应的速率方程与溴浓度无关,这一现象在 20 世纪初被 Lapworth 观察到,他得出的结论是烯醇化是该反应的决速步。很多动力学不稳定的烯醇、炔醇、炔胺以及酚的酮式互变异构体通过适当前体的闪光光解以比平衡浓度高的浓度产生,平衡动力学作为 pH 值的函数进行监测[471-473]。这些反应通常符合一级速率方程,表观速率常数为酮化和烯醇化速率常数之和,$k_{obs}=k^K+k^e$。这一技术最早应用于利用丁基苯基酮的 Norrish II 型反应研究苯乙酮的烯醇(6.3.4 节,案例研究 6.20),苯乙炔的光诱导质子化也可生成相同的中间体(6.1.4 节,图示 6.38)。其他用于产生烯醇的方法包括酮抽氢光还原(6.3.1 节)后歧化反应产生羰游基自由基,o-烷基苯基酮的光烯醇化反应(6.3.6 节),α-重氮羰基化合物的 Wolff-重排(6.4.2 节)后水解经烯-1,1-二醇生成烯酮,以及羧酸的烯醇化。某些进一步的反应与生成苯酚酮式互变异构体的例子一起列于图示 5.20 中。

逆向互变异构反应的速率常数可通过酮的热卤化反应或同位素交换反应测定。将酮化速率常数 k^K 与烯醇化速率常数 k^e 结合,得到烯醇化准确的平衡常数 $K_e=k^e/k^K$。酮的酸度常数 K_a^K 以及相应烯醇的酸度常数 K_a^E 通过热力学循环 $pK_E=pK_a^K-pK_a^E$ 与烯醇化常数 K_e 相关联(图示 5.21)。

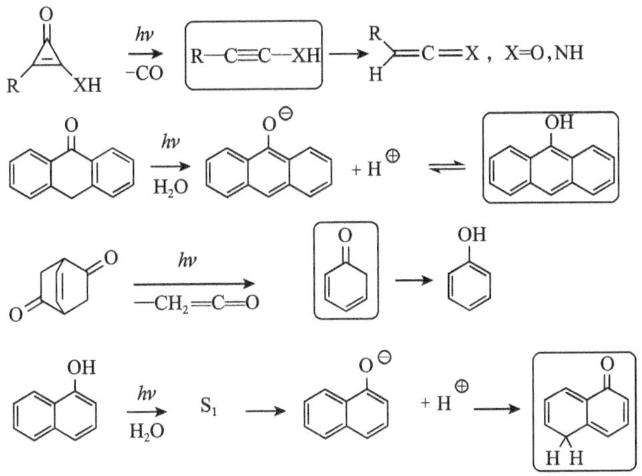

图示 5.20　光化学产生烯醇、炔醇、炔胺(ynamine)以及苯酚酮式互变异构体

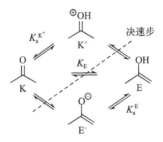

图示 5.21　烯醇化和酮式化的酸和碱催化

图示 5.21 还给出了酮式-烯醇式互变异构的三个途径,依赖于 pH 值的互变异构过程在酸或碱催化进行。"非催化"途径可归因为水作为碱,即 $E + H_2O \rightleftharpoons E^- + H_3O^+ \longrightarrow K + H_2O$。单分子 1,3-氢迁移的活化能过高,因此在没有水或其他常见酸和碱催化剂存在下,热力学不稳定的烯醇可长期存在。三个独立的反应途径体现在 **pH-速率关系图(pH-rate profile)** 中,例如,图 5.19 中所示 2,4-环己二烯酮的烯醇化[475],因为 2,4-环己二烯酮是可使溶剂水快速质子化的强酸,在 pH =7 左右很大范围,这种"非催化"反应占主导地位,但在大多数酮-烯醇反应中,这一反应途径并不为主。

含氧酸与其共轭碱平衡快速建立时,其决速步总是对应于碳原子的质子化或去质子化,这一事实可用来确定烯醇、炔醇和炔胺的酸常数 K_a^e,可以通过闪光光解的动力学模式测定,向下弯曲 pH-速率关系表示预平衡,也可以通过不同 pH 值溶液中瞬态吸收的变化(光谱滴定)测定。该研究已经提供了一些重要的基准数值,例如苯基炔醇的酸常数($pK_a^e \leqslant 2.7$)[476],苯基炔胺的酸常数($pK_a^e \leqslant 18.0$)[477],它

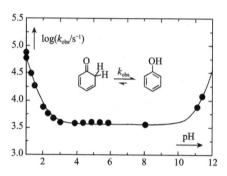

图 5.19　2,4-环己二烯酮 25 ℃在水溶液中烯醇化为苯酚的 pH-速率关系图

们的五氟衍生物的酸常数(pK_a^e=10.3)[478],碳酸 2,4-环己二烯酮的酸常数 pK_a^e= −2.9[475],2,4-环己二酮的烯醇化常数为 pK_e=−12.7。

5.5　双键的光异构化

二苯基乙烯的 E-Z 光异构化已经被详细研究,我们用习惯性标记"t"表示**反式**(*trans*),以其表示接近于(E)-二苯基乙烯的结构,用"c"表示**顺式**(*cis*),以其表示接近(Z)-二苯基乙烯的结构,"p"为垂直(perpendicular),以其表示基态接近 E-Z 异构化过渡态几何形状的结构。图 5.20 为主要基于下面讨论实验数据得到的 S_0、S_1 和 T_1 的势能面(PES)。

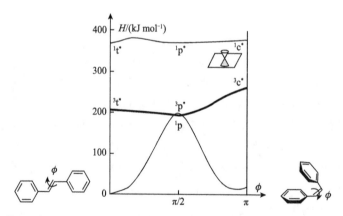

图 5.20　二苯基乙烯 E-Z 异构化势能面[479]。锥形交叉点[480]在图示扭转反应坐标之外环化为 DHP 的途径上

对纯 c 溶液进行照射,除了生成 t($\Phi_{c \to t}$=0.35)外,还生成环化产物二氢菲(DHP),其量子产率约为 0.1(图示 6.4)[481]。激发 c 到达^{1}c* 的 Franck-Condon 区域并不对应激发单重态势能面的极小,溶剂摩擦对其重排表现为一个有效势

垒,因此激发态$^1c^*$依溶剂的黏度不同可存在 0.3~2 ps[479,482]。$^1c^*$ 初始衰减是非指数的[483],表现为相干波包运动引起的阻尼时间约 200 fs 的明显量子拍[483]。在 30 ℃正己烷中激发 c,可以观察到来自$^1c^*$($\Phi_f=8\times10^{-5}$)和$^1t^*$($\Phi_f=7\times10^{-5}$)的弱荧光,来自$^1t^*$的荧光是由于绝热光异构化反应$^1c^* \rightarrow {}^1t^*$[484];在 77 K 刚性烷烃玻璃体中,$^1c^*$的漫发射光谱呈现出振动结构,其寿命和量子产率增大到 4.7 ns 和$\Phi_f \approx 0.8$[485,486]。

激发 t 产生$^1t^*$,$^1t^*$产生 c 和 t 的量大致相同,$\Phi_{t\rightarrow c}=0.54$[487],其荧光量子产率和寿命对温度和溶剂黏度的依赖关系表明,$^1t^*$的反应越过了激发单重态一个介质增强势垒,固有势垒大小为 12 kJ mol^{-1}[488]。荧光量子产率和寿命强烈依赖于溶剂黏度[489],在 30 ℃,戊烷中$\Phi_f=0.035$,$\tau(^1t^*)=59$ ps,己烷中$\Phi_f=0.040$,$\tau(^1t^*)=64$ ps,在正十四烷中$\Phi_f=0.077$,$\tau(^1t^*)=110$ ps,在 77 K 刚性烷烃玻璃体中,$\Phi_f=0.95$ 和$\tau(^1t^*)=1.6$ ns[488]。c 和 t 的第一吸收带对应于 HOMO-LUMO 跃迁(图 6.1),但对处在高于 $S_1(t)$ 态 1000 cm^{-1}处[490]的 A_g 对称的双重激发态是禁阻的(见 4.7 节最后)。

室温低黏度介质中,到达三重态的 ISC 过程效率低,三重态必须通过敏化布居。在高浓度 c 或 t 存在下,用脉冲激光照射敏化剂,产生相同的瞬态中间体[491],表现为在 400~360 nm 强度增加的宽吸收峰。中间体以 60 ns 的寿命衰减生成几乎相同量的 c 和 t 异构体,这归因于扭曲的三重态$^3p^*$,$^3p^*$的能量利用光声量热计测得为高于 t 的基态(195 ± 4) kJ mol^{-1}[251]。在溶液中 c 到 t 异构化反应焓为 $\Delta_{c-t}H=(-19.2\pm0.4)$ kJ mol^{-1},基态这一反应的活化焓为(182 ± 8) kJ mol^{-1}[492]。因此在垂直几何构型T_1-S_0的能隙几乎消失,$^3p^*$可能只是略低于^1p。

直接激发任一异构体生成近似产率的 c 和 t,长期以来被视为 E-Z 光异构化是经过一个共同中间体$^1p^*$的证据,中间体作为内转换回到基态的通道。然而,飞秒激光研究结果与这种超过 150 fs 寿命中间体的结果并不符合,因为并没有检测到$^1c^*$消失和基态产物吸收出现之间的延迟[482]。理论计算表明,反应不能仅用扭曲角 φ 进行描述[493-495],一个锥形交叉(专题 2.5)置于沿环化反应生成 DHP 的坐标上[493,496],光照下 DHP 开环十分有效,推测通过相同的锥形交叉。与早期观点相反[497],双重激发^1A_g波函数的混合(见 4.7 节的最后部分)有可能引起$^1p^*$极小变浅,在该几何构型与基态间有相当大的能隙,因此$^1p^*$不太可能为到达基态内转换过程的主要通道。尽管做了大量的工作,这个问题仍在继续讨论中。

同系列 1,4-二苯基-1,3-丁二烯(DPB)[498]和 1,6-二苯基-1,3,5-己三烯(DPH)[499]的基态和三重激发态势能面也从实验和计算两方面进行了详细阐述。二苯基乙烯和 DPH 代表了两个极端情况,因为在 DPH 中共轭程度扩展对平面构型三重态能量的降低多于对扭曲构型,对于双键扭曲运动三个化合物均有相当平坦的三重态势能面。二苯基乙烯中垂直几何构型$^3p^*$表示一个能量极小,在^{3}DPH

中则相反,垂直几何形状对应其能量极大。从二苯基乙烯的^{3}p*态以及从 DPH 几乎为平面的三重态衰减,其三重态寿命约有 1000 倍的差异(二苯基乙烯寿命为 60 ns,DPH 的为 60 μs)。通过任一异构体敏化生成大致等量的(E)-和(Z)-二苯基乙烯,这与垂直三重态衰减结果一致,而从 ^{3}DPH 得到的产物比例反映了平面构象平衡分布倾向于全反式三重态。在 ^{3}DPB 中构象平衡也很快,它的衰减主要来自垂直极小,其能量稍稍高于整体全反式极小。三重态-三重态能量传递的量子链过程可导致光异构化量子产率远超过 1[500]。

激发态二芳基多烯单重态的短寿命妨碍了激发后构象异构体间的平衡,结果是基态构象分布控制了产物分布。不同异构体的吸收光谱通常不同,使得产物分布具有激发波长依赖性(**NEER 原理**[501],**NEER principle**,见 6.1.1 节及案例研究 6.3)。

5.6 化学发光和生物发光

推荐综述[501,509]。

化学发光(chemiluminescence)是一种迷人现象,经常在演示中呈现("冷光"),在自然界看到[生物发光(bioluminescence)],由于在暗环境下光检测灵敏度极高,其被广泛应用于分析目的[506](药物筛选、DNA 测序、毛细管电泳、免疫分析和司法取证等)。电子激发态分子的产生来自基态试剂称为**化学激发(chemiexcitation)**,它开启了无光光化学的可能性。

按照定义,化学激发是**非绝热反应(diabatic reaction)**。实现化学激发的最低条件并不容易满足,首先,反应释放的能量必须足够大,热反应过渡态与最终产物间的能量差必须超过产物激发能。产生能在可见光区 400~700 nm 发光的激发态能量相当于 300~170 kJ mol^{-1};其次,需要有效途径将这些有用的过剩能量储存在产物的电子激发态中,而不是以熵有利的形式作为热量浪费掉。这就要求**非绝热势能面**沿反应物和产物间反应坐标交叉,使反应物的基态波函数平稳变化到产物激发态(图 5.21)。根据 Landau-Zener 模型(2.3 节),当两个零级势能面的斜率在非绝热交叉点上显著不同,而且两个零级势能面间的电子相互作用项 V_{if} 很小时,有利于产物激发态的形成。

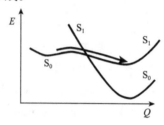

图 5.21 有利于化学激发非绝热面交叉的形状

高放热反应使大多数试剂不稳定,因此能量需求成为化学发光化合物物理表征的障碍。它们通常通过稳定前体与适当试剂混合原位产生,在1963年首次报道了从草酰氯和过氧化氢溶液观察到了蓝色化学发光[510],也就是现在众所周知的**过氧化草酸酯化学发光反应**。作者指出:"反应产生的蒸气具有不寻常的性质,可诱导适当指示剂发射荧光,例如,浸渍了蒽的滤纸。这些结果提示有亚稳态电子激发态或其他高能物种存在"。在体系中加入了某些荧光发色团(例如,9,10-二苯基蒽,DPA),发光强烈增强,并且对应于这些物质的荧光。经过40多年的研究,证实这些反应中形成的含能物种确实是长期以来怀疑的[511]1,2-二氧杂环丁二酮(**32**,二氧化碳二聚体)(图示5.22)[512],而且该中间产物的增加和减少与观察到化学发光的增强与减弱动力学相关[509,513]。高质量从头算计算表明,结构**32**表示势能面的极小[514],但令人惊讶的是,目前还没有其分解势垒的可靠计算结果。

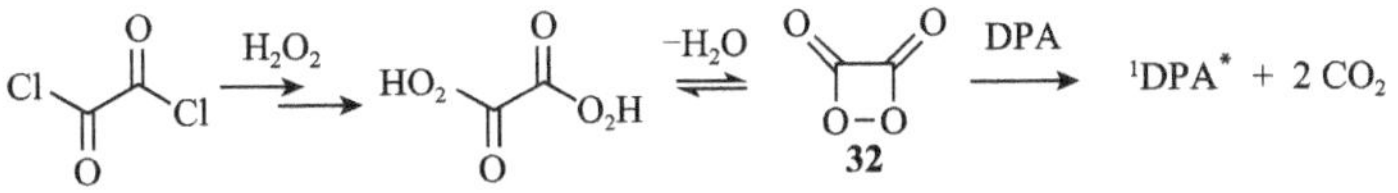

图示 5.22 过氧化草酸酯化学发光反应

该反应是"冷光"棒的工作原理,最早由 American Cyanamid 公司、现在的 OmniGlow 公司推向市场。图示 5.22 中最后一步不可能是由 **32** 简单断裂生成激发态 CO_2 分子,因为它的激发能量太高了。在 5.2 节,我们曾看到激发分子与电子给体或受体相遇,当电子转移自由能为负值时,可导致离子自由基生成(公式 5.1);当离子自由基重组放出足够的热量,其逆向反应有可能发生,使形成的中性反应物之一成为激发态。因此,设想 DPA 和其他活性物质与 **32** 间的反应产生自由基离子对$^1(DPA^{·+}\cdots CO_2^{·-}+CO_2)$,其逆向电子转移形成 $^1DPA^*$ [515],这些过程称为**化学引发电子交换发光**(chemically initiated electron exchange luminescence, CIEEL)[516],作用于很多其他的化学发光体系。离子自由基也可通过电化学氧化和还原过程,产生**电化学发光**(electrochemiluminescence, ECL)[508]。本质上相同的过程已用于 LED 及 OLED(见专题 5.2)以及准分子激光器(专题 3.1)的开发。四种重要的可分离化学发光物种见图示 5.23。

四甲基二氧杂环丁烷 **33**(tetramethyldioxtane)断裂为[2+2]裂环反应,按照 Woodward-Hoffmann 规则,这类反应是基态禁阻的(图示 4.9),因此,可以预期在该反应中零级势能面非绝热交叉(图 4.35)。复杂的计算结果表明,起始时发生弱 O—O 键断裂,在生成的双自由基内发生到三重态的 ISC 过程[517]。从化学激发三重态丙酮到重原子取代的发色团(如 9,10-二溴蒽)的放热三重态-单重态能量传递可以有效地促进荧光发射[507]。

多数发光生物生活在海洋中,但也有很多陆地种类,特别是生物发光的甲虫。萤火虫的生物发光是通过 D-荧光素(**34**)氧化生成氧化荧光素(**35**)进行的,推测有

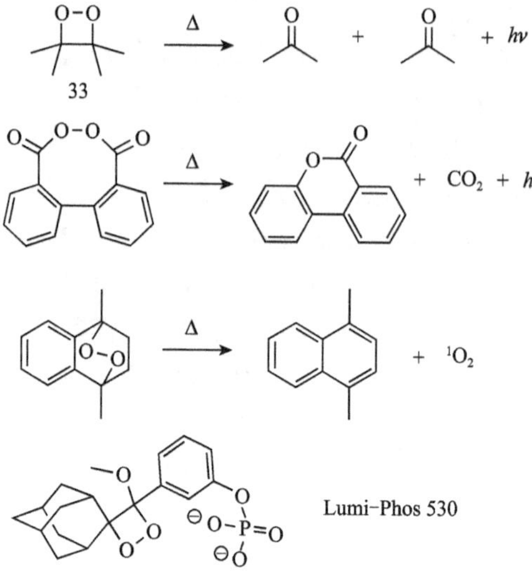

图示 5.23 可分离的化学发光试剂

高能二氧杂环丁酮中间体参与(图示 5.24)[504]。发射波长依赖于介质、pH 值和温度,对 pH 值依赖的原因还远不清楚[518],可能与化合物 **35** 的烯醇互变异构体有关。

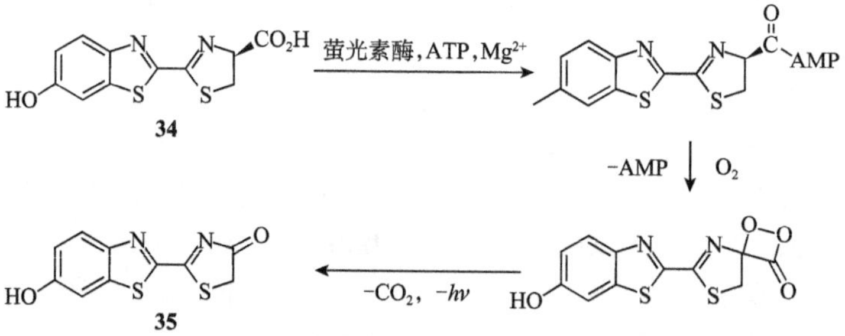

图示 5.24 萤火虫的发光反应

5.7 习　题

1. 非那烯(phenalene)离子化为其阴离子 **4⁻** 的 pK_a 值约为 20(案例研究 4.1),非那烯第一吸收带处于 $\tilde{v}_{0-0}=2.9\ \mu m^{-1}$。请预测非那烯在最低激发单重态的酸常数。[$pK_a^* = -1$]

2. 确定化合物甲醛、氨、苯酚、乙二醛以及丙二烯的对称性点群。[C_{2v}, C_{3v}, C_s, C_{2h} 和 D_{2h}]

3. 考虑所有电子相互作用,对在三个轨道内有六个电子的构型验证公式 4.31。

4. 预测图示 5.25 中共轭双自由基的基态多重度。[T,S,S,T,T,T][519]

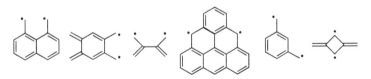

图示 5.25　非-Kekulé 双自由基

5. 用 $r_{12}=134$ pm 以及公式 4.29 下面给出的 PPP SCF 参数，计算乙烯最低激发单重态和三重态构型间的能隙，$E(^1\chi_{1\to-1})-E(^3\chi_{1\to-1})=2K_{1\text{-}1}$。[5.407 eV]

6. 在没有氧和 N,N-二甲基苯胺存在时，萘的单重态寿命为 100 ns，扩散速率常数 k_{diff} 为 5×10^9 M^{-1} s^{-1}，计算猝灭 99% 的单重激发态萘所需要 N,N-二甲基苯胺的浓度。[0.2 M]

7. 为什么 EDA 复合物中的电荷转移跃迁振子强度低？为什么增加甲基取代数目，四氰基乙烯与甲基取代苯复合物的电荷转移带最大吸收发生红移（从苯的 $\tilde{\nu}_{\max}=2.6$ μm^{-1} 到六甲基苯的 $\tilde{\nu}_{\max}=1.9$ μm^{-1}）[343]？

8. 合理解释列于表 5.1 中卡宾的单重态-三重态能隙。

第6章 激发态分子的化学

6.1 烯烃和炔烃

不饱和烃的吸收光谱主要来自 π,π^* 跃迁,这在 4.5 节和 4.7 节中已讨论过。一些代表性光谱以对数坐标示于图 6.1 中,不饱和碳氢化合物的第一个强吸收带 $[\log(\varepsilon/[M^{-1}cm^{-1}])]\approx 4$ 通常对应 HOMO-LUMO 跃迁,它可用 Hückel 理论很好地描述;另外两类弱跃迁实际上也会出现在低能量处,在对相应吸收光谱的粗略检查中很容易被忽略,但它们可以决定光反应活性。第一个是宇称-禁阻跃迁(见 4.7 节),$\log(\varepsilon/[M^{-1}cm^{-1}])\approx 2.5$,发生在所有**交替碳氢化合物(alternant hydrocarbons)** 中,在重要发色团中表示最低单重激发态 S_1,如苯、萘以及它们的衍生物,以苯乙烯和苯乙炔的光谱为例[图 6.1(b)]。第二个是线性多烯和它们苯基衍生物中的对称性-禁阻的 ^1A_g 带,$\log(\varepsilon/[M^{-1}cm^{-1}])\approx 1$(4.7 节),依据分子轨道(MO)理论,最低 ^1A_g 态用从 HOMO 到 LUMO 激发两个电子的双激发构型来描述,即使 ^1A_g 态不是最低激发单重态,它对分子(如多烯)的光反应活性仍然重要,因为沿双键扭曲反应坐标 ^1A_g 态能量降低(5.5 节);另一方面,给体和受体取代主要影响强 HOMO-LUMO 跃迁,使其向较低能量移动。

空间相互作用引起的基态基础单键扭曲伴随 HOMO-LUMO 吸收峰值的蓝移,在 (E)-和 (Z)-二苯基乙烯吸收光谱中可以看到这一效应[图 6.1(b)]。另一方面,(Z)-二苯基乙烯的吸收红边延伸到较低能方向,因为扭曲使基态去稳定化,到达弛豫激发态的非垂直跃迁需要较低的能量。1,3-二烯[1,1'-二环己烯,图 6.1(a)]和 α,β-不饱和酮或醛(2,3-二甲基丁-2-烯醛)的 π-体系是等电子的,呈现相似的 π,π^* 带;但酮和醛在长波长处还显示有另一个弱的 n,π^* 跃迁。

不饱和烃单重态寿命可从几皮秒(二苯基乙烯)到近 1 μs(芘),辐射寿命 $\tau_r = 1/k_f$,其范围从具有强 $S_0 \to S_1$ 吸收带化合物的约 1ns 到具有 $S_0 \to S_1$ 禁阻吸收带化合物的几微秒,一些典型不饱和烃的光物理性质列于表 8.6 中。多烯中 E-Z(或反式-顺式)异构化相关的非辐射衰减通常很快(见下文),交替碳氢化合物的**自旋-轨道耦合(spin-orbit coupling)** 很弱,而且单重态-三重态能隙很大,因此系间窜越通常很慢,慢到无法与这些失活过程有效竞争。于是,因空间位阻限制或在伸展体系中具有高荧光量子产率的交替碳氢化合物不发生 E-Z 异构化。

表 6.1 列出了本节中我们介绍的烯烃和炔烃的主要光反应,反应按照初始反

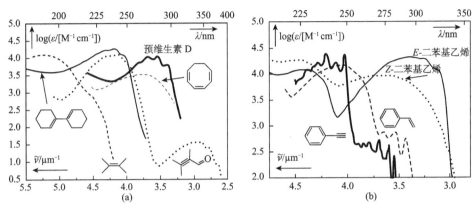

图 6.1 烯烃与炔烃原型的吸收光谱。(a)1,1'-二环己烯[280](—),预维生素 D[520](7-脱氢胆固醇;—),环辛-1,3,5-三烯[520](- - -),四甲基乙烯[280](- - -)和 2,3-二甲基丁-2-烯醛[280](⋯);(b)(E)-二苯基乙烯[521](—),(Z)-二苯基乙烯[521](⋯⋯),苯乙炔[522](—),苯乙烯[280](- - -)

应发色团的特征进行分类。很多实例和专题将对此进一步阐述,一些参考文献引导读者阅读综述和原始文献报告。

表 6.1 激发态烯烃和炔烃的光过程

序号	起始原料[a]	产物	机理	章节
1	[R-CH=CH-R]*	R,R顺式	E-Z 异构化	6.1.1
2	[丁二烯]*	环丁烯	电环化	6.1.2
3	[R-戊二烯]*	R-取代烯烃	σ迁移	6.1.2
4	[R,R-二乙烯基]*	R-乙烯基环丙烷	二-π-甲烷重排	6.1.3
5	[烯烃]* + Nu⁻	Nu取代阴离子	光诱导亲核加成	6.1.4
6	[烯烃]* + H⁺	H取代阳离子	光诱导质子加成	6.1.4
7	[R-C≡CH]* + H₃O⁺	HO-C(R)=CH₂ ⇌ R-C(=O)-CH₃	光诱导质子加成	6.1.4
8	[烯烃]* + [e⁻]	烯烃阴离子自由基	光诱导质子加成	6.1.4
9	[烯烃]* + 烯烃	环丁烷	光诱导质子加成	6.1.5, 6.1.6

a Nu⁻=亲核试剂;[H]=氢原子给体;[e⁻]=电子给体。

多数含一个 C=C 键的分子都注定发生光诱导 E-Z 几何异构化（表 6.1 第一项），除非双键处于小环内或是分子被束缚在刚性环境中。E- 和 Z- 异构体具有不同的吸收性质，因此可以通过单色光来增加对激发波长吸收较少异构体的量。激发单重态和激发三重态烯烃的光异构化机理不同（5.5 节），但是反应物的多重度对整体反应只有轻微影响。由于单烯烃的吸收处于短波长处，直接光照单烯烃困难，因此，光敏化是进行该反应的实用技术。当分子中双键与助色团（如羰基）共轭时，三重态可通过系间窜越快速形成。

E-Z 的异构化（包括末端双键的化学非产物异构化）将会降低竞争光反应的量子产率，例如，二烯的**电环化（electrocyclization）**或 **σ 迁移（sigmatropic shift）**反应（第 2 和第 3 项）。由于环化产物的吸收相比反应物二烯在更短波长处，因此，通过用适当的截止滤色片抑制光产物的次级光反应，如**裂环（cycloreversion**，环可逆打开），仍然可以高化学产率得到环丁烯。当两个双键通过亚甲基桥相连时，出于相同的原因，**二-π-甲烷重排（di-π-methane rearrangement）**（第 4 项）可成为主要反应。

激发态烯烃和炔烃对亲核试剂（如酸和电子给体）具有高活性。**亲核加成（nucleophilic addition）**和**光还原（photoreduction）**（第 5 和 8 项）在带有拉电子取代基的烯烃反应中占主导地位；某些富电子烯烃或炔烃极易发生**光质子化（photoprotonation）**（第 6 和 7 项）。

激发态烯烃与基态烯烃间的双分子**光环加成（photocycloaddition）**（第 9 项）明显受烯烃浓度的影响，利用配位作用或限制性环境使反应物靠近可促进反应进行。

6.1.1 烯烃：*E-Z* 异构化

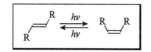

推荐阅读综述[500,523,533]；

精选理论与计算光化学参考文献[16,534,552]。

烯烃的 *E-Z*（或顺-反）异构化（5.5 节）围绕 C=C 键旋转 180°，已知热化学和光化学均可引发此过程[524,526,530,533]。达到平衡后，热过程以一定比例产生两种异构体的混合物，该比例反映了它们相对的热力学稳定性。相反，烯烃的光异构化（图示 6.1）则受控于 *E→Z* 以及 *Z→E* 异构化量子产率（分别为 $\Phi_{E\to Z}$ 和 $\Phi_{Z\to E}$）的比值和相应异构体的摩尔吸光系数 ε。当每种异构体形成和消失速率相等时[**光稳态（photostationary state**，PSS）]，达到最终异构体比值。利用有利于 *E*-型异构体吸收（高 ε 值）的特定波长光照，可大大过量生成热力学不稳定的 *Z*-型异构体[图

6.1(b)]。其他竞争的光过程也能与该反应竞争,如辐射或非辐射衰减(2.1节)、σ迁移(6.1.2节)、卡宾形成、[2+2]环加成(6.1.5节)或电环化反应(6.1.2节)等。

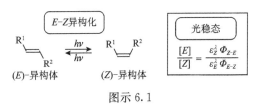

图示 6.1

直接光照引发烯烃的 E-Z 异构化通常在激发单重态进行,由于存在两个或多个处于相近能位的激发单重态,包括 Rydberg[π,R(3s)]态[554],激发态间缓慢相互转换有可能发生[555,556]。从低能三重态(π,π*)发生异构化反应需要三重态敏化剂的存在,此时,光稳态烯烃的浓度取决于能量传递给两个异构体速率常数的比值,速率常数大小与相对敏化剂三重态能量相关(见 2.2.2 节)[525,553]。

直接光照

简单脂肪族烯烃在溶液中吸收光谱的最大吸收波长(λ_{max})通常低于 200 nm,意味着直接光照必须使用真空紫外光源(3.1节),但对于最大吸收波长 λ_{max} 大于 200 nm 的多取代烯烃,可用带有石英滤色片的中压汞灯进行光照。以 185 nm 的光照射(Z)-辛-2-烯(**36**,R=C$_4$H$_9$)为非选择性激发,发生 E-Z 异构化以及经卡宾中间体生成 1,3-氢迁移产物 **37** 和 **38**(图示 6.2),该重排可能并不涉及 $^1\pi,\pi^*$ 态,但经 Rydberg 激发态和卡宾中间体进行[523,556]。当以波长大于 200 nm 的光照射时,只观察到了 E-Z 异构化[550]。

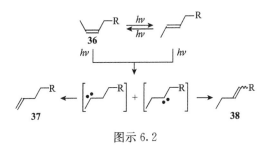

图示 6.2

当光解小环烯烃时,主要观察到重排和分解反应的发生[523,524,530],而在中等和大环烯烃中,虽然通常也伴随有副反应发生,E-Z 光异构化成为重要过程。虽然环戊烯异构化在几何学上是不可行的,(Z)-环己烯(**39**)可通过直接光照和敏化光照两种方式生成高张力不稳定的 E-异构体(图示 6.3)[557],这种短寿命中间体在非质子的非亲核溶剂中发生非立体特异性的[2+2]加成或自由基反应。相反,环庚烯(cycloheptene)几乎不发生光二聚反应,环辛烯是以 185 nm 光照生成相应可分离 E-异构体的最小环烯烃[558]。

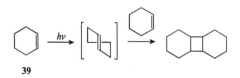

图示 6.3

芳基烯烃(arylalkenes)(如二苯基乙烯衍生物)是研究 E-Z 光异构化的重要模型化合物[529,559,560],这类化合物的吸收明显大于 250 nm,因此直接光照在技术上非常简单。在脂肪烃中以 313 nm 的光光解未取代基的二苯基乙烯,可到达含 93%(Z)-二苯基乙烯和 7%(E)-二苯基乙烯的光稳态(PSS)(图示 6.4)[112]。此外,还有量子产率 $\Phi \approx 0.10$ 形成二氢菲的光诱导 6π-电环化反应与(Z)-二苯基乙烯异构化($\Phi_{ZE}=0.35$)竞争[487,561]。

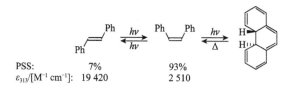

图示 6.4

主导光异构化反应的激发态**多重度(multiplicity)**可能随二苯基乙烯苯环上取代基性质不同而发生变化(见表 6.2)。当单重态与三重态能级间耦合增加时,例如,由于溴原子的重原子效应(见 4.8 节),选择性较低的**三重态**异构化途径参与竞争[529]。

表 6.2　二苯基乙烯衍生物 Ph—HC═CH—C$_6$H$_5$X 的光解[529]

X	$\Phi_{Z\text{-}E}$a	$\Phi_{Z\text{-}E}$a	机理b	[E]:[Z](PSS)
H	0.52	0.35	S$_1$	93:7
4-Cl	0.60	0.42	S$_1$+T$_1$	91:9
4-Br	0.52	0.35	S$_1$+T$_1$	88:12

a $\Phi_{E\text{-}Z}$和$\Phi_{Z\text{-}E}$分别为 $E \to Z$ 和 $Z \to E$ 异构化的量子产率;
b 从单重态(S$_1$)或/和三重态(T$_1$)发生异构化。

案例研究 6.1　超分子化学——光响应二苯基乙烯树枝形分子

水溶性(E)-二苯基乙烯树枝形分子 **40** 在水中光照到达光稳态后,发生不常见的**单向 E-Z 异构化(one-way E-Z isomerization)**,几乎完全生成热力学不稳定的(Z)-**40**(图示 6.5)[562]。光照过程中,通过监测 330 nm 处的吸收来确定体系是否到达光稳态(图 6.2)。

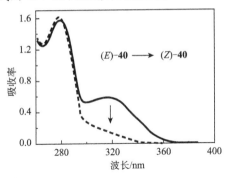

图示 6.5

实验细节[562],20 ℃以 330 nm 的光照射 **40** 的 KOH 水溶液(2×10^{-3} M)(图 3.9),产物的生成用 UV 吸收光谱跟踪监测。

图 6.2 (*E*)-**40** 光解过程中吸收光谱的变化[562]

α,β-不饱和酯的路易斯酸(BF_3 或 $EtAlCl_2$)复合物可以使光稳态(PSS)向热力学不稳定的 *Z*-异构体方向移动,并且可以抑制其他竞争的单分子光化学过程[563]。这种增强的异构化结果可用基态路易斯酸-酯羰基复合物的选择性激发解释,它表现为在长波长处 π,π* 吸收带(λ_{max})的红移和高摩尔吸光系数(ε_{313})(图示 6.6)。

共轭增加可使烯烃的强 π,π* 吸收带向更长波长位移(图 6.1)。对其光异构化的解释是基于称为 **NEER 原理**(**non-equilibration of excited rotamers principle**,**激发态旋转异构体非平衡原理**)的光反应活性基态构象控制的概念,据此,不同基态旋转异构体的激发态物种在其短激发态寿命内将不会达到平衡[564]。多烯不饱和单元间增加的键序阻止了激发态 *s-cis* ↔ *s-trans* 间的转换。因此,光产物浓度

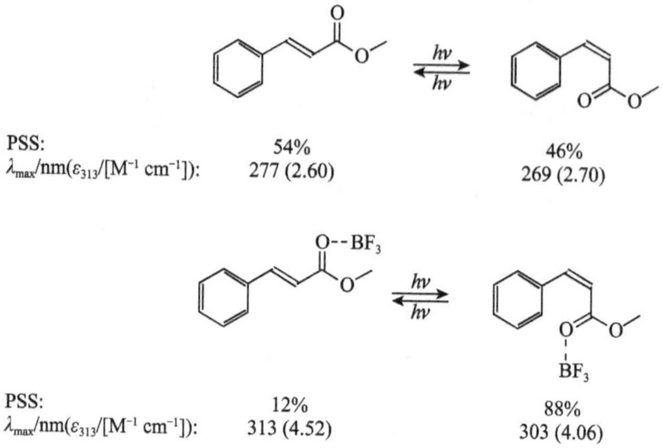
O
O
hν
hν
O
O
PSS:
λ_{max}/nm(ε_{313}/[M^{-1} cm^{-1}]):
54%
277 (2.60)
46%
269 (2.70)
O--BF$_3$
O
hν
hν
O
O
BF$_3$
PSS:
λ_{max}/nm(ε_{313}/[M^{-1} cm^{-1}]):
12%
313 (4.52)
88%
303 (4.06)

图示 6.6

反映了基态构象平衡的组成。

多烯激发单重态有三种可能的光异构化机理：①**单键扭曲(one-bond twist)**，是在**流体溶液(fluid solutions)**和玻璃态介质中观察到的典型过程[525,553,565]；②**自行车脚踏板机制(bicycle-pedal mechanism)**，认为在限制性环境中，两个初始双键同时转动[566—568]；③体积保持两个键的**"呼啦扭曲"(hula twist)**[531,569,570](图示6.7)。在某些情况下，可以排除最后一种机理的存在[567,571]。

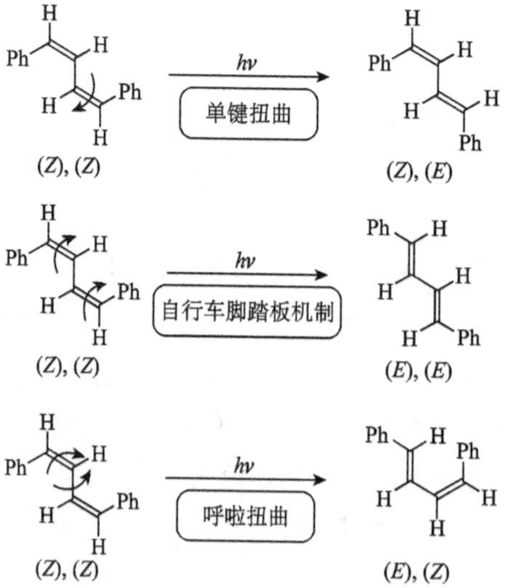
hν
单键扭曲
(Z), (Z)
(Z), (E)
hν
自行车脚踏板机制
(Z), (Z)
(E), (E)
hν
呼啦扭曲
(Z), (Z)
(E), (Z)

图示 6.7

预维生素 D 的光化学(**41**；见专题 6.4)是三烯类化合物 *E-Z* 异构化的例子。在低温(92 K)固态刚性基质中，异构体 **41a**，**b** 间的热(Δ)转换被抑制(图示 6.8)；光照下，**41a** 异构化为热力学更稳定的速甾醇构象异构体 **42a**，而 **42b** 只从构象异构体 **42a** 形成[572,573]。

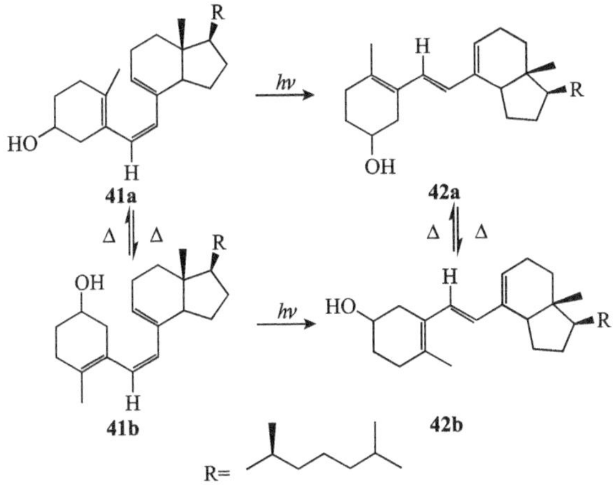

图示 6.8

专题 6.1 视觉

眼睛的视网膜由很多含有视觉色素——**视紫红质(rhodopsin)** 的感光细胞组成,为一束包裹光化学活性发色团 11-顺式-视黄醛(**43**)亚胺的七个跨膜螺旋[574],视黄醛由膳食补充的维生素 A(全反-视黄醇 **44**;图示 6.9)氧化形成,视黄醛以亚胺盐(**45**)形式共价连接在视蛋白受体上。该体系具有**光信号转导(phototransduction)** 能力,通过光信号转导过程可以将光能转换为电化学电位。原初光化学过程为 E-Z 光异构化($\Phi\sim 0.65$),其改变视蛋白分子的构象,导致信号转导级联反应发生[210,575−577]。视觉过程具有极高的灵敏度,暗适应眼中的**视杆细胞(retinal rod)** 可感知单光子的吸收,而用于白天视觉的**视锥细胞(cones)** 的响应通常比其弱,仅为其 $1/100\sim 1/10$。酶介导视黄醛 Z-E 反向异构化过程,使 11-顺式-视紫红质再生。

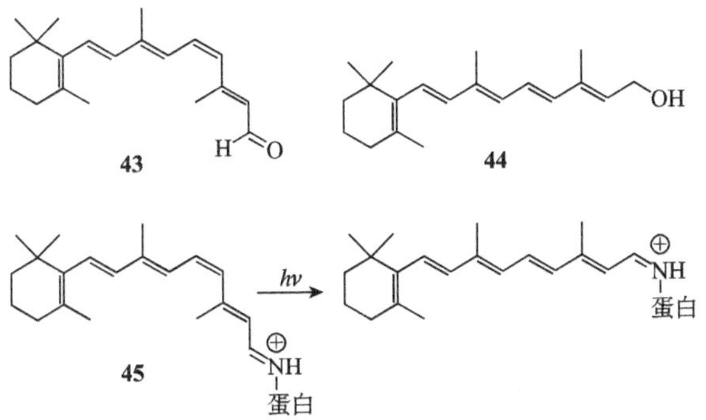

图示 6.9

专题 6.2 光疗——高胆红素血症的治疗

光疗(phototherapy) 或光治疗是通过特定波长可见光的照射治疗健康问题,如寻常性痤疮、季节或非季节性情感障碍、睡眠状态综合征等,亦已常规应用于医院治疗新生儿黄疸(高胆红素血症),这是一种由神经毒性代谢物胆红素在血液中积累引起的疾病[578]。(Z,Z)-胆红素(**46**)是一种黄橙色四吡咯衍生物,在哺乳动物中是血红素加氧酶催化血红素降解的产物。该化合物有六个强氢键使分子内结构稳定而不溶于水(图示 6.10),因此,直接排泄是不可能的,只能通过称为葡萄糖醛酸化的过程进入胆汁内排泄。健康人形成和排泄是平衡的,但新生儿低的肝脏活性不能有效代谢其高速降解的红细胞,其结果是出现新生儿黄疸。光疗过程中,将幼儿患者曝露在蓝光或白光下以加速除去胆红素。认为光疗机理涉及两个主要的光过程:第一个是 **46** 的 E-Z 构型光异构化形成 4Z,15E-异构体 **47**[579];第二个是效率较低的结构异构体光红素的形成(未给出结构)。两种产物都是水溶性的(母体化合物的分子内氢键被立体结构抑制了),因此它们可被直接排泄,两种光反应均可帮助降低血浆中胆红素的浓度。已发现激发态 **46** 双键的初始扭曲在几百飞秒到几皮秒的时间尺度发生[580]。

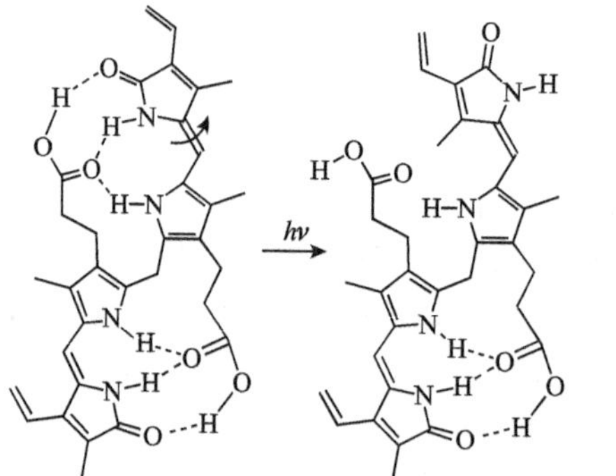

图示 6.10

光敏异构化

敏化对于在三重态发生的反应常常是必不可少的,在 200 nm 以上只有很弱吸收的脂肪族非共轭烯烃中具有实用性。敏化剂三重态能量应比受体高,以发生有效的能量传递(2.2.2 节),尽管如此,甲苯($E_T = 346$ kJ mol^{-1})和 p-二甲苯($E_T = 337$ kJ mol^{-1})等三重态敏化剂可诱导脂肪族烯烃发生吸热异构化反应,例如,(E)-3,4-二甲基戊-2-烯的异构化,其 E_T 高于 ~345 kJ mol^{-1}(见表 6.3)[581]。当敏化剂 E_T 太低时,异构化效率低或不发生。PSS 对 E_T 的依赖关系可以用到达某个基态异构体(热力学不稳定的 Z-异构体)的选择性高效能量传递来解释。

表 6.3 (*E*)-3,4-二甲基戊-2-烯敏化的 *E-Z* 异构化

敏化剂	E/(kJ mol^{-1})	[E]：[Z]^a
苯	353	61：39
p-二甲苯	337	66：34
五甲苯	333	—^{b}

a PSS 浓度比[581]；
b 延长光照时间未到达 PSS。

在三重态敏化剂(如二甲苯，$E_T \approx 337$ kJ mol^{-1})存在下，光照(Z)-环辛烯可以得到 E-型异构体，但化学产率很低[582]；以苯多羧酸酯衍生物($E_S \approx 420$ kJ mol^{-1})为敏化剂进行单重态敏化异构化也可以生成(*E*)-环辛烯，其化学产率达到 26%(图示 6.11)[583]。

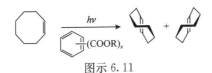

图示 6.11

专题 6.3 不对称光化学合成

不对称(asymmetric)合成在分子中引入一个或多个新的手性特征，可通过几种方法实现。通常情况下，受底物、试剂、催化剂或环境手性元素的影响，优先形成某一对映异构体或非对映异构体。在电子激发态，手性控制也是可能的[584]，见下面的例子。

以圆偏振光(CPL)激发是不对称合成最直接的方法，它基于对映体之一的优先激发，因为在给定波长下对映体对左或右 CPL 的摩尔吸光系数不同[585]。遗憾的是，利用这种方法只能产生很少的对映体的过量(ee)，尽管如此，有些科学家仍然相信 CPL 的不对称诱导有可能已在自然界中引发了光学活性分子的非生物合成。例如，通过对空间拥挤的乙烯衍生物光化学去消旋化，手性诱导可以增加某一对映体的浓度(图示 6.12,ee=±0.07%[586])，或者通过 **48** 到 **49** 的非外消旋 6π-电环化反应，随后氧化为六螺烯(图示 6.13,ee 值小于 0.5%)[587]。

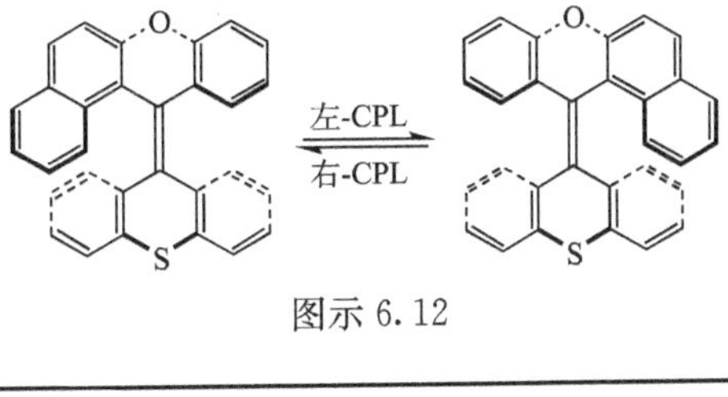

图示 6.12

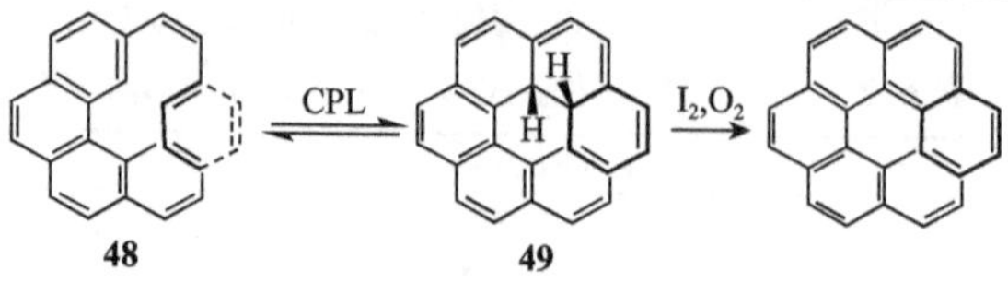

图示 6.13

对映差向光敏化反应(enantiodifferentiating photosensitization)为前手性或外消旋底物与光学活性敏化剂间通过猝灭(2.2.2 节)或激基复合物形成(2.2.3 节)相互作用,而不是在后续热过程中。不对称光敏化只需要催化量的手性敏化剂,案例研究 6.2 给出了实例(E-Z 光异构化)。

非手性分子可在手性空间群中结晶,或在无任何外来手性源情况下形成非手性客体与手性主体的包裹晶体[588,590],光照这些固态样品可以高化学产率地生成光学纯化合物。这类不对称诱导反应将在后面专题 6.5 和案例研究 6.21 中进行介绍。

光化学中还有很多其他的不对称诱导方法,如**模板诱导对映体选择性光反应**(templateinduced enantioselective photoreactions)[591],**沸石中不对称光化学**(asymmetric photochemistry in zeolites)[592],或手性起始原料简单光反应,与它们的基态化学并行。手性反应物的 Paternò-Büchi 反应(案例研究 6.17)的非对映选择性光环加成可以作为补充的例子。

案例研究 6.2 不对称合成——对映差向光异构化

(Z)-环辛烯(**50**)的单重态和三重态光敏化均可以生成(E)-环辛烯对映体[(−)-(R)-**51** 和 (+)-(S)-**51**,见图示 6.14]。高对映体差(专题 6.1)已在激发单重态手性多烷基苯多羧酸酯中实现,而三重态敏化(如带有手性的烷基苄基醚)只能得到低的光学产率[583,593]。例如,在 −88 ℃ 以手性均苯四甲酸四[(−)-龙脑酯] **52** 作为单重态敏化剂,以 9% 的化学产率和 41% 的光学纯度得到 (−)-(R)-**51**,转化率为 12%,该结果可归因于敏化剂与烯烃形成激基复合物中特殊的相互作用。

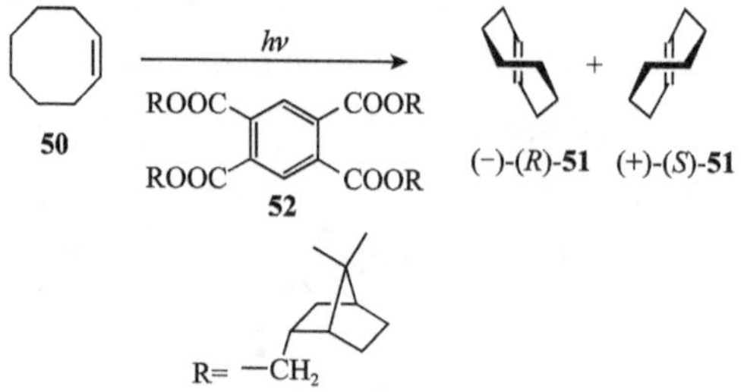

图示 6.14

实验细节[583]，将反应物 **50**(200 mM)和敏化剂 **52**(5 mM)的戊烷溶液(200~300 mL)置于石英容器内，在-88 ℃氩气环境下以低压汞灯(30 W)透过 Vycor 玻璃水套的光(>250 nm)照射 72 h(图 3.9)，光照结束后，产物在 0 ℃下用硝酸银水溶液萃取，合并的水相萃取相以戊烷洗涤，然后再逐滴加入到浓氨水中以释放出 **51**，再以戊烷萃取产物 **51**。

光敏异构化的另一种机制称为 **Schenck 机制(Schenck mechanism)**[594]，涉及烯烃与三重态敏化剂加成物的形成[类似 Paternò-Büchi(6.3.2节)双自由基]，加成物中心键的旋转比键断裂快，敏化剂分子消除后生成相应烯烃的浓度比值接近热过程得到的结果，当三重态能量传递为吸能过程时(即效率不高)认为通过该机制进行。例如，以激发态苯乙酮(E_T = 310 kJ mol^{-1})敏化烯烃(E_T > 325 kJ mol^{-1})的情况(图示 6.15)[595]。相反，在以丙酮(E_T = 332 kJ mol^{-1})为敏化剂时，能量传递是放热的，**传统(conventional)** 光敏 E-Z 异构化机制占优势。

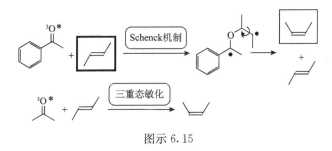

图示 6.15

6.1.2 烯烃：电环化和 σ 光重排反应

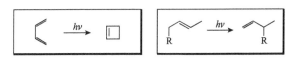

推荐阅读综述[487,523,528,530,532,564,596-602]；
精选理论和计算光化学参考文献[16,480,534,535,558,603,610]。

电环化光重排反应

电环化(electrocyclic) 开环和关环反应是单分子周环过程，涉及环状过渡态共轭体系中 π-键和 σ-键位置的变化。按照 Woodward-Hoffmann 轨道对称性规则[336]，**激发态(excited state)** $4n$ 电子体系以对旋模式反应，而 $4n+2$ 个电子体系则以顺旋模式反应(4.9节，图示 6.16)。这种立体专一性过程与热引发反应中的情况相反。

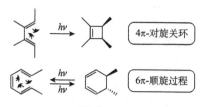

图示 6.16

这里只考虑共轭双烯和环丁烯单重态相互转换,因为通常这些过程不涉及三重态[596]。有两个影响电环化过程的重要因素:①沿双键同时发生的 E-Z 异构化反应(6.1.1节)通常会降低反应效率;②在进行环化反应前必须要实现 s-cis-双烯构象。双烯的直接光照可能会导致波长依赖光产物的形成,这与二烯构象异构体不同的吸收性质相关。例如,以 254 nm 光照射(E)-1,3-戊二烯(**53**),以低量子产率($\Phi=0.03$)生成 3-甲基环丁烯-1(**54**)和另外两种产物,但当以 229 nm 的光照射 **53** 时,由于 s-cis-构象异构体的吸收占有优势,观察到的主要是 E-Z 异构化(图示 6.17)[611]。

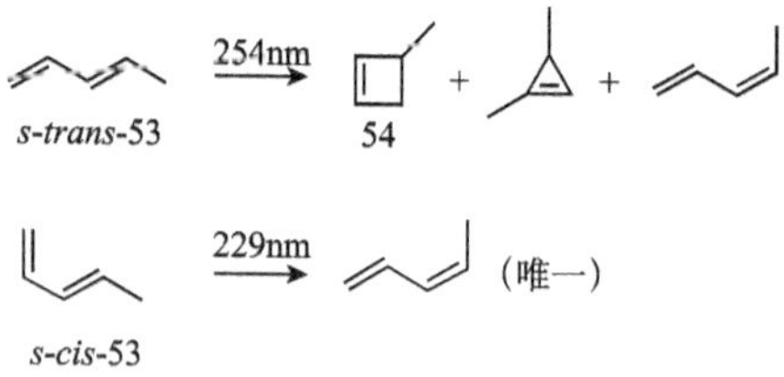

图示 6.17

在另一个例子中,cis-双环[4,3,0]壬-2,4-二烯(**55**)根据激发波长的不同发生分子内 4π-关环反应或 6π-开环反应(图示 6.18)[612]。以 254 nm 光照射,光稳态时得到双环壬二烯 **55** 和环壬三烯 **56** 的混合物,比例为 3∶7①,在一定程度上反映了它们的摩尔吸光系数比($\varepsilon_{254}{}^{55}=3800$ $M^{-1}cm^{-1}$,$\varepsilon_{254}{}^{56}=1000$ $M^{-1}cm^{-1}$);当以 300 nm 光照射时,观察到少量三环壬烯 **57** 生成,由于三烯 **56** 在 300 nm 处有明显的吸收($\varepsilon_{300}{}^{56}=2000$ $M^{-1}cm^{-1}$,$\varepsilon_{300}{}^{55}=50$ $M^{-1}cm^{-1}$),光稳态时比例向有利于 **55** 的方向移动,促进了效率低的结构 **57** 的生成。

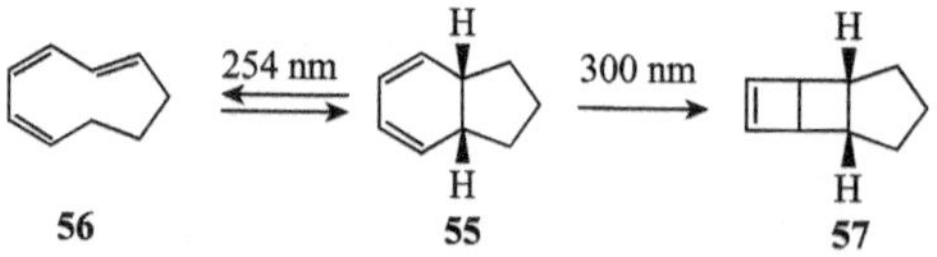

图示 6.18

除了光环化反应,简单的三烯可发生很多其他类型的光化学转换,包括 E-Z 光异构化(6.1.1节)、σ迁移(见后)或光加成反应(6.1.4节)等。例如,以 313 nm 光照

---

① 原书中为 7∶3,查阅了原始文献,应为 3∶7。——译者注

2,5-二甲基己三烯(**58**),尽管 6π-光环化生成 **59** 仍然是主要反应途径,但构象控制和激发态构象异构体间可能的平衡使生成的光产物为复杂的混合物(图示 6.19)[613]。

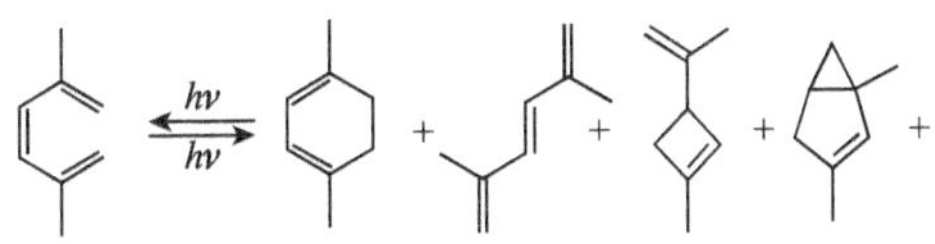

图示 6.19

图示 6.20 所示例子为在 NaBH₄ 存在下光学纯丙烯酰胺 **60** 的光化学电环化反应,其还原了初级产物 **61** 中的铵盐官能团,以 75%的化学产率生成内酰胺 **62**[614]。

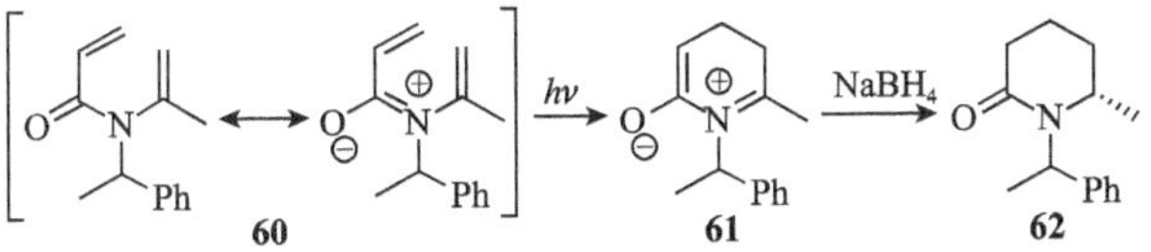

图示 6.20

专题 6.4 维生素 D 的光合成

维生素 D(vitamin D)与生物功能有关,如骨骼形成、免疫系统响应、细胞防御和抗肿瘤活性等[615,616]。维生素 D 有两种密切相关的形式,维生素 D_2(麦角钙化醇)和 D_3(胆钙化醇)以及它们的代谢物。维生素 D_2 和 D_3 均在某些食物中天然存在,维生素 D_3(**63**)还可以在被称为角质细胞的皮肤细胞中从 7-去氢胆固醇(预维生素 D_3;**64**)合成得到,在约 280 nm 的光照射下 **64** 发生光化学六电子顺旋电环化开环反应,生成预维生素 D_3(**41**;见图示 6.8),经热异面氢[1,7]σ 迁移(图示 6.21),**41** 自发异构化为 **63**。维生素 D_2 和 D_3 随后在酶的作用下经几步反应转化为活性激素 1,25-D。推荐维生素 D 的摄入量为每人每天 5~10 μg。举例说明,15 mL 的鱼肝油和 100 g 烹饪好的鲑鱼分别含有约 35 μg 及 10 μg 的维生素 D,而在夏日中午将全身曝露在阳光下 15~20 min,可产生 250 μg 的维生素 D。

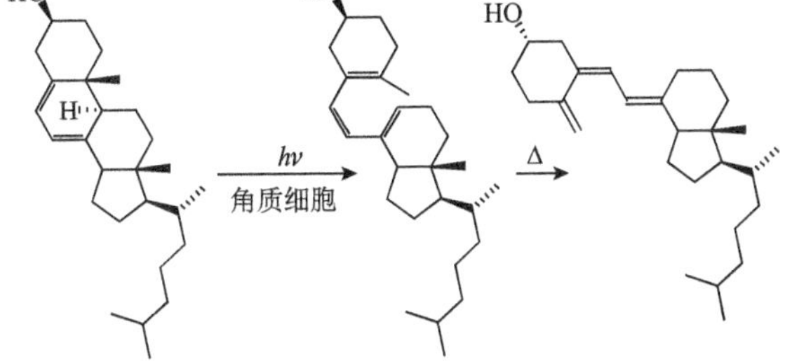

图示 6.21

案例研究 6.3　机理光化学——预维生素 D 的光化学

维生素 D 的光化学(见前面专题 6.4 和图示 6.8)在现代有机光化学的发展中也起到了重要作用[564,598,617,618]。**激发态旋转异构体非平衡**(NEER; 6.1.1 节)概念被用来解释预维生素 D_3 (**41**) *E-Z* 异构化的激发波长依赖性(6.1.1 节)[619]。*E-Z* 异构化的量子产率随波长增大而减小,6π-电子顺旋关环产物[非对映异构体 7-去氢胆固醇(预维生素 D)(**64**)和光甾醇(**65**)]大大增加(图示 6.22),在此光反应中,S_1 和 S_2 两个激发态均参与了反应[620]。例如,**64** 和 **65** 的生成量子产率:当以 285 nm 照射时,$\Phi_{64}=0.01, \Phi_{65}=0.05$;而当以 325 nm 照射时,$\Phi_{64}=0.08, \Phi_{65}=0.21$。维生素 D_3 可在**人的皮肤**中自然合成,即先是 **64** 在阳光中 UVB 的照射下生成预维生素 D_3,然后是自发发生热异面氢[1,7]σ 迁移[621]。

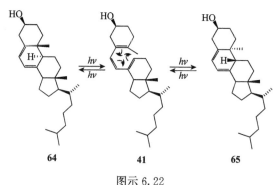

图示 6.22

实验细节[620],将预维生素 D_3 样品溶液(2×10^{-3} M)置于 1 cm 光程的 UV 液槽中,以氮气冲洗溶液,然后用脉冲 UV 染料激光器以约 300 nm 的光进行光照(专题 3.1),染料激光器的工作物质为罗丹明 6G(作为敏化剂)的甲醇或甲醇-水(1∶1,v/v)溶液,光照结束后,取一份样品溶液用 HPLC 分析。

(*Z*)-二芳基乙烯(如二苯基乙烯)在光照下也可以从 π,π^* 单重态发生 6π-电环化反应,而不是基于三重态敏化发生[487,529,599,622]。光化学轨道对称性允许的顺旋关环可生成 *trans*-二氢衍生物 **66**(图示 6.23),它进一步被氧或碘氧化几乎定量地生成相应芳烃(菲)[561]。

该反应已被用作制备**螺烯**(**helicene**)衍生物的方便方法(见专题 6.3)[487,599,622]。例如,[7]螺烯(**67**)从 1,4-双[(*E*)-2-(2-萘基)乙烯基]苯(**68**)制得,总化学产率为 14%(见图示 6.24)。

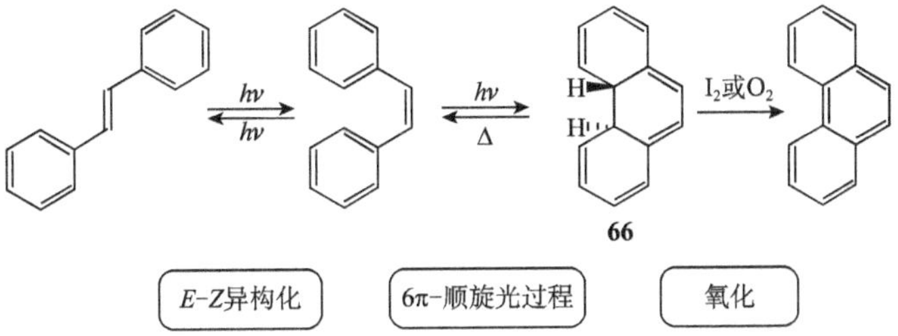

第 6 章 激发态分子的化学

图示 6.23

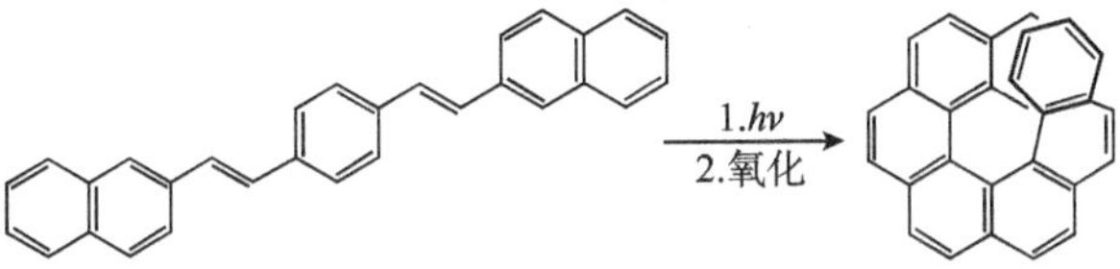

图示 6.24

案例研究 6.4　光学信息储存——光致变色二芳基乙烯

1,2-二(异)芳基乙烯衍生物因其可能被应用于数据储存和分子器件[624]受到了特别的关注。例如,二异芳基乙烯衍生物 **69** 在苯并[*b*]噻吩环 2-位上具有光学活性(+)或(−)的甲基基团,在冷的甲苯中以 450 nm 光照射,反应经 6π-电子电环化进行,到达光稳态时形成一对非对映体 **70**(手性中心以(∗)标出),具有很高的非对映过量(de<87%)(图示 6.25)[625]。由于两个非对映体吸收较长波长,以 570 nm 光照射时它们均选择性地回到其开环形式。整个过程可重复多次,因此 **69** 呈现**光致变色(photochromic)**性质(专题 6.15)。

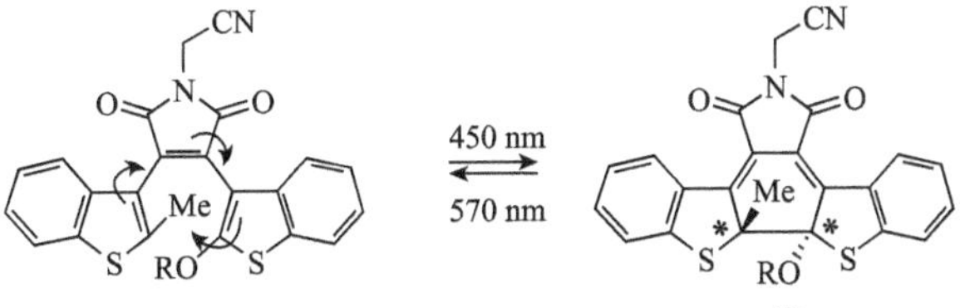

69　R=(−)-甲基或(+)-甲基　**70**

图示 6.25

实验细节[625],将化合物 **69** 的甲苯溶液(未除气)以汞灯(500 W)或氙灯(图 3.9)照射,所需波长通过截止滤色片和干涉滤色片过滤得到。产物的光学纯度用带有手性柱的 HPLC 进行测定。

σ迁移光重排

分子内的周环反应涉及原本不直接相连原子间新σ-键的形成和已存在σ-键的断裂，反应经环状过渡态进行，被称为**σ迁移光重排(sigmatropic rearrangements)**。按照Woodward-Hoffmann轨道对称规则[336]，$4n$电子体系的协同光重排优先，因为它们为*supra-supra*(同面，从双键同侧进攻)成键；只有更大的$4n+2$电子体系可发生*supra-antara*(异面，从双键异侧进攻)机制成键。下面例子的光化学证明了这一切，光照2-(2-甲基-3-苯基亚环己基)丙二腈(**71**)，经4π-电子[1,3]-烯丙基迁移专一性地生成产物**72**，其分离化学产率为25%(图示6.26)[626]。

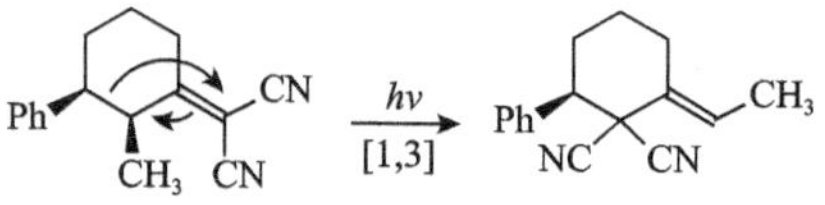

71 **72**

图示6.26

6π-电子[1,5]-氢迁移有趣的例子是二异亚丙基环丁烷**73**生成环丁烯**74**的反应，认为如同轨道对称规则所预测的，该反应是以**异面**方式发生(图示6.27)[627]。

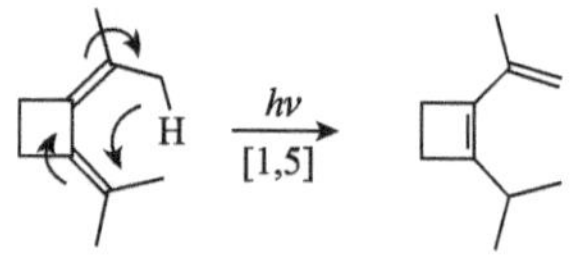

73 **74**

图示6.27

案例研究6.5 有机合成——stepurane衍生物

三环化合物**75**是一种真菌代谢物stepurane的衍生物，通过光照双环[2,2,2]辛酮**76**得到，也可以从化合物**77**经五步反应以较高产率制备得到(图示6.28)[628]。该反应经$4n$-电子同面酰基[1,3]σ迁移进行。

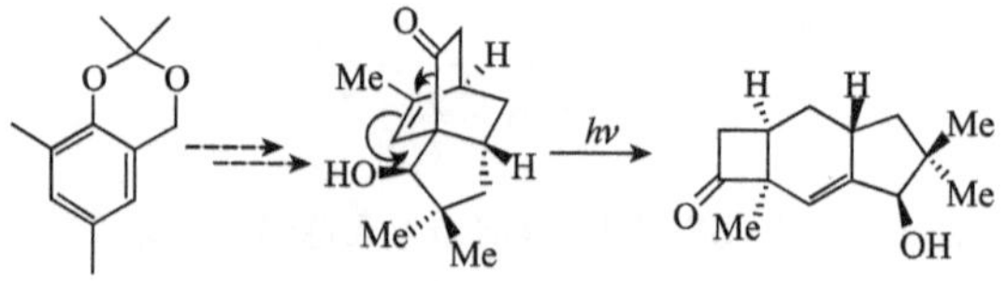

77 **76** **75**

图示6.28

实验细节[628],化合物 **76** 的苯溶液以中压汞灯(125 W)(图 3.9)光照 30 min,转化率达到 65%,分离得到产物产率为 55%。

6.1.3 烯烃:二-π-甲烷重排

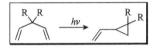 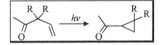

推荐阅读综述[532,629,643];

精选理论及计算光化学参考文献[534,535,644−647]。

从 sp³-杂化碳上共价连接两个 π-基团化合物光化学制备乙烯基环丙烷衍生物的反应称为**二-π-甲烷重排**(**di-π-methane rearrangement**),也称为 **Zimmerman 反应(Zimmerman reaction)**[649]。二-π-体系很宽的光谱使生成的光产物通常不能用其他反应路线得到[632,633],该反应形式上可被分类为[1,2]-迁移,但按照提出的**分步双自由基(biradical)机制**[650,651],1,3-和 1,4-双自由基(BR)中间体以及第二个 π-键等均可能参与其中[652](图示 6.29),也不排除在单重激发态进行的二-π-甲烷反应的**协同(concerted)**(周环)路径[629,630,653]。典型的情况是直接光照发生单重态反应,由于烯烃的系间窜越效率很低,只有当使用三重态敏化剂时才可在三重态路径上反应。二-π-甲烷重排通常呈现高度的非对映选择性和/或区域选择性。

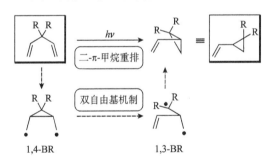

图示 6.29

柔性非环二-π-甲烷体系倾向从最低激发单重态发生重排,而三重态发生非辐射衰减,因为扭曲的三重态高效回到基态,并常常伴随 E-Z 异构化反应(图示 6.30)[654]。

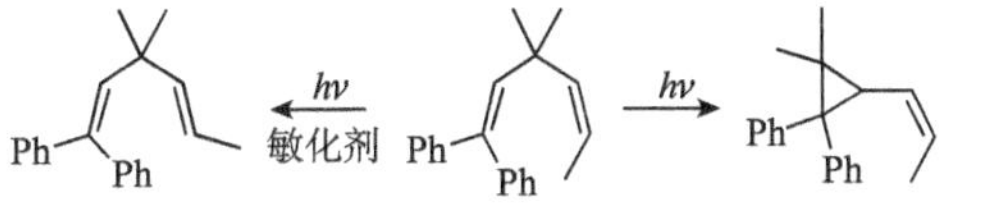

图示 6.30

相反，环状（柔性差）的二-π-甲烷体系可在三重态发生重排，例如，双环[2,2,2]辛-2,5,7-三烯(桶烯，**78**)以约 40% 的化学产率生成半瞬烯(**79**)，而直接光照则发生分子内[2+2]环加成，只生成少量的环辛四烯产物(**80**)(图示 6.31)[648]。

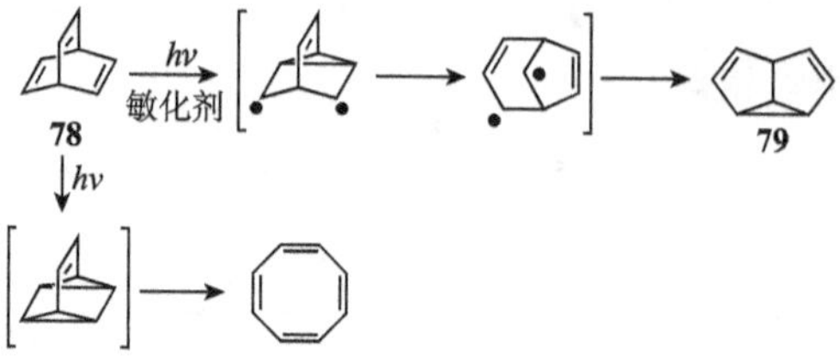

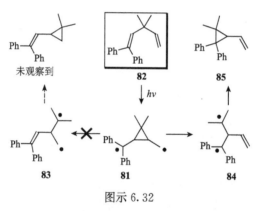

图示 6.31

双自由基机制常被用来解释反应的区域选择性[629,630,632,633]。1,4-双自由基 **81** 从化合物 **82** 光解得到，有两种不同的开环过程可分别生成 1,3-双自由基，**83** 和 **84**(图示 6.32)。后者因其不成对电子离域在二苯甲基基团上在热力学上更稳定，应为形成二苯基乙烯基环丙烷 **85** 的前体。事实上，光照 **82** 只生成 **85** 作为唯一的产物[655]。

图示 6.32

案例研究 6.6　光生物——自然光制备 erythrolide A

erythrolide A(**86**)被认为是从二萜类化合物 **87** 经过光诱导二-π-甲烷重排生成的(图示 6.33)，因为两个化合物均可从加勒比海珊瑚 **Erythropodium caribaeorum** 分离出来[656]。为了证实这一假设，将潜在前体 **87** 在不同条件下光照，以相对高的化学产率得到了 **86**。

实验细节[656]，将化合物 **87** 的苯溶液置于石英容器内，以中压汞灯光照(苯作为滤色液滤去波长低于 280 nm 的光)(图 3.9)3 h，以 87% 的产率得到产物 **86**。作为比较，将化合物 **87** 的 5% 甲醇海水溶液置于玻璃瓶内，以日光照射 8 天，以 37% 的产率得到化合物 **86**。

图示 6.33

下列反应形式上属于 6.3 节和 6.4 节中的内容,因为 C=O 和 C=N 发色团的吸收是光化学响应的主要原因,但从机制路径角度讨论放在此处更合适。一个涉及 1,2-酰基迁移生成环丙烷衍生物[657]与 β,γ-烯酮光化学重排类似的反应被称为**氧杂二-π-甲烷**(oxa-di-π-methane)**重排**[631,632,635,643,658,659],该反应通常发生在最低激发三重态(T_1, π, π^*),有可能通过两个双自由基中间体进行(图示 6.34)。竞争的乙酰基[1,3]σ 迁移在激发单重态(S_1, n, π^*)发生(6.1.2 节),因此应避免直接激发到单重态。

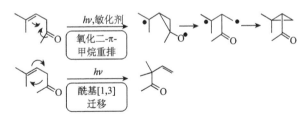

图示 6.34

案例研究 6.7 有机合成——取代环丙烷

氧杂二-π-甲烷重排生成环丙烷衍生物,这类化合物用其他方法很难合成。例如,二苯基烯醛 **88** 通过三重态敏化转换为环丙基醛 **89**(图示 6.35)[660],该光产物可进一步转化为其他化合物,如二苯基乙烯基环丙烷衍生物 **90**。

图示 6.35

> **实验细节**[660],含化合物 **88**(0.653 mmol)和苯乙酮(敏化剂,65 mmol)的苯溶液,用以 Pyrex 滤色片(λ_{irr}＞280 nm)过滤的中压汞灯(450 W)照射 30 min。反应混合物减压浓缩,40 ℃下通过减压短程蒸馏(bulb-to-bulb distillation)除去苯乙酮,以接近定量的化学产率得到油状物 **89**。

在其他 1,4-不饱和体系中也观察到二-π-甲烷重排,如含氮化合物[630,642]。β, γ-不饱和亚胺 **91** 对应的**氮杂二-π-甲烷(aza-di-π-methane)**的三重态敏化重排低效率(Φ≈0.01)地生成单一产物环丙基甲亚胺(**92**),随后它可通过酸水解方便地转化为醛(图示 6.36)[661]。

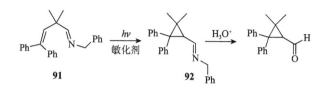

图示 6.36

6.1.4　烯烃和炔烃:光诱导亲核加成、质子加成和电子加成

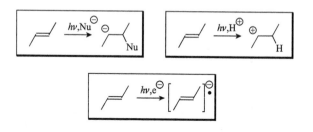

推荐阅读综述[523,528,532,662-667];

精选理论和计算光化学参考文献[6,662-667]。

光诱导亲核加成和质子化反应

在惰性溶剂中直接光照,脂肪族烯烃发生 *E-Z* 或其他异构化反应(6.1.1 节和 6.1.2 节),发生这些转化过程的激发态相同,特别是 **Radberg π, R(3s) 单重态**,在质子介质中发生亲核加成或光质子化反应[662,663,671]。例如,中心键具有阳离子自由基特征的四甲基乙烯(**93**)的 π,R(3s)态极易被亲核试剂(如甲醇)进攻形成溶剂化电子和自由基中间体 **94**,**94** 歧化为醚 **95**(30%)和 **96**(37%)的混合物(图示 6.37)[671];产生的溶剂化电子被溶剂分子捕获。

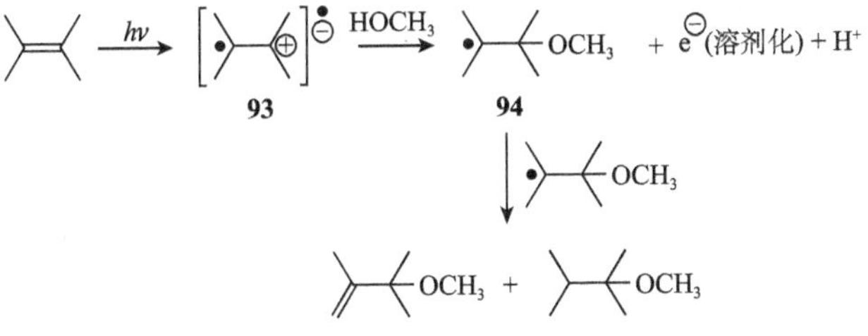

图示 6.37

同样,直接光照环烯烃发生 π,R(3s)激发态的亲核捕获[662]。例如,二甲基环丁烯(**97**)在甲醇中以 228 nm 的光光解,经歧化反应生成三种甲氧基取代产物(图示 6.38)[672]。

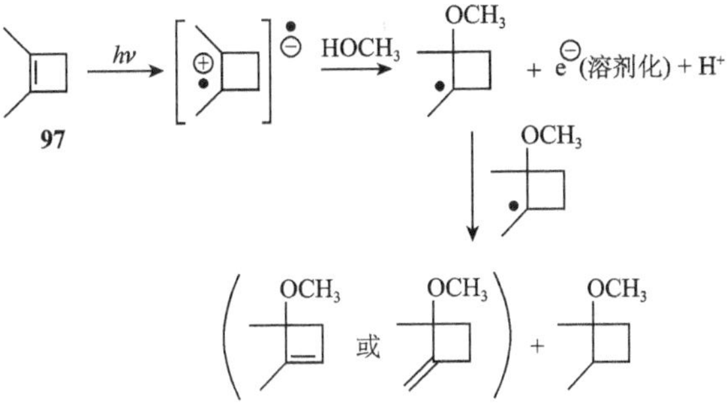

图示 6.38

相反,芳基烯烃或炔烃在水中直接光照易发生酸催化 Markovnikov 加成(Markovnikov addition),分别形成相应的醇和酮(图示 6.39)[673,674]。初始同时也是决速步的是更富电子的 π,π* 激发单重态的质子化(与脂肪族烯烃相反),比相应基态分子的质子化要快十倍;随后发生水合作用,烯烃和炔烃分别生成相应的醇和烯醇[675]。

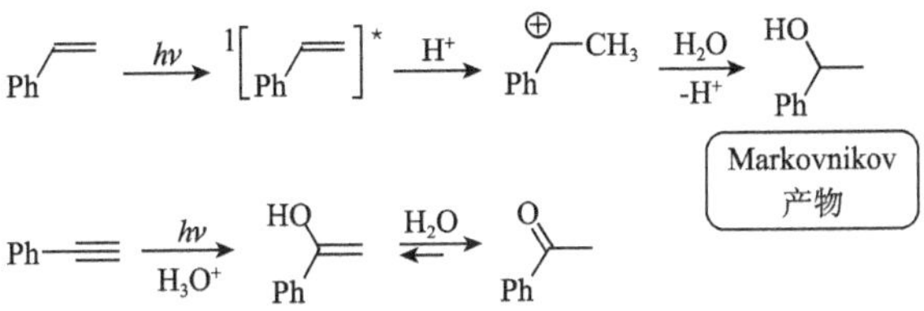

图示 6.39

有趣的是,硝基取代苯乙烯 **98** 的光水合反应包括水对三重态 β-碳原子亲核进攻最初苄基碳负离子的形成(硝基苯通常具有高的单重态到三重态系间窜越量子产率)以及反 Markovnikov 加成产物的生成(图示 6.40)[676]。该反应中硝基增

强了 T_1 态的缺电子特征,有利于亲核进攻带部分正电荷的碳原子。

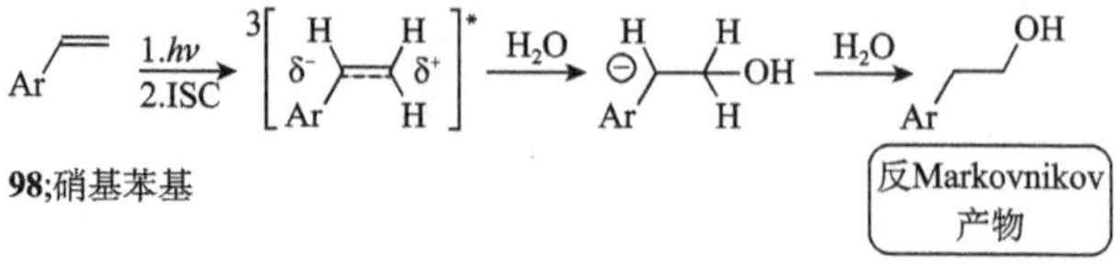

98;硝基苯基

图示 6.40

通过敏化光照,激发三重态的非环烯烃和大环烯烃在非质子和质子溶剂中发生 E-Z 异构化反应,但中等尺寸的环烯烃(环己烯、环庚烯或环辛烯)可发生 E-异构体的质子化,热力学不稳定(具有张力)的 E-异构体通过 $Z \rightarrow E$ 光异构化形成(6.1.1 节)[662-664]。例如,在三重态敏化剂 p-二甲苯存在下酸催化光照(Z)-1-甲基环己烯(**99**)的甲醇溶液,得到 Markovnikov 加成产物 1-甲氧基-1-甲基环己烷(**100**)以及消除产物亚甲基环己烷(**101**),两者均具有约 40% 的化学产率(图示 6.41)[671]。在 CH_3OD 存在时,E-异构体中间体表现为全部与氘的结合。

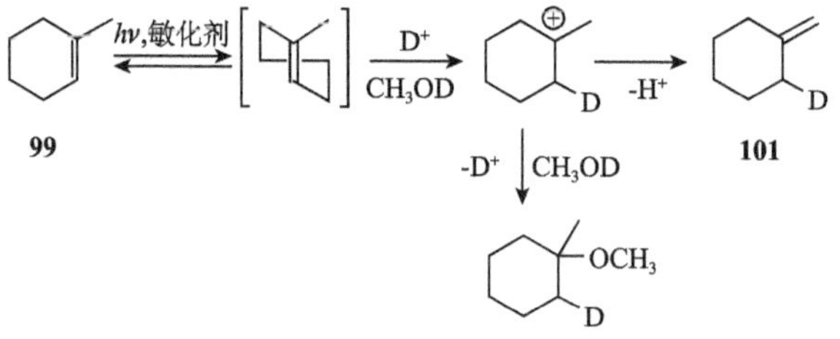

图示 6.41

案例研究 6.8 不对称合成——非对映选择光敏极性加成

在非极性溶剂中,甲醇与 (R)-$(+)$-柠檬烯(**102**)的单重态光敏化极性加成生成非对映体醚 **103** 和 **104** 的混合物以及重排产物 **105**(图示 6.42)[677],光加成物的非对映体过量(de)通过改变溶剂极性、反应温度和敏化剂性质进行优化。反应第一步是 **102** 的 Z-E 光异构化(6.1.1 节)形成有高张力的 E-异构体,随后是质子化和甲醇加成。反应条件下,经质子化过程初始形成碳正离子已被排除。与 (S_P)-(E)-**102** 相比,(R_P)-(E)-**102** 位阻较小,Markovnikov 取向甲醇进攻 (R_P)-(E)-**102**,这也解释为什么在苯甲酸甲酯敏化的甲醇溶液中,可以以高达 96% 的 de 值得到化合物 **103**。亲核加成只发生在环己烯双键上的结果支持了如下假设:环己烯 Z-E 异构化生成具有张力(活性)的烯烃,而处于环外双键的异构化不参与反应。

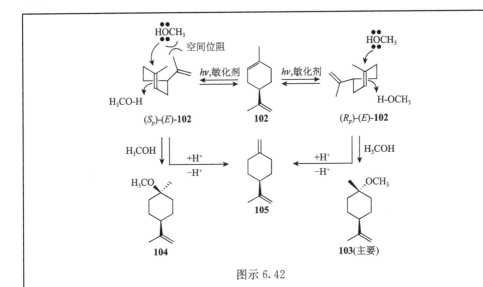

图示 6.42

实验细节[677],在氩气气氛下,含柠檬烯(**102**;5 mM)和敏化剂(2 mM)的乙醚溶液置于石英管内并浸没在 $-75\ ℃$ 冰浴(甲醇/乙醇)中,以高压汞灯(300 W)透过 Vycor 套管(>250 nm)照射(图 3.9)。反应混合物经减压蒸去溶剂得到残留物,产物经制备气相色谱分离,化学产率约为 10%。

与激发态烯烃的电子转移

单重态烯烃(作为电子受体)被胺(作为电子给体)猝灭,有可能通过激基复合物或离子自由基对[见光诱导电子转移(PET)过程,5.2节]中间体的形成进行,这些中间体可能经反向电子转移回到基态反应物[665-667]。例如,在极性非质子溶剂中,单重激发态二苯基乙烯在三乙胺存在下形成激基复合物——自由基离子对中间体,随后发生质子转移(烷基胺的氧化,即在氮原子上形成阳离子自由基,显著增加了 α-CH 键的酸性)和自由基偶合反应(图示 6.43)[678]。

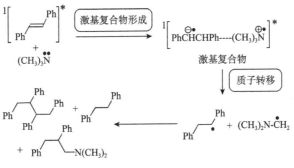

图示 6.43

案例研究 6.9　机理光化学——N,N-二甲基氨基烷基苯乙烯的光环化

N,N-二甲基氨基烷基苯乙烯在非极性溶剂中的光化学分子内环化反应受烷基链长度的影响[679]，106（发色团间隔两个亚甲基）经 1,5-双自由基发生有效的分子内加成形成单一的五元环加成物 107，108（发色团间隔四个亚甲基）经 1,6-双自由基中间体形成六元环的非对映体 109 和 110（摩尔比为 8∶1）（图示 6.44）。机理研究表明，高度区域选择性的分子内 H-迁移经最小运动路径从单重态激基复合物中间体的最低能折叠构象发生。

实验细节[679]，苯乙烯胺（**106** 或 **108**，0.01 M）己烷溶液装在 Pyrex 试管（大于 280 nm 透明）内，氮气环境下在装有 16 支灯管（21 W，λ_{irr}＝300 nm）的 Rayonet 反应器内进行光照，直至转化率＞95%（GC）。用制备用厚层析板分离或柱色谱分离，再经短程蒸馏得到产物，化学产率＞80%。

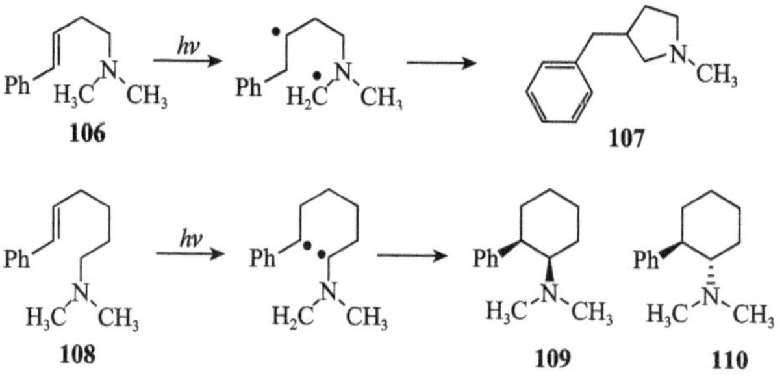

图示 6.44

6.1.5　烯烃和炔烃：光环加成反应

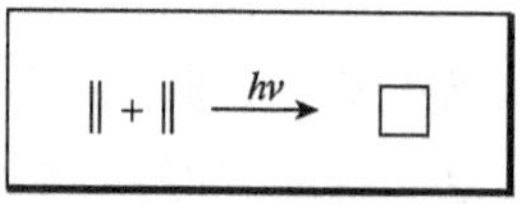

推荐阅读综述[532,585,88,602,680−694]；

精选理论和计算光化学参考文献[16,480,534,535,695−698]。

烯烃（炔烃）光诱导[2＋2]**环加成（cycloaddition）**（4.9 节）形成环丁烷（环丁烯）衍生物是光化学研究最佳反应之一[680,682]。按照 Woodward-Hoffmann 轨道对称性规则[336]，一个激发单重态（S_1）和一基态烯烃通过**同面-同面（suprafacial-suprafacial）**协同且立体专一性反应途径进行环加成是允许的（图示 6.45）[695,699,700]，共轭激发单重态二烯罕见的协同[4＋2]和[4＋4]光环加成必须分别以同面-异面和同面-同面方式发生[690]。由于反应物同面-异面接近在几何结构

上难以实现,因此[4+2]反应通常是分步进行的(经双自由基中间体)。[2+2]或[2+4]光环加成可以以协同方式或分步方式进行。

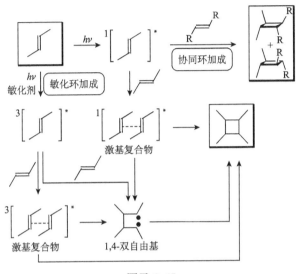

图示 6.45

简单烯烃的激发单重态系间窜越效率很低,因此三重态环加成通常经三重态敏化而不是直接激发实现[701,702]。该过程通常涉及缺电子与富电子烯烃间形成的激基复合物[703]或1,4-双自由基中间体(图示6.45)[704],因此,这些物种获得松弛几何结构的倾向有利于反应沿非协同(分步)路径进行,在该过程中发生围绕中心 C—C 键的旋转,最终导致反应的立体特异性消失。通常情况下,激发态烯烃的环加成反应可伴随其他过程,如无辐射衰减或 E-Z 异构化等(6.1.1节)。相反,与羰基共轭的烯烃(烯酮)与基态烯烃发生[2+2]环加成生成环丁烷类化合物,反应在直接光照产生的三重态(非敏化)发生(见后面的6.1.6节)。

过渡金属,特别是铜(I),可以催化烯烃分子间或分子内的光环加成反应[684,688]。有观点认为该反应为两个基态反应烯烃分子与一个铜(I)阳离子配位,形成的复合物随后被光激发生成环丁烷,同时 Cu(I)催化剂再生,反应有可能通过金属到烯烃或烯烃到金属的电荷转移进行(图示 6.46)[703]。也有观点认为是协同反应机理[706],烯烃-Cu(I)复合物已经被检出并被分离得到,很多脂肪族烯烃或 Cu(I)盐在波长 240 nm 以上几乎是透明的,但它们的混合物在此区域观察到很强的 UV 吸收带[707]。

只有有限的在溶液中发生**分子间**[2+2]光环加成反应的例子,因为烯烃激发单重态的寿命很短(10 ns 量级)[708]。例如,直接光照纯化合物 2-丁烯,生成带有立体化学的四甲基环丁烷,说明反应经协同机制进行(图示 6.45)[709]。然而,低效率的二聚反应($\Phi=0.04$)与高效 E-Z 异构化($\Phi=0.5$)竞争。

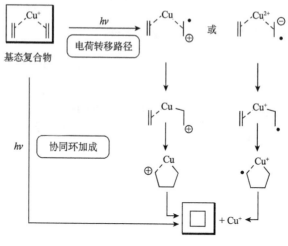

图示 6.46

相反,铜(I)-催化三烯化合物 **111** 的**分子内**环加成生成 1-乙烯基-3-氧杂二环[3,2,0]庚烷(**112**),化学产率>80%[710]。只有与催化剂配位的双键参与光环加成反应,图中所示平行约束的 C═C 键的桥式布局优于所有其他可能的配位模式(图示 6.47)。

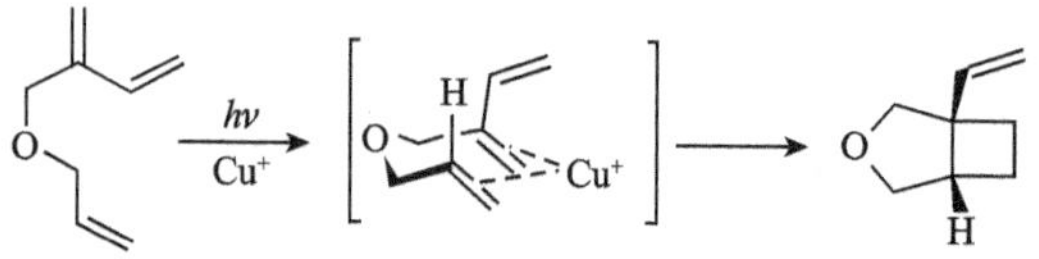

图示 6.47

案例研究 6.10　有机合成——铜(I)催化光环加成

环丁-A(**113**)是一种强效抗病毒抗菌类欧西塔霉素的核苷类似物,通过 Cu(I)离子催化分子内[2+2]环加成制备[711]。化合物 **114** 四个无法分离的(*E*、*Z*、*syn* 和 *anti*)异构体混合物通过光照三烯 **115** 以 70%的化学产率得到(图示 6.48)。核苷的连接通过腺嘌呤对醋酸酯基的亲核取代和几步其他转换完成。

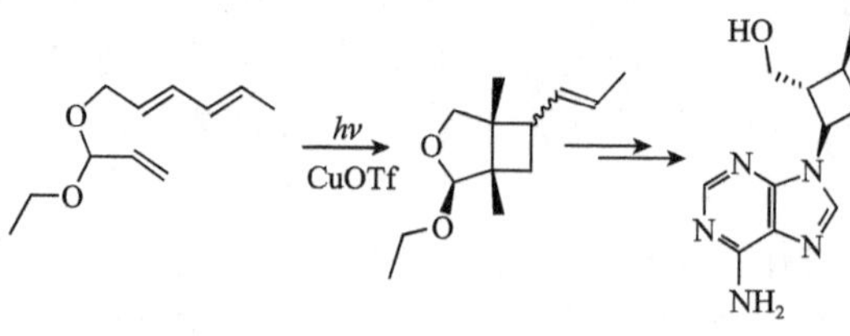

图示 6.48

实验细节[711]，三烯 **115**(10.8 mM)和三氟醋酸铜(I)(0.94 mM)的乙醚溶液置于夹层水冷的石英浸没阱中，以中压汞灯(450 W)透过水冷浸没阱($\lambda_{\text{irr}}>$ 250 nm)光照 5 h(图 3.9)。光照结束后，反应混合物以冰冷却的氨水洗涤、干燥并在减压下浓缩，残余的油状物通过柱色谱纯化得到 **114** 异构体的混合物。

芳基烯烃光照发生环加成生成各种立体异构体，异构体的浓度比受溶剂极性和反应环境限制的影响[172,685,686]。例如，二苯基乙烯衍生物 **116** 的光二聚反应在有机溶剂中效率低，但在水溶液中可以成功地与几何异构化竞争(图示 6.49)[712]。在该反应中，疏水缔合通过使反应分子聚集(增大了它们的局部浓度)改变反应的过程，结果是增加了双分子反应的效率。推测该反应只发生在(E)-二苯基乙烯的激发单重态。

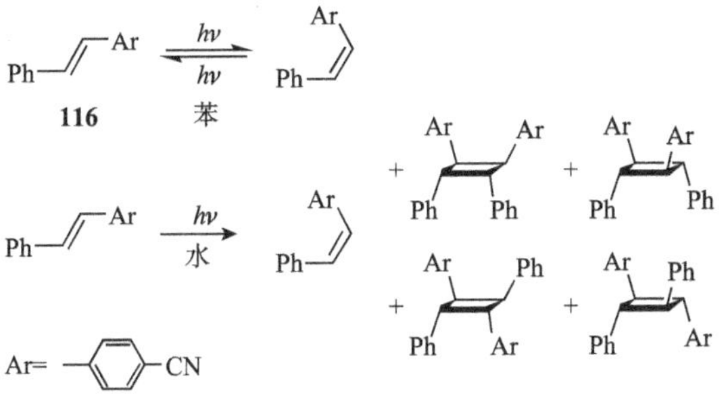

图示 6.49

专题 6.5　有机晶体的光化学

反应介质在**控制反应路径性质**(controlling the nature of reaction pathways)上起重要作用，也影响反应产物和产率以及区域和立体化学(参看专题 6.11)。在有机晶体中，大的构象、平移或旋转变化由于晶格的限制被禁止[172,713]，分子固有的活性通常是次要或不重要的，最终的化学转换是基于反应基团的彼此靠近(最小运动路径，参看案例研究 6.9)、位点的对称性以及其他拓扑化学效应。晶体中反应选择性通常很高，并且得到的产物常常和从溶液中得到的不同。固态反应的热活化由于晶体熔融通常无法实施，光化学活化得益于激发态反应通常对热不很敏感。除非起始材料和产物具有高度的结构相似性，晶体结构以及晶态在反应过程中可能不会保持(参看案例研究 6.11 和案例研究 6.19)，冷却也许对光照过程中晶体结构的保持有帮助。光照波长必须认真选择，如果产物吸收入射光，在晶体表面形成由产物分子组成的滤光层阻碍了下层分子被进一步光照。

跟随肉桂酸在晶体中[2+2]环加成的开创性工作[714],固态光环加成已成为另一个系统研究的反应参数[172,588,686]。结晶学研究表明,尽管该光反应过程也可被其他因素影响,但潜在反应双键间的距离必须小于约 0.4 nm。此外,当非手性反应物结晶在手性空间群时,**光学活性(optically active)**化合物可以在没有任何外手性源(如与非手性客体形成的包裹体晶体中的手性主体分子,参看案例研究 6.21)存在下制备得到[588]。

例如,非手性酯 117 从熔融态或溶液中结晶(图示 6.50)得到两种手性对映结晶形式[715],光照含两种形式的固体样品产生两种分别为 (S,S,S,S)-和 (R,R,R,R)-绝对构型的二聚体(118),这是**不对称光化学合成(asymmetric photochemical synthesis)**一个有意思的例子[588]。

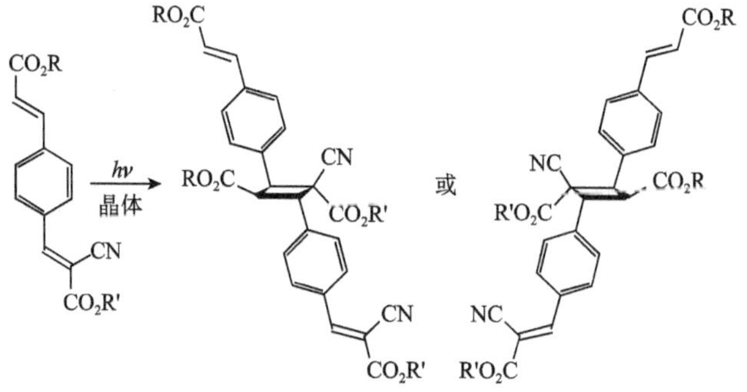

图示 6.50

案例研究 6.11 全息制作——单晶到单晶的光反应

在苯乙烯基氧鎓三氟甲基磺酸盐 119 中观察到光化学正向和热化学可逆的单晶到单晶的[2+2]光二聚反应[该过程称为**光致变色(photochromic)**,参看专题 6.15](图示 6.51)[716]。光照波长的选择是该实验成功与否的关键,以接近最大吸收波长(约 420 nm)的光对结晶强烈光解可导致晶体的破坏,微晶二聚体的聚集体在表面快速出现,反应环境变得不再均匀;但在 20 ℃以吸收尾部的波长(λ_{irr}>570 nm)光照时,可使样品的单晶特征在光二聚过程中得以保持,当温度高于 100 ℃时,二聚体定量地回到起始单体,仍然保持其晶体结构(参看专题 6.5),表明厚体积全息图可以可逆地写入该单晶中,只有当转换不使初始反应物晶格扭曲太大时单晶到单晶的反应才是可行的。

实验细节[716],由 119 制成的单晶全息光栅可以用 He-Ne 激光器(632.8 nm,50 mW)(专题 3.1)写入和读出。在不同光照时间分离得到单体、二聚体和混合晶体,获得了它们的晶体学数据。

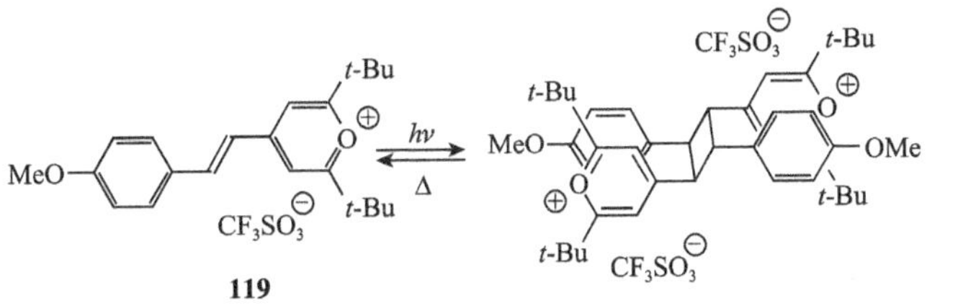

图示 6.51

芳基炔烃,如 1-萘基-1,3-丁二炔(**120**),在 2,3-二甲基丁烯存在下发生[2+2]光环加成反应,以 70% 的化学产率生成环丁烯衍生物 **121**(图示 6.52)。这一特殊的加成反应只发生在 C1—C2 的三键上,猝灭、荧光以及激基复合物发光研究表明该反应从单重态和三重态均可进行[717]。

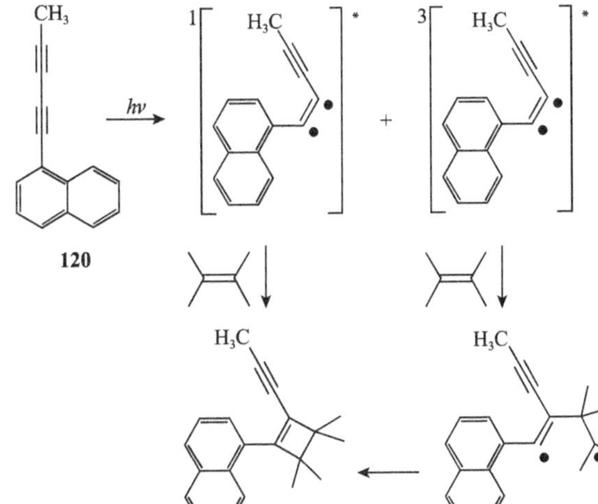

图示 6.52

分子内[2+2]环加成反应基于熵有利因素在束缚的烯烃或炔烃中更容易发生。图示 6.53 给出了两个具有完全立体控制、以硅烷连接衍生物的例子,化合物 **122** 和 **123** 分别以很高的化学产率(80%~90%)形成环丁烷[718]和环丁烯[719]衍生物。束缚的光产物以氟化铵脱硅烷得到相应的二醇。光环加成通过激发单重态进行,如反应的高非对映立体选择性所示。

[2+2]环加成反应是合成环蕃化合物极好的方法[691]。例如,在干燥苯中光照市售 m-二乙烯基苯(**124**)生成环丁烷 125,其进一步以低化学产率(<10%)缓慢光环化为异构体环蕃(图示 6.54)[720]。

烯烃[如降冰片烯(E_T=314 kJ mol^{-1})]三重态能量低于或接近敏化剂三重态

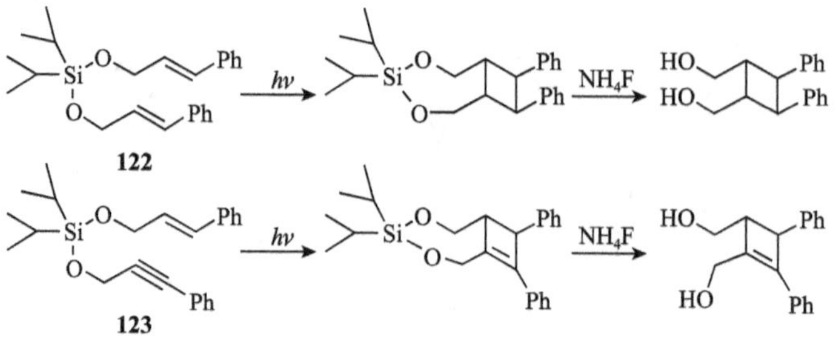

图示 6.53

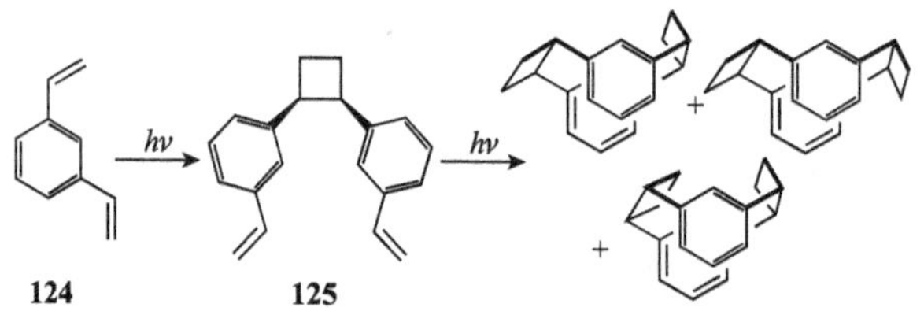

图示 6.54

能量[如苯乙酮($E_T = 310$ kJ mol^{-1})][①]时,烯烃经三重态敏化形成[2+2]环加成产物 **126**(图示 6.55)[721]。相反,当以不能与烯烃发生有效能量传递的二苯酮为敏化剂时($E_T = 288$ kJ mol^{-1}),可以观察到氧杂环丁烷 **127** 的生成[722]。

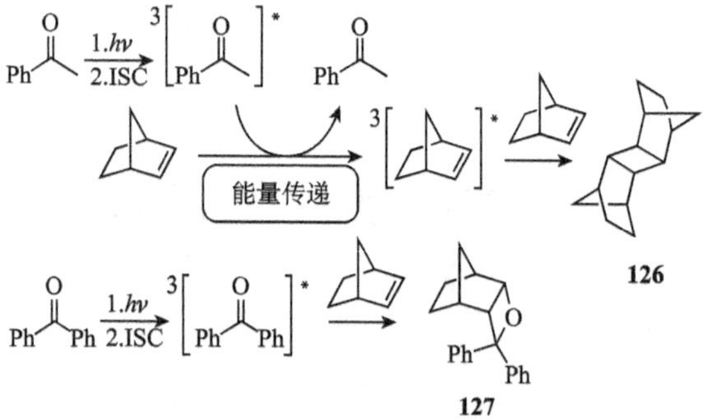

图示 6.55

在敏化剂存在的情况下(图示 6.56),异戊二烯(**128**)发生[2+2]、[4+2]和[4+4]光环加成反应,产物分布强烈依赖于敏化剂的 E_T,这可以用下列事实解释:化合物 **128** 的 s-cis-与 s-trans-构象异构体的三重态能量不同,而它们后续的自由基(分步)反应保持它们初始几何形状[723],激发态 s-cis-**128** 较多的布居于是体现在较多的[2+2]和[4+4]环加成产物。

---

① 原书中所给数据有误。——译者注

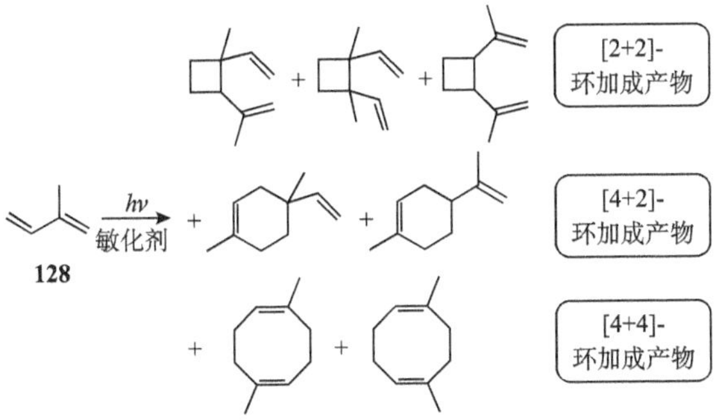

图示 6.56

环己烯无论是直接光照还是通过三重态敏化均以接近定量的化学产率生成[2+2]二聚体的立体异构体混合物(图示 6.57)[557]。二聚可用下面的过程理解：初始是环己烯的光诱导 E-Z 异构化(6.1.1 节)，然后是(E)-环己烯与 Z-异构体的非立体特征基态加成。与之相反，铜(I)-催化环己烯光二聚只生成一种主要的立体异构体 **129**(图示 6.57)[706]。按照轨道对称性规则，该产物的生成需要两个环己烯单体的 C═C 键形式上扭曲；认为该光二聚反应涉及初始铜(I)催化的 E-Z 异构化，生成配位稳定化的(E)-环己烯 **130**，在后续加成步骤中为同面-异面立体电子控制。

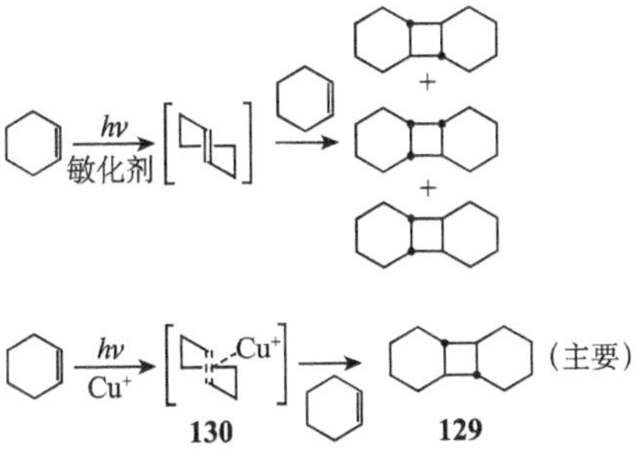

图示 6.57

专题 6.6　笼状化合物的光化学合成

高张力**笼状化合物(cage compounds)**一直受到实验科学家和理论科学家很多的关注[724]。笼状化合物最重要的结构部分常常是高张力的环丁烷环，很容易通过光化学方法获得[725]。立方烷因其美学魅力成为合成(光)化学和结构有机化学的里程碑之一[726]。例如，少量的八甲基立方烷(**131**)可以通过在正戊烷中直接光照 syn-八甲基三环[4,2,0,0^{2,5}]辛-3,7-二烯(**132**)，经环加成与主产物 **133**(octamethylcuneane)一起得到，主产物 **133** 有可能是通过分步自由基头-尾键合形成(图示 6.58)[727]。

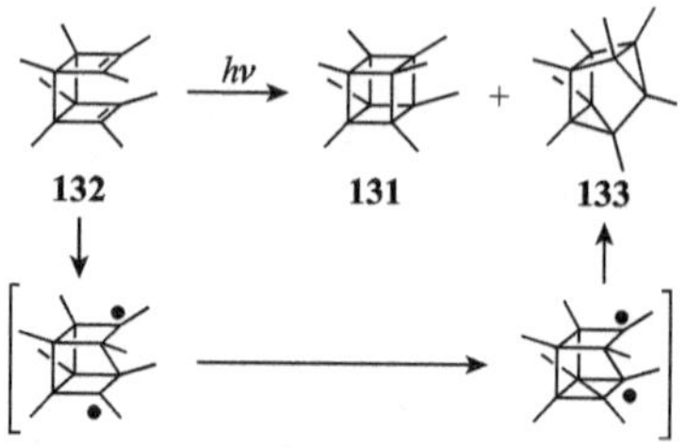

图示 6.58

专题 6.7　DNA 的光化学

太阳光谱 UVB 区的光(290～320 nm)被平流层中的臭氧层有效滤掉,但到达地球表面的残余辐射对所有机体仍然有危害,并且随着臭氧层的部分破坏情况越来越严重。皮肤中的核酸和氨基酸的吸收在 320 nm 以下,因此被认为是重要的 UVB 发色团。DNA 碱基具有短的 S_1 激发态寿命(1 ps 或更短),在很大程度上保护了它们免遭严重的光化学损伤,如果从单重态系间窜越到达活性三重态,光化学损伤将会发生[728,729],相反,它们会通过无辐射跃迁快速弛豫回到基态[730,731]。生命起源前的化学大部分可能发生在无氧大气中,平流层中也没有臭氧,因此,在强短波长照射下,关键构筑单元的光化学稳定性在早期的化学进化中可能起重要作用[732]。

相邻嘧啶碱基(胞嘧啶和嘧啶)的光二聚无疑是最常见的 DNA 紫外光照引发的反应[728,729,733,734],该反应与细胞的存活、突变和皮肤癌的发生有关。主要反应是通过激发三重态发生的[2+2]光环加成形成环丁烷嘧啶二聚体[735](如胞嘧啶二聚体 **134**)(图示 6.59)或发生 Paternò-Büchi 反应(6.3.2 节)生成二聚体 **135**(图示 6.60)。二聚体的生成可引起双螺旋 DNA 的结构畸变以及损伤周围双螺旋的显著不稳定,损伤必须修复以避免细胞死亡或突变[728]。一些不同的酶修复途径已经得到了发展,例如,在被称为光复活(photoreactivation)的过程中,光解酶与二聚体键合,在近紫外和可见光(300～600 nm)照射下催化相应键的断裂,以恢复初始 DNA 分子。

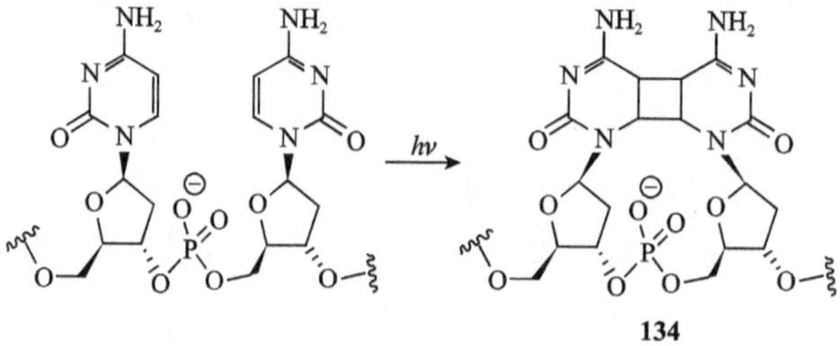

图示 6.59

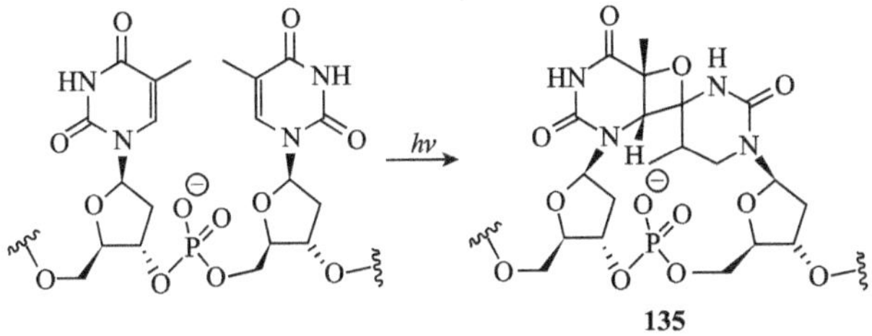

图示 6.60

另外，UVA 光照也可以通过涉及单重态氧生成的间接过程引起 DNA 损伤[733]（6.7.1 节），因为在细胞中存在某些不明的内源性光敏剂。

专题 6.8　光化学疗法——牛皮癣的治疗

牛皮癣（皮肤细胞过度增殖）是人类最不清楚的皮肤病之一，可用多种可靠性存疑的方法治疗。除了传统的局部处理或内服药物治疗外，光疗（非灼伤阳光光照，参看专题 6.2）和光化学治疗也用于治疗牛皮癣，口服或局部使用补骨脂素（**136**，图示 6.61）或其他相关化合物，然后以 UVA（315～380 nm）对皮肤光照[736,737]，可成功治愈病人。光化学使牛皮癣皮肤正常化的几种机制已被提出，但还不知道它们的相对重要性。补骨脂素衍生物内在光反应性由其最低激发单重态和三重态 π,π^* 的电子结构决定，它们可能是活性单重态氧产生（6.7.1 节）或与 DNA 的嘧啶碱基嵌合的原因，也可能是与蛋白质、类脂膜、酶和其他重要生物分子反应的原因，这些过程降低了牛皮癣皮肤细胞异常快速增殖。[2+2]光环加成是补骨脂素最常见的光加成反应，例如，与 DNA 的胸腺嘧啶形成两种不同的二聚体。遗憾的是，长时间光化学治疗被发现与某些类型的皮肤癌发病有关（专题 6.22）。

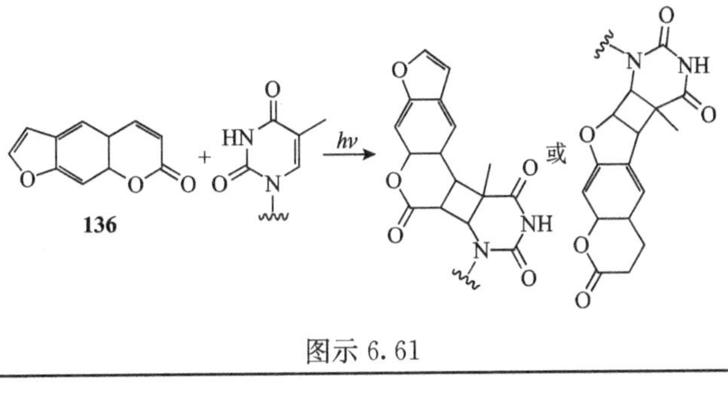

图示 6.61

光-Bergman 反应（环芳香化）[738]是光化学引发烯二炔的分子内反应，烯二炔分子由不饱和键连接两个炔基构成，该反应是生成具有双自由基特征 1,4-脱氢苯体系的反应[739]。例如,在异丙醇作为氢给体([H])存在下,以波长>313 nm 的光照射 1,2-二(戊-1-炔)苯(**137**)得到 2,3-二丙基萘(**138**),化学产率为 25%(50%转换时,图示 6.62)[740],基于三重态敏化研究和激光闪光光解实验提出了该反应的自由基机理,在 1,4-脱氢苯自由基间成键的环加成由于极端的空间要求不能发生。一种过渡金属催化的环芳香化反应示于图示 6.289 中。

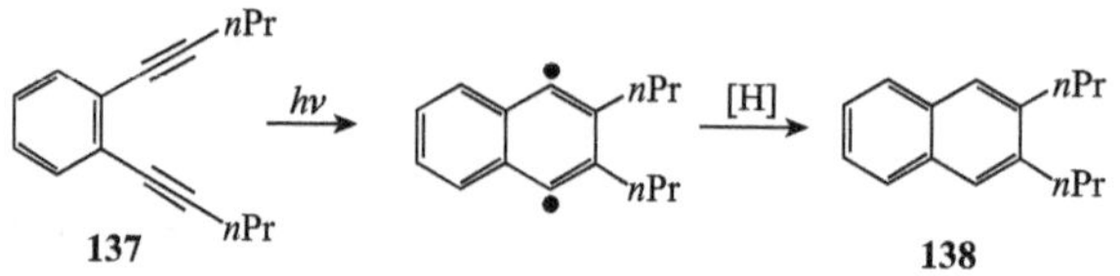

图示 6.62

6.1.6 α,β-不饱和酮(烯酮):光环加成和光重排

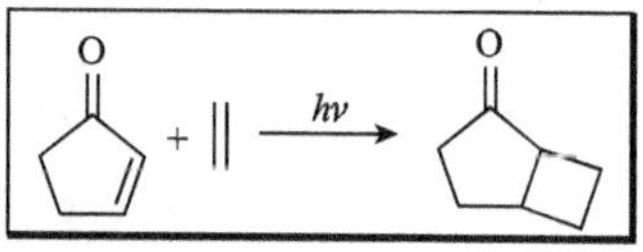

推荐阅读综述[692,693,741-751];

精选理论和计算光化学参考文献[16,534,535,752-757]。

类似于简单烯烃的光环加成反应(6.1.5 节),激发态 α,β-不饱和羰基化合物(烯酮)和烯烃发生[2+2]光环加成形成环丁烷类化合物。该反应的路径通常为烯酮的激发三重态(如环戊烯酮,图示 6.63)与基态烯烃形成激基复合物,激基复合物衰减为一个或多个基态三重态 1,4-双自由基物种的异构体,或通过 Grob[758]裂解重新生成起始材料,三重态双自由基须经系间窜越到单重态双自由基环化形成产物,或最终回复到基态反应物[741,744]。

环状烯酮-烯烃分子间光环化反应中观察到的立体选择性并不是简单的模式[741],最初认为其与初始结合步骤相关,涉及极化烯酮(环戊烯酮)n,π* 激发三重态($C_β$ 上的电子密度比 $C_α$ 上高)与基态烯烃(如乙基乙烯基醚)形成预取向的激基复合物(图示 6.64)[759,760]。

然而,环状烯酮最低三重态是 ³π,π* 态,而不是 ³n,π* 态[761],而现今认为加成物形成的立体选择性反映了环化为产物和经单重态 1,4-双自由基裂解回到起始原料效率的不同(图示 6.63)[741,743,762]。例如,环戊烯酮与乙基乙烯基醚在苯中[2+2]光环加成生成两种产物:头-尾(HT,**139**)和头-头(HH,**140**)构型加成物,两者的浓度比约为 3∶1(图示 6.65)[762],该结果与上述预取向激基复合物模型相符[759]。如同预望的那样,没有产物是从 1,4-双自由基 **141** 和 **142**(含稳定性较差的初级自由基中心)衍生而来的。自由基捕获实验表明,HT 和 HH 构型 1,4-双

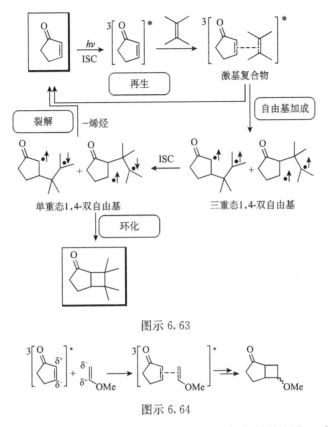

图示 6.63

图示 6.64

自由基是等比例产生的,因此可以得出结论:HT 双自由基的环化一定比其裂解更高效($\Phi_c > \Phi_f$),这与 HH 双自由基的情况相反,可能与双自由基的伸展构象相对紧密构象的不同布局相关。立体选择性机理解释可用于很多其他体系[741,743]。

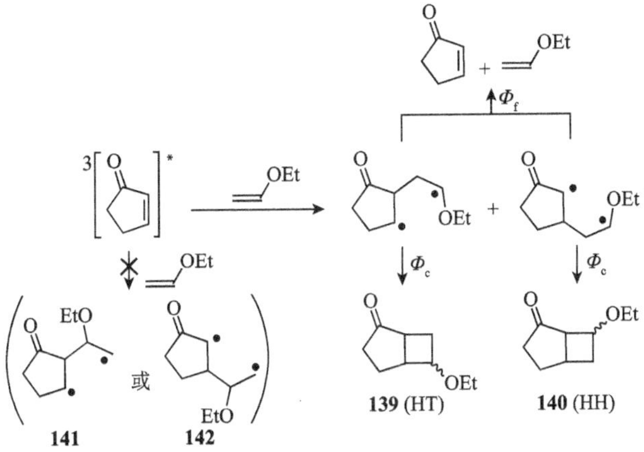

图示 6.65

案例研究 6.12 有机合成——紫杉醇(paclitaxel)AB-环核的构筑

紫杉醇是一种抗癌药物，已开发出构筑紫杉醇(paclitaxel 或 taxol)AB-环核的新方法，该方法利用环戊烯酮(**143**)与丙二烯(**144**)的光环加成反应生成双环产物 **145**，随后经几步反应转换为双环二酮 **146**(图示 6.66)，反应总化学产率为 42%[763]。

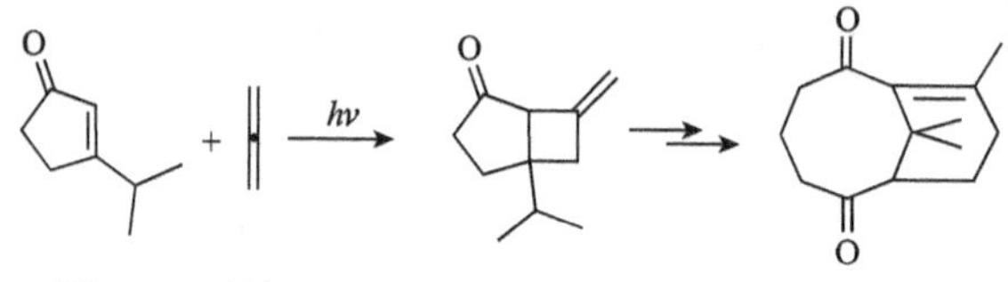

143 **144** **145** **146**

图示 6.66

实验细节[763]，在 −78 ℃以某 UV 光源光照 **143** 和 **144** 的二氯甲烷溶液(图 3.9)，以 84%的化学产率得到头-头加成物 **145** 以及少量的头-尾加成物。产物无须进一步纯化可直接用于后面的反应。

分子内烯酮-烯烃的光环加成过程取决于两个活性 C═C 键间的原子数目。例如，光照 1-酰基-1，6-庚二烯(**147**)的 *E*-和 *Z*-异构体生成环加成产物立体异构体 **148** 和 **149** 的 1∶1 混合物，并没有 *E*-*Z* 异构化反应发生[图示 6.67(a)][764]。在 C2(C_β)和 C6 原子间发生的初始成键符合经验性**五原子规则(rule of five)**[765]，由

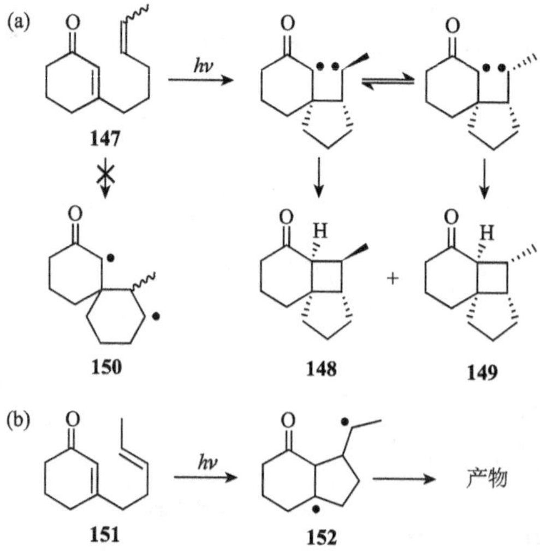

图示 6.67

于环化反应熵,区域选择及动力学优先形成五元环双自由基中间体,而不形成更大的环,实验中没有观察到双自由基 **150**。酰基己二烯 **151** 光解作为比较也示于图示 6.67 中,**151** 光解也是通过初始 1,5-环化形成 1,4-双自由基(**152**)进行的[766]。

烯烃和**烯醇(enol)**的光环加成生成 1,3-二酮或 1,2-二酮,被称为 **de Mayo 反应(de Mayo reaction)**[760,767],也生成环丁烷衍生物[742,749],推测该反应机理涉及激发三重态二酮(有可能为激基复合物)和 1,4-双自由基中间体(参看图示 6.63)[749]。作为从 1,3-二酮衍生得到的烯醇化物的例子,乙酸烯醇酯 **153** 发生分子内区域选择光环加成,以定量的产率生成三环加成物 **154**,它在碱存在下发生环化反应形成双环十一烷二酮(**155**)的八元环大环(见专题 6.14)(图示 6.68)[768]。在另一个例子中,烯醇化的 1,3-二酮基团与异喹啉 **156** 的烯胺部分发生分子内 [2+2]光环加成,经不稳定加成物 **158** 以 35%的总化学产率形成产物 **157**(图示 6.69)[769]。

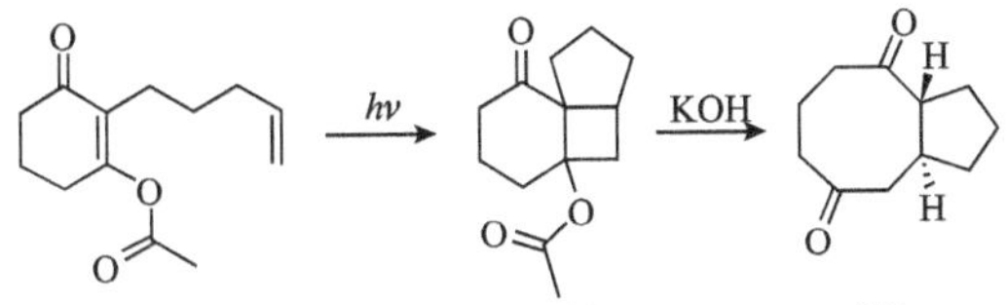

图示 6.68

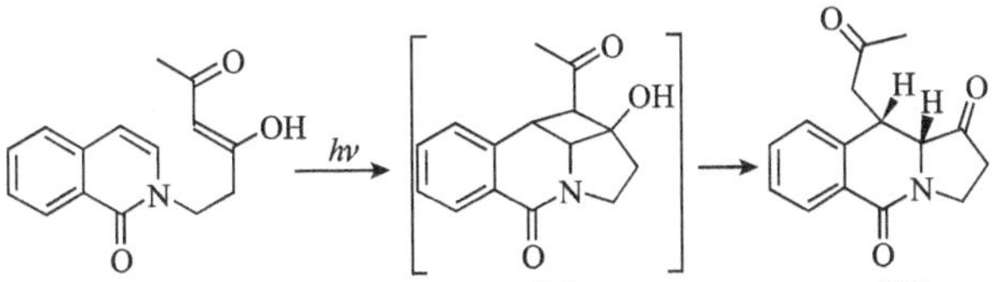

图示 6.69

环状烯酮(如取代环己-2-烯酮或环己-2,5-二酮)也可发生 σ 迁移光重排,分别形成双环[3,1,0]己酮化合物(lumiketones)或双环[3,1,0]己-3-烯-2-酮化合物,认为该类反应可经协同和分步(双自由基)两种反应机制进行[640,641,770]。例如,在极性溶剂中光照甲基苯基衍生物 **159** 观察到了与环收缩同步进行的[1,2]迁移[称为 **A 型(type A)**反应],而在非极性溶剂中苯基的迁移[可称为 **B 型(type B)**反应]占主导地位(图示 6.70)[771,772]。这些反应被认为是通过酮的 π,π* 和 n,π* 激发三重态进行的。在烯烃存在下,环状烯酮很容易发生竞争光环加成反应(6.1.5 节)。

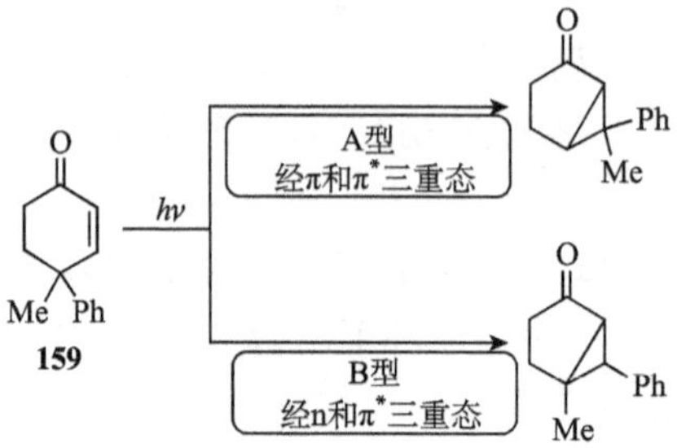

图示 6.70

结晶态光重排反应[773]通常选择性很高地生成产物(专题 6.5)。在苯中光照 4,4,5-三芳基环己-2-烯酮(**160**),得到比例为 1∶1 的苯基到 p-氰基苯基迁移形成的产物 **161** 和 **162**,而在固态只专一性地生成产物 **161**(图示 6.71)[755]。

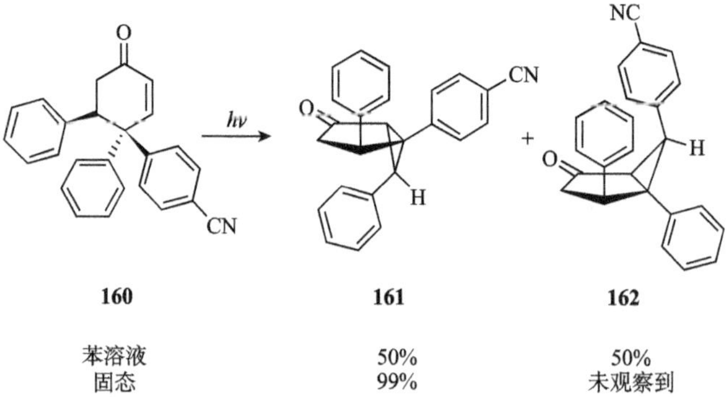

160	**161**	**162**
苯溶液	50%	50%
固态	99%	未观察到

图示 6.71

交叉共轭环己-2,5-二酮的光化学在历史上曾用于解释某些原初光化学过程[744],后来被成功地应用于有机合成[775-777]。通常情况下,双环[3,1,0]己-3-烯-2-酮 **163** 从环己-2,5-二烯酮 **164** 经双自由基特征的 n,π* 激发三重态以及基态两性离子中间体形成[775],该光过程可以称为[1,4]σ迁移(图示 6.72),等同于环己-2-烯酮的 A 型重排(图示 6.70)。

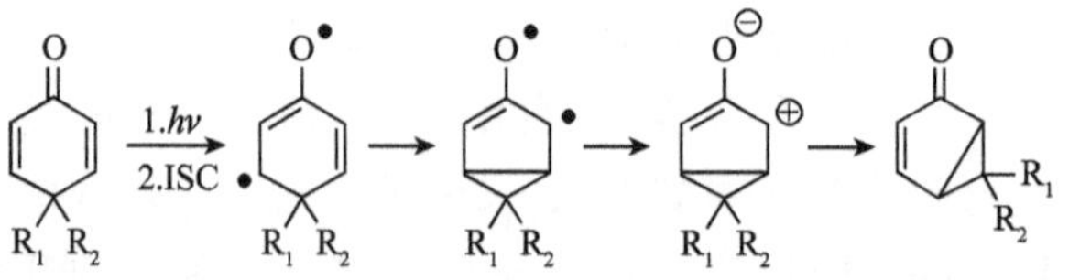

图示 6.72

山道年(**165**, santonin)是一种被详细研究的光化学活性化合物,可以发生一系列光重排反应。在二氧六环中生成[1,4]迁移产物光山道年(**166**, lumisantonin),化学产率为 64%;而在质子介质中,形成后续重排产物光山道年酸(**167**, photosantonic acid)(图示 6.73)[778,779]。

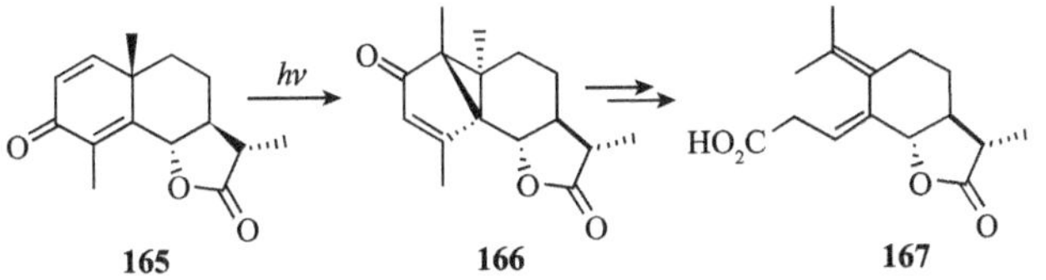

165　**166**　**167**

图示 6.73

6.1.7　习题

1. 解释下列概念和关键词:光稳态,Rydberg 态,NEER 原理,自行车脚踏板机制,光转导,光疗,光化学去消旋化,对映体差光敏化,光致变色,二-π-甲烷重排,不对称光化学合成,单晶到单晶的光化学,光化学治疗,五原子规则。
2. 给出下列反应可能的机理:

(a)

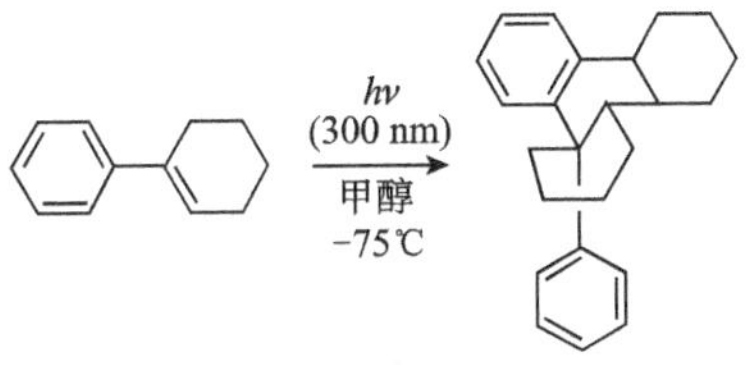

文献[780]

(b)

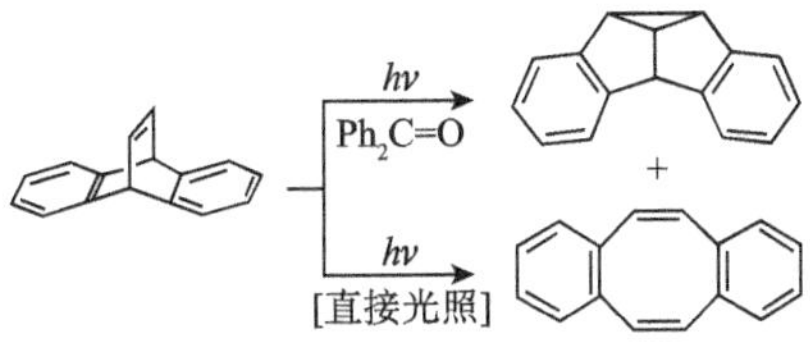

文献[638]

(c)

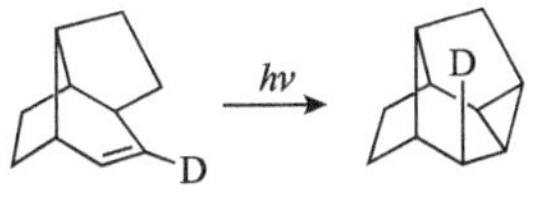

(提示: Rydberg激发态的反应)

文献[781]

3. 预测反应的主要光产物(可以是多个产物):

(a)

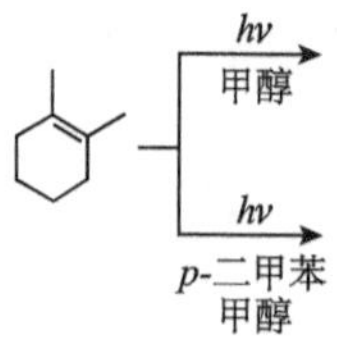

[Reaction scheme: methylcyclohexene derivative with hν/甲醇 and hν/p-二甲苯 甲醇]

文献[671]

(b)

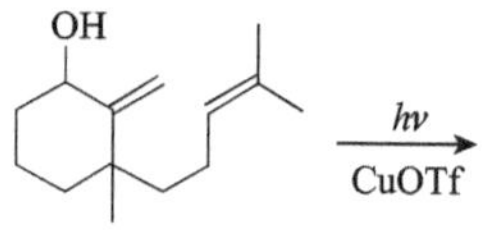

[Reaction scheme: hydroxy-methylene cyclohexane with isoprenyl side chain, hν/CuOTf]

文献[782]

(c)

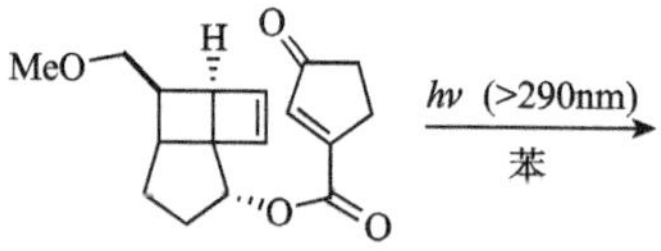

[Reaction scheme: bicyclic compound with MeO, H, and cyclopentenone ester, hν (>290nm)/苯]

文献[783]

6.2 芳香化合物

MO 理论已对平面芳香化合物最低激发态的电子结构作出了很好的描述(4.5 节与 4.7 节)。苯类芳烃在近 UV 区呈现三个或四个 π,π^* 吸收带,以 ^1L_b,^1L_a,^1B_b 和 ^1B_a 标示(对苯和萘按能量增加为序)。由于最低激发单重态主要决定光物理和光化学性质(Kasha 规则,见 2.1.8 节),需要指出的是:在苯、萘以及它们的众多衍生物中,HOMO-LUMO 跃迁(^1L_a)并不与最低激发单重态(^1L_b)相对应。线性并苯芳香化合物(苯、萘、蒽等)的吸收光谱如图 4.16 所示,较大体系(如并四苯、并五苯等)的 ^1L_a 带处于可见光区,使这些化合物具有特征的颜色。所有苯类芳烃中的最低三重态具有 ^1L_a 特征。

通过公式 2.11 预测的芳香化合物荧光速率常数有两个数量级的差别,这与它们最低激发单重态性质有关,$S_1 = {}^1L_b$ 时,具有较小的速率常数,$k_f \approx 2 \times 10^6 \text{ s}^{-1}$,而 $S_1 = {}^1L_a$ 时,具有较大的速率常数,$k_f \approx 3 \times 10^8 \text{ s}^{-1}$。母体化合物的 IC 和 ISC 速率常数小,利用公式 2.22 和 2.23 给出的经验法则,可以预测 $\log(k_{IC}/\text{s}^{-1}) \approx \log(k_{ISC}/\text{s}^{-1}) \approx 6$。因此,苯类芳香化合物具有显著的荧光和明显的三重态产率,$S_1 = {}^1L_a$ 的化合物荧光量子产率接近 1。在较大的苯类芳香化合物中,其非辐射衰减速率常数 k_{IC} 随能隙 $E(S_1) - E(S_0)$ 减小而增大,因此这些化合物的荧光和 ISC 量子产率之和小于 1。在较小的苯类化合物中,因其 S_1 态较长的寿命($^1\tau \approx 10^2$ ns),其 ISC 可以通过与氧的扩散接触加速。

ISC 的速率随重原子(Br、I)或低能 n,π* 态官能团(羰基、硝基和二氮杂苯等)的取代而增大。一些含氮苯衍生物的吸收光谱示于后面图 6.8 中。

非交替碳氢化合物的第一吸收带和取代引起的能带移动通常可用 HMO 理论(4.7 节)很好地描述。到达 S_1 态的吸收对应 HOMO-LUMO 跃迁,非辐射衰减通常决定了非交替碳氢化合物和有着 4n-原子环(联苯撑)交替碳氢化合物的光物理性质,因此它们通常具有短的单重态寿命和低的三重态产率,直接光照下不易发生光反应。

表 6.4 给出了本章中我们讨论的芳香化合物的主要光反应。芳香化合物,如苯、萘以及它们的杂环类似物,光照下发生明显的重排生成一些非芳香高张力产物,如盆苯和杜瓦(Dewar)苯(表中第 1 项),在特定条件下它们可以被分离出来,反应的量子产率和化学产率通常很低,但光化学仍可能是它们最方便的制备方法。当环上有大体积取代基时,通常可以增强产物的稳定性;而较少立体需求的取代基取代芳烃时,发生环异构化反应(光移位反应)(第 2 项)。

激发态芳香化合物也能发生双分子反应,这在基态是观察不到的。与烯烃的分步区域选择性光环加成反应,如[2+2]光环加成(第 3 项),经历短寿命中间体,是生成各种双环和三环不饱和碳氢化合物的方法。当芳香基团带有离去基团时,光照使亲核试剂取代很容易发生(第 4 项)。电子激发态性质的变化、环取代基效应的定向与活化、实验条件等是反应机理多样性和特定产物形成的原因。

表 6.4 涉及激发芳香化合物的光过程

序号	起始原料[a]	产物	机理	章节
1	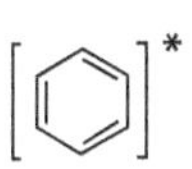 [苯]*	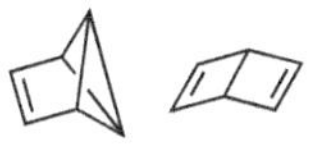 盆苯、杜瓦苯	光重排	6.2.1
2	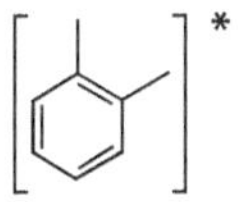 [邻二甲苯]*	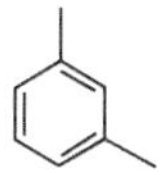 间二甲苯	光移位	6.2.1
3	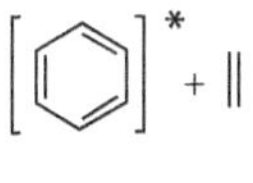 [苯]* + 烯	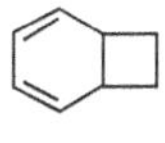 双环化合物	光环加成	6.2.2
4	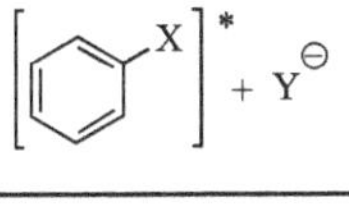 [PhX]* + Y⁻	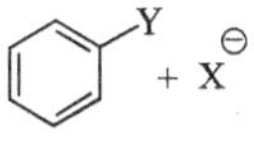 PhY + X⁻	光取代	6.2.3

a Y⁻:亲核试剂。

6.2.1 芳烃和杂环化合物:光重排和光移位

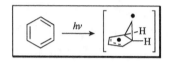

推荐阅读综述[784-788];

精选理论与计算光化学参考文献[16,534,535,789-794]。

苯作为典型的芳香化合物有三个吸收带,最大吸收波长分别位于 $\lambda=254$ nm(S_1)、203 nm(S_2)和 180 nm(S_3)[785,788]。以 254 nm 在气相光照苯到达其激发单重态 S_1($^1B_{2u}$态,$E_S=459$ kJ mol^{-1})[157],生成两个非芳香高张力产物:盆苯(**168**)(在高温下光照液体苯达到的极限浓度仅为 0.05%)和通过双自由基中间体 **170**(prefulvene)以低量子产率得到的富烯(**169**)($\Phi=0.01\sim0.03$)(图示 6.74)[795]。当以 $\lambda<200$ nm 的光照射苯时,得到高能的非芳香杜瓦苯(**171**)以及 **168** 和 **169**,已经证明 S_2($^1B_{1u}$)态和 2,5-环己二烯-1,4-双自由基中间体 **172** 是这些产物的前体[796]。杜瓦苯还可进一步发生分子内[2+2]光环加成(6.1.5 节)形成棱晶烷(**173**)。虽然苯的系间窜越效率相对较高(己烷溶液中 $\Phi=0.23$),但其激发**三重态** T_1($E_T=353$ kJ mol^{-1})[157]通常不参与光异构化反应。

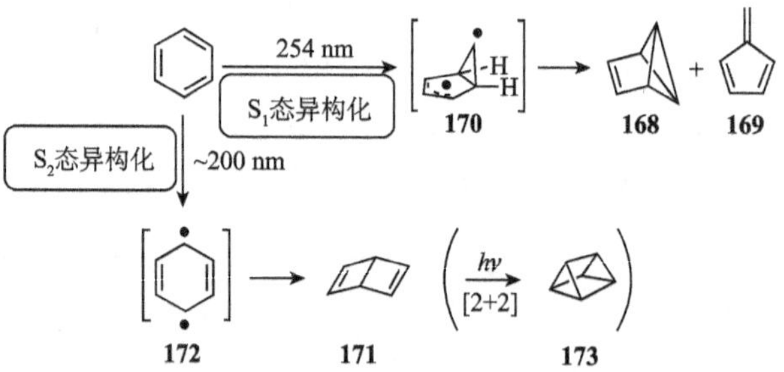

图示 6.74

苯分子中碳原子的光化学移位(环的异构化)已知涉及盆苯中间体[784,785]。例如,以 254 nm 的光气相光解邻二甲苯(**174**),首先光解生成盆苯(**175**),随后以低转化率生成间二甲苯(**176**)[797](<10%;图示 6.75),延长光照时间可生成对位异构体。

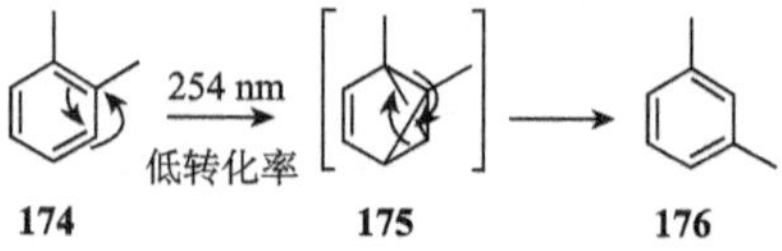

图示 6.75

当起始芳烃带有大体积取代基时，活性非芳香中间体的分离相对容易，空间相互作用阻碍了再芳香化过程的发生，稳定了中间体。例如，以 254 nm 的光光解 1,3,5-三叔丁基苯(**177**)，1,2,4-三叔丁基盆苯(**178**)为唯一的产物，量子产率为 $\Phi=0.12$(图示 6.76)[798]。经彻底光照，再芳香化以及其他过程成为重要过程，产生盆苯(**179** 和 **180**)、富烯(**181**)、杜瓦苯(**182**)以及棱晶烷(**183**)，其中棱晶烷衍生物作为主要产物得到，在光稳态时(PSS)化学产率达到 65%(6.1.1 节)，因为它对 254 nm 的光没有明显吸收；在该光照波长下，不能获得作为杜瓦苯(及其光环加成产物棱晶烷)前体的 S_2 激发态，因此曾认为该过程有可能经 T_1 激发态进行[785]。

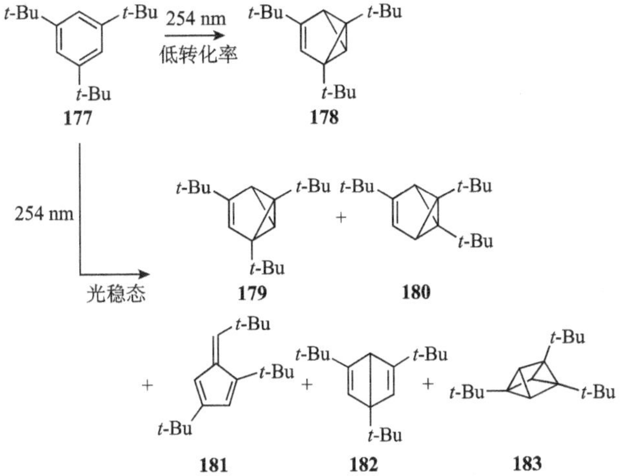

图示 6.76

已知不仅取代苯发生这些光重排反应，而且取代萘[785]、吡啶[799]、吡喃阳离子[787]以及吡啶盐[786]等也发生这些光重排反应。例如，光照 2,4,6-三甲基吡喃鎓高氯酸盐(**184**)形成氧杂盆苯阳离子 **185**，其重排生成 2,3,5-三甲基光移位异构体 **186**(图示 6.77)[800]。

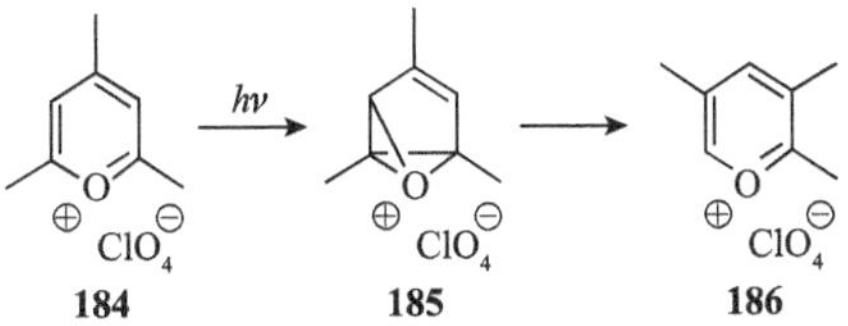

图示 6.77

案例研究 6.13　有机合成——光缩环

4-吡喃酮在 H_2SO_4 水溶液中质子化原位生成 4-羟基吡喃鎓，高化学产率地发生光移位和光缩环反应[787]。例如,2,3-二甲基-4-羟基吡喃鎓的阳离子 **187** 在 50%硫酸溶液中光解,生成氧杂盆苯阳离子 **188**,它被作为亲核试剂的水捕获,得到加成物 **189** 进一步水解生成 2-环戊烯酮 **190**(图示 6.78)[801]。在高浓度的 H_2SO_4 溶液中,水的亲核活性低,氧杂盆苯阳离子只生成光移位产物。

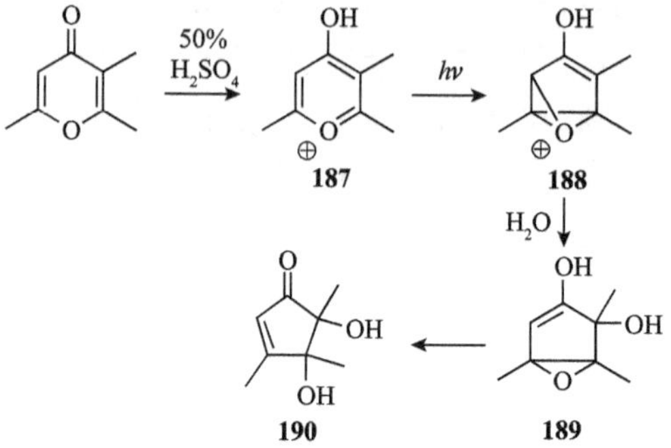

图示 6.78

实验细节[801],4-羟基吡喃鎓阳离子(**187**)通过将相应的 4-吡喃酮(1.74 mmol)溶解在 50%硫酸水溶液(8 mL)中制备。酸性溶液装在石英管内置于石英杜瓦瓶中,用环形围绕在杜瓦瓶周围的六个低压汞灯(8 W,254 nm)进行光照(图 3.10);光照时将氮气流先通过浸没在干冰-丙酮浴的热交换器盘管,再进入装有样品的杜瓦瓶,以使样品温度保持在 0 ℃,光照后立即中和酸性溶液并用乙醚洗涤。将水层浓缩至干,白色固体经乙醚重结晶得到产物 **190**,化学产率为 63%。

6.2.2 芳烃和杂环化合物:光环加成

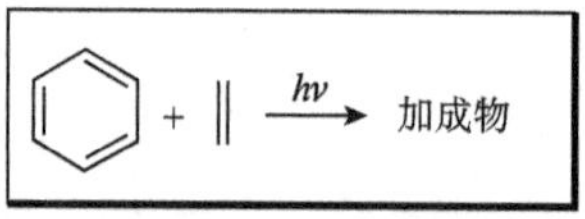

建议阅读综述[602,802-813];

精选理论和计算光化学参考文献[814,815]。

处于 $S_1(\pi,\pi^*)$ 激发态的苯不再是芳香化合物,可发生在基态观察不到的各种化学反应。烯烃与激发态苯的光环加成反应可分为三个基本类型:(a)邻位光环加成(1,2-或[2+2]光环加成)生成二环[4,2,0]辛-2,4-二烯(如 **191**);(b)间位光环加成(1,3-或[3+2]光环加成)生成三环[3,3,0,0$^{2.8}$]辛-3-烯(如 **192**);(c)对位光环加成(1,4-或[4+2]光环加成)生成二环[2,2,2]辛-2,5-二烯(如 **193**)(图示 6.79,新生成的 σ-键在图中加粗表示)。

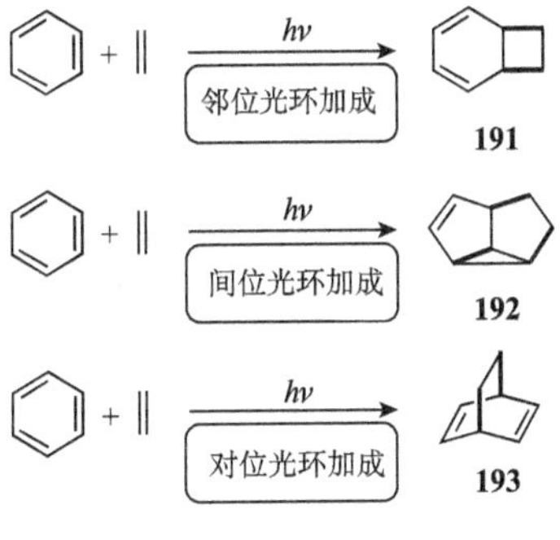

图示 6.79

光环加成机理以及后续反应的选择性可能依起始材料结构和反应条件有明显不同。通常情况下,激发态芳烃和基态烯烃间可经初始极化形成激基复合物发生反应[802]。虽然在某些案例研究中也讨论过基态电荷转移(CT)复合物的激发(2.2.3 节),但[2+2]光环加成反应常常经双自由基中间体进行[图示 6.80(a)],例如,苯与马来酸酐的[2+2]光环加成[图示 6.80(b)][817],在无酸存在的条件下,两性离子中间体 **194** 转变为加成物 **195**。

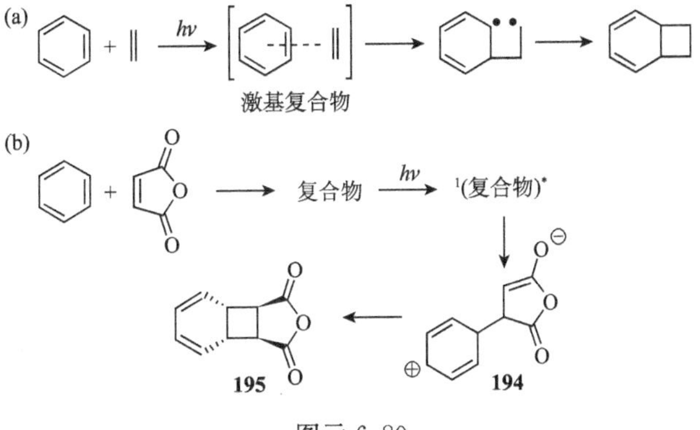

图示 6.80

邻位光环加成

当芳香基团与烯烃分别带有吸电子和给电子取代基时(或相反),通常是有利于该反应路径[803,809]。加成反应涉及电荷转移,因此反应过程对溶剂极性敏感,该反应机制可能与烯烃与 α,β-不饱和羰基化合物的[2+2]光环加成(6.3.2 节)类似。图示 6.81 给出了两个分子间和一个分子内[2+2]光环加成反应的例子:(a)丁烯腈(巴豆腈,**196**)与苯甲醚(**197**)加成,以 38%的化学产率高区域选择性地生成几种 **198** 的立体异构体,其与激基复合物中键的极化相关[818];(b)六氟苯

(**199**)与 1-乙炔苯衍生物(**200**)反应,以 86% 的产率形成二环[4,2,0]辛-2,4,7-三烯(**201**);(c)在甲醇中光照 **202** 生成单一的光产物 **203**[820]。

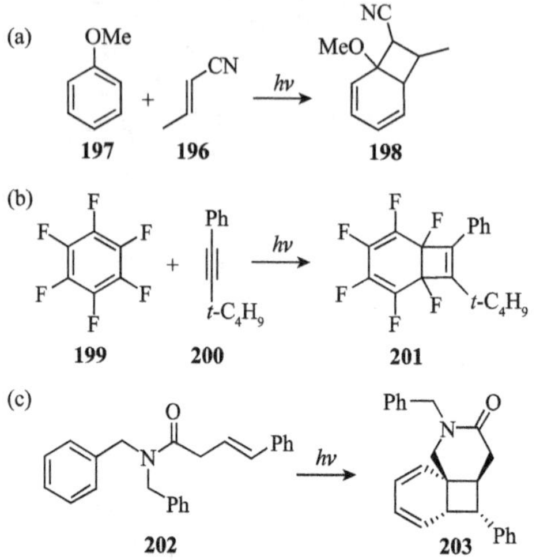

图示 6.81

多环芳烃也可发生邻位光环加成反应[805]。例如,䓛(chrysene)的衍生物 **204** 与缺电子的肉桂酸甲酯 **205** 反应生成作为主要产物的加成物 **206**(图示 6.82)[821]。观察到的高度立体选择性可用电子上有利的三明治型单重态激基复合物 **207** 来解释。

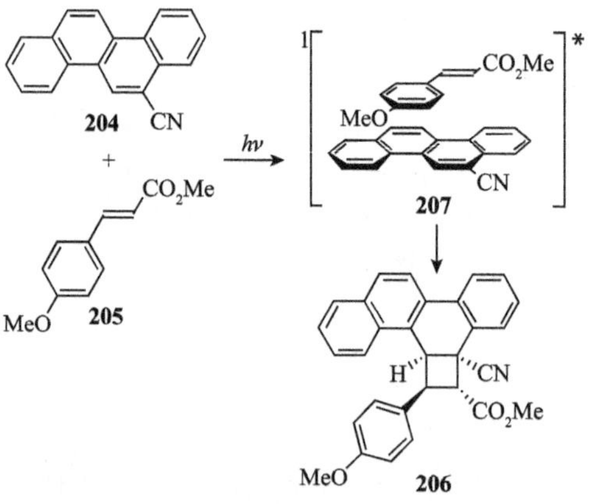

图示 6.82

邻位光环加成也在芳香杂环化合物中被观察到,如取代吡啶。例如,在甲基丙烯腈(**209**)存在下光照 2-甲氧基-4,6-二甲基烟腈(**208**)的苯溶液,产生的加成产物 **210** 经热转换为 3,4-二氢环辛四烯(**211**),其在第二步光化学过程中发生电环化反应,以 45% 的化学产率生成 **212**(图示 6.83)[822]。

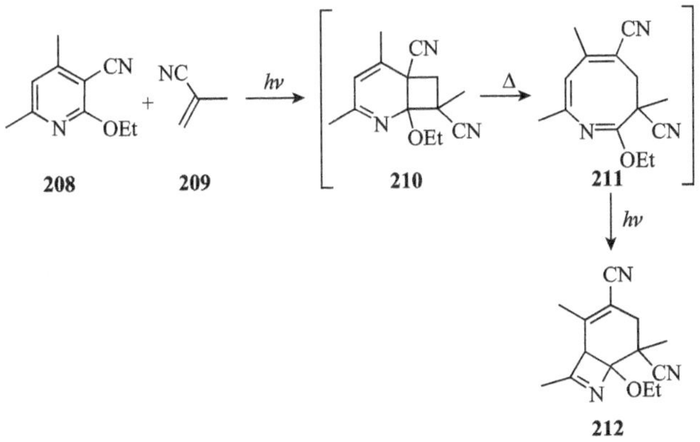

图示 6.83

专题 6.9 富勒烯的光化学

球形碳分子富勒烯的(光)化学和物理性质是当前研究中的重要课题,特别在纳米技术中[823,824]。有 60 个碳原子的 C_{60} 具有缺电子烯烃性质,与芳香基团类似可发生诸如[2+2]光环加成。C_{60} 的吸收光谱有三个主要吸收峰($\lambda_{max}=211$ nm, 256 nm, 328 nm)和一个 $\lambda=540$ nm 的弱带[813],从其最低激发单重态发出的弱荧光(S_1, $E_S=193$ kJ mol^{-1})与到达激发三重态($E_S=157$ kJ mol^{-1})的快速高效的(接近 100%)系间窜越过程竞争。例如,(Z)-和(E)-1-(4-甲氧基苯基)-1-丙烯(**213**)均可通过双自由基中间体 **216** 与激发三重态 C_{60}(**214**)加成,生成加成物 **215**(图示 6.84)[825],双自由基中芳基围绕前双键快速旋转,光裂环控制产物的立体化学。

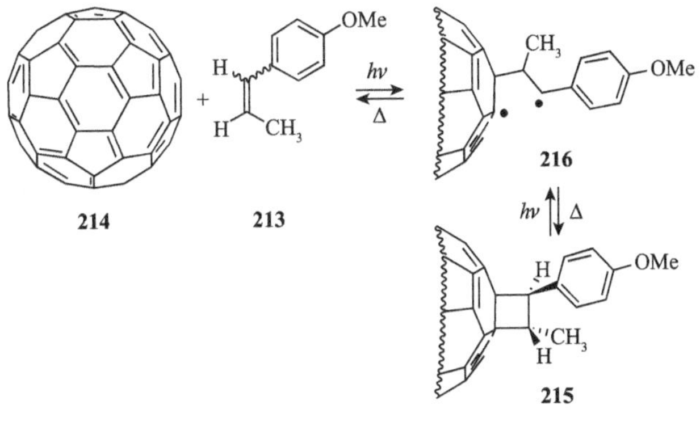

图示 6.84

另一个富勒烯光加成的例子如图示 6.85[826]所示。第一步为 C_{60} 被激发并从生物碱攀援山橙碱(scandine,**217**)接受一个电子,随后发生质子转移,生成的自由基对耦合得到**218**;第二个碳—碳键也是通过类似的光诱导电子和质子转移形成,产物**219**的化学产率为37%。

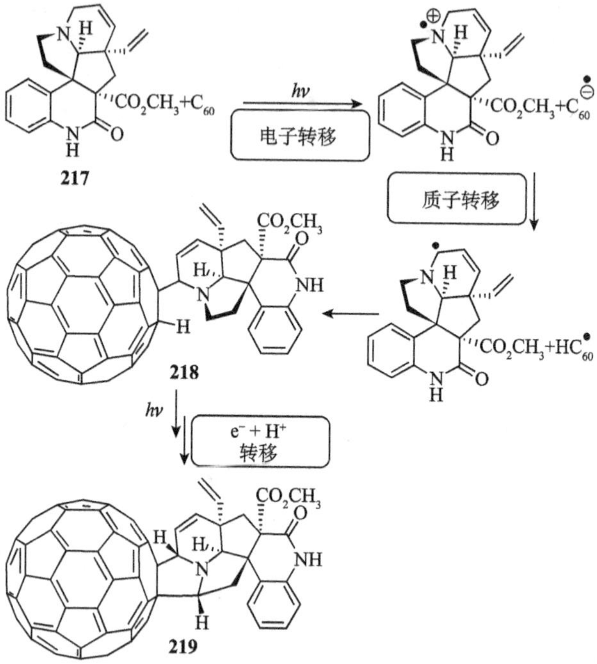

图示 6.85

专题 6.10　机理研究探针环丙基

环丙基常用于机理研究中的探针捕获相邻碳原子上形成的自由基(图示 6.86),在该捕获过程中,环随后打开形成可发生各种反应的无张力 3-烯丁基(烯丙基甲基)自由基中间体。

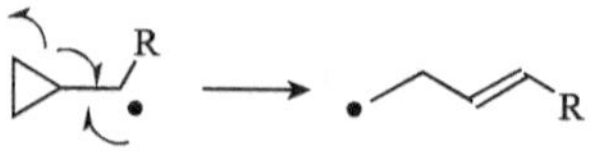

图示 6.86

这一方法曾被用来确认激发三重态环丙基取代 4-(丁烯基氧)苯乙酮 **220** 的分子内光环加成反应是否经 1,4-双自由基 **221** 中间体进行(图示 6.87)[827],三个重组环化产物 **222**～**224** 的确定证实了该设想。环丙基甲基自由基开环形成烯丙基甲基自由基的速率常数已知为 $7 \times 10^7 \text{ s}^{-1}$[828],因此,邻位光环加成产物

(**225**)形成的速率常数(未观察到)一定小于 $3\times10^{-6}\ s^{-1}$。这种比较两个平行过程速率常数的方法(其中一个过程已知)常常被称为**动力学时钟(kinetic clock)**[或**自由基时钟(radical clock)**][829]。

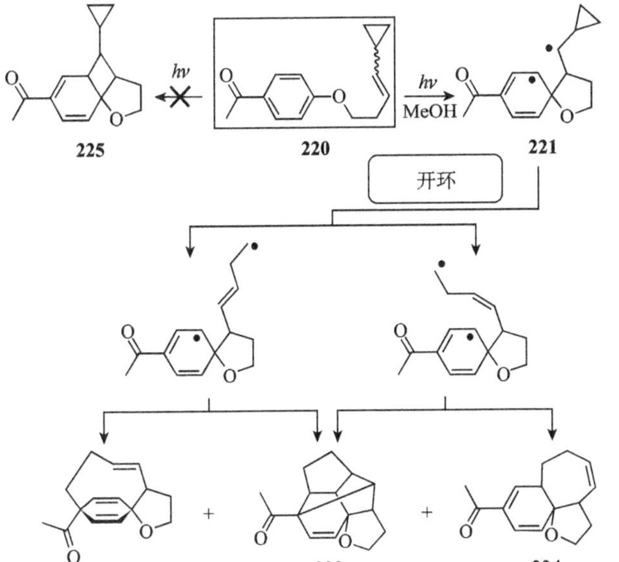

225 220 221 222 223 224

图示 6.87

间位光环加成

[3+2]光环加成(图示 6.79)通常涉及基态烯烃和电子给体取代的苯衍生物的 S_1 激发态,常常经激基复合物中间体进行[807,809,811,816]。反应是经邻位还是间位环加成途径取决于反应物电子给体-受体的性质,以及反应物取代基的位置和特征[807]。反应通常产生多种区域异构体和立体异构体,但通过适当的结构修饰可以减少异构体的数目。图示 6.88 给出了分子间和分子内反应的情况:(a)光解苯甲醚和 1,3-二氧杂环戊烯(**226**)的混合物以约 50%的中等化学产率生成 *exo*-和 *endo*-**227** 两个立体异构体[830];(b)苯甲醚衍生物 **228** 分子内光环加成生成四种不同的异构体[831]。

对位光环加成

光-Diels-Alder([4+2])光环加成(图示 6.79)很罕见[809,816],富马酸(-)-甲基 9-蒽甲基酯(**229**)不对称分子内环化以 56%的非对映过量(de 值)生成 **230** 是一个已知的例子(图示 6.89)。

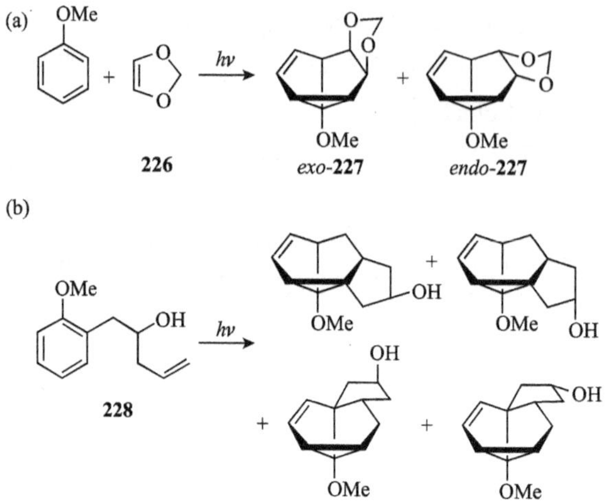

图示 6.88

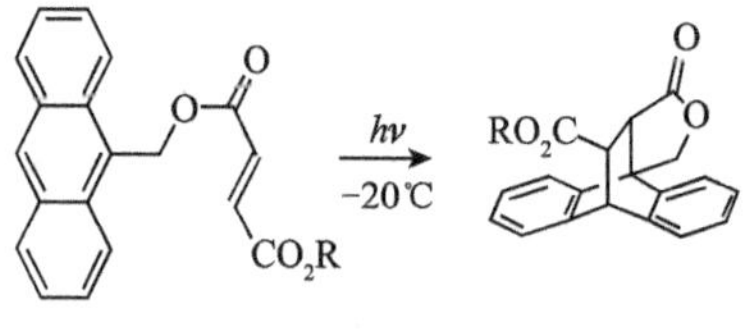

229,R=(−)-甲基　　230

图示 6.89

两个芳香基团的光环加成反应

虽然尚未观察到凝聚态两个苯环分子间光环加成反应，但该反应在多环芳烃中很常见[805,812]。例如，9-氰基蒽(**231**)在乙腈中与蒽发生有效[4＋4]光环加成，以 94％的化学产率生成加成物 **232**(图示 6.90)[833]，该过程是热可逆的。

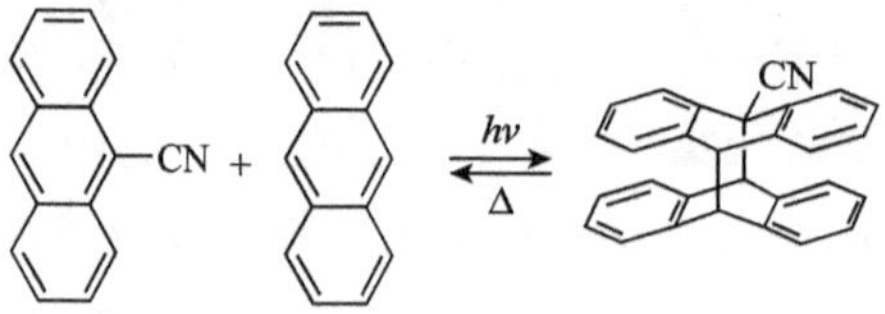

231　　232

图示 6.90

然而，当苯或其他芳环分子被束缚相互靠近时，光环加成可能会形成不常见的**笼状化合物(cage compounds)**(参看专题 6.6)[725,805]。例如，[3_4](1,2,3,5)环蕃(**233**)发生[6＋6]光环加成反应，以 7％的化学产率生成六棱形衍生物 **234**[834](图示 6.91)。

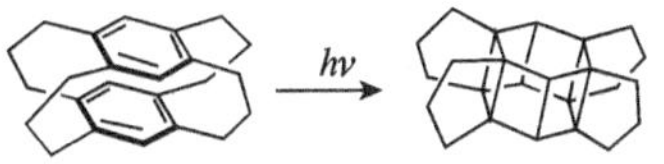

第 6 章 激发态分子的化学

图示 6.91

案例研究 6.14 笼状化合物的合成——八面体

[2,2]顺式环蕃(**235**)几乎对光照不敏感,但研究表明,二氮杂环蕃衍生物 **236** 中的两个苯基发生光环化一步形成八面体化合物 **237**(图示 6.92)[835]。显然,分子中氮原子是起始化合物反应活性的关键,桥将芳环紧紧地拉在一起,苯的 π 轨道和 C—N 的 σ 轨道间的耦合被认为有利于促进激发态环间相互作用。

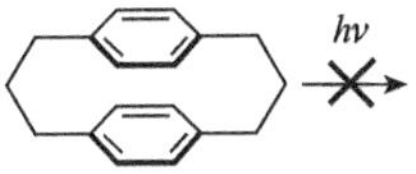

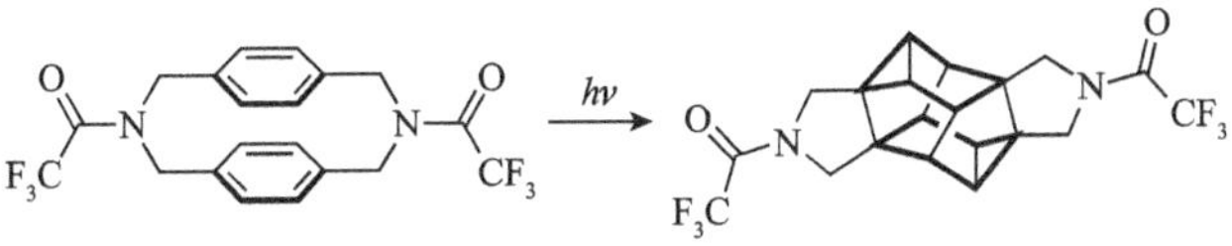

图示 6.92

实验细节[835],将二氮杂环蕃(**236**:50 μmol)的苯溶液(10 mL)置于石英管内,以氮气冲洗,然后在室温下将石英管置于装有 16 支荧光灯(λ_{irr}=300 nm,每支 25 W)的 Rayonet 光反应器(图 3.10)内光照 36 h。光照后反应溶液减压浓缩,残留物通过制备色谱反复分离,以 33% 的化学产率得到八面体化合物。

6.2.3 取代苯:光取代

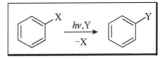

建议阅读综述[836-842];

精选理论与计算光化学参考文献[843-846]。

芳香化合物的亲电取代通常发生在基态芳香化合物中,而亲核取代是激发态芳香化合物最常见的取代反应(通常表示为 $S_N Ar^*$,其 S 表示取代,$_N$ 表示亲核,Ar^* 表示激发态芳香化合物)[836,838,839]。这种表现与电子激发态的性质相关,当分子中一个电子从 HOMO 被激发到 LUMO 形成一个新的亲电位点(半充满 HOMO)时,它可被亲核试剂进攻或可从好的电子给体接受一个电子;相反,半充满的 LUMO 轨道具有给电子的特征(图 6.3)。S_NAr^* 反应中典型的芳香底物带有好的离去基团,如芳香重氮盐、卤代芳烃、烷基取代芳烃或芳基磺酸酯、芳腈或烷氧基/芳氧基芳烃等。该反应通常涉及光诱导电子转移过程(5.2 节)。

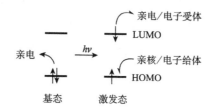

图 6.3 激发态的亲电和亲核特性

芳基衍生物 **238** 极性亲核光取代几种可能的机理列于图示 6.93 中。首先是很少被观察到的单分子亲核光取代机理(S_N1Ar^*,其中 1 表示一级动力学),其中优秀的离去基团(X)从激发态异裂离去,形成相对不稳定的**芳基阳离子(aryl cation)**,其

图示 6.93

随后被亲核试剂进攻[836,838]。

该机制曾被假设为卤代芳烃被强给电子基团取代的反应[838,845]。例如,4-氯苯胺(**239**)在三重态反应产生具有明显三重态特征($\pi^5\sigma^1$)的苯基阳离子**240**,与常见单重态芳基阳离子的非选择性反应相反,其选择性地与 π-而不与 n-亲核试剂反应(图示 6.94)[847]。有意思的是该阳离子即使在亲核试剂甲醇中也与烯加成生成**241**。

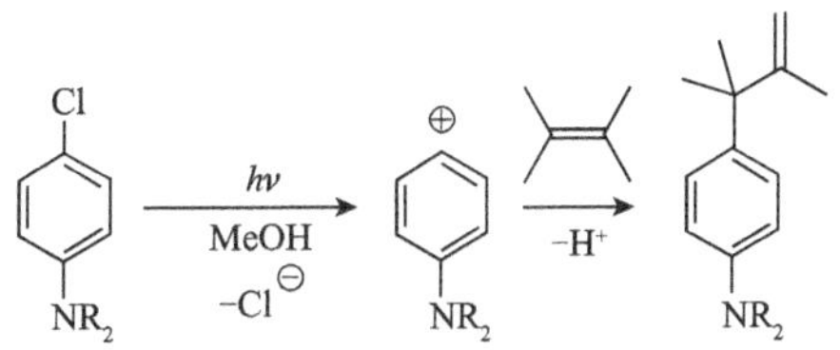

图示 6.94

笼内离子对也可通过初始碳-卤光诱导均裂(参看 6.2.2 节)以及后续的电子转移过程形成(C—X 均裂,图示 6.93)。例如,氯苯在水溶液中光化学转化为苯酚(图示 6.95)[848,849],由于氢—氧键高的解离能($D_{O-H} = 498$ kJ mol^{-1}),氢原子不能从水中抽取,但高溶剂介电常数促进笼内电子转移途径。

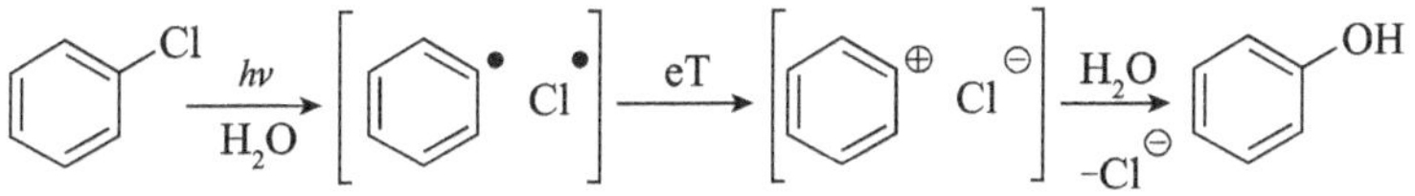

图示 6.95

光取代反应可以通过亲核试剂直接进攻芳香分子的单重态或三重激发态进行,形成 σ-复合物(S_N2Ar^*,图示 6.93)[836,838],类似热 S_N2Ar 反应中公认的 Meisenheimer 复合物中间体,σ-复合物也可在光化学亲核试剂——烯烃联合芳香取代[**光化学-NOCAS(photochemical nucleophile olefin combination aromatic substitution, photo-NOCAS)**]过程中形成[837,850]。该反应涉及三种反应物的区域选择性关联作用:芳香电子受体(通常为芳香腈)、电子给体(烯烃,作为 π-亲核试剂)和"助"亲核试剂(如甲醇)。例如,激发 1,4-二氰基苯 **242** 到其最低激发单重态,也可称为共敏化,促进了与烯烃 **243** 间的电子转移,生成接触离子自由基对(图示 6.96)[851];烯烃自由基阳离子随后被甲醇进攻,去质子化后形成相应的 β-甲氧基烷基自由基 **244**。在机理的最后一步,自由基本身加成到 1,4-二氰基苯自由基阴离子本位,形成 σ-复合物 **245**,最终生成 **246** 的化学产率为 17%。

为形成可释放离去基团的阴离子自由基中间体[836,838,840,852],在好的电子给体(亲核试剂)存在下光照芳香化合物,有可能促进电子给体与芳香底物间的电子转移($S_{R-N}1Ar^*$,其中 R = 自由基,− = 阴离子;图示 6.93)。相反,当芳香底物存在给

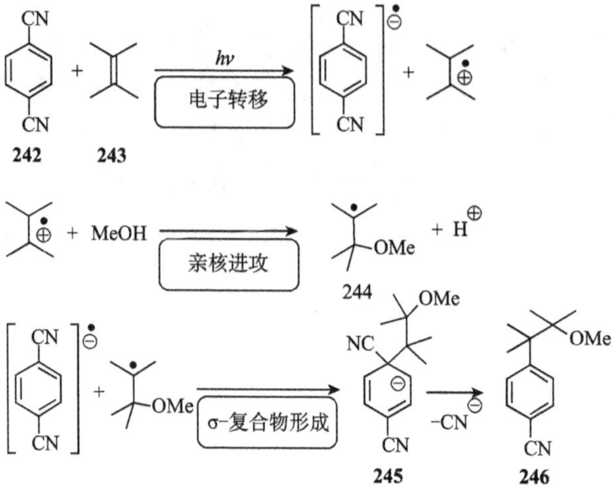

图示 6.96

电子基团时,从激发态芳香底物到电子受体的电子转移以及随后形成的阳离子自由基中间体与亲核试剂的反应也有可能发生($S_{R+N}1Ar^*$,其中+=阳离子,未在图中示出)[836]。

图示 6.97 给出了碘代苯(**247**)和好的电子给体(烯醇丙酮,**248**)光诱导取代反应的例子,反应通过 $S_{R-N}1Ar^*$ 机理以 88% 化学产率生成产物 **249**[853]。反应第一步形成的自由基阴离子(PhI)·⁻(**250**)寿命短,它迅速释放出卤素离子[849],生成的苯自由基 **251** 与 **248**(作为亲核试剂)偶合形成自由基阴离子 **252**,其在链式机理

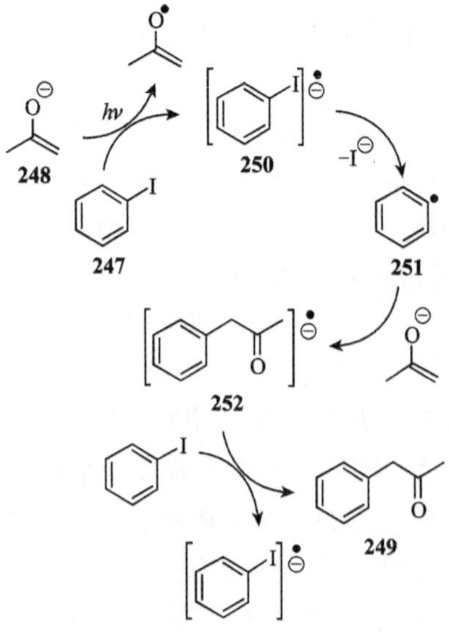

图示 6.97

的增长阶段转移一个电子给碘苯。芳香碘化物相比芳基溴化物或氯化物更易发生这类反应。

案例研究 6.15　机理光化学——光取代反应的区域选择性

　　光取代反应形成芳基—氮键的可能性在光亲和标记[854]实验(参看 6.4.2 节中专题 6.16)[838]中已进行了研究。4-硝基苯甲醚(**253**)是芳香底物模型,在胺存在下其激发三重态可以发生亲核取代(图示 6.98)[855]。该反应具有高度区域选择性,如 n-己胺(**254**)发生取代甲氧基的最大量子产率为 $\Phi=0.018$,而甘氨酸乙酯(**255**)取代硝基的量子产率为 $\Phi=0.008$。加入自由基清除剂的实验为反应机理提供了证据,前一个反应发生从胺到 4-硝基苯甲醚激发三重态的电子转移形成自由基离子对,其可发生双分子 S_N2Ar^*;与脂肪胺相比,甘氨酸乙酯的电离势太高,其到三重态硝基苯甲醚的电子转移过程无法有效发生;此外,S_N2Ar^* 反应倾向于能形成最不稳定 σ-复合物的过渡态[325],本案例中为硝基取代。

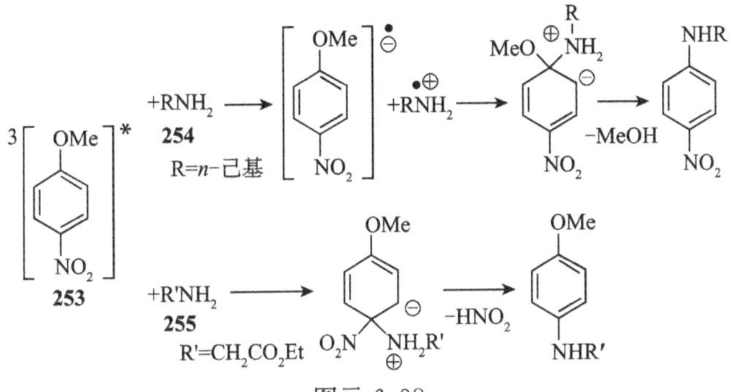

图示 6.98

　　实验细节[855],图示 6.98 中反应的量子产率可通过在旋转木马装置(图 3.30)上同时光照置于紫外样品池中的 4-硝基苯甲醚-胺的甲醇-水(20:80,v/v)溶液和露光计(3.9.2 节)溶液(草酸铁钾水溶液)获得。样品以中压汞灯(250 W)通过单色光器后的光($\lambda_{irr}=366$ nm)照射,为避免光产物的干扰,所有情况下转化率均保持低于 5%。4-硝基苯甲醚的浓度用 GC 确定,而露光计样品中形成亚铁离子的浓度用吸收光谱确定,先将亚铁离子转变为有颜色的三-邻菲罗啉复合物,然后以吸收光谱测定[157,244]。

6.2.4　习题

1. 解释下列概念和关键词:光移位;光缩环;间位光环加成;光取代;光-NOCAS。
2. 给出下列反应可能的机理:

(a)

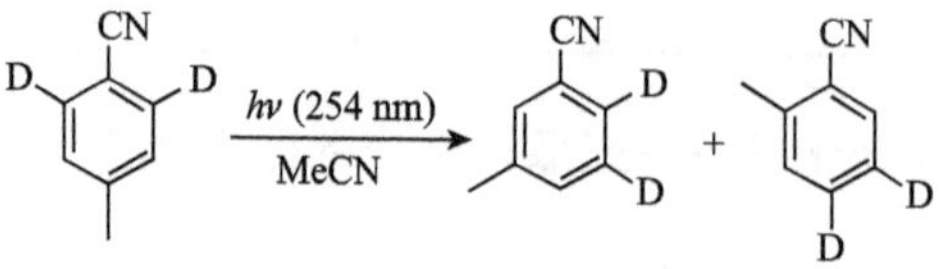

[reaction scheme: deuterated methylbenzonitrile, hv (254 nm), MeCN, giving two isomeric products]

文献[856]

(b)

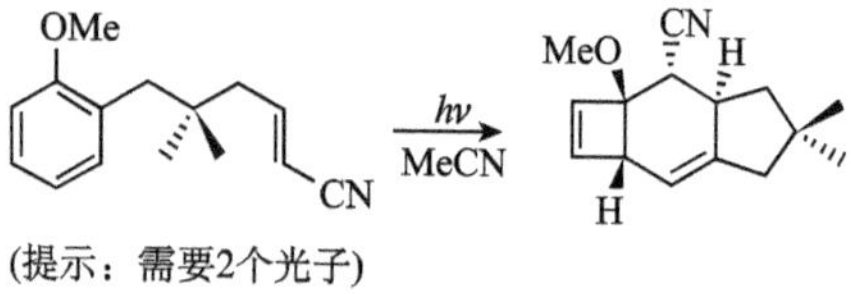

[reaction scheme: o-methoxybenzyl substrate with CN alkene, hv/MeCN (提示：需要2个光子), giving polycyclic product]

文献[857]

(c)

[reaction scheme: 1,4-dicyanobenzene + isobutylene, hv/MeCN → dihydroisoquinoline product]

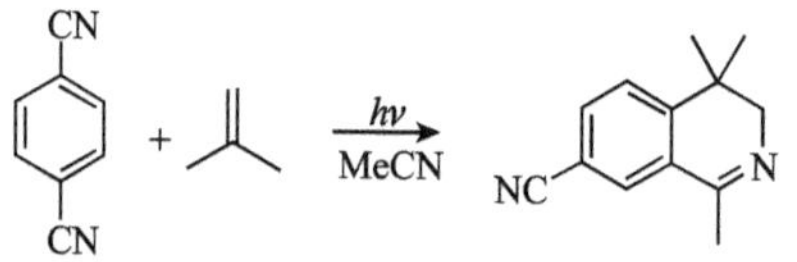

文献[858]

3. 预测主要光产物(可以是多个产物)：

(a)

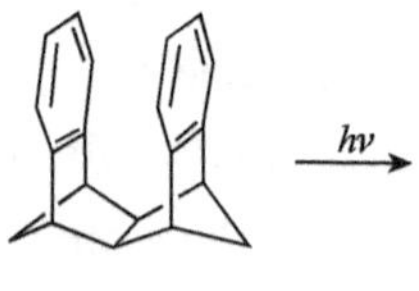

[structure], hv →

文献[859]

(b)

[4-methoxybenzonitrile + cyclooctene], hv →

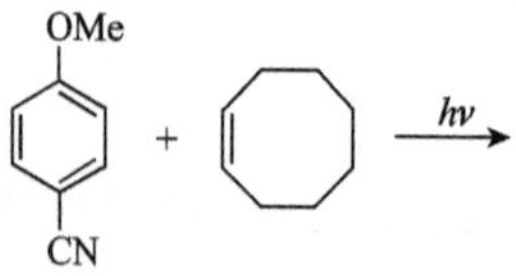

文献[860]

(c)

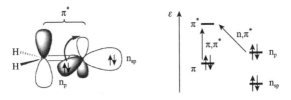

文献[861]

6.3 含氧化合物

氧比碳具有更大的电负性,氧取代基(—OH,—OR,—O⁻)的非键孤对电子(双占据 n_π 轨道)作为中介电子给体。交替烃的吸收光谱受诱导效应的影响不大,但共轭相互作用使 π,π^* 跃迁移向更长波长处。^1L_b 带的移动要比 ^1L_a 带大,移动大小次序沿—OH、—OR、—O⁻ 顺序增大。苯酚的电子激发涉及相当程度从氧到芳环的电子转移,特别是间位取代情况。

羰基化合物的氧原子上也有两个非键孤对电子,在有机化学教科书中,它们有时用两个相同的 sp^2 杂化的叶瓣(兔子耳朵)表示。杂化不影响总能量,两个简并的 n_{sp^2} 轨道并不适合作为一个基础组来讨论单电子的性质,诸如电离势或 n,π^* 跃迁,而应使用对称性匹配孤对电子(见 4.4 节)n_{sp} 和 n_P 进行讨论(图 6.4)。虽然 n_P 孤对电子处于电负性氧原子上,且因此能量比碳上的非键轨道低,n_P 孤对电子能量上比成键 π-MO 高。简单酮类化合物的第一电离势归属为从 n_P 轨道的电子逐出,该轨道位于 n_{sp} 轨道之上,并具有 50% 的 s 特征。

图 6.4 甲醛的 n,π^* 跃迁

简单酮和醛的最低激发态对应于从 n_P 孤对电子中激发一个电子到 π^*-MO 的跃迁,在 C_{2v} 对称的化合物中该跃迁禁阻。化合物(如乙醛)的"局域对称性"相同,因此酮和醛的 n,π^* 跃迁通常很弱,$\varepsilon \approx 20 \sim 50\ M^{-1}\ cm^{-1}$,它们在吸收光谱中很容易被忽视或被强 π,π^* 吸收的红边覆盖。然而,最低激发态的性质决定了羰基化合物的光物理性质和光化学活性,n,π^* 激发态酮的反应活性与烷氧自由基的相当(见后)。

吸收峰随溶剂位移作为在吸收光谱中判断 n,π* 跃迁的方法,质子溶剂与羰基氧形成的氢键稳定了 n_P 孤对电子,使 n,π* 吸收带蓝移,见丙酮在庚烷和水中的 n,π* 吸收带位置[图 6.5(a)],这与 π,π* 跃迁在极性溶剂中红移的趋势相反。光物理和光化学性质也常可用来确定最低激发态的性质。联乙酰中孤对电子间相互作用分裂为两个 n_P 轨道,并在 $\tilde{v}=2.23$ μm^{-1} 和 3.54 μm^{-1} 处产生两个 n,π* 跃迁;在 1,4-萘醌甲醇溶液的光谱中,n,π* 带作为 π,π* 吸收红边处的肩峰几乎检测不到。

共轭酮 π,π* 跃迁的位置可以从具有相同拓扑结构烃的相应谱带估算,交替烃中氧对 π,π* 跃迁的诱导效应很小(公式 4.26),因此苯乙酮 π,π* 跃迁位置大致与苯乙烯的相同(图 6.1)。但苯乙酮中的诱导效应使第一吸收带(苯乙烯的宇称禁阻吸收带)强度增大(4.7 节),当然,n,π* 吸收带在等电子烃中消失。

n,π* 激发态构型的对称性不同于 π,π* 构型(相对于 R_2CO 基团的平面,波函数分别是反对称和对称的),所以在对平面分子的 CI 计算中(4.7 节),两组间无相互作用。n,π* 跃迁位移相比 π,π* 跃迁随共轭程度增加趋向变小。这从 HMO 或 PMO 理论很容易理解:增加的共轭通过降低 π*-MO 和提高 π-MO 的能量而减小 HOMO-LUMO 的能隙,但只有 π*-MO 的降低影响 n,π* 跃迁。因此,在大体系中最低激发单重态通常具有 π,π* 特征。

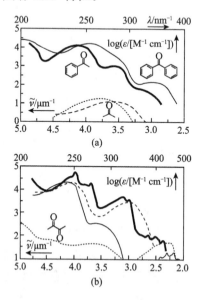

图 6.5 酮类化合物的吸收光谱[280]。(a)二苯酮(乙醇,—),苯乙酮(乙醇,**—**),丙酮(正庚烷,┈),丙酮(水,- - -);(b)1,4-苯醌(己烷,—),1,4-萘醌(甲醇,- - -),蒽醌(环己烷,**—**),联乙酰(己烷,┈)

当 π,π* 三重态在能量上接近或略低于 n,π* 特征的最低激发单重态时,系间窜越(ISC)到三重态特别快和高效(El Sayed 规则,图 2.8),苯乙酮、二苯酮、1,4-苯醌和 9,10-蒽醌就是这种情况。在这些化合物中,ISC 发生在几皮秒内,因此它们的 ISC 量子效率均接近 1;饱和酮类化合物的 ISC 慢得多(约 $10^{-8}\,\text{s}^{-1}$),因为它们的最低 ^{3}π,π* 态处于 ^{1}n,π* 态之上。π,π* 构型的单重态与三重态间能隙比 n,π* 态大得多,特别是在交替拓扑结构分子中(4.7 节,公式 4.33),因此,单重态为 S_1(n,π*)但三重态为 T_1(π,π*)的情况比较普遍,如在给体取代的苯乙酮和二苯酮衍生物中。

相关发色团中 n,π* 跃迁的位移可用微扰理论估算(公式 4.13 和 4.14)。n_P 轨道对诱导微扰最为敏感,π* 轨道在诱导和中介两种相互作用影响下位移,羰基碳原子的 AO 系数大(图 6.4)。表 6.5 中给出的数据支持这些定性估计。

表 6.5　n,π* 跃迁的取代基效应

发色团	R	n_P 的位移	π* 的位移	$\lambda_{\max}/\text{nm}$	$\tilde{\nu}/\mu\text{m}^{-1}$
RMeC=O	烷基或 H	参考	参考	280	3.7
	R 或 NR$_2$	↓↓	↑↑	<210	>4.9
	F	↓↓	↑	220	4.4
	SR 或 Cl	↓	↑	240	4.2
	Si(Me)$_3$	↑		310	3.2
RMeC=S	烷基	↑↑		500	2.0
RMeC=NMe	烷基	↓^{a}		240	4.2
RN=O	苯基	(↓)	↓↓	650	1.5

a 亚胺氮原子弯曲几何构型;孤对电子具有 s 特征。

表 6.6 列出了本节讨论的最重要的光转换反应。羰基化合物(第 1~6 项)是典型的对光不稳定化合物的代表,它们的反应在揭示某些原初光化学过程的机制中起着十分重要的作用。它们由于极好的吸收性质、热稳定性、通常不复杂的合成和反应的多样性,在应用合成或材料光化学以及光化学中是最常用的起始材料。从表 6.6 中可以明显看到:除反应条件外,光反应过程还必须对羰基基团的结构高度敏感。羰基化合物激发的类型和能量以及试剂的性质控制分子间抽氢(第 1 项)或提取电子(第 2 项),导致生成多种产物,如相应的醇或二醇(光还原)。当氢被单重态和三重态 n,π* 激发态快速抽取时,在好的电子给体存在下 n,π* 和 π,π* 激发态分子均可被还原。在有烯烃存在时,激发态 n,π* 和 π,π* 酮或醛也可发生[2+2]光环加成(Paternò-Büchi)反应,生成氧杂环丁烷(第 3 项)。当羰基中一个或两个 α-键(OC—R)很弱时,它们均裂产生自由基中间体(第 4 项),最终生成一氧化碳。具有 γ-氢的烷基酮表现出光诱导分子内 1,5-氢原子提取的特征,形成 1,4-双自由基中间体(第 5 项),在无活性 γ-氢原子存在时,分子内从非 γ-位抽氢也可以发生(6.3.5 节)。2-烷基苯基酮发生特殊光化学诱导分子内过程生成光烯醇类化合物(第 6 项)。

表 6.6 含氧原子化合物激发态光过程举例

序号	起始材料[a]	产物	机理	章节
1	[PhC(O)CH₃]* + [H]	PhC(OH)(·)CH₃	分子间氢迁移（光还原）	6.3.1; 6.3.7
2	[PhC(O)CH₃]* + [e⁻]	PhC(O⁻)(·)CH₃	分子间电子转移（光还原）	6.3.1; 6.3.7
3	[HCHO]* + 丁烯	氧杂环丁烷（Me, H, CH₃, CH₃）	[2+2]环加成（氧杂环丁烷形成，Paternò-Büchi 反应）	6.3.2; 6.3.7
4	[t-BuC(O)CH₃]*	·t-Bu + ·C(O)CH₃	α-断裂（Norrish Ⅰ型反应）	6.3.3
5	[PhC(O)CH₂CH₂CH₃]*	Ph-C(OH)=... ·CH₂	分子内氢迁移（Norrish Ⅱ型反应）	6.3.4; 6.3.5
6	[邻甲基苯乙酮]*	邻亚甲基环己二烯醇	光烯醇化	6.3.6
7	[R-COOH]*	R· + ·COOH	光裂解	6.3.8
8	[R'M(Cp)CO]*	R'M(Cp) + CO	光脱羰反应	6.3.8

a [H]=氢原子给体；[e⁻]=电子给体。

另一类含氧化合物的光化学行为研究较少，因为它们通常吸收在 250 nm 以下，如羧酸及其衍生物。它们通常发生**均裂(homolytic cleavage)** 生成光脱羧反应产物（第 7 项）。

过渡金属羰基复合物的光化学作为有机与无机化学的界线将在 6.3.9 节中提及。由于常见的金属-羰基氧化物键的离解能通常较低，因此，光脱羰作用，即 CO 分子的释放是最常观察到的光化学过程（第 8 项）。

6.3.1 羰基化合物：光还原

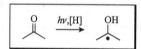 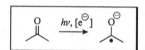

建议阅读综述[751,862,865];

精选理论和计算光化学参考文献[16,534,535,866-870]。

激发态羰基化合物抽氢(4.9节)是有机光化学中最基本的反应之一[862-864]。在经典[871]光还原反应中,激发态羰基化合物(如酮)从氢给体[H]抽氢形成羰游基自由基,随后从环境中抽取另一个氢原子或重组形成醇或二醇(频哪醇,**256**)(图示6.99)。

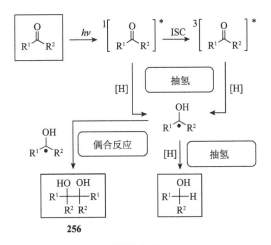

图示6.99

脂肪酮光还原可在单重激发态发生,也可在三重激发态发生,但由于存在其他过程竞争,经单重态形成产物的量子产率通常很低,如自由基对的重组等。芳酮中快速的系间窜越(ISC)使三重态反应成为可能,最低激发三重态为 n,π* 的酮有未成对电子定域在氧的 n 轨道上,比最低激发三重态为 π,π* 的酮具有高得多的反应活性[863]。

n,π* 激发三重态羰基化合物抽氢反应速率常数强烈依赖于反应的热力学。①氢受体激发能越高反应越快。例如,三重态激发态 α-二酮[872],如联乙酰(E_T = 236 kJ mol^{-1}),其抽氢反应通常比苯基酮(E_T ≈ 300 kJ mol^{-1})慢得多(放热较少)。②相应地,氢原子给体中 H—S 键低的离解能(D_{S-H})有利于抽氢,其与简单烷氧自由基抽氢的能量类似[873]。例如,二苯酮三重态(E_T = 288 kJ mol^{-1})从 2-丙醇的二级 C—H 键(D_{C-H} = 381 kJ mol^{-1})抽氢比从相应的 O—H 键(D_{O-H} = 442 kJ mol^{-1})或从季戊烷的 C—H 键(D_{C-H} = 420 kJ mol^{-1})快得多,但比从三丁基锡烷(D_{Sn-H} = 326 kJ mol^{-1})抽氢慢得多(表6.7)。

在不良氢给体但是优良电子给体(即具有低 E_i)的底物中还观察到显著的光还原活性(表6.7),这类化合物经部分或完全电子转移及随后的质子转移,能有效地还原 π,π* 和 n,π* 三重态。胺是很常见的电子给体,根据结构它们经三重态激

表 6.7　三重态二苯酮($E_T = 288$ kJ mol^{-1})与不同底物双分子反应速率常数(被提取 H 加黑表示)

底物	$k/(10^6 M^{-1} s^{-1})$	$D_{S-H}{}^a/(kJ\ mol^{-1})$	$E_i{}^a/eV$
季戊烷	0.04	420	—
H—CH$_2$OH	0.2	402	10.9
C$_6$H$_5$CH$_2$—**H**	0.5	370	8.8
H—C(OH)(CH$_3$)$_2$	1.9	381	10.1
n—Bu$_3$Sn—**H**	1300	326	—
Ph—O**H**	1300	368	8.5
Et$_2$N—C**H**$_2$CH$_3$	3000	377	7.3

a D_{S-H} 为键裂解能;E_i 为电离势[157,863,874]。

基复合物或离子自由基对发生 N—H 断裂或 C—H 的断裂,形成相同的原初产物[图示 6.100,分别为途径(a)和途径(b)][669,875,876]。在水介质中,芳基酮被胺还原通常生成仲醇,而不是频哪醇衍生物。

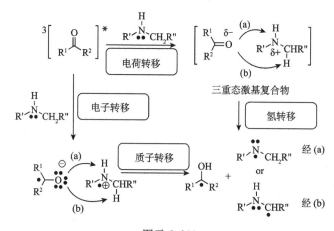

图示 6.100

案例研究 6.16　离子液体中的化学——光还原

离子液体中,胺介导的二苯酮光还原(20 ℃)生成相应的二苯甲醇衍生物[877],而在常规有机溶剂中的类似反应主要形成频哪醇衍生物。以离子液体 1-丁基-3-甲基咪唑四氟硼酸盐[EMI(OTf)]为溶剂,在 2-丁胺存在下光照 2-甲氧基羰基二苯酮(**257**),几乎以定量的化学产率得到 2-[羟基(苯基)甲基]苯甲酸甲酯(**258**)(图示 6.101)。作者认为二苯甲醇是经稳定离子对,通过胺和酮的单电子转移形成的。离子液体还被认为是传统溶剂的环境友好替代物[878]。

实验细节[877],将 **257** 的 EMI(OTf)溶液(25 mM)置于密封的 Pyrex 玻璃容器内,以氩气冲洗 1 h,用注射器加入浓度为 1M 的 2-丁胺溶液。将反应混合物剧烈摇动,以中压汞灯(450 W)为光源,用波长大于 290 nm 的光(Pyrex 玻璃滤光,

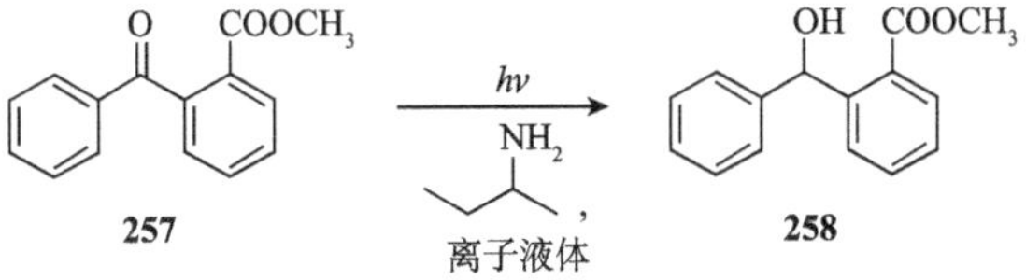

图示 6.101

图 3.9)照射样品几小时,将得到的混合物用乙醚萃取,有机层用稀盐酸洗涤以除去过量的胺,萃取液用 $MgSO_4$ 干燥,真空下浓缩,所得产物以柱层析纯化。

6.3.2 羰基化合物:氧杂环丁烷的形成(Paternò-Büchi 反应)

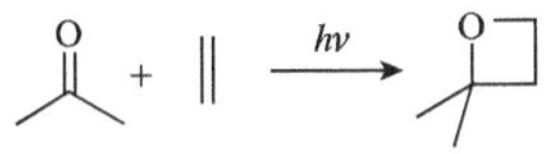

建议阅读综述[584,602,689,751,879-883];

精选理论和计算光化学参考文献[16,534,884,886]。

烯烃与激发态羰基化合物光化学[2+2]环加成生成氧杂环丁烷结构的反应被称为 Paternò-Büchi 反应[887,888]。虽然单重态和三重态激发物种均可以生成环加成产物,但该过程的适用范围、区域和立体选择性与反应物的多重度相关[879,880,882],反应有可能经协同反应机制或经 1,4-双自由基中间体(BR)的分步机制进行,通过 C⋯O 或 C⋯C 的初始进攻生成两种不同的三重态双自由基(图示 6.102)[879,889]。有些情况下,在氧杂环丁烷成环之前会形成激基复合物、自由基离子对和两性离子中间体[890,891],该转换可以与分子间(6.3.1 节)和分子内抽氢(6.3.4 节)、羰基的 α-断裂(6.3.3 节)或涉及烯烃分子的反应竞争。因此,反应过程受诸多因素影响。羰基化合物应是光照过程中唯一的吸光基团,并且在给定反应条件和没有烯烃存在时对光稳定。

n, π^* 激发羰基化合物对富电子烯烃或缺电子烯烃的进攻方式可以有本质性不同[892,893],富电子烯烃倾向于与垂直于 π-平面的氧原子上亲电半充满 n 轨道发生相互作用(垂直接近),而缺电子烯烃或者进攻氧原子或者进攻亲核碳原子(平行接近)(图示 6.103),然而,从观察到光产物的立体化学并不能区分这两种机制,但态相关图分析(图示 4.9)表明,通过平行接近 C 原子的进攻是有利的[802]。在 π, π^* 激发羰基化合物反应中,虽然产率低但也观察到了氧杂环丁烷的形成,例如 4-苯基二苯酮和烯烃的反应[891](详见后面)。

Paternò-Büchi 反应的速率常数和选择性受立体效应的强烈影响[892]。在羰基

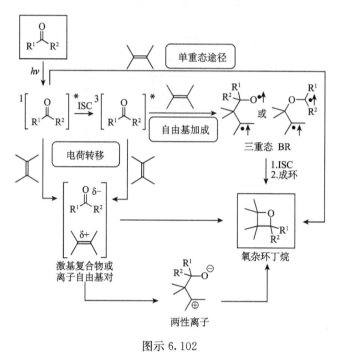

图示 6.102

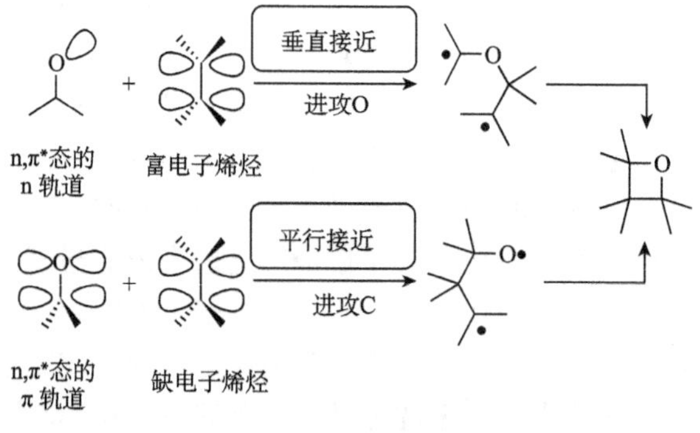

图示 6.103

附近增加取代基团可以降低降冰片-2-酮衍生物激发单重态的荧光猝灭(反映了氧杂环丁烷生成的第一步)(表 6.8),当甲基取代基阻碍了猝灭剂接近进攻羰基的 π-平面(进攻 C 原子)时,其被缺电子(E)-1,2-二氰基乙烯猝灭的速率常数(k_q)减小,而当它被富电子烯烃(Z)-1,2-二乙氧基乙烯猝灭时,其在空间上倾向于发生对羰基氧的 n-平面接近(进攻 O 原子)。有意思的是,在以 $NaBH_4$ 基态还原降冰片-2-酮的反应中也观察到了类似的"平行接近"依赖性,已知在该反应的决速步将氢化物转移到羰基碳原子上[894]。

表6.8 取代乙烯猝灭降冰片-2-酮的荧光

酮	$k_q/(10^9 M^{-1} s^{-1})^a$	
	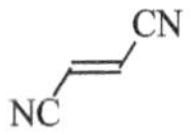 NC-CH=CH-CN	 EtO-CH=CH-OEt
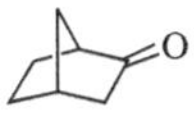 (酮结构1)	5.1	1.2
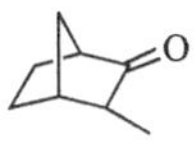 (酮结构2)	2.3	0.9
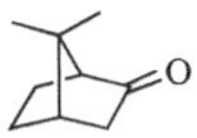 (酮结构3)	1.0	1.5
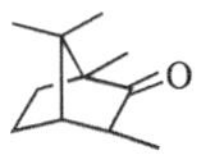 (酮结构4)	0.5	<0.03

a 荧光猝灭速率常数[1192]。

在激发三重态苯甲醛与二氢呋喃反应的例子中,反应选择性随苯环邻位取代基的增大而增加(图示6.104)[895]。出乎意料,环加成产生大量热力学不稳定的内-非对映异构体,这可用发生快速系间窜越的特定三重态双自由基几何构型的形成来解释。

脂肪醛和酮的最低激发单重态具有纳秒级寿命,但它们在扩散控制的双分子氧杂环丁烷形成中可被烯烃捕获。根据理论研究,进攻C原子的机制可以是直接形成氧杂环丁烷的协同过程,也可以经C—C键瞬态单重态双自由基中间体快速成环[896]。相反地,进攻O原子是非协同途径,允许所形成短寿命中间体的构象发生变化。

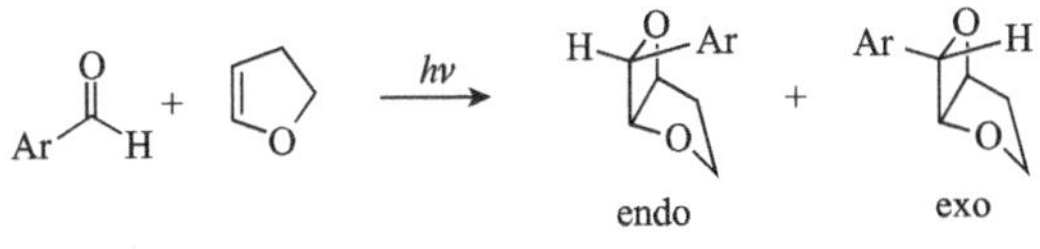

$$Ar-CHO + \text{(二氢呋喃)} \xrightarrow{h\nu} \text{endo} + \text{exo}$$

	endo	exo
Ar = Ph	88%	12%
Ar = 2-甲基苯基	92%	8%
Ar = 2,4-二叔丁基苯基	98%	2%

图示6.104

为到达自由基重组所必需的单重态势能面,从三重激发态物种形成的三重态双自由基中间体(图示6.103)必须发生自旋改变,这延长了中间体的寿命,键的旋转可能是反应选择性严重缺乏的原因所在[895],可通过下面(E)-2-丁烯与激发态醛环加成的例子说明(图示6.105)。与n,π*激发三重态苯甲醛反应相反[897],n,π*激发单重态乙醛的反应是高度立体选择性的(E-异构体优先),它生成长寿命三重态双自由基中间体。有意思的是，2-萘甲醛的单重态是高度立体选择性环加成的原因，因为尽管系间窜越到相应的 π，π* 三重态快速和高效，三重态却以不生成产物的方式衰减到基态[898]。

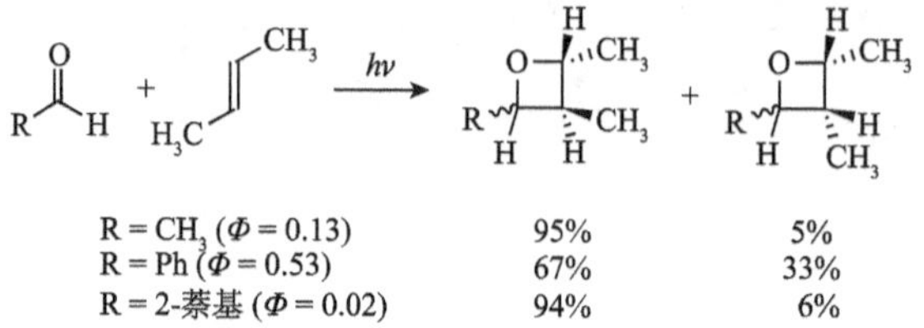
hν
R = CH₃ (Φ = 0.13)　95%　5%
R = Ph (Φ = 0.53)　67%　33%
R = 2-萘基 (Φ = 0.02)　94%　6%

图示 6.105

溶剂极性可触发苯甲醛与二氢呋喃的 Paternò-Büchi 反应中光诱导电子转移(PET)(5.2 节)过程，从而影响反应的区域和非对映选择性(图示 6.106)[899]。在苯中经三重态双自由基中间体进行的反应，在乙腈中则形成离子自由基对。电子转移改变了反应物中的电荷分布，促进了两种具有相反非对映选择性的异构体的生成。

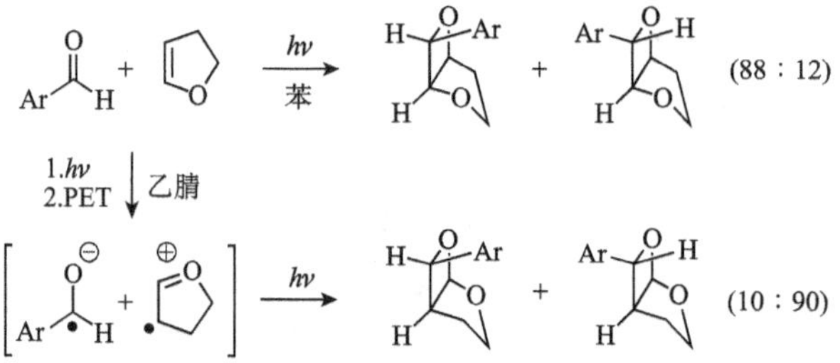
hν
苯
(88 : 12)
1.hν
2.PET
乙腈
(10 : 90)

图示 6.106

案例研究 6.17　不对称合成——光环加成

已经发现基态反应物二氢吡啶酮(**259**)和醛(**260**)间氢键的形成是在 Paternò-Büchi 反应中高面非对映选择性(＞90％de)(见专题 6.3)的原因(图示 6.107)[900,901]。此外，X 射线分析表明，外消旋产物 **261** 中相应的内酰胺结构形成分子内氢键(虚线)。

实验细节[901]，将 **260**(0.24 mmol)和 **259**(0.49 mmol)的甲苯(20 mL)溶液置于浸没式设备中(图 3.9)，在－10 ℃以高压汞灯(150 W)λ_{irr}＝300 nm(用 Duran 滤色片)光照。反应后真空下除去溶剂，含有粗产物的残渣用柱色谱纯化得到产物 **261**，产率为 56％。氧杂环丁烷的非对映异构体的比值用 ^{1}H NMR 确定。

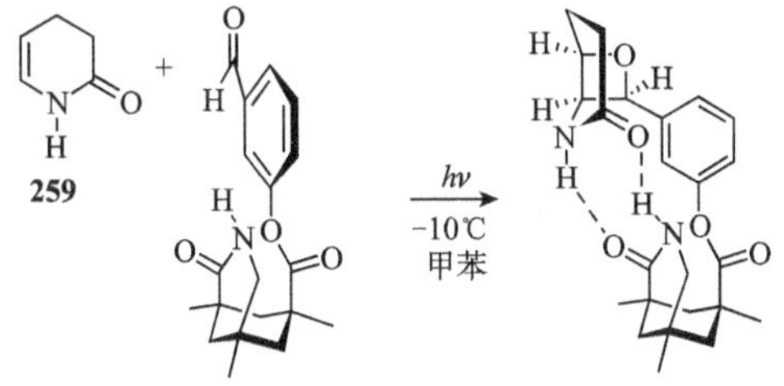

259　260　261

图示 6.107

案例研究 6.18　笼状化合物的合成——笼状五环倍半萜烯(merrilactone A)类似物

利用分子内光环加成形成氧杂环丁烷环六步合成神经营养倍半萜 merrilactone A 四环骨架的方法已有报道[902]，光照 **262** 的除气乙腈溶液，以很高的产率(93%)生成产物 **263**(图示 6.108)。该反应在两个新环中创建三个立体中心，形成氧杂[3,3,3]螺桨烷骨架。

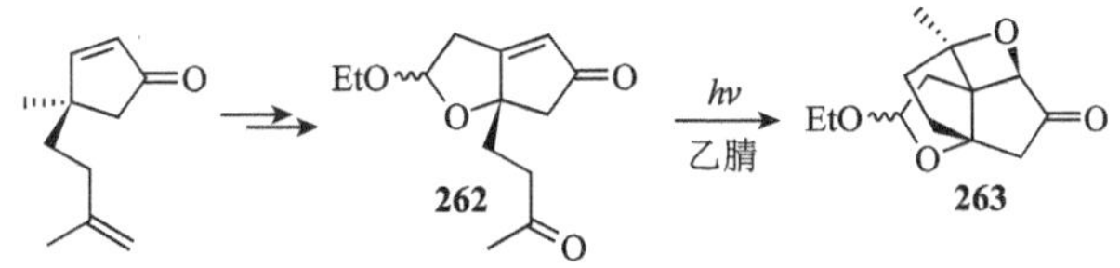

262　263

图示 6.108

实验细节[902]，**262**(0.54 mM)的乙腈溶液以氮气冲洗 1 h，然后将溶液浸没在冰浴中，使用 Pyrex 滤色片以中压汞灯(400 W)光照(图 3.9)，反应用 TLC 监测，光照 3 h 后停止反应。蒸去溶剂，以柱色谱纯化产物。

6.3.3　羰基化合物：Norrish Ⅰ型反应

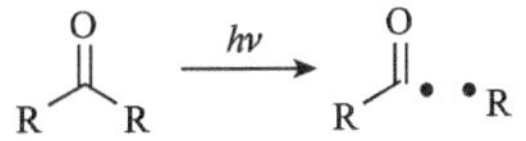

建议阅读综述[751,903,910]；

精选理论和计算光化学参考文献[16,187,534,535,911-916]。

α-键均裂(α-断裂，Norrish Ⅰ型反应[917])常常伴随所形成酰基自由基中间体后续的脱羰基过程(图示 6.109)，是激发态酮最为常见的反应之一[903,905]。该反应可伴随着竞争过程，如 Norrish Ⅱ型反应(6.3.4 节)或光还原(6.3.1 节)。

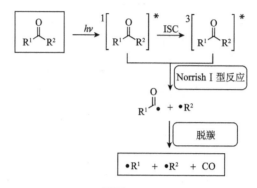

图示 6.109

键的裂解能(D_{C-CO})与相应的 α-断裂和后继脱羰速率间存在很好的相关性,因此,反应量子产率与形成自由基的稳定性直接相关。例如,丙酮的激发能($E_S \approx$ 373 kJ mol^{-1}, $E_T \approx$ 332 kJ mol^{-1})和苯乙酮的激发能($E_S \approx$ 330 kJ mol^{-1}, $E_T \approx$ 310 kJ mol^{-1})足够使稳定的苄基或叔丁基自由基放热释放(图 6.6,表 6.9),而形成苯基或甲基自由基的效率很低。

通常情况下,n,π* 激发态酮比最低激发态为 π,π* 酮的断裂速度更快,因为断裂键的 σ 轨道与氧原子上半空的 n 轨道重叠[905,911,919]。例如,n,π* 激发三重态的苄基苯基酮(PhCH$_2$COPh)的断裂速率常数比 π,π* 三重态的联苯基叔丁基酮(t-BuCO(4-BP))高三个数量级[919](表 6.9)。脂肪族 n,π* 激发态酮在溶液中 α-断裂的势垒依赖于酮的结构和激发态的自旋多重度,可以从 0 到 65 kJ mol^{-1}[920]。n,π* 激发单重态酮的断裂速率常数高($k_1 = 10^8 \sim 10^9$ s^{-1}),可与系间窜越速率常数相比较。对于环酮,α-断裂时环张力能的释放增加了反应的放热程度[912],因此,环丁酮开环比环戊酮开环要快(表 6.9)。

表 6.9 Norrish Ⅰ 型断裂的量子产率(Φ_1)和速度常数(k_1)[a]

酮	Φ_1	$k_I/(10^8 \text{s}^{-1})$
PhCH$_2$—COPh	~0.4	0.02
t-Bu—COCH$_3$	~0.3	>10
t-Bu—CO(4-BP)[b]	<0.001	<0.001
环丁酮	~0.3	>10
环戊酮	~0.2	2

a 引自参考文献[905]及[918];
b 4-BP=4-联苯基。

n,π* 三重态断裂反应(典型的如芳香酮,其 Φ_{ISC} 通常为 1.0,2.1.6 节)由于较长的三重态寿命和相对大的断裂速率常数而更为高效。此外,形成的原初三重态

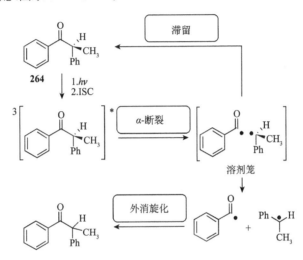

图 6.6 酮的裂解能

自由基对重组是自旋禁阻的,这使自由基逃离溶剂笼。例如,已经发现手性苯基苯丙酮 **264** 的光化学外消旋化(racemization)取决于笼内自由基的重组和扩散速率常数间的分配(图示 6.110)[921]。

图示 6.110

酰基自由基及原初 α-断裂中间体的脱羰速率也与生成的相应烷基自由基的稳定性密切相关,因此也与裂解能的大小相关(D_{C-CO})[903]。对于苄基和叔丁基自由基可以观察到 CO 的快速释放,而烷基特别是不稳定的芳基自由基的形成却极其缓慢(表 6.10)。例如,不对称酮 $PhCOCH_2Ph$ 光解时高效产生可发生后续反应的苯甲酰基和苄基自由基,由于 Ph—CO 键的断裂在能量上不利,释放一氧化碳的脱羰反应并不发生。

表 6.10 脱羰活化能(E_a)和速率常数(k_{-CO})[a]

酮	E_a/(kJ mol^{-1})	k_{-CO}/s^{-1}
$PhCH_2-C^·(=O)$	29	8.1×10^{6} [b]
$t-Bu-C^·(=O)$	46	8.3×10^{5} [b]
$Me-C^·(=O)$	71	4.0 [c]
$Ph-C^·(=O)$	~109	1.5×10^{-7} [c]

a 引自文献[903];
b 在非极性溶剂中;
c 在气相中。

在溶液中,脂肪酮和环酮在溶液中的 Norrish Ⅰ型反应通常生成重组、脱羰和歧化(抽氢)产物[903]。例如,在己烷溶液中光照二叔丁基酮(**265**),从单重态和三重态均几乎完全生成脱羰基产物(化学产率>90%),而仅有痕量含羰基基团的产物生成(图示 6.111)[922,923]。

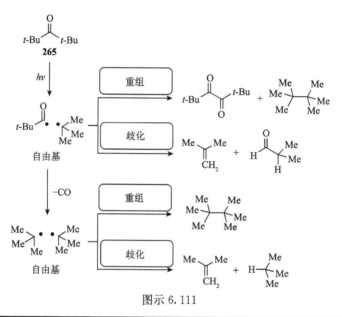

图示 6.111

专题 6.11　笼效应

有序和限制介质可以通过影响客体分子的形状和反应活性(笼状效应)控制反应过程[172,173,713,924]。以沸石或其他纳孔固体材料为例,处于其**"硬"反应腔**("hard"reaction cavities)内反应物和中间体的构象变化与移动受限,因此,发生的反应常常具有高的区域选择性和立体选择性(见专题 6.5);另一方面,诸如胶束、微乳液或液晶等介质腔的形状随时间变化[**"软"**反应腔("soft"reaction cavities)],增加了反应物和中间体可能的自由度数目,客体分子与腔壁间的极性相互作用也可能影响反应过程。下面给出的反应例子已用于多种限制性介质中笼效应的研究(其他例子见案例研究 6.27 和案例研究 6.37)。

二苄基酮($PhCH_2COCH_2Ph$)的三重态首先发生快速的 α-断裂($k\approx 10^9$ s^{-1}),随后发生较慢的脱羰过程($k\approx 10^7$ s^{-1})[925,926],产生的三重态苄基自由基对在发生重组前必须系间窜越到单重态。非对称的 1-苯基-3-p-甲苯基丙酮(**266**)在均相溶液中光脱羰以(统计)1∶2∶1 的比例生成三种不同的 1,2-二苯基乙烷产物 **267**~**269**(图示 6.112)[925],而在非均相环境中,由于自由基中间体移动扩散受限,通常可以观察到特殊的产物分布[172]。例如,化合物 **266** 在表面活性剂十六烷基三甲基氯化铵(CTAC)水溶液中的光化学研究[927],表面活性剂分子在水中自组装为胶束,它具有类似烃类化合物的内腔,可包裹疏水有机分子,但其表面是亲水和高极性的。研究表明,光产物的相对浓度强烈依赖于表面活性剂的浓度,笼效应可归结为在胶束聚集体内产生的少量初级自由基间的重组,其足以防止自由基从笼中逃逸,因此生成交叉偶合产物 **267** 和 **269**。作者计算了每个胶束中酮 **266** 分子的平均数,[CTAC]浓度为 10^{-3} M 和 10^{-2} M 时分别为 44 和 4。

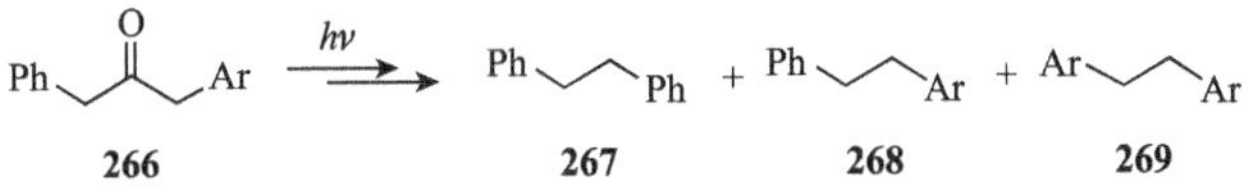

$$\text{Ph}\overset{\text{O}}{\underset{}{\text{C}}}\text{Ar} \xrightarrow{h\nu} \text{Ph}\frown\text{Ph} + \text{Ph}\frown\text{Ar} + \text{Ar}\frown\text{Ar}$$

	266	**267**	**268**	**269**

Ph = 苯基; Ar = 4-甲基苯基

无CTAC:	25% :	50% :	25%
[CTAC] = 10^{-3} M:	21% :	58% :	21%
[CTAC] = 5×10^{-3} M:	6% :	88% :	6%
[CTAC] = 10^{-2} M:	1% :	98% :	1%

图示 6.112

案例研究 6.19 晶体中的光化学——固-固反应

固态光化学反应(见专题 6.5)由于构象偏好和最小运动路径原理,通常以高反应选择性和特异性进行[172,928]。cis-2,6-二羟基-2,6-二苯基环己酮(**270**)在均相溶液中光化学脱羰几乎等摩尔比生成 cis-和 trans-**271** 环戊二醇,而在单晶中光解时它们高化学产率(约83%)地主要生成 cis-异构体(图示 6.113)[929],双自由基中间体键的自由旋转在固态受到很大限制。X射线分析表明,起始材料和 cis-产物在结构上高度相似,因此,对应最小运动路径的反应保持固体(晶体)环境的形状和体积。通过比较,在高黏度糖的玻璃体中也观察到了 cis-**271** 生成的少量增加。

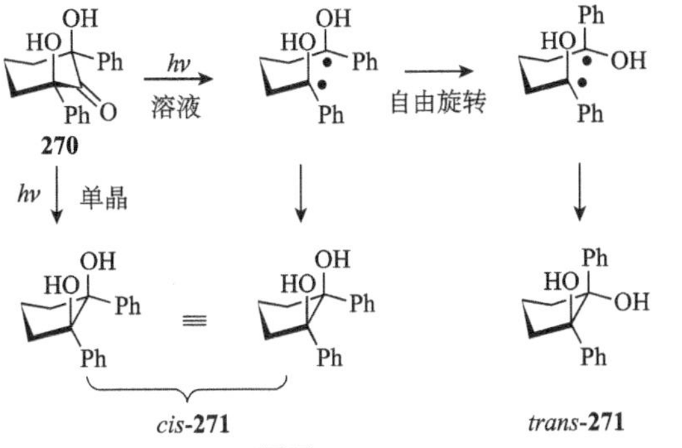

图示 6.113

实验细节[929]，将 **270** 的晶体或细粉末置于显微镜玻片间，在 20 ℃以$\lambda_{irr}=$ 350 nm 的光照射（图 3.9），将光照后的样品溶解会有大量气体放出，说明 CO 被困在晶格中。光产物的比例用 GC 和 NMR 确定。

小环化合物单重态 α-断裂释放环的张力，而且反应足够快可与系间窜越有效竞争。例如，2,2,4,4-四甲基环丁酮（**272**）在甲醇中完全光解，其主要产物为 2-甲氧基-3,3,5,5-四甲基四氢呋喃（**273**），同时还伴随有少量异丁酸甲酯和 1,1,2,2-四甲基环丙烷生成（图示 6.114）[930]，认为光诱导扩环反应涉及氧杂卡宾中间体，经激发单重态和双自由基进行[931]。

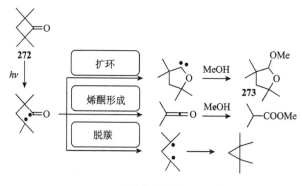

图示 6.114

专题 6.12 啤酒中的光化学

啤酒被光照后会产生臭鼬的臭味道[932]。在甲醇中光解异葎草酮 **274**，生成的主要产物为脱氢蛇麻酸（**275**）（图示 6.115），它的形成显然来自化合物 **274** 中 4-甲基戊-3-烯酮基 α-断裂生成 **276**，该化合物被认为是导致啤酒味道和气味的主要原因。由于异-α-酸不吸收可见光，该反应很可能是通过某些化合物[如核黄素（6.8.1 节），含硫氨基酸（如半胱氨酸）的存在]敏化进行。无色和绿色的瓶子对紫外光照的防护作用很小，因此，将啤酒储存在棕色玻璃瓶内是明智的。

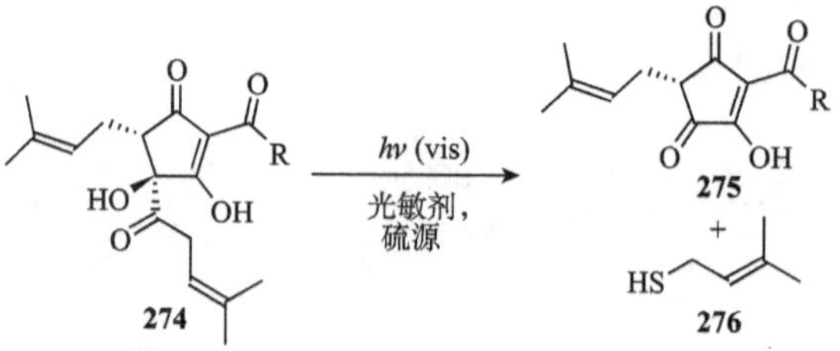

图示 6.115

6.3.4 羰基化合物：Norrish Ⅱ型消除反应

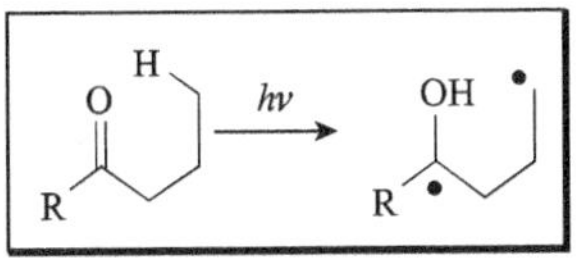

建议阅读综述[751,863,933,939]；

精选理论与计算光化学参考文献[16,534,535,914,940-946]。

很多带有 γ-氢的烷基酮发生光诱导分子内 1,5-氢迁移①(4.9 节)形成 1,4-双自由基(BR)，它还可以发生后续的转换，如①逆向抽氢使起始材料再生，②消除形成烯醇和烯烃，或③1,4-双自由基三重态中间体偶合生成环醇(Yang 氏光环化反应[947]，6.3.5 节)(图示 6.116)[864,933-935,937]。消除过程被称为 Norrish Ⅱ型反应[917]，前面讨论的 α-断裂生成酰基和烷基自由基的 Norrish Ⅰ型反应此时通常被抑制。

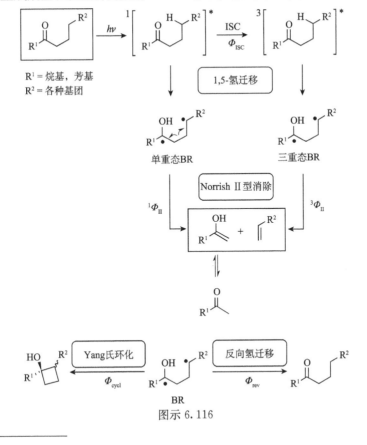

图示 6.116

---

① 也称为"γ-抽氢"。——译者注

激发单重态和三重态 n,π* 和 π,π* 电子构型均具有 Ⅱ 型反应活性[863,933]。单重态反应很快,但它们低的量子产率表明抽氢反应[866]伴有无辐射衰减回到起始材料的过程;三重态反应通常更有效。最低激发态为 n,π* 电子构型的酮比为 π,π* 的酮的反应活性高;n,π* 激发态在电负性更强的氧原子非键轨道上存在局域不成对电子,具有与烷氧自由基类似的类自由基反应活性。

最低单重态为 n,π* 电子构型的脂肪酮系间窜越到 n,π* 电子构型的最低三重态的速率常数小于 10^8 s^{-1},低的系间窜越速率常数使单重态反应得以发生[933,948]。烷基链的结构变化可以影响光动力学行为,抽氢过程越快,系间窜越效率越低(表 6.11)。

表 6.11 烷基酮 ($CH_3COCH_2CH_2R^1$)[a] 的 Norrish Ⅱ 型消除反应

酮	$^1\Phi_{\text{Ⅱ}}$	$^1k_H/(10^8\text{s}^{-1})$	Φ_{ISC}	$^3\Phi_{\text{Ⅱ}}$	$^3k_H/(10^8\text{s}^{-1})$
$R^1=CH_3$	0.025	1.0	0.81	>0.36	0.13
$R^1=CH_2(CH_3)_2$	0.07	20	0.18	0.17	3.8

a 在苯中[933,948];$^1\Phi_{\text{Ⅱ}}$ 和 $^3\Phi_{\text{Ⅱ}}$ 分别为在单重态和三重态发生的 Ⅱ 型消除反应量子产率(图示 6.116);Φ_{ISC} 为系间窜越量子产率;^1k_H 和 ^3k_H 为 1,5-氢迁移速率常数。

烷基芳基酮中单重态到三重态的系间窜越通常很快(<10^{11} s^{-1}),其 Φ_{ISC} 通常接近 1[863,933]。三重态芳基酮芳环上给电子取代基的引入会使其三重态的最低能级从 n,π* 转变为 π,π*,从而降低了抽氢反应活性。表 6.12 给出了与 π,π* 三重态平衡的 n,π* 三重态的百分比和它们对 Ⅱ 型反应表观速率常数的影响。在 π,π* 态仅比 n,π* 态低几个 kJ mol^{-1} 的体系中,多数测得的反应活性仍来自低布居的 n,π* 三重态。氧上具有低自旋密度的 π,π* 三重态已知发生抽氢反应,但比在 n,π* 三重态观察到的慢 2~3 个数量级。

表 6.12 芳基酮 ($R^1COCH_2CH_2R^2$)[a] 的 Norrish Ⅱ 型消除反应

酮	Φ_{ISC}	$^3\Phi_{\text{Ⅱ}}$	$k_{\text{obs}}/(10^8\text{s}^{-1})$	n,π*
$R^1=Ph$ $R^2=CH_3$	1	0.35	0.07	99
$R^1=Ph$ $R^2=CH_2CH_3$	1	0.33	1.4	99
$R^1=p$-烷基苯基 $R^2=CH_2CH_3$	1	0.39	0.18	18
$R^1=p$-甲氧基苯基 $R^2=CH_2CH_3$	1	0.14	0.006	1

a 在苯中;所用符号与表 6.11 相同(见图示 6.116);k_{obs} 为表观 Ⅱ 型消除反应速率常数[933,949]。

有几个因素影响双自由基中间体消除、环化以及逆反应等过程的比例[933]。消除反应(Grob 裂解[758])可以在旁式(gauche-)构象发生也可以在反式(anti-)的构象发生,这似乎受 1,4-双自由基中键断裂与两个半占据 p 轨道的重叠的立体电子需求控制;环化(和逆反应)只能在旁式构象进行(图示 6.117)。单重态双自由基的寿命通常太短,不足以使构象发生改变,因此,逆反应和消除反应几乎是溶液中单重激发态酮类化合物唯一的反应。三重态双自由基较长的寿命与其系间窜越到相应可反应单重态的速率相关[950]。

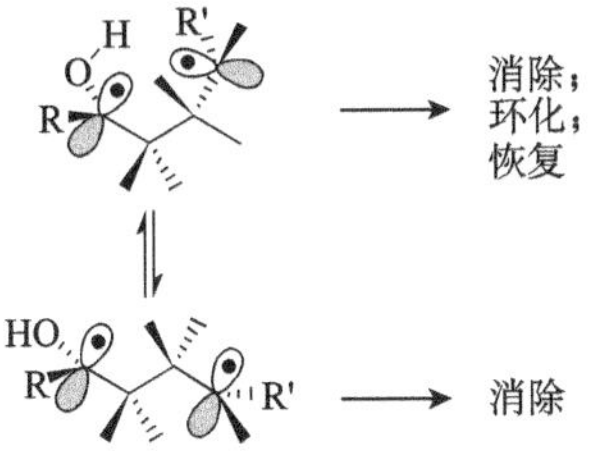

图示 6.117

直链酮中断裂/环化反应比例通常相对较高(>5:1)[933,951]。某些大的 α-取代基可以增加环化反应的概率,主要通过对过渡态断裂或释放环张力所需的几何构型去稳定化,例如,在烷基链上以氧取代碳(表 6.13)。

表 6.13 在芳基酮(PhCOR^1)^a 双自由基反应比例分配

酮	$^3\Phi_{II}$	$^3\Phi_{cyc l}$	$^3\Phi_{rev}$
R^1=CH$_2$CH$_2$CH$_2$CH$_3$	0.33	0.10	0.57
R^1=CMe$_2$CH$_2$CH$_2$CH$_3$	0.04	0.10	0.86
R^1=CH$_2$OCH$_2$CH$_3$	0.57	0.42	0.01

a 在苯中[911,951];符号与图示 6.116 中相同。

案例研究 6.20　露光计——苯戊酮

苯戊酮(**277**)在单色光照射下可以作为量子产率测量中可靠的露光计[214](3.9.2 节),其在苯中以量子产率 Φ=0.33 形成 II 型产物苯乙酮(**278**)(图示 6.118)(条件:c_{277}=0.1 M,λ_{irr}=313 nm,20 ℃)[214,952]。相反,苯戊酮在水中消耗的量子产率(II 型消除+Yang 氏光环化)接近 1(Φ=0.99;条件:c_{277}=7×10^{-4} M,λ_{irr}=313 nm,20 ℃)[953]。

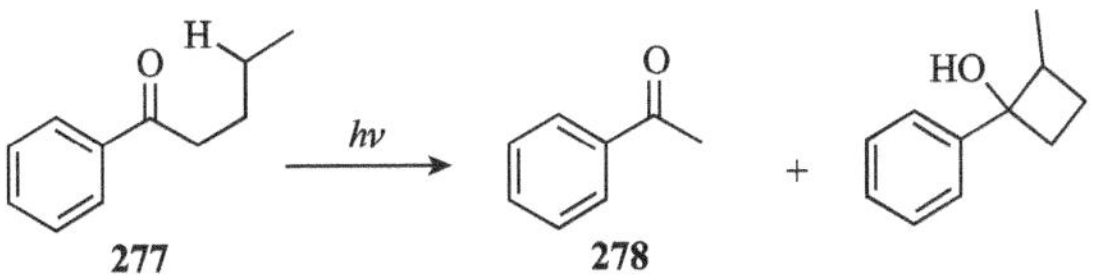

图示 6.118

实验细节,露光计测量可在旋转木马装置(图 3.30)或图 3.28 所示光学平台装置上进行。

激发态为 n,π* 电子构型酮的 II 型反应在很大程度上受反应环境和条件的影响[933,936,937]。在初始阶段需要 γ-氢和氧原子接近，即氢的 s 轨道与氧的 n 轨道重叠，在 γ-氢原子发生转移之前，柔性酮链要达到构象平衡，而构象（环境）限制可抑制后续的消除反应，并允许其他竞争反应发生，包括 Yang 氏光环化反应等（6.3.5 节）；另一方面，沸石或环糊精等对烷基芳基酮的特异性包结有可能阻碍环化反应的发生（表 6.14）。

表 6.14 苯戊酮 II 型反应的温度和环境依赖

介质	温度/℃	E/C[a]
t-BuOH-EtOH(9:1)	20	7.9
t-BuOH-EtOH(9:1)	−30	5.9
硅胶表面	−125	只有 C
ZSM-5 沸石	20	只有 E

a 消除/环化反应比[937]。

专题 6.13 聚合物光降解

聚合物暴露在太阳光或人工辐射下时，会发生包括链断裂和/或交联在内的聚合物光降解（光老化）并引起结构的变化，通常会伴随聚合物物理和机械性能的严重恶化[954]。典型的情况是激发引起自由基中间体生成，其可引发后续（暗）降解，其他物种如氧、水、有机溶剂或添加物以及机械张力和热的存在，有可能提高这些过程的效率。

很多聚合物并不吸收波长大于 300 nm 的光，如聚乙烯和聚苯乙烯，它们的光敏性可归结为生产和加工过程中不希望的某些吸光和光活性物种的引入。当发色团是高分子链的一部分时，如聚（苯基乙烯基酮），光裂解可直接发生，会大大影响聚合物的性质。在聚（苯基乙烯基酮）中，发生 II 型反应（图示 6.119），为获得有利于高效 γ-抽氢和断裂的发色团几何构型，聚合物链刚性的温度依赖起着重要作用[955]，这是光降解型聚合物的例子，它被设计长期暴露在阳光下变弱变脆。光降解型聚合物的降解分为两个阶段，光化学反应使某些特异性键（随后可能发生某些暗过程）断裂，聚合物变得足够脆，而后通过物理应力降解。这类材料存在一些潜在应用，诸如降低聚合物在环境或在光成像技术中的化学持久性（见专题 6.27）。

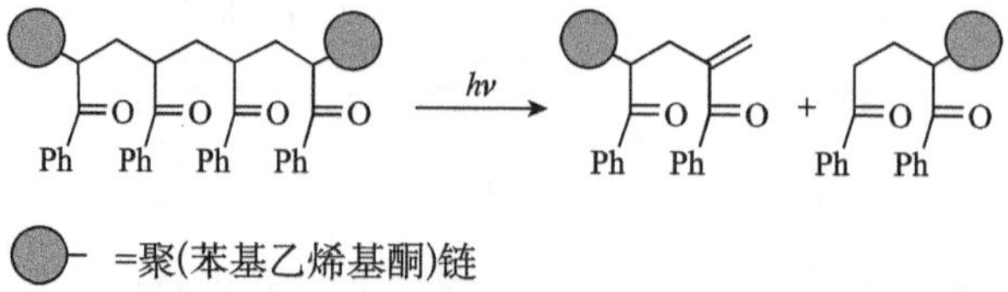

图示 6.119

另一种类型的光老化或许是最普遍的,即**光氧化降解**(photooxidative degradation),其涉及分子氧穿透聚合物的扩散,以及后续通过光敏化活性单重态氧的形成或光生自由基与基态氧的反应[954,956](参看 6.7 节)。虽然光稳定剂[UV 过滤剂(3.1 节)或自由基捕获剂]常常被引入到聚合物基质内抗氧化,增加材料稳定性,但它们的有效性取决于多种因素,包括它们在聚合物基质中的溶解度和浓度以及物质损失等。

案例研究 6.21 晶体内的不对称合成——手性助剂的应用

在溶液或固态光照苯乙酮八氢化茚-2 衍生物(**279**),得到经 Norrish Ⅱ 型断裂过程生成的产物 *cis*-六氢-1H-茚(**280**)和对位取代的苯乙酮 **281**(图示 6.120)[957],未观察到 Yang 氏光环化反应发生。

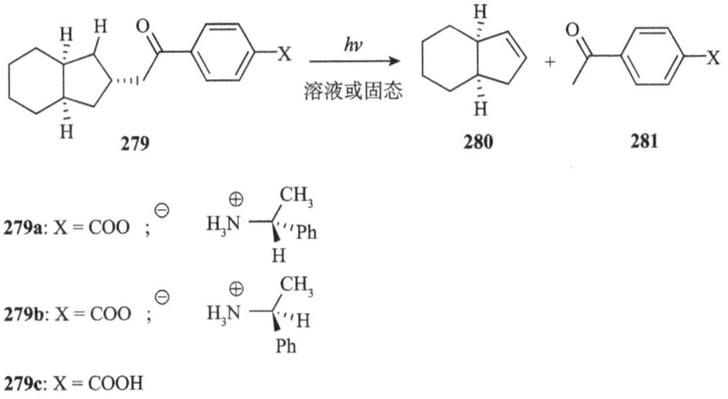

279a: X = COO⁻ ;   H₃N⁺ 手性胺(R)

279b: X = COO⁻ ;   H₃N⁺ 手性胺(S)

279c: X = COOH

图示 6.120

已知在限制的手性晶格介质中分子运动严重受限,因此,在固态中可以实现高选择性光反应(参看专题 6.5)[172,173]。本案例中,非手性羧酸盐和光学纯的胺在手性空间群结晶,铵离子作为一个手性助剂,非对映过渡态通过手性反应介质区分,从而实现不对称诱导[590,958]。对于图示 6.120 所示体系,光照固态 **279a**,采用(R)-(+)-1-苯乙胺为手性助剂可以得到 32% 对映体过量(ee)的烯烃 **280**;而当光照 **279b**[采用(S)-(−)-1-苯乙胺为手性助剂]时,以大于 99% 的转化率生成手性相反的对映异构体,ee 值为 31%。当然,在甲醇溶液中光解 **279a** 和 **279b** 只能得到外消旋光产物。

液态光解实验细节[957]。置于 Pyrex 试管中的 **279c**(0.07 M)的乙腈溶液以氮气冲洗 15 min,然后置于水冷却 Pyrex 浸没阱内(图 3.9),20 ℃ 中压汞灯(450 W)(λ_{irr}>280 nm)光照几小时。**280** 和 **281** 的化学产率分别为 53% 和 44%(GC)。

固态光解实验细节[957],将粉碎的酮晶体(**279a** 或 **279b**)(约 5 mg)悬浮在己烷(3 mL)中,置于 Pyrex 显微镜玻片间,在氮气环境下将其密封在聚乙烯袋内,然后在距水冷的 Pyrex 浸没阱 10 cm 处,温度为 20 ℃或−20 ℃(低温乙醇浴),以中压汞灯(450 W)进行光照(图 3.9)。手性有机盐产物通过用过量重氮甲烷处理衍生为相应的甲酯,并以柱色谱纯化。

6.3.5 羰基化合物:$n,1$-抽氢后的光环化反应

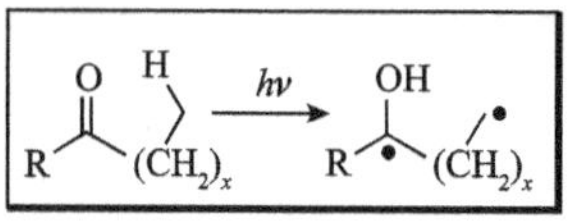

建议阅读综述[751,863,933-935,959-961];

精选理论与计算光化学参考文献[942,945]。

含 γ-C—H 键的激发态羰基化合物发生特征的分子内抽氢反应生成断裂反应产物(Norrish Ⅱ型反应[917],6.3.4 节)以及经 1,4-双自由基中间体生成环化产物(Yang 氏光环化反应[947])(图示 6.121)[863,959-961]。当分子内没有活性 γ-氢存在时,从非 γ-位抽氢及后续环化反应也可能发生。

光环化反应的第一步是激发态羰基的分子内抽氢,基本细节已在 6.3.4 节中描述,经六元环过渡态进行的 γ-抽氢过程在能量上是有利的[933,938,960,961]。相反,由于可抽氢的相应五元环过渡态产生的张力,β-氢转移从焓的角度是不利的,而与更大环过渡态相关的更负的熵值(δ-或更远距离抽氢),反映了实现所需几何构型的相对不可能性。因此,固有抽氢以及随后的环化效率取决于多种因素,例如,活性 C—H 键的裂解能、分子的柔性以及溶剂的极性等。某些酮的光环化反应还可能伴随有光诱导电子转移(PET)过程(5.2 节)[960,962]。

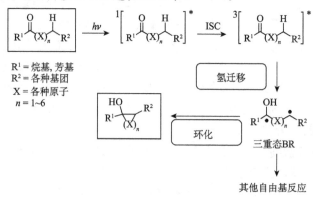

图示 6.121

β-氢迁移：三元环的形成

尽管存在反应经五元环过渡态进行的事实，抽氢所需的构象还是难以实现。虽然有些三重态 β-二烷基氨基酮由于快速的初始内部电荷转移产生 1,3-双自由基中间体[959]，但直接发生 β-抽氢的只有很少几个例子。例如，光照 3-羟基-2,2-二甲基-1-(2-甲基基基)烷基-1-酮 **282**，以约 40%的化学效率生成二羟基环丙醇衍生物 **283**[963]，显然，大的 R 基团使酮处于更有利于抽氢的构象(图示 6.122)。

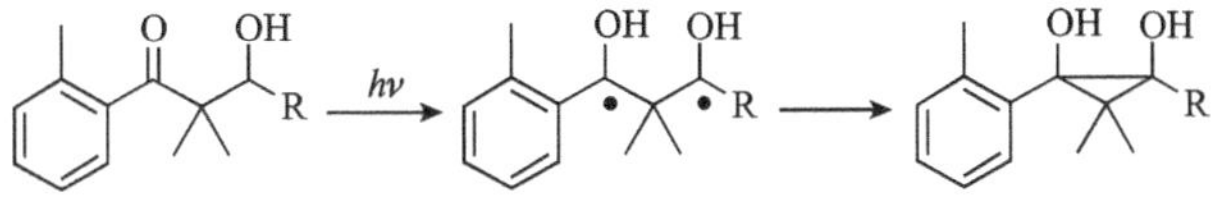

282　**283**

图示 6.122

γ-氢迁移：四元环的形成(Yang 氏环化反应)

1,4-双自由基通过 γ-抽氢发生环化已在 6.3.4 节中讨论过，当时的重点是 Norrish Ⅱ型消除，最常见的竞争生成产物的反应。在三重态发生的环化反应效率随双自由基结构变化很大，只有旁式构象才能发生环化(图示 6.117，6.3.4 节)[959]。在无环烷基芳基酮中，烷基链上的取代对后续生成产物浓度比有很大影响(表 6.12，6.3.4 节)，例如，α-甲基丙基苯基甲酮(**284**)光照下可专一地形成外消旋 2-甲基-1-苯基环丁醇(**285**)，其甲基和苯基处于相反构型，这很可能反映了三重态双自由基的最佳构象(图示 6.123)。

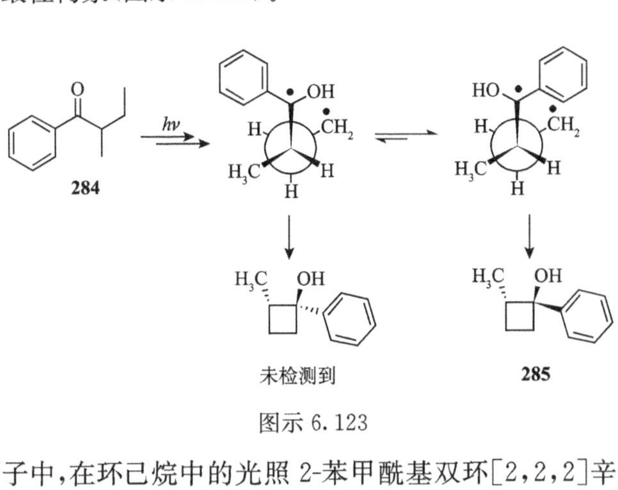

284

未检测到　**285**

图示 6.123

另一个例子中，在环己烷中的光照 2-苯甲酰基双环[2,2,2]辛烷(**286**)，主要形成 Norrish Ⅱ型光消除产物 **287**(6.3.4 节,图示 6.124)[965]。与之相反,化合物 2-苯甲酰基-2-甲基双环[2,2,2]辛烷(**288**)却发生完全且立体选择性转换,生成三环[3,3,1,0^{2,7}]壬烷 **289**[965]。*exo*-2-甲基取代衍生物中甲基与苯基的重叠相互作用使抽氢过程减慢了两个数量级,推测该相互作用增加了环化的可能性。

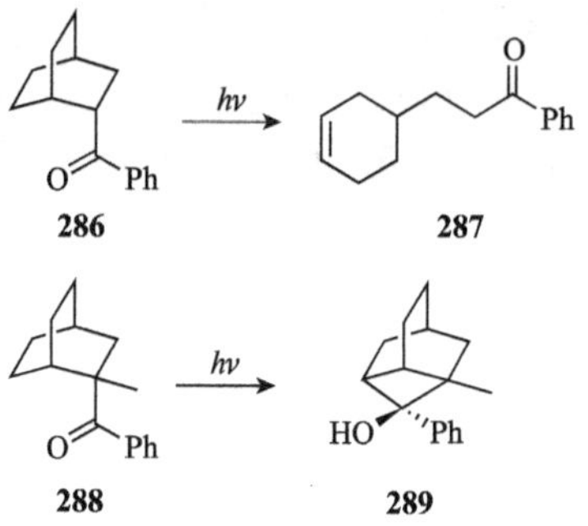

图示 6.124

δ-氢迁移:五元环的形成

烷基酮中有效的 δ-抽氢只有当 γ-氢原子不存在、不适当地朝向羰基或相应的 C—H 键的裂解能太高时才是可行的。这可以用例子说明,例如,在非极性溶剂中光照 β-烷氧基酮 **290**(图示 6.125)生成氧杂环戊醇[966],而涉及 1,4-氢迁移的双自由基逆反应为酮的过程会使反应效率降低。

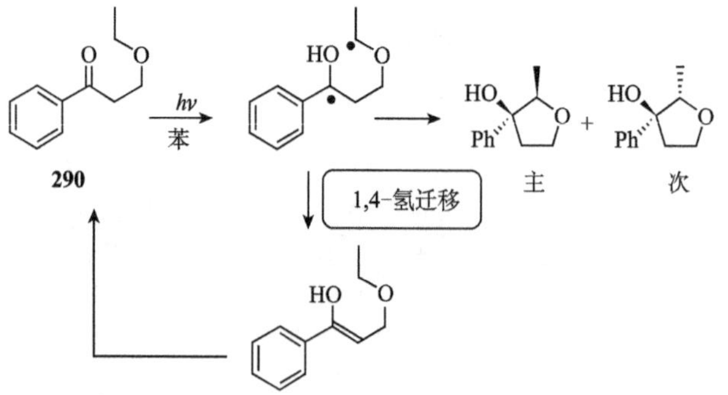

图示 6.125

与 β-烷氧基酮类似,β-氨基酮也可进行光诱导 δ-抽氢反应,生成脯氨酸衍生物 (化学产率<50%)(图示 6.126)[967]。该反应的立体选择性取决于与构象改变竞争的双自由基环化速率,单重态双自由基可在构象未达到平衡前发生偶合,而三重态双自由基允许键在环形成前发生旋转。

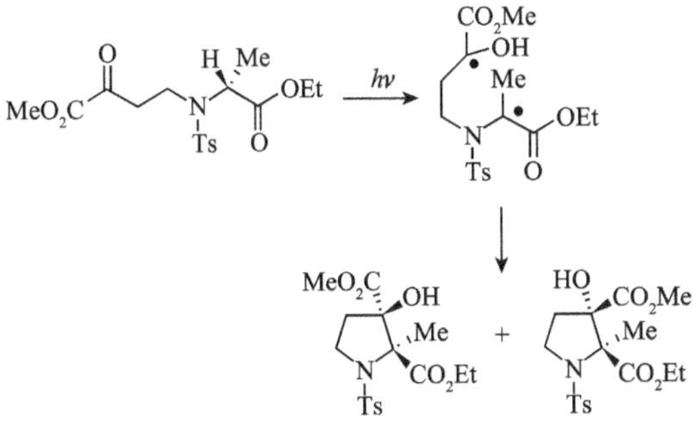

图示 6.126

长距离氢迁移:六元和更大环的形成

较长距离的分子内抽氢反应仅有很少的实验例证。形成 1,6-双自由基的 ε-氢迁移通常要求 γ-和 δ-氢原子不存在或非活性[例如,β-(o-甲苯基)丙基苯甲酮 **291**(图示 6.127)][968]。

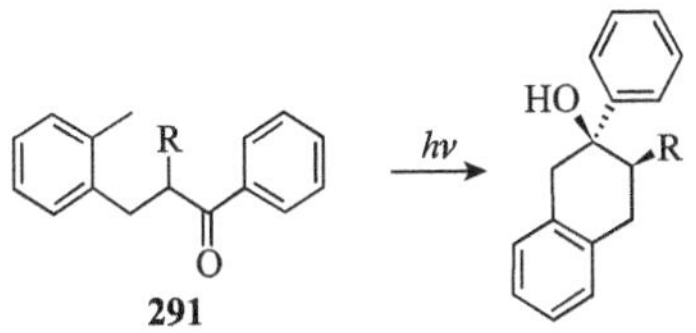

图示 6.127

292 的光化学诱导反应是形成七元环的例子,它以 25% 化学产率生成产物 **293**(图示 6.128)[969]。该反应机理涉及自旋中心的位移,它是基于"普通"双自由基的形成以及随后的高效重排绕过了有利的环化过程[960]。该反应与环丙烷开环类似(见专题 6.10),使一个自由基中心位移,从而创建一个新的相距更远的双自由基,其最终发生环化。

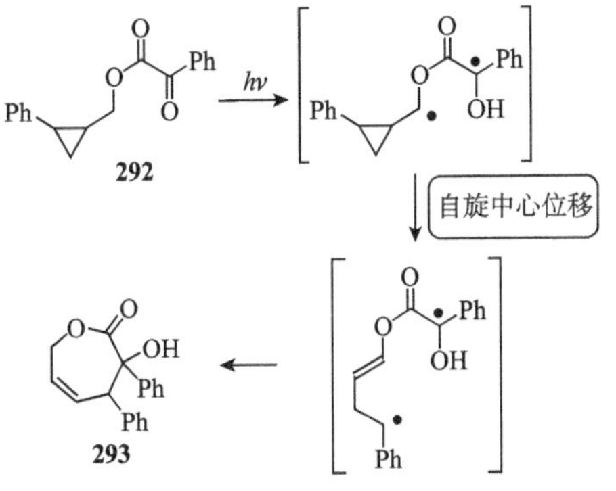

图示 6.128

专题 6.14　大环的光化学合成

大环化合物的合成是有机合成的巨大挑战之一，$1,n$-抽氢后的光环化似乎是合成大环化合物的极好的工具。例如，光照苄氧基戊基苯乙醛酸酯（**294**）以 20% 的化学产率生成 3-羟基-3,4-二苯基-1,5-二氧杂环癸-2-酮（**295**）（图示 6.129），显然，反应经激发态羰基的 1,11-抽氢过程形成[970]。观察到的反应选择性与烷氧基和苯基取代基对形成的自由基中心的稳定作用有关。

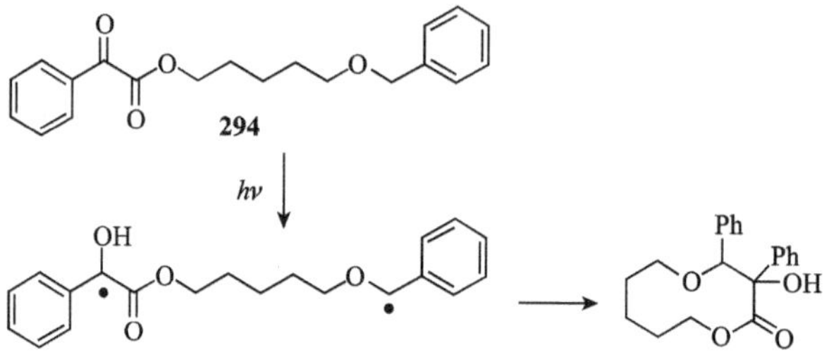

图示 6.129

烯烃和烯醇的光环加成形成 1,3-二酮 [de Mayo 反应（de Mayo reaction），见图示 6.68] 或经电子转移过程的反应（见下文）也能用于大环的合成。

电子转移后的环化反应

在柔性链上连接有良好电子给体的羰基化合物可发生分子内电子转移形成离子自由基，形成的离子自由基经质子迁移生成与分子内抽氢反应产物类似的双自由基[960,962]。例如，邻苯二甲酰亚胺基团激发单重态和三重态的高氧化能力就可加以利用，丙酮敏化邻苯二甲酰亚胺 **296** 的三重态被认为发生了光诱导电子转移，随后经去质子化和双自由基环化以 84% 的化学产率得到 **297**（图示 6.130）[971]。

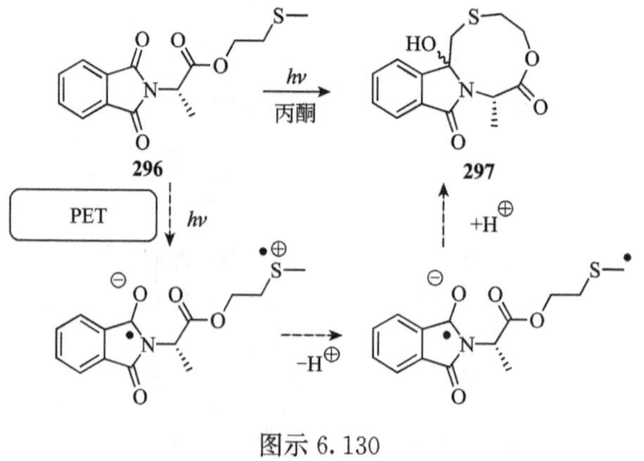

图示 6.130

类似的策略也已被用于从非环肽(**298**)制备环肽,**298** 分子 N-末端为邻苯二甲酰亚胺作为吸收光的电子受体,C-末端为 α-氨基羧酸中心(图示 6.131)[972]。反应机理可被描述为:首先是从相邻酰胺给体到激发态邻苯二甲酰亚胺发色团间的分子内光诱导电子转移,紧接着酰胺阳离子自由基中心迁移到 α-氨基羧酸,然后脱羧形成 1,ω-双自由基中间体,其随后环化得到产物 **299**($n=1\sim3$,化学产率为 38%~74%)。

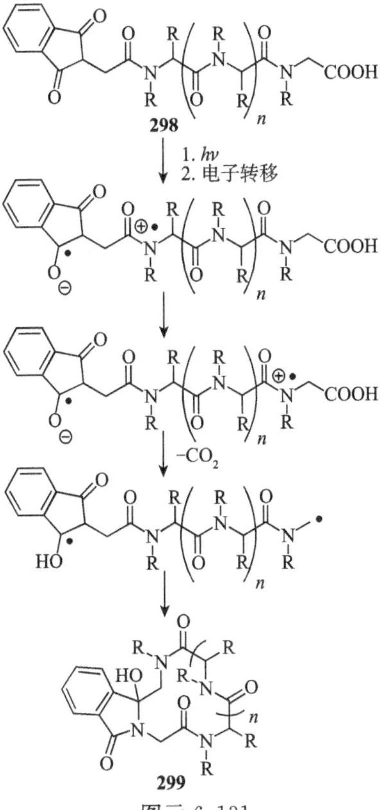

图示 6.131

案例研究 6.22 药物化学-isooxyskytanthine

一种单萜烯生物碱 isooxyskytanthine(**300**)的方便合成可以通过 5-氧代环戊烷甲酰胺衍生物 **301** 光还原分子内环化、再经氧代中间体 **302** 的还原进行(图示 6.132)[973],其中环化显然是通过三乙胺到激发态酮电子转移形成的羰游基自由基阴离子进行的[876]。

实验细节[973],将 **301** 的乙腈溶液置于 10 mm 的石英管内,以氩气冲洗 30 min,

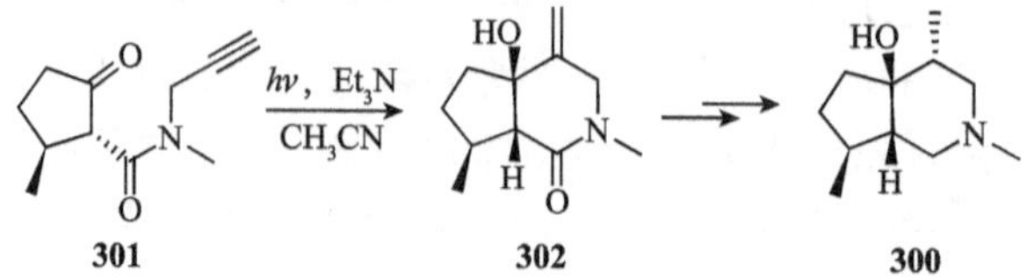

图示 6.132

然后在 Rayonet 系统中以 12 支波长为 $\lambda_{irr}=254$ nm 的低压汞灯进行光照(图 3.10),产物的化学产率为 46%。

6.3.6 羰基化合物:光烯醇化

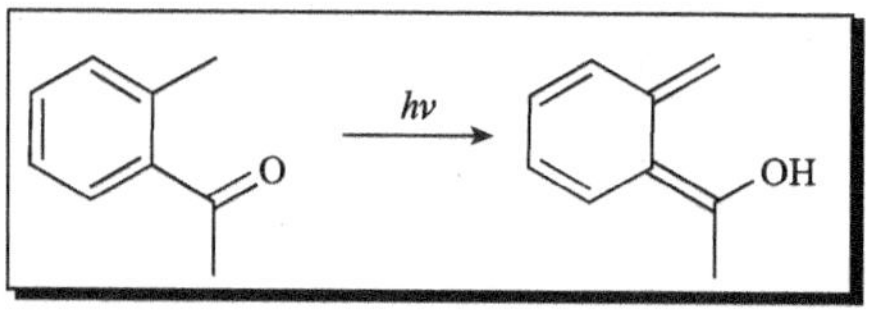

建议阅读综述[939,959,974];

精选理论和计算光化学参考文献[975-977]。

已知 2-烷基苯基酮基于光化学激发快速生成相应的烯醇(光烯醇化)[974,978]。例如,2-甲基苯乙酮(**303**)通过三重态分子内 1,5-抽氢形成三重态 1,4-双自由基(三重态烯醇),生成 E-和 Z-两个光烯醇异构体,而从最低激发单重态发生的快速直接烯醇化只生成 Z-异构体(图示 6.133)[979,980]。Z-异构体的寿命与双自由基类

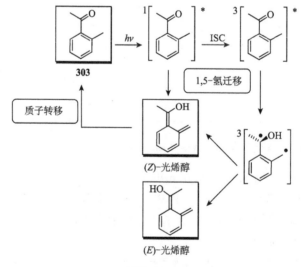

图示 6.133

似，其高效转变回起始分子，但 E-异构体的再次酮化需要通过溶剂的质子转移，因此，在没有双烯类捕获剂存在时其可存活长达数秒。该反应可伴随着激发态酮其他典形光化学反应，如抽氢反应(6.3.1 节和 6.3.4 节)。

双自由基中间体的环化反应形成环丁醇(**304**，参见 Yang 氏环化反应，6.3.5 节)，光烯醇与双烯亲合物间的 Diels-Alder 环加成反应通常为其后续过程(图示 6.134)[981,982]，两个过程具有立体专一性，通常涉及单一、长寿命的(E)-光烯醇。

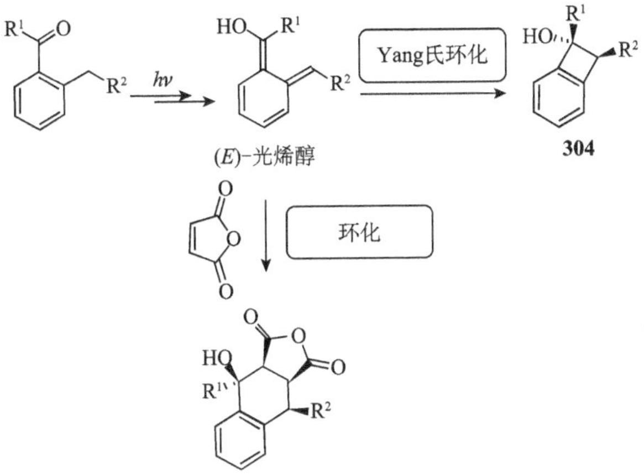

图示 6.134

案例研究 6.23　有机合成——光烯醇的 Diels-Alder 捕获

细胞毒药物 Hamigeran 的全合成通过取代苯甲醛的光烯醇化和后续的 Diels-Alder(暗)反应实现[983]。**305** 的 E 和 Z 两个异构体经 E-Z 光异构化相互转化(6.1.1 节)，也发生分子内环化生成相应的产物 **306**(图示 6.135)。光照(E)-**305** 得到 syn-**306** 和 anti-**306**，两者浓度比为 25:1，而光照(Z)-**305** 得到的产物比例是颠倒的(1:3)。这些结果可以用 **305** 异构体光稳态(3.9.4 节)浓度来理解。于是可以得出结论：在过渡态(以 **307** 为代表)甲基和羟甲基间处于 anti-构型以最小化立体排斥作用是生成单一外消旋产物的原因。

实验细节[983]，将 **305** 的苯溶液(0.08 M)置于 Pyrex 容器内，以氩气冲洗，将容器置于浸没式光化学反应器内，以中压汞灯(450 W)光照 20~40 min。蒸去溶剂，将反应混合物以柱色谱分离，产物的化学产率约为 90%。

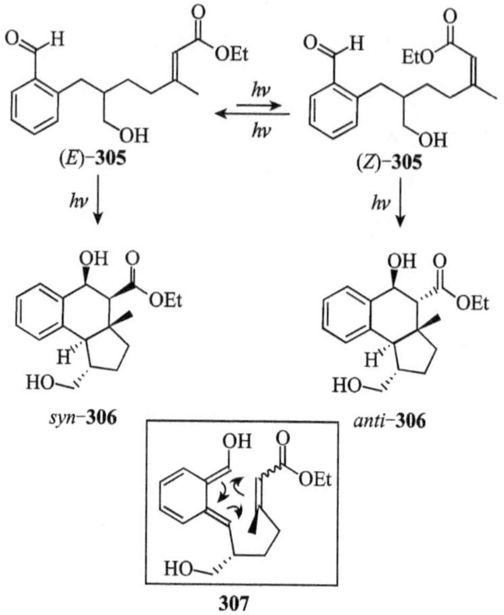

图示 6.135

当**离去基团(leaving groups)**处于合适的位置时,原初产物光烯醇可发生消除反应。例如,氯[984,985]或羧酸酯[986-988]等离去基团处于2-甲基苯甲酰甲基化合物的α-碳上时,它们在非亲核溶剂中可有效地释放形成二氢茚酮衍生物 **308**。此外,o-甲基取代苯乙酮衍生物 **309** 在亲核试剂(如甲醇)存在下可经通过(E)-光烯醇生成(图示 6.136)。

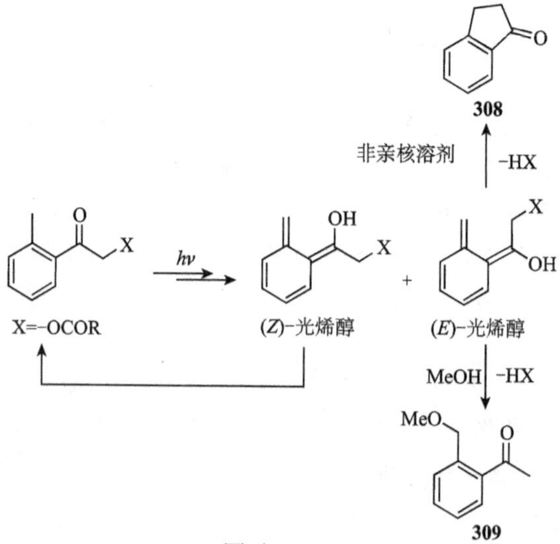

图示 6.136

案例研究 6.24　光脱除保护基团——2,5-二甲基苯甲酰甲基发色团

光脱除保护基团(PPG)(另见专题 6.18)在化学及生物化学领域有诸多应用。2,5-二甲基苯甲酰甲基(DMP)发色团不能作为醇的 PPG(为相对差的离去基团),因为其离去显然太慢,以至于无法与其他过程竞争,如再次形成酮的过程(图示 6.133)。为了克服这一问题,醇可以通过碳酸酯连接,碳酸酯具有与羧酸酯类似的离去基团的能力。例如,半乳吡喃糖基碳酸酯 310 可以高化学产率(<70%)和中等量子产率(0.1~0.5)释放相应含羟基的分子(图示 6.137)[989],初始光引发转换从主产物(E)-光烯醇中释放出碳酸 311,其随后在暗处发生缓慢脱羧酸酯的反应,释放出相应的醇 312。

实验细节[989],将化合物 310(0.005 M)的环己烷溶液置于 Pyrex 容器内,以氮气冲洗,然后在浸没式光化学反应器内(图 3.9)以中压汞灯光照,当转化率达到 95% 以上时停止光照。蒸去溶剂,所得醇粗产物用柱色谱纯化。

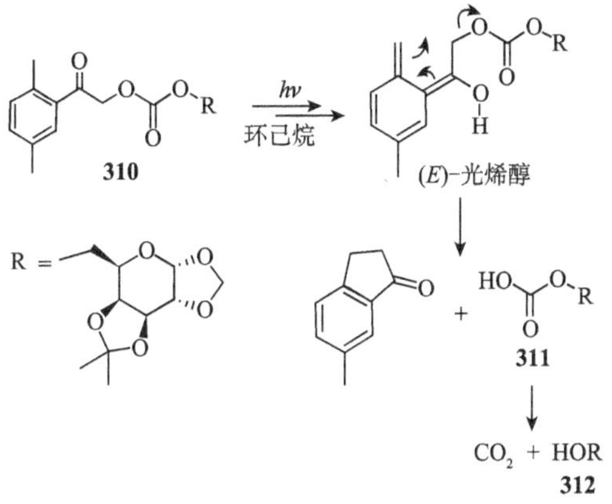

图示 6.137

6.3.7　醌:加成、氢迁移和电子转移反应

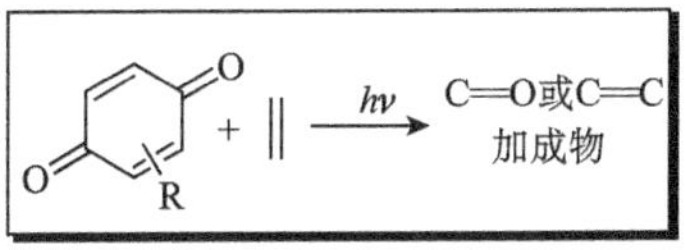

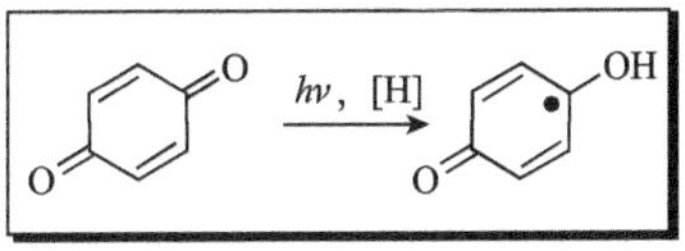

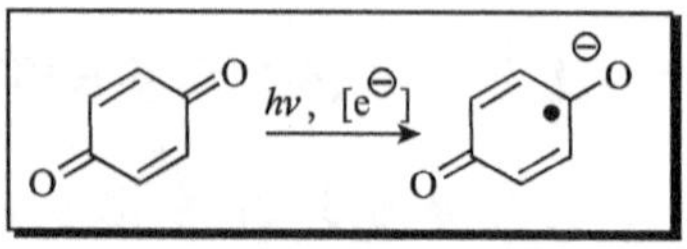

建议阅读综述[990-995]；

精选理论与计算光化学参考文献[254,996-998]。

1,2-和1,4-苯醌以及萘醌都是有颜色的化合物，例如，1,4-苯醌在波长大于250 nm(λ_{max}=290 nm及362 nm)处呈现两个明显的吸收带最大，在可见光区域有一个弱吸收拖尾。醌的系间窜越通常快速、高效，多数情况下它们的光化学过程在最低激发三重态发生[990,993,999]，它们的 $^3n,\pi^*$ 和 $^3\pi,\pi^*$ 态活性显著不同。最低激发三重态为 $^3n,\pi^*$ 的醌可发生抽氢或烯烃与羰基的环加成反应（氧杂环丁烷的形成；见6.3.2节）（图示6.138）。相反，在最低激发态重态为 $^3\pi,\pi^*$ 的化合物中，可以观察到C=C键的环加成反应，反应既可以通过直接光照也可以通过三重态敏化进行。

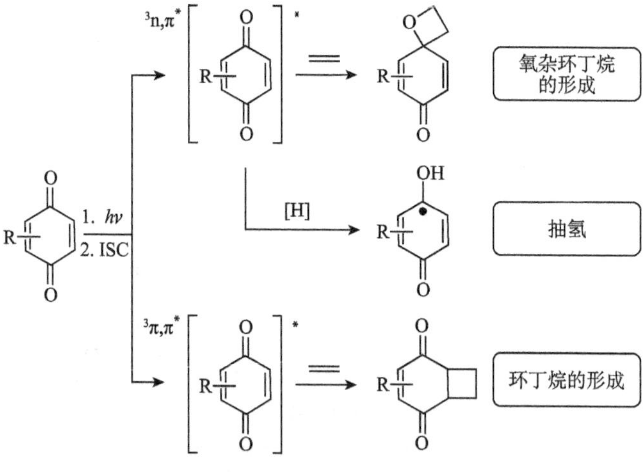

图示6.138

例如，$^3n,\pi^*$ 激发的1,4-苯醌在烯烃存在下专一性地生成螺环氧杂环丁烷，而1,4-萘醌的 $^3n,\pi^*$ 和 $^3\pi,\pi^*$ 态能量十分接近，同时生成螺环氧杂环丁烷与环丁烷[990]。在醌上引入电子给体取代基可进一步引起 $^3n,\pi^*$ 态的去稳定化。

[2+2]光环加成反应

1,4-醌激发三重态与基态烯烃间环加成既可通过三重态激基复合物（其分解为三重态双自由基[1000]）进行，也可通过分离的离子自由基中间体[990]进行。双自由基中间体的存在已被化学诱导动态核极化（CIDNP）（专题5.3）的测量证实，例如，1,4-苯醌(**313**)与降冰片二烯(**314**)反应生成两个产物，即螺环氧杂环丁烷**315**

和螺环氧杂环戊烷(**316**)(图示 6.139)[1001]。有意思的是,四环烷(**317**)发生与降冰片二烯相同的反应。

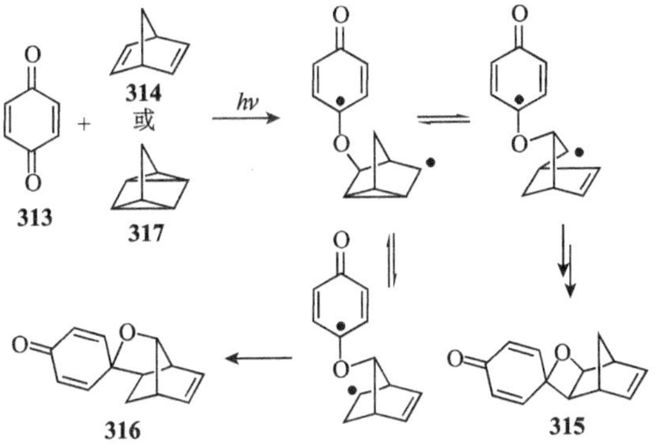

图示 6.139

1,4-萘醌(**318**)2-位的羟基参与[3+2]加成,以约50%的化学产率生成2,3-二氢萘并[2,3-*b*]呋喃-4,9-二酮 **319**(图示 6.140)[1002]。该反应经两步过程进行,首先是激发三重态醌与烯烃形成激基复合物(2.2.3节),然后发生分子内电子转移(5.2节),此步过程有可能形成了离子中间体 **320**。

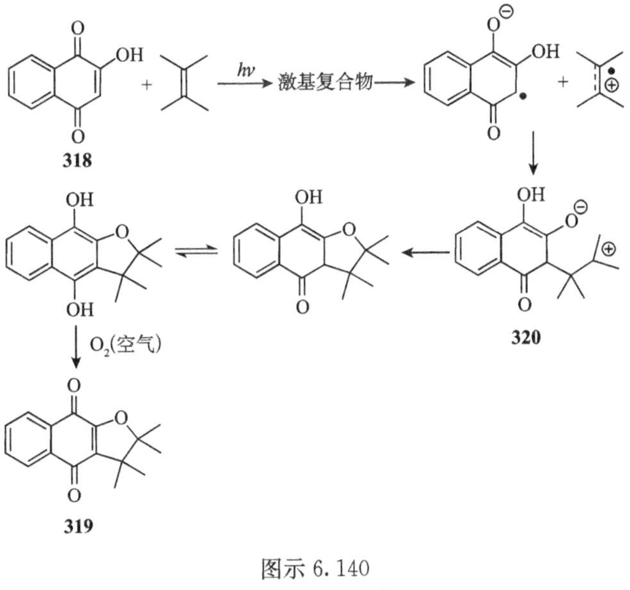

图示 6.140

抽氢反应

抽氢是激发三重态醌的典型反应[994],第一步是氢原子迁移形成自由基对,类

似在简单三重态酮中发生的情况(6.3.1节);抽氢也可以经两步过程发生:先是从氢原子到醌电子转移形成离子自由基对,然后再发生质子转移完成抽氢。反应的自由基机制用下面例子说明:三重态的 9,10-菲醌(**321**)从醛中抽氢形成三重态自由基对,其重组生成酰基产物 **322**(图示 6.141)[1003]。

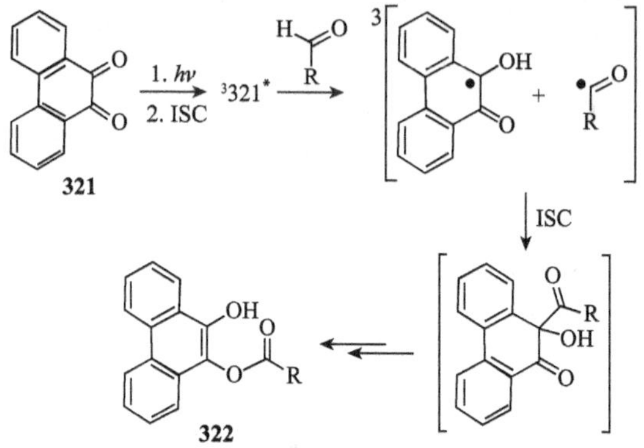

图示 6.141

案例研究 6.25　绿色光化学——光化学 Friedel-Crafts 酰基化

醌光化学合成的重要性可以用 1,4-萘醌(**323**)与丁醛"光化学 Friedel-Crafts 酰基化"(photochemical Friedel-Crafts acylation)来说明[992,1004,1005],该反应通过抽氢和自由基重组生成 1,4-二氢萘衍生物 **324**(图示 6.142)[1006]。反应在太阳反应器中进行,反应器由带有反应液循环系统可收集光(λ_{irr}>350 nm)的抛物镜和用来调节溶液温度的热交换系统组成(图 6.7),该光化学反应器(也被称为太阳工厂)以太阳光作为**可再生和零成本能源**(renewable and cost-free source of energy)[1009,1010],在**绿色光化学**(green photochemistry)的背景下得以发展[1007,1008]。

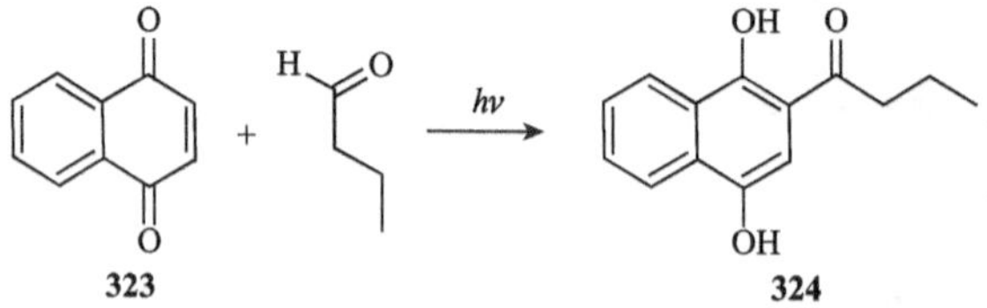

图示 6.142

实验细节[1006],将化合物 **323** 溶液(500 g)与过量的丁醛在叔丁醇-丙酮中混合,在太阳反应器内循环(图 6.7),置于阳光下三天,以 90% 的化学产率得到高纯度(GC)的 **324**。实验是在西班牙的八月份进行的,总光照时间为 24 h。

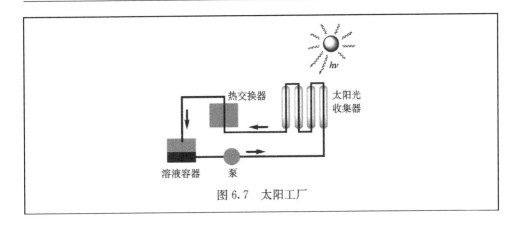

图 6.7 太阳工厂

6.3.8 羧酸和羧酸酯：光裂解和重排

$$R\text{-COOH} \xrightarrow{h\nu} R^\bullet + {}^\bullet\text{COOH}$$

建议阅读综述[322,323,1011,1018]；

精选理论和计算光化学参考文献[1019-1024]。

羧酸

由于羧基只吸收波长低于 250 nm 的光，对羰基光化学的关注非常有限，已知其主要原初光过程可以是未解离酸的均裂[例如，乙酸 CH_3—COOH 的裂解能(D_{C-C})为 385 kJ mol^{-1}]，也可以是羧酸阴离子的异裂，随后发生光脱羧步骤(图示 6.143)[322,1025-1027]，后一过程涉及阳离子自由基前体的形成。脂肪族羧酸衍生物的光反应通常经激发单重态进行(在取代乙酸中的系间窜越效率低)，但反应效率低($\Phi<0.05$)。

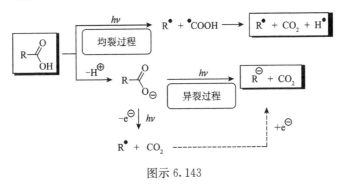

图示 6.143

例如,从 2-芳基丙酸衍生的**非甾体抗炎药**(non-steroidal anti-inflammatory drugs, NSAID)的光化学已有研究,因为这些化合物具有光毒性(见专题 6.22),并且某些病人呈皮肤光敏感[322,1011,1025]。酮洛芬(**325**)为二苯酮衍生物,它在中性水溶液中主要发生经激发三重态(这里芳香酮为发色团)进行的光脱羧反应,通过分子内电子转移生成碳负离子中间体(图示 6.144),再经后续质子化生成主产物 **326**[1028,1029]。羧酸阴离子形式降解量子产率比未解离酸高,另外,也观察到了羰基的光诱导抽氢(6.3.1 节)。

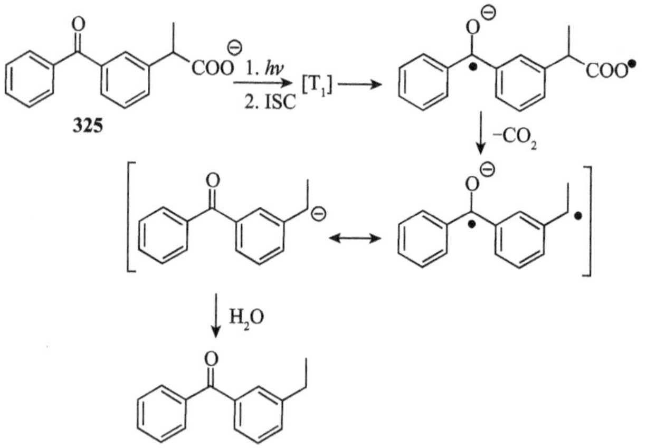

图示 6.144

羧酸酯和内酯

脂肪族羧酸酯化合物的吸收低于 200 nm[1013,1017],因此,它们的光化学通常与其他发色团关联。芳甲基酯光解经激发单重态生成均裂或异裂产物(图示 6.145),生

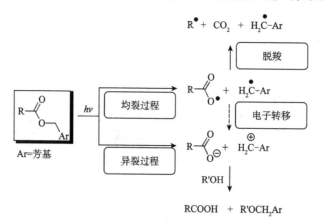

图示 6.145

成的自由基或离子中间体分别快速发生后续的自由基或极性反应。酰基[O—CC(O)]键的裂解能相对较低(例如,乙酸乙酯或苯甲酸苯酯的裂解能分别为 $D_{O-C}=$ 355 kJ mol^{-1} 或 313 kJ mol^{-1}[874]),因此,波长低于 330 nm 的光子能量足以使 σ-键均裂。

例如,苯乙酸1-萘甲酯(**327**)在乙醇中光解,除了生成1-萘甲基自由基-酰氧基自由基对中间体,还生成1-萘甲基阳离子-羧酸阴离子对,前者脱羧后与甲醇形成加成物(**328** 和 **329** 一起形成)或笼内自由基偶合产物 **330**(图示 6.146)[1034]。研究发现,经自由基路径还是离子路径反应强烈依赖于萘环上的取代基。

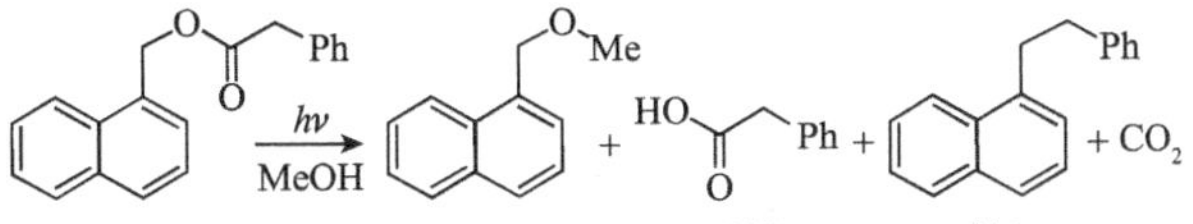

图示 6.146

在 6.2.3 节中曾讨论过,取代芳基化合物最低激发单重态的性与其基态相反,这与两种电子态不同的电荷分布有关。例如,*meta*-位(间位)以拉电子基团取代的苯衍生物的光化学溶剂分解活性比 *para*-位(对位)取代高(**间位效应,*meta* effect**)[1031-1033]。图示 6.147 中给出了 3-甲氧基苄基乙酸酯(*meta*)(**331**)和 4-甲氧基苄基乙酸酯(*para*)(**332**)在二氧六环中的光反应活性差异[327],光照 *meta*-衍生物主要(35%)生成异裂产物(**333**),而 *para*-衍生物只生成均裂产物(**334**)。

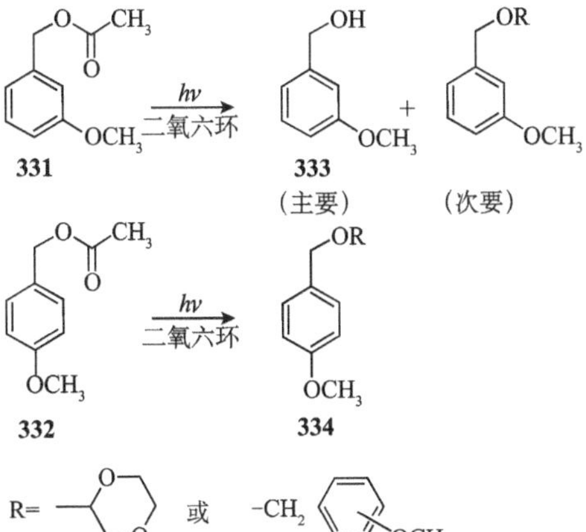

图示 6.147

案例研究 6.26 生物——光活化化合物

羧酸酯作为光脱除保护基团(PPGs)(另见专题 6.18)已应用于有机合成和

生物学[1013,1015,1034,1035]。例如,已证明 4-羟基苯甲酰甲基保护基是一种用于快速生物过程分析的有效工具,它的酯通常具有水溶性,在水溶液和暗处稳定,而且其光产物无毒。γ-氨基丁酸(GABA)4-羟基-3,5-二甲氧基苯甲酰甲基酯(**335**)的光解(图示 6.148)可在空间和时间上实现急性海马脑切片 CA1 神经元中 GABA(**336**)的可控快速释放[1036]。已经证实,该脱保护机制经激发三重态进行(见案例研究 5.3)。

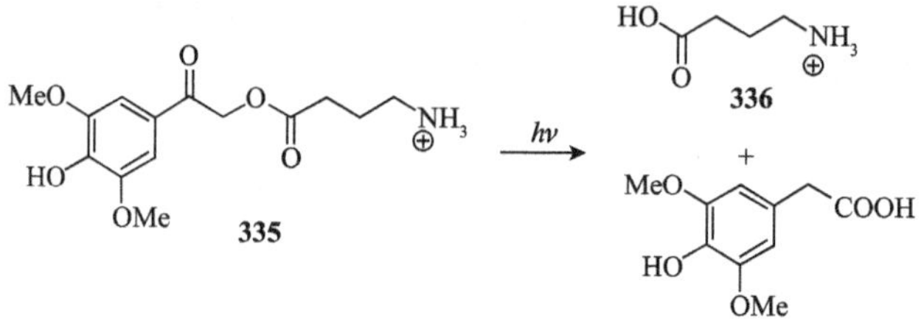

图示 6.148

实验细节[1036],CA1 海马神经元取自 7 天龄大鼠,将其浸泡在 **335** 溶液(200 mM)中,以来自汞弧灯(100 W)的紫外闪光照射,紫外光通过透镜耦合到熔融石英光纤中(图 3.28)[1037],将光纤的出光端定位在脑切片上方,产生大约 15 μm×25 μm 的光斑,用机电快门控制光照脉冲持续时间(2 ms)。GABA 原位光释放诱导 GABA A-接受体(配体-门控氯离子通道)的特异性刺激反应,因此脉冲引起快速膜电流。

内酯的光脱羧反应通常是连接在羰基上的 C—O 键均裂。张力环体系(如环丙烷)可以通过生成双自由基中间体的分子内偶合获得[1025]。图示 6.149 给出了具有 γ-内酯环的 α-山道年衍生物 **337** 的光脱羧反应,以 56% 的化学产率生成化合物 **338**[1038]。

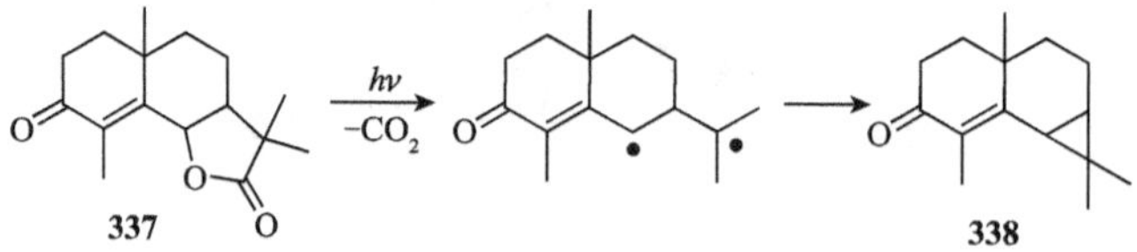

图示 6.149

芳香内酯和酸酐的光解生成芳炔类活性中间体[1040],例如,1,2-萘二甲酸酐(**339**)的光解,**340**[1039]为活性中间体。用基质隔离光谱(3.10 节)可以研究作为初级和二级光产物形成的这些分子(图示 6.150)。

光-Fries 重排(photo-Fries rearrangement)与路易斯酸催化(基态)类似,是羧酸芳基酯的典型反应,也是芳基碳酸酯、芳基氨基甲酸酯、芳基磺酸酯和其他相关

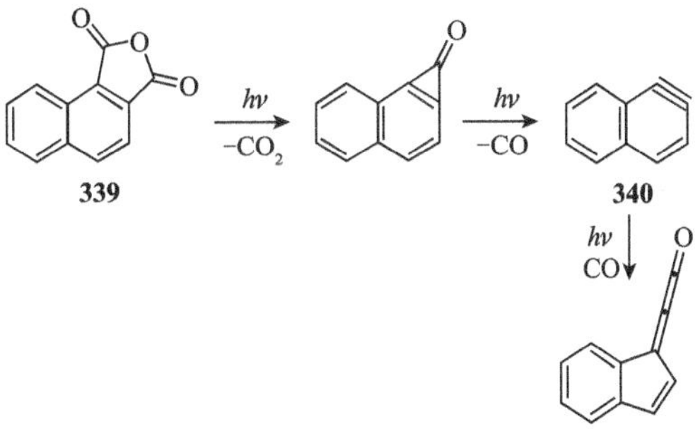

图示 6.150

化合物的典型[1012]。图示 6.151 给出了乙酸苯酯的光重排反应,在激发单重态羰基—氧单键发生均裂生成自由基对,随后苯氧基自由基从氢原子给体([H])抽氢生成苯酚,而自由基对在笼内重组生成 2-或 4-羟基苯乙酮。也有报道表明,某些芳基酯在它们的较高能三重态发生反应[1012,1041]。

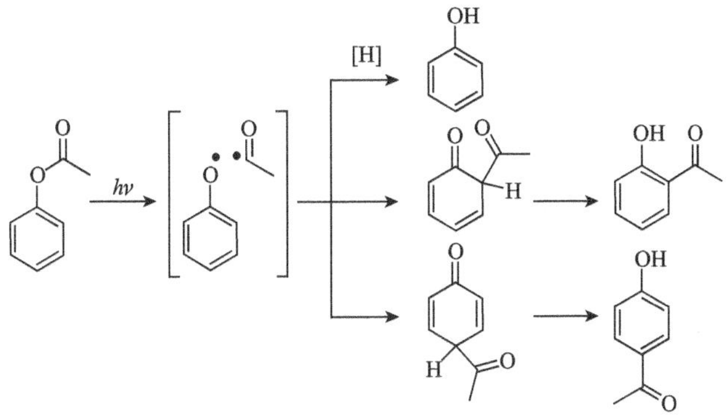

图示 6.151

案例研究 6.27　超临界 CO_2 化学——光-Fries 反应

化合物的温度和压力高于它们的热力学临界点时为超临界状态,超临界溶剂因性质如密度、黏度、扩散率和介电性质等可通过压力或温度变化进行控制,成为被关注的反应介质。在接近临界区域,溶剂分子周围的密度会出现陡增,这可能在化学反应中造成笼效应(见专题 6.11)[172,173]。例如,乙酸-1-萘酯(**341**)光照经其单重态生成自由基对,自由基可偶合形成乙酰萘衍生物 **342** 和 **343**,或扩散分开形成 1-萘酚(**344**)和醋酸(图示 6.152)。超临界二氧化碳被发现在刚刚高于临界压力的区域,因形成特定的溶剂-溶质簇可非常有效地限制分子的运动[1042]。光-Fries/1-萘酚形成反应比在甲醇作为助溶剂存在时可达 8.5。

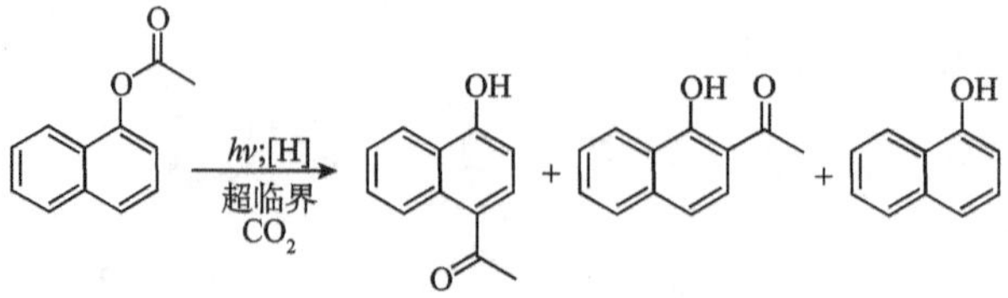

图示 6.152

实验细节[1042],以水滤光的高压汞灯(100 W)(图 3.28)光照置于恒温高压石英液槽内超临界 CO_2(35 ℃,76 bar)中的乙酸 1-萘酯(**341**,0.003 M),以 GC 测定所得光产物的浓度。

α,β-不饱和的脂肪酸和中等尺寸环羧酸或酮发生**光去共轭**(photodeconjugation)反应[1016]。通常情况下,酯 **345** 在光照下沿 C═C 键异构化(6.1.1 节),但在长时间光照下,Z-型异构体可发生光化学异面[1,5]-σ 氢迁移(6.1.2 节)生成光二烯醇 **346**,其进一步重排得到 **347**(图示 6.153),这类产物的吸收通常在短波长,因为双键不再与羧基共轭。

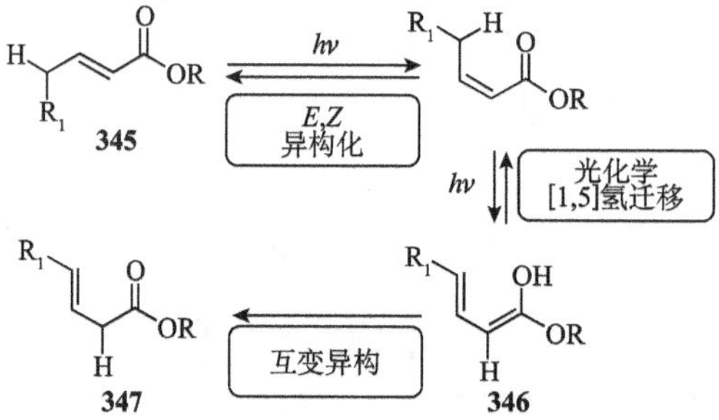

图示 6.153

6.3.9 过渡金属羰基配合物:光脱羰反应

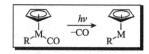

建议阅读综述[1043,1046];

精选理论和计算光化学参考文献[1046,1047]。

本节将简要讨论过渡金属羰基配合物的光反应,是一个在有机和无机光化学边界上的话题。这类配合物由过渡金属(如 Fe、Rh 或 W 等)与一氧化碳以及常用的有机配体(如环戊二烯或乙二胺)配位组成,配合物中过渡金属的存在引入了新类型激发态,意味着独特的光物理和光化学[1046]。它们的电子吸收光谱由金属到配体电荷转移(MLCT)(常常为最低激发态)、配体到金属电荷转移(LMCT)、配体到配体电荷转移(LLCT)、金属到金属电荷转移(MMCT)或其他跃迁组成[1047]。金属为中心的分子轨道上电子跃迁常常为d→d跃迁,因此,虽然很多有机金属化合物普遍以共价键表征,但我们经常将金属和配体作为电荷转移的给体或受体进行分类。

UV和可见光均具有足够的能量可在配合物中引发很多过程,脱羰是最典型的光反应之一,因为常见的金属-羰基氧化物键的裂解能低至约 200 kJ mol$^{-1[1,1948]}$。图示 6.154 给出了两个例子:(a)某些羰基配合物中金属—CO键的断裂[1049];(b)某些羰基配合物中金属—CO—烷基[1050]键的断裂。在后一个例子中,光照光学纯铁配合物 **348** 引发脱羰基过程,随后发生烷基的迁移。

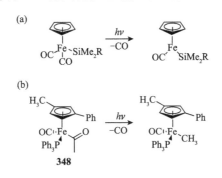

图示 6.154

脱羰反应还可能伴随氧化加成,使金属插入共价键。例如,三(3,5-二甲基-1-吡唑基)硼配合物 **349** 室温下光化学活化芳烃和饱和烃(RH)(图示 6.155)[1051],

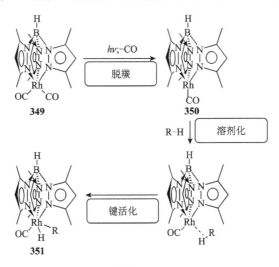

图示 6.155

反应从金属配合物的配体(CO)分解开始,在不到 100 ps 的时间内生成配位不饱和中间体 **350**,该活性物种与 RH 形成溶剂化物中间体,其随后发生 C—H 键氧化加成生成 **351**。选择性烃的功能化(functionalization of hydrocarbons)(如羰基化或氧化加成)是当今催化最重要的目标之一[1043]。

6.3.10 习题

1. 解释下列概念和关键词:光还原;Paternò-Büchi 反应中的垂直接近;α-断裂;Norrishh Ⅱ型反应;光脱羰反应;笼效应;聚合物的光老化;Yang 氏环化;光烯醇化;光脱除保护基团;光脱羧反应;光毒性。

2. 给出下列反应可能的机理:

   (a)

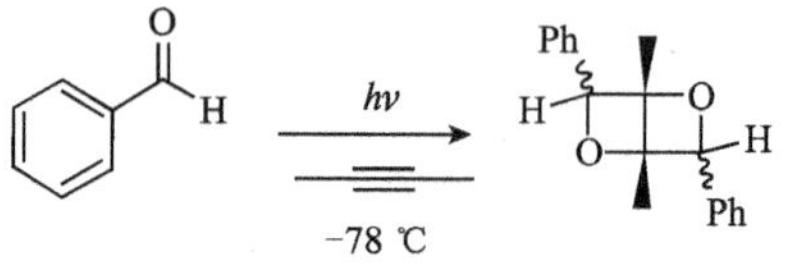

   文献[1052]

   (b)

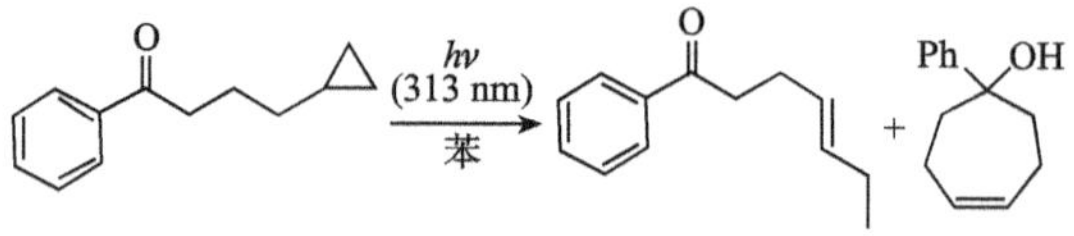

   文献[1053]

   (c)

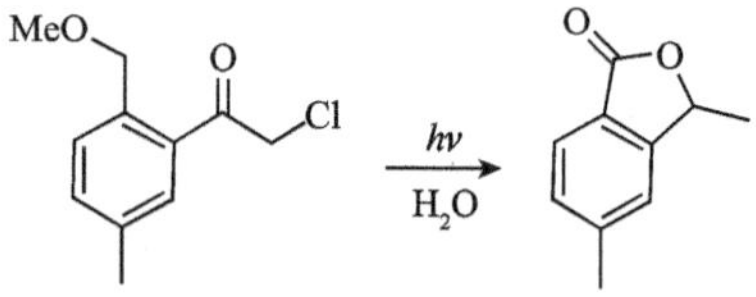

   文献[987]　　　　　(提示:需要 2 个光子)

3. 预测主要产物(可以不止一个产物):

   (a)

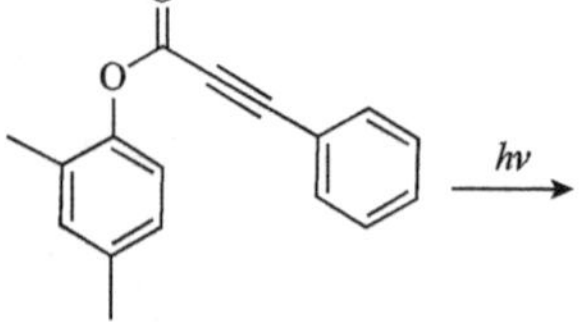

   文献[1054]

   (b)

   文献[1055]

(c) Ph-CO-C(CH3)2-CO-CH(CH3)2 $\xrightarrow{h\nu}$

文献[1056]

6.4 含氮化合物

一些含氮苯衍生物的吸收光谱示于图 6.8 中。芳香硝基化合物的最低激发单重态具有 n,π* 特征,环上氮杂取代对其吸收影响不大,例如,吡啶或喹啉,它们的吸收相对其母体苯和萘移动很小,但增强了其 ^1L_b 带强度,达到 $\varepsilon_{max} \approx 10^3$ M^{-1} cm^{-1}(见 4.7 节)。此外,处于低能态的 n,π* 带(其中 n 对应氮上的孤对轨道)强烈影响其光物理性质。弱的 n,π* 带通常仅以肩峰的形式出现在第一 π,π* 带的红边处。在 1,2-二氮杂化合物(哒嗪)中,孤对相互作用提高了反对称孤对轨道的能量,因此,第一 n,π* 带较强(对称性允许),且与 π,π* 吸收很好地分开。

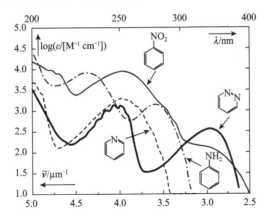

图 6.8 一些苯衍生物的吸收光谱。硝基苯(—),苯胺(- - -),吡啶(- · -),哒嗪(—)[280]

氮原子向 π-体系贡献两个 p_z-电子的吡咯和吲哚的吸收光谱未在图中给出,它们也分别与其等电子的碳氢化合物苯和萘相关。苯胺的氮处于环外,它的基态并未完全平面化,其 π-电子给出能力有些弱(图 6.8)。苯胺是弱碱,其共轭酸的 pK_a 为 4.6,在酸性溶液中质子化其氨基转变为诱导受体,质子化苯胺的吸收光谱与相应苯衍生物的类似。

偶氮烷烃在近紫外区域有一个 n,π* 吸收带(图 6.9),其 E-异构体的 n,π* 跃迁对称性禁阻,$\log(\varepsilon/[M^{-1}cm^{-1}]) \approx 1$;Z-异构体的 n,π* 跃迁是对称性允许的,其 $\log(\varepsilon/[M^{-1}cm^{-1}]) \approx 2$[1057]。偶氮苯两个异构体中 n,π* 跃迁更强,而且位移至较长波长处 $\lambda_{max}=450$ nm;给电子取代基(如 p-二甲基氨基)使 π,π* 跃迁明显移向

长波长。偶氮化合物在其最低 n,π* 激发单重态发生快速 E-Z 异构化,因此其荧光和 ISC 量子产率通常很低。当偶氮化合物的 E-Z 异构化被空间位阻抑制时,荧光、氮消除或 ISC 等过程具有竞争力(见下文)。

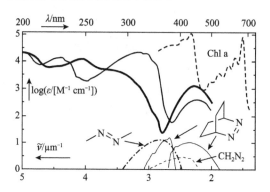

图 6.9 偶氮苯(己烷:E-异构体——,Z-异构体—)[280],偶氮甲烷(己烷,E-异构体-····-)[280],叶绿素 a(Chl a,乙醚,----)[280],重氮甲烷(气相,----)[1058]的吸收光谱;2,3-二氮杂双环[2,2,2]辛 2 烯的吸收和荧光光谱[全氟甲基环己烷,——(两条细线),为清楚观察下移了 1.5 个单位][1059]

很多在自然界出现或在应用技术中使用的重要颜料和染料是基于环四吡咯发色团卟啉类化合物(图 6.10),有 24 个原子参与到该共轭体系中,但两个双键(碳 2、3 以及 12、13)易被氢化,留下两个吡咯氮原子桥联的共轭 18 元环(菌绿素)。叶绿素(图 6.10)以一个镁离子替代两个中心氢原子,是 2,3-二氢卟啉(二氢卟酚)的衍生物,菌绿素是 2,3,12,13-四氢卟啉(菌绿素)衍生物(18 元共轭环)。

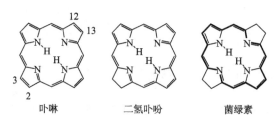

图 6.10 卟啉及其类似物

所有卟啉均呈现两种类型的吸收带,可见光区中等强度的所谓 Q 带,以及近紫外区强吸收带,称为 B 带或**邵氏带(Soret band)**,这种吸收形式可用简单的 MO 模型对 18 个 π 电子的环状体系进行预测(4.7 节,图 4.28 和图 4.29)。对于高度对称的四(全氟苯基)卟啉锌(Zn-TFPP),其对称性禁阻的 Q 带在 578 nm,$\log(\varepsilon/[\text{M}^{-1}\text{cm}^{-1}])=3.7$,并在 543 nm 处有一系列振动带;其在 412 nm 处对称性允许的 B 带要强得多,$\log(\varepsilon/[\text{M}^{-1}\text{cm}^{-1}])=5.7$[1060];其 Q 带和 B 带均归属于 D_{4h} 点群的分子内简并激发态。对于对称性较低的二氢卟啉 H_2(TFPP),其 Q 带分裂为二，Q_x＝635 nm 和 582 nm，以及 Q_y＝535 nm 和 505 nm。图 6.9 给出了含镁二氢卟吩衍生物——叶绿素 a 的 B 带和 Q 带。

含氮化合物有很多的结构多样性，从亚胺和偶氮化合物到硝基化合物和胺等，这与其多样却独特的光化学反应活性相关（表 6.15）。含 N═X（X═N，C）键发色团中氮原子上孤对电子的存在表明：n, π^* 和 π, π^* 激发态均可参与反应；而 E-Z 异构化是亚胺和偶氮化合物的典型反应（序号 1），但偶氮化合物的发色团还可额外通过均裂分解，只要相应键的裂解能足够低，就可释出氮分子（序号 2）。裂解是某些发色团最常见的光反应，如 3H-重氮甲烷、重氮化合物（序号 3）、重氮盐（序号 4）、叠氮化合物（序号 5）和某些芳香杂环化合物（6.4.2 节）等。有些裂解过程效率很高，因为它们会释出某些热力学稳定和光化学惰性的分子，如 N_2 和 NO 等。有机亚硝酸盐的原初光化学过程也是均裂，均裂发生在 N—O 键（序号 6），随后发生形成相应肟的异构化被称为**巴顿反应（Barton reaction）**。π, π^* 激发的硝酮或杂环 N-氧化物通常发生 E-Z 异构化和竞争性重排形成氧杂吖丙啶衍生物（序号 7）。

表 6.15 激发含氮化合物原初光过程举例

序号	起始材料a	产物	机制	章节
1	$[R_2N{=}XR']^*$, X=C,N	$R_2N{=}XR'$	E-Z 异构化	6.4.1
2	$[R_2N{=}NR']^*$	$R^\bullet + N_2 + R'^\bullet$	光裂解/光消除	6.4.2
3	$[R_2C{=}N_2]^*$	$R_2C\colon + N_2$	光裂解/光消除	6.4.2
4	$[R{-}N_2^\oplus]^*$	$R^\oplus + N_2$	光裂解/光消除	6.4.2
5	$[R{-}N_3]^*$	$R{-}\ddot{N}\colon + N_2$	光裂解/光消除	6.4.2
6	$[R{-}ONO]^*$	$R{-}O^\bullet + NO$	光裂解/光消除	6.4.2
7	$[R{-}N^\oplus(O^\ominus){=}R']^*$	$R{-}N(O){-}R'$ (氧杂吖丙啶)	光重排	6.4.2
8	$[R{-}NO_2]^*$	$R^\bullet + NO_2$	光裂解	6.4.3
9	$[R{-}NO_2]^* + [H]$	$R{-}NO_2H$	光还原	6.4.3
10	$R_3N\colon + [A] + h\nu$	$R_3N^{\oplus\bullet} + A^{\ominus\bullet}$	电子转移	6.4.4
11	$Ar(CN)_x + [D\colon] + h\nu$	$Ar(CN)_x^{\ominus\bullet} + D^{\oplus\bullet}$	电子转移	6.4.4

a [H]＝氢原子给体；[A]＝电子受体；[D]＝电子给体。

光裂解是激发态脂肪族硝基化合物的主要原初过程,随后产生 NO_2 和相应的自由基(序号 8),自由基可重新结合形成亚硝酸盐。激发态硝基烷烃或芳香硝基化合物在氢原子给体存在下也能发生光还原(序号 9)。

胺通常是好的电子给体,很容易发生光诱导电子转移(photoinduced electron transfer,PET)过程,在基态或激发态,胺将一个电子给到另一反应组分(序号 10)。相反,缺电子的含氮分子可作为电子受体,如芳腈(序号 11)。很多金属有机配合物也能进行光化学引发的氧化还原反应(6.4.4 节)。

6.4.1 偶氮化合物、亚胺和肟:E-Z 光异构化

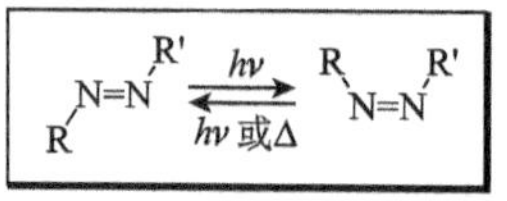

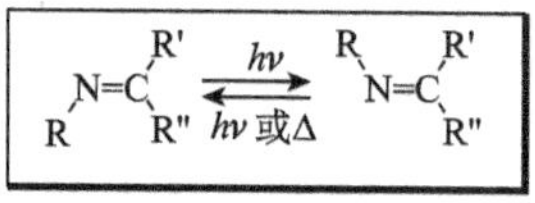

建议阅读综述[1061-1070];

精选理论和计算光化学参考文献[16,534,1071,1079]。

与烯烃类似(6.1.1 节),含 N=N(偶氮化合物)或 C=N(亚胺,肟等)结构的发色团也可进行 E-Z(或反式-顺式)光异构化反应(图示 6.156),**光稳态(photostationary state,PSS)** 生成异构体的浓度比反映了异构体的吸收性质和异构化反应量子产率(见 6.1.1 节中图示 6.1)。常规(暗)合成通常得到更稳定的 E-异构体,光化学是制备空间位阻 Z-异构体的独特方法[1061,1062]。光异构化反应可经直接光照或敏化诱导发生,通常可与其他光转换过程竞争,如光裂解或光重排反应(6.4.2 节)。

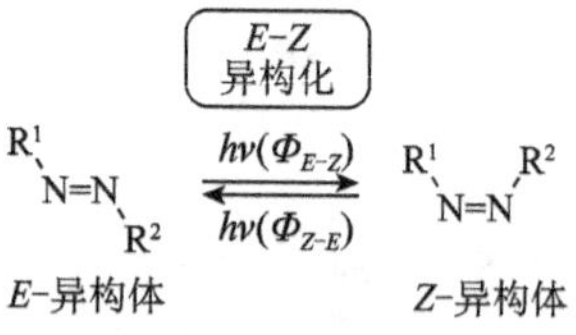

图示 6.156

与烯烃不同,N=N 或 C=N 衍生物中的不饱和偶氮基团具有一处在 n 轨道的面内孤对电子,因此,在光异构化的两种限制机制中 n,π^* 和 π,π^* 激发态均可参与反应[1062,1080,1081]。第一种机制类似烯烃的情况,前者双键在以递减键序结合时作 180° **旋转(roatation,即扭曲,twist)**(图示 6.157);第二种机制是:由于氮的再次杂化且在键序上没有重大改变,发生**面内转换(in-plane inversion)**。异构化途径取决于激发类型,量子化学计算以及时间分辨实验表明,亚胺和偶氮化合物中旋转 E-Z 构型互变在它们的 n,π^* 和 $^3n,\pi^*$ 态发生。这仍是一个颇有兴趣的研究主题[1062,1072,1082]。

图示 6.157

偶氮化合物

即使不存在 π-离域,偶氮烷烃的吸收在近 UV 区域,尽管其相应的摩尔吸收系数(n,π*)很小。在没有竞争光反应存在下,可制备一些罕见的空间位阻 Z-异构体,例如,(Z)-1,1'-偶氮双降冰片烷(**352**)可在 0 ℃ 甲苯溶液中从其 E-前体制得(图示 6.158)[1083]。

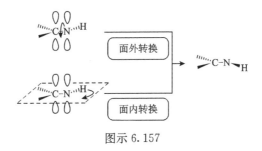

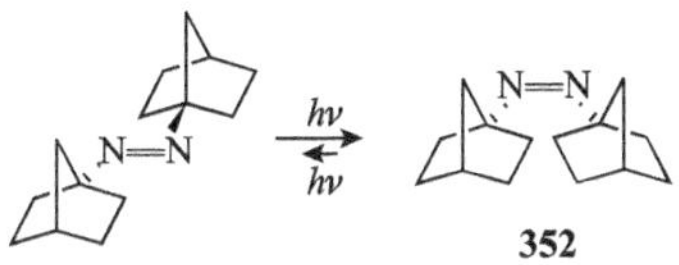

图示 6.158

当有稳定自由基中间体产生时,偶氮烷烃可很快发生 N_2 的光消除反应(6.4.2 节)。例如,在环状 1,4-二氢萘并二氮杂卓 **353** 的 n,π* 吸收区域(>400 nm)光照可诱导发生 E-Z 异构化,当以 313 nm 的光对萘基团 π,π* 激发时,氮消除专一性地生成二氢苊(图示 6.159)[1084]。

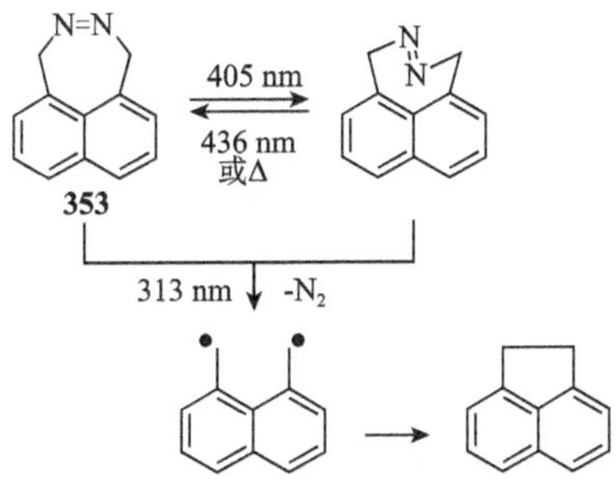

图示 6.159

当环状偶氮化合物的 Z→E 异构化被几何约束抑制时,其光物理和光化学性质对看似微小的结构变化非常敏感(见表 6.16)。与 2,3-二氮杂双环[2,2,1]庚-2-烯(DBH)相反,2,3-二氮杂双环[2,2,2]辛-2-烯(DBO)具有非常长的单重态寿命、高荧光量子产率和低脱氮量子产率,它们已被用于测量生物高分子构象变化的动力学(专题 2.3)。三环的二氮杂双环庚烯(并环 DBH)则表现出罕见的高效系间窜越、相对长的三重态寿命和强磷光[1085]。

表 6.16　双环偶氮烷烃的光物理性质[1085]

性质	 (DBH)	 (DBO)	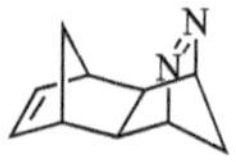 (并环 DBH)
$^1\tau$/ns	0.15	690[a]	2.4
$^3\tau$/ns	7[b]	25[c]	630
Φ_{ISC}	约 0	约 0	约 0.5
Φ_f	<0.001	0.37[d]	0.02
Φ_{-N_2}	1.0	0.021[d]	0.59
Φ_{ph}(77K)	0.00	0.00	0.053
E_S/(kJ mol^{-1})	354[b]	318[b]	327
E_T/(kJ mol^{-1})	260[d]	222[d]	261

a 参考文献[1059];
b 参考文献[1086];
c 参考文献[1087];
d 参考文献[1088]。

(E)-偶氮苯和(Z)-偶氮苯吸收的不同(图 6.9)使我们可通过选择光照波长得到 Z-异构体[559,1089,1090],但两种异构体光稳态浓度比受竞争的热 $Z \to E$ 异构化反应影响[与二苯基乙烯的 $E_a \approx 176$ kJ mol^{-1} 相比,偶氮苯 $E_a \approx 100$ kJ mol^{-1}]。很多 (Z)-偶氮苯衍生物可在低温下通过色谱法成功分离[1061,1062,1091]。偶氮苯氮消除生成不稳定的芳基自由基可忽略不计,因此,E-Z 异构化通常是观察到的主要光化学过程,它在诸多应用中颇有价值。

专题 6.15　光致变色

光致变色(photochromism)是两种具有不同吸收光谱和其他物理性质物种间的**可逆化学转换**,光吸收产生的化学转换可以是单向也可以是双向[624]。最初,光致变色一词仅用于表示光诱导颜色可逆变化的化合物,如图 6.11 中的例子,只有热力学稳定的异构体 2,7-二氢-2,2,7,7-四甲基芘吸收 330 nm 以上波长的光,因此,以 λ_{irr}>330 nm 的光照射,其可完全转变为无色的 2,2,7,7-四甲基双环丙[a,g]芘拉省(2,2,7,7-tetramethyldicyclopropa[a,g]pyracene)。当以 313 nm 光照射时,因两个异构体在此波长下均有吸收,体系到达其光稳态(photostationary state,PSS)(图中虚线);但要完全转换为更稳定的二氢芘需要在暗处温度高于 90 ℃下进行反应[1092]。反应介质和氧的存在影响许多光致变色体系的动力学可逆性,任何不可逆小量副产物的形成(通常为光化学过程)称为**疲劳(fatigue)**,将限制体系循环次数。

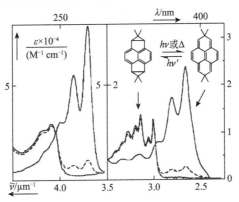

图 6.11　2,7-二氢-2,2,7,7-四甲基芘的光致变色

有几类化合物家族呈现不同机制的光致变色行为,下面所列反应给出了最常见的体系(图示 6.160)。螺吡喃、螺噁嗪、苯并吡喃和俘精酸酐等发生协同或非协同电环反应(6.12 节,以及案例研究 6.4),偶氮苯化合物(本节)发生 E-Z 异构化反应[624,1093-1101],醌发生基团转移反应[149,1024],多环芳烃则发生环加成反应(6.2.2 节)。很多生物体系也是光致变色体系,如视紫红质发生可逆 E-Z 光异构化反应(专题 6.1)。

利用光致变色过程中颜色和其他物理化学性质的变化,光致变色有很多潜在和已有的应用,例如,在阳光下变暗的用作光致变色太阳镜和眼科透镜的透射变化光学材料(除卤化银外,还使用螺吡喃和螺噁嗪体系[1102]),其新的应用有儿童玩具、化妆品以及衣服(利用颜料颜色可逆变化),也可在超分子化学和纳米技术(专题 6.19)[1103,1104]、生物化学和生物学(专题 6.18)[1034]以及液晶取向[1105]等方面应用。虽然光盘(CD)或数字化光盘(DVD)的记录过程是基于激光辐照熔融染料敏化聚碳酸酯层来改变其表面的折射率[1106],但多种光致变色体系也被考虑用于光学信息存储[1100,1103]。

例如,以 $-O(CH_2)_8S-$ 为连接体,将偶氮吡啶基团连接在石英支持体上 8 nm 厚金薄膜上,在自组装单分子层内形成配位点可逆光开关(专题 6.18)已有报道(图示 6.161)[1107]。四苯基卟啉锌(ZnTPP)与 E-型偶氮吡啶的吡啶环上氮配位,处于支持体外侧。用 365 nm 的光以波导形式照射(图中以箭头表示)得到 Z-型异构体,随后立体驱动 ZnTPP 释放;以 439 nm 光照射恢复偶氮化合物原有 E-型构型,ZnTPP 得以重新配位。这种光致变色体系为发展波导光控制的光学开关小型化提供了可能(专题 6.19)。

图示 6.160

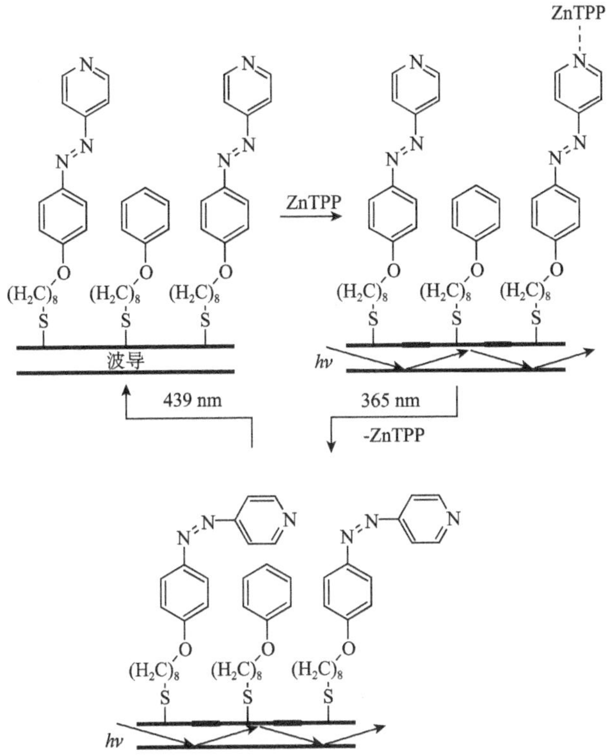

图示 6.161

案例研究 6.28 超分子化学——光响应冠醚

双冠醚偶氮苯衍生物 **354** 的蝴蝶状 $E \rightarrow Z$ 光异构化反应已证实是热可逆的,在有金属离子存在时,其立体异构体表现出独特的截然不同的行为[1108]。向体系中加入 K^+、Rb^+ 或 Cs^+,光稳态下 Z-异构体的浓度大大增加,这是因为相应的 Z-复合物形成了稳定的三明治几何形状(图示 6.162)。因此,可以通过 Z-衍生物从水相中选择性地提取阳离子,并将它们转移到有机溶剂中(o-二氯苯),而 E-异构体不与阳离子发生配位(也就不能转移阳离子)。

实验细节[1108],将 **354**(2×10^{-4} M,100 mL) 的 o-二氯苯溶液和 MOH (M=K,Rb,Cs) 的水溶液(25 mL)置于浸没在恒温水浴中的 U 形管内,以高压汞灯(500 W)照射(图 3.9),液层间阳离子的液-液相转移可用吸收光谱跟踪。

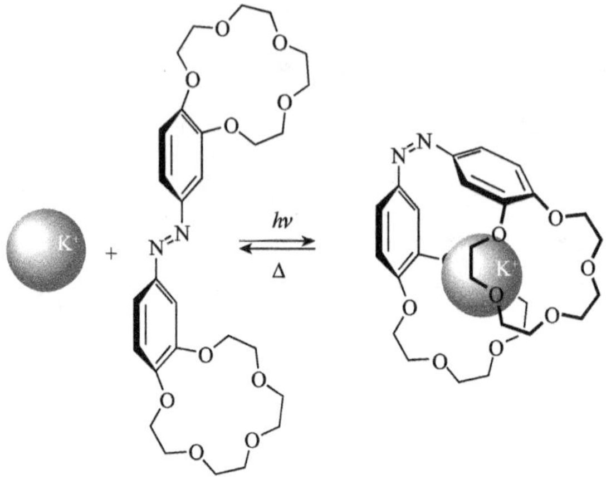

354

图示 6.162

亚胺和肟(Imines and Oximes)

N-烷基亚胺的吸收带(n,π^* 和 π,π^*)通常低于 260 nm,而芳基衍生物的吸收相对红移。通过光异构化反应有效制备其 Z-异构体[例如,N-苄基苯胺(**355**),图示 6.163]通常只在低温下可行,因为热恢复的活化势垒很低($E_a \approx 65$ kJ mol^{-1})[1061]。

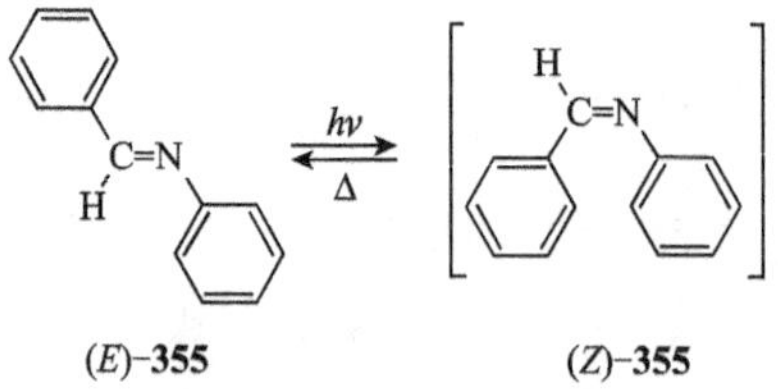

(E)-**355** ⇌ [(Z)-**355**]

图示 6.163

与肟(烷基肟)中 C=N 键共轭连接羟基(烷氧基)的存在显著降低热 E-Z 转换速率[1061]。肟类化合物通常发生贝克曼型光重排,经几步过程生成相应的酰胺 **356**(图示 6.164),但 E-Z 异构化反应作为"浪费能量"的过程与之竞争,致使该反应受限。

环己酮肟通过扩环形成己内酰胺,如 **357** 及 **358**(图示 6.165)[1109],其机制包括 E-Z 光异构化、之后经激发单重态肟转化为氧杂吖丙啶中间体和随后激发单重态氧杂吖丙啶的协同异构化过程,生成相应的己内酰胺[1061]。

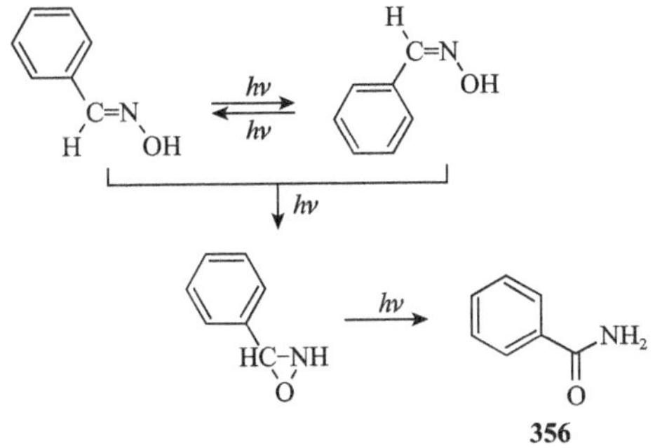

356

图示 6.164

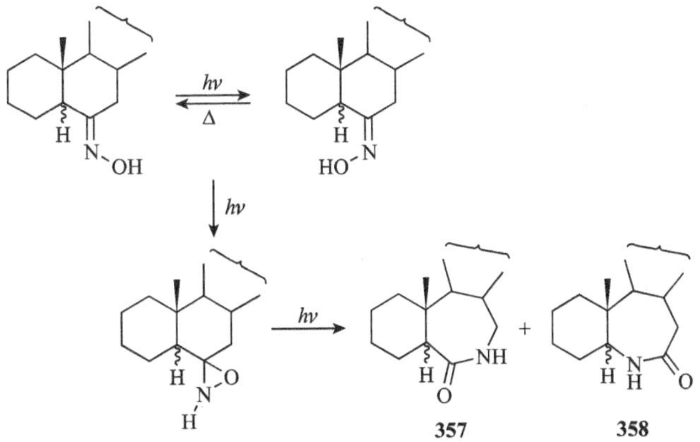

357 358

图示 6.165

6.4.2 偶氮化合物、氮杂丙烯啶、二氮杂环丙烯、重氮化合物、重氮盐、叠氮化物、N-氧化物、亚硝酸酯和杂环芳香化合物：光裂解和光重排

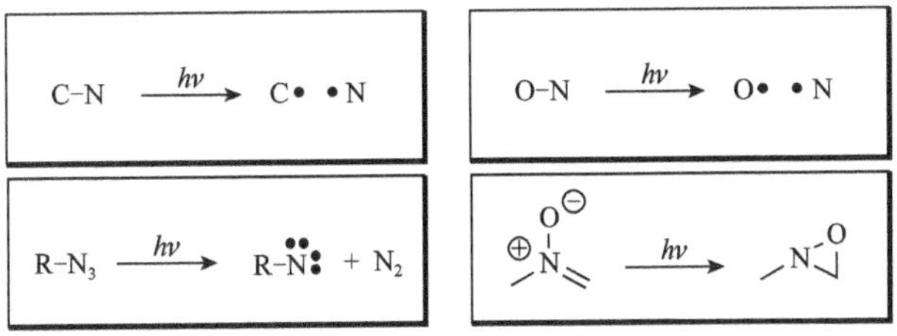

建议阅读综述[1062,1110,1117]；

精选理论和计算光化学参考文献[16,535,1118-1130]。

裂解和重排是很多含氮化合物典型的原初光诱导过程。本节所描述反应体系通常都含有很好的离去基团(如氮分子)，并且激发引起最弱键裂分的原初过程，多数光过程伴有相应的热(暗)过程。

偶氮化合物

脂肪族偶氮化合物光化学或热诱导氮消除(见 6.4.1 节)伴随着烷基自由基的形成[D_{C-N}(二乙基偶氮) = 209 kJ mol^{-1}][874]。例如，2,2′-偶氮二异丁腈(AIBN)就是熟知的自由基反应引发剂，热活化产生氰基二甲基甲基自由基(异丁腈自由基)(图示 6.166)[1131,1132]。类似的反应已被成功用于自由基聚合反应，其中偶氮化合物作为光引发剂。

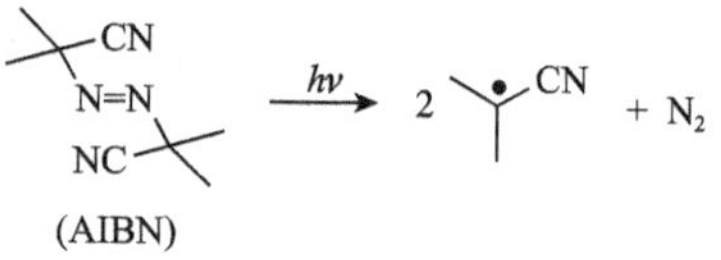

图示 6.166

2H-氮杂丙烯啶

取代 2H-氮杂丙烯啶 **359** 通常吸收低于 300 nm，通过 C—C 键断裂发生光化学不可逆开环反应，生成在近 UV 或可见区域有强吸收的叶立德(1,3-偶极)(**360**)活性中间体，在冻结基质内(图示 3.10)可通过稳态或时间分辨光谱直接观察到(图示 6.167)[1116,1135-1139]。叶立德与亲偶极子(如烯烃或羰基化合物)间[3+2]环加成为五元杂环体系的合成提供一种方便的方法。例如，光解含过量丙烯酸甲酯的苯基氮杂丙烯啶(**361**)溶液，以 80% 的化学产率生成吡咯啉羧酸酯 **362**[1140]，在苯甲醛存在下光照 **363**，以 20% 的化学产率生成噁唑啉 **364**[1141](图示 6.168)。叶立德中间体可用不同亲核试剂捕获[1116]。

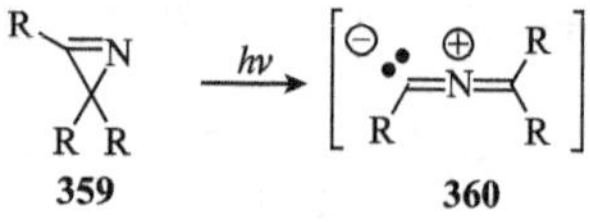

图示 6.167

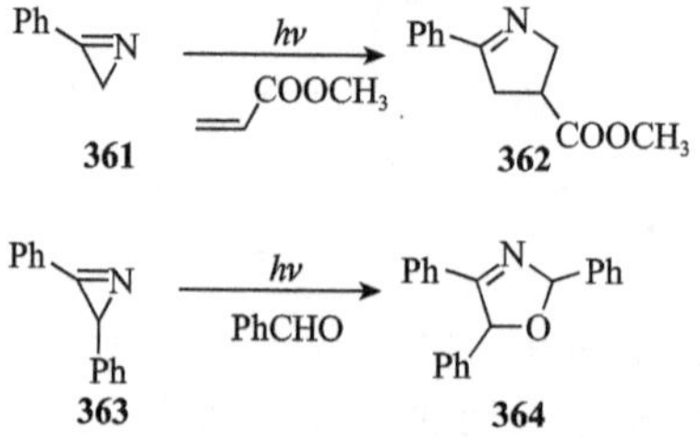

图示 6.168

3H-二氮杂环丙烯

3H-二氮杂环丙烯 **367** 已被认为是光化学或热化学生成卡宾的重要前体(5.4.1 节)[1115,1142,1145]。由于二氮杂环丙烯中的 N=N 键限制在三元环内,通常在 310~550 nm 的范围内呈强吸收。可能有多种短寿命中间体参与了 **367** 的光解(图示 6.169),包括激发单重态二氮杂环丙烯、单重态卡宾(**365**)和双自由基(**366**)等。这些活性物种于是可发生各种重排或双分子反应;二氮杂环丙烯还可光异构化为重氮化合物[1145]。二氮杂环丙烯光化学机理研究常常利用最先进的方法来捕获和检测活性的中间体,如低温基质光化学(3.10 节)。

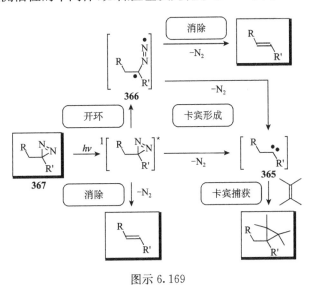

图示 6.169

重氮化合物

重氮烷烃在 300~500 nm 呈现弱吸收带(图 6.9)[1115],在此波长区域光照生成的激发单重态氮消除[$D_{C=N_2}$(重氮甲烷)≈200 kJ mol^{-1}][1146]形成单重态卡宾中间体(图示 6.170),生成卡宾的后续反应通常与前面章节讨论的相同。

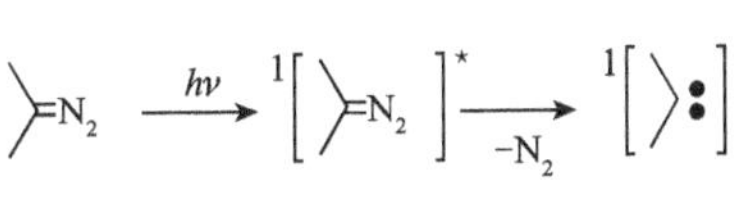

$$\diagup\!\!\!\!\diagdown N_2 \xrightarrow{h\nu} {}^1[\diagup\!\!\!\!\diagdown N_2]^* \xrightarrow{-N_2} {}^1[\diagup\!\!\!\!\diagdown \colon]$$

图示 6.170

α-重氮羰基化合物是一类重要的对光不稳定的化合物,它们应用在计算机工业集成电路的光刻(参看专题 6.27)生产、光亲和标记(专题 6.16)和 DNA 断裂实验[1147],或有机合成[1130,1148]等。α-重氮羰基化合物 **368** 光降解的典型机理是光沃尔夫(Wolff)重排[1149-1151]，认为该反应或者是通过同时进行的氮消除和重排反应形成烯酮 **369**，或者是经卡宾中间体 **370** 进行(图示 6.171)[1152,1153]。

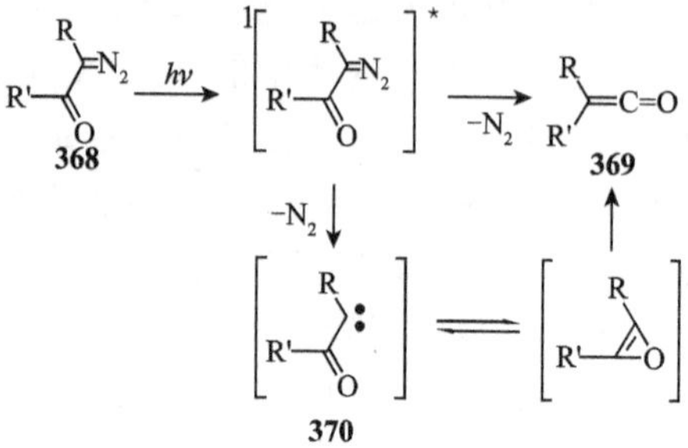

图示 6.171

例如，在醇中稳态光解 2-重氮-茚-1,3-二酮(**371**)，经两步光化学过程得到二酯化合物 **372**(图示 6.172)[1154,1155]。

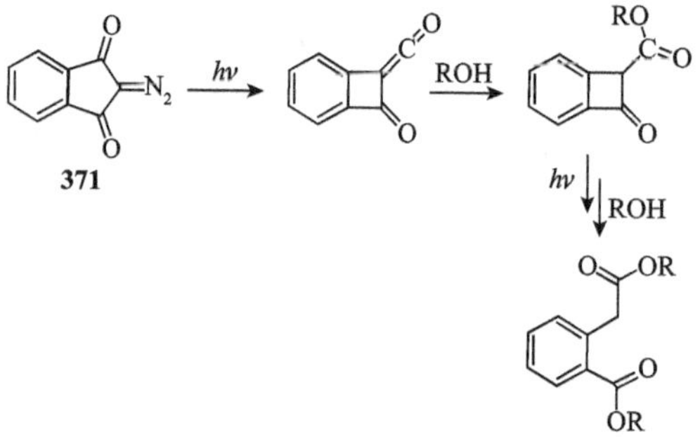

图示 6.172

案例研究 6.29　机理光化学——卡宾单重态-三重态转换

二苯基卡宾(二苯基甲撑)可从二苯基重氮甲烷(**373**)直接光照或经三重态敏化产生[1156]，中间体的多重度控制了后续反应：单重态卡宾插入到甲醇的 O—H 键中，而三重态加到烯烃上(图示 6.173)。已经发现单重态和三重态二苯基卡宾相比反应速率快速平衡[1157,1158]，竞争猝灭实验(得到 k^1 和 k_{TS})和激光闪光光解(3.7 节，得到 k^2 和 k_{ST})可用来测定卡宾单重态和三重态间的自由能差(约 20 kJ mol^{-1})。

实验细节[1157]，含有甲醇(0.05 M)和异戊二烯(0.10~10 M)的化合物 **373** 乙腈溶液(2.5×10^{-3} M)用氮气清洗后，用高压汞氙灯(150 W)经光学滤色片后 λ_{irr}＝366 nm 的光照射(图 3.9)，图示 6.173 中产物用 GC 进行了分析。

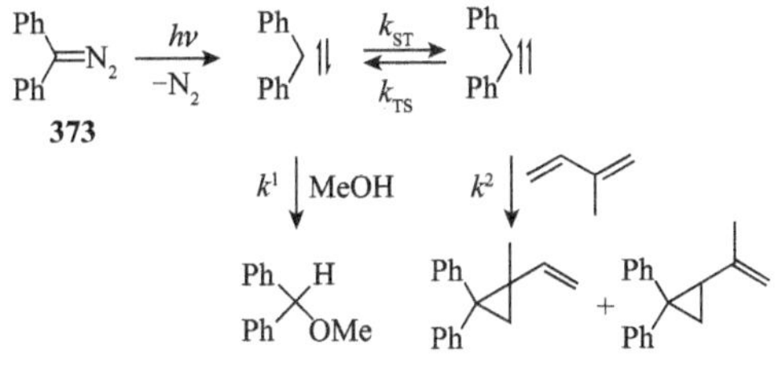

图示 6.173

重氮盐

无取代重氮苯阳离子在溶液中呈 $\lambda_{max} \approx 300$ nm 和 261 nm 的强吸收[1111],就像热分解一样,它的主要光反应是氮分子释放[如 D_{C-N}(重氮苯阳离子)≈ 154 kJ mol^{-1}][1159]生成芳基阳离子[1160,1161],生成的芳基阳离子很快被亲核物种(如水)进攻(图示 6.174)。相反,在电子给体(如甲醇时)存在时经电子转移形成芳基自由基,进一步发生自由基反应,如从 H 原子给体([H])中抽氢。

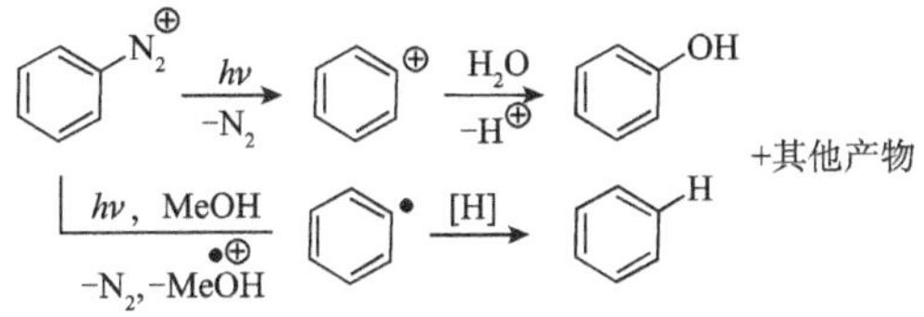

图示 6.174

叠氮化物

无取代有机叠氮化物在近 UV 区(<380 nm)有明显的吸收,对它们直接光照使氮分子释放形成单重态氮宾,单重态氮宾经系间窜越形成三重态氮宾(5.4.2 节)(图示 6.175)[1112,1114,1162],三重态氮宾也可通过光敏化获得。通常情况下,氮宾是可发生各种反应的活性中间体。

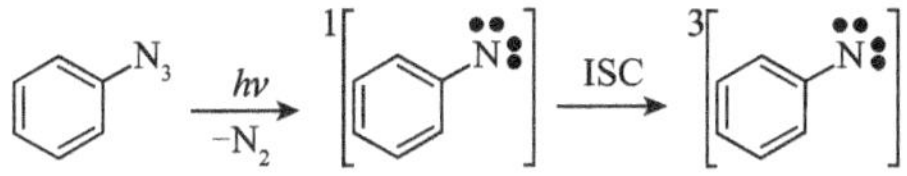

图示 6.175

光照酰基叠氮化物(374)发生柯歇斯(Curtius)重排反应[1163],以协同方式生成异氰酸酯 375 和氮(无氮宾中间体参与)(图示 6.176);叠氮甲酸酯(374,R=烷氧基)生成单重态氮宾,其可被烯烃捕获或插入到 C—H 键中[1112,1164]。

从芳基叠氮化物(如 376)生成的芳基氮宾易发生光诱导环扩张,生成可被亲核试剂(NuH)捕获的脱氢氮杂卓 **377**(图示 6.177)[406,411,1113,1164,1165]。

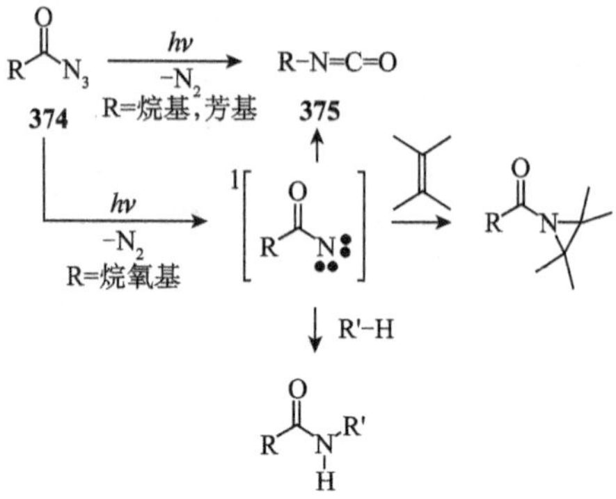

图示 6.176

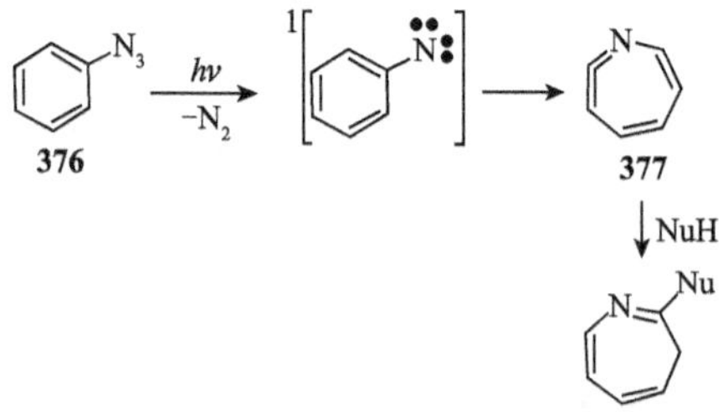

图示 6.177

专题 6.16　光亲和标记

　　光亲和标记是研究蛋白质、DNA 和其他生物分子结构以及生物分子-配体、生物分子-生物分子瞬态相互作用的技术,以了解特殊生化机制[851,1147,1166,1171]。在该技术中,带有光活化基团(见专题 6.18)的配体(标记或探针)通常具有荧光或放射性,光照下光活化基团产生高活性中间体,通过共价键连接到生物分子特定位点附近的位置(图 6.12),修饰的生物分子可直接或再次修饰(如化学裂解)后用光谱、放射化学或常规化学分析方法检测。当光活化基团为另一生物分子的一部分时,则可发生两个生物分子间的交联。

　　光活化基团在环境光照射下应足够稳定,其光反应应该比配体-接受体复合物解离更快,且具有位点特异性[1147]。已知的典型光亲和基团反应有:叠氮化合物(图示 6.175)、3H-二氮杂环丙烯(图示 6.169)以及重氮化合物(图示 6.170)等在光照下分别形成氮宾或卡宾,激发态二苯酮衍生物抽氢形成羰游基自由基,并重组形成新键(图示 6.99)。通常认为卡宾要比氮宾更活泼,例如,3-p-甲苯基-3-三氟甲基二氮杂环丙烯(**378**)光反应机理研究表明,在光照下形成的 p-

甲苯基(三氟甲基)卡宾(**379**)可与不饱和体系或芳香体系加成,形成环丙烷中间体 **380**(及后续重排产物),也可插入到不活泼 C—H 键上形成 **381**(图示 6.178)[1172]。

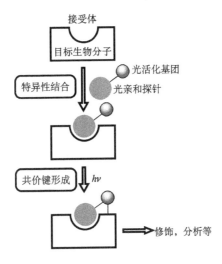

图 6.12　光亲和标记技术

图示 6.178

这里我们给出两个光亲和标记的例子,一个是免疫抑制剂环孢菌素 A 的重氮基团(**382**),它与亲环蛋白结合,光照下由于相应芳基三氟甲基卡宾的形成发生特异交联,被用于研究参与免疫调节的信号通道。另一个例子是酶不能断裂的叠氮苯胺三磷酸鸟苷类似物 **383**,用于 G 蛋白(参与信号逐级传递的蛋白质)的有效标记[1174],^{32}P 作为标签用于识别和活性位点绘制。

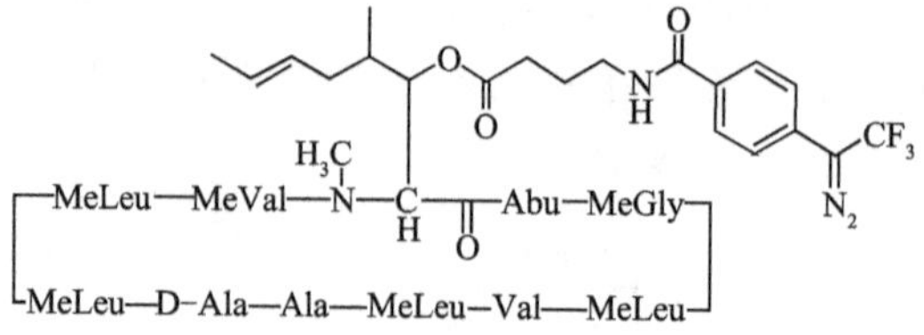

382

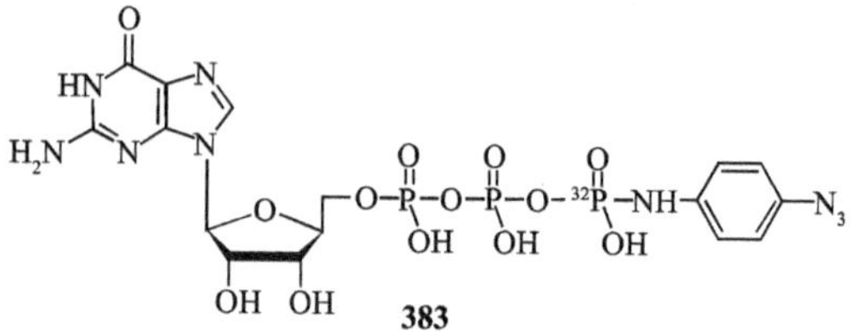

383

N-氧化物

硝酮或杂环 *N*-氧化物是具有极化 N—O 键对光不稳定化合物的例子，其氮为 sp^2 杂化，它们的 π,π^* 最低能吸收带具有强电荷转移特征[1061,1067]。除了 *E*-*Z* 异构化外，它们还发生特异性重排形成氧杂吖丙啶中间体(图示 6.179)，其对光不稳定可进一步反应。例如，氮杂萘的 *N*-氧化物(**384**)在非质子溶剂中发生扩环形成苯并氧氮杂卓(**385**)，当有水存在时重排形成吲哚衍生物 **386**，其可能是经过氧杂吖丙啶中间体形成的(图示 6.180)[1175]。

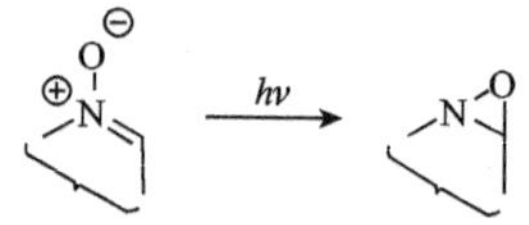

图示 6.179

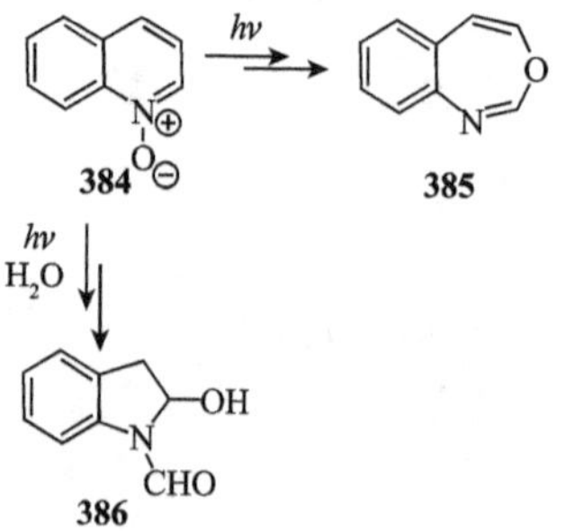

图示 6.180

亚硝酸酯

有机亚硝酸酯的原初光化学过程是 N—O 键均裂[1176][D_{O-N}(亚硝酸乙酯)≈ 176 kJ mol^{-1}][874]，当烷基 δ-氢可用时，均裂形成的烷氧自由基分子内抽 δ-氢产生碳自由基，后者进一步与形成的一氧化氮结合，并异构化为相应肟，称为**巴顿反应 (Barton reaction)**[1177]（例如图示 6.181 中亚硝酸酯 **387** 的光解[1178]）。该反应为制备适当的 δ-取代类固醇提供了一种独特的方法（如将肟基轻松地转化为羰基），因为相应具有 1,3-双轴构型(**388**)的甲基和烷氧自由基更易于通过六元环过渡态实现抽氢[1176]。

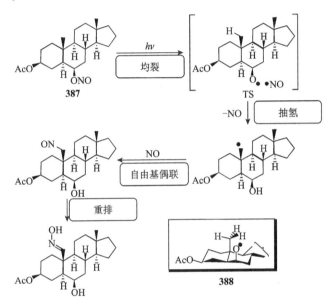

图示 6.181

杂环芳香化合物

氮杂芳香化合物发生各种光诱导异构化和开环反应，如三氮唑、四氮唑[1111]、吡唑和 1,2,4-噁二唑[1117]等。例如，1H-苯并三氮唑的光解导致快速、高效的 N—N 键断裂，得到重氮化合物 **390**，而且该反应还是可逆的[1170]；只有在长时间光照条件下才能得到氮消除产物，而且通常化学产率很低（图示 6.182）。

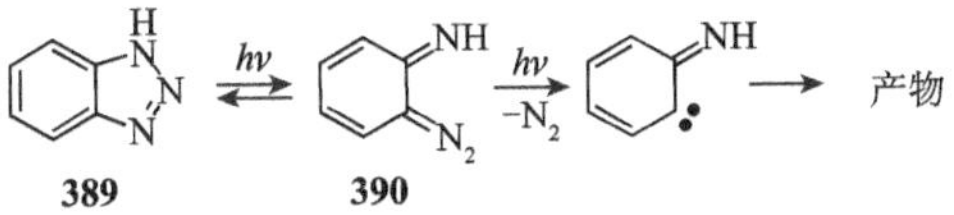

图示 6.182

一些杂环芳香化合物的光化学移位反应在 6.2.1 节中已经讨论过,图示 6.183 所示为 1-甲基吡唑(**391**)的光异构化,其可能涉及电环化关环与 N1—N2 键断裂过程的竞争,两个过程生成相同产物(1-甲基咪唑,**392**)[1112,1180]。

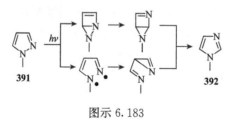

图示 6.183

专题 6.17 早期地球上和星际空间中的光化学

早期地球上的原始大气是由氮、甲烷、氨、二氧化碳以及其他简单的无机和有机分子组成[1181,1182]。作为由灰尘、气溶胶颗粒和水滴构成的非均相体系,它曝露在年轻太阳的高能辐射($<250\ nm$)下,复杂的非生物过程可能产生生命形成所必需的重要的生物化合物,这些化合物中有些具有极高的光稳定性,如 DNA 鸟嘌呤和胞嘧啶碱基对(专题 6.7),这可能是决定生物分子最终化学组成的一个重要选择因素。

光化学和光催化(6.8 节)过程在从简单分子形成氨基酸和各种杂环化合物中可能起重要作用,实验室研究已为此提供了证据。例如,用 UVC 照射乙腈-氨-水混合物生成了六次甲基四胺——氨基酸的潜在前体,乙酰胺(通过乙腈水解生成)经过两步光引发裂解得到一氧化碳,后者进一步发生光反应和暗反应生成氨基酸(图示 6.184)[1183]。

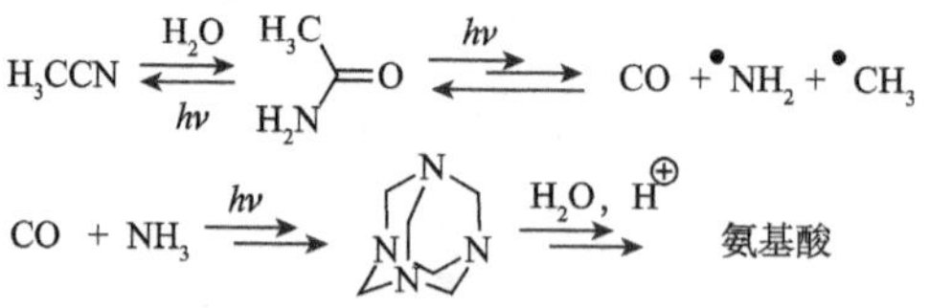

$$H_3CCN \underset{h\nu}{\overset{H_2O}{\rightleftharpoons}} \underset{H_2N}{\overset{H_3C}{\diagdown}} C=O \overset{h\nu}{\rightleftharpoons} CO + {}^{\bullet}NH_2 + {}^{\bullet}CH_3$$

$$CO + NH_3 \overset{h\nu}{\rightleftharpoons} \text{(六次甲基四胺)} \overset{H_2O, H^{\oplus}}{\rightleftharpoons} 氨基酸$$

图示 6.184

红外观测结合实验室模拟也增进了对发生在星际空间彗星中化学过程的了解[1184]。彗星是由简单分子凝结成的冰组成,如 H_2O、CH_3OH、NH_3、CO、CO_2 等,但也会有更复杂的物种如腈、酮、酯或芳香碳氢化合物等存在,宇宙辐射的渗透或太阳辐射的吸收会促进彗星中的化学反应。在实验室中,在 50 K 以下的温度对彗星冰类似物 UV 光解[通常以氢流放电灯(hydrogen-flow discharge lamp)在高真空下产生 Lyman-α 发射为光源,波长 $\lambda_{irr}<200\ nm$],可以产

生比较复杂的有机分子,如乙醇、甲酰胺、乙酰胺、腈类甚至氨基酸等(图示 6.185)[1186]。也有观点认为地外物质输送到地球也可能是生物起源前有机分子的另一来源。

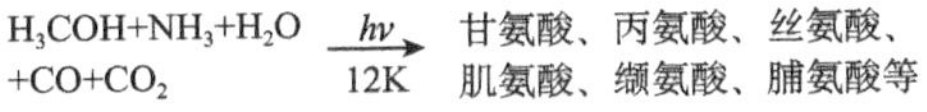

$$H_3COH + NH_3 + H_2O + CO + CO_2 \xrightarrow{h\nu}_{12K} 甘氨酸、丙氨酸、丝氨酸、肌氨酸、缬氨酸、脯氨酸等$$

图示 6.185

6.4.3 硝基化合物:光裂解和光还原

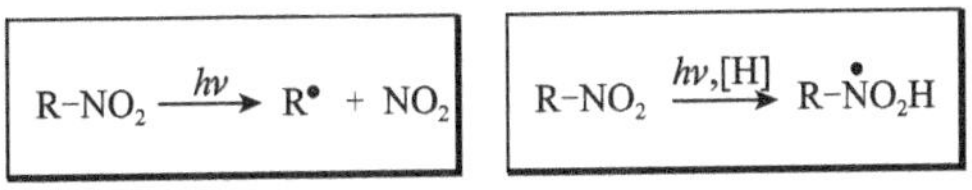

$$R-NO_2 \xrightarrow{h\nu} R^\bullet + NO_2 \qquad R-NO_2 \xrightarrow{h\nu,[H]} R-\overset{\bullet}{N}O_2H$$

建议阅读综述[1187];

精选理论和计算光化学参考文献[1188-1191]。

简单硝基烷烃吸收低于 350 nm 的光被激发到最低激发单重态(n,π*),其有效地系间窜越到 T_1 态。无论是在气相还是溶液中,均裂光断裂是其主要的原初过程,产生烷基自由基和 NO_2(图示 6.186)[1187]。除了后续自由基中间体重组形成亚硝酸酯(6.4.2 节),涉及激发态硝基化合物和氢原子给体的竞争抽氢(光还原)反应也可能发生。

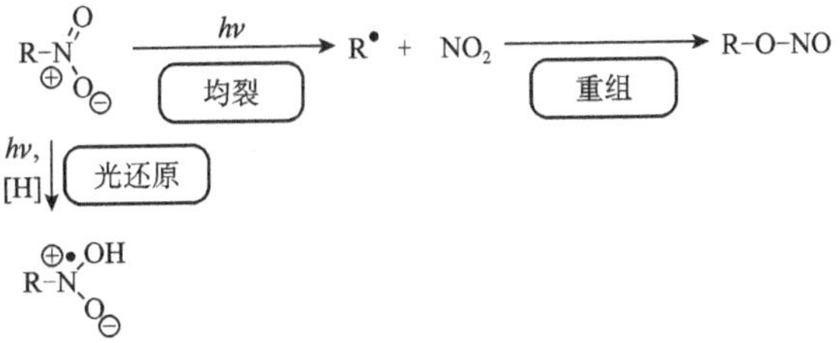

图示 6.186

芳香硝基化合物在近 UV 区有强吸收,可有效地被光还原[1187],图示 6.187 给出了分子间反应的情况。光还原从抽氢开始,取代硝基苯 **393** 中 X 可以是给电子基团(X=p-Me, p-OMe),也可以是氢(X=H,硝基苯),当有异丙醇存在时,其被光还原为相应的亚硝基苯水合衍生物 **394**(主要产物)。相反,如果硝基苯上的取代基为拉电子基团(X=p-NO$_2$, p-CN 或 p-COOH),生成两个、四个或六个电子还原的产物,分别为亚硝基化合物、羟胺或苯胺,它们显然是依次生成的,可能存在于不同转化阶段的反应混合物中[1187,1192]。未取代硝基苯三重态非辐射衰减很快,因此它的光还原量子产率很低($\Phi\approx0.03$)[1192,1193];其在水溶液中的反应过程强烈地依赖 pH[1194],在浓盐酸中硝基苯光还原形成齐聚苯胺和聚苯胺的复杂混合物,

量子产率为 $\Phi\approx0.11$[1195]。π,π^* 激发三重态的芳香硝基化合物（如 9-硝基蒽）几乎不发生抽氢反应，它们主要的光反应是通过 C—N 键的均裂异构化为亚硝酸酯（图示 6.187）[1187]。

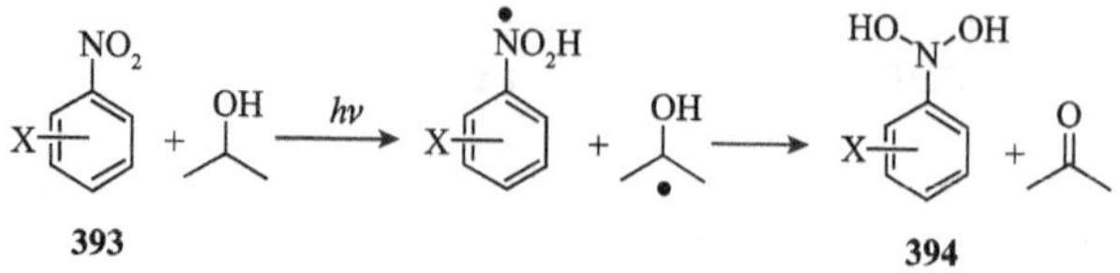

图示 6.187

o-硝基苄基衍生物中硝基的分子内光还原是光化学研究最深入的反应之一[1035]。激发简单分子 2-硝基甲苯(**395**)，其通过类似光烯醇化反应(6.3.6 节)的氢迁移过程快速(<1 ns)生成相应的(E)-和(Z)-aci(酸式)-硝基互变异构体 **396**（图示 6.188）。但尚未确定该反应是发生在激发单重态、激发三重态还是两个态，以及氢迁移和构象互换是否发生在电子激发态[1190]。该反应效率不高(2-硝基甲苯:$\Phi\approx0.01$)，而且在很大程度上是可逆的[1196]。在水溶液中，aci-互变异构体快速平衡，从速率常数随 pH 变化关系图(5.4.6 节)可以看到，pH=3～4 时衰减呈向下弯曲，可归因于氮酸预平衡离子化为其阴离子；pH≈6 和<0 时有两个向上弯曲区域，每一个均表示反应机制的变化。

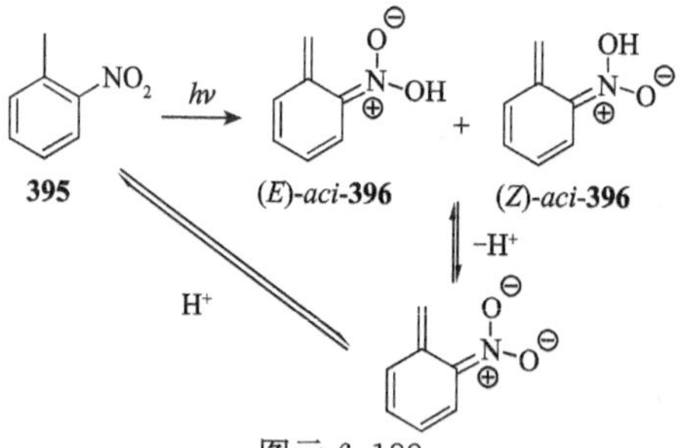

图示 6.188

专题 6.18 光活化化合物

光活化化合物(photoactivatable compounds，也称为**笼锁化合物**，cagedcompounds)通常指那些基于光活化①不可逆地释放出具有特定物理、化学或生物性质的物种(A；图示 6.189)，此时它们被称为**光化学触发**(photochemical triggers)，那些引起光过程的基团被称为**光脱除**(photoremovable)、**光释放**(photoreleasable)或**光不稳定**(photolabile)基团；或是②可逆地引起另一个共价或非共价结合单元[图示 6.190(a)中的 B 和 C]物理或化学变化，改变另一分子的亲和性[图示 6.190(b)中的 D]或交换质子或电子，此时它们被称为**光化学开关**(photochemical switches),此过程通常为**光致变色(photochromic)**过程(专题 6.15)。

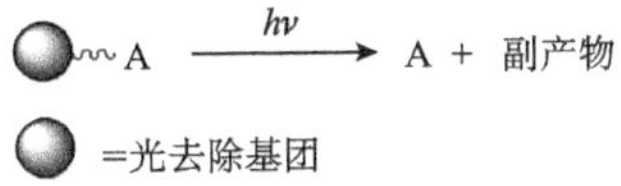

$$\bullet \sim\!\!\text{A} \xrightarrow{h\nu} \text{A} + \text{副产物}$$

$\bullet$ =光去除基团

图示 6.189

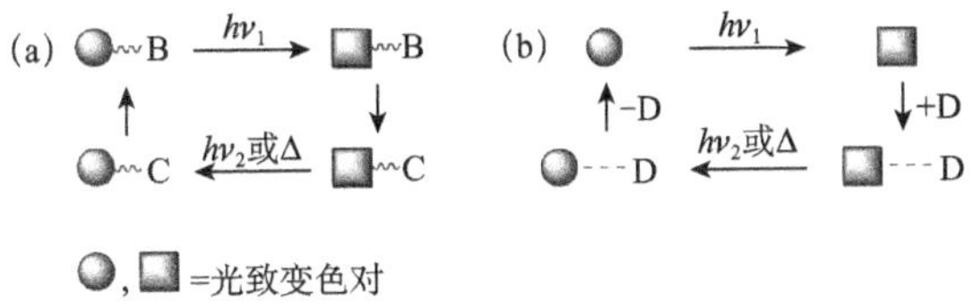

(a) $\bullet \sim\!\!\text{B} \xrightarrow{h\nu_1} \blacksquare \sim\!\!\text{B}$ (b) $\bullet \cdots \text{D} \xrightarrow{h\nu_1} \blacksquare \cdots \text{D}$

$\bullet \sim\!\!\text{C} \xleftarrow{h\nu_2 \text{或} \Delta} \blacksquare \sim\!\!\text{C}$ $\bullet \cdots \text{D} \xleftarrow{h\nu_2 \text{或} \Delta} \blacksquare \cdots \text{D}$

$\bullet, \blacksquare$ =光致变色对

图示 6.190

目前,光活化化合物在很多领域极具吸引力,例如,生物化学应用和生物应用:蛋白质的光调控,酶的活性,神经递质,ATP 和 Ca^{2+} 的输运或光活化荧光团[1015,1034,1035,1197,1198];有机合成:光脱除保护基团,固相合成,芯片制造等[1015,1035,1190,1200];纳米技术:未来的分子机器和计算机(专题 6.19)[1103,1104]乃至化妆品(光活化香水)[1201]。光化学活化相比其他刺激方式的优势是能够在时间和空间上精确控制过程。

光化学触发不可逆释放出自由靶向分子,光脱除基团转换形成光产物(图示 6.189)。它们的设计需要满足一些要求,例如,副产物应化学或光化学稳定,并且无毒(用于生物应用),体系中只有光脱除基团吸收光照波长,而其他发色团不吸收[1035]。该方向进一步的工作是利用可见光的双光子激发(3.12 节),它为目标分子释放的区域定位提供了最佳三维控制[1034,1202]。

光照最常见的具有光脱除性质的 o-硝基苄基基团,从苄基位置高化学产率地释放出离去基团。例如,图示 6.191 所示 ATP 的 1-(2-硝基苯)乙酯(**397**,光活化或笼锁 ATP),其在水溶液中光释放出相应的 ATP 阴离子[1203];激光闪光光解表明,ATP 的释放以及 2-亚硝基苯乙酮(**398**)的形成与 aci-阴离子 **399** 的衰减同时发生[1204]。pH=7 时的决速步为酸式环化生成 **400**[1205];aci-二价阴离子 **401**(见图示 6.188)不发生环化,因此它发生酸催化衰减;后续步骤均比 pH=7 时快,因此自由核苷酸(**402**)和副产物 **398** 的释放确实是同步的。但在较低 pH 条件下,半乙缩醛 **403** 的衰变成为 ATP 释放的决速步。相反,从 2-硝基苄基甲基醚上释放出亲核性更强的离去基团甲氧基(X=Me)比相应 aci-互变异构体的衰减慢几个数量级。用 2-硝基苄基甲基醚或 2-硝基苄醇作为前体得到的中间产物如图示 6.191 所示,它们全部经过了鉴定[1205-1207]。ATP 是一种多功能核苷酸,在光合作用和细胞呼吸过程中作为能源形成(专题 6.25),其光释放已被应用于一些细胞过程的研究。

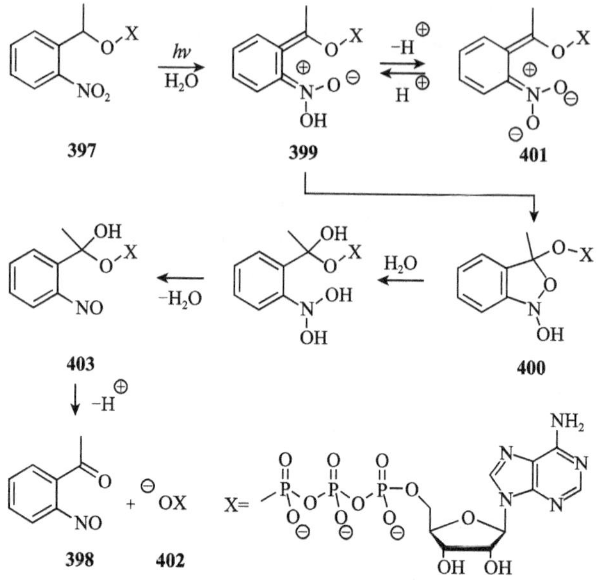

图示 6.191

图示 6.192 为以 *o*-硝基苄基基团作为光不稳定连接体在聚苯乙烯(PS)支持体上固相合成寡糖[1208]，当带保护寡糖 **404** 合成后，光解移去连接在光脱除基团上的 PS，氢解得到最终产物。这种策略有望用于寡糖库的组合合成。

光脱除保护基团的其他应用见案例研究 5.3、案例研究 6.24、案例研究 6.26 和案例研究 6.30。

光化学开关曾在专题 6.15(图示 6.161)和专题 6.19(图示 6.207)中进行了讨论，这里，我们对可控制生物分子几何形状的光开关过程进行说明[1101]。当以 360 nm 的光照射处于转录活化因子 MyoD 的 DNA-识别螺旋中的偶氮苯衍生物连接体时，连接体主要采用 Z-构型，可显著稳定螺旋结构(图示 6.193)[1209]；偶苯氮的逆向异构化可通过热或光化学(以不同波长光照)发生，因此，此过程是光致变色过程(专题 6.15)。

钙离子(Ca^{2+})逆热力学梯度跨膜传输是重要的生物过程，例如，肌肉的收缩、神经传导物的释放、生物信号转导和免疫响应等。主动传输可以通过光活化分子与氢醌 Ca^{2+} 配合物(**405**)间的光诱导电子转移过程人工驱动(转换)(图示 6.194)[1210]。在此例子中，氢醌氧化产生醌，将 Ca^{2+} 释放到脂质体双层膜内的水相中，接着醌又被还原为氢醌，完成了氧化还原循环，从而实现了 Ca^{2+} 的循环传输。电子给体/受体单元为类胡萝卜素-卟啉-萘醌分子三元体系(见专题 6.26)。

第6章 激发态分子的化学

图示 6.192

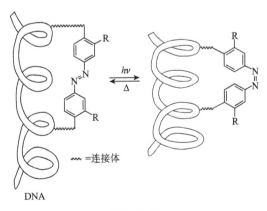

图示 6.193

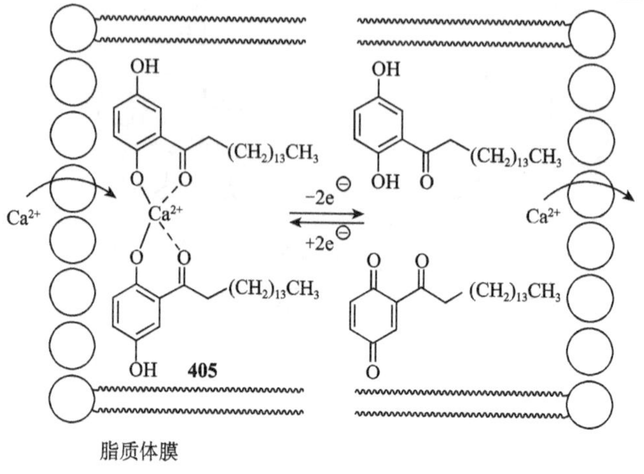

图示 6.194

案例研究 6.30 光活化化合物——颜色正交法

简单地通过选择单色光波长实现对两个独立光化学过程的区域选择性控制已经在庚二酸二酯 **406** 体系得到证实(图示 6.195)[1211]。化合物中一个羧基用光脱除基团(专题 6.18)——4,5-二甲氧基-2-硝基苄基(2-硝基藜芦)基团保护,它在 420 nm 光照射下选择性释放产生 **407**;化合物中另一个羧基用 3′,5′-安息香二甲醚基团保护,它在 254 nm 光照下选择性释放产生 **408**;两种产物以相应羧酸形式获得,在后续反应中被(三甲基硅烷基)重氮甲烷甲基化(酯化)。只有 2-硝基藜芦基团吸收 420 nm 的光(图 6.13),因此,以该波长光照其他发色团不发生光反应,这是假设没有能量传递发生的情况。由于两个发色团在 254 nm 均有吸收(图 6.13),吸收的差乘以激发态量子产率决定了 3′,5′-安息香二

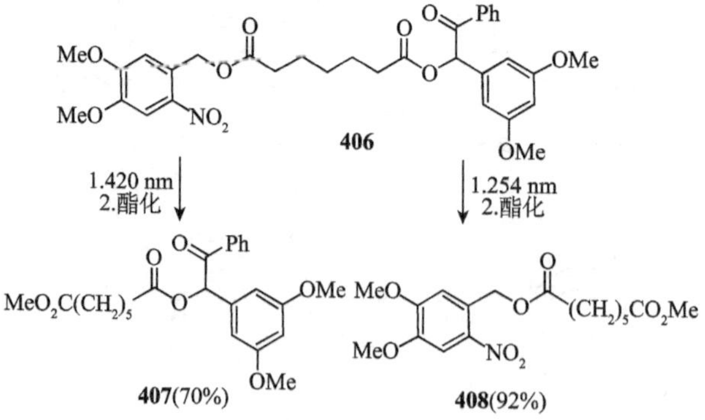

图示 6.195

甲醚释放的选择性。保护基团的正交法是一种通过改变反应条件在多个保护基团中选择性去保护的策略,由于光照波长是去保护中的唯一变量,因此这一方法被命名为**颜色正交法**(chromatic orthogonality)。

实验细节[1211],二酯(**406**)(20 μmol)的乙腈溶液(10 mL)以氮气冲洗除氧,然后以指定波长(254 nm 或 420 nm)光照(图 3.28)24 h;蒸去溶剂,粗产物用(三甲基硅烷基)重氮甲烷酯化(将 200 μmol 溶于 2 mL 的苯-乙醇混合溶剂中);通过 NMR 谱确定化学产率。

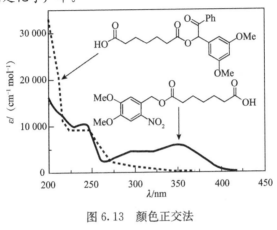

图 6.13　颜色正交法

6.4.4　胺、芳腈、金属有机配合物:光诱导电子/电荷转移

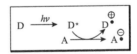

建议阅读综述[602,665,667,669,670,1212-1217];

精选理论和计算光化学参考文献[324,1218,1223]。

胺

与具有高标准氧化电位、中等亲核性和弱碱性的醇类相比,胺在化学反应中常作为良好的电子给体、比较强的碱和亲核试剂。在光诱导电子转移(PET)过程中,胺在基态或激发态给出一个电子到其反应伙伴(底物),形成胺-底物激基复合物(图示 6.196)[670,1224]。电子转移的驱动力与给体的标准氧化电位、受体的标准还原电位以及吸光组分的激发态能量等相关(见第 4 章)。

按照图示 6.196(a)所示的第一种情况,电子受体(如烯烃或芳烃)直接激发或

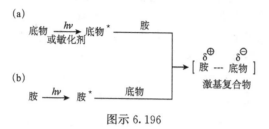

图示 6.196

敏化激发(见 6.8.1 节)是第一步,该步骤先于胺类化合物的电子/电荷转移过程[665,667,1212];原初中间产物(如离子自由基对或激基复合物)可回到基态反应物或发生化学反应生成产物。烷基胺的氧化(即从氮上失去一个电子)增加了 α-C—H 键的酸性,因此,去质子化可导致新自由基中间体的生成(图示 6.197)。叔胺类化合物(R,R′=烷基)可从烷基取代基脱去一个质子,而伯胺(R,R′=H)和仲胺(R=烷基/芳基,R′=H)倾向于选择性地从 N—H 键脱去质子,它甚至比 α-C—H 键的酸性更强[678]。自由基对偶合分别形成**光胺化(photoamination)产物 409 和 410**。

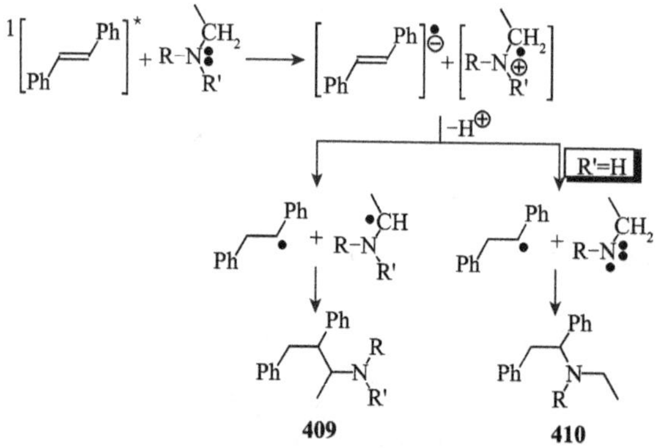

图示 6.197

分子内的上述反应可用于合成如氮杂内酰胺的中等尺寸的环,氮杂内酰胺 **411** 的化学产率为 43%(图示 6.198)[1225]。

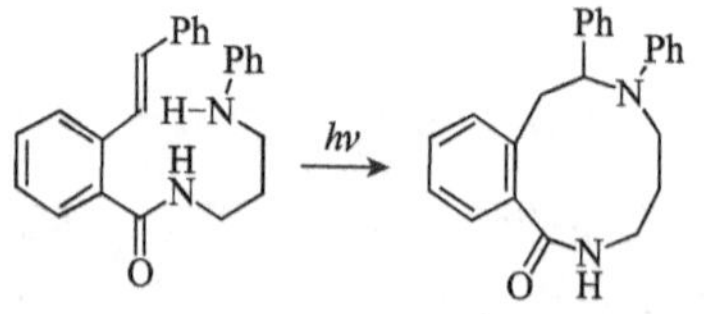

图示 6.198

芳烃光胺化[667,1212]——亲核光取代 S_N2Ar^*——已在 6.2.3 节简要讨论过,分子内的该反应称为**光-Smiles 重排**(photo-Smiles rearrangememt),如图示 6.199 所示[1226]。

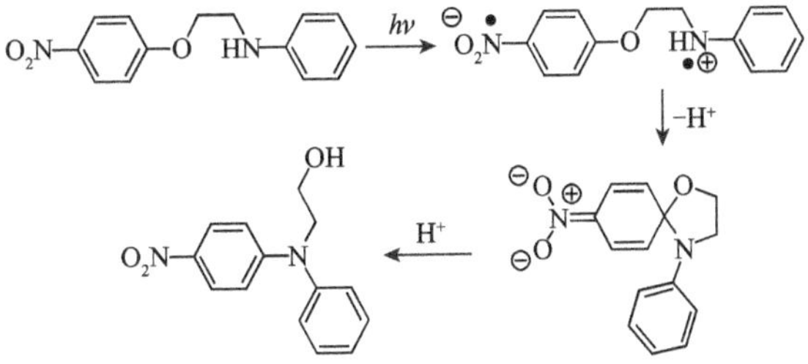

图示 6.199

苯甲酰甲基酯中羧基的光释放表示一类反应,这类反应涉及胺激发诱导的电子转移步骤[1227][图示 6.196(b)]或从适当 H-给体抽氢过程[1228,1229](见 6.3.1 节)。例如,在光照下,N,N-二甲基苯胺(DMA)($E_S = 398$ kJ mol^{-1})转移一个电子给 **412**,形成离子自由基对(图示 6.200)[1230];在后续过程中,羧酸阴离子 **413**、苯甲酰甲基自由基(**414**)以及 DMA 阳离子自由基(**415**)释放出来,**414** 从 **415** 中抽氢形成亚胺离子 **416**,后者在痕量水存在下水解生成 N-甲基苯胺。研究表明,电子转移步骤是一个放能过程,放能 60~85 kJ mol^{-1}。

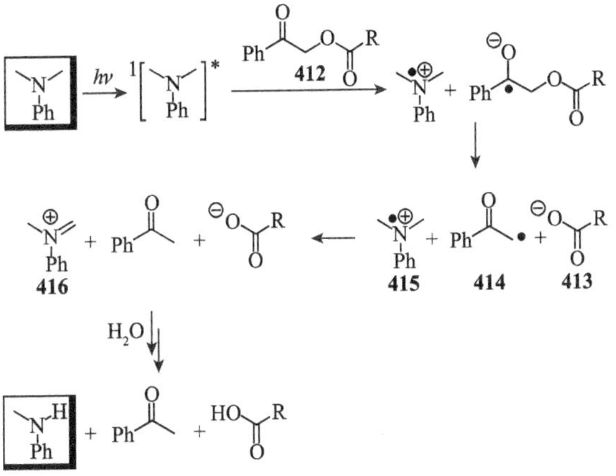

图示 6.200

芳香腈

芳香腈是典型的电子受体,它们接受电子的能力随着分子中拉电子腈基数目的增加以及芳香结构的增大而增大[670]。图示 6.196 描述电子给体(胺类)类似的模型也可应用于强电子受体,如芳香腈。第一种情况,基态电子受体参与电子转移反应,例如,辅助给电子敏化剂(菲,**417**;$E_S = 346$ kJ mol^{-1})[157]被激发到激发单重态,它转移一个电子到(辅助)受体(1,4-二氰基苯,**418**),生成阳离子自由基 **419**(图示 6.201)[1231];该物种又从底物(1,1-二苯乙烯,**420**)得到一个电子,生成关键中间体——阳离子自由基复合物 **421**,它与亲核试剂(甲醇)反应,以 70%的化学产率生成反马尔科夫尼科夫(Markovnikov)产物 **422**。这是一个非常有用的方法,被称为**氧化还原光敏化(redox photosensitization)**(参见 6.8 节)[1212],因为它允许在具有较高标准氧化电位的烯烃底物中进行电子转移过程。

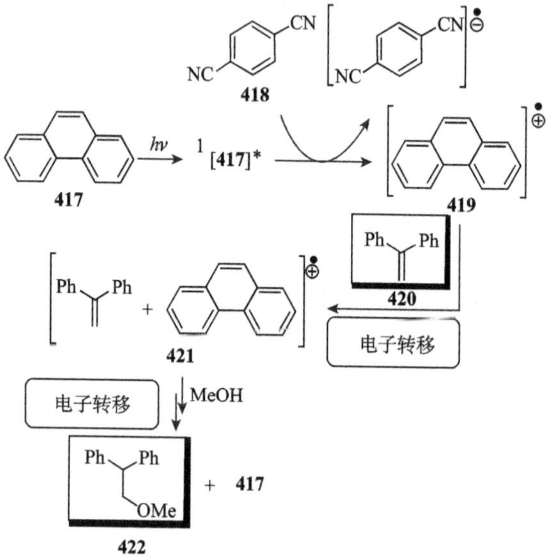

图示 6.201

第二种情况,激发态辅助电子受体(如 9,10-二氰基蒽,DCA)作为共敏化剂[670]。DCA 的吸收在近 UV 区域,其激发单重态($E_s = 284$ kJ mol^{-1})可从 N-甲基-N-三甲基硅甲基苯胺(**423**)接受电子,生成氨基阳离子自由基 **424**(图示 6.202)[1232,1233];该中间体随后进攻 4,4-二甲基环己-2-烯酮(**425**)的 C═C 双键,并基于溶剂的亲核进攻发生脱硅烷基反应,偶合自由基物种 **426** 最终环化生成 **427**(总化学产率为 10%)。

另一个有意思的例子是在电子受体 2,3,5,6-四甲基对苯二腈和共敏化剂(联苯)存在下,化合物 **428** 的级联反应。产物 **429** 经阳离子自由基 **430** 得到,化学产率为 23%(图示 6.203)[1234]。

三(2,2′-联吡啶)钌(Ⅱ)

某些光敏剂既可作为电子给体也可作为电子受体,这是因为它们激发态的氧化或还原具有有利的氧化还原电位[670],例如,金属有机配合物(见 6.8 节)。众所周知的例子是三(2,2′-联吡啶)钌(Ⅱ)离子([Ru(bpy)$_3$]$^{2+}$,图示 6.204)[1046,1235],

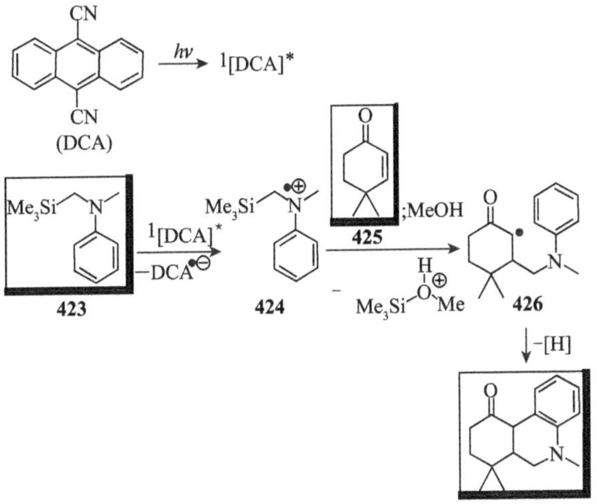

第 6 章 激发态分子的化学

图示 6.202

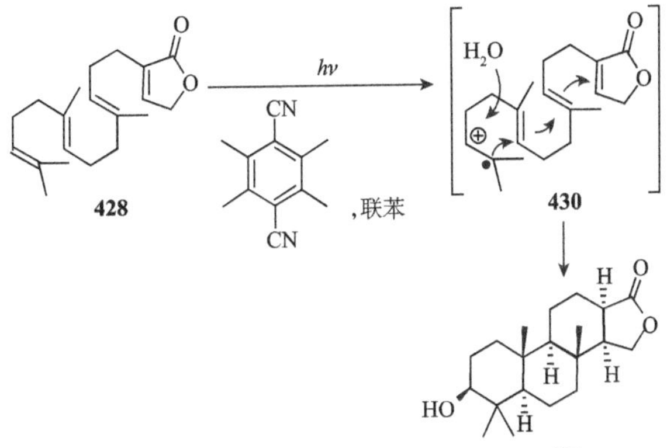

图示 6.203

当其溶液被可见光照射时,形成电荷转移激发三重态,处于中心金属上的一个电子被提升到联吡啶配体的 π^* 轨道 [d,π^* 态,金属是缺电子中心(受体),而配体是富电子中心(给体)]。

一个有趣的应用是以 [Ru(bpy)$_3$]$^{3+}$ 为敏化剂,在水溶液或高分子基质中光敏聚合吡咯(**431**),制备导电聚合物聚吡咯(**432**)(图示 6.205)[1236]。起作用的基态电子受体 [Ru(bpy)$_3$]$^{3+}$ 通过激发态 [Ru(bpy)$_3$]$^{2+}$ 与 [Co(NH$_3$)$_5$Cl]$^{2+}$ 间的初始电子转移过程得到。

作为寻找化石燃料替代品工作的一部分,近来研究已聚焦在氢的制备。氢是一种清洁和可再生的能量载体,它可通过光催化和太阳辐射直接分解水产生,虽

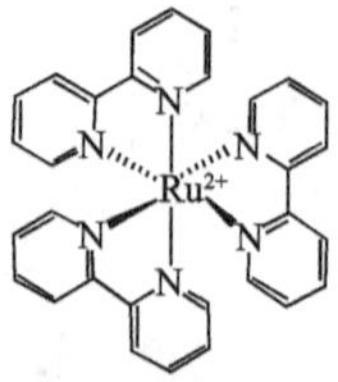

$[Ru(bpy)_3]^{2+}$

$[Ru(bpy)_3]^{2+*}$ + 给体 $\longrightarrow$ $[Ru(bpy)_3]^{1+}$ + 给体$^{\oplus}$

$[Ru(bpy)_3]^{2+*}$ + 受体 $\longrightarrow$ $[Ru(bpy)_3]^{3+}$ + 受体$^{\ominus}$

图示 6.204

$[Ru(bpy)_3]^{2+}+[Co(NH_3)_5Cl]^{2+} \longrightarrow [Ru(bpy)_3]^{3+}+[Co(NH_3)_5Cl]^{1+}$

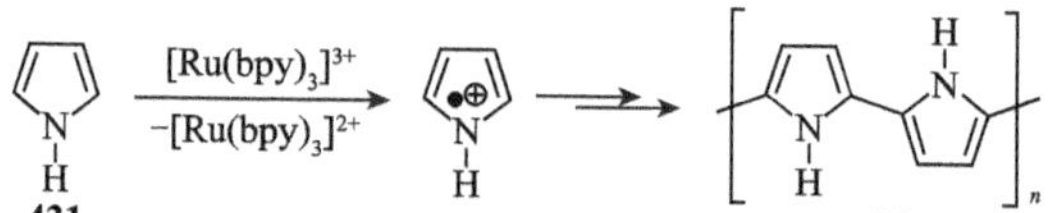

431 $\xrightarrow[-[Ru(bpy)_3]^{2+}]{[Ru(bpy)_3]^{3+}}$ **432**

图示 6.205

然异相光催化相对有效[1237]（专题 6.26），但均相光催化产氢也很有希望。例如，图 6.14 中示出的$[\{(bpy)_2Ru(dpp)\}_2RhCl_2]^{5+}$（bpy=2,2'-联吡啶，dpp=2,3-双-2-吡啶基吡嗪）配合物吸收光激发（Ru→dpp），其电子富集在铑中心，通过 $Rh^{3+} \to Rh^+$ 的转换，铑中心具有被两个电子还原的能力[1238]。该复合物在 N,N-二甲基苯胺（DMA，辅助电子给体）存在的乙腈-水溶液中，用 LED 阵列所发射的可见光（470 nm）照射，实现了光催化产氢；假设产生一个氢分子需要两个光子（通常 $2H_2O+4h\nu \longrightarrow 2H_2+O_2$），产氢量子产率为 0.01。

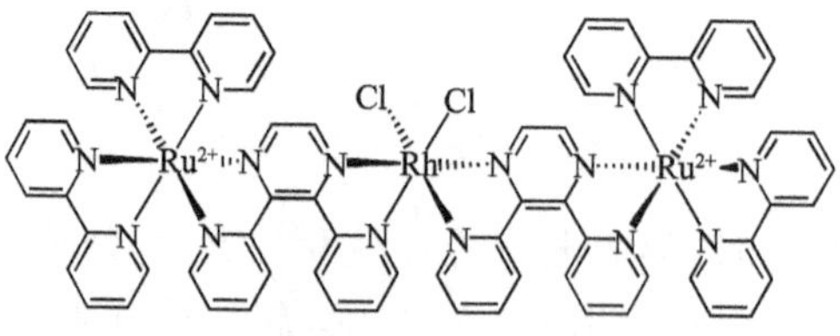

$[\{(bpy)_2Ru(dpp)\}_2RhCl_2]^{5+}$

图 6.14 产氢催化剂

专题 6.19 分子机器

电子技术、医药和材料应用中对器件小型化的巨大需求已引领了一个超多学科科学与技术领域的发展，称为**纳米技术（nanotechnology）**，制备尺寸在 1~100 nm

的器件。符合逻辑的微型化最终解决办法是功能化分子机器,亦即在外部刺激下(如光活化)能够进行机械运动(旋转或线性移动)部件的组装体[1103,1104,1239,1244]。这种运动应是可控、有效的,并在适当的时间尺度周期性发生,包括专题 6.15 中所讨论的光致变色行为,这种器件也称为光化学开关(专题 6.18 和专题 6.15)。下面我们列举两个分子机器的例子:分子旋转马达和分子梭。

手性螺烯 **433** 通过两个辛硫醇连接体固定到金纳米颗粒表面,光化学 E-Z 异构化(6.1.1 节)是手性烯围绕着 **433** 的碳碳双键持续单向旋转运动的原因(图示 6.206)[1245]。由于分子构象易变性强,甲基的位置决定了分子的最稳定构型(甲基取代基处于准轴向取向),分子随后进行光异构化反应,结果是甲基取代基的位置决定了旋转运动是顺时针方向还是反时针方向。

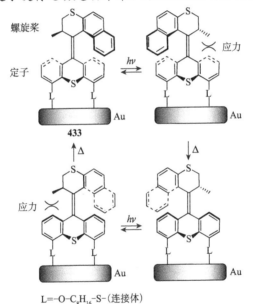

L=-O-C$_8$H$_{16}$-S-(连接体)

图示 6.206

光驱动"梭"如简化图示 6.207 所示[1246],纳米机器 **434**(长度约 5 nm)的结构组成为:富电子大环(M)——双-p-亚苯基-34-冠-10、连接在封端基(p-三苯基基团[S]和四芳基甲烷基[T])上的两个电子受体基团——4,4'-联吡啶(A$_1$)和 3,3'-二甲基-4,4'-联吡啶盐(A$_2$),两个电子受体基团作为"站",富电子大环 M 可在两个电子受体"站"间来回运动(穿梭)。光诱导穿梭运动以光敏剂[Ru(bpy)$_3$]$^{2+}$(P^{2+})的激发开始(光敏剂通过刚性间隔 S 共价连接在分子上),随后电子转移到 A$_1^{2+}$ 形成 A$_1^+$,结果是大环 M 通过布朗运动移至相邻的 A$_2^{2+}$;A$_1^+$ 的逆向电子转移使 A$_1$ 的电荷恢复为 A$_1^{2+}$,M 逆向运动回原位。环移位过程所需时

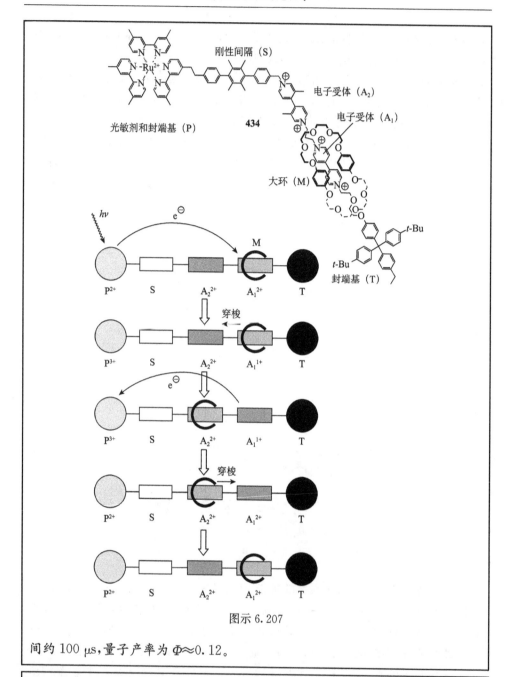

图示 6.207

间约 100 μs,量子产率为 $\Phi \approx 0.12$。

案例研究 6.31　生物化学——DNA 鸟嘌呤的光催化氧化

光激发钌(Ⅱ)(邻菲罗啉)二吡啶并吩嗪复合物$\{[\Delta\text{-Ru(phen)}_2(\text{dppz})]^{2+}$

(**435**)]}是[Ru(bpy)$_3$]$^{2+}$的类似物(图示 6.204),可通过将电子转移给弱束缚电子受体被氧化,如甲基紫精[即百草枯,N,N'-二甲基-4,4'-联吡啶二氯化物(**436**)]或[Co(NH$_3$)$_5$Cl],形成 Ru^{3+}嵌入剂(与 DNA 结合并插入到碱基对间的分子)(图示 6.208)[1247]。这种强基态氧化剂与还原性猝灭剂反应或从 DNA 鸟嘌呤碱基电子转移,最终还原回到 Ru^{2+}配合物。产生的鸟嘌呤阳离子自由基通过脱质子化形成中性自由基 **437**,该过程是不可逆的,例如,与分子氧间的反应即为不可逆反应。这一方法已被发展用于探索双螺旋 DNA 的电子转移化学研究(见专题 6.7)[1248]。

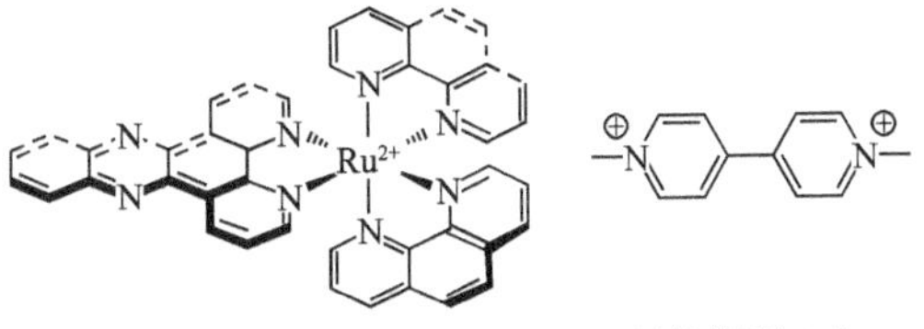

[Ru(phen)$_2$(dppz)]$^{2+}$([RuL$_3$]$^{2+}$, **435**)　　甲基紫精(**436**)

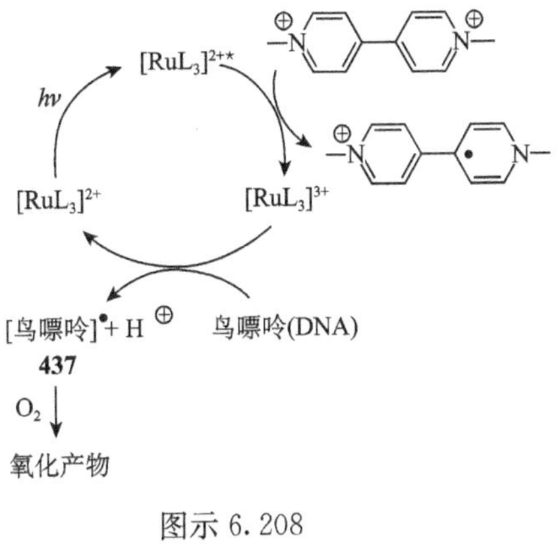

图示 6.208

实验细节[1247],DNA 双链从寡核苷酸形成,也可以利用 DNA 合成仪通过缓慢冷却等浓度的两个互补链制得。含 DNA 双链(8 μM)、[Ru(phen)$_2$(dppz)]$^{2+}$(8 μM)和 10~20 当量的猝灭剂(如甲基紫精)的溶液,以带有单色仪的 Hg-Xe 灯(1000W)为光源以 436 nm 的光照射(图 3.28),光照后,样品经哌啶、干燥和聚丙烯酰胺凝胶电泳处理,用磷光成像评估 DNA 的损伤程度。

金属卟啉

除[Ru(bpy)$_3$]$^{2+}$外,很多其他金属复合物也能应用于光诱导氧化还原反应(见 6.8 节),这些化合物中重要的一类是金属卟啉,它是与金属配位的从四个吡咯类亚基衍生得到的大环化合物[血红蛋白和氰钴氨(维生素 B_{12})是最熟知的衍生物]。未与金属配位的卟啉以及某些非过渡金属(Al^{3+}、Zn^{2+}等)配合物是很好的并广泛应用的光敏剂[1249],用来产生单重态氧(6.7.1 节)。很多金属卟啉也可以参与光诱导电子转移反应,它们的氧化还原性质依赖于配位金属离子的性质,具有较高正电荷的金属配合物呈现较高的标准氧化电位[1248]。激发时金属 d-电子和卟啉大环的 π-电子共轭会引起强电荷转移和静电相互作用(吸收光谱在其可见区域呈明显的谱带),由于自旋-轨道耦合作用中心重金属离子使系间窜越增强(4.8 节)。

卟啉衍生物有趣的双重行为可通过分子 **438** 的分子内电子转移来说明,分子 **438** 结构为一个偶氮苯基两端分别连接富电子的三(4-甲基苯基)卟啉锌配合物(ZnTPP)和缺电子的未与金属配位的三(4-甲基苯基)八氟卟啉[TPOFP,或特氟龙(Teflon)卟啉](图示 6.209)[1250]。以大于 440 nm 的光照射,发生 $E{\to}Z$ 光异构化(6.4.1 节)。(Z)-**438** 可以热恢复到(E)-**438**,因为 Z-异构体的激发态被分子内 ZnTPP 到 TPOFP 的电子转移过程有效猝灭;E-异构体中发色团相距太远,无法发生分子内 ZnTPP 到 TPOFP 的电子转移过程。这种方法已被建议用于光控分子电子器件。

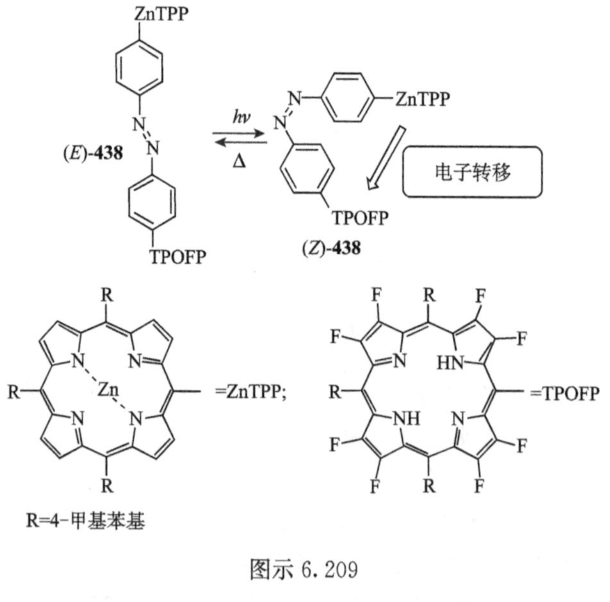

图示 6.209

6.4.5 习题

1. 解释下列概念和关键词:光致变色;光开关;光引发剂;光亲和标记;光-Wolff 重排;光活化化合物;巴顿(Barton)反应;光化学触发;对光不稳定连接体;光胺

化；氧化还原光敏化。

2. 给出下列反应可能的机制：

(a)

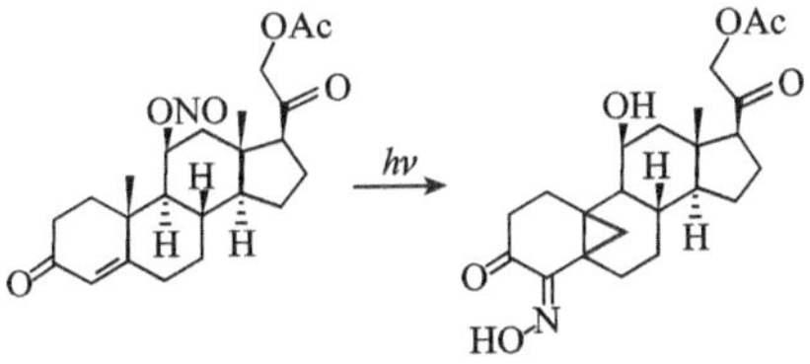

文献[1251]

(b)

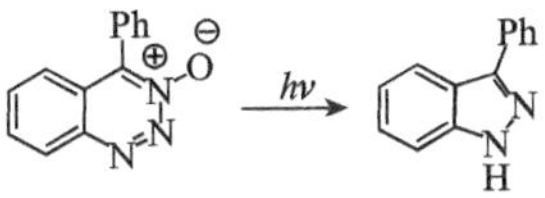

文献[1252]

(c)

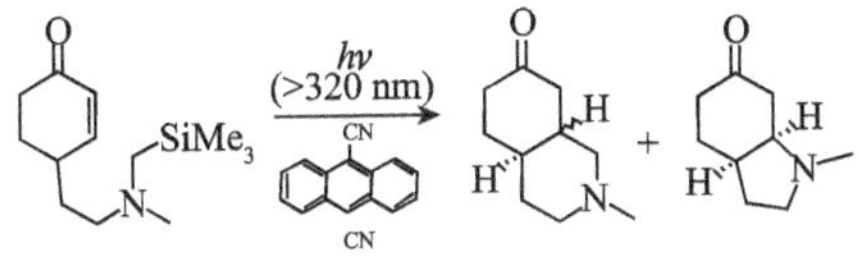

文献[1253]

3. 预测主要光产物（可以不止一个）：

(a)

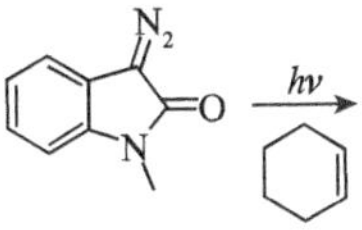

文献[1254]

(b)

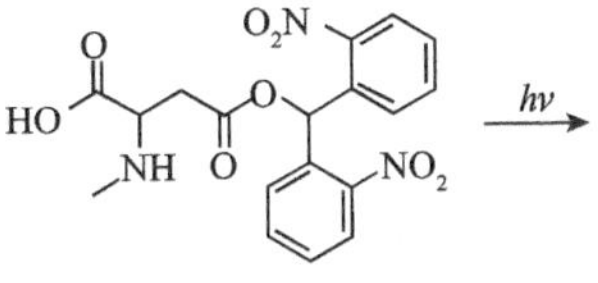

文献[1255]

(c)

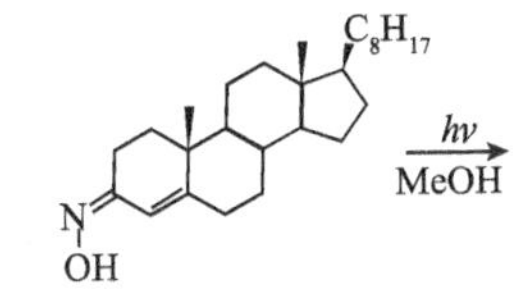

文献[1256]

6.5 含硫化合物

含硫和含氧（见 6.3 节）化合物是等电子的，对它们激发态的讨论类似。其差异可通过回顾两个简单的事实来理解：硫比氧的电负性弱，C=S 的 π 键比 C=O

的 π 键弱。苯硫酚和硫醚的吸收光谱与相应酚相似[图 6.15(a)]。

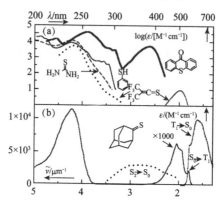

图 6.15 含硫化合物的吸收光谱。(a)苯硫酚(庚烷,—),硫杂蒽酮(己烷,—),硫脲(水,---),双(三氟甲基)硫代双烯酮(异辛烷,…)[280];(b)金刚烷硫酮在全氟烷烃溶剂中的吸收(—)和发射光谱(…)[1257]。$S_0 \to S_1$ 跃迁红边处峰与磷光 0-0 带一致,归属为 $S_0 \to T_1$ 吸收

硫代羰基化合物 n_P 孤电子对处于较高的能位,因此其 n, π^* 跃迁与相应的羰基化合物相比处于较长波长处(约 500 nm);而硫代羰基化合物 $S_1(n, \pi^*)$ 与 $S_2(\pi, \pi^*)$ 态的能隙相当大,有可能违背 Kasha 和 Vavilov 规则(2.1.8 节)[图 6.15(b)]。由于 $S_1(n, \pi^*)$ 态寿命短(能隙定律)和低激发能导致的较低反应活性,即使来自 $S_2(\pi, \pi^*)$ 态的反应效率不高,其仍为主要光过程。在硫代羰基化合物中,其基态与 n, π^* 特征的最低激发三重态间的自旋-轨道耦合足够大,因此可检测到单重态-三重态的吸收[$\varepsilon \approx 1 \ M^{-1} cm^{-1}$,图 6.15(b)]。

一系列硫代羰基化合物 n, π^* 跃迁的位置如图 6.16 所示[1258],相关化合物间的位移遵循微扰理论预测的趋势:诱导受体降低硫原子 n_P 轨道的能量,中介相互作用(mesomeric interaction)使 π^* 轨道能量增大。

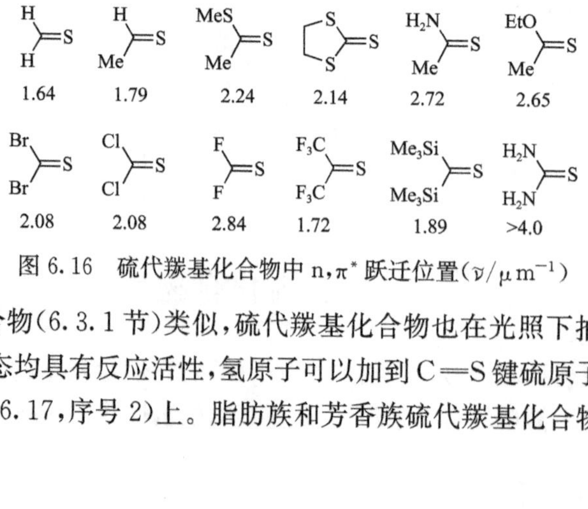

图 6.16 硫代羰基化合物中 n, π^* 跃迁位置($\tilde{\nu}/\mu m^{-1}$)

与羰基化合物(6.3.1 节)类似,硫代羰基化合物也在光照下抽氢,但 n, π^* 和 π, π^* 两个激发态均具有反应活性,氢原子可以加到 C═S 键硫原子(表 6.17,序号 1)或碳原子(表 6.17,序号 2)上。脂肪族和芳香族硫代羰基化合物也可从单重激

发态和三重激发态两个态发生反应,与不饱和化合物发生光环加成形成硫杂环丁烷(类似于 Paternò-Büchi 反应,见 6.3.2 节)(序号 3)或 1,4-二噻烷。另一方面,S—C 键裂解是激发态砜和磺酸酯的典型的原初光化学过程(序号 4),随后是 SO_2 从自由基中间体中高效排出。

表 6.17 激发态含硫化合物的光过程

序号	起始原料a	产物	机理	章节
1	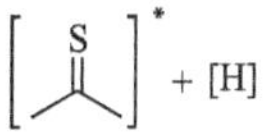 [S] * + [H]	 SH	光还原/光加成	6.5.1
2	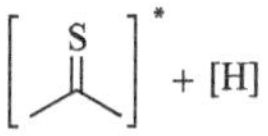 [S] * + [H]	 S·H	光还原/光加成	6.5.1
3	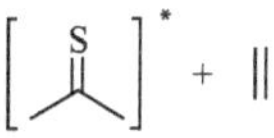 [S] * + ‖	 (硫杂环丁烷)	光环加成	6.5.1
4	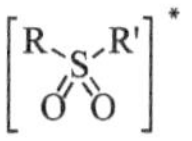 [R-SO₂-R'] *	 R-SO₂· R'	光裂解	6.5.2

a [H]=氢原子给体。

6.5.1 硫代羰基化合物:抽氢和环加成

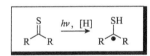 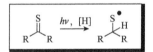

建议阅读综述[1259-1264];

精选理论和计算光化学参考文献[1258,1265-1268]。

羰基与硫代羰基化合物在光反应性上的差别通常与它们的激发能相关(比较如下:二苯酮 $E_S = 316$ kJ mol^{-1}, $E_T = 288$ kJ mol^{-1};硫代二苯酮 $E_S = 191$ kJ mol^{-1}, $E_T = 165$ kJ mol^{-1})[157],C=S 键具有高的极化率,与氧相比(6.3 节),硫具有更温和的性质和更低的负电性[1260,1362,1268]。已知硫酮在溶液中发生抽氢、环加成、氧化和裂解等反应,这些反应既可以从其单重激发态进行,也可以从其三重激发态进行[1261]。

激发态硫代羰基抽氢

与激发态羰基化合物相反,其从 n,π* 态高效抽氢(6.3.1 节),而硫代羰基化合物可从 n,π* 和 π,π* 两个态发生反应,氢原子可加成到 C=S 键的硫原子或碳原子上[1259,1269,1270]。硫原子比氧大,因此反应可以在比羰基中更远的距离(C=S…H)发生[1271]。例如,π,π* 激发单重态(S_2)烷基芳基硫酮 **439**,它意外地发生光诱导分子内1,6-抽氢反应,形成短寿命1,5-双自由基中间体,其专一性地环化为环戊硫醇**440**,虽然量子产率很低(Φ=0.06)(图示6.210)[1272],抽氢反应与反向氢迁移和激发态衰减竞争。未观察到烷基芳基酮n,π*激发三重态特征的Norrish Ⅱ型1,4-双自由基中间体以及后续裂解生成的消除产物。

相反,发生在2,4,6-三叔丁基硫代苯甲醛(**441**)激发态(n,π*和π,π*两者均可)的氢迁移反应,氢原子迁移到C=S键的碳原子上,生成六元环的氢噻喃衍生物**442**,反应经自由基机制以接近定量的化学产率进行(图示6.211)[1273]。

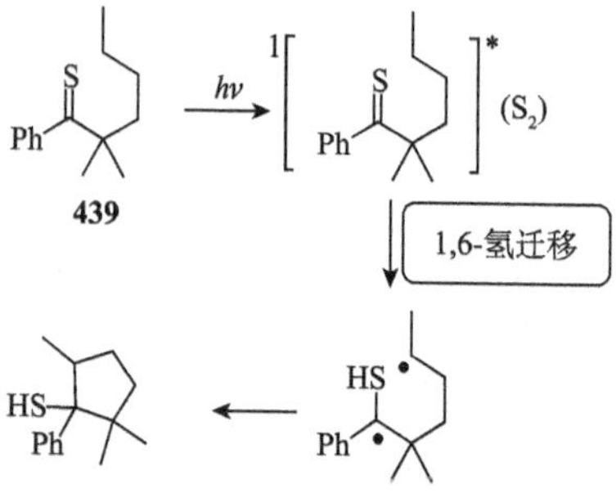

439

440

图示6.210

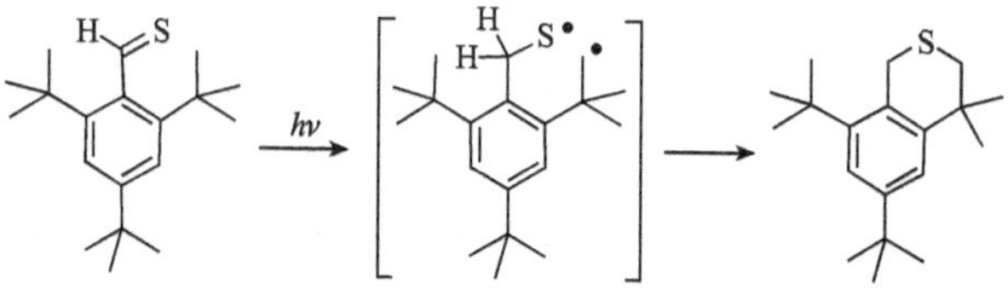

441

442

图示6.211

案例研究6.32 机理光化学——不同激发态的反应

以不同波长光激发带有活性β-氢的烷基芳基硫酮**443**,得到S_1(n,π*)态或S_2(π,π*)态,研究发现两个态经相同的1,3-双自由基中间体形成环丙硫醇**444**(图示6.212)[1274]。与^{1}π,π*态发生的反应不同,从激发到S_1态得到的产物可被三重态猝灭剂猝灭,说明最低(n,π*)三重态是反应态。另外还发现,该反应具有很大的同位素效应(k_H/k_d>17),表明在抽氢过程中存在着明显的隧穿效应(专题5.2)。

实验细节[1274],**443**(5×10^{-3} M)的苯溶液置于Pyrex浸没阱内,用带有光学滤色片的中压汞灯(λ_{irr}>420 nm;S_1激发;图3.9)光照至完全转化。用制备型薄层色谱和n-戊烷结晶纯化,产物化学产率为88%。

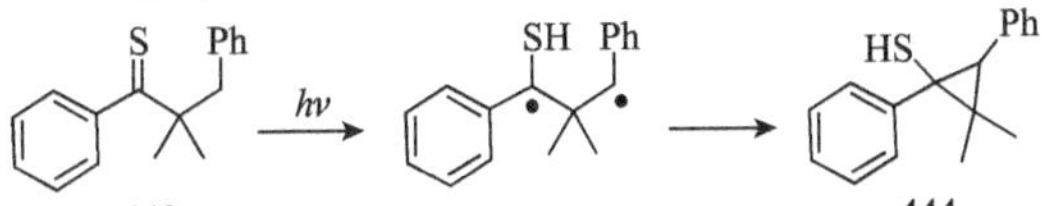

>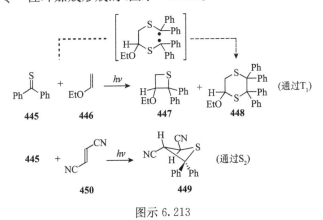
>
> 图示 6.212
>
> 用 Pyrex 光学滤色片滤光,光照相同的苯溶液($\lambda_{irr} > 280$ nm,S_2 激发)至完全转化,分离得到化学产率为 82% 的产物。

与烯烃的光环加成

脂肪族和芳香族硫代羰基化合物均可与不饱和化合物进行光环加成反应,既可以在单重态反应也可以在三重激发态反应[1260,1261,1263]。芳香族硫酮系间窜越量子产率通常很高,并且依赖于激发波长:激发到第二激发单重态 S_2(λ_{exc} 为 300~400 nm)时,Φ 小于 1(约 0.5),但如果激发到其第一单重态($\lambda_{exc} > 500$ nm)(S_1),Φ=1[1275]。例如,激发态硫代二苯酮(**445**)与富电子的烯醇醚 **446** 反应,可与羰基化合物发生 Paternò-Büchi 反应(6.3.2节)类似生成硫杂环丁烷 **447**,也可以是两分子的硫代二苯酮反应生成 1,4-二硫杂环己烷 **448**[1276],这两个产物都是通过硫代二苯酮的 n,π* 激发三重态(T_1)以及经自由基中间体的富电子乙氧基乙烯形成的,而硫杂环丁烷 **449** 则完全是由 π,π* 激发单重态(S_2)与缺电子的反丁烯二腈(**450**)的立体专一性环加成形成的(图示 6.213)。

图示 6.213

6.5.2 砜、磺酸酯和亚砜:光裂解

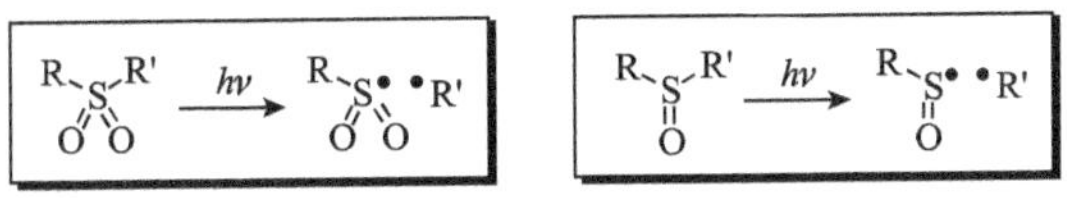

建议阅读综述[1277-1279]；

精选理论和计算光化学参考文献[1280,1281]。

砜(例如，**451**[1282])和磺酸酯(例如，**452**[1283])的光化学主要是 S—C 键或 S—O 键的均裂(图示 6.214)[1277,1278]，这些键相对较弱，例如，CH_3SO_2—CH_3 中 S—C 的裂解能(D_{S-C})为 280 kJ mol^{-1}，HO—SO_2CH_3 中的 D_{S-O} 为 306 kJ mol^{-1}。

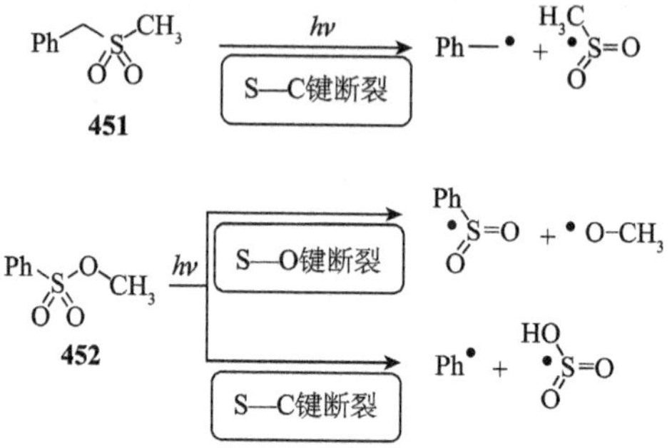

图示 6.214

脂肪族砜的吸收仅在 $\lambda < 200$ nm 处，而芳香族砜可用 250~300 nm 光照激发。砜的光解是烷基和芳基自由基的方便来源，它们还可进一步发生各种二级反应。从化合物中光排出 SO_2[1284]根据砜取代基不同既可在激发单重态进行，也可在激发三重态进行，该光反应也可通过三重态敏化来进行。例如，化合物 **453** 光裂解生成环蕃 **454**(化学产率为 54%)主要通过激发单重态进行，而 **455** 生成外消旋混合物[(±)- **456**，化学产率 64%]则是经激发三重态进行(图示 6.215)[1285]。这种制备环蕃化合物的方法具有实用性，因为母体砜易于制备。

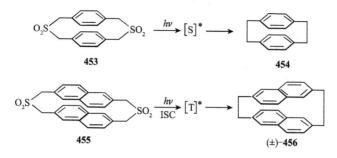

图示 6.215

磺酸酯的光化学涉及激发单重态和 S—C 或 S—O 键的均裂反应(图示 6.214)[1283]。烷基磺酸酯仅吸收短波长的光($\lambda_{max} < 200$ nm)，以石英滤色片过滤的光($\lambda_{max} > 250$ nm)足以激发芳基磺酸酯。例如，直接光照 p-甲苯磺酸酯首先是 S—C 键均裂，随后排出 SO_2(图示 6.216)[1286]。光诱导磺酸基脱除反应已被用于碳水化合物中羟基的光脱保护(见专题 6.18)[1287]。

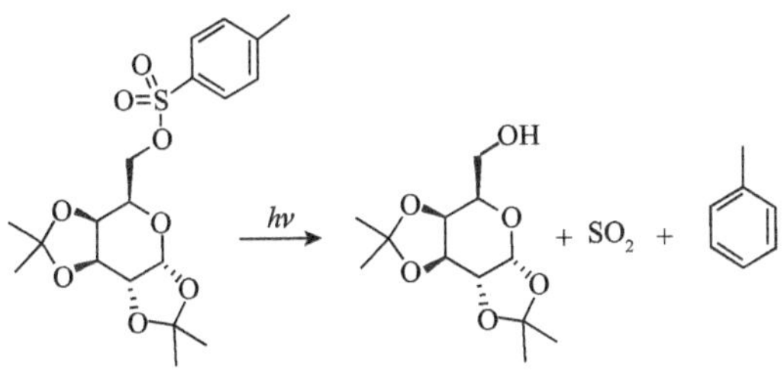

图示 6.216

案例研究 6.33　光脱除保护基团——碳水化合物的化学

p-甲苯磺酰基可作为光脱除基团（专题 6.18），用于碱（OH⁻ 或胺）存在下糖合成中碳水化合物的保护。尚未观察到碱的亲核能力和反应效率之间有任何相关性，但发现与胺的给电子能力定性相关[1288]，因此有人提出断裂是由磺酸酯激发单重态电子转移过程引起的，形成 ArSO$_2$OR·⁻ 阴离子自由基，随后离去基团（RO⁻）释放（图示 6.217）[1288,1289]。

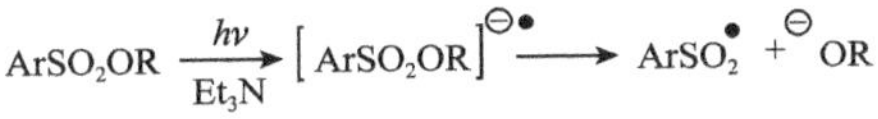

$$ArSO_2OR \xrightarrow[Et_3N]{h\nu} [ArSO_2OR]^{-\bullet} \longrightarrow ArSO_2^{\bullet} + {}^{\ominus}OR$$

图示 6.217

例如，对甲基磺酸酯衍生物（**457**）在高浓度三乙胺存在下光解生成糖苷类化合物 **458**（图示 6.218）[1289]。

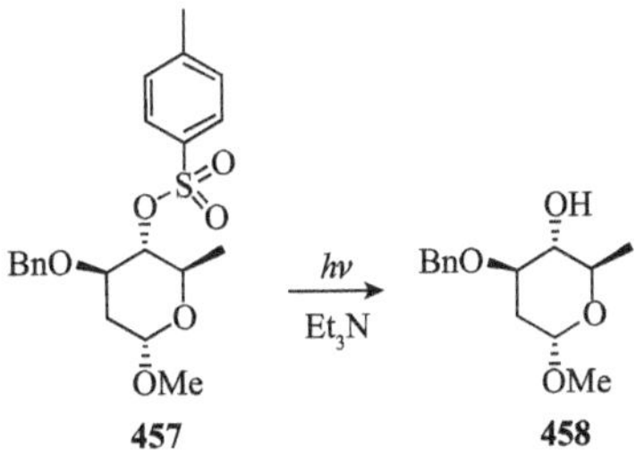

图示 6.218

实验细节[1289]，化合物 **457**（0.74 mmol）和三乙胺（2 mmol）的甲醇溶液以氮气冲洗 1 h，然后在装有 16 个低压放电汞灯（254 nm）的 Rayonet 光化学反应器中光照 12 h，光照后减压蒸去甲醇，用柱色谱纯化得到产物，化学产率为 90%。

亚砜激发后的 C—S 键均裂为反应原初过程，例如，亚砜 **459** 产生 1,5-双自由基，它们或重排为亚磺酸酯 **460**，或回到起始材料（图示 6.219）[1290]。

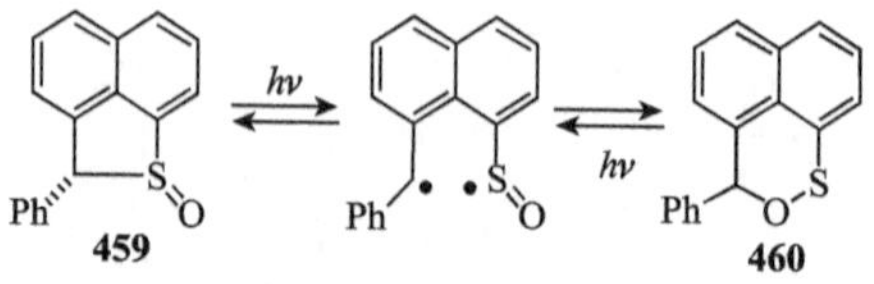

图示 6.219

6.5.3 习题

1. 解释下列概念和关键词：光裂解；光脱除。
2. 给出下列反应可能的机制：

   (a)

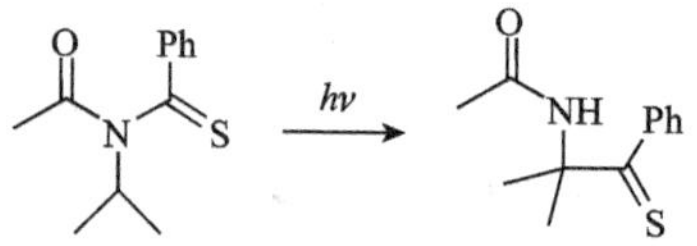

   文献[1291]

   (b)

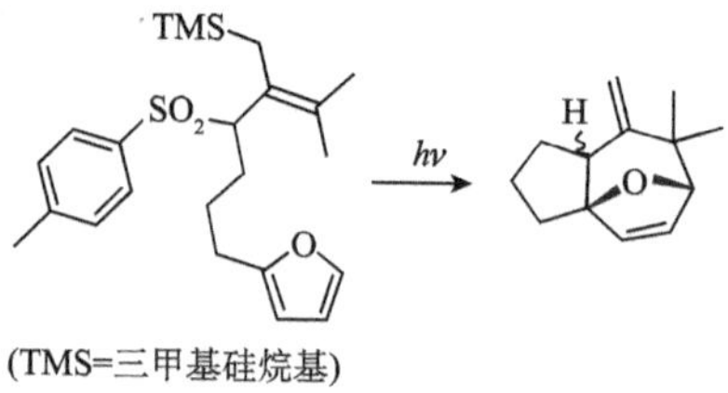

   (TMS=三甲基硅烷基)

   文献[1292]

3. 预测主要光产物（可以是多种光产物）：

   (a)

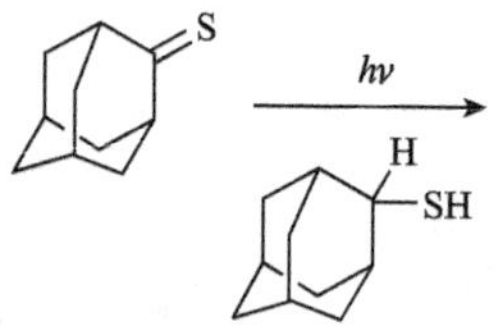

   文献[1293]

   (b)

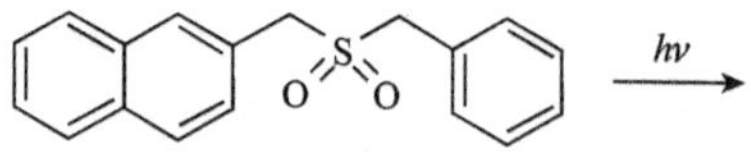

   文献[1294]

6.6 卤 化 物

卤素取代对共轭化合物的吸收光谱基本没有影响，但较重卤素溴和碘的取代在很大程度上可以提高 ISC 的速率，特别是当母体化合物具有长激发态寿命时。卤代烷烃的 σ,σ^* 吸收可达近 UV 区域，并随卤素原子序数增大和取代数增加而增长。卤代脂肪烃溶剂具有相对低的截止波长(见表3.1),例如,2,2,2-三氟乙醇(<190 nm),二氯甲烷(约230 nm),氯仿(约250 nm),四氯化碳(约265 nm),溴仿(约300 nm)[158]。

本节,我们将分别讨论卤素分子的光裂解和含卤素有机分子激发态的反应。第一种情况下,吸收光的卤素分子(如氯,表6.18,序号1)均裂产生两个卤素原子,它们参加后续与饱和或不饱和碳氢化合物的自由基链式反应(卤化)。由于卤素分子的裂解能相对较低,因此可见光足以使初始反应步骤发生。

表 6.18 卤化物的光化学过程

序号	趣始原料[a]	产物	机理	章节
1	X_2^*	$2X^\bullet$	光裂解	6.6.1
2	$[R-X]^*$	$R^\bullet + X^\bullet$	光裂解	6.6.2
3	$[Ar-X]^* + Nu^\ominus$	$Ar-Nu + X^\ominus$	光亲核取代	6.6.2

a X=卤素原子;Nu$^-$=亲核试剂;Ar=芳基。

碳—卤键的均裂是激发态有机卤代烷烃和卤代芳烃的典型反应(序号2),其可发生包括自由基反应的各种后续反应,诸如抽氢、重排或笼内自由基对电子转移等;生成的离子对中间体可被亲核试剂进攻,尽管直接亲核进攻激发态卤代芳烃(图示6.93)也是可能的(序号3)。

6.6.1 卤化物:光卤化

$$X_2 \xrightarrow{h\nu} 2X^\bullet$$

建议阅读综述[155,1295,1296];

精选理论和计算光化学参考文献[1297,1301]。

光卤化——卤素给体(如卤素分子)与底物间的光引发反应,通常经自由基链式机理进行,因此,该反应量子产率与平均链长密切相关,大于1[155]。

氯和溴分子吸收光谱的最大吸收波长 λ_{max} 分别为 330 nm(ε = 651 mol^{-1} cm^{-1})和 420 nm(ε = 1651 mol^{-1} cm^{-1})[155]。它们的裂解能分别为 243 kJ mol^{-1} 和 192 kJ mol^{-1},分别对应波长为 492 nm 和 623 nm 的光子能量,因此,当它们被激发时[即使用低功率可见光(白炽光作为光源)极易发生均裂。

在烷烃光卤化反应中,氯原子形成后是各种链增长和链终止自由基反应(图示6.220)。抽氢步骤通常是放热且不可逆的,C—H 键上氢原子被抽取的速率顺序为:伯碳<仲碳<叔碳,抽氢活化能在 4 kJ mol^{-1}(伯碳)到 0.4 kJ mol^{-1}(叔碳)范围变化[155],如此小的差异表明高温下反应没有选择性。碳氢化合物重排并不常见,但会形成各种可能的单氯代产物[1295]。在无自由基捕获剂存在下反应量子

产率可以超过 10^6。

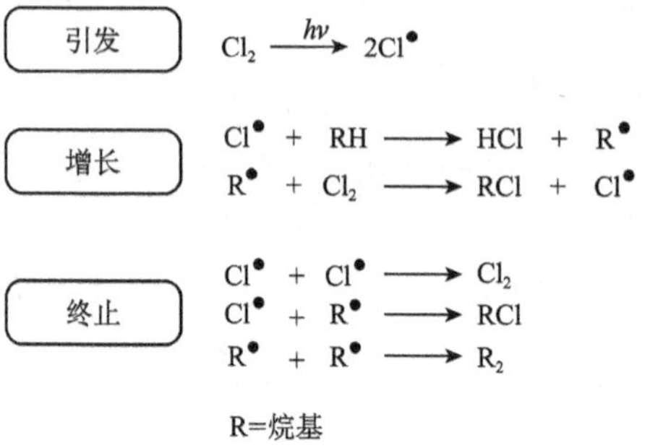
引发
Cl2 hν 2Cl•
增长
Cl• + RH → HCl + R•
R• + Cl2 → RCl + Cl•
终止
Cl• + Cl• → Cl2
Cl• + R• → RCl
R• + R• → R2
R=烷基

图示 6.220

芳香溶剂和二硫化碳(CS_2)可增加氯化的选择性,因为溶剂分子与氯原子间形成 π-复合物或 σ-复合物,这种相互作用降低了反应活性,因此增加了对氢原子的选择性。例如,金刚烷(**461**)的光氯化反应,在二硫化碳中相比在苯中可更高产率地得到 1-氯代金刚烷(图示 6.221)[1302]。

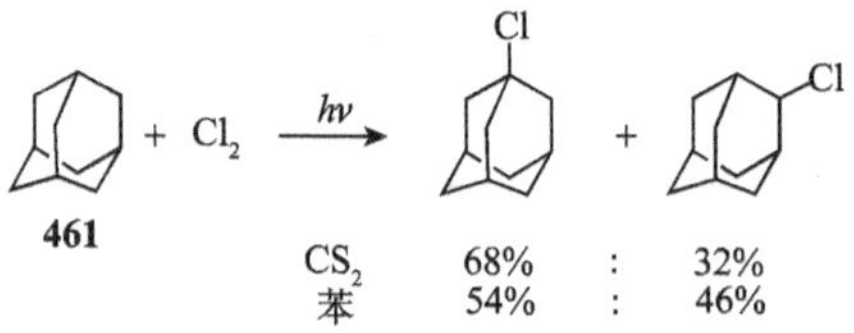
461
+ Cl2
hν
Cl
+
Cl
CS2　68%　:　32%
苯　54%　:　46%

图示 6.221

不饱和碳氢化合物的光氯化由氯原子放热加成到多重键形成氯代烷基自由基开始,常常会伴随取代和重排反应发生。这可以用 2-丁烯(**462**)的氯化来说明,加成产物 2,3-二氯丁烷(**463**)为主要产物(图示 6.222)[1303]。

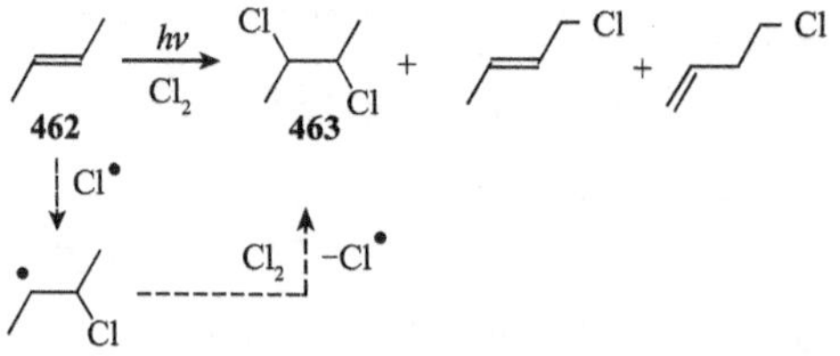
462
hν
Cl2
Cl
Cl
463
+
Cl
+
Cl
Cl•
Cl
Cl2
-Cl•

图示 6.222

与光氯化情况相反,光溴化反应中相应的抽氢或加成步骤通常是可逆、吸热和更具选择性的[155],在烯丙位或苄位的抽氢速率相对较高,表 6.19 给出了一系列烷基苯在四氯化碳溶剂中进行光溴化反应时苄基 C—H 键的相对反应活性[1304]。很显然,反应动力学不仅受电子效应控制,也受立体效应控制。

表 6.19　烷基苯的光溴化

烷基苯	相对反应活性 [每个氢(H)原子][1304]
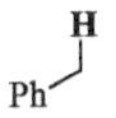 Ph–CH₂H (PhCH₃, H标出)	1.0
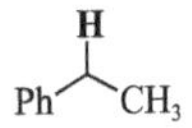 Ph–CH(H)(CH₃)	17.2
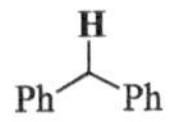 Ph–CH(H)–Ph	9.6
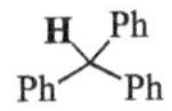 Ph–C(H)(Ph)–Ph	17.8

案例研究 6.34　有机合成——黄体酮的光溴化

黄体酮(**464**)是一种 α,β-不饱和酮，其区域和立体选择性光溴化生成 6β-溴化产物 **465**(图示 6.223)[1305]。反应在环氧环己烷存在下进行，环氧环己烷用来捕获反应中生成的 HBr。

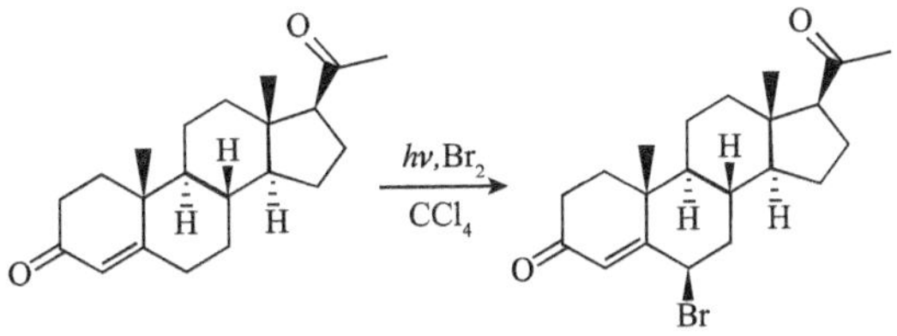

图示 6.223

实验细节[1305]，将含黄体酮 **464**(6 mmol)、溴(6 mmol)和环氧环己烷(9 mmol)的四氯化碳(120 mL)溶液用钨灯(白炽灯，可见光，100 W)光照(图 3.9)，15 h 后，沉淀出的产物经过滤得到，并利用柱色谱从滤液中回收未反应的起始材料，反应总化学产率为 87%。

N-溴代琥珀酰亚胺(NBS)(**466**)是一种常用的溴化试剂，主要用于烯丙位和苄位取代反应，其机理涉及作为链增长步骤之一的 NBS 激发产生溴原子[图示 6.224(a)]或琥珀酰亚胺基自由基[图示 6.224(b)]，增长方式取决于溶剂和反应条件，并在一定程度上依赖于底物的活性。

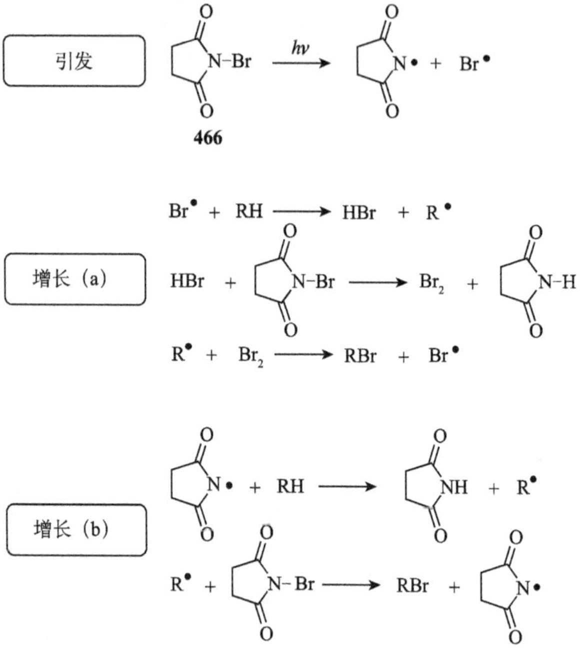

引发：N-溴代丁二酰亚胺 **466** $\xrightarrow{h\nu}$ 丁二酰亚胺自由基• + Br•

增长 (a)：
Br• + RH → HBr + R•
HBr + N-Br代丁二酰亚胺 → Br$_2$ + N-H丁二酰亚胺
R• + Br$_2$ → RBr + Br•

增长 (b)：
丁二酰亚胺N• + RH → 丁二酰亚胺NH + R•
R• + N-Br代丁二酰亚胺 → RBr + 丁二酰亚胺N•

图示 6.224

专题 6.20　工业有机光化学

虽然有机光化学已经得到了卓越的发展，但光化学合成方法在化学工业中的应用主要局限于自由基反应，例如，光卤化（本节）、光聚合（6.8.1 节）以及某些光氯磺化、光氧化（6.7 节）和光亚硝酰化反应，尽管也应用到一些其他的反应[155]。

芳香化合物的光氯化可有效得到全氯化产物。例如，苯转换为 1,2,3,4,5,6-六氯环己烷，$\Phi = 2500$（图示 6.225）[1308]，林丹（lindane）是其立体异构体之一，一种众所周知的杀虫剂（现已禁用），在全球范围农业年生产和使用量曾经达约 10^6 吨[1309]。

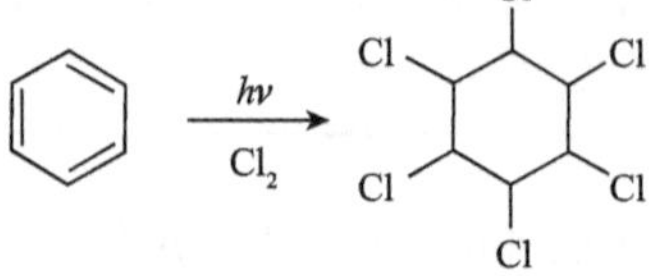

苯 $\xrightarrow[\text{Cl}_2]{h\nu}$ 六氯环己烷

图示 6.225

另一个工业过程的例子是环己烷的光亚硝酰化生成亚硝酰环己烷,亚硝酰环己烷可转换为尼龙-6 聚合前体己内酰胺(图示 6.226)[155]。

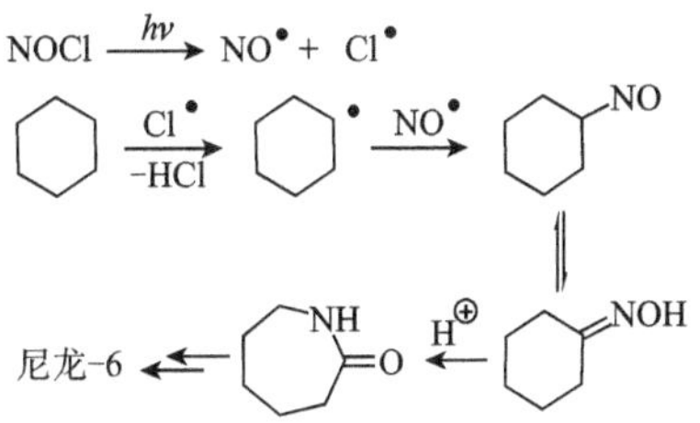

图示 6.226

胆固醇可以经 7-去氢胆固醇(预维生素 D)光化学转换为维生素 D(专题 6.4),这一方法仍应用于工业生产[616],维生素 D 还可以通过对富含麦角固醇的发酵物光照制备。另外,工业中维生素 A(视黄醇)(专题 6.1)通过叶绿素和其他发色团(6.8 节)敏化其 11-cis-异构体发生 E-Z 光异构化合成(6.1.1节)[1310]。

玫瑰醚(**467**)是一种宝贵的香料添加剂,在三重态光敏剂亚甲蓝存在下光照,由香茅醇(**468**,源自香茅草)与氧发生 ene 反应制备得到(图示 6.227)[1311,1312]。

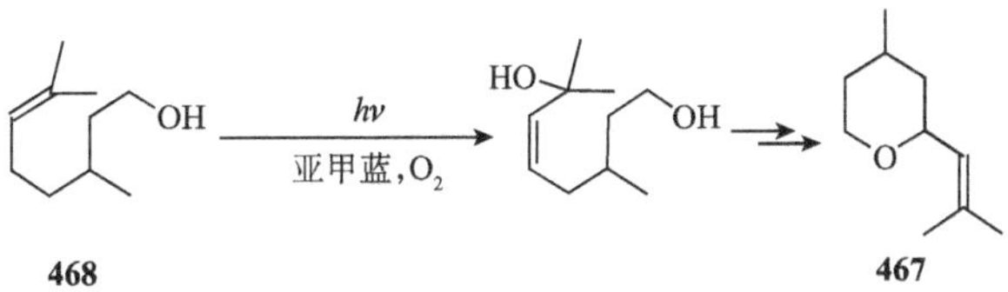

图示 6.227

光聚合是由光化学产生的活性物种——**引发剂(initiators)**引发的聚合过程(6.8.1 节),广泛应用于工业生产。聚合物可以通过光引发合成,也可以通过光化学交联改性,例如,光化学硬化或 UV 固化、光成像和光刻等(见专题6.27)。

光化学最重要也是最广泛的应用是光成像技术,如照相和静电复印(专题6.32)[1313];其他一些大规模的光化学应用也将在后面章节讨论,例如,人为污染的光催化环境治理(专题 6.28)、光电化学电池(专题 6.31)和人工光合作用(专题 6.26)等。

6.6.2 有机卤化物:光裂解、光还原和光亲核取代

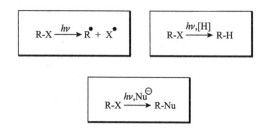

建议阅读综述[836,838-842,849,852,1314-1321];

精选理论和计算光化学参考文献[1322-1333]。

烷基卤化物

简单烷基氯化物和溴化物的吸收小于 250 nm,但碘甲烷的 n,σ* 跃迁吸收带在 $\lambda_{max}=258$ nm 处有一最大吸收[1334]。直接光照烷基卤化物发生 C—X 键(X=卤素)均裂,因为通常烷基碘化物或溴化物的激发能(E_S)(380~475 kJ mol^{-1})比 C—X 键的裂解能(200~300 kJ mol^{-1})高[1314]。由于可能同时存在辐射或非辐射能量耗散过程,即使在气相情况下光裂解量子产率也不一定为 1[1335]。光反应通常在激发单重态发生并由均裂开始,随后笼内自由基对可能发生电子转移(图示 6.228):自由基物种进行自由基反应,如抽氢或重排,而其间产生的碳正离子可被亲核试剂进攻(光亲核取代,S_N1^*)。

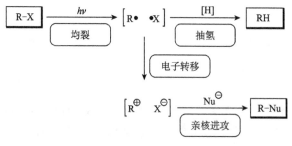

图示 6.228

光照一级溴代烃或碘代烃通常产生还原和消除产物的混合物。例如,卤代正辛烷 **469** 光解生成的自由基对最初或者与扩散和从溶剂分子中抽氢(生成 **470**)竞争,或者与电子转移生成消除产物(**471**)过程(碘代烃中易发生的过程)竞争(图示 6.229)[1336];实验中未观察到亲核取代产物 **472** 的形成,因为溶剂并未参与碳正离子的产生。

降莰烷-1-卤化物(**473**)在甲醇中光解可同时生成还原产物 **474** 和光亲核取代

$$n\text{-}C_7H_{15}CH_2X \xrightarrow[\text{MeOH}]{h\nu} n\text{-}C_7H_{15}CH_3 + n\text{-}C_6H_{13}CH=CH_2 + n\text{-}C_7H_{15}CH_2OMe$$

	469	**470**	**471**	**472**
X = Br		66%	31%	未检测到
X = I		38%	56%	未检测到

图示 6.229

产物 **475**(图示 6.230)[1336]。在 CH_3OD 中未检测到氘的参与,因此,**475** 不可能通过消除过程生成桥烯烃(双环[2,2,1]庚-1-烯,**476**)以及发生随后的酸催化醇加成。离子(电子转移)机理在碘化物光解中显然是首选,虽然离子与自由基机理间的相互转换依赖于烷基自由基的电离势(烷基自由基随后形成碳正离子中间体)。例如,**473** 的 3 位拉电子羟基促进相应还原产物的生成,因为 3-羟基降莰烷-1-自由基的电离势比降莰烷-1-自由基要高[1337]。

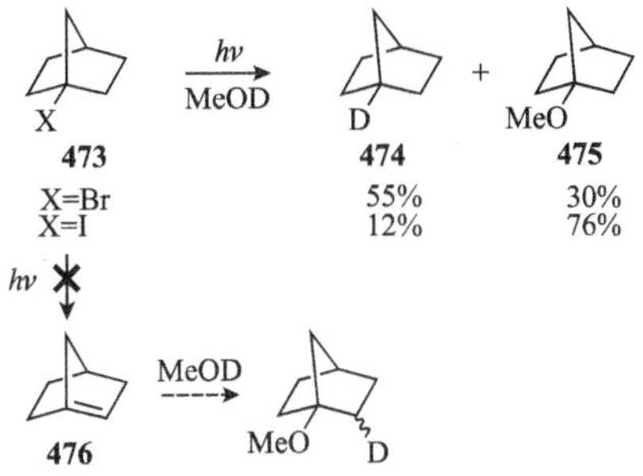

图示 6.230

多卤代烃光化学在其初始步骤是较弱的 C—X 键断裂。例如,光照三氯溴甲烷产生三氯甲基自由基和溴自由基,它们加成到苯乙烯上得到 1-溴-3,3,3-三氯丙基苯(**477**),化学产率为 78%(图示 6.231)[1338]。

图示 6.231

乙烯基卤化物

乙烯基碘化物的光解是产生乙烯基阳离子的便利方法,乙烯基阳离子是高活性中间体,很难通过热化学过程获得。在锌(作为碘清除剂)存在下光照 1-碘代环己烯(**478**,X=I)的甲醇溶液,主要得到亲核取代产物 **479** 和少量自由基衍生还原产物环己烯(**480**)(图示 6.232)[1339]。在没有锌存在的情况下,只得到缩酮(**481**),

其通过酸催化甲醇对 **479** 加成形成。与碘代物相反,溴代乙烯(**478**,X=Br)主要产生光还原产物 **480**,与饱和类似物的光行为十分相近[1314]。

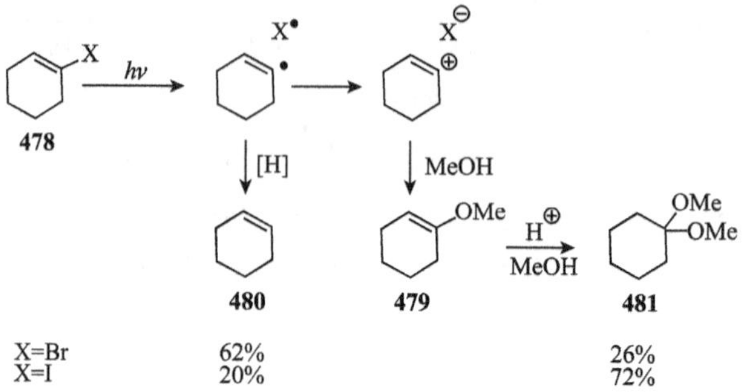

图示 6.232

卤代芳烃

简单的卤代芳烃有两个主体叠加的吸收带,π,π* 和 σ,σ*,拖尾超过 250 nm。卤素原子(Br,I)的"重原子效应"(4.8 节)增加了自旋-轨道耦合,因此系间窜越(ISC)的到 T_1 态的过程快速高效[842,849,1316]。随后的 C—X 键均裂可产生原初产物芳基自由基和卤素原子(图示 6.233),该过程要求反应激发态能量高于相应 C—X 键的裂解能,因此,对于芳烃氟化物和多数芳烃氯化物来说 C—X 键断裂是热力学不利的,例如氟苯(E_T=353 kJ mol^{-1},D_{C-F}=526 kJ mol^{-1}),1-氯萘(E_T=248 kJ mol^{-1},D_{C-Cl}=403 kJ mol^{-1})[849]。在后一种情况中,有可能在单重态发生低效光降解。溴代和碘代芳烃三重态均裂可以是放热过程,生成的三重态自由基对可参与后续自由基反应或发生笼内**电子转移(electron transfer)**形成芳基正离子,芳基正离子极易被诸如水等亲核试剂进攻。

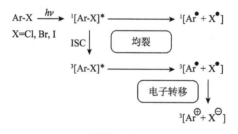

图示 6.233

在氢原子给体存在下,光脱卤(光还原)(即以氢代替卤素)是 Raney 镍催化还原的替代方法。例如,在 2-丙醇中光照 2-溴苯酚(**482**),经自由基机制以大于 90% 的化学产率得到苯酚(图示 6.234)[1341]。

很多证据表明,卤代联苯(**483**)、萘和其他芳香化合物(它们均呈高效系间窜越)

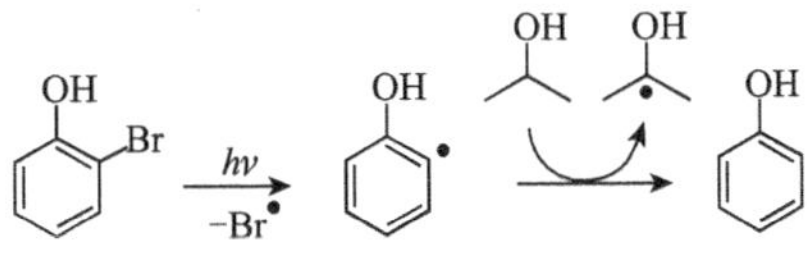

图示 6.234

的三重激发态的光脱卤反应,在有诸如胺等优秀电子给体存在时,会伴随全部或部分电子转移形成激基复合物中间体(图示 6.235)[667,849]。在质子给体存在下,如水或好的氢原子给体([H])等,离子自由基 **484** 的逃逸可以生成相应的碳氢化合物。

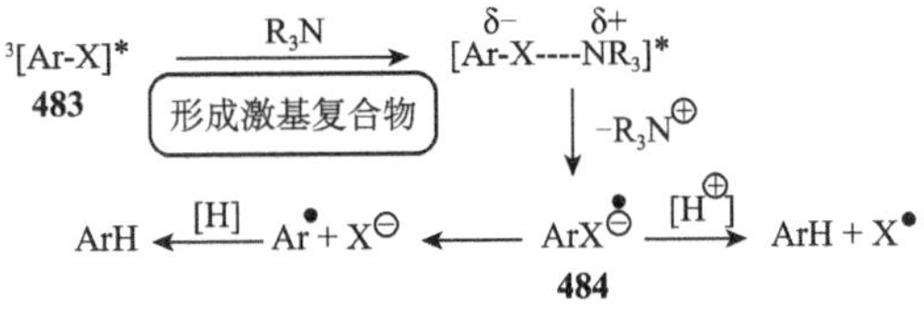

图示 6.235

合成上非常有用的 1-(o-氯苯基)萘(**485**)的关环反应(分子内环化)以 72% 的化学产率生成荧蒽(图示 6.236)[1432],反应首先是 C—Cl 键均裂,随后发生自由基芳香取代反应。

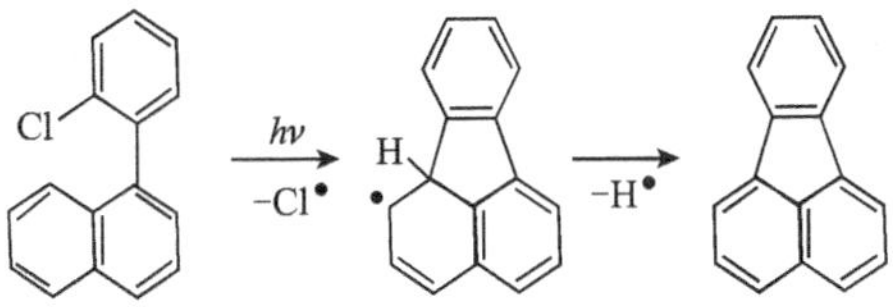

图示 6.236

一些重要**持久性环境污染物**(**persistent environmental pollutants**)为芳基卤化物,例如,1,1,1-三氯-2,2-双(4-氯苯基)乙烷(DDT)、多氯联苯(PCBs)、二苯并-p-二噁英(PCDDs)以及多溴联苯醚(PBDE)等,因此,卤代芳烃的光化学研究也受环境问题的推动[849]。在非亲核介质中光解氯代联苯会优先脱去邻位氯原子,因为这可以减少空间张力(图示 6.237)[849,1343]。

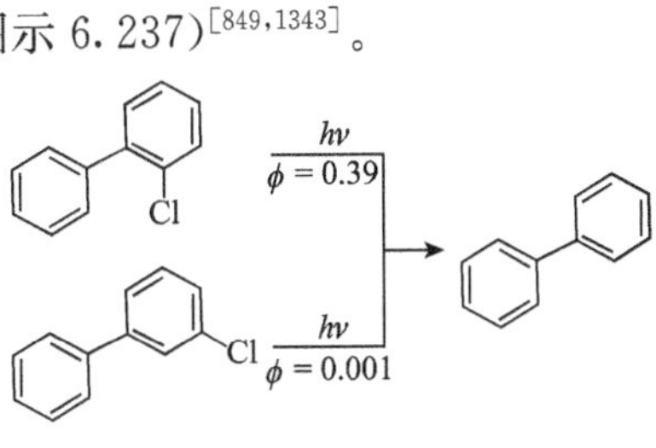

图示 6.237

2-卤代苯酚(如 2-溴苯酚)在水溶液中进行光-Wolff 重排(见图示 6.171),在该反应中,环戊二烯羧酸衍生物 **487** 经单重态 α-酮卡宾(**488**)和烯酮(**489**)中间体,然后再经水的亲核加成形成(图示 6.238)[1344-1346]。

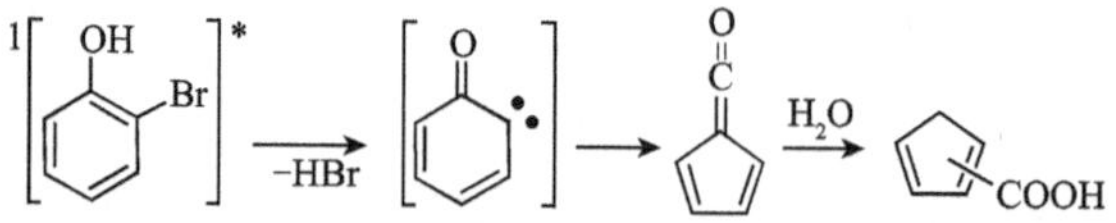

488　**489**　**487**

图示 6.238

在酸性水溶液中光照 3,4-二氟苯乙酮(**490**)几乎定量地生成罕见的溶剂解产物,4-氟-3-羟基苯乙酮(**491**)(图示 6.239)[332]。水在间位的亲核加成通过 O-质子化的三重态苯乙酮进行。

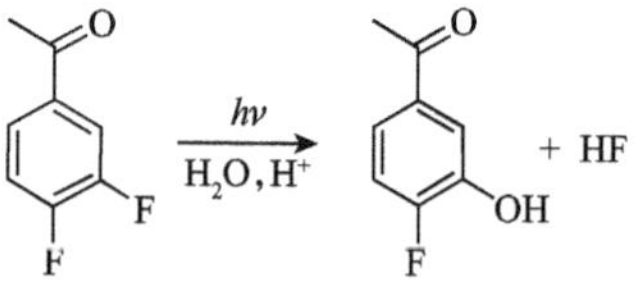

490　**491**

图示 6.239

光亲核取代是卤代芳烃的典型反应,不同机理的反应过程以及很多例子已在 6.2.3 节进行了详细介绍,因此这里仅给出一个反应的例子。在含有氰离子的乙腈水溶液中发生六氯苯(**492**)的多重光氰化反应生成五氰基苯酚盐(**493**)(图示 6.240)[1347],该反应显然涉及三重态,经 S_N2Ar^* 途径进行(图示 6.93)。

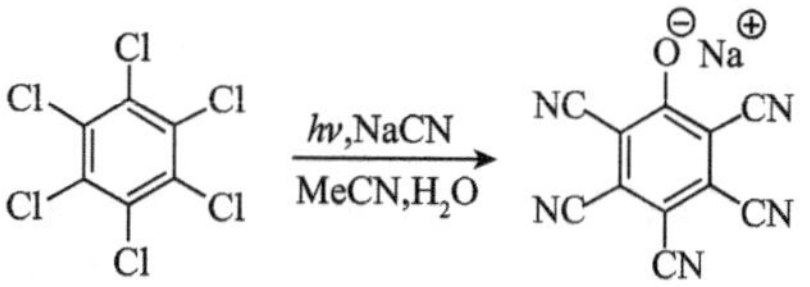

492　**493**

图示 6.240

案例研究 6.35　笼状化合物的合成——立方烷

在亲核溶剂(如甲醇)中光解 1,4-二碘立方烷(**494**)可有效生成取代产物 **495**(图示 6.241)[1348]。对于反应是经笼状自由基对形成还是经电子转移生成碘离子和可被溶剂捕获的碳正离子(S_N1^* 途径)进行曾有争议,立方烷正离子的超共轭稳定化作用并不能从极端张力的烯烃立方结构中获得到太多帮助,但作者预测 C—I 键的光化学断裂可提供足够的能量产生正离子中间体。

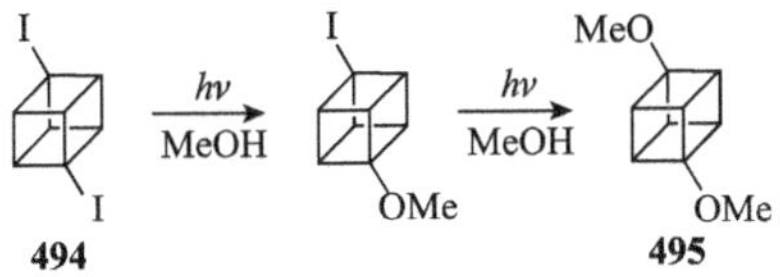

图示 6.241

实验细节[1348]，1,4-二碘立方烷(**494**，0.2 mmol)无水甲醇(6.0 mL)悬浮液装入带有搅拌磁子的石英管中，石英管置于装有 16 个低压汞灯($\lambda_{max}=254$ nm)的 Rayonet 反应器内(图 3.10)，在 40 ℃氮气气氛下光照，6 h 后用气相色谱检测到约有 32%单取代的 1-碘-4-甲氧基立方烷生成，进一步光照生成 1,4-二甲氧基立方烷(**495**，约 50%)。

高价碘化物

高价碘化物特别是有机碘(Ⅲ)物种常用于合成有机化学，但在光化学中的应用却很少[1349]。例如，直接光解三氟甲基磺酸二苯基碘鎓盐(**496**)产生单重激发态物种，其发生异裂得到苯基阳离子和碘苯。此外，系间窜越到达三重态，其发生均裂生成笼内碘苯阳离子自由基和苯基自由基对。在可提供 H 原子的溶剂中，分离出的主要产物为 2-、3-和 4-碘代联苯、碘苯、苯和三氟甲磺酸(图示 6.242)[1350]。该光化学产生强酸的反应已成功用作阳离子聚合引发剂[1351](6.8.1 节)。

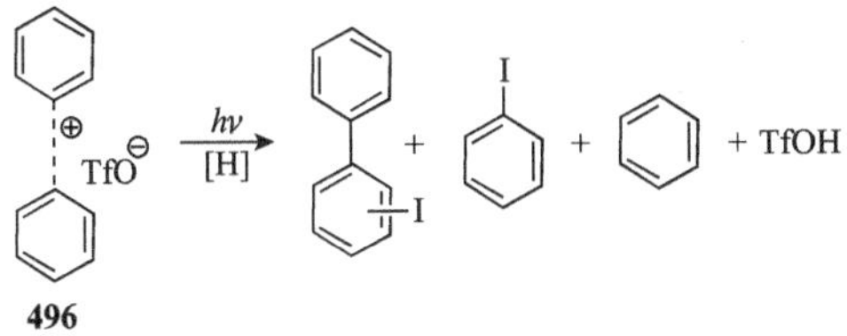

图示 6.242

烷基次卤酸酯

烷基次卤酸酯是另一类对光不稳定的有机卤化物，在 250 nm 以上有两个吸收峰，例如，烷基次氯酸酯的两个最大吸收峰分别在 λ_{max} 约 260 nm 和约 320 nm，而烷基次溴酸酯和次碘酸酯的吸收红移[1319]。光照烷基次卤酸酯引起均裂，高光化学产率得到烷氧自由基和卤素自由基(图示 6.243)[1352]。这些主要中间体随后可发生各种反应，如抽氢、重排或裂解等。

$$\text{R-OX} \xrightarrow{h\nu} \text{R-O}^\bullet + \text{X}^\bullet$$

图示 6.243

烷基次氯酸酯和次溴酸酯是相对稳定的分子,烷基次碘酸酯只能原位制备,通常通过醇与金属醋酸盐或氧化物和碘的反应,或通过醇与高价碘化物和碘的反应制得[1319]。烷基次氯酸酯和次碘酸酯可用于有机亚硝酸酯的类似反应(Barton 反应,6.4.2节)。例如,氧化汞(Ⅱ)和分子碘原位反应生成的氧化碘(I_2O),醇与 I_2O 反应生成甾体次碘酸酯 **497**,其光化学为经 O—I 键断裂、1,5-抽氢和取代等步骤形成新的五元环结构(图示 6.244)[1353]。

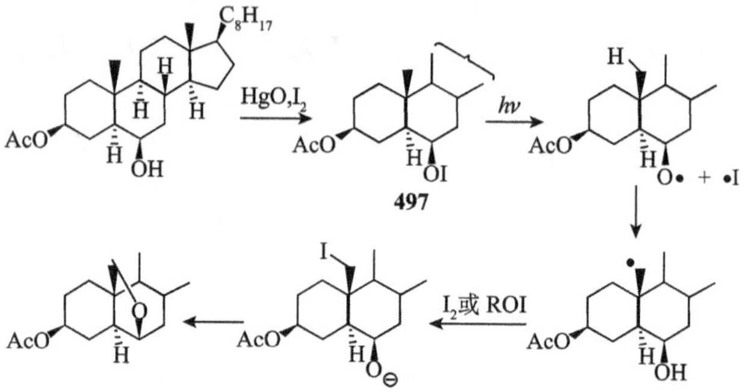

图示 6.244

6.6.3 习题

1. 解释下列概念和关键词:光诱导自由基链式机理;光亚硝酰化;光亲核取代;光脱卤。

2. 给出下列反应可能的机理:

    (a) 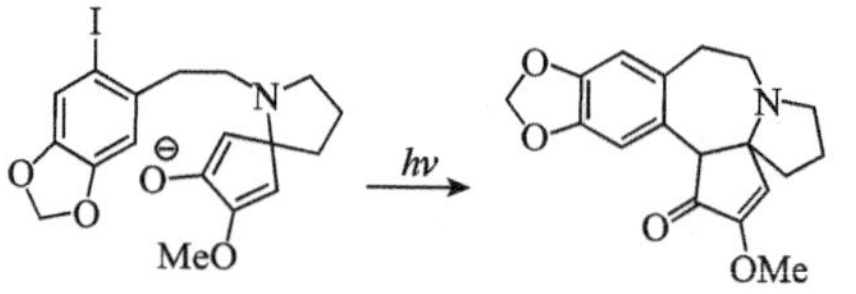

    文献[1354]

    (b) 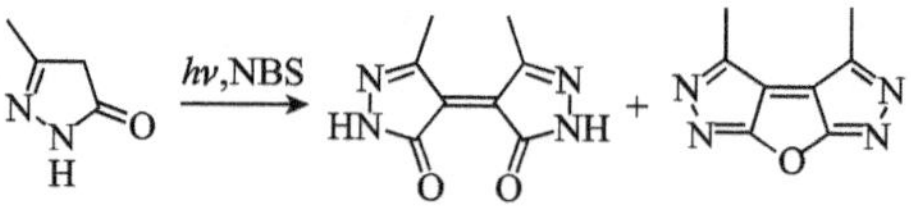

    NBS=N-溴代丁二酰亚胺

    文献[1355]

3. 预测主要光产物(可以是多种光产物):

    (a) 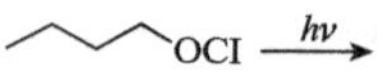

    文献[1356]

    (b) 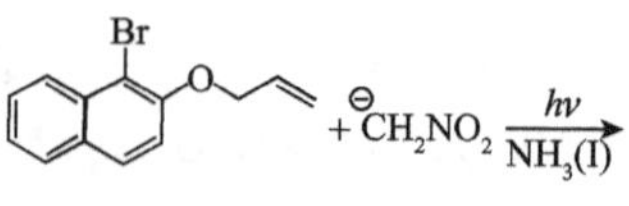

    文献[1357]

6.7 分子氧

氧的光物理性质在 2.2.5 节中讨论过,分子氧参与光反应既可以是基态(三重态,$^3O_2$)也可以是激发态(单重态,$^1O_2$)物种。6.7.1 节讨论激发态有机化合物与基态氧的氧化反应,称为氧化(oxygenation)(表 6.20,序号 1)。当反应体系中引入三重态敏化剂时,如亚甲蓝、玫瑰红或卟啉(porphyrin)等,它们被激发后迅速将能量传递给基态氧形成单重态氧$^1O_2$(序号 2),单重态氧也可通过不稳定分子的热分解形成,如内过氧化物(序号 3)。

表 6.20 分子氧的光反应

序号	起始原料	产物	机理	章节
1	$R^* + {}^3O_2$	氧化产物	基态氧氧化	6.7.1
2	$^3O_2$ + 敏化剂*	$^1O_2$ + 敏化剂	产生单重态氧	6.7.1
3	(内过氧化物)	(苯) + $^1O_2$	产生单重态氧	6.7.1
4	(烯烃) + $^1O_2$	(二氧杂环丁烷)	[2+2]光氧化	6.7.2
5	(1,3-二烯) + $^1O_2$	(1,4-内过氧化物)	[4+2]光氧化	6.7.2
6	[内过氧化物]*	(双环氧化物)	内过氧化物光重排	6.7.2
7	(烯丙基) + $^1O_2$	(HOO-烯)	ene 反应	6.7.3

$^1O_2$ 是一种活性短寿命的分子,可与有机不饱和碳氢化合物发生某些特征性反应。碳碳双键氧化生成 1,2-内过氧化物(序号 4)在形式上可以解释为[2+2]环加成,单重态氧与 1,3-丁二烯衍生物或苯环的 1,3-二烯基团加成生成 1,4-内过氧化物(序号 5)相当于[2+4]环加成;生成的内过氧化物可进一步光解重排为双环氧化物(序号 6)或回到相应的二烯和氧分子;当烯烃反应物含至少一个烯丙基氢时,ene 反应是另一竞争途径(序号 7)。

6.7.1 分子氧:基态和激发态(Ground State and Excited State)

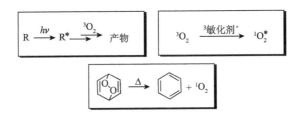

建议阅读综述[135,136,1358-1363];

精选理论和计算光化学参考文献[135,136,1364]。

基态分子氧

基态分子氧为用光谱学符号 $^3\Sigma_g$ 表示的开壳三重态(双自由基),是地球上最丰富也最重要的维持生命的物种。它可以参与某些光化学反应,有时称为Ⅰ型氧化(type Ⅰ oxygenations)[1365,1366]。此类反应中,激发态物种(敏化剂)和有机氢给体间氢原子转移形成的自由基 **498** 被氧捕获,形成过氧自由基中间体 **499**,其进一步发生后续反应(图示 6.245)[1365]。相反,从电子给体(如阴离子自由基 **500**)到基态氧的光诱导电子转移可生成活性超氧阴离子自由基($O_2^{\cdot-}$, **501**),其很快与图示 6.246 中第一步形成的阳离子自由基 **502** 反应[1366]。

$$\text{敏化剂}^* + \text{底物—H} \longrightarrow [\text{敏化剂—H}]^{\bullet} + \text{底物}^{\bullet}$$
$$\qquad\qquad\qquad\qquad\qquad\qquad\qquad\qquad\quad\mathbf{498}$$

$$\text{底物}^{\bullet} + {}^3O_2 \longrightarrow \text{底物-O-O}^{\bullet} \longrightarrow \text{氧化产物}$$
$$\qquad\qquad\qquad\qquad\qquad\mathbf{499}$$

图示 6.245

$$\text{敏化剂}^* + \text{底物} \longrightarrow \text{敏化剂}^{\ominus} + \text{底物}^{\oplus}$$
$$\qquad\qquad\qquad\qquad\qquad\quad\mathbf{500}\qquad\mathbf{502}$$

$$\text{敏化剂}^{\ominus} + {}^3O_2 \longrightarrow \text{敏化剂} + O_2^{\ominus}$$
$$\qquad\qquad\qquad\qquad\qquad\qquad\qquad\mathbf{501}$$

$$\text{底物}^{\oplus} + O_2^{\ominus} \longrightarrow \text{氧化产物}$$

图示 6.246

专题 6.21 大气光化学

光化学反应在地球上大气和生命的进化中起了决定性作用,这些过程通常涉及简单的物种,而其中很多物种原本认为是稳定和化学惰性的。专题 6.17 中已讨论过生命起源前大气中的光化学,地球化学的无机过程不可能形成当前大气中氧的水平(21%),因此,它必须几乎完全是生物活动的产物(专题 6.25)。

有两个主要光反应与大气中氧相关[1367],当平流层(距地球表面 13~35 km)中分子氧曝露在 UVC($\lambda<240$ nm)下时,产生氧原子并与氧反应生成臭氧。臭氧这一重要化合物可强烈吸收 UVB($\lambda<300$ nm)辐射(图 1.1)[1368],因此,只有小部分威胁生命的 UV 辐射到达地球表面:

$$O_2 + h\nu \longrightarrow 2O$$
$$O + O_2 \longrightarrow O_3$$
$$O_3 + h\nu \longrightarrow O_2 + O$$

平流层中的臭氧因与卤原子反应大大减少,平流层中臭氧减少即人们所说的臭氧空洞通常在地球寒冷区域上空出现,平流层中氯原子主要来自通常称为**氟利昂(Freons)** 的含氯氟烃(CFC)化合物[1369]的光解。如下式所示:

$$CFCl_3 + h\nu \longrightarrow \cdot CFCl_2 + Cl\cdot$$

$$O_3 + Cl\cdot \longrightarrow O_2 + ClO\cdot$$

NO_2 或硝酸氯($ClONO_2$)光裂解形成的氧化氮、羟基自由基以及其他活性物种也会引起平流层中臭氧的减少,这些化合物既可能来自自然也可能来自人类活动(如燃烧等)。大气化学也发生在气溶胶粒子、云滴和冰晶中[1371,1372]。

平流层中臭氧的减少(引起透过的 UV 辐射水平增强)导致对流层中的臭氧水平增加,地面臭氧会造成健康风险,因为它是一种强氧化剂。此外,其他空气对流层的污染物(如 SO_2、NO_2 以及 HNO_2 等)也对光不稳定,会引起二次污染物的形成[1367]。数百种挥发性有机物(volatile organic compounds,VOCs)是大气中重要的微量组分,如烷烃、烯烃、芳烃以及含氧和含氮化合物,光化学反应也参与了它们的生成[1373]。例如,亚硝酸在太阳升起后发生快速光解(所谓光化学烟雾[1374]),从而导致清晨羟基自由基的产生;它们可从 VOCs(如甲烷)抽氢生成自由基,生成的自由基与氧反应,随后与 NO 反应而形成醛:

$$HNO_2 + h\nu \longrightarrow HO\cdot + NO\cdot$$

$$CH_4 + HO\cdot \longrightarrow \cdot CH_3 + H_2O$$

$$\cdot CH_3 + O_2 \longrightarrow H_3COO\cdot$$

$$H_3COO\cdot + NO \longrightarrow H_3CO\cdot + NO_2$$

$$2H_3CO\cdot + \frac{1}{2}O_2 \longrightarrow 2H_2CO + H_2O$$

光化学烟雾还会产生其他有害物质,如过氧乙酰硝酸酯(PANs),它是一种对呼吸道和眼睛有刺激性的物质。

$$碳氢化合物 + O_2 + NO_2 + h\nu \longrightarrow RC(O)OONO_2$$

激发态分子氧

氧的两个激发单重态 $^1\Delta_g$ 和 $^1\Sigma_g$ 的能量分别比其基态高 95 kJ mol^{-1} 和 158 kJ mol^{-1}(见 2.2.5 节)[135,136]。$^1\Delta_g$ 的两个电子成对处于其中一个 π^* 轨道上,该物种预期参与极性反应,$^1\Sigma_g$ 的两个电子处于两个简并 π^* 轨道上,该分子与 $^3\Sigma_g$ 类似,具有类双自由基的特征。由于在光化学实验室中通过直接光照激发氧不易实现(只有液态氧或高压下的气态氧在可见或近紫外区域有足够的吸收[135,1364]),因此,通常利用敏化原位产生 $^1\Delta_g$,生成的物种称为**单重态氧(singlet oxygen)**,参与多数光化学诱导氧化反应(6.7.2 节和 6.7.3 节)。由于基态氧($^3\Sigma_g$)异常低的激发能,它能有效地猝灭多数激发三重态物种。另外,激发单重态化合物与基态氧间的能量传递也是可行的[139]。

图示 6.247 给出了敏化过程通式,敏化过程中能量从三重态敏化剂传递给基态三重态氧。单重态氧生成量子产率与很多参数有关,例如,激发单重态敏化剂系间窜越(ISC)的量子产率、激发三重态敏化剂的猝灭效率或局域氧和敏化剂的浓度。通常用于极性溶液中具有低三重态能量的敏化剂有:孟加拉玫瑰(**503**)(E_T=164~177 kJ mol^{-1})[1376]和亚甲蓝(**504**)(E_T=138 kJ mol^{-1}[157])等,而通常在非极性溶液中使用四苯基卟啉(**505**)(E_T=140 kJ mol^{-1})敏化剂[135,136]。由于经双分子过程生成单重态氧的量子产率通常很高,并且染料有很高的吸收系数,因此反应混合物中染料的浓度可以很低[1377]。即使在有目标反应物存在的情况下,单重态氧在普通溶剂中也具有相对长的寿命(水和醇类质子溶剂中为微秒级,非极性溶剂中为毫秒级)[1358,1363]。已有实验证明,单重态氧也可相对长寿命地存在于细胞中(τ 约 3 μs,专题 6.23),能够在相当长的距离扩散,穿过细胞膜进入细胞外环境[1378]。激发态氧可以通过辐射或非辐射过程失活[1361,1379],在胺类良好电子给体的存在下作为电子受体形成超氧阴离子 $O_2^{\cdot -}$[1380],并参与后续反应,有时也称为Ⅱ型氧化(type Ⅱ oxygenation)[1366](6.7.2 节和 6.7.3 节)。

$$\text{敏化剂} \xrightarrow{h\nu} {}^1\text{敏化剂}^* \xrightarrow{\text{ISC}} {}^3\text{敏化剂}^*$$

$$^3\text{敏化剂}^* + {}^3O_2(^3\Sigma_g) \longrightarrow {}^1\text{敏化剂} + {}^1O_2(^1\Delta_g)$$

敏化剂:

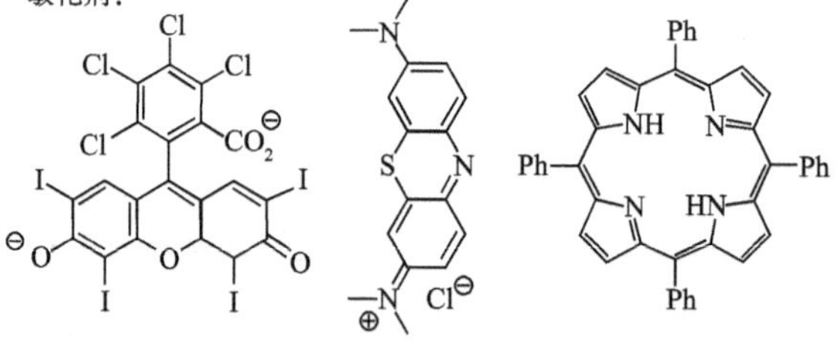

503 **504** **505**

图示 6.247

专题 6.22 光毒性和光变态反应

光敏反应是对新化学品(如药物)和光联合作用的不良皮肤反应[1381,1382],其机理通常很复杂,但我们可以将它们分为两类,即光毒性和光变态反应。比较常见的光毒性反应是原位生成的单重态氧直接引起组织损伤;相反,光变态反应是免疫介导的超敏性产生少量光化学产物。与光敏性相关的化学物质包括几种常用的抗生素(如磺胺类和四环素类)、利尿剂、镇静剂、抗癌药物和补骨脂素(专题 6.8)、香料等。多数光毒性试剂吸收 UVA 范围的辐射。

例如，四环素(**506**)是一种广谱抗生素，已知其衍生物引起光毒性或光变态反应，包括由药物或形成的一种或多种光产物及它们后续光反应对生物分子的光敏化[1383]，单重态氧可能参与其中。

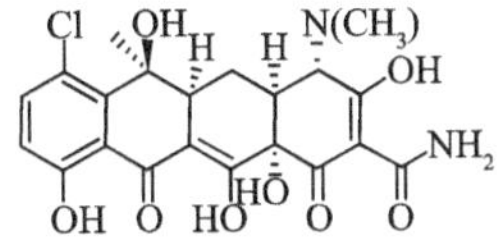

506

单重态氧也可通过不稳定分子的热分解得到，像芳香内过氧化物(例如 **507**)(6.7.2 节)或臭氧化物(例如 **508**)[135,1384,1385]，也可通过臭氧[1386]或芳香内过氧化物(如 **507**)的光解得到，或者在基态氧存在下通过微波放电得到(图示 6.248)[1388]。

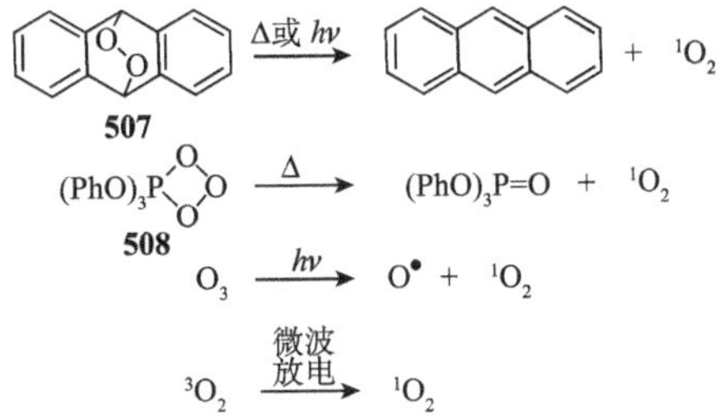

$$507 \xrightarrow{\Delta \text{或} h\nu} \text{蒽} + {}^1O_2$$

$$(PhO)_3P{-}O{-}O \ (\textbf{508}) \xrightarrow{\Delta} (PhO)_3P{=}O + {}^1O_2$$

$$O_3 \xrightarrow{h\nu} O^\bullet + {}^1O_2$$

$${}^3O_2 \xrightarrow{\text{微波放电}} {}^1O_2$$

图示 6.248

很多重要化学过程和光化学应用涉及单重态氧，包括：光动力治疗(专题 6.23)，光致癌性(专题 6.7)和光毒性(专题 6.22)，化学发光(5.6 节)，大气光化学(专题 6.21)，高聚物降解(专题 6.13)，光合作用[1389](专题 6.25)或工业有机合成(专题 6.20)等。

专题 6.23 光动力治疗

光动力治疗(photodynamic therapy,PDT) 是为大家所熟悉的常被用于治疗癌症(如肺癌和食道癌)和其他过度增殖疾病的方法[1390-1398]，它涉及光敏剂、光和组织氧，原位生成作为细胞毒剂的单重态氧(参看案例研究 6.36)。通常情况下，红光和近红外光可很好地穿透大多数人体组织(在 $\lambda=600$ nm 和 800 nm 分别穿透 3～5 mm 和 6～10 mm 组织深度)，这是因为该波长的光不会被组织中存在的发色团明显吸收(黑色素除外)[1391,1399]。卟啉衍生物等染料(敏化剂)在 600～600 nm 区域有明显的吸收带，而且在所用剂量下检测不到细胞毒性，因此，它们是 PDT 最常用的敏化剂。第一个用于医疗 PDT 的敏化剂是组分不确定的血卟啉低聚体衍生物的混合物（**509**，图 6.17），称为光卟啉（Photofrin）[1392,1400]，全身给药后通常用 630 nm 的光照射 48 h。为了改进 PDT 敏化剂的生物、光物理、药代动力学和光疗性质，如今已发展出一代又一代新的 PDT 发色团，例如，四(m-羟基苯基)卟啉(**510**)，其在浓度比 **509** 低约两个数量级的条件下呈现相同的光动力效果，这与它们在 630 nm 处的摩尔吸收系数的差异相关。另一种不同于外源光敏剂给药的方法是刺激内源性光敏剂的细胞合成，一种治疗方法是使用氨基乙酰丙酸(ALA,**511**)，从甘氨酸及琥珀酰辅酶 A 出发，在 ALA 合成酶作用下缓慢(～24 h)产生天然光敏剂原卟啉 IX(**512**)(图示 6.249)，其与某些类型血红素生物合成途径异常的卟啉症相关。常规光源和诸如波长可调染料激光器、固体激光器以及与光纤耦合的红光二极管激光器等相干光源如今都在使用，通常光照时间持续几分钟到几十分钟，然后再重复光照。

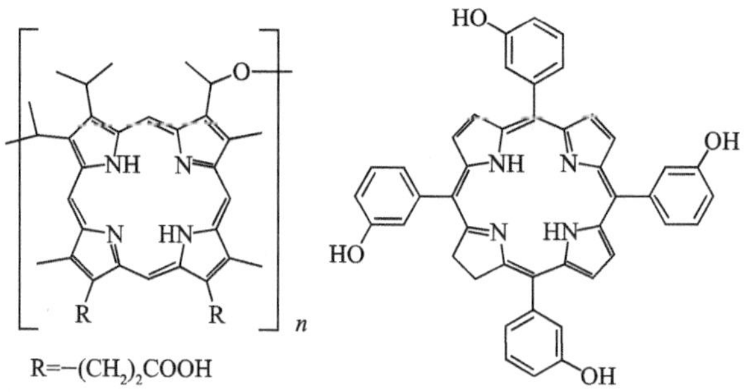

图 6.17　血卟啉和四(m-羟基苯基)卟啉

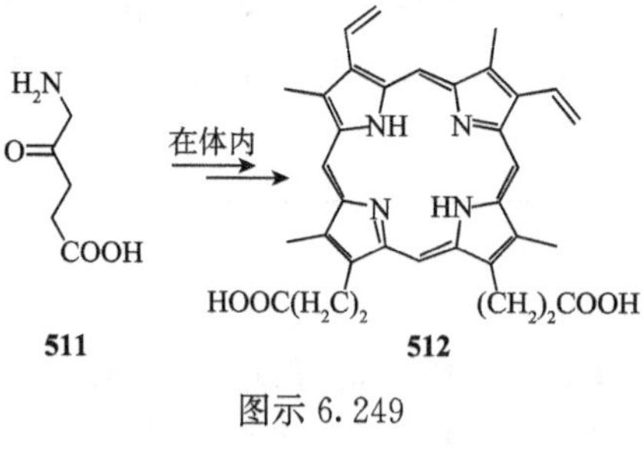

图示 6.249

在本质上为非均相生物细胞内产生的单重态氧可被邻近生物分子猝灭，通过控制细胞死亡(凋亡)[1401]或与质膜完整性丧失相关的坏死[1400]杀死细胞。生物体系中有很多光动力作用的靶向分子，包括芳香和含硫氨基酸、不饱和脂类、类固醇和鸟嘌呤核苷酸，它们可发生不同的氧化反应(Ⅱ型光化学，参看后面章节)[1391]。依据Ⅰ型机理，激发三重态敏化剂与相邻分子发生电子转移反应生成自由基中间体,后者与基态氧作用产生超氧自由基和其他活性氧物种(图示 6.246),但认为这种机理不太重要①[1400]。

光动力作用的有效程度与单重态氧细胞内的寿命和浓度尤其相关。与早期的报道相反,已发现单重态氧的扩散明显超过预测的距离,并可跨越细胞膜到细胞外的环境[1378]。利用叫作单重态氧显微镜的直接检测方法,测得细胞内单重态氧的寿命约为 3 μs,在该寿命范围内单重态可扩散约 130 nm 的距离[1402],这种方法已被发展用于包括单细胞在内的一系列材料中单重态氧(时间分辨)的磷光成像。

专题 6.24 环境水和雪的光化学

阳光可引发大气中水珠、地表水、海洋甚至雪中的光化学反应。短波长太阳光在淡水和海洋生态系统中能达到生态意义的深度[1367,1403],在沿海水域含有高浊度和高浓度黄色物质的,是自然产生的统称为**腐植酸(humic acids)**的有色有机物的复杂混合物,UVB(280~315 nm)光只能穿透其几十厘米,但可穿透几十米的清澈海水[1404]。平流层臭氧的减少(专题 6.21)使太阳 UV 辐射水平有所增强或潜在增强,已经发现它或从正面或从负面影响着浅水中发现的大多数生命形式。包括人类起源相关化合物在内的大部分溶解有机物(dissolved organic material,DOM)吸收波长范围在 300~400 nm 的光,因此,光驱动海洋边界层、淡水和雨水中很多重要的 DOM 的化学转换[1405-1407],这些转换影响重要大气痕量气体(包括 CO_2、CO 和二甲基硫醚)的涨落以及调节海洋食物链的过程[1408]。带有各种羟基、氨基、羰基以及羧基官能团的腐殖酸和芳香大分子化合物在水的光化学中起特殊的作用,它们有相对强的 UV 吸收能力,并且认为它们参与了敏化产生单重态氧[1409]以及酚和碳酸根离子的光氧化[1410,1411]等。包括过渡金属光催化(6.8.2 节)在内的自然光化学过程也可以涉及其他活性氧物种,如过氧化物、超氧离子和羟基自由基等[1412,1413];相反,短波长辐射有可能减弱浮游植物的光合作用(光抑制)(专题 6.25)[1414]。

近来已有报道在雪和冰中发生光化学反应产生多种化学物质,这些生成化学物质的释放可显著影响冰冻圈(陆地被冰雪覆盖的季节性最大达 40% 和世界海洋相当大比例被海冰覆盖[1372])的大气化学。除了 NO 和 NO_2 等简单活性气体可由无机硝酸盐光解产生外,某些人类活动产生的有机污染物也可以在积雪堆中发生光化学降解[1414-1418]。

---

① 近年来的研究表明,在乏氧体系中电子转移机制起重要作用。——译者注

6.7.2 单重态氧:[2+2]和[4+2]光氧化以及相关光反应

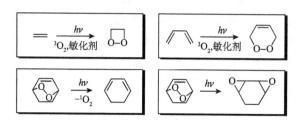

建议阅读综述[135,136,1358,1359,1384,1419,1426];

精选理论和计算光化学参考文献[1427-1433]。

三重态敏化产生的单重态氧($^1\Delta_g$)可以很容易地氧化烯烃、二烯烃和芳香化合物,反应从形式上可理解为[2π+2π]([2+2])或[4π+2π]([4+2])环加成反应,分别生成1,2-或1,4-内过氧化物。图示 6.250 为1,2-二氧杂环丁环(**513**)、1,2-二氧杂环己烯(**514**)和2,3-二氧杂双环[2,2,2]-5,7-辛二烯(**515**)的例子。

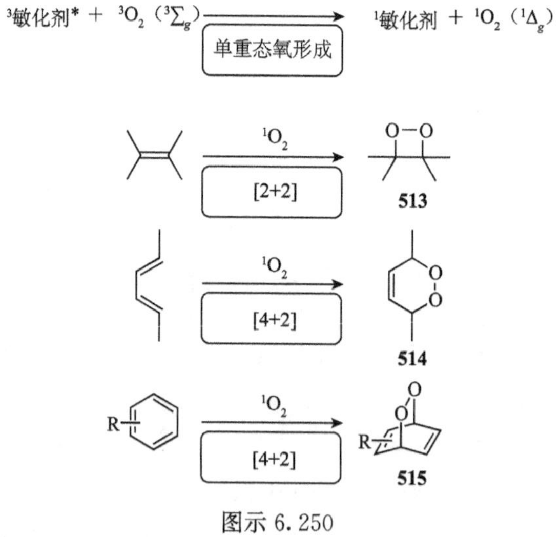

$$^3敏化剂^* + {}^3O_2\,(^3\Sigma_g) \xrightarrow{\text{单重态氧形成}} {}^1敏化剂 + {}^1O_2\,(^1\Delta_g)$$

图示 6.250

[2+2]光氧化

一些光氧化机制已被提出,例如协同同面-异面[2+2]环加成机制,以及涉及电荷转移复合物(**516**)、过环氧化物(**517**)、1,4-双自由基(**518**)以及两性离子中间体(**519**)的分步加成机制(图示 6.251)[1421],但看起来形成极性物种最有可能[1434]。光氧化反应的速率几乎完全由熵变决定[1435]。

[2+2]光氧化是制备1,2-内过氧化物的独特方法,某些1,2-内过氧化物可以

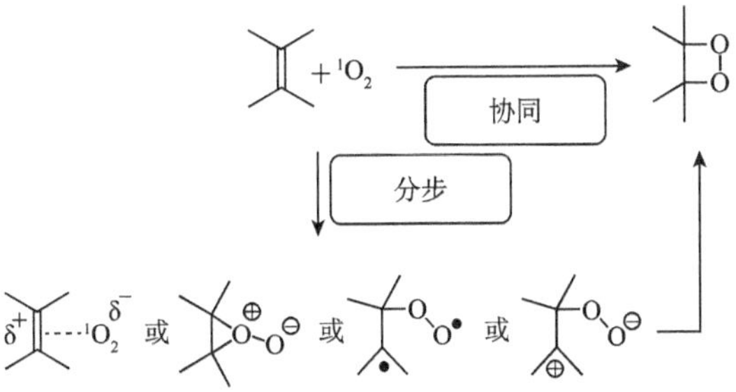

516　517　518　519

图示 6.251

是相对稳定的。例如，在亚甲蓝和氧存在下以 $\lambda_{irr}>350$ nm 的光照射二金刚烷烯(**521**)，得到金刚烷基金刚烷-[1,2]-二氧杂环丁(**520**)，产率为 66%(图示 6.252)[1436,1437]。

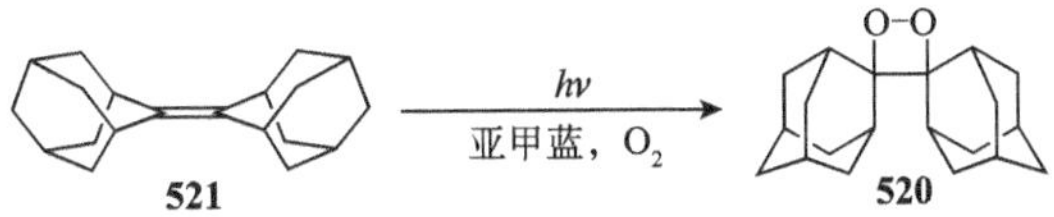

521　520

图示 6.252

可以通过改变实验条件抑制可能副反应的发生，如从含烯丙基氢的化合物生成烯丙基氢过氧化物(竞争 ene 反应，6.7.3 节)，或从 1,3-二烯生成 1,4-内过氧化物[1359,1438]。以丙烯基茴香醚 **522** 为例说明(图示 6.253)，苯乙烯类化合物[2+2]和[4+2]光氧化程度可以通过溶剂的极性和 pH 控制，这可能是由于过环氧化物/两性离子中间体的质子化[1421,1439]，在非极性溶剂苯或氯仿中，主要生成[4+2]产物 **523**，而在甲醇或酸化非极性溶剂中几乎全部生成 1,2-二氧杂环丁烷产物 **524**。

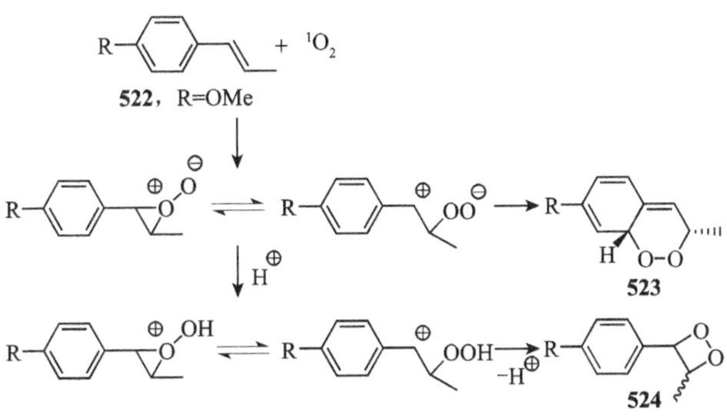

图示 6.253

已知 1,2-二氧杂环丁烷(如四甲基-1,2-二氧环丁烷，**525**)可经协同或分步(自由基)反应机制热分解形成两个羰基化合物，并伴随有化学发光(5.6 节)(图示

6.254)[135,511,1440]，525 分解主要产生丙酮的磷光，而且该反应对氧猝灭非常敏感。

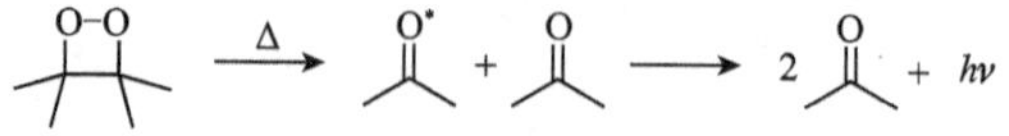

图示 6.254

1,2-二氧环丁烷是制备诸如羰基和羧基化合物等氧化产物有用的前体。用来替代臭氧分解的光氧化双键断裂可成功用于大杂环的制备或开环。例如，烯胺(**526**)光氧化经 1,2-二氧杂环丁烷中间体 **528** 生成 10-元环产物 **527**，化学产率为 84%（图示 6.255）[1441]。

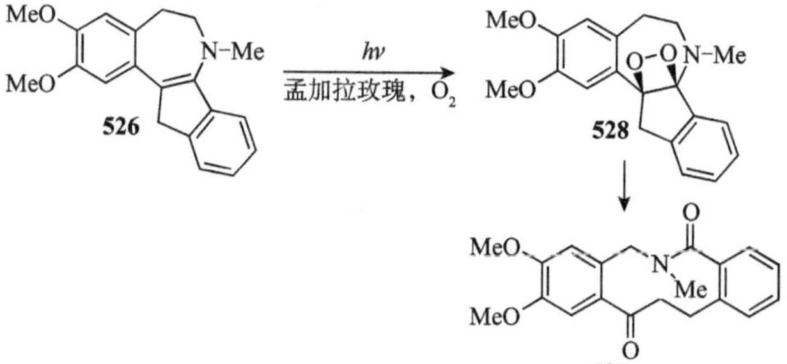

图示 6.255

另一个例子是在氧和四苯基卟啉（TPP）存在下光照氧硫杂环己烯（**530**），得到的二氧杂环丁烷 **529** 以几乎定量的化学产率转化为 **531**（图示 6.256）[1442]。

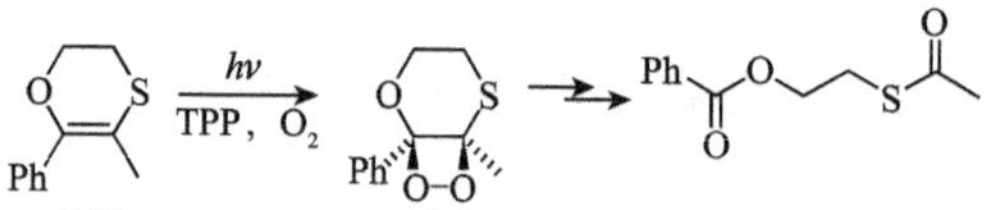

图示 6.256

1,2-二氧杂环丁烷还可以用 LiAlH$_4$ 还原转化为 1,2-二醇化合物，或者在暗处以磷化氢处理生成环氧化物[1421]。

[4+2]光氧化

[4+2]光氧化形式上与 Diels-Alder 反应相关，也可以通过类似[2+2]环加成反应（图示 6.251）的各种机制进行（图示 6.257），例如，协同过程，或形成电荷转移产物（激基复合物，**532**）、双自由基（**533**）、两性离子（**534**）和过环氧化物（**535**）中间体等[1421,1443]，大多数情况为协同过程[1444]并经激基复合物[1445]中间体。[4+2]光氧化还可能伴随有其他相关过程（如[2+2]过程）。

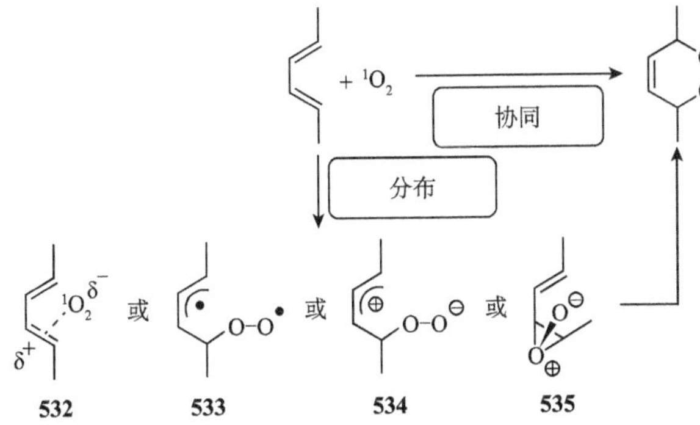

图示 6.257

氧是高度对称的分子,光氧化反应的潜在立体选择性在很大程度上应受底物结构控制,特别是当反应预期为协同或高度同步机制时[1421]。例如,内过氧化物立体异构体(**536**)的形成会因大的硅烷基阻碍了氧从同面进攻而选择性增加(图示6.258)[1446]。这里四苯基卟啉(TPP)用于产生单重态氧。

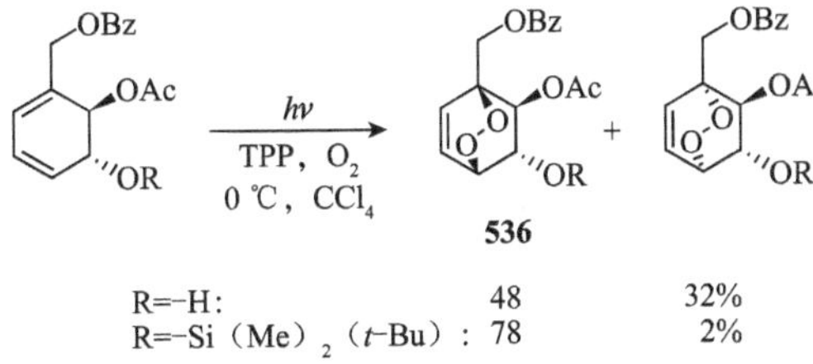

图示 6.258

只有活性芳香化合物可与单重态氧进行[4+2]光氧化反应[1421,1425],如带有良好给电子取代基的苯衍生物或多环芳烃。举例说明:$^1O_2$ 与1,4-二甲基萘、蒽和并五苯加成反应的速率常数分别为 10^4 mol^{-1} s^{-1}、10^5 mol^{-1} s^{-1} 和 10^9 mol^{-1} s^{-1},随体系给电子能力增强而显著增大[1425]。认为反应是协同加成机制,通过芳香化合物到氧的电荷转移对称过渡态进行[1385];而且该加成是可逆的,内过氧化物易于发生**热分解**或**光化学**分解回到起始芳香化合物和单重态氧或基态氧(图示6.262)[1387]。图示 6.259 中给出了二苯并[a,j]茈-8,16-二酮(**537**)的光氧化反

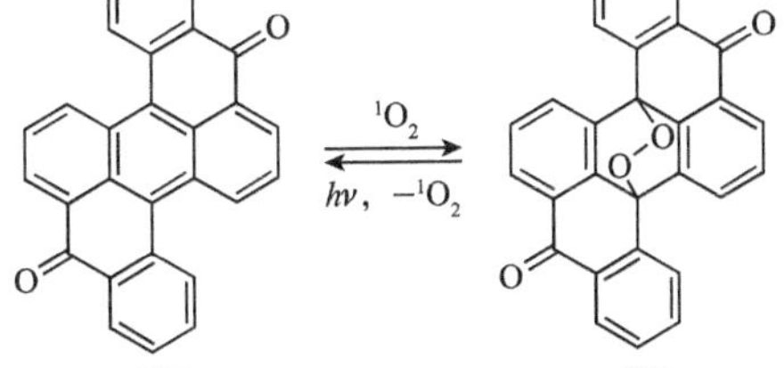

图示 6.259

应,生成的内过氧化物 **538** 可用 313 nm 的光光照脱氧($\Phi=0.27$)[218]。该化合物可用作露光计[214]。

图示 6.260 给出了光氧化在 cdc25A 蛋白磷酸酶抑制剂 dysidiolide(**539**)全合成中的应用,合成过程最后一步是化合物 **540** 呋喃基团的区域选择性氧化,该反应以几乎定量的化学产率进行[1447]。

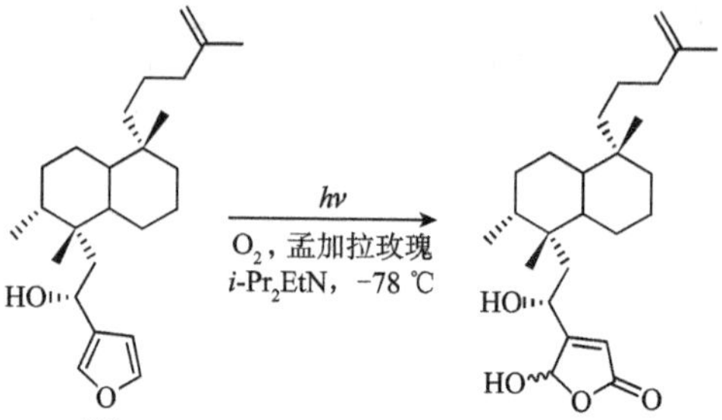

图示 6.260

案例研究 6.36　光医学——DNA 的光氧化

单重态氧是众所周知的细胞毒剂(专题 6.23),可与鸟嘌呤或细胞 DNA 的其他部分作用。细胞 DNA 的 UVA 损伤的确定仍是分析中的难题,因此,实验室 DNA 模型实验已成为揭示光氧化反应机理细节的最佳方法。

例如,鸟苷衍生物 **541** 可通过四苯基卟啉(TPP)敏化产生的单重态氧氧化为 7,8-二氢-8-羰基化鸟苷(**542**)(图示 6.261)[1448]。认为可能的机理为:初始形

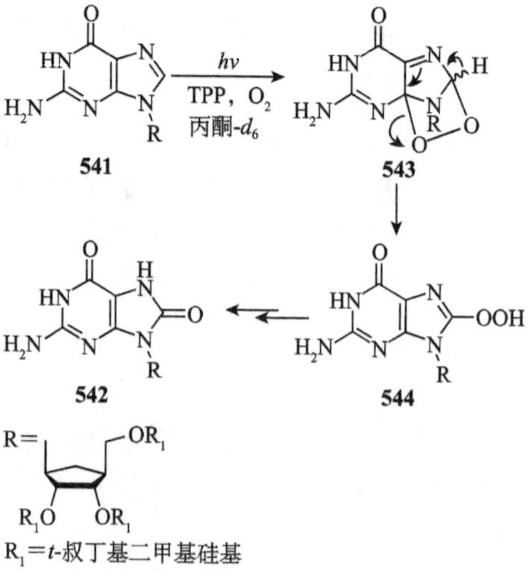

$R_1=t$-叔丁基二甲基硅基

图示 6.261

成内过氧化物(**543**),经重排形成非常活泼的 8-过氧化氢衍生物 **544**,其进一步反应为 **542**。产物通过制备型光照实验得到,单重态氧猝灭速率通过 1270 nm 处磷光衰减的时间分辨测量确定(3.7 节)。

实验细节[1448],将化合物 **541**(约 0.1 M)和 TPP(6×10^{-5} M)的氘代丙酮溶液置于持续通氧的核磁管内,核磁管浸于恒温浴中以保持样品温度恒定,氙灯(300 W)为光源,以 1‰ 重铬酸钾滤色液除去波长低于 500 nm 光照射样品(图 3.9);反应过程用 NMR 测试跟踪。

内过氧化物的光化学

内过氧化物通常从光氧化反应得到,是对光不稳定的化合物,它们在短波长光照射下可失去单重态氧重新生成二烯前体(例如,**545**)(裂环,参看前面章节),或者在长波长光照射下发生重排形成双环氧化物(例如,**546**)(图示 6.262)[1384,1385,1387]。光化学裂环机理仍存在争议。

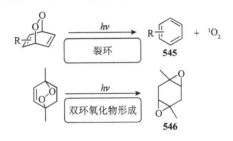

图示 6.262

例如,低温下以 $\lambda_{irr}=400$ nm 的光照射蒽内过氧化物 **547** 生成顺-双环氧化物 **548**(图示 6.263),进一步加热,产物异构化为苯并环丁烷衍生物 **549**[1449]。

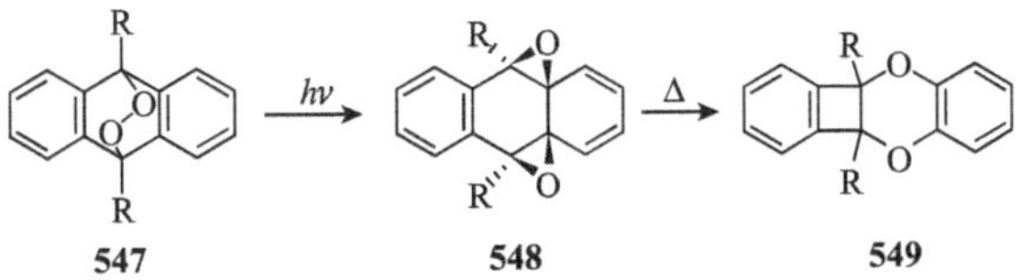

图示 6.263

6.7.3 单重态氧:ene 反应

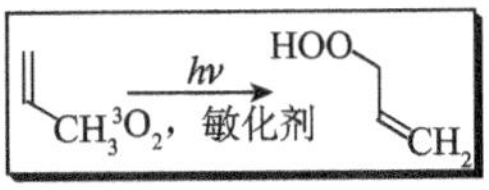

建议阅读综述[135,136,1358,1359,1376,1377,1422,1423,1450];
精选理论和计算光化学参考文献[1428,1429,1451-1453]。

ene 反应或 Schenck 反应[1454]是另一类光氧化反应,涉及单重态氧和含至少一个烯丙基氢的烯烃(6.7.1 节)[1376,1377,1422,1423,1450]。[2+2]和[4+2]光氧化中建议的反应中间体也可以考虑用于 ene 反应中(图示 6.264),但高的负活化熵表明可能为协同机制[1455]或涉及激基复合物 550 形成[1456],也有强有力的证据表明,在特定情况下形成了过环氧化物中间体 551[1450,1456-1459]。

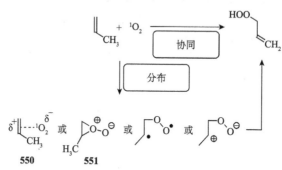

图示 6.264

2,4-二甲基-1,3-戊二烯(552)竞争的[4+2]和 ene 反应被认为或者经历协同过程或者经过环氧化物中间体途径(图示 6.265)[1460]。在非极性溶剂中几乎完全生成[4+2]产物 553,而通过极性过环氧化物中间体 555 形成的 ene 产物(554)在甲醇等极性溶剂中增加,较不稳定的 552 的 s-cis 构型是协同过程所需要的。另一竞争过程是单重态氧的物理猝灭,已发现它至少和化学过程效率相当。

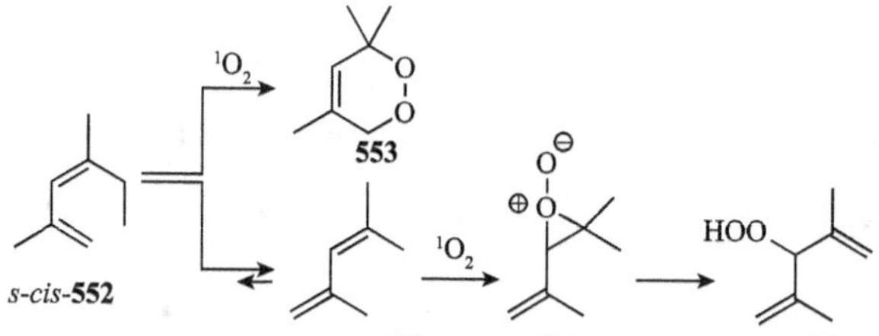

图示 6.265

光学纯氘代 3,4-二甲基-1-苯基-2-戊烯(556)光氧化立体化学研究排除了 ene 反应的协同途径(图示 6.266)[1461],认为反应是经过环氧化物中间体 557 和 558(或激基复合物物种)同面和立体专一进行的,反应过程中大体积苯基远离反应中心,氢或氘原子被提取。由于没有观察到立体化学效应(产物的浓度比[559]/[560]=1)和同位素(k_H/k_d=1)差异,因此决速步一定是单重态氧对双键的进攻[1377]。要想得到相应的醇而不是原初氢过氧化物,还原步骤([H])是必要的。

立体效应和电子效应两者均可影响 ene 反应的区域选择性,例如,抽氢反应优先发生在三取代烯烃生成的过环氧化物中间体多取代双键一侧[1376,1377],该效被称为顺式(cis)效应,可用轨道相互作用[1423]和活化熵差异[1457]来解释。图示 6.267

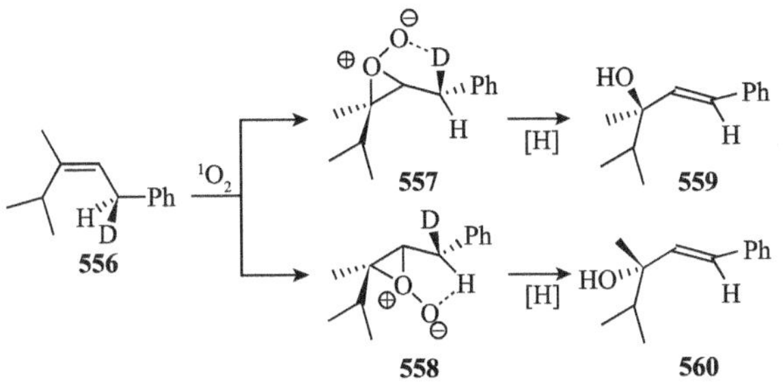

图示 6.266

列出了三种烯烃(**561**～**563**)光氧化后的产物分布[1461]，前两种情况中甲基相对2-丙基取代有明显的立体效应，在最后一个例子中，环丙基未参与反应，排除了双自由基中间体的形成(参见专题 6.10)。

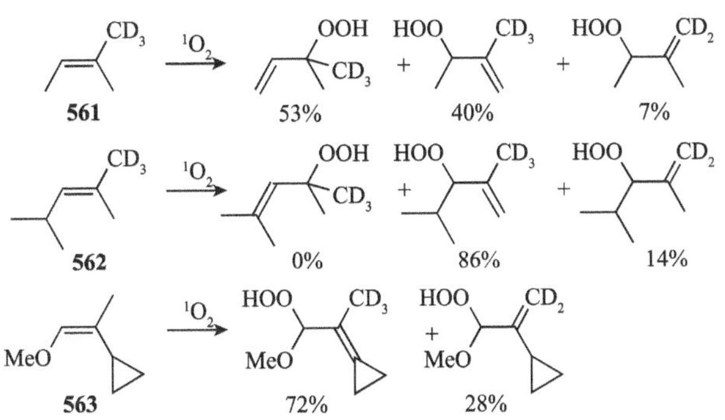

图示 6.267

图示 6.268 列出的是从二氢青蒿酸(**565**)合成抗疟药青蒿素(**564**)，**565** 在亚甲蓝存在下光氧化得到 **566**，后者被基态氧氧化，化学产率为约 30%[1462]。

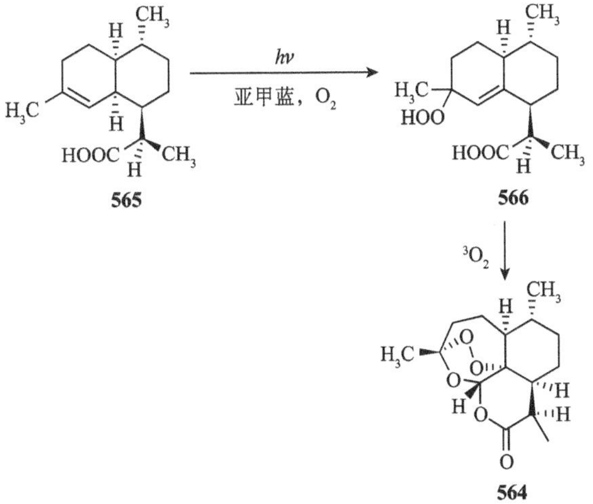

图示 6.268

案例研究 6.37　固载合成——沸石中的 ene 反应

与溶液中反应情况相反(见前面文字),当在固载硫堇的 NaY 型沸石中发生反应时,某些三取代烯烃较少取代侧变得更易于发生 ene 光氧化反应(图示 6.269)[1463],过环氧化物(**567**)形成过程中碱金属阳离子(沸石中 Na^+)与烯烃的 C=C 键和氧的同步稳定化(较小阻碍)相互作用显然是这一反常行为的原因。用于产生单重态氧的硫堇敏化剂通过水相阳离子交换过程固载于沸石内部[1464]。

实验细节[1463],硫堇交换的沸石(1 g,按文献方法制得[1464],负载量为每 100 个超级笼中少于一个染料分子)和烯烃(10 mg)加到干燥己烷(15 mL)中,将得到的浆状物以可见光(>450 nm)照射(图 3.9),得到的氢过氧化物以四氢呋喃萃取,并用 NMR 谱分析。

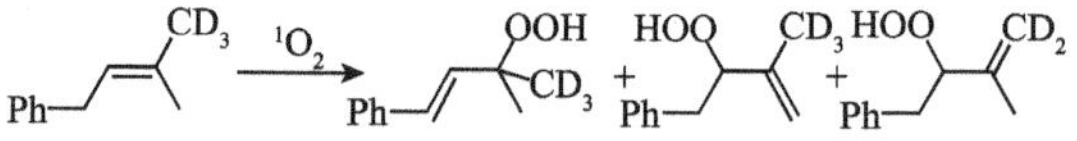

CCl_4:	60%	36%	4%
NaY 沸石:	<1%	38%	62%

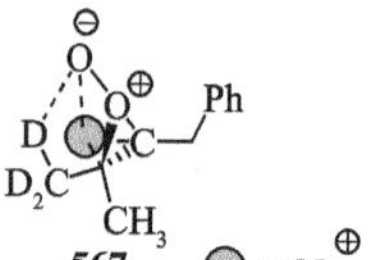

图示 6.269

6.7.4　习题

1. 解释下列概念和关键词:光氧化;平流层臭氧损耗;单重态氧;光化学烟雾;光敏性;光毒性;光变态反应;光动力治疗;光抑制;化学发光;过环氧化物。

2. 给出下列反应可能的机制:

    (a) 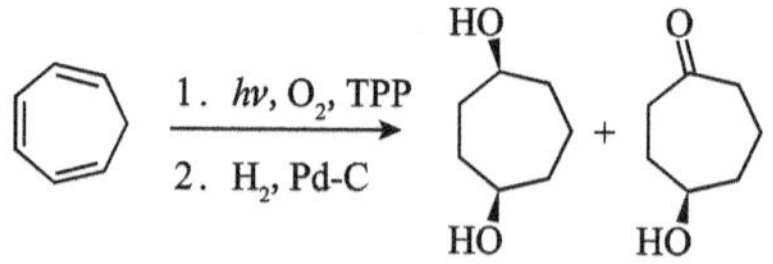
    TPP=四苯基卟啉

    文献[1465]

    (b)

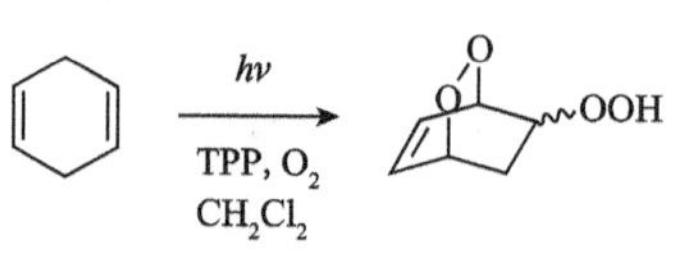

文献[1466]

3. 预测光反应的主要产物(可以是多个产物):

(a) [结构式] $\xrightarrow[\text{CH}_2\text{Cl}_2, \text{MeOH}]{\text{孟加拉玫瑰, O}_2}$ $\xrightarrow{h\nu}$

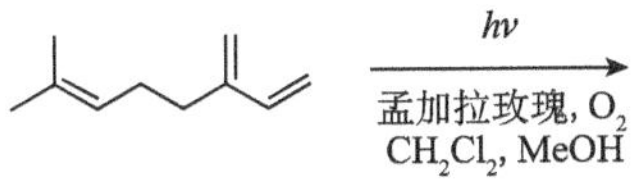

文献[1467]

(b) [结构式] $\xrightarrow[\text{孟加拉玫瑰, O}_2]{h\nu}$ (最后一步发光)

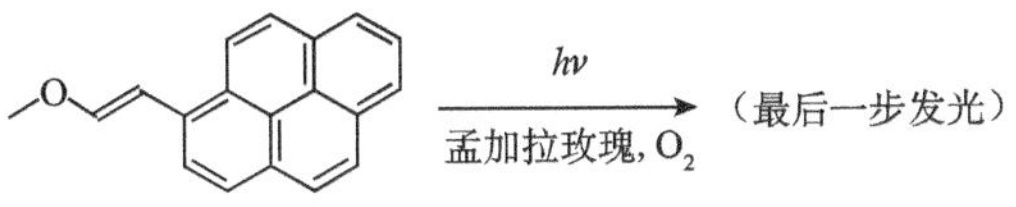

文献[1468]

6.8 光敏剂、光引发剂和光催化剂

本书中我们已经多次遇到通过能量传递或电子转移光化学活化、化学反应非直接引发的例子,研究表明,它们需要特殊的反应条件和实验装置,在很多实验室实验和实际光化学应用中极为有用,特别是光直接激发难以实现或会引起不希望的副反应时。这些反应非常有效,因此,当需要反应物高度降解时它们可以成功实施。在6.8.1节给出了敏化(表6.21,序号1)以及光诱导电子转移技术(序号2)的各种应用,包括用于有机合成、生物或材料/表面科学的有机光敏剂、光催化剂和光引发剂等。激发态光敏剂和光催化剂通常在失活或电子转移等过程中再生,而光引发剂通常在反应中被消耗。

表6.21 光敏剂、光催化剂和光引发剂参与的光过程

序号	起始原料[a]	产物[a]	过程	章节
1	R+敏化剂*	R*+敏化剂	敏化	6.8.1
2	D+A+$h\nu$	D$^{·+}$+A$^{·-}$	光诱导电子转移	6.8.1
3	Fe^{3+}+H_2O+$h\nu$	Fe^{2+}+HO$^·$+H$^+$	均相光催化	6.8.2
4	D+A+TiO_2+$h\nu$	D$^{·+}$+A$^{·-}$+TiO_2	非均相光催化	6.8.2

a D=电子给体;A=电子受体。

激发态过渡金属光催化剂参与的电子转移过程在6.8.2节中讨论。活性离子自由基通常可从中性有机分子产生,其随后发生二级转换。光氧化还原的光-Fenton过程(序号3)是均相溶液催化的例子;使用不溶激发态半导体(如二氧化钛)的光催化过程如表6.21中序号4所示,半导体催化剂促进了激发态半导体表面与吸附分子间的界面电子转移。

6.8.1 有机光敏剂、光催化剂和光引发剂

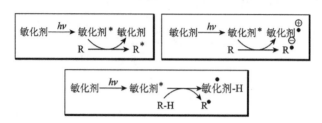

建议阅读综述[602,1134,1469,1471]。

有机光敏剂：能量传递

前面章节描述的多数化学过程直接发生在激发态前体(R)，激发态前体可通过直接吸收光(图示6.270)或非直接吸收光的光敏化过程获得[通过能量传递，图示6.270(b)]。后一种情况下，敏化剂(sens)敏化后再生为基态分子，为了参与到新的敏化循环它必须被再次电子激发。

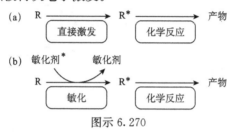

图示 6.270

光敏化是最普通也是最实用的产生激发态的方法，尤其是激发三重态，特别是当不能以所需波长激发或激发不能产生所需激发态时(2.2节)。良好的光敏剂应在指定波长区域内有强吸收，而且有足够长的激发态寿命；有效的能量传递过程应当是放热的。表6.22中列出了一些常见光敏剂和它们的典型应用。

表6.22 光敏剂实例

光敏剂	性质[157]	应用	章节
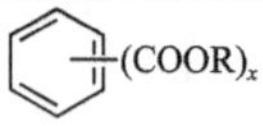 ⬡—(COOR)$_x$	单重态光敏剂 (E_S=420 kJ mol^{-1})	合成	6.1.1, 6.1.4
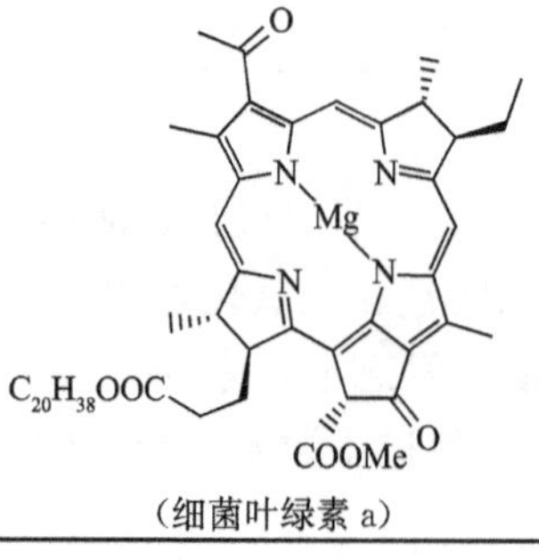 (细菌叶绿素 a)	单重态光敏剂 (E_S=177 kJ mol^{-1})	光合成	本节

续表

光敏剂	性质[157]	应用	章节
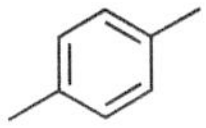 (对二甲苯)	三重态光敏剂 ($E_T=337$ kJ mol^{-1})	合成	6.1.4
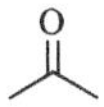 (丙酮)	三重态光敏剂 ($E_T=332$ kJ mol^{-1})	合成	6.1.1, 6.3.5
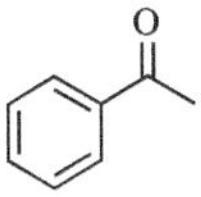 (苯乙酮)	三重态光敏剂 ($E_T=310$ kJ mol^{-1})	合成	6.3, 6.1.5
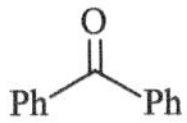 (二苯甲酮)	三重态光敏剂 ($E_T=288$ kJ mol^{-1})	合成	6.1.5
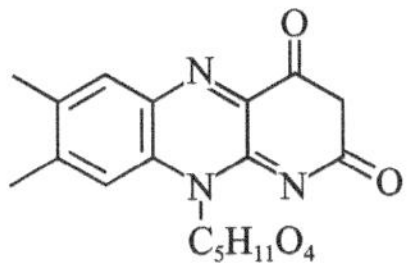 (核黄素)	三重态光敏剂 ($E_T=210$ kJ mol^{-1})	天然光敏剂	6.3.3
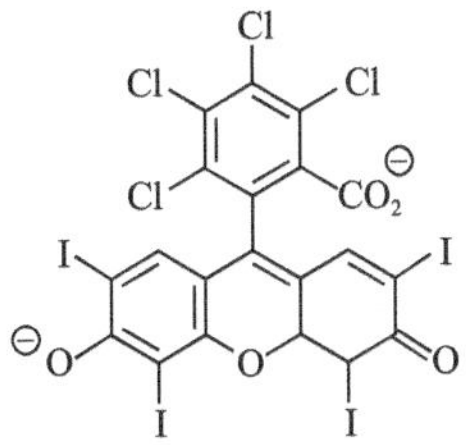 (孟加拉玫瑰)	三重态光敏剂 ($E_T\approx170$ kJ mol^{-1})	单重态氧制备	6.7.1
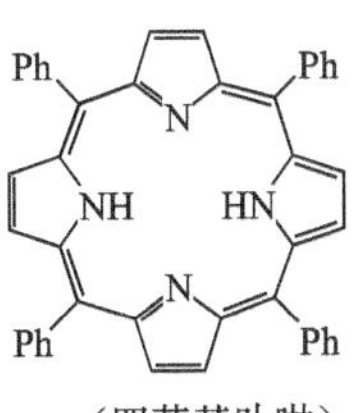 (四苯基卟啉)	三重态光敏剂 ($E_T=140$ kJ mol^{-1})	单重态氧制备	6.7.1

有机光催化剂:电子转移

名词光敏化也可用于最初由电子转移引起的过程(6.4.4节),在此过程中光敏剂作为电子给体或受体[1469]。在反应循环(图示6.271)中另一相关(助)电子转移反应中可以再生的化合物称为**光催化剂(photocatalyst, PC)**,这种情况下逻辑上可以使用低于化学计量的PC。

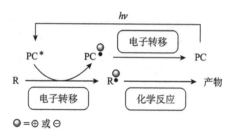

图示 6.271

在 6.4.4 节中已给出了几个光催化剂的例子,如金属卟啉和其他有机金属配合物。在另一个例子中,激发单重态光催化剂 1,4-二氰基萘(DCN)引起光化学电子转移诱导氮杂丙烯啶 568 开环(图示 6.272)[1473],随后中间体 569 与丙烯腈加成,经两步反应形成化合物 570,而 DCN 再生[883]。

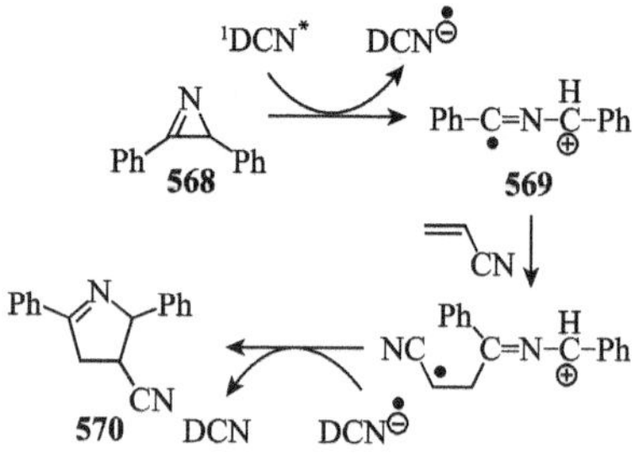

图示 6.272

图示 6.273 给出了叔胺(571)与呋喃酮 572 的光催化加成[1474],该反应从胺到激发态二苯酮间的电子转移形成离子自由基对开始[1475],形成的羰游基阴离子自由基从胺阳离子自由基上提取一个质子,随后将一个氢原子给到之前偶合的自由基中间体 573,使二苯酮分子再生并生成最终加成产物 574(化学产率<94%)。

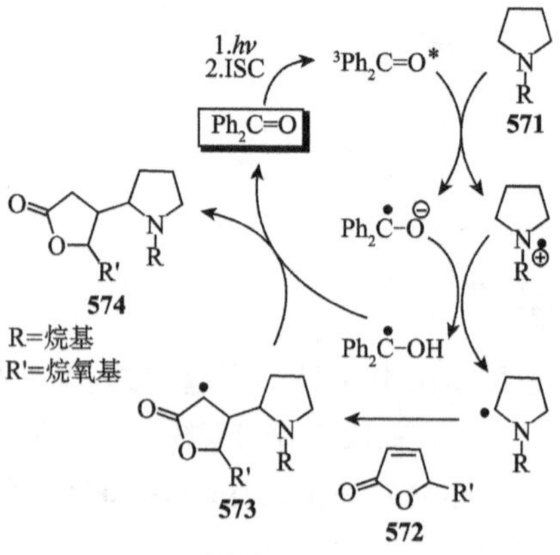

图示 6.273

专题 6.25 细菌和植物中的光合作用

光合作用在生物体内将光能转化为化学能，它包括直接激发、快速有效的能量传递和电子转移过程以及后续的暗化学反应。

最简单的光合系统发现于**紫细菌（purple bacteria）**中[1476,1477]，其首先是通过捕光天线系统LH2吸收光子，LH2由含18个（或9个）细菌叶绿素（BC）分子（见图6.9中的吸收光谱）以及两个螺旋蛋白质分子壁内的有机色素胡类萝卜素组成（图6.18）[1478,1479]，BC分子在很大程度**激子耦合（exciton-coupled）**（见专题6.29），亦即激子态在几个发色团上离域；激发能量于是很快传递到围绕**反应中心（reaction centre，RC，**见下文）类似天线复合物（LH1）上，LH1更大，由32个BC分子构成。环与环间激发能的迁移发生在皮秒时间范围，单重态-单重态共振能量传递（2.2.2节）有可能通过量子相干定域在最有效传递途径发生[1480]。围绕LH1有几个LH2复合物，从LH1到RC的能量传递大约慢一个数量级。

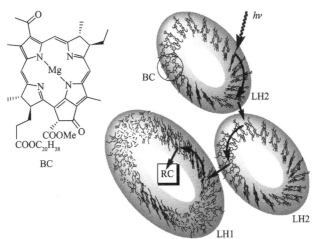

图 6.18　捕光复合物中的能量传递

光合作用原初过程是通过嵌在脂类双层膜的色素-蛋白质络合物-反应中心（RC）（图6.19）以及周围的捕光复合物进行的[1477,1481,1482]。因此，能量从LH1传递到细菌叶绿素"特殊对"（P）上，然后经细菌叶绿素分子（BC，单体）到细菌脱镁叶绿素（BP，缺少中心 Mg^{2+} 的叶绿素分子）；随后在几百皮秒时间内将电子转移给醌 Q_A。中性P在几百纳秒的时间内通过从最近的膜间隙蛋白细胞色素 c（Cyt c）的电子转移得以修复。电子转移步骤的速率常数列于图6.20中，这些长距离（跨膜）的电荷分离过程是极其有效且基本不可逆的，因为电荷复合速率处于 Marcus 反转区内(5.2节)[1477]。光能转换的全部电荷分离过程在约 10 ms 内完成,量子产率接近 1,但只有部分激发态能量保存在最终的电荷分离态中,最后的电子受体 Q_A 在双电子-双质子过程中还原为氢醌(Q_AH_2),Q_AH_2 扩散到细胞色素 bc(也称为质子泵),在那里它被氧化回到 Q_A(图 6.21)。释放的能量用来转移质子,使质子通过膜到达 ATP 合成酶,ATP 合成酶是用来从 ADP 和无机磷酸盐(P_i)合成 ATP 的酶。ATP 则是一种高能化合物,可用来驱动各种吸能的生化反应。

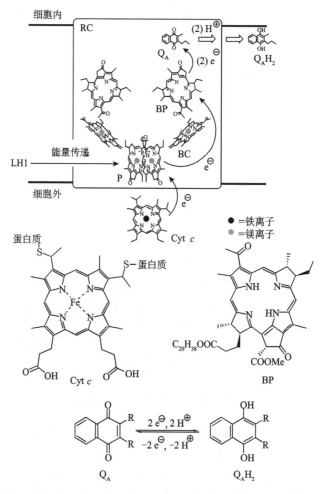

图 6.19　光合作用反应中心及电荷分离过程[1477]

目前对紫细菌厌氧光合作用的生物物理学已经有很好的理解。**绿色植物(green plants)**和**蓝细菌(又称蓝藻或蓝绿藻,cyanobacteria)**的光合作用类似但更复杂,主要的不同是存在两个相关捕光中心和**产氧**(**oxygen production**)。植物的光合作用利用两蛋白质光系统,发生在称为叶绿体的细胞器中,吸收 $\lambda_{max} =$ 680 nm 光的光系统Ⅱ在含镁金属酶(称为产氧复合物)中产生的氧化电位足以从水中移去一个电子产生氧[1483]。电子经过几个载体转移到叶绿素 a 为反应中心的缺电子光系统Ⅰ。当吸收波长≤700 nm 的光时,电子传递到铁-硫蛋白铁氧化还原蛋白,还原辅酶 $NADP^+$ 为 NADPH 或为 ADP 磷酸化为 ATP 提供能量。

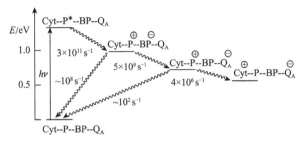

图 6.20 电荷分离过程能级图

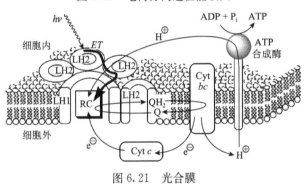

图 6.21 光合膜

专题 6.26 人工光合作用

对廉价清洁能源的需求不断增加,即使化石燃料还能(有限)满足这些需求,大气中 CO_2 排放量持续增加,有可能是全球变暖的重要因素。正在研发的新型太阳能转换化学体系,包括人工纳米器件和初级半生物杂化系统(人工光合系统),它们可以完成自然光合过程的很多功能(专题 6.25)[5,7,1248,1477,1484-1487]。将太阳能转换为燃料形式既具有挑战性,同时也具有吸引力。光解水得到的分子氢作为最有前途和环境友好的燃料,有望在未来燃料电池汽车中广泛应用。该过程可通过多种无机半导体光催化完成[1484,1488],在光的作用下可以将水转化为氢气和氧气:

$$2H_2O \xrightarrow[\text{催化剂}]{h\nu} 2H_2 + O_2$$

$$2H_2O \longrightarrow O_2 + 4H^{\oplus} + 4e^{\ominus}$$

$$4H^{\oplus} + 4e^{\ominus} \longrightarrow 2H_2$$

迄今为止，利用可见光完成此催化转换过程的量子产率还不能够满足有盈利的商业应用（例如>10%）[1489]，但氢气可以从各种有机分子和材料有效制备[1486]。例如，烷烃和醇在各种铑膦配合物的存在下发生光化学脱氢，如 $Rh^I(PR_3)_2(CO)Cl$ 或 $Rh^I(PR_3)_3Cl$。

模拟自然光合作用要求所有合成化学模块通过自组装共价连接成工作分子器件，其基本组成包括：用于捕获光的捕光天线，将激发能转化为长寿命电荷分离态形式化学能的反应中心，将形成的氧化还原中间体转化为可存储燃料，以及将产物理分离的系统。

捕光天线是复杂的多发色团体系，其中每个组分均可吸收（可见）光，并在失活前将激发能传递到离其最近的发色团，能量传递效率取决于发色团间的距离和相对取向。近年来，超分子化学的发展已可以构筑非常复杂和高效的捕光天线，例如，基于树枝形结构的捕光体系[1248,1477]，卟啉、金属卟啉或酞菁阵列作为自然体系的合成类似物是合乎逻辑的首选。例如，在 Mg 或 Zn 卟啉（MP）与空心卟啉（P）组装体内，MP 与 P 间能量传递在 10～100 ps 范围发生。图 6.22 给出了 MP 和 P 组装体的例子。

图 6.22　捕光天线

最为简单的反应中心是由弱电子耦合电子给体（或受体）和电子受体（或给体）构成的二元体系，基于光诱导电子转移（k_{et}）产生电荷分离离子对。图 6.23 表明该体系可发生激发态失活（k_d）或电荷复合（k_{cr}），前者在自然界被一系列高效、短程电子转移过程所克服，从而创造出在更大距离的电荷分离（专题 6.25）[1477,1487]。

图 6.24 为可产生超过两个键的电荷分离三组分体系（三元体系）[1485]。发色团 C 首先被激发后（步骤1），一个电子通过放热过程转移到受体（步骤2），随后是第二个热电子转移步骤，电子从给体基团转移到氧化的发色团 C。同样，失活过程和电荷复合过程参与竞争。

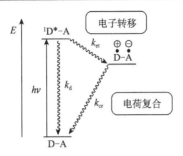

图 6.23 二元体系[1477]

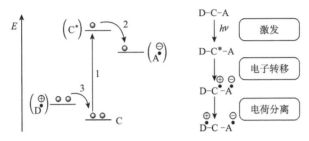

图 6.24 三元体系

图 6.25 给出了六组分体系(六元体系)的例子,它由四个锌卟啉单元(3 个 ZnP 和 1 个 ZnP$_C$)经只有弱电子耦合的乙炔桥通过空心卟啉(P)与反应中心(富勒烯为电子受体,F)连接构成[1490]。周围锌卟啉基团中任意一个被激发 ZnP*-ZnP$_C$-P-F 即可在 50 ps 通过单重态-单重态能量传递将能量传递到中间的锌卟啉,形成 ZnP-ZnP$_C^*$-P-F;激发能在 240 ps 传递到空心卟啉(ZnP-ZnP$_C$-P*-F),其通

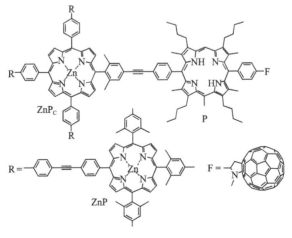

图 6.25 六元体系

过将电子转移给富勒烯失活,寿命为 3 ps,最终产生寿命为约 1 ns 的电荷分离对 (ZnP-ZnP$_C$-P$^{\cdot +}$-F$^{\cdot -}$)。

分解水(water splitting) 制氧和氢可通过光催化实现[1484,1487],在人工光合作用领域已取得了一些进展,但模拟自然过程所有组分的完整集成还未获得成功[1477]。图 6.26 给出了人工光合作用分解水的示意图,通过激发捕光天线(C'),三元体系 D-C-A 产生电荷分离对 D$^{\cdot +}$-C-A$^{\cdot -}$,用膜将产氢和产氧两个反应中心物理分离。

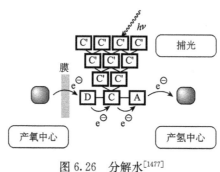

图 6.26　分解水[1477]

有机光催化剂:自由基反应

在少数不太常见的反应中,催化剂作为氢原子的载体形成自由基中间体,它必须通过另外的氢迁移步骤再生。例如,使用低于化学计量的二苯酮足以引发带有拉电子基团的炔烃与环烷烃的光催化加成反应(以 70% 的化学产率生成 **575**,图示 6.274[1491])。此外,通过 Schenck 机理(6.1.1 节中的图示 6.15)的光敏异构化反应也代表一种光催化自由基过程。

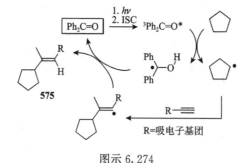

图示 6.274

有机光引发剂

当光活性辅助分子发生不可逆降解时,即不能再生也不能参与另一个反应循环时,初始过程更通用的叫法是**光引发(photoinitiation)**而不是光敏化,吸光分子称为**光引发剂(photoinitiator, PI)**(图示 6.275)。如果没有链增长过程,则需要等物质的量的光引发剂和底物(见 6.4.4 节中图示 6.200 示例)。

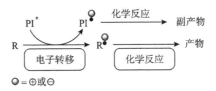

图示 6.275

光引发剂电子转移产生的离子自由基(图示 6.275)是光引发过程中的重要中间体,光生离子或自由基同样也是。如今,光引发剂一词主要与光引发(链)聚合反应相关联[1134,1470,1471],在这类反应中,活性中间体由相对少量的激发态引发剂(引发阶段)产生,并启动链式反应(增长阶段)。光引发聚合相比热引发聚合有优势,如室温下高的反应速率和过程的空间控制[1492]。

文献中通常将光引发剂分为两大类型,Ⅰ型光引发剂光照下发生单分子裂解反应,产生自由基或其他活性物种,Ⅱ型光引发剂发生双分子反应,激发态光引发剂与辅助分子反应产生活性物种[1493-1494],两类光引发剂通常可通过紫外照射激发,但Ⅱ型引发体系通常被设计为在可见光区域也有吸收[1496,1497]。下面图示列出了Ⅰ型和Ⅱ型光引发反应:AIBN 光裂解引发聚(新戊酸乙烯酯)聚合的Ⅰ型自由基形成(图示 6.276,参看 6.4.2 节)[1498,1499],高价碘化合物 **576** 光化学产酸(HX)催化Ⅱ型阳离子聚合(图示 6.277;参见 6.6.2 节)[1349,1351,1500],以苯并噁嗪为氢给体光还原(6.3.1 节)硫杂蒽酮(**577**)的Ⅱ型自由基引发烯烃聚合(见图示 6.278)[1501],以及通过激发态 1-氯-4-丙氧基硫杂蒽酮(**578**)与胺分子间电子转移(见 6.4.4 节)产生活性阳离子自由基[1502]的Ⅱ型光引发聚合(图示 6.279)。

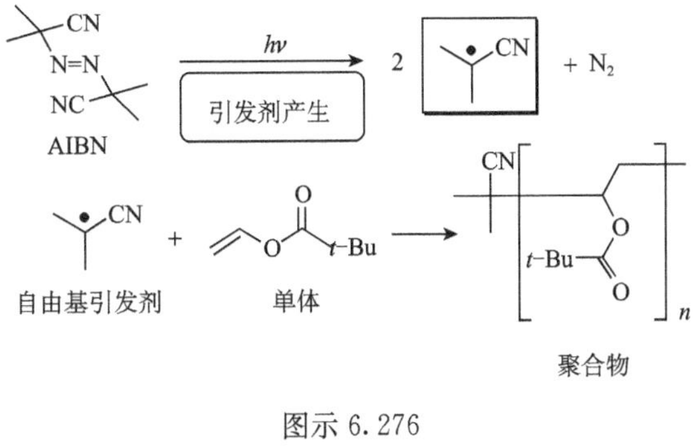

图示 6.276

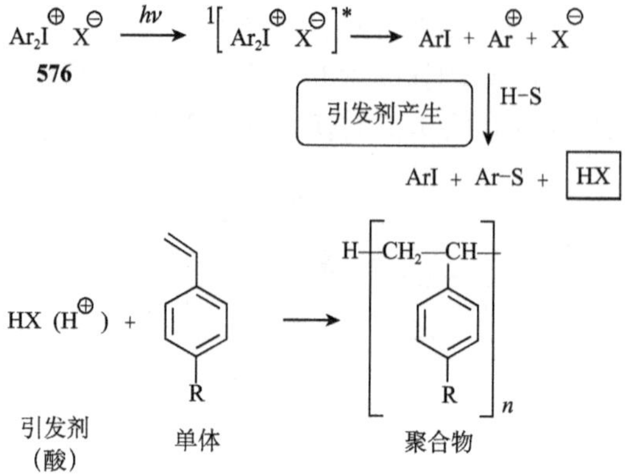

图示 6.277

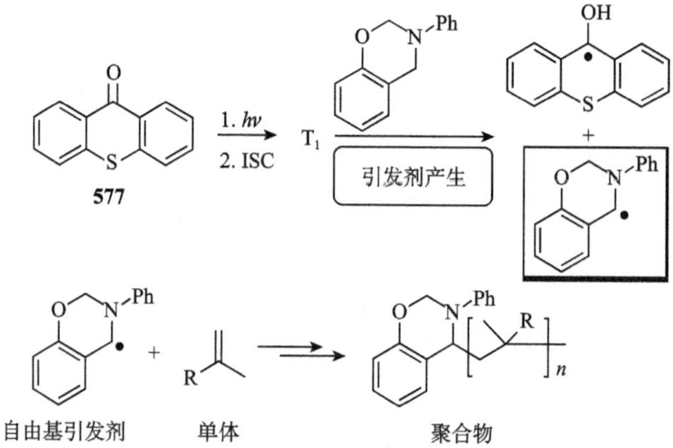

图示 6.278

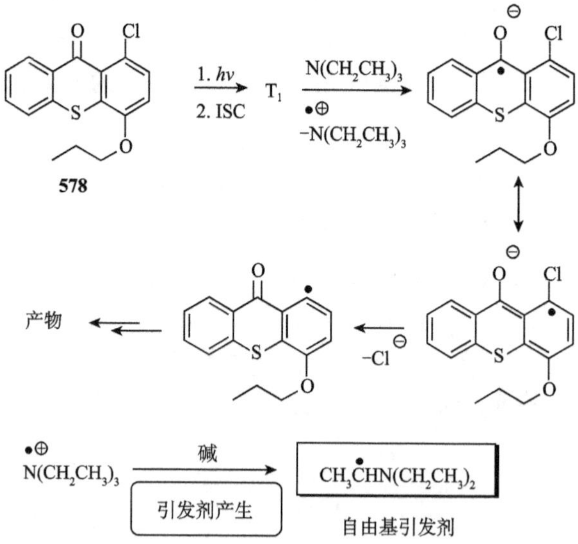

图示 6.279

案例研究 6.38　高分子化学——甲基丙烯酸酯的光引发聚合

甲基丙烯酸二甲氨基乙酯(**579**)光聚合的聚合度(图示 6.280)与光引发剂类型有关[1503],经均裂产生自由基的Ⅰ型光引发剂双(2,6-二甲氧基苯甲酰基)-(2,4,4-三甲戊基)氧化膦(**580**)(图示 6.281),相比由 1-羟基环己基苯基酮(**581**)和二苯酮混合物组成的Ⅱ型光引发剂可更有效地促进聚合反应的进行,显然,酮 **581** 发生 α-断裂(6.3.3 节)引发自由基聚合[1504],而二苯酮或 **581** 与单体(**579**)或聚合物氨基的电子转移以及随后的质子转移(见 6.3.1 节中图示 6.100)(图示 6.282)则促进了自由基支化大分子的自由基支化和交联过程。

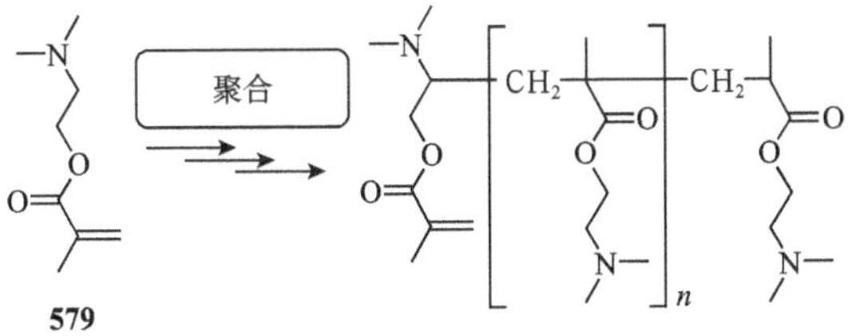

图示 6.280

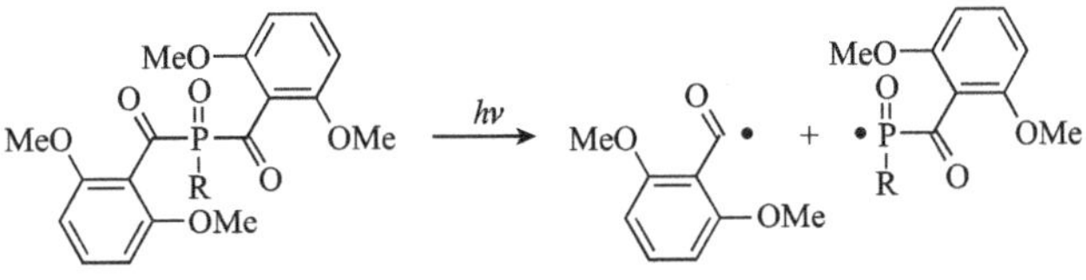

580,R=2,4,4-三甲戊基

图示 6.281

581

单体或聚合物

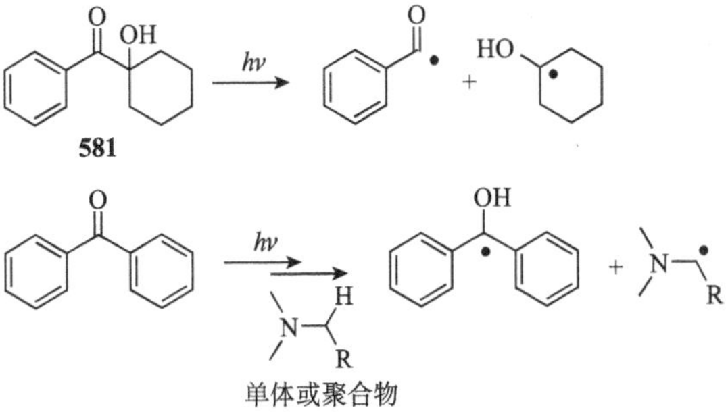

图示 6.282

实验细节[1503],将单体 **579**(1~3 mg)和光引发剂(约 3wt%)的混合物置于开口的样品池内,以高压汞放电灯(200 W)光照(图 3.11)。为防止单体蒸发,样品池用聚对苯二甲酸乙二醇酯薄膜封口。用示差光量热仪估算聚合度。

应用光引发剂是实现快速聚合或聚合物可控化学修饰最有效的方法之一。光引发剂的使用在很多有价值的工业应用中非常普遍[174,1134,1505],例如,光刻和光固化(专题6.27)。

专题6.27　光刻和UV光固化

光刻(photolithography 或 optical lithography)是光成像过程(见专题6.32),被设计用来在固体表面形成微米或纳米尺寸的图案(即所谓微米加工和纳米加工)[1505,1506]。光刻和粒子束光刻是微电子工业中最常用的光刻技术,光刻过程使用有机材料光刻胶,透过掩模光照并在特定条件下显影,光刻胶或者降解变得更易溶于显影液(产生正像)或者交联成为不溶物(产生负像)(图6.27)[1507,3508]。显影前照射的光刻胶层被称为潜像,在后续化学处理(刻蚀)中,没有光刻胶保护部分基质的上层被除去,然后是刻蚀未保护层和光刻胶层剥离。目前,通过光刻可以在表面实现的最高可重复分辨率约为90 nm[1506]①。

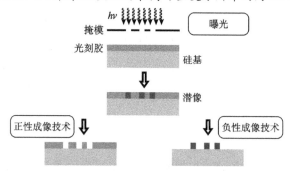

图6.27　光刻

在正性成像中,高灵敏度光刻胶通常由光引发剂和聚合物组成,其降解通常基于化学放大,即光生催化剂引发的链式反应[1508]。例如,聚(4-叔丁氧羰基氧苯乙烯)(t-BOC光刻胶)(**582**)为带有对酸不稳定的叔丁基碳酸酯基团的聚合物,三氟甲磺酸三苯基硫鎓盐(**583**)为光解产生强酸(CF_3SO_3H)的光引发剂(参看图示6.242中高价碘化合物的光解),以波长250 nm的光通过掩模光照**582**和**583**的混合物产生潜像,曝光区含酸,当加热到100 ℃酸催化 t-BOC基团分解形成聚(4-羟基苯乙烯)(**584**)、CO_2 和异丁烯,同时重获质子(图示6.283)。由于使用的温度相对较低,光刻胶未曝光表面不受影响,而曝光部分(含有苯酚基)可用碱性溶液洗掉。这种光刻胶体系也可用于负性成像,当用低极性有机

---

① 光刻技术发展非常迅速,利用浸没式技术和多次曝光方法,目前193 nm光刻分辨率已可达到<20 nm。——译者注

溶剂作为显影剂时,如苯甲醚,溶解未反应的聚合物而不溶解聚(4-羟基苯乙烯),得到负性成像。

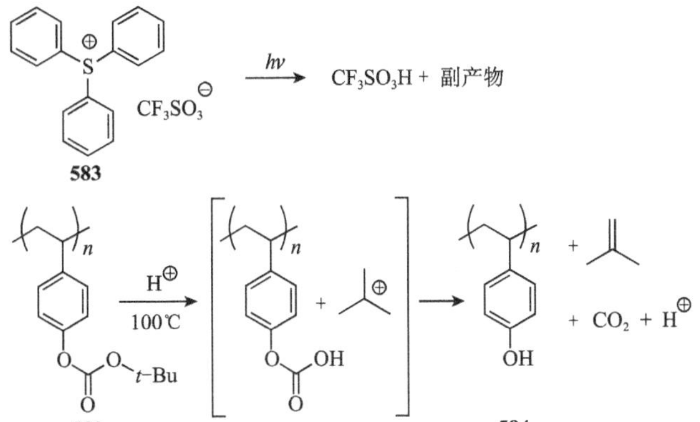

图示 6.283

线型酚醛树脂(Novolak)-重氮萘醌正胶是当今半导体生产最重要的成像体系,是光化学工业应用的典型例子[1510,1511],Novolak 是一种溶于氢氧化物水溶液的酚-醛聚合物(胶木,Bakelite),但加入少量重氮萘醌 **585** 会大大降低其溶解度。曝光时 **585** 发生光-Wolff 重排(参见图示 6.171)而缩环,随后形成羧酸(图示 6.284),这种光化学变化使其易于溶解,可用碱性显影液去除。

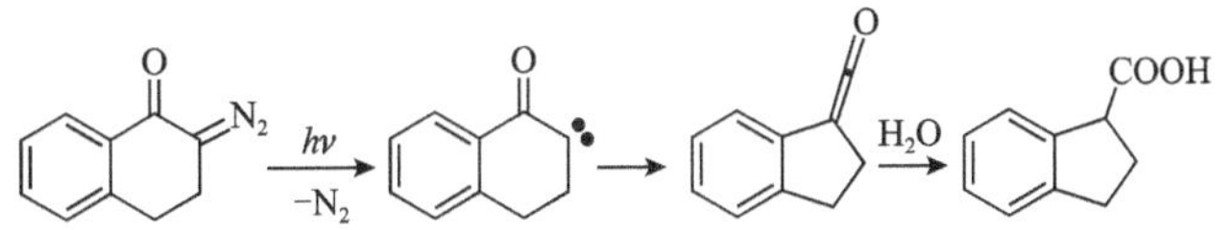

图示 6.284

另一种工业应用 **UV 固化(UV curing)** 是一种先进的工艺技术,当用 UV 光照射时,单体/齐聚物/聚合物在光引发剂存在下发生聚合和交联。该方法用来固化(硬化或干化)油墨、油漆[1512]、涂料[1513]、黏合剂[1513]和牙胶[1514]以及光刻胶[174]。这一方法近来也被引入到 CD 和 DVD 制造的涂布和印刷过程[1515]。

最常用的牙科高分子材料是用于牙齿修复(填充材料)的聚甲基丙烯酸酯[1514]。在牙腔内直接进行的聚合过程必须满足严格的要求,例如,反应必须在低于 50 ℃ 的温度下快速进行,以及反应必须避免有毒产物的生成,而 UV 固化可以完全满足这些要求。例如,以最大吸收在 468 nm 樟脑酮(**586**)作为光引发剂,胺 **587** 作为助引发剂(参看图示 6.100),以常用的蓝光灯或激光照射 **586** 和 **587** 的混合物光解,可引发丙烯酸酯单体 **588** 的自由基聚合反应(图示 6.285)。

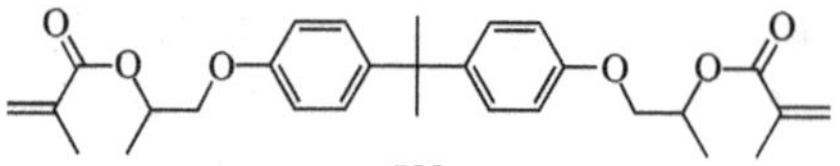

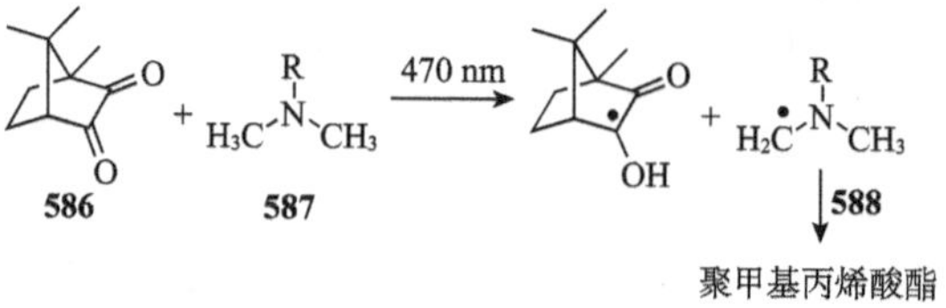

图示 6.285

相反,聚乙烯醇肉桂酸酯 UV 固化无需光引发剂存在即可通过[2+2]光环加成反应(6.1.5节)生成交联聚合物(图示 6.286),因复杂光产物的溶解性差,该反应可被用于负性光刻[1516]。UV 固化还可通过 UV **纳米压印光刻(nanoimprint lithography)** 制作高清图像,该技术将来自硬模(如硅基)的图形转移给低黏度单体,单体在 UV 光照下聚合在表面形成固体结构[1506,1517]。

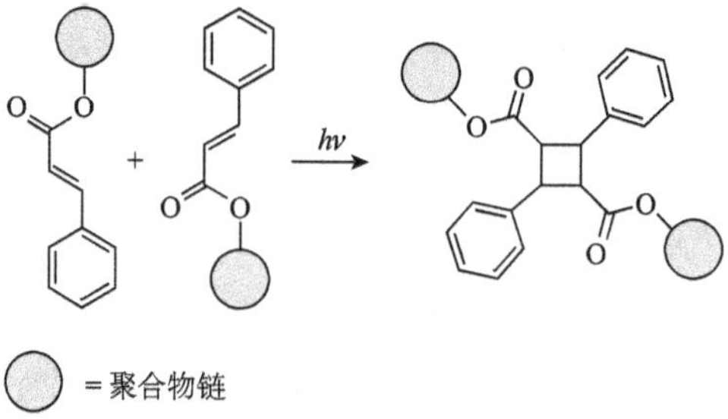

图示 6.286

6.8.2 过渡金属光催化剂

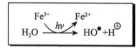
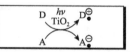

推荐阅读综述文章[170,1248,1518-1526]。

均相过渡金属光催化

涉及过渡金属离子、配合物或化合物的光反应通常可以归类为(光)氧化还原(同步氧化和还原)过程。一个具有代表性的非光催化体系是 Fenton 试剂,在亚铁离子(Fe^{2+})和过氧化氢的反应中产生 $HO·$ 自由基[图示 6.287(a)];其相应的光化学过程为光-Fenton 过程[1527],其中铁(Fe^{3+})配合物在水溶液中(吸收>300

nm)被还原为亚铁离子[图示 6.287(b)]。

$$(a) \quad Fe^{2+} + H_2O_2 \longrightarrow Fe^{3+} + HO^{\ominus} + HO^{\bullet}$$

$$(b) \quad Fe^{3+} + H_2O \xrightarrow{h\nu} Fe^{2+} + HO^{\bullet} + H^{\oplus}$$

图示 6.287

专题 6.28　环境治理

产生 $HO^{\bullet}$ 的均相过渡金属光催化反应常被称为高级氧化技术(advanced oxidation processes, AOP)[1518]，是治理(去除或降解)水溶液中有机污染物强有力的方法[1519]，非选择性和高效连续氧化反应最终生成无毒矿化产物，如 CO_2 和 H_2O[1519,1520]。例如，改进的光-Fenton 体系使用草酸铁离子，可以高效氧化水溶液中的有机化合物[1528]，该过程产生活性 $C_2O_4^{\bullet-}$ 中间体，从溶解氧产生超氧负离子自由基($O_2^{\bullet-}$)或直接攻击相对惰性的分子(如 CCl_4)(图示 6.288)[1529]。

$$[Fe^{III}(C_2O_4)_3]^{3-} \xrightarrow{h\nu} [Fe^{II}(C_2O_4)_2]^{2-} + C_2O_4^{\bullet\ominus}$$

$$C_2O_4^{\bullet\ominus} + O_2 \longrightarrow 2CO_2 + O_2^{\bullet\ominus}$$

$$C_2O_4^{\bullet\ominus} + CCl_4 \longrightarrow 2CO_2 + {}^{\bullet}CCl_3 + Cl^{\ominus}$$

图示 6.288

过渡金属催化剂还可用于光化学有机合成。例如，(Z)-己-3-烯-1,5-二炔[(Z)-**589**]的光-Bergman 反应(环芳香化反应，见图示 6.62)，(Z)-**589** 从 (E)-**589** E-Z 异构化反应的光稳态得到(图示 6.1.1)，(Z)-**589** 的光-Bergman 反应经下列过程发生：首先是过渡金属催化环芳化反应，随后芳烃配体从配合物 **590** 解离(图示 6.289)[1530]，所得产物 1,2-二(n-丙基)苯(**591**)的化学产率为 91%。

在另一例子中，五羰基铁光化学脱羰(见 6.3.9 节)与烯丙醇 **593** 形成 π-烯丙基配合物 **592**，随后发生多种暗反应生成 **594**(图示 6.290)[1531]。

异相过渡金属光催化

从机理分析和实际应用两个方面来看，最常见的光催化过程涉及不溶解的半导体金属氧化物或硫化物，其在光照下发生激发半导体表面与吸附给体(D)和/或受体(A)分子间的双界面电子转移(图示 6.291)。二氧化钛具有良好的氧化还原性质(参看专题 6.29)，具有稳定性高、毒性低和价格低廉等优点，因此是一种特别受欢迎的光催化剂。

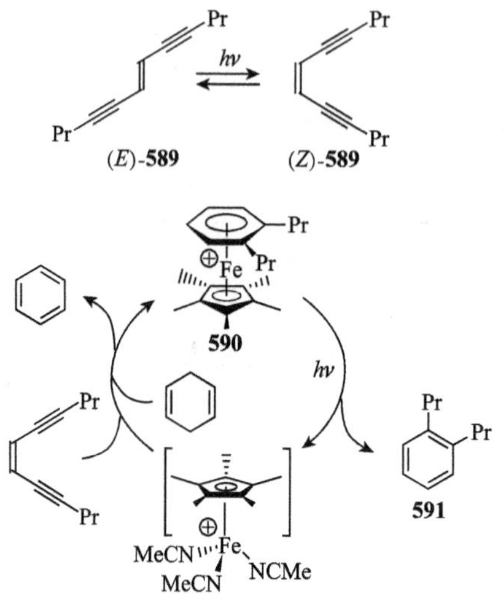

图示 6.289

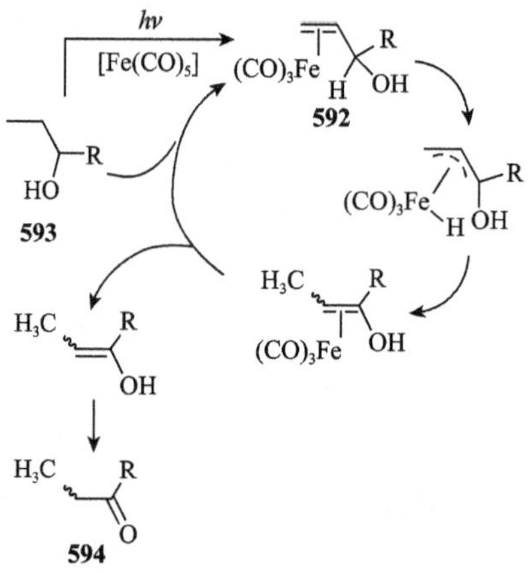

图示 6.290

$$\text{TiO}_2 + D + A \xrightarrow{h\nu} \text{TiO}_2 + D^{\oplus\bullet} + A^{\ominus\bullet}$$

图示 6.291

专题 6.29 激子和半导体催化氧化还原反应

当以能量高于其带隙(价带与导带间的能量差,通常认为在 TiO_2 中低于 3 eV)的光子照射半导体时,引起价带到导带间的电子转移[170,1248,1521,1524],在导带上产生的负电荷与 TiO_2 的 Ti^{III} 中心相关,而在价带上的正电荷(准粒子,电子空穴，h^+)与 TiO_2 的 Ti^{IV} 中心相关，代表一种电子束缚激发态，称为**激子(exciton)**，其形成时间在飞秒量级[1532]。激子的能量略低于未束缚电子和空穴，因为它从电子和空穴的结合作用获益，电荷再复合($10\sim100$ ns)产生热(非辐射途径)或光子发射，或者它们能够迁移至半导体的表面，被环境分子通过电子转移过程捕获(图 6.28)。电子和空穴电荷转移的可能性与吸附物种的氧化还原电位和带边位置有关。对于界面电荷转移，给体的氧化(100 ns 量级)比受体的还原(在毫秒量级)快。

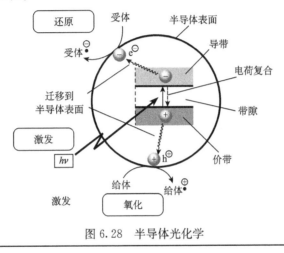

图 6.28　半导体光化学

给体和受体分子对于完成光氧化还原反应都是必不可少的，给体的电化学电位($D/D^{·+}$)和受体的电位($A/A^{·-}$)应处于半导体带隙内。TiO_2 光催化氧化反应通常在易于还原的分子氧作为电子受体存在下进行，由此产生超氧离子自由基($O_2^{·-}$)和后续的羟基自由基，在半导体表面形成的空穴可氧化很多化合物(图示 6.292)，包括醇、羟基阴离子甚至水[1522,1523]。

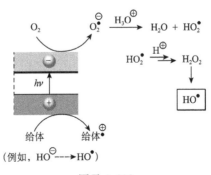

图示 6.292

光催化还原反应不太常见,这是因为导带上电子的还原能力明显低于带正电价带的氧化能力。此外,多数有机化合物的还原在动力学上通常无法与氧竞争[170]。水溶液中的光还原通常伴随有分子氢的产生。

半导体(如 TiO_2)可以在实验室中通过对各种 Ti^{IV} 化合物煅烧(热裂解)制备,例如,异丙醇钛 $Ti[OCH(CH_3)_2]_4$[170]。得到半导体的性质(如表面积、形貌、粒子尺寸和表面特性等)会强烈影响其光物理和光化学行为,具有高表面积的半导体能吸附大量的有机分子,具有锐钛矿型的二氧化钛是最具光活性和最常用的,例如,水或空气的净化和水的消毒[1523]。在光化学实验中,半导体可以粉末形式悬浮在搅拌的溶剂中或沉积在固体载体(如沸石)上被光照,400 nm 以下的照射波长足以光活化未掺杂 TiO_2(为白色固体)。

TiO_2 还可以通过金属(0 价)沉积修饰,有可能大大增加其光反应效率。例如,将 Pt^0 或 Au^0 沉积在 TiO_2 上增加了电荷分离的寿命。此外,TiO_2 的吸收性质也可以通过有机染料敏化改进(见 6.8.1 节),此种情况下敏化剂(S)吸收可见光到达其激发态(S^*),S^* 转移一个电子到半导体的导带(图示 6.293),产生阳离子自由基($S^{·+}$)被附加电子给体(D)还原,使敏化剂再生。该类敏化剂的一个例子是三(2,2'-联吡啶)钌(Ⅱ)(参看 6.4.4 节),它可应用于太阳能(光伏)电池(见专题 6.31)[1524,1533]。

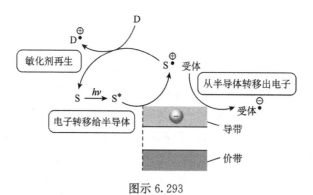

图示 6.293

基于 TiO_2 的光催化剂无疑是最常用的,但其他异相催化剂也表现出有前途的光活性,锌和镉的硫化物和铁、锌及钒的氧化物就是例子[170]。金属硫化物(如硫化镉 CdS 和硫化锌 ZnS)具有较窄的带隙,因此它们可被较长波长(可见光)激发[1534,1535]。与具有强光氧化能力的 TiO_2 相比,金属硫化物具有强还原性质,在 CdS 导带上的电子有足够负的电位还原水生成分子氢(见专题 6.26)[1534]。遗憾的是,金属硫化物存在**光腐蚀(photocorrosion)**,光腐蚀是一个过程,激发半导体中的电荷载流子不将电荷转移给给体或受体,而是氧化或还原半导体自身,导致其溶解(即将金属离子释放到溶液中)。有些金属氧化物的吸收在可见光区,如赤铁矿（α-Fe$_2$O$_3$）。虽然 ZnO 比 TiO$_2$ 能更有效地产生过氧化氢，但通常呈现比 TiO$_2$ 低得多的光催化活性[1536]。

专题 6.30　量子点

半导体的吸收性质依赖其颗粒尺寸，小的半导体颗粒（通常直径为 2～10 nm）由于静电位和半导体的表面/界面性质限制了少量有限数目导带电子和价带空穴（即激子）的迁移时，称为量子点[1537-1539]。于是，不连续的吸收（还有发射）光谱直接与带隙能量相关，较小粒子具有较大带隙能量（胶体溶液颜色随粒子尺寸变化）。例如，图 6.29 比较了在水中和异丙醇中形成的 CdS 溶胶的光学性质，在水中形成的混合物为黄绿色，平均粒径约 3 nm，相当于 300 个 CdS 单元聚集在一起；当粒子在异丙醇中形成时，粒子的平均尺寸小于 3 nm，混合物是无色的。

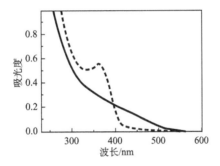

图 6.29　CdS 在水中（298K）（—）和在异丙醇中（213K）的（---）的吸收光谱。
经 IUPAC 许可复制自参考文献[1534]，版权 1984

专题 6.31　光伏电池和光电化学电池

光伏电池和光电化学电池将太阳能转化为电能[3,1477,1533,1540,1541]。在**光伏电池（photovoltaic cell）**中[1542]，光激发电子越过无机半导体带隙形成电子（e$^-$）-空穴（h$^+$）对，随后被 p-n 结分离，即被掺杂的 n 型和 p 型半导体层间界面分离（图 6.30），驱动电子向一个方向，而空穴向另一方向移动，在外电极（带有负载）上产生电位差。目前，最好的基于单晶硅或非晶硅的商用太阳能电池的效率为 15%～20%，工作寿命约为 30 年[1543,1544]。电池生产是价格（主要取决于所用材料的纯度）和总运营效率间的平衡。即使电池效率可以接近其理论极限（最大功率除以输入光辐照量和太阳电池表面积），高性价比的电池制造和电能存储仍是研究和技术发展的最大挑战。近来，科学研究已致力于利用纳晶和导电聚合物器件,它们在制备上可能相对廉价。

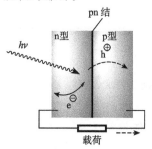

图 6.30　光伏电池

光电化学电池(photoelectrochemical cells) 得益于有机染料对宽禁带半导体的敏化,被称为 **Grätzel 电池(Grätzel cell)** [1533,1540,1545,1346]。图 6.31 所示电池由以下部分组成:①光阳极——介孔半导体[通常为 TiO_2(锐钛矿型)薄膜]通过丝网印刷沉积在导电玻璃上(集流体),光敏剂吸附在半导体表面。②金属阴极。③含有氧化还原介质的电解质溶液。在这种设计中,光被染料吸收,染料被激发后将电子注入到半导体的导带后又被介质(通常为 I_3^-/I^- 对)还原;氧化了的介质移动到阴极,当外电路负载时放电产生电流。半导体结构通常为 10 mm 厚和高孔隙率,它具有大的表面积用于染料的有效化学吸附。已经对多种光敏剂进行了研究,迄今为止,卓越的光伏性能是利用钌和锇多吡啶配合物(如 **595**)实现的[1545],它们呈现金属到配体的电荷转移,常常带有羧基连接到半导体表面。在实验室中,光电化学电池的整体太阳能转换效率已经超过 10%。

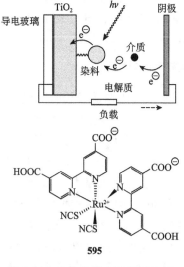

图 6.31　光电化学电池和敏化剂

专题 6.32 照相、静电复印和光电导

照相过程(photographic process)是另一种光成像技术（参见专题 6.27），仍然是光化学最广泛的应用①[1547]。含光敏卤化银(Ag^+X^-)微晶的明胶乳剂涂布在胶片、玻璃或纸质基材上，经 IR、可见、UV 和 X 射线等照射引起填隙银离子还原形成原子银(Ag^0)。卤化银吸收光表现出导电性增加（**光电导**，photoconductivity），这是因为价带电子被激发到导带，该激发态（激子）或者衰减，或者形成电子-空穴对，随后电子和填隙银离子迁移到优选位置，它们结合形成银簇，并进一步有效捕获在附近产生的光电子，银微粒逐渐形成：

$$X^- + h\nu \longrightarrow X^{\cdot} + e^-$$
$$Ag^+ + e^- \longrightarrow Ag^0$$
$$2Ag^+ + e^- \longrightarrow Ag_2^+$$
$$Ag_2^+ + e^- \longrightarrow Ag_2, 等$$

电子和空穴也是可以移动的，它们向颗粒表面"扩散"，因为在那里可以发生卤离子氧化。短暂的曝光在卤化银颗粒上生成低浓度的金属银离子，产生所谓的潜像，潜像在含有机还原剂（如氢醌或 N-甲基-4-氨基苯酚）的显影液中增强和稳定化；长时间曝光由于太多金属银的形成而使表面变黑（打印效果）。卤化银在蓝、紫和紫外区吸收很强，然而，在感光乳剂中添加特定的染料（敏化剂，6.8.1 节）可以增加卤化银对其他波长的敏感性。传统的彩色照相使用三原色（蓝，绿，红）特异性敏化，染料分别置于三个叠加层的表面。

静电复印(xerography，来自希腊文"干写"）是一种结合了静电印刷和照相[1548]的照相复制技术。在该技术中，转鼓表面涂上光电导材料，如硒或有机染料[1549]，在高压下充以负静电（图 6.32）；当光照原始文件反射的光到达转鼓表面时，曝光处（对应文件的明亮区域）变得导电并放电到地面，带正电荷的墨粉附着在仍带有负电荷的非曝光区，随后转移到比转鼓带有更强负静电电荷的纸上。**激光打印机**(laser printers)使用相同的静电印刷过程，只是其原初影像是通过激光束对充电光敏表面顺序照射获得的。

半导体硒是一种极好的光电导材料，但它的光响应性在波长大于 550 nm 时急剧下降，这激励了有机光电导材料的研究[1550,1551]。很多有机化合物表现出光电导行为，例如，金属酞菁类化合物（**596**，M＝金属）或方酸类化合物（**597**）（图 6.33），如今，超过 90% 的静电复印感光材料由有机光电导材料组成。

---

① 这里所说照相技术是指卤化银成像，也就是传统的胶片成像，随着数字成像技术的发展，胶片成像已慢慢退出历史舞台，被数字成像代替。——译者注

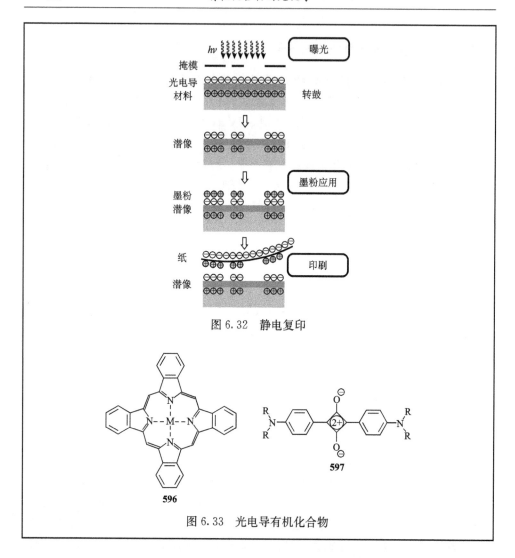

图 6.32 静电复印

图 6.33 光电导有机化合物

半导体光催化功能基团的转换往往具有高化学产率,虽然反应量子产率通常并不很高,因为半导体表面会反射辐射[170,1521,1525,1526]。通常情况下含 π-键或孤电子对的有机官能团可被氧化,但另一方面这大大降低了含多个活性官能团底物应用的合成潜力。

例如,烯烃如丙烯基苯(**598**)和 1,1-二苯乙烯(**599**)在空气饱和的乙腈溶液中可以很高的化学产率被选择性氧化为相应的酮(图示 6.294)[1552],在 **598** 的反应中,仅有少量副产物生成,如环氧化物和醛。在乙腈中光照 TiO_2 带隙促使电子到达导带(带边为 -0.8 V,以 SCE 为参比电极),在价带上则形成空穴(2.4 V,以 SCE 为参比电极)。因此,假如还原对的氧化还原电位不比 -0.8 V 更负,如氧在乙腈中的标准还原电位为-0.78 V,标准氧化电位比2.4V更小正值的分子可以发生反应[1525]。

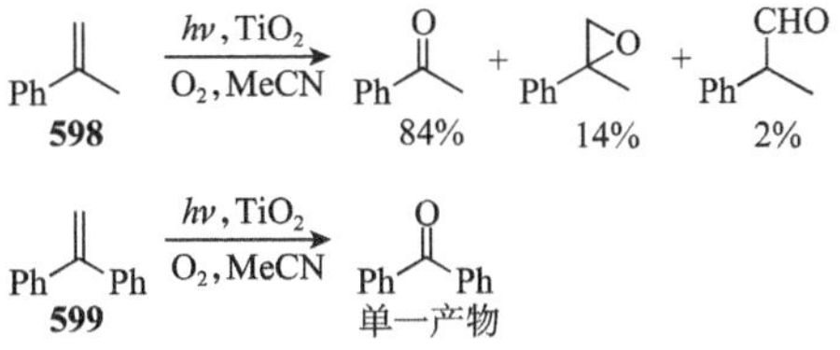

$$\underset{\mathbf{598}}{\text{Ph}\diagdown\diagup} \xrightarrow[O_2,\text{MeCN}]{h\nu,\text{TiO}_2} \underset{84\%}{\text{Ph}\diagdown\overset{O}{\diagup}} + \underset{14\%}{\overset{O}{\triangle}} + \underset{2\%}{\overset{\text{CHO}}{\text{Ph}\diagup}}$$

$$\underset{\mathbf{599}}{\text{Ph}\diagdown\diagup\text{Ph}} \xrightarrow[O_2,\text{MeCN}]{h\nu,\text{TiO}_2} \underset{\text{单一产物}}{\text{Ph}\diagdown\overset{O}{\diagup}\text{Ph}}$$

图示 6.294

负载铂的 TiO_2 或 CdS 光催化氧化乳酸(**600**)具有很强的区域选择性(图示 6.295)[1553]。在 Pt/TiO_2 存在下,以 360~420 nm 的光照射生成断裂氧化产物乙醛和二氧化碳,当以 440~520 nm 光照射 Pt/CdS 催化体系时,只得到丙酮酸产物。已知醋酸的标准氧化电位比 CdS 的价带边更正(CdS 的价带边相比 TiO_2 为更小的正值),因此,两种催化剂均易氧化脂肪醇,而 CdS 光催化剂显然具有特异性氧化能力。

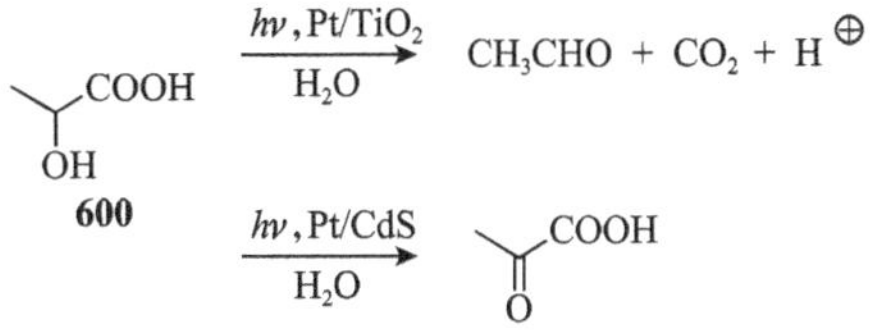

$$\underset{\mathbf{600}}{\overset{\text{COOH}}{\underset{\text{OH}}{\diagup}}} \begin{array}{c} \xrightarrow[H_2O]{h\nu,\text{Pt/TiO}_2} CH_3CHO + CO_2 + H^{\oplus} \\ \xrightarrow[H_2O]{h\nu,\text{Pt/CdS}} \overset{O}{\diagdown}\text{COOH} \end{array}$$

图示 6.295

TiO_2 催化水相芳香化合物光诱导氧化机理用 4-氯苯酚(**601**)的反应说明,其降解主要是基于被光催化产生的羟基自由基氧化,最有可能是吸附在半导体催化剂表面进行[1554,1555]。反应初始生成 4-氯-二羟基环二烯自由基 **602**,它在自由基取代反应中释放出氯原子形成对苯二酚,或通过邻近自由基物种的抽氢反应失去氢原子(图示 6.296)。延长光照时间最终生成矿化产物,如 CO_2 和 HCl。有机化合物(如人为污染物)的全光催化降解(治理)可用于大型水域和空气纯化过程(参见专题 6.28)[1523]。

正如上面提到的,TiO_2 导带电子的还原能力明显低于价带空穴的氧化能力,而多数有机化合物的还原在动力学上通常不能与分子氧竞争,虽然当在良好的电子捕获剂(受体)存在下反应有可能发生,电子捕获剂可以是甲基紫精(**603**,双阳离子,图示 6.297)或水相无机酸的质子[170,1521,1525],但这些反应并不常见。铂或钯金属助催化剂常常是反应必不可少的,图示 6.298 所示为环己烯二羧酸(**604**)分子中双键选择还原的例子,硝酸水溶液作为电子受体,反应在氮气环境下(即无氧存在)和负载铂的 TiO_2 存在下进行[1525]。

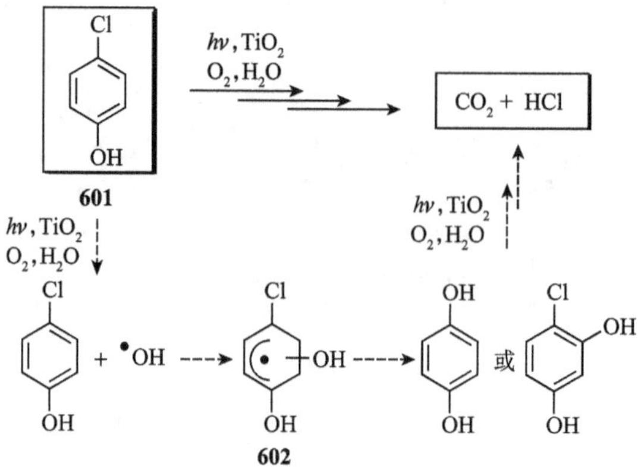

图示 6.296

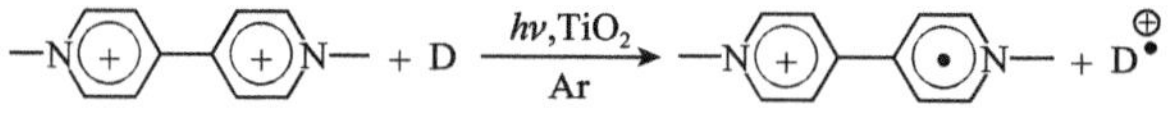

图示 6.297

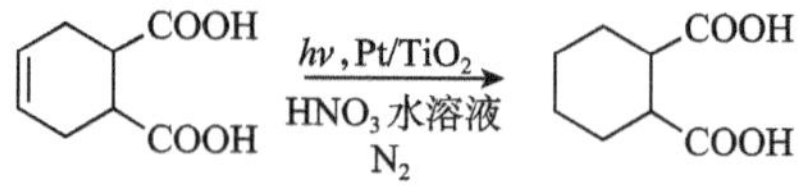

图示 6.298

案例研究 6.39　光催化氧化——内酰胺和 N-酰胺的氧化

酰胺 **605** 和 **606** 的光催化（TiO_2）氧化在酰胺氮的 α 碳上呈高度选择性（图示 6.299）[1556]。反应物在无适当氧化剂（如 O_2）存在下对光解惰性，作者最初认为光产生的过氧化氢和超氧阴离子自由基（前面讨论过）可以氧化有机反应物，但实验证实水在价带空穴产生的 HO· 自由基最终氧化了酰胺。

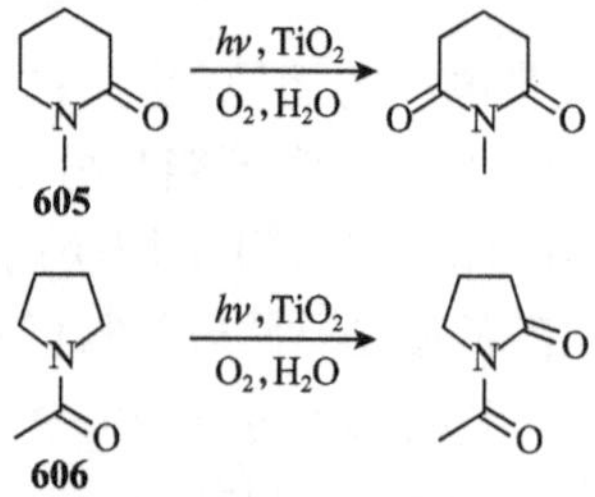

图示 6.299

实验细节[1556],以高压汞灯(200 W)为光源,以 Pyrex 玻璃滤光,在恒定氧气流下光照悬浮有未还原锐钛矿(TiO_2, 100 mg)的酰胺水溶液(0.2 M, 10 mL),产物用制备气相色谱分离。

6.8.3 习题

1. 解释下列概念和关键词:光敏剂;光催化剂;光引发剂;捕光天线;光合作用;光解水;二元化合物;光成像;UV 固化;光刻胶;光-Fenton 过程;高级氧化技术;半导体导带;量子点;光伏电池;光电导;复印。

2. 给出下列反应可能的机制:

   (a)

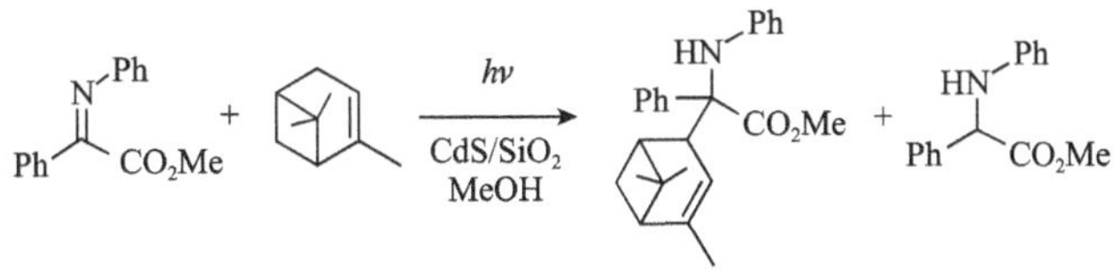

   文献[1557]

   (b)

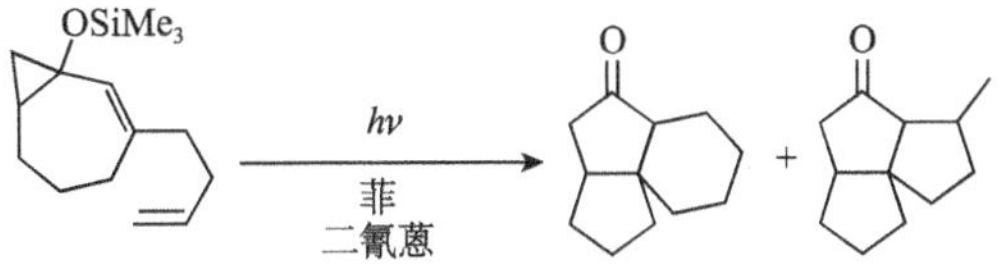

   文献[1558]

3. 预测主要光产物(可以是多个产物):

   (a)

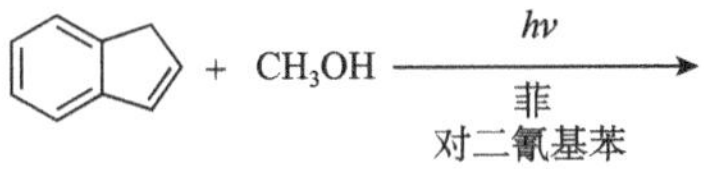

   文献[1231]

   (b)

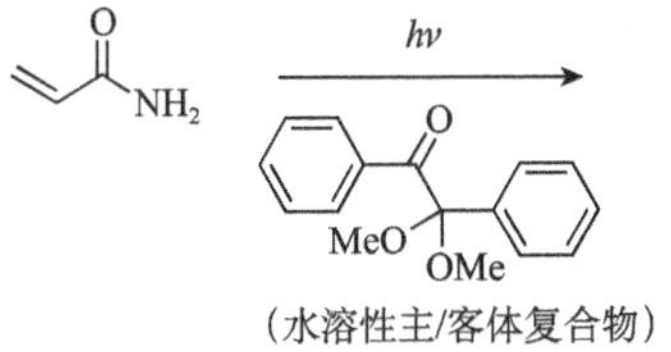

   文献[1559]

第7章 逆合成光化学

光化学虽然已广泛应用于化学和生物很多方面(第6章),但遗憾的是光化学合成还远没有被化学界普遍接受,尽管已经开发出很多光化学方法,利用这些方法可以高化学产率地合成传统方法难以合成的结构。一旦某一光化学反应被选择应用于有机合成,通常它只是其他"暗"反应组成的多步反应过程中的一步,因此,合成化学家应具有相关理论和实验方面的知识,这种光诱导转换对合成化学家来说是一种挑战。

光化学在很多应用中的确是非常有用的工具。例如:

(1)光化学反应可以是"绿色"的,除光以外无需其他任何试剂。

(2)光化学反应不像热过程,通常不需要加热,恰恰相反,它可在很低温度下进行,甚至可在固相中反应。

(3)光化学提供了很多独特的反应控制方法,如选择照射波长、多光子吸收、间接激发(敏化——敏化剂介导)、敏化剂介导的电子转移引发、温度和相变、时间和空间控制等。

(4)激发后反应可以非常快速和高效地进行,因为活性(不稳定)中间体常常会参与反应,如自由基、双自由基、离子自由基、卡宾以及张力环等。

简短的本章可作为目标结构的解决问题列表,这些结构可通过光化学方法合成。内容按照产物结构类型分类,并仅限于第6章中描述的反应,表中双箭头($\Rightarrow$)表示从产物开始的逆合成方向[1560],并给出了反应过程中最重要的光化学步骤。这并不意味着在所有情况下我们都可以选择相应的方法,潜在困难和限制也必须仔细考虑,因为还没有已知(光)化学方法是完全普适的。

下面列出的潜在困难可能需要读者回顾前面的章节,这些章节提供了足够的细节成功处理大多数光化学过程。列出的这些困难并非要使我们气馁,相反,强调实验的仔细准备和考虑可能的困难将有助于我们快速有效地实现光化学过程,这些光化学过程以高化学产率选择性制备所需化合物。因此,我们需要注意:

(1)激发态发色团可以进行其他竞争化学过程,取决于底物结构以及反应环境中是否有其他化合物存在。

(2)激发态发色团可以发生物理失活,其降低反应的量子产率。

(3)底物或反应体系中的其他发色团可能阻碍反应的进行或者这些发色团发生不希望的反应。

(4) 溶剂作为试剂或滤色液可能干扰反应。

(5) 酸、碱、亲电或亲核物种,或良好的电子给体和受体可能会对众多光反应产生强烈影响。

(6) 反应中间体可能进攻反应分子。

(7) 氧和许多其他物种可以猝灭激发态。

(8) 通过敏化原位产生的单重态氧可与很多分子反应。

(9) 产物或长寿命中间体可能吸收光,并因此变成滤色剂。

(10) 目标产物可发生后续不希望发生的热或光化学转化。

无需对表 7.1～表 7.13 进行解释,表中所列内容已很清楚,其中的反应仅代表简单的例子。新目标产物的骨架或键以粗体表示,详细的机理描述和反应的局限性已在第 6 章中讨论。

表 7.1 三元环

关键逆向合成步骤	反应	章节
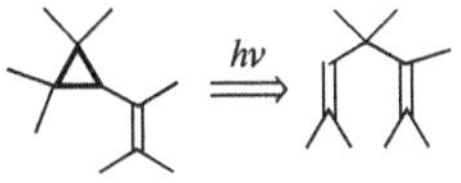	二-π-甲烷重排	6.1.3
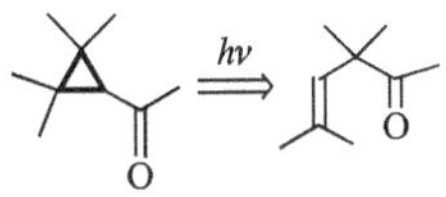	氧杂二-π-甲烷	6.1.3
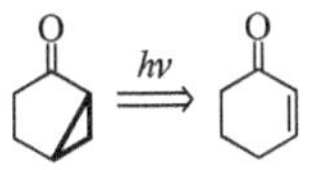	σ-迁移光重排	6.1.6
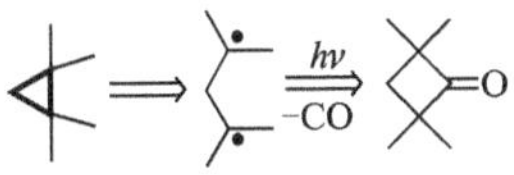	α-断列(Norrish I 型反应)	6.3.3
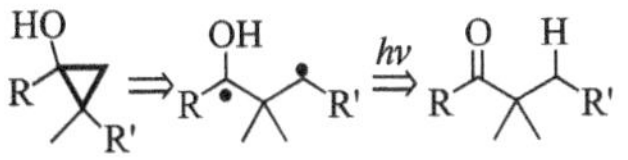	分子内抽氢	6.3.5
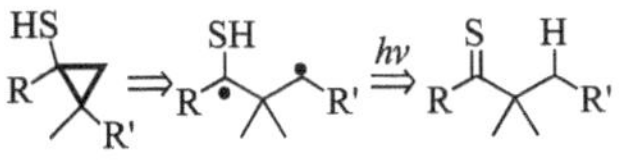	分子内抽氢	6.5.1
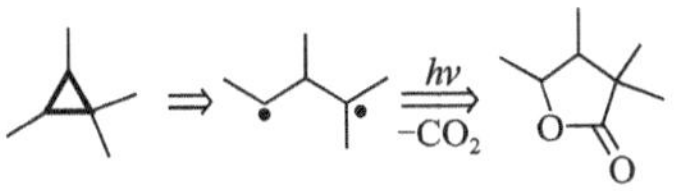	光脱羧反应	6.3.8

关键逆向合成步骤	反应	章节
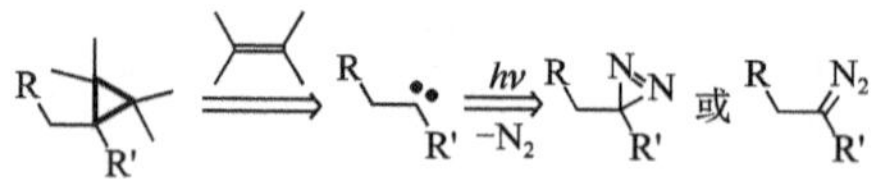 (环丙烷 R,R' + 烯 ⟹ 卡宾 + 烯,由重氮化合物 $-N_2$ 生成,或重氮 $R-C(N_2)-R'$)	卡宾光形成,卡宾加成	6.4.2
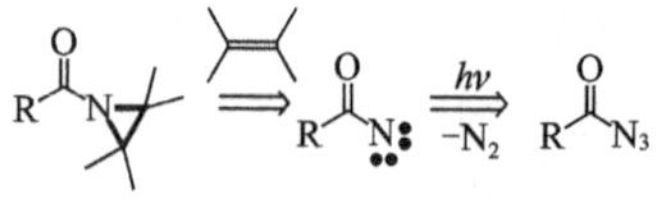 (N-酰基氮杂环丙烷 + 烯 ⟹ 酰基氮宾 + 烯,由酰基叠氮 $RCON_3$ 经 $-N_2$ 生成)	N_2 光消除,氮宾加成	6.4.2

表 7.2 四元环

关键逆向合成步骤	反应	章节
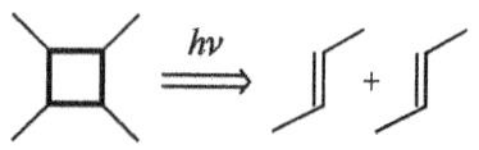 环丁烷 $\xrightarrow{h\nu}$ 烯 + 烯	光环加成	6.1.5 6.1.6 6.3.7
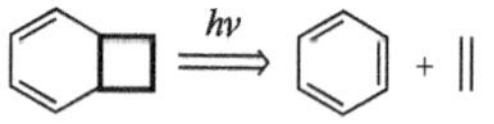 苯并环丁烯 $\xrightarrow{h\nu}$ 苯 + 炔	光环加成	6.2.2
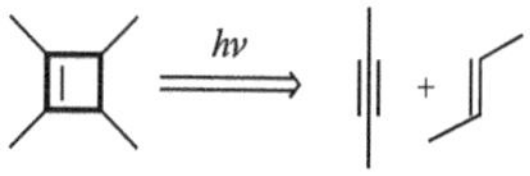 环丁烷 $\xrightarrow{h\nu}$ 炔 + 二烯	光环加成	6.1.5
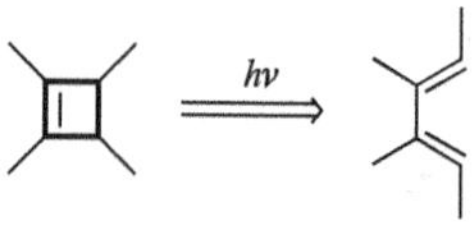 环丁烯 $\xrightarrow{h\nu}$ 丁二烯	电环化光重排	6.1.2
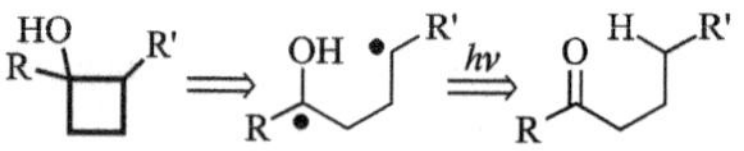 (HO,R' 取代环丁烷) $\Longrightarrow$ 1,4-双自由基 $\xrightarrow{h\nu}$ 酮	Yang 氏环化	6.3.5 6.3.6
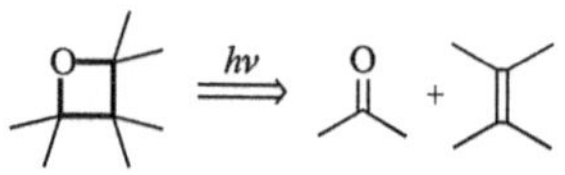 氧杂环丁烷 $\xrightarrow{h\nu}$ 酮 + 烯	环丁烷形成 (Paternò-Büchi 反应)	6.3.2 6.3.7
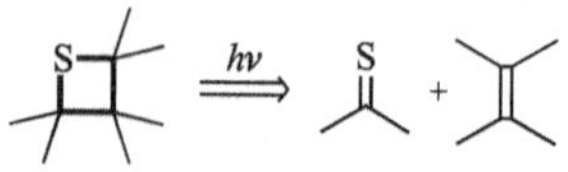 硫杂环丁烷 $\xrightarrow{h\nu}$ 硫酮 + 烯	硫杂环丁烷形成	6.5.1
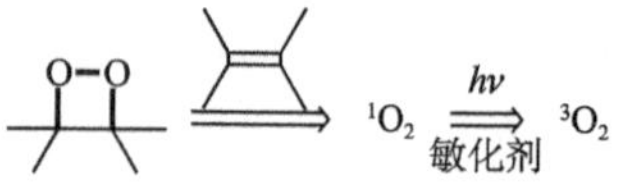 1,2-二氧杂环丁烷 $\xrightarrow[\text{敏化剂}]{h\nu, {}^1O_2 \to {}^3O_2}$ 烯	光氧化	6.7.2

表 7.3 五元环

关键逆向合成步骤	反应	章节
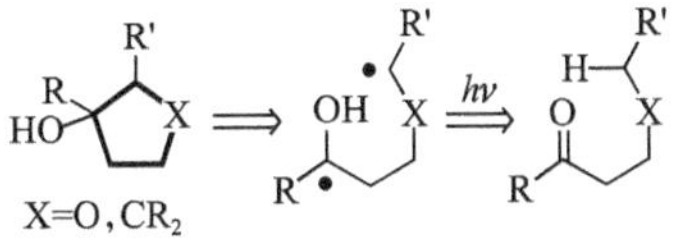 (X=O, CR₂)	分子内抽氢	6.3.5
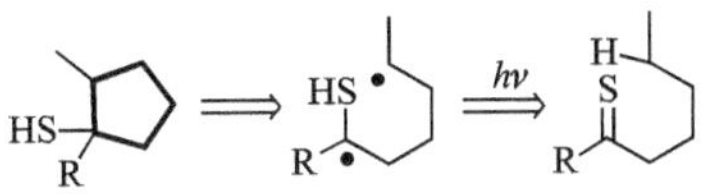 (HS-环戊烷衍生物)	分子内抽氢	6.5.1
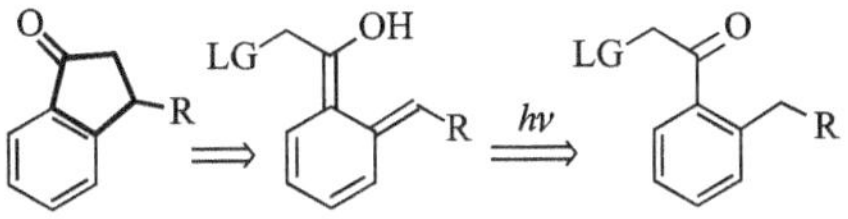 (LG=离去基团)	光烯醇化	6.3.6
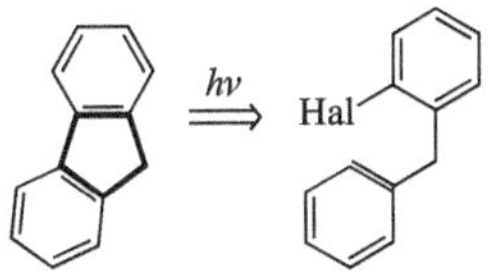 (Hal=Cl, Br, I)	光取代	6.6.2

表 7.4 六元环及更大环

关键逆向合成步骤	反应	章节
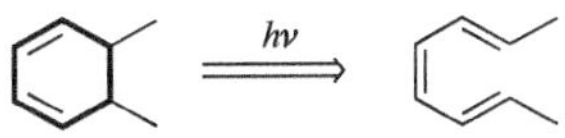	光环化光重排	6.1.2
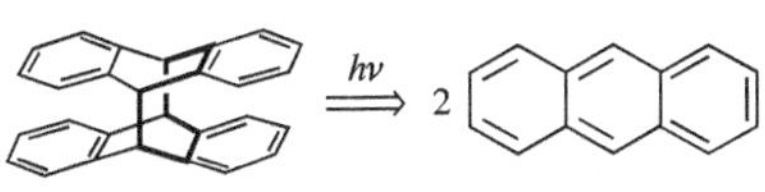	光环加成	6.2.2, 6.1.5
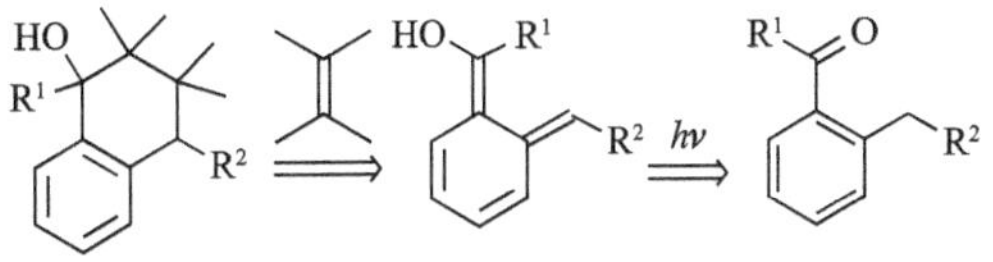	光烯醇化,环加成	6.3.6
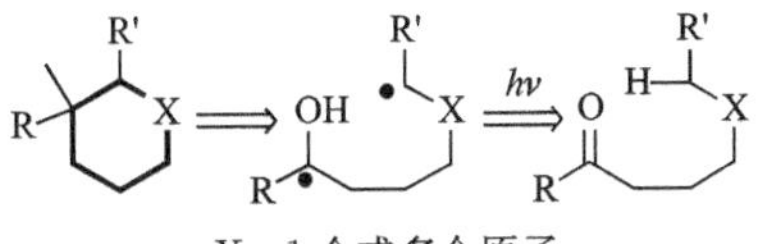 (X=1个或多个原子)	分子内抽氢(各种大小的环)	6.3.5, 6.4.4

续表

关键逆向合成步骤	反应	章节
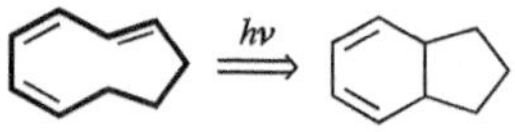 (环二烯 ⟹ 二氢茚)	电环化光重排	6.1.2
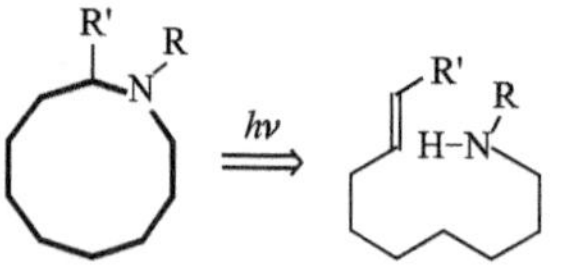 (N-杂环 ⟹ 烯胺)	光胺化（各种大小的环）	6.4.4
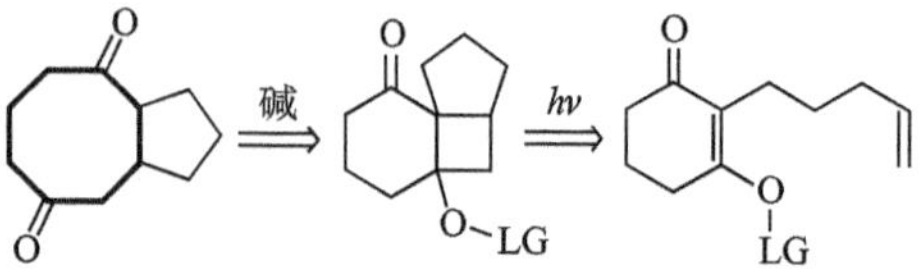 (双酮 ⟹ 环丁酮融合，LG=离去基团)	de Mayo 反应（各种大小的环）	6.1.6
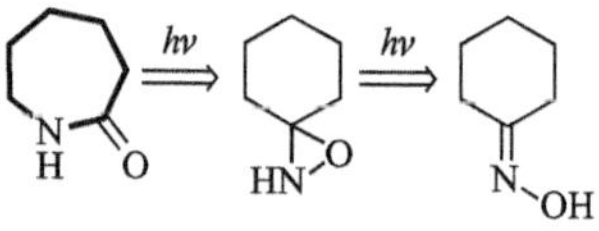 (内酰胺 ⟹ 氧杂氮丙啶 ⟹ 肟)	Beckmann 光异构化	6.4.1
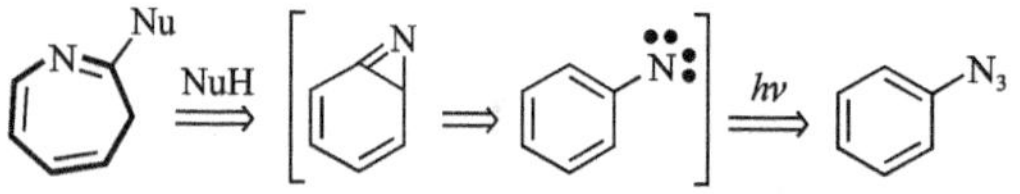 (2-取代吡啶 ⟹ 氮宾 ⟹ 苯基叠氮，Nu=亲核试剂)	氮宾形成，扩环	6.4.2
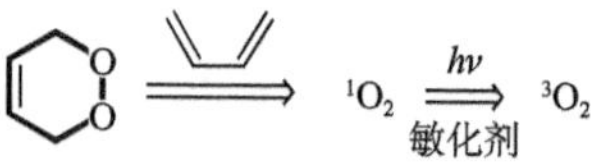 (内过氧化物 ⟹ 烯烃 + $^1O_2$ / $^3O_2$，敏化剂)	光氧化	6.7.2

表 7.5 稠合芳环

关键逆向合成步骤	反应	章节
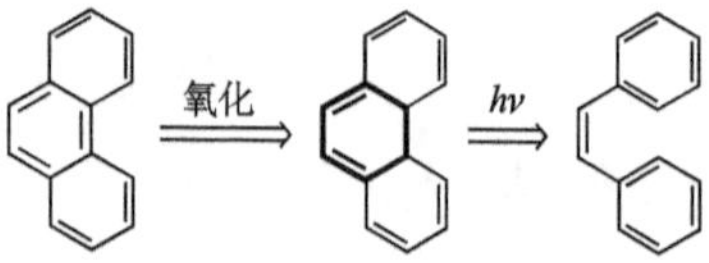 (菲 ⟸氧化⟸ 二氢菲 ⟸hν⟸ 二苯乙烯)	光电环化反应，氧化	6.1.2
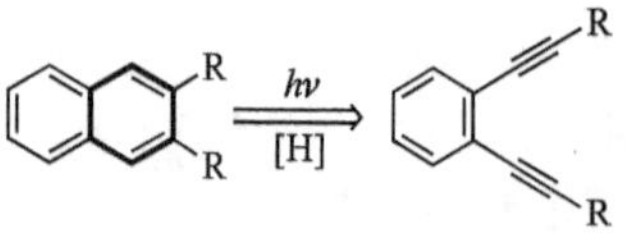 (萘衍生物 ⟸hν,[H]⟸ 邻二炔基苯)	环芳香化（光-Bergman 反应）	6.1.5

第 7 章 逆合成光化学

表 7.6 笼状化合物

关键逆向合成步骤	反应	章节
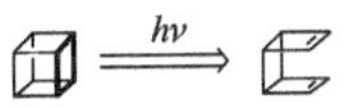 立方烷 $\xrightarrow{h\nu}$ 结构	光环加成	6.1.5
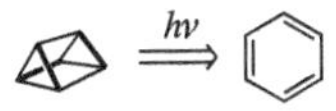 棱柱烷 $\xrightarrow{h\nu}$ 苯	光重排	6.2.1
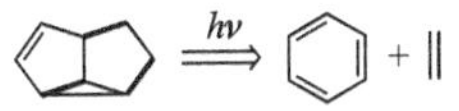 稠环 $\xrightarrow{h\nu}$ 苯 + 烯烃	光环加成	6.2.2
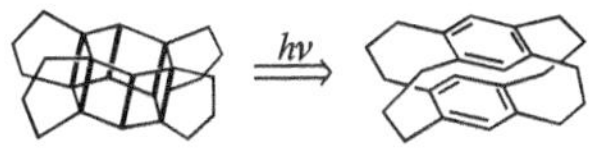 笼状结构 $\xrightarrow{h\nu}$ 大环结构	光环加成	6.2.2
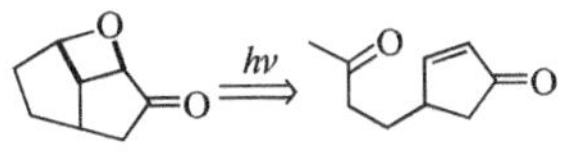 双环内酯 $\xrightarrow{h\nu}$ 酮 + 烯酮	氧杂环丁烷形成	6.3.2

表 7.7 螺环化合物

关键逆向合成步骤	反应	章节
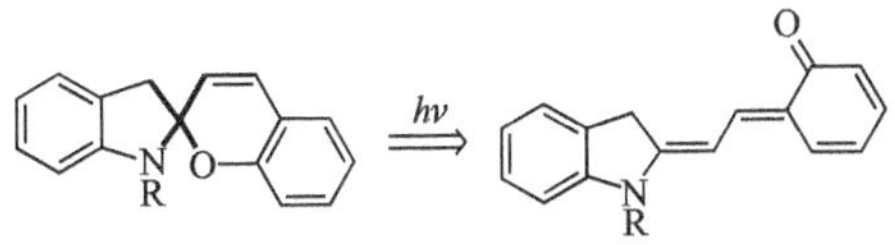 吲哚并苯并吡喃 $\xrightarrow{h\nu}$ 开环结构	光电环化反应	6.1.2, 6.4.1
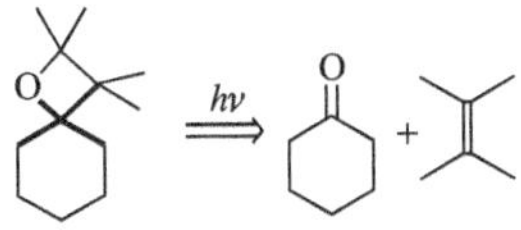 螺环氧杂环丁烷 $\xrightarrow{h\nu}$ 环己酮 + 烯烃	氧杂环丁烷形成	6.3.2, 6.3.7

表 7.8 双键的 E-构型

关键逆向合成步骤	反应	章节
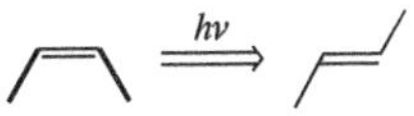 烯烃 $\xrightarrow{h\nu}$ 烯烃	E-Z 光异构化	6.1.1
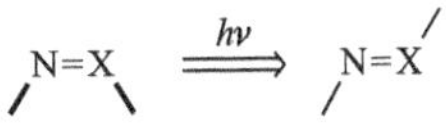 $N=X \xrightarrow{h\nu} N=X$; $X=C, N$	E-Z 光异构化	6.4.1

表 7.9 C—C 键

关键逆向合成步骤	反应	章节
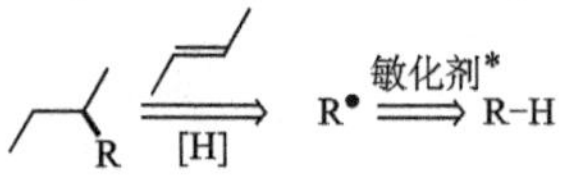 R-CH(R)-[H] ⟹ R• 敏化剂* ⟹ R-H	光催化自由基加成	6.8.1
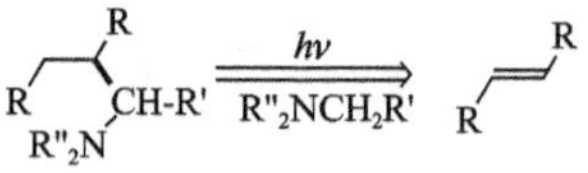 R''₂N-CH₂-CHR-R' ⟹ hν / R''₂NCH₂R' ⟹ R'CH=CHR	光化学加成 经 e⁻ 和 H⁺ 迁移	6.1.4 6.4.4
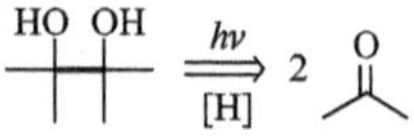 HO-C-C-OH ⟹ hν/[H] ⟹ 2 C=O	频哪醇形成	6.3.1
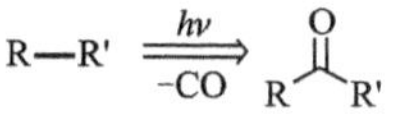 R—R' ⟹ hν/−CO ⟹ R-CO-R'	α-断裂（Norrish I 型反应）	6.3.3
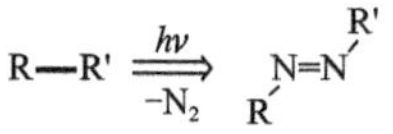 R—R' ⟹ hν/−N₂ ⟹ R-N=N-R'	N₂ 光消除	6.4.1 6.4.2
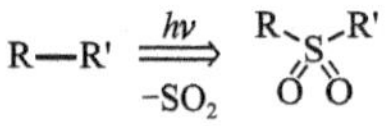 R—R' ⟹ hν/−SO₂ ⟹ R-SO₂-R'	SO₂ 光消除	6.5.2
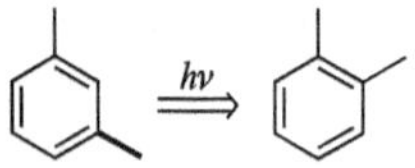 二甲苯 ⟹ hν ⟹ 甲苯	光移位	6.2.1
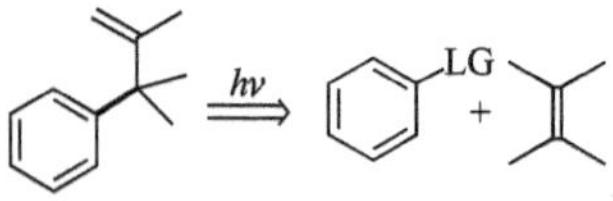 PhC(CH₃)₂CH=CH₂ ⟹ hν ⟹ Ph-LG + (CH₃)₂C=C(CH₃)₂ LG=离去基团(卤素,CN,…)	光取代	6.2.3
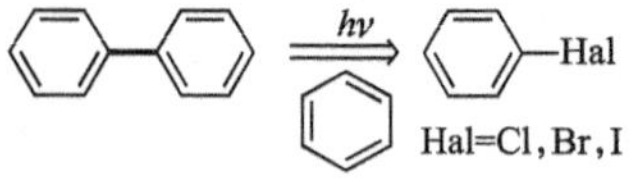 Ph-Ph ⟹ hν ⟹ Ph-Hal + Ph Hal=Cl,Br,I	光取代	6.6.2
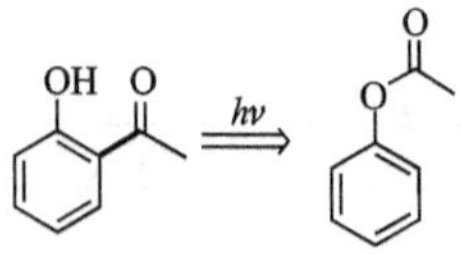 邻羟基苯乙酮 ⟹ hν ⟹ 苯基乙酸酯	光-Fries 重排	6.3.8
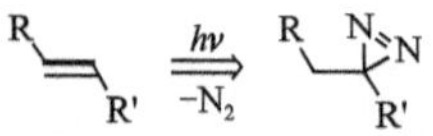 R-CH=CH-R' ⟹ hν/−N₂ ⟹ R-CH(N₂)-CH₂-R'	N₂ 光消除	6.4.2
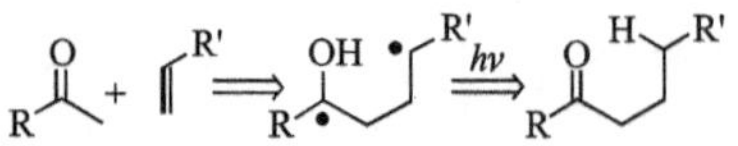 R-CO- + CH₂=CHR' ⟹ R-C(OH)(•)-CH₂-CH₂-CHR'(•) ⟹ hν ⟹ R-CO-CH₂-CH₂-H + CH₂=CHR'	Norrish II 型消除	6.3.4

表7.10 C—O键

关键逆向合成步骤	反应	章节
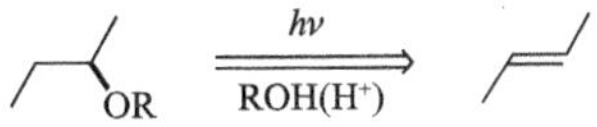 ![structure] $\xrightarrow[\text{ROH(H}^+)]{h\nu}$ 烯烃 R=H,烷基	光诱导亲核(通常酸催化)加成	6.1.4
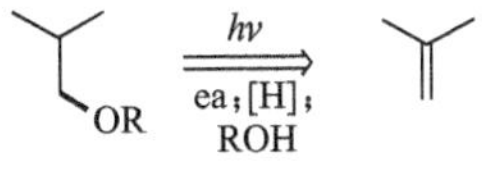 ![structure] $\xrightarrow[\text{ROH}]{h\nu, \text{ea;[H]}}$ 烯烃 ea=电子受体	光诱导(共敏化)亲核加成	6.1.4
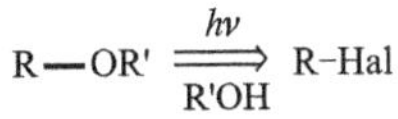 R—OR' $\xrightarrow[\text{R'OH}]{h\nu}$ R-Hal R=烷基,芳基 R'=H,烷基;Hal=Cl,Br,I	光取代	6.2.3 6.6.2
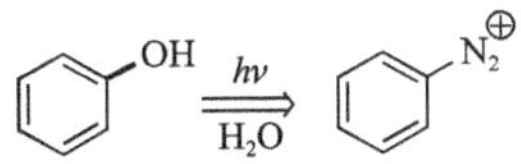 PhOH $\xrightarrow[\text{H}_2\text{O}]{h\nu}$ PhN$_2^+$	光取代	6.4.2
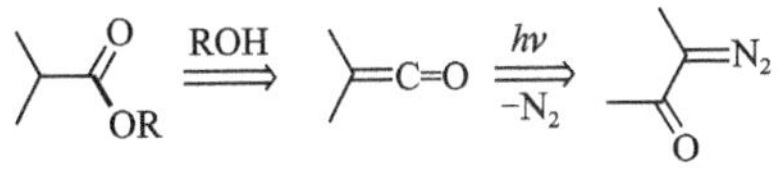 RCOOR $\Rightarrow$ C=C=O $\xrightarrow[-\text{N}_2]{h\nu}$ 重氮酮	烯酮形成	6.4.2
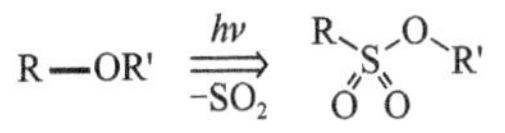 R—OR' $\xrightarrow[-\text{SO}_2]{h\nu}$ R-S(O)$_2$-OR'	SO$_2$ 光消除	6.5.2
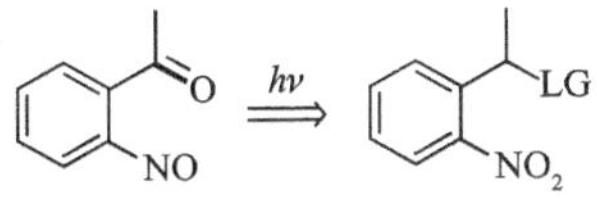 o-NO-C$_6$H$_4$COCH$_3$ $\xrightarrow{h\nu}$ o-NO$_2$-C$_6$H$_4$CH(LG)CH$_3$ LG=离去基团	分子内抽氢	6.4.3
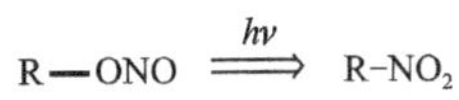 R—ONO $\xrightarrow{h\nu}$ R—NO$_2$	光重排	6.4.3
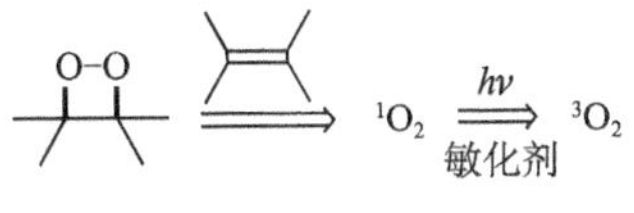 过氧化物 $\Rightarrow$ 烯烃 $\xrightarrow[\text{敏化剂}]{^1\text{O}_2 \xrightarrow{h\nu} {}^3\text{O}_2}$	单重态形成和加成	6.7.2
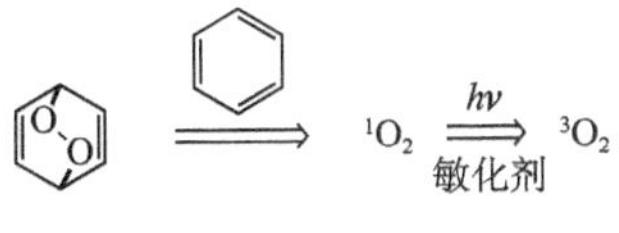 内过氧化物 $\Rightarrow$ 苯 $\xrightarrow[\text{敏化剂}]{^1\text{O}_2 \xrightarrow{h\nu} {}^3\text{O}_2}$	单重态氧形成和内过氧化物形成	6.7.2
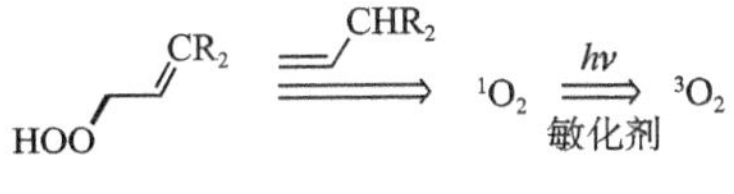 HOO-CR$_2$=CH-CHR$_2$ $\Rightarrow$ 烯烃 $\xrightarrow[\text{敏化剂}]{^1\text{O}_2 \xrightarrow{h\nu} {}^3\text{O}_2}$	光重态氧形成和ene反应	6.7.3

表 7.11 C—N 键

关键逆向合成步骤	反应	章节
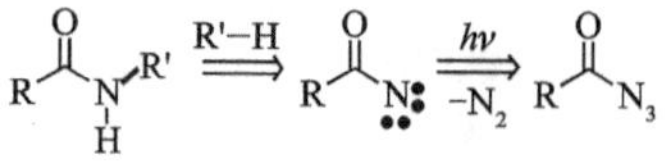 R-C(=O)-NH-R' ⇒ R-C(=O)-N: + R'-H ⇒ R-C(=O)-N₃ (hv, -N₂)	氮宾形成和插入	6.4.2
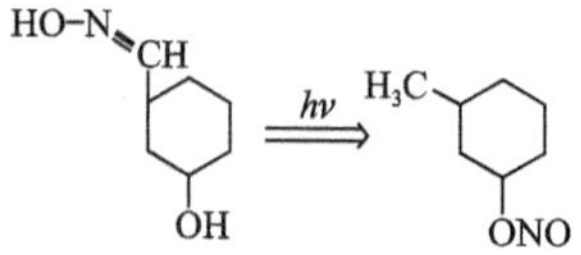 羟亚胺基环己醇 ⇒ 甲基环己基亚硝酸酯 (hv)	Barton 反应	6.4.2
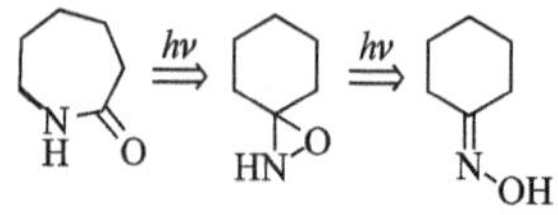 己内酰胺 ⇒ 氮杂环氧化物 ⇒ 环己酮肟 (hv)	Beckmann 光异构化	6.4.1
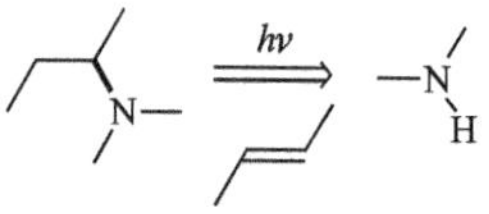 N,N-二甲基仲丁胺 ⇒ 仲胺 + 烯烃 (hv)	光胺化	6.4.4

表 7.12 C—卤键

关键逆向合成步骤	反应	章节
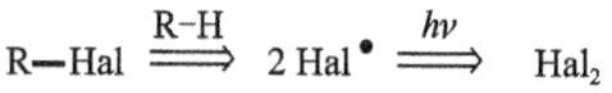 R—Hal ⇒ 2 Hal• + R-H ⇒ Hal₂ (hv); Hal = Cl, Br	光卤化	6.6.1
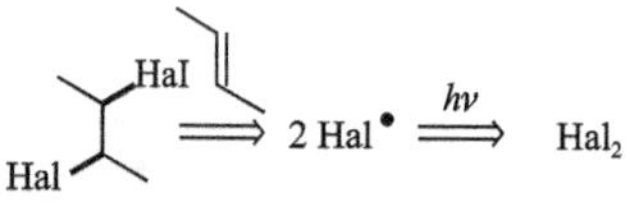 烯丙基卤代物 ⇒ 2 Hal• ⇒ Hal₂ (hv); Hal = Cl, Br	光卤化	6.6.1

表 7.13 C—H、N—H 键

关键逆向合成步骤	反应	章节
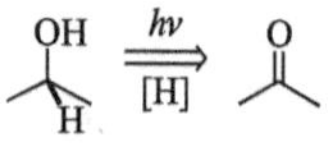 仲醇 ⇒ 酮 (hv, [H])	光还原	6.3.1
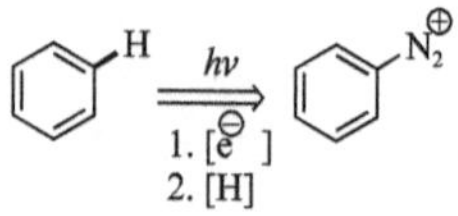 苯 ⇒ 苯基重氮盐 (hv, 1.[e⁻], 2.[H])	芳基重氮盐还原	6.4.2

续表		
关键逆向合成步骤	反应	章节
$R\text{—}H + CO_2 \underset{H_2O}{\overset{h\nu}{\rightleftharpoons}} R\text{-}COO^{\ominus}$	光脱羧	6.3.8
$R\text{—}H + CO_2 + MeOR' \underset{MeOH}{\overset{h\nu}{\rightleftharpoons}} R\text{-}COOR'$	酯光裂解	6.3.8
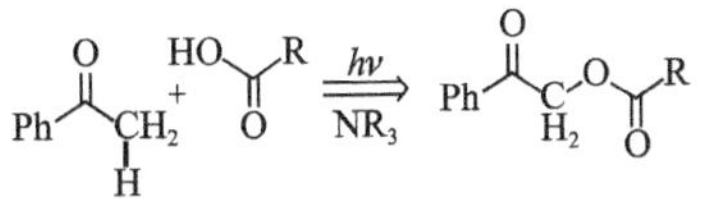 $Ph\text{-}COCH_2H + HOOC\text{-}R \xrightarrow[NR_3]{h\nu} Ph\text{-}COCH_2\text{-}OOC\text{-}R$	光还原	6.4.4
$R\text{-}NH_2 \underset{[H]}{\overset{h\nu}{\rightleftharpoons}} R\text{-}NO_2$	光还原	6.4.3
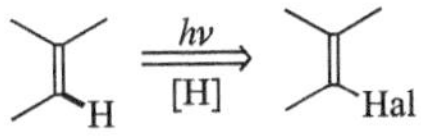 $\text{C=C-H} \underset{[H]}{\overset{h\nu}{\rightleftharpoons}} \text{C=C-Hal}$	光还原	6.6.2
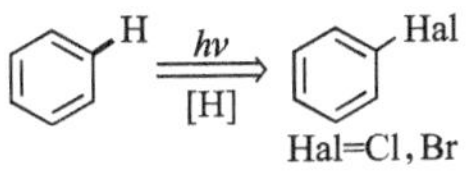 $Ph\text{-}H \underset{[H]}{\overset{h\nu}{\rightleftharpoons}} Ph\text{-}Hal$ (Hal=Cl, Br)	光还原	6.6.2
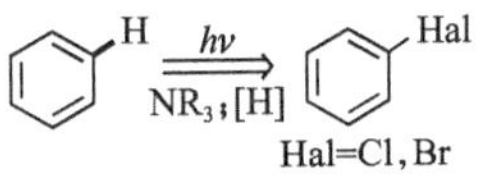 $Ph\text{-}H \underset{NR_3;[H]}{\overset{h\nu}{\rightleftharpoons}} Ph\text{-}Hal$ (Hal=Cl, Br)	电子转移光还原	6.6.2

第 8 章 信息来源、表格

科学光化学期刊
- Journal of Photochemistry and Photobiology A：Chemistry(www.sciencedirect.com/science/journal/10106030)
- Journal of Photochemistry and Photobiology B：Biology(www.sciencedirect.com/science/journal/10111344)
- Journal of Photochemistry and Photobiology C：Photochemistry Reviews(www.sciencedirect.com/science/journal/13895567)
- Photochemistry and Photobiology(www3.interscience.wiley.com/journal/118493575/home)
- Photochemical & Photobiological Sciences(www.rsc.org/publishing/journals/pp/index.asp)
- The Spectrum（免费）(www.bgsu.edu/departments/photochem/spectrum/index.html)

光化学学会和组织的主页
- American Society for Photobiology(www.pol-us.net/ASP_Home)。
- Asian and Oceanian Photochemistry Association (www.asianphotochem.com)。
- European Photochemistry Association (www.photochemistry.eu)。
- European Society for Photobiology (www.esp-photobiology.it)。
- Inter-American Photochemical Society (www.i-aps.org)。
- International Commission on Illumination (www.cie.co.at/index_ie.html)。
- Intergovernmental Panel on Climate Change (www.ipcc.ch)。
- International Commission on Illumination (www.cie.co.at/index_ie.html)。
- Japanese Photochemistry Association (photochemistry.jp/ENGLISH/index.htm)。
- Photobiology Association of Japan (www.cherry.bio.titech.ac.jp/photobio/en/photon.html)。
- U.S. Department of Energy, Basic research needs for solar energy utiliza-

tion (www.sc.doe.gov/bes/BES.html)。

其他信息来源
- 吸收光谱[280,1561]。
- 光物理数据、光学材料、光源等[109,137,157,159]。
- 光化学和光生物数据库（w3.chemres.hu/pchem）。
- 可从网上获得的简单 HMO 程序（www.chem.ucalgary.ca/SHMO, neon.chem.swin.edu.au/modules/mod3/huckel.html）。

本书采用 SI 单位[10]。在量子力学中，使用原子单位（a.u.）更方便，因为使用这些单位很多基本物理常数的数值为 1（表 8.1）。定义和概念的权威性汇编见《光化学术语汇编》(*Glossary of Terms Used in Photochemistry*) 第三版[22]，该书可从 IUPAC 网页（www.iupac.org）下载得到，也可以参看《理论有机化学术语汇编》(*Glossary of Terms Used in Theoretical Organic Chemistry*)[1562] 以及《物理有机化学术语汇编》(*Glossary of Terms Used in Physical Organic Chemistry*)[1563]，这些书也可以从 IUPAC 网页下载获得。

表 8.1 基本物理常数[a]

物理量	符号	数值 a.u.	数值 SI 单位
普朗克常数 (Planck's constant)	h	2π	6.626×10^{-34} J s
角动量 (Angular momentum)	$\hbar = h/2\pi$	1	1.055×10^{-34} J s
玻尔兹曼常数 (Boltzmann's constant)	k_B		1.381×10^{-23} J K^{-1}
电子质量 (Electron mass)	m_e	1	9.109×10^{-31} kg
统一原子质量单位 (Unified atomic mass unit)	$u = m_u = Da$		1.661×10^{-27} kg
基本电荷 (Elementary charge)	e	1	1.602×10^{-19} C
真空光速 (Speed of light in vacuum)	c		2.998×10^{8} m s^{-1}
电常数 (Electric constant)[b]	ε_0		8.854×10^{-12} C^2 J^{-1} m^{-1}
玻尔半径 (Bohr radius)	$a_0 = 4\pi\varepsilon_0 \hbar^2/m_e e^2$	1	5.292×10^{-11} m
玻尔磁子 (Bohr magneton)	$\mu_B = e\hbar/2m_e$	0.5	9.274×10^{-24} J T^{-1}[c]
核磁子 (Nuclear magneton)	μ_N		5.051×10^{-27} J T^{-1}

续表

物理量	符号	数值 a.u.	数值 SI 单位
能量（哈特里）[Energy (hartree)]	$E_h = h^2/m_e a_0^2$	1	4.360×10^{-18} J
阿伏伽德罗常数 (Avogadro's constant)	N_A		6.022×10^{23} mol^{-1}
法拉第常数 (Faraday constant)	$F = N_A e$		9.649×10^4 C mol^{-1}

a 高精度值和额外的数据可从 CODATA[1564] 和 IUPAC 绿书中得到[10]；
b 真空介电常数；
c 1 T=1 kg s^{-2} A^{-1}。

表 8.2 能量转换数值因子[a]

	J	kJ mol^{-1}	eV	E_h	μm^{-1}
J=W s	1	6.0221×10^{20}	6.2415×10^{18}	2.2937×10^{17}	5.0341×10^{-18}
kJ mol^{-1}	1.6605×10^{-21}	1	1.0364×10^{-2}	3.8088×10^{-4}	8.3593×10^{-3}
eV	1.6022×10^{-19}	96.485	1	3.6749×10^{-2}	0.80655
E_h	4.3597×10^{-18}	2.6225×10^3	27.211	1	21.947
μm^{-1}	1.9864×10^{-19}	119.63	1.2398	4.5563×10^{-2}	1

a 从下列关系推导得到：$E_P = h\nu = hc/\lambda = hc\tilde{\nu}$，$E_m = N_A E$，1 cal ≡ 4.184 J。

表 8.3 纯溶剂黏度 η/mP[a] 和扩散控制速率常数 k_d（用公式 2.29 计算得到），$T=298$ K，$p=0.1$ MPa[b]

溶剂	η/mP	k_d (M^{-1}s^{-1})[b]	参考文献
水	8.90	7.4×10^9	[1565]
甲醇	5.54	1.2×10^{10}	[1566]
乙醇	10.8	6.1×10^9	[1566]
1-丙醇	19.7	3.4×10^9	[1566]
2-丙醇	20.5	3.2×10^9	[1566]
1-丁醇	25.7	2.6×10^9	[1566]
n-己烷	2.98	2.2×10^{10}	[1567]
n-庚烷	3.88	1.7×10^{10}	[1567]
n-辛烷	5.05	1.3×10^{10}	[1567]
n-壬烷	6.52	1.0×10^{10}	[1567]
n-癸烷	8.44	7.8×10^9	[1567]
环己烷	8.83	7.5×10^9	[1567]
甲基环己烷	6.92	9.5×10^9	[1565]
四氯化碳	9.06	7.3×10^9	[1568]
苯	6.00	1.1×10^{10}	[1569]
甲苯	5.54	1.2×10^{10}	[1570]
乙腈	3.42	1.9×10^{10}	[1566]
液体石蜡	300~2000	(3~20) $\times 10^7$	[1566]
甘油	10000	6.6×10^6	[1571]

a 1 P=0.1 kg m^{-1}s^{-1}=0.1 Pa s；
b 更多数据见参考文献 [1565] 和 [1572]。

表 8.4　光化学中常用激光器的性质

激光器	介质	λ/nm	功率或脉冲能量	脉宽
He-Ne	气体	632.8 (1152, 3392)	1～100mW	cw
氩离子	气体	多波长，～500	0.01～100W	cw
准分子	气体	193 (ArF), 248 (KrF), 308 (XeCl), 351 (XeF)	100 mJ	5～30 ns
Nd：YAG[a]	固体	1064	1 J	10 ns 或 30 ps（锁模）
Ti：Sa	固体	约 800	5 mJ	200 fs

a 钇铝石榴石。

表 8.5　建议杂原子 HMO 参数列表 (4.3 节)[271,1573]

元素	键类型	例子	$\delta\alpha_\mu/\beta$	$\delta\alpha_{\mu\nu}/\beta$
C	C═C	苯	0.0	0.0
甲基（诱导）	C—CH$_2^a$	丙烯	−0.333	0.0
N·	C═N	吡啶	0.5	0.0
N·$^+$	C═NH	吡啶翁	2.0	0.0
N：	C—N	苯胺	1.5	−0.2
O·	C═O	酮	1.0	0.0
O：	C—O	酚	2.0	−0.2
O·$^+$	C═O$^+$H	酮-H$^+$	2.5	−0.2
F	C—F	氟苯	3.0	−0.3
Cl	C—Cl	氯苯	2.0	−0.6

a 在 C$_\mu$ 上甲基取代的诱导效应。

表 8.6　一些有机发色团的光物理性质[109,137]

化合物	τ_f/ns	Φ_f	E_S/ (kJ mol^{-1})	Φ_T	E_T/ (kJ mol^{-1})
萘	262	0.2	385	0.8	254
蒽	5	0.3	319	0.7	176
芘	500	0.3	322	0.7	202
薁[a]	1.7 (S$_2$)	0.031 (S$_2$)	171	0.0	165
丙酮	1.7	0.001	386	1.0	332
苯乙酮	<0.01	0.00	334	1.0	310
呫吨酮（氧杂蒽酮）[b]	0.06	5×10^{-4}	324	1.0	310
二苯酮	0.006[c]	0.00	313	1.0	288
四甲基卟啉	12	0.1	180	0.8	139

a 参考文献 [293]，Φ_f (S$_1$) =7×10^{-5}，Φ_{IC} (S$_2$) =0.97[1574]；

b 参考文献 [127]；

c 参考文献 [332]。

参 考 文 献

[1] Mattay, J., Griesbeck, A., Photochemical Key Steps in Organic Synthesis, VCH, Weinheim, 1994.
[2] Haag, W., Hoigné, J., Singlet Oxygen in Surface Waters. 3. Photochemical Formation and Steady-state Concentrations in Various Types of Waters, *Environ. Sci. Technol.* 1986, **20**, 341–348.
[3] BP., *Statistical Review of World Energy*, http://www.bp.com, 2008.
[4] Lewis, N. S., *Basic Research Needs for Solar Energy Utilization*, http://www.sc.doe.gov/bes/reports/files/SEU_rpt.pdf, US Department of Energy, 2005.
[5] Lewis, N. S., Nocera, D. G., Powering the Planet: Chemical Challenges in Solar Energy Utilization, *Proc. Natl. Acad. Sci. USA* 2006, **103**, 15729–15735.
[6] Solomon, S., Qin, D., Manning, M., Chen, Z., Marquis, M., Averyt, K. B., Tignor, M., Miller, H. L. (eds), *Climate Change 2007: the Physical Science Basis*, Cambridge University Press, Cambridge, 2007.
[7] Chu, C.-C., Bassani, D. M., Challenges and Opportunities for Photochemists on the Verge of Solar Energy Conversion, *Photochem. Photobiol. Sci.* 2008, **7**, 521–530.
[8] Ciamician, G., The Photochemistry of the Future, *Science* 1912, **36**, 385–394.
[9] Albini, A., Fagnoni, M., 1908: Giacomo Ciamician and the Concept of Green Chemistry, *ChemSusChem* 2008, **1**, 63–66.
[10] Cohen, E. R., Cvitaš, T., Frey, J. G., Holmström, B., Kuchitsu, K., Marquardt, R., Mills, I., Pavese, F., Quack, M., Stohner, J., Strauss, H. L., Takami, M., Thor, A. J., *Quantities Units and Symbols in Physical Chemistry*, 3rd edn, Royal Society of Chemistry, Cambridge, 2007.
[11] Lee, J., Malpractices in Chemical Calculations, *J. Chem. Educ.* 2003, **7**, 27–32.
[12] Millikan, R. A., A Direct Photoelectric Determination of Planck's "h", *Phys. Rev.* 1916, **7**, 355–388.
[13] Smithson, H. E., Sensory, Computational and Cognitive Components of Human Colour Constancy, *Philos. Trans. R. Soc. Lond. B Biol. Sci.* 2005, **360**, 1329–1346.
[14] Cramer, C. J., *Essentials of Computational Chemistry*, John Wiley & Sons, Inc., Hoboken, NJ, 2002.
[15] Klessinger, M., Michl, J., *Excited States and Photochemistry of Organic Molecules*, VCH, New York, 1995.
[16] Michl, J., Bonacic-Koutecky, V., *Electronic Aspects of Organic Photochemistry*, John Wiley & Sons, Inc., New York, 1990.

[17] Olivucci, M. (ed), *Computational Photochemistry*, Theoretical and Computational Chemistry, Vol. **16**, Elsevier, Amsterdam, 2005.
[18] Atkins, P. W., Friedman, R. S., *Molecular Quantum Mechanics*, 3rd edn, Oxford University Press, New York, 1999.
[19] Bally, T., Borden, W. T., Calculations on Open-shell Molecules: a Beginner's Guide, *Rev. Comput. Chem.* 1999, **13**, 1–97.
[20] Shaik, S., Hiberty, P. C. (eds), *A Chemist's Guide to Valence Bond Theory*, John Wiley & Sons, Inc, Hoboken, NJ, 2008.
[21] Kiang, N. Y., The Color of Plants on Other Worlds, *Sci. Am.* 2008, **288**, 28–35.
[22] Braslavsky, S. E., Glossary of Terms used in Photochemistry, 3rd edn, *Pure Appl. Chem.* 2007, **79**, 293–465.
[23] Lewis, G. N., Kasha, M., Phosphorescence and the Triplet State, *J. Am. Chem. Soc.* 1944, **66**, 2100–2116.
[24] Kasha, M., Fifty Years of the Jabłonski Diagram, *Acta Phys. Pol.* 1987, **A71**, 661–670.
[25] Jablonski, A., Über den Mechanismus der Photolumineszenz von Farbstoffphosphoren, *Z. Phys.* 1935, **94**, 38–46.
[26] Delorme, R., Perrin, F., Durées de Fluorescence des Sels d'Uranyle Solides et de leurs Solutions, *J. Phys., Sér. VI* 1929, **10**, 177–186.
[27] Lewis, G. N., Lipkin, D., Magel, T. T., Reversible Photochemical Processes in Rigid Media. A Study of the Phosphorescent State *J. Am. Chem. Soc.* 1941, **63**, 3005–3018.
[28] Terenin, A. N., Photochemical Processes in Aromatic Compounds, *Acta Physicochim. URSS* 1943, **18**, 210–241.
[29] Hutchison, C. A. Jr., Mangum, B. W., Paramagnetic Resonance Absorption in Naphthalene in Its Phosphorescent State, *J. Chem. Phys.* 1958, **29**, 952–953.
[30] Valeur, B., Historical Aspects of Fluorescence. In Valeur, B., Brochon, J.-C. (eds), *New Trends in Fluorescence*, Springer, Berlin, 2001, pp. 3–6.
[31] Strickler, S. J., Berg, R. A., Relationship between Absorption Intensity and Fluorescence Lifetime of Molecules, *J. Chem. Phys.* 1962, **37**, 814–822.
[32] Parker, C. A., *Photoluminescence of Solutions*, Elsevier, Amsterdam, 1968.
[33] Dirac, P. A. M., The Quantum Theory of Emission and Absorption of Radiation, *Proc. R. Soc. London, Ser. A* 1927, **114**, 243–265.
[34] Robinson, G. W., Frosch, R. P., Theory of Electronic Relaxation in the Solid Phase, *J. Chem. Phys.* 1962, **37**, 1962–1973.
[35] Englman, R., Jortner, J., The Energy Gap Law for Radiationless Transitions in Large Molecules, *Mol. Phys.* 1979, **18**, 145–164.
[36] Bixon, M., Jortner, J., Intramolecular Radiationless Transitions, *J. Chem. Phys.* 1968, **48**, 715–726.
[37] Freed, K. F., Radiationless Transitions in Molecules, *Acc. Chem. Res.* 1978, **11**, 74–80.
[38] Avouris, P., Gelbart, W. M., El Sayed, M. A., Nonradiative Electronic Relaxation under Collision-free Conditions, *Chem. Rev.* 1977, **77**, 793–833.
[39] Siebrand, W., Radiationless Transitions in Polyaromatic Molecules. II. Triplet–Ground-state Transitions in Aromatic Hydrocarbons, *J. Chem. Phys.* 1967, **47**, 2411–2422.
[40] Doubleday, C. Jr., Turro, N. J., Wang, J.-F., Dynamics of Flexible Triplet Biradicals, *Acc. Chem. Res.* 1989, **22**, 199–205.
[41] El Sayed, M. A., Vanishing First- and Second-order Intramolecular Heavy-atom Effects on the $(\pi^* \to n)$ Phosphorescence in Carbonyls, *J. Chem. Phys.* 1964. **41**, 2462–2467 and references therein.
[42] Aloïse, S., Ruckenbusch, C., Blanchet, L., Réhault, J., Buntinx, G., Huvenne, J.-P., The Benzophenone $S1(n,\pi^*) \to T1(n,\pi^*)$ States Intersystem Crossing Reinvestigated by Ultrafast Absorption Spectroscopy and Multivariate Curve Resolution, *J. Phys. Chem. A* 2008, **112**, 224–231.

[43] Beer, M., Longuet-Higgins, H. C., Anomalous Light Emission of Azulene, *J. Chem. Phys.* 1955, **23**, 1390–1391.
[44] Leupin, W., Magde, D., Persy, G., Wirz, J., 1,4,7-Triazacycl[3.3.3]azine: Basicity, Photoelectron Spectrum, Photophysical Properties, *J. Am. Chem. Soc.* 1986, **108**, 17–22.
[45] Leupin, W., Wirz, J., Low-lying Electronically Excited States of Cycl[3.3.3]azine, a Bridged 12π-Perimeter, *J. Am. Chem. Soc.* 1980, **102**, 6068–6075.
[46] Kropp, J. L., Stanley, C. C., The Temperature Dependence of Ovalene Fluorescence, *Chem. Phys. Lett.* 1971, **9**, 534–538.
[47] Amirav, A., Even, U., Jortner, J., Intermediate Level Structure in the S_2 State of the Isolated Ultracold Ovalene Molecule, *Chem. Phys. Lett.* 1980, **69**, 14–17.
[48] Nickel, B., Delayed Fluorescence from Upper Excited Singlet States S_n ($n > 1$) of the Aromatic Hydrocarbons 1,2-Benzanthracene, Fluoranthene, Pyrene, and Chrysene in Methylcyclohexane, *Helv. Chim. Acta* 1978, **61**, 198–222.
[49] Nickel, B., Karbach, H.-J., Complete Spectra of the Delayed Luminescence from Aromatic Compounds in Liquid Solutions: on the Observability of Direct Radiative Triplet–Triplet Annihilation, *Chem. Phys.* 1990, **148**, 155–182.
[50] Longfellow, R. J., Moss, D. B., Parmenter, C. S., Rovibrational Level Mixing Below and Within the Channel Three Region of S_1 Benzene, *J. Phys. Chem.* 1988, **92**, 5438–5449.
[51] Siegrist, A. E., Eckhardt, C., Kaschig, J., Schmidt, E., Optical Brighteners. In *Ullmann's Encyclopedia of Industrial Chemistry*, Wiley-VCH Verlag, GmbH, Weinheim, 2003.
[52] Wong-Wah-Chung, P., Mailhot, G., Aguer, J.-P., Bolte, M., Fate of a Stilbene-type Fluorescent Whitening Agent (DSBP) in the Presence of Fe(III) Aquacomplexes: from the Redox Process to the Photodegradation, *Chemosphere* 2006, **65**, 2185–2192.
[53] Saltiel, J., Atwater, B. W., *Spin-statistical Factors in Diffusion-controlled Reactions*, Advances in Photochemistry, Vol. 14, John Wiley & Sons, Inc., New York, 1988, pp. 1–90.
[54] Kincaid, J. F., Eyring, H., Stearn, A. E., The Theory of Absolute Reaction Rates and Its Application to Viscosity and Diffusion in the Liquid State, *Chem. Rev.* 1941, **41**, 301–365.
[55] Kierstead, A. H., Turkevich, J., Viscosity and Structure of Pure Hydrocarbons, *J. Chem. Phys.* 1944, **12**, 24–27.
[56] Alwattar, A. H., Lumb, M. D., Birks, J. B., Diffusion-controlled Rate Processes. In Birks, J. B., (ed), *Organic Molecular Photophysics*, John Wiley & Sons, Ltd, London, 1973, Vol. **1**, pp. 403–456.
[57] Schuh, H.-H., Fischer, H., The Kinetics of the Bimolecular Self-termination of *t*-Butyl Radicals in Solution, *Helv. Chim. Acta* 1978, **61**, 2130–2164.
[58] Fischer, H., Paul, H., Rate Constants for Some Prototype Radical Reactions in Liquids by Kinetic Electron Spin Resonance, *Acc. Chem. Res.* 1987, **20**, 200–206.
[59] Noyes, R. M., Kinetics of Competitive Processes when Reactive Fragments are Produced in Pairs, *J. Am. Chem. Soc.* 1955, **77**, 2042–2045.
[60] Porter, G., Wright, M. R., Intramolecular and Intermolecular Energy Conversion Involving Change of Multiplicity, *Discuss. Faraday Soc.* 1959, No. 27, 18–27.
[61] Gijzeman, O. L. J., Kaufman, F., Porter, G., Oxygen Quenching of Aromatic Triplet States in Solution. 1, *J. Chem. Soc., Faraday Trans.* 2 1973, **69**, 708–720.
[62] Charlton, J. L., Dabestani, R., Saltiel, J., Role of Triplet–Triplet Annihilation in Anthracene Dimerization *J. Am. Chem. Soc.* 1983, **105**, 3473–3476.
[63] Van Der Meer, B. W., Coker, G., Chen, S.Y., *Resonance Energy Transfer*, VCH, Weinheim, 1994.
[64] Andrews, D. L., Demidov, A. A., *Resonance Energy Transfer*, Wiley-VCH Verlag GmbH, Weinheim, 1999.
[65] Barber, J., Photosystem II: an Enzyme of Global Significance, *Biochem. Soc. Trans.* 2006, **34**, 615–631.

[66] Saltiel, J., Townsend, D. E., Sykes, A., Role of Higher Triplet States in the Anthracene-sensitized Photoisomerization of Stilbene and 2,4-Hexadiene, *J. Am. Chem. Soc.* 1983, **105**, 2530–2538.
[67] Förster, T., *Fluoreszenz Organischer Verbindungen*, Vandenhoeck & Ruprecht, Göttingen, 1951.
[68] Förster, T., Transfer Mechanisms of Electronic Excitation, *Discuss. Faraday Soc.* 1959, **27**, 7–17.
[69] Förster, T., In Sinanoglu, O. (ed), *Modern Quantum Chemistry*, Istanbul Lectures, Academic Press, New York, 1965.
[70] Braslavsky, S. E., Fron, E., Rodríguez, H. B., San Román, E., Scholes, G. D., Schweitzer, G., Valeur, B., Wirz, J., Pitfalls and Limitations in the Practical Use of Förster's Theory of Resonance Energy Transfer, *Photochem. Photobiol. Sci.* 2008, **7**, 1444–1448.
[71] Yang, J., Winnik, M. A., The Orientation Parameter for Energy Transfer in Restricted Geometries Including Block Copolymer Interfaces: a Monte Carlo Study, *J. Phys. Chem. B* 2005, **109**, 18408–18417.
[72] Torgenson, P. M., Morales, M. F., Application of the Dale Eisinger Analysis to Proximity Mapping in the Contractile System, *Proc. Natl. Acad. Sci. USA* 1984, **81**, 3723–3727.
[73] dos Remedios, C. G., Moens, P. D. J., Fluorescence Resonance Energy Transfer Spectroscopy Is a Reliable "Ruler" for Measuring Structural Changes in Proteins: Dispelling the Problem of the Unknown Orientation Factor, *J. Struct. Biol.* 1995, **115**, 175–185.
[74] Stryer, L., Haugland, R. P., Energ, Transfer: a Spectroscopic Ruler, *Proc. Natl. Acad. Sci. USA* 1967, **58**, 719–726.
[75] Klostermeier, D., Millar, D. P., Time-resolved Fluorescence Resonance Energy Transfer: a Versatile Tool for the Analysis of Nucleic Acids, *Biopolymers (Nucleic Acid Sci.)* 2002, **61**, 159–179.
[76] Wang, D., Geva, E., Protein Structur and Dynamics from Single-molecule Fluorescence Resonance Energy Transfer, *J. Chem. Phys. B* 2005, **109**, 1626–1634.
[77] Buchner, J., Kiefhaber, T. (eds), *Protein Folding Handbook*, Vol.5, Wiley-VCH Verlag GmbH, Weinheim, 2005, p. 445
[78] Michalet, X., Weiss, S., Jäger, M., Single-molecule Fluorescence Studies of Protein Folding and Conformational Dynamics, *Chem. Rev.* 2006, **106**, 1785–1813.
[79] Schuler, B., Lipman, E. A., Eaton, W. A., Probing the Free-energy Surface for Protein Folding with Single-molecule Fluorescence Spectroscopy, *Nature* 2002, **419**, 743–747.
[80] Hoffmann, A., Kane, A., Nettls, D., Hertzog, D. E., Baumgartel, P., Lengefeld, J., Reichardt, G., Horsley, D. A., Seckler, R., Bakajin, O., Schuler, B., Mapping Protein Collapse with Single-molecule Fluorescence and Kinetic Synchrotron Radiation Circular Dichroism Spectroscopy, *Proc. Natl. Acad. Sci. USA* 2007, **104**, 105–110.
[81] Nienhaus, G. U., Exploring Protein Structure and Dynamics under Denaturing Conditions by Single-molecule FRET Analysis, *Macromol. Biosci.* 2006, **6**, 907–922.
[82] Greenleaf, W. J., Woodside, M. T., Block, S. M., High-Resolution, Single-molecule Measurements of Biomolecular Motion, *Annu. Rev. Biophys. Biomol. Struct.* 2007, **36**, 171–190.
[83] Roeffaers, M. B. J., De Cremer, G., Uji-i, H., Muls, B., Sels, B. F., Jacobs, P. A., De Schryver, F. C., De Vos, D. E., Hofkens, J., Single-molecule Fluorescence Spectroscopy in (Bio)catalysis, *Proc. Natl. Acad. Sci. USA* 2007, **104**, 12603–12609.
[84] Wagner, P. J., Klán, P., Intramolecular Triplet Energy Transfer in Flexible Molecules: Electronic, Dynamic, and Structural Aspects, *J. Am. Chem. Soc.* 1999, **212**, 9626–9635.
[85] Vrbka, L., Klán, P., Kriz, Z., Koca, J., Wagner, P. J., Computer Modeling and Simulations on Flexible Bifunctional Systems: Intramolecular Energy Transfer Implications, *J. Phys. Chem. A* 2003, **107**, 3404–3413.

[86] Bieri, O., Wirz, J., Hellrung, B., Schutkowski, M., Drewello, M., Kiefhaber, T., The Speed Limit for Protein Folding Measured by Triplet–Triplet Energy Transfer, *Proc. Natl. Acad. Sci. USA* 1999, **96**, 9597–9601.

[87] Fierz, B., Kiefhaber, T., End-to-End vs Interior Loop Formation Kinetics in Unfolded Polypeptide Chains, *J. Am. Chem. Soc.* 2007, **129**, 672–679.

[88] Fierz, B., Satzger, H., Root, C., Gilch, P., Zinth, W., Kiefhaber, T., Loop Formation in Unfolded Polypeptide Chains on the Picoseconds to Microseconds Time Scale, *Proc. Natl. Acad. Sci. USA* 2007, **104**, 2163–2168.

[89] Roccatano, D., Sahoo, H., Zacharias, M., Nau, W. M., Temperature Dependence of Looping Rates in a Short Peptide, *J. Chem. Phys. B* 2007, **111**, 2639–2646.

[90] Hennig, A., Florea, M., Roth, D., Enderle, T., Nau, W. M., Design of Peptide Substrates for Nanosecond Time-resolved Fluorescence Assays of Proteases: 2,3-Diazabicyclo[2.2.2]oct-2-ene as a Noninvasive Fluorophore, *Anal. Biochem.* 2007, **360**, 255–265.

[91] Wang, X., Nau, W. M., Kinetics of End-to-End Collision in Short Single-stranded Nucleic Acids, *J. Am. Chem. Soc.* 2004, **126**, 808–813.

[92] Minkowski, C., Calzaferri, G., Förster-type Energy Transfer along a Specified Axis, *Angew. Chem. Int. Ed.* 2005, **44**, 5325–5329.

[93] Kuhn, H., Information, Electron Energy Transfer in Surface Layers, *Pure Appl. Chem.* 1981, **53**, 2105–2122.

[94] Ajayaghosh, A., Praveen, V.K., π-Organogels of Self-assembled *p*-Phenylenevinylenes: Soft Materials with Distinct Size, Shape, and Functions, *Acc. Chem. Res.* 2007, **40**, 644–656.

[95] Markovitsi, D., Marguet, S., Gallos, L. K., Sigal, H., Millié, P., Argyrakis, P., Ringsdorf, H., Kumar, S., Electronic Coupling Responsible for Energy Transfer in Columnar Liquid Crystals, *Chem. Phys. Lett.* 1999, **306**, 163–167.

[96] Feng, X., Pisula, W., Zhi, L., Takase, M., Müllen, K., Controlling the Columnar Orientation of C_3-symmetric "Superbenzenes" through Alternating Polar/Apolar Substituents, *Angew. Chem. Int. Ed.* 2008, **47**, 1703–1706.

[97] Cotlet, M., Gronheid, R., Habuchi, S., Stefan, A., Barbafina, A., Müllen, K., Hofkens, J., De Schryver, F. C., Intramolecular Directional Förster Resonance Energy Transfer at the Single-molecule Level in a Dendritic System, *J. Am. Chem. Soc.* 2003, **125**, 13609–13617.

[98] Cotlet, M., Vosch, T., Habuchi, S., Weil, T., Müllen, K., Hofkens, J., De Schryver, F. C., Probing Intramolecular Förster Resonance Energy Transfer in a Naphthaleneimide–Perileneimide–Terrilenediimide-based Dendrimer by Ensemble and Single-molecule Fluorescence Spectroscopy, *J. Am. Chem. Soc.* 2005, **127**, 9760–9768.

[99] Andreasson, J., Straight, S. D., Bandyopadhyay, S., Mitchell, R. H., Moore, T. A., Moore, A. L., Gust, D., Molecular 2:1 Digital Multiplexer, *Angew. Chem. Int. Ed.* 2007, **46**, 958–961.

[100] Andreasson, J., Straight, S. D., Bandyopadhyay, S., Mitchell, R. H., Moore, T. A., Moore, A. L., Gust, D., A Molecule-based 1:2 Digital Demultiplexer, *J. Phys. Chem. C* 2007, **111**, 14274–14278.

[101] Nakamura, Y., Aratani, N., Osuka, A., Cyclic Porphyrin Arrays as Artificial Antenna: Synthesis and Excitation Transfer, *Chem. Soc. Rev.* 2007, **36**, 831–845.

[102] Berera, R., van Stokkum, I. H. M., Kodis, G., Keirstead, A. E., Pillai, S., Herrero, C., Palacios, R. E., Vengris, M., van Grondelle, R., Gust, D., Moore, T. A., Moore, A. L., Kennis, J. T. M., Energy Transfer, Excited-state Deactivation and Exciplex Formation in Artificial Carotene–Phthalocyanine Light-harvesting Antennas, *J. Chem. Phys. B* 2007, **111**, 6868–6877.

[103] Scholes, G. D., Long-range Resonance Energy Transfer in Molecular Systems, *Annu. Rev. Phys. Chem.* 2003, **54**, 57–87.

[104] Ermolaev, V. L., Sveshnikova, E. V., Inductive-resonance Energy Transfer from Aromatic Molecules in the Triplet State, *Dokl. Akad. Nauk SSSR* 1963, **149**, 1295–1298.

[105] Bennett, R. G., Schwenker, R. P., Kellog, R. E., Radiationless Intermolecular Energy Transfer. II. Triplet–Singlet Transfer, *J. Chem. Phys.* 1964, **41**, 3040–3041.

[106] Roller, R. S., Winnik, M. A., The Determination of the Förster Distance (R_0) for Phenanthrene and Anthracene Derivatives in Poly(methyl methacrylate) Films, *J. Phys. Chem. B* 2005, **109**, 12261–12269.

[107] Kinka, G. W., Faulkner, L. R., Wurster's Blue as a Fluorescence Quencher for Anthracene, Perylene, and Fluoranthene, *J. Am. Chem. Soc.* 1976, **98**, 3897–3901.

[108] Tyson, D. S., Gryczynski, I., Castellano, F. N., Long-range Resonance Enegry Transfer to $[Ru(bpy)_3]^{2+}$, *J. Phys. Chem. A* 2000, **104**, 2919–2924.

[109] Birks, J. B., *Photophysics of Aromatic Molecules*, Wiley-Interscience, London, 1970.

[110] Klein, U. K. A., Frey, R., Hauser, M., Gösele, U., Theoretica, Experimental Investigations of Combined Diffusion and Long-range Energy Transfer, *Chem. Phys. Lett.* 1976, **41**, 139–142.

[111] Sandros, K., Transfer of Triplet State Energy in Fluid Solutions. III. Reversible Energy Transfer, *Acta Chem. Scand.* 1964, **18**, 2355–2374.

[112] Hammond, G. S., Saltiel, J., Lamola, A. A., Turro, N. J., Bradshaw, J. S., Cowan, D. O., Counsell, R. C., Vogt, V., Dalton, C., Mechanisms of Photochemical Reactions in Solution. XXII. Photochemical *cis–trans* Isomerization, *J. Am. Chem. Soc.* 1964, **86**, 3197–3217.

[113] Balzani, V., Bolletta, F., Scandola, F., Vertica, "Nonvertical" Energy Transfer Processes. A General Classical Treatment, *J. Am. Chem. Soc.* 1980, **102**, 2152–2163.

[114] Saltiel, J., Marchand, G. R., Kirkor-Kaminska, E., Smothers, W. K., Mueller, W. B., Charlton, J. L., Nonvertical Triplet Excitation Transfer to *cis*- and *trans*-Stilbene, *J. Am. Chem. Soc.* 1984, **106**, 3144–3151.

[115] Saltiel, J., Mace, J. E., Watkins, L. P., Gormin, D. A., Clark, R. J., Dmitrenko, O., Biindanylidenes: Role of Central Bond Torsion in Nonvertical Triplet Excitation Transfer to the Stilbenes, *J. Am. Chem. Soc.* 2003, **125**, 16158–16159.

[116] Frutos, L. M., Castano, O., Andres, J. L., Merchan, M., Acuna, A. U., A Theory of Nonvertical Triplet Energy Transfer in Terms of Accurate Potential Energy Surfaces: the Transfer Reaction from π,π^* Triplet Donors to 1,3,5,7-Cyclooctatetraene, *J. Chem. Phys.* 2004, **120**, 1208–1216.

[117] Wirz, J., Krebs, A., Schmalstieg, H., Angliker, H., Electron Structur. The Electronic Triplet State of a Peralkylated Cyclobutadiene, *Angew. Chem. Int. Ed. Engl.* 1981, **20**, 192–193.

[118] Picot, A., D'Aléo, A., Patrice, L., Baldeck, P. L., Grichine, A., Duperray, A., Andraud, C., Maury, O., Long-lived Two-photon Excited Luminescence of Water-soluble Europium Complex: Applications in Biological Imaging Using Two-photon Scanning Microscopy, *J. Am. Chem. Soc.* 2008, **130**, 1532–1533.

[119] Selvin, P. R., Principle, Biophysical Applications of Lanthanide-based Probes, *Annu. Rev. Biophys. Biomol. Struct.* 2002, **31**, 275–302.

[120] Förster, T., Kasper, K., Concentration Reversal of the Fluorescence of Pyrene, *Z. Elektrochem.* 1956, **59**, 976–980.

[121] Andriessen, R., Boens, N., Ameloot, M., De Schryver, F. C., Non-*a-priori* Analysis of Fluorescence Decay Surfaces of Excited-state Processes. 2. Intermolecular Excimer Formation of Pyrene *J. Phys. Chem.* 1991, **95**, 2047–2058.

[122] Zachariasse, K. A., Kuehnle, W., Leinhos, U., Reynders, P., Striker, G., Time-resolved Monomer and Excimer Fluorescence of 1,3-Di(1-pyrenyl)propane at Different Temperatures: No Evidence for Distributions from Picosecond Laser Experiments with Nanosecond Time Resolution, *J. Phys. Chem.* 1991, **95**, 5476–5488.

[123] Zachariasse, K. A., Macanita, A. L., Kuehnle, W., Chain Length Dependence of Intramolecular Excimer Formation with 1,*n*-Bis(1-pyrenylcarboxy)alkanes for $n = 1$–16, 22, and 32, *J. Chem. Phys. B* 1999, **103**, 9356–9365.

[124] Winnik, F. M., Photophysics of Preassociated Pyrenes in Aqueous Polymer Solutions and in Other Organized Media, *Chem. Rev.* 1993, **93**, 587–614.

[125] Nickel, B., Rodriguez Prieto, M. F., On the Alleged Triplet-Excimer Phosphorescence from Liquid Solutions of Naphthalene and Di-α-naphthylalkanes in Isooctane, *Chem. Phys. Lett.* 1988, **146**, 125–132.

[126] Kang, H. K., Kang, D. E., Boo, B. H., Yoo, S. J., Lee, J. K., Lim, E. C., Existence of Intramolecular Triplet Excimer of Bis(9-fluorenyl)methane, *J. Phys. Chem. A* 2005, **109**, 6799–6804.

[127] Heinz, B., Schmidt, B., Root, C., Satzger, H., Milota, F., Fierz, B., Kiefhaber, T., Zinth, W., Gilch, P., On the Unusual Fluorescence Properties of Xanthone in Water, *Phys. Chem. Chem. Phys.* 2006, **8**, 3432–3439.

[128] Parker, C. A., Hatchard, C. G., Delayed Fluorescence of Pyrene in Ethanol, *Trans. Faraday Soc.* 1963, **59**, 284–295.

[129] Adam, W., The Singlet Oxygen Story, *Chem. Unserer Zeit* 1981, **15**, 190–196.

[130] Greer, A., Christopher Foote's Discovery of the Role of Singlet Oxygen [$^1O_2$ ($^1\Delta_g$)] in Photosensitized Oxidation Reactions, *Acc. Chem. Res.* 2006, **39**, 797–804.

[131] Kautsky, H., de Bruijn, H., Neuwirth, R., Baumeister, W., Energy Transfers at Surfaces. VII. Photosensitized Oxidation as the Action of an Active, Metastable State of the Oxygen Molecule, *Ber. Bunsen-Ges. Phys. Chem.* 1933, **66B**, 1588–1600.

[132] Khan, A., Kasha, M., Red Chemiluminescence of Oxygen in Aqueous Solution, *J. Chem. Phys.* 1963, **39**, 2105–2106.

[133] Foote, C. S., Wexler, S., Singlet Oxygen. A Probable Intermediate in Photosensitized Autoxidations, *J. Am. Chem. Soc.* 1964, **86**, 3880–3881.

[134] Herzberg, G., *Molecular Spectra and Molecular Structure*, Vols I–III Van Nostrand, Toronto, 1966.

[135] Kearns, D. R., Physical and Chemical Properties of Singlet Molecular Oxygen, *Chem. Rev.* 1971, **71**, 395–427.

[136] Wasserman, H. H., Murray, R. W., *Singlet Oxygen*, Academic Press, New York, 1979.

[137] Murov, S. L., Carmichael, I., Hug, G. L., *Handbook of Photochemistry*, 2nd edn, Marcel Dekker, New York, 1993.

[138] Ayman, A., Abdel-Shafi, A. A., Ward, M. D., Schmidt, R., Mechanism of Quenching by Oxygen of the Excited States of Ruthenium(II) Complexes in Aqueous Media. Solvent Isotope Effect and Photosensitized Generation of Singlet Oxygen, $O_2(^1\Delta_g)$, by [Ru(diimine)(CN)$_4$]$^{2-}$ Complex Ions, *Dalton Trans.* 2007, 2517–2527.

[139] Abdel-Shafi, A. A., Wilkinson, F., Charge Transfer Effects on the Efficiency of Singlet Oxygen Production Following Oxygen Quenching of Excited Singlet and Triplet States of Aromatic Hydrocarbons in Acetonitrile, *J. Phys. Chem. A* 2000, **104**, 5747–5757.

[140] Hatz, S., Lambert, J. D. C., Ogilby, P. R., Measuring the Lifetime of Singlet Oxygen in a Single Cell: Addressing the Issue of Cell Viability, *Photochem. Photobiol. Sci.* 2007, **6**, 1106–1116.

[141] Weldon, D., Ogilby, P. R., Time-resolved Absorption Spectrum of Singlet Oxygen in Solution, *J. Am. Chem. Soc.* 1998, **120**, 12978–12979.

[142] Schmidt, R., Quantitative Determination of $^1\Sigma_{g+}$ and $1\Delta_g$ Singlet Oxygen in Solvents of Very Different Polarity. General Energy Gap Law for Rate Constants of Electronic Energy Transfer to and from O_2 in the Absence of Charge Transfer Interactions, *J. Phys. Chem. A* 2006, **110**, 2622–2628.

[143] Ogilby, P. R., Foote, C. S., The Effect of Solvent, Solvent Isotopic Substitution, and Temperature on the Lifetime of Singlet Molecular Oxygen, *J. Am. Chem. Soc.* 1983, **105**, 3423–3430.

[144] Rodgers, M. A. J., Snowden, P. T., Lifetime of $O_2(^1\Delta_g)$ in Liquid Water as Determined by Time-resolved Infrared Luminescence Measurements, *J. Am. Chem. Soc.* 1982, **104**, 5541–5543.

[145] Schmidt, R., Afshari, E., Collisional Deactivation of $O_2(^1\Delta_g)$ by Solvent Molecules, *Ber. Bunsen-Ges. Phys. Chem.* 1992, **96**, 788–794.

[146] Solomon, M., Sivaguru, J., Jockusch, S., Adam, W., Turro, N. J., Vibrational Deactivation of Singlet Oxygen: Does it Play a Role in Stereoselectivity During Photooxygenation?, *Photochem. Photobiol. Sci.* 2008, **7**, 531–533.

[147] Gouterman, M., Oxygen Quenching of Luminescence of Pressure Sensitive Paint for Wind Tunnel Research, *J. Chem. Educ.* 1997, **74**, 697–702.

[148] Khalil, G. E., Chang, A., Gouterman, M., Callis, J. B., Dalton, L. R., Turro, N. J., Jockusch, S., Oxygen Pressure Measurement Using Singlet Oxygen Emission, *Rev. Sci. Instrum.* 2005, **76**, art. no. 054101.

[149] Born, R., Fischer, W., Heger, D., Tokarczyk, B., Wirz, J., Photochromism of Phenoxynaphthacenequinones: Diabatic or Adiabatic Phenyl Group Transfer?, *Photochem. Photobiol. Sci.* 2007, **6**, 552–559.

[150] Longuet-Higgins, H. C., Intersection of Potential Energy Surfaces in Polyatomic Molecules, *Proc. R. Soc. London, Ser. A* 1975, **344**, 147–156.

[151] Teller, E., Crossing of Potential Surfaces, *J. Phys. Chem.* 1937, **41**, 109–116.

[152] Wigner, E., Witmer, E. E., Über die Struktur der Zweiatomigen Molekelspektren nach der Quantenmechanik, *Z. Phys.* 1928, **51**, 859–886.

[153] Jasper, A. W., Nangia, S., Zhu, C., Truhlar, D. G., Non-Born–Oppenheimer Molecular Dynamics, *Acc. Chem. Res.* 2006, **39**, 101–108.

[154] Wittig, C., The Landau–Zener Formula, *J. Phys. Chem. B* 2005, **109**, 8428–8430.

[155] Braun, A. M., Maurette, A.-T., Oliveros, E., *Photochemical Technology*, John Wiley & Sons, Ltd, Chichester, 1991, pp. 202–396.

[156] Calvert, J. G., Pitts, J. N., Experimental Methods in Photochemistry. In: *Photochemistry*, John Wiley & Sons, Inc, New York, 1966, Chapter 7, pp. 686–798.

[157] Montalti, M., Credi, A., Prodi, L., Gandolfi, M. T., *Handbook of Photochemistry*, 3rd edn, CRC Press, Boca Raton, FL, 2006.

[158] Rabek, J. F., *Experimental Methods in Photochemistry and Photophysics*, John Wiley and Sons, Inc., New York, 1982.

[159] Scaiano, J. C., *CRC Handbook of Organic Photochemistry* (2 Volumes), CRC Press, Boca Raton, FL, 1987.

[160] Maiman, T. H., Stimulated Optical Radiation in Ruby, *Nature* 1960, **187**, 493–494.

[161] Milloni, P. W., Eberly, J. H., *Lasers*, John Wiley & Sons, Inc, New York, 1988.

[162] Klimov, V.I., Ivanov, S. A., Nanda, J., Achermann, M., Bezel, I., McGuire, J. A., Piryatinski, A., Single-exciton Optical Gain in Semiconductor Nanocrystals, *Nature* 2007, **447**, 441–446.

[163] Nanda, J., Ivanov, S. A., Achermann, M., Bezel, I., Piryatinski, A., Klimov, V. I., Light Amplification in the Single-exciton Regime Using Exciton–Exciton Repulsion in Type-II Nanocrystal Quantum Dots, *J. Phys. Chem.* 2007, **111**, 15382–15390.

[164] Hänsch, T. W., Passion for Precision, *Ann. Phys. (Leipzig)* 2006, **15**, 627–652.

[165] Yersin, H., *Highly Efficient OLEDs with Phosphorescent Materials*, Solid State Chemistry, Wiley-VCH, Verlag GmbH, Weinheim, 2007.

[166] Jähnisch, K., Hessel, V., Löwe, H., Baerns, M., Chemistry in Microstructured Reactors, *Angew. Chem. Int. Ed.* 2004, **43**, 406–446.

[167] Klán, P., Cirkva, V., Microwaves in Photochemistry. In Loupy, A. (ed), *Microwaves in Organic Synthesis*, 2nd edn, Wiley-VCH Verlag GmbH, Weinheim, 2006, pp. 860–896.

[168] Klán, P. Hájek, M., Cirkva, V., The Electrodeless Discharge Lamp: a Prospective Tool for Photochemistry. Part 3. The Microwave Photochemistry Reactor, *J. Photochem. Photobiol. A* 2001, **140**, 185–189.

[169] Klán, P. Literák, J., Hájek, M., The Electrodeless Discharge Lamp: a Prospective Tool for Photochemistry, *J. Photochem. Photobiol. A* 1999, **128**, 145–149.

[170] Fox, M. A., Dulay, M. T., Heterogeneous Photocatalysis, *Chem. Rev.* 1993, **93**, 341–357.

[171] Tung, C. H., Song, K., Wu, L.-Z., Li, H.-R., Zhang, L.-P., Microreactor-controlled Product Selectivity in Organic Photochemical Reactions. In Ramamurthy, V., Schanze, K. (eds), *Understanding and Manipulating Excited-state Processes*, Marcel Dekker, New York, 2001, pp. 317–383.

[172] Ramamurthy, V., Organic Photochemistry in Organized Media, *Tetrahedron* 1986, **42**, 5753–5839.

[173] Weiss, R. G., Ramamurthy, V., Hammond, G. S., Photochemistry in Organized and Confining Media – A Model, *Acc. Chem. Res.* 1993, **26**, 530–536.

[174] Decker, C., Photoinitiated Crosslinking Polymerisation, *Prog. Polym. Sci.* 1996, **21**, 593–650.

[175] Valeur, B., *Molecular Fluorescence, Principles and Applications*, Wiley-VCH Verlag GmbH, Weinheim, 2002.

[176] Eaton, D. F., Reference Materials for Fluorescence Measurements, *Pure Appl. Chem.* 1988, **60**, 1107–1114.

[177] Brower, F., San Roman, E., *Reference Methods, Standards and Applications of Photoluminescence*, IUPAC. 2008, in preparation.

[178] Evans, D. F., Magnetic Perturbation of Singlet–Triplet Transitions. Part IV. Unsaturated Compounds, *J. Chem. Soc.* 1960, 1735–1745.

[179] Demas, J. N., Crosby, G. A., The Measurement of Photoluminescence Quantum Yields. A Review, *J. Phys. Chem.* 1971, **75**, 991–1024.

[180] Eaton, D. F., Recommended Methods for Fluorescence Decay Analysis, *Pure Appl. Chem.* 1990, **62**, 1631–1648.

[181] Ernsting, N. P., Fluorescence Upconversion, *Pure Appl. Chem.* in preparation.

[182] Michl, J., Thulstrup, E. W., *Spectroscopy with Polarized Light*, VCH, New York, 1986.

[183] Thulstrup, E. W., Michl, J., Eggers, J. H., Polarization Spectra in Stretched Polymer Sheets. Physical Significance of the Orientation Factors and Determination of π,π^* Transition Moment Directions in Molecules of Low Symmetry, *J. Phys. Chem.* 1970, **74**, 3878–3884.

[184] Wilkinson, F., Editorial: Special Issue in Commemoration of Lord George Porter FRSC FRS OM, *Photochem. Photobiol. Sci.* 2003, **2**, ix–x.

[185] Carmichael, I., Hug, G. L., Spectroscopy, Intramolecular Photophysics of Triplet States. In Scaiano, J. C. (ed), *CRC Handbook of Organic Photochemistry*, Vol. I, CRC Press, Boca Raton, FL, 1987, pp. 369–403.

[186] Lobastov, V. A., Weissenrieder, J., Tang, J., Zewail, A. H., Ultrafast Electron Microscopy (UEM): Four-dimensional Imaging and Diffraction of Nanostructures During Phase Transitions, *Nano Lett.* 2007, **7**, 2552–2558.

[187] Diau, E. W. G., Kotting, C., Solling, T. I., Zewail, A. H., Femtochemistry of Norrish Type-I Reactions: III. Highly Excited Ketones – Theoretical, *ChemPhysChem* 2002, **3**, 57–78.

[188] Scaiano, J. C., Nanosecond Laser Flash Photolysis: a Tool for Physical Organic Chemistry. In Moss, R. A., Platz, M. S., Jones, M., Jr. (eds), *Reactive Intermediate Chemistry*, John Wiley, & Sons, Inc., Hoboken, NJ, 2004, pp. 847–871.

[189] Wilkinson, F., Kelly, G., Diffuse Reflectance Flash Photolysis. In Scaiano, J. C. (ed), *Handbook of Organic Photochemistry*, Vol. I, CRC Press, Boca Raton, FL, 1989, pp. 293–314.

[190] Carmichael, I., Hug, G. L., A Unified Analysis of Noncomparative Methods for Measuring the Molar Absorptivity of Triplet–Triplet Transitions, *Appl. Spectrosc.* 1987, **41**, 1033.

[191] Bonneau, R., Wirz, J., Zuberbühler, A. D., Methods for the Analysis of Transient Absorbance Data (Technical Report), *Pure Appl. Chem.* 1997, **69**, 979–992.

[192] Baum, P., Zewail, A. H., Breaking Resolution Limits in Ultrafast Electron Diffraction and Microscopy, *Proc. Natl. Acad. Sci. USA* 2006, **103**, 16105–16110.

[193] Yang, D.-S., Gedik, N., Zewail, A. H., Ultrafast Electron Crystallography. 1. Nonequilibrium Dynamics of Nanometer-scale Structures, *J. Phys. Chem. C* 2007, **111**, 4889–4919.

[194] Kovalenko, S. A., Dobryakov, A. L., Ruthmann, J., Ernsting, N. P., Femtosecond Spectroscopy of Condensed Phases with Chirped Supercontinuum Probing, *Phys. Rev. A* 1999, **59**, 2369–2384.
[195] Hilinski, E. F., The Picosecond Realm. In Moss, R. A., Platz, M. S., Jones, M. Jr, (eds), *Reactive Intermediate Chemistry*, John Wiley & Sons, Inc, Hoboken, NJ, 2004, pp. 873–897.
[196] Bazin, M., Ebbesen, T. W., Distortions in Laser Flash Photolysis Absorption Measurements. The Overlap Problem., *Photochem. Photobiol.* 1983, **37**, 675–678.
[197] Fron, E., Pilot, R., Schweitzer, G., Qu, J., Herrmann, A., Muellen, K., Hofkens, J., Van der Auweraer, M., De Schryver, F. C., Photoinduced Electron Transfer in Perylenediimide Triphenylamine-based Dendrimers: Single Photon Timing and Femtosecond Transient Absorption Spectroscopy *Photochem. Photobiol. Sci.* 2008, **7**, 597–604.
[198] Mauser, H., Gauglitz, G., *Photokinetics, Chemical Kinetics*, Vol. 36, Elsevier, Amsterdam, 1998.
[199] Andraos, J., Lathioor, E. C., Leigh, W. J., Simultaneous pH–Rate Profiles Applied to the Two-step Consecutive Sequence A → B → C: a Theoretical Analysis and Experimental Verification, *J. Chem. Soc., Perkin Trans. 2* 2000, 365–373.
[200] Grellmann, K. H., Scholz, H.-G., Determination of Decay Constants with a Sampling Flash Apparatus. The Triplet State Lifetimes of Anthracene and Pyrene in Fluid Solutions *Chem. Phys. Lett.* 1979, **62**, 64–71.
[201] Malinowski, E. R., *Factor Analysis in Chemistry*, 3rd edn, John Wiley & Sons, Inc, New York, 2002.
[202] Maeder, M., Neuhold, Y.-M., *Practical Data Analysis in Chemistry*, Data Handling in Science and Technology, Vol. 26, Elsevier, New York, 2007.
[203] Maeder, M., Evolving Factor Analysis for the Resolution of Overlapping Chromatographic Peaks, *Anal. Chem.* 1987, **59**, 527–530.
[204] von Frese, J., Kovalenko, S. A., Ernsting, N. P., Interactive Curve Resolution by Using Latent Projections in Polar Coordinates, *J. Chemom.* 2007, **21**, 2–9.
[205] Maeder, M., Neuhold, Y.-M., Kinetic Modeling of Multivariate Measurements with Nonlinear Regression. In Gemperline, P. (ed), *Practical Guide to Chemometrics*, 2nd edn, CRC Press, Boca Raton, FL, 2006, pp. 217–261.
[206] Maeder, M., Zuberbühler, A. D., Nonlinear Least-squares Fitting of Multivariate Absorption Data, *Anal. Chem.* 1990, **62**, 2220–2224.
[207] Ma, C., Kwok, W. M., Chan, W. S., Du, Y., Kan, J. T. W., Phillips, D. L., Ultrafast Time-resolved Transient Absorption and Resonance Raman Spectroscopy Study of the Photodeprotection and Rearrangement Reactions of *p*-Hydroxyphenacyl Caged Phosphates, *J. Am. Chem. Soc.* 2006, **128**, 2558–2570.
[208] Kukura, P., Yoon, S., Mathies, R. A., Femtosecond Stimulated Raman Spectroscopy, *Anal. Chem.* 2006, **78**, 5952–5959.
[209] Shim, S., Mathies, R. A., Development of a Tunable Femtosecond Stimulated Raman Apparatus and Its Application to β-Carotene, *J. Phys. Chem. B* 2008, **112**, 4826–4832.
[210] Kukura, P., McCamant, D. W., Yoon, S., Wandschneider, D. B., Mathies, R. A., Structural Observation of the Primary Isomerization in Vision With Femtosecond-Stimulated Raman, *Science* 2005, **310**, 1006–1009.
[211] Rödig, C., Siebert, F., Error and Artifacts in Time-resolved Step-scan FT-IR Spectroscopy, *Appl. Spectrosc.* 1999, **53**, 893–901.
[212] Wang, Y., Yuzawa, T., Hamaguchi, H., Toscano, J. P., Time-resolved IR Sudies of 2-Naphthyl (carbomethoxy)carbene: Reactivity and Direct Experimental Estimate of the Singlet/Triplet Energy Gap, *J. Am. Chem. Soc.* 1999, **212**, 2875–2882.
[213] Barth, A., Time-resolved IR Spectroscopy with Caged Compounds: an Introduction. In Goeldner, M., Givens, R. S. (eds), *Dynamic Studies in Biology*, Wiley-VCH Verlag GmbH, Weinheim, 2005, pp. 369–399.

[214] Kuhn, H. J., Braslavsky, S. E., Schmidt, R., Chemical Actinometry, *Pure Appl. Chem.* 2004, **76**, 2105–2146.
[215] Hatchard, C. G., Parker, C. A., A New Sensitive Chemical Actinometer. II. Potassium Ferrioxalate as a Standard Chemical Actinometer, *Proc. R. Soc. London, Ser. A* 1956, **235**, 518–536.
[216] Goldstein, S., Rabani, J., The Ferrioxalate and Iodide–Iodate Actinometers in the UV Region, *J. Photochem. Photobiol. A* 2008, **193**, 50–55.
[217] Uhlmann, E., Gauglitz, G., New Aspects in the Photokinetics of Aberchrome 540, *J. Photochem. Photobiol. A* 1996, **98**, 45–49.
[218] Schmidt, R., Brauer, H. D., Self-sensitized Photooxidation of Aromatic Compounds and Photocycloreversion of Endoperoxides – Applications in Chemical Actinometry, *J. Photochem.* 1984, **25**, 489–499.
[219] Bowman, W. D., Demas, J. N., Ferrioxalate Actinometry. A Warning on Its Correct Use, *J. Phys. Chem.* 1976, **80**, 2434–2435.
[220] Mauser, H., Zur Spektroskopischen Untersuchung der Kinetik Chemischer Reaktionen, II. Extinktionsdifferenzendiagramme, *Z. Naturforsch., Teil B* 1968, **23**. 1025.
[221] Mauser, H., *Formale Kinetik*, Experimentelle Methoden der Physik und Chemie, Vol. I, Bertelsmann Universitätsverlag, Düsseldorf, 1974.
[222] Gauglitz, G., Hubig, S., Photokinetische Grundlagen Moderner Chemischer Aktinometer, *Z. Phys. Chem., N. F.* 1984, **139**, 237–246.
[223] Gauglitz, G., Hubig, S., Chemical Actinometry in the UV by Azobenzene Actinometry in Concentrated Solution, *J. Photochem.* 1985, **30**, 121–125.
[224] Serpone, N., Salinaro, A., Terminology, Relative Photonic Efficiencies and Quantum Yields in Heterogeneous Photocatalysis. Part I, *Pure Appl. Chem.* 1999, **71**, 303–320.
[225] Salinaro, A., Emeline, A. V., Zhao, J., Hidaka, H., Ryabchuk, V. A., Serpone, N., Terminology, Relative Photonic Efficiencies and Quantum Yields in Heterogeneous Photocatalysis. Part II: Experimental Determination of Quantum Yields, *Pure Appl. Chem.* 1999, **71**, 321–335.
[226] Dulin, D., Mill, T., Development and Evaluation of Sunlight Actinometers, *Environ. Sci. Technol.* 1982, **16**, 815–820.
[227] Oakes, J., Photofading of Textile Dyes, *Rev. Prog. Color. Relat. Top.* 2001, **31**, 21–28.
[228] Pugh, S. L., Guthrie, J. T., The Development of Light Fastness Testing and Light Fastness Standards, *Rev. Prog. Color. Relat. Top.* 2001, **31**, 42–56.
[229] Linschitz, H., Pekkarinen, L., Studies on Metastable States of Porphyrins. 2., *J. Am. Chem. Soc.* 1960, **82**, 2407–2411.
[230] Wagner, P. J., Steady-state Kinetics. In Scaiano, J. C. (ed), *Handbook of Organic Photochemistry*, Vol. II, CRC Press, Boca Raton, FL, 1989, pp. 251–269.
[231] Keizer, J., Diffusion Effects on Rapid Bimolecular Chemical Reactions, *Chem. Rev.* 1987, **87**, 167–180.
[232] Mac, M., Wirz, J., Deriving Intrinsic Electron-transfer Rates from Nonlinear Stern–Volmer Dependencies for Fluorescence Quenching of Aromatic Molecules by Inorganic Anions in Acetonitrile, *Chem. Phys. Lett.* 1993, **211**, 20–26.
[233] Allonas, X., Ley, C., Bibaut, C., Jacques, P., Fouassier, J. P., Investigation of the Triplet Quantum Yield of Thioxanthone by Time-resolved Thermal Lens Spectroscopy: Solvent and Population Lens Effects, *Chem. Phys. Lett.* 2000, **322**, 483–490.
[234] Bonneau, R., Carmichael, I., Hug, G. L., Molar Absorption Coefficients of Transient Species in Solution, *Pure Appl. Chem.* 1991, **63**, 289–299.
[235] Bensasson, R., Goldschmidt, C. R., Land, E. J., Truscott, T. G., Triplet Excited State of Furocoumarins: Reaction with Nucleic Acid Bases and Amino Acids, *Photochem. Photobiol.* 1978, **28**, 277–281.

[236] Adam, W., Fragale, G., Klapstein, D., Nau, W. M., Wirz, J., Phosphorescenc and Transient Absorption of Azoalkane Triplet States, *J. Am. Chem. Soc.* 1995, **117**, 12578–12592.

[237] Murasecco-Suardi, P., Gassmann, E., Braun, A. M., Oliveros, E., Determination of the Quantum Yield of Intersystem Crossing of Rose Bengal, *Helv. Chim. Acta* 1987, **70**, 1760–1773.

[238] Horrocks, A. R., Medinger, T., Wilkinson, F., New Accurate Method for Determining the Quantum Yields of Triplet State Production of Aromatic Molecules in Solution, *Chem. Commun.* 1965, 452.

[239] Bachilo, S. M., Weisman, R. B., Determination of Triplet Quantum Yields from Triplet–Triplet Annihilation Fluorescence, *J. Phys. Chem. A* 2000, **104**, 7711–7714.

[240] Bally, T., Matrix Isolation. In Moss, R. A., Platz, M. S., Jones, M. (eds), *Reactive Intermediate Chemistry*, John Wiley & Sons, Inc., Hoboken, NJ, 2004, pp. 797–845.

[241] Maier, G., Reisenauer, H. P., Preiss, T., Pacl, H., Juergen, D., Tross, R., Senger, S., Highly Reactive Molecules: Examples for the Interplay Between Theory and Experiment, *Pure Appl. Chem.* 1997, **69**, 113–118.

[242] Bondybey, V. E., Smith, A. M., Agreiter, J., New Developments in Matrix Isolation Spectroscopy, *Chem. Rev.* 1996, **96**, 2113–2134.

[243] Dunkin, I. R., Matrix Photochemistry. In Horspool, W. M., Lenci, F. (eds), *CRC Handbook of Organic Photochemistry and Photobiology*, 2nd edn, CRC Press, Boca Raton, FL, 2004, Chapter 14, pp. 1–27.

[244] Jacox, M. E., Vibrational and Electronic Spectra of Neutral and Ionic Combustion Reaction Intermediates Trapped in Rare-gas Matrixes, *Acc. Chem. Res.* 2004, **37**, 727–734.

[245] Whittle, E., Dows, D. A., Pimentel, G. C., Matrix Isolation Method for the Experimental Study of Unstable Species, *J. Chem. Phys.* 1954, **22**, 1943–1943.

[246] Jonkman, H. T., Michl, J., Secondary Ion Mass Spectrometry: a Tool for Identification of Matrix-isolated Species, *J. Chem. Soc., Chem. Commun.* 1978, 751–752.

[247] Maier, J. P., Electronic Spectroscopy of Carbon Chains, *Chem. Soc. Rev.* 1997, **26**, 21–28.

[248] Harshbarger, W. R., Robin, M. B., The Opto-acoustic Effect: Revival of an Old Technique for Molecular Spectroscopy, *Acc. Chem. Res.* 1973, **6**, 329–334.

[249] Braslavsky, S., Heibel, G. E., Time-resolved Photothermal and Photoacoustic Methods Applied to Photoinduced Processes in Solution, *Chem. Rev.* 1992, **92**, 1381–1410.

[250] Gensch, T., Viappiani, C., Time-resolved Photothermal Methods: Accessing Time-resolved Thermodynamics of Photoinduced Processes in Chemistry and Biology, *Photochem. Photobiol. Sci.* 2003, **2**, 699–721.

[251] Ni, T., Caldwell, R. A., Melton, L. A., The Relaxed and Spectroscopic Energies of Olefin Triplets, *J. Am. Chem. Soc.* 1989, **111**, 457–464.

[252] Arnaut, L. G., Caldwell, R. A., Elbert, J. E., Melton, L. A., Recent Advances in Photoacoustic Calorimetry: theoretical Basis and Improvements in Experimental Design, *Rev. Sci. Instrum.* 1992, **63**, 5381–5389.

[253] Andres, G. O., Cabrerizo, F. M., Martinez-Junza, V., Braslavsky, S. E., A Large Entropic Term Due to Water Rearrangement is Concomitant with the Photoproduction of Anionic Free-base Porphyrin Triplet States in Aqueous Solutions, *Photochem. Photobiol.* 2007, **83**, 503–510.

[254] Andres, G. O., Martinez-Junza, V., Crovetto, L., Braslavsky, S. E., Photoinduced Electron Transfer from Tetrasulfonated Porphyrin to Benzoquinone Revisited. The Structural Volume-normalized Entropy Change Correlates with Marcus Reorganization Energy, *J. Phys. Chem. A* 2006, **110**, 10185–10190.

[255] Hou, H. J. M., Mauzerall, D., The A(−)F(x) to F-A/B Step in Synechocystis 6803 Photosystem I is Entropy Driven, *J. Am. Chem. Soc.* 2006, **128**, 1580–1586.

[256] Herbrich, R. P., Schmidt, R., Investigation of the Pyrene/N,N'-Diethylaniline Exciplex by Photoacoustic Calorimetry and Fluorescence Spectroscopy, *J. Photochem. Photobiol. A* 2000, **133**, 149–158.

[257] Helmchen, F., Denk, W., Deep Tissue Two-photon Microscopy, *Nature Methods* 2005, **2**, 932–940.
[258] Barbara, P. F., Single-molecule Spectroscopy, *Acc. Chem. Res.* 2005, **38**, 503.
[259] Silbey, R. J., Single-molecule Chemistry and Biology. Special Feature, *Proc. Natl. Acad. Sci.* 2007, **104**, 12596–12602.
[260] Cornish, P. V., Ha, T., A Survey of Single-molecule Techniques in Chemical Biology, *ACS Chem. Biol.* 2007, **2**, 53–61.
[261] Ambrose, W. P., Goodwin, P. M., Jett, J. H., Van Orden, A., Werner, J. H., Keller, J. H., Single Molecule Fluorescence Spectroscopy at Ambient Temperature, *Chem. Rev.* 1999, **99**, 2929–2956.
[262] Widengren, J., Kudryavtsev, V., Antonik, M., Berger, S., Gerken, M., Seidel, C. A. M., Single-molecule Detection, Identification of Multiple Species by Multiparameter Fluorescence Detection, *Anal. Chem.* 2006, **78**, 2039–2050.
[263] Al-Soufi, W., Reija, B., Novo, M., Felekyan, S., Kuehnemuth, R., Seidel, C. A. M., Fluorescence Correlation Spectroscopy, a Tool to Investigate Supramolecular Dynamics: Inclusion Complexes of Pyronines with Cyclodextrin, *J. Am. Chem. Soc.* 2005, **127**, 8775–8784.
[264] Lampe, M., Briggs, J. A. G., Endress, T., Glass, B., Riegelsberger, S., Kraeusslich, H.-G., Lamb, D. C., Braeuchle, C., Mueller, B., Double-labelled HIV-1 Particles for Study of Virus–Cell Interaction, *Virology* 2007, **360**, 92–104.
[265] Betzig, E., Patterson, G. H., Sougrat, R., Lindwasser, O. W., Olenych, S., Bonifacio, J. S., Davidson, M. W., Lippincott-Schwartz, J., Hess, H. F., Imaging Intracellular Fluorescent Proteins at Nanometer Resolution, *Science* 2006, **313**, 1642–1645.
[266] Koopmans, W. J. A., Brehm, A., Logie, C., Schmidt, T., van Noort, J., Single-pair FRET Microscopy Reveals Mononucleosome Dynamics, *J. Fluoresc.*, 2007, **17**, 785–795.
[267] Zimmer, M., Green Fluorescent Protein (GFP): Applications, Structure, and Related Photophysical Behavior, *Chem. Rev.* 2002, **102**, 759–781.
[268] Tsien, R. Y., The Green Fluorescent Protein, *Annu. Rev. Biochem.* 1998, **67**, 509–544.
[269] Orte, A., Craggs, T. D., White, S. S., Jackson, S. E., Klenerman, D., Evidence of an Intermediate and Parallel Pathways in Protein Unfolding from Single-molecule Fluorescence, *J. Am. Chem. Soc.* 2008, **130**, 7898–7907.
[270] Inoue, H., Ezaki, A., Hide, M., Mechanism of the Photocycloaddition of 1-Aminoanthraquinones to Olefins by Visible Light Irradiation, *J. Chem. Soc., Perkin Trans. 2* 1982, 833–839.
[271] Heilbronner, E., Bock, H., *Hückel Molecular Orbital Model and Its Application*, John Wiley & Sons, Inc., New York, 1976.
[272] Borden, W. T., *Modern Molecular Orbital Theory for Chemists*, Prentice-Hall, London, 1975.
[273] Bishop, D. M., *Group Theory and Chemistry*, Dover, Mineola, NY, 1993.
[274] Cotton, A. F., *Chemical Applications of Group Theory*, 3rd edn, Wiley-Interscience, New York, 1990.
[275] Walton, P. H., *Beginning Group Theory for Chemistry*, Oxford University Press, Oxford, 1998.
[276] Sondheimer, F., Ben-Efraim, D. A., Wolosovsky, R., Unsaturated Macrocyclic Compounds. XVII. The Prototropic Rearrangement of Linear 1,5-Enynes to Conjugated Polyenes. The Synthesis of a Series of Vinylogs of Butadiene, *J. Am. Chem. Soc.* 1961, **83**, 1675–1681.
[277] Pino, T., Ding, H., Güthe, F., Maier, J. P., Electronic Spectra of the Chains $HC_{2n}H$ ($n = 8$–13) in the Gas Phase, *J. Chem. Phys.* 2001, **114**, 2208–2212.
[278] Malhotra, S. S., Whiting, M. C., Researches on Polyenes. Part VII. The Preparation and Electronic Absorption Spectra of Homologous Series of Simple Cyanines, Merocyanines, and Oxonols, *J. Chem. Soc.* 1960, 3812–3821.

[279] Clar, E., *Aromatische Kohlenwasserstoffe, Polycyclische Systeme*. 2nd edn, Organische Chemie in Einzeldarstellungen, Vol. 2, Springer, Berlin, 1952, 481.
[280] Perkampus, H.-H., *UV–VIS Atlas of Organic Compounds*, 2nd edn, Wiley-VCH Verlag GmbH, Weinheim, 1992.
[281] Angliker, H., Rommel, E., Wirz, J., Electronic Spectra of Hexacene in Solution (Ground State, Triplet State, Dication and Dianion), *Chem. Phys. Lett.* 1982, **87**, 208–212.
[282] Heilbronner, E., Murrell, J. N., The Prediction of the Spectra of Aromatic Hydrocarbons, *J. Chem. Soc.* 1962, 2611–2615.
[283] Clar, E., Robertson, J. M., Schlögl, R., Schmidt, W., Photoelectron Spectra of Polynuclear Aromatics. 6. Applications to Structural Elucidation: "Circumanthracene", *J. Am. Chem. Soc.* 1981, **103**, 1320–1328.
[284] Dewar, M. J. S., Dougherty, R. C., *The PMO Theory of Organic Chemistry*, Plenum Press, New York, 1975.
[285] Dewar, M. J. S., *The Molecular Orbital Theory of Organic Chemistry*, McGraw-Hill, New York, 1969.
[286] Coulson, C. A., Rushbrooke, G. S., Note on the Method of Molecular Orbitals, *Proc. Camb. Philos. Soc.* 1940, **36**, 193–200.
[287] Longuet-Higgins, H. C., Studies in MO Theory. II: Ionisation Constants of Heteroatomic Amines, *J. Chem. Phys.* 1950, **18**, 275–282.
[288] Dewar, M. J. S., A Molecular-orbital Theory of Organic Chemistry. I. General Principles, *J. Am. Chem. Soc.* 1952, **74**, 3341–3345.
[289] Dougherty, R. C., Perturbation Molecular Orbital Treatment of Photochemical Reactivity. Nonconservation of Orbital Symmetry in Photochemical Pericyclic Reactions, *J. Am. Chem. Soc.* 1971, **93**, 7187–7201.
[290] Heilbronner, E., Murrell, J., The Effect of Alkyl Groups on the Electronic Spectra of Benzenoid Hydrocarbons, *Theor. Chim. Acta* 1963, **1**, 235–244.
[291] Heilbronner, E., Hoshi, T., Von Rosenberg, J., Hafner, K., Alkyl-induced, Natural Hyposochromic Shifts of the 2A ← 2X and 2B ← 2X Transitions of Azulene and Naphthalene Radical Cations, *Nouv. J. Chim.* 1977, **1**, 105–112.
[292] Michl, J., Thulstrup, E. W., Why is Azulene Blue and Anthracene White? A Simple MO Picture, *Tetrahedron* 1976, **32**, 205–209.
[293] Nickel, B., Klemp, D., The Lowest Triplet State of Azulene-h_8, and Azulene-d_8 in Liquid Solution. II. Phosphorescence and E-Type Delayed Fluorescence, *Chem. Phys.* 1993, **174**, 319–330.
[294] Pariser, R., Parr, R. G., A Semi-empirical Theory of the Electronic Spectra and Electronic Structure of Complex Unsaturated Molecules. I, *J. Chem. Phys.* 1953, **21**, 466–471.
[295] Pople, J. A., Electron Interaction in Unsaturated Hydrocarbons, *Trans. Faraday Soc.* 1953, **49**, 1375–1385.
[296] Suzuki, H., *Electronic Absorption Spectra and Geometry of Organic Molecules*, Academic Press, New York, 1967.
[297] Klevens, H. B., Platt, J. R., Spectral Resemblances of Cata-condensed Hydrocarbons, *J. Chem. Phys.* 1949, **17**, 470–481.
[298] Platt, J. R., Classification of Spectra of Cata-condensed Hydrocarbons, *J. Chem. Phys.* 1959, **17**, 484–495.
[299] Whipple, M. R., Vasak, M., Michl, J., Magnetic Circular Dichroism of Cyclic π-Electron Systems. 8. Derivatives of Naphthalene, *J. Am. Chem. Soc.* 1978, **100**, 6844–6852.
[300] Blattmann, H.-R., Böll, W. A., Heilbronner, E., Hohlneicher, G., Vogel, E., Weber, J.-P., Die Elektronenzustände von Perimeter-π-Systemen: I. Die Elektronenspektren 1,6-überbückter [10]Annulene, *Helv. Chim. Acta* 1966, **49**, 2017–2038.
[301] Baumann, H., Oth, J. F. M., The Low-temperature UV/VIS Absorption Spectrum of [14] Annulene, *Helv. Chim. Acta* 1995, **78**, 679–692.

[302] Blattmann, H.-R., Heilbronner, E., Wagnière, G., Electronic States of Perimeter π Systems. IV. The Electronic Spectrum of [18]Annulene, *J. Am. Chem. Soc.* 1968, **90**, 4786–4789.

[303] Boguslavskiy, A. E., Ding, H., Maier, J. P., Gas-phase Electronic Spectra of C_{18} and C_{22} Rings, *J. Chem. Phys.* 2005, **123**, 0343051–0343057.

[304] Boguslavskiy, A. E., Maier, J. P., Gas-phase Electronic Spectrum of the C_{14} Ring, *Phys. Chem. Chem. Phys.* 2007, **9**, 127–130.

[305] Sassara, A., Zerza, G., Chergui, M., Negri, F., Orlandi, G., The Visible Emission and Absorption Spectrum of C_{60}, *J. Chem. Phys.* 1997, **107**, 8731–8741.

[306] Leach, S., Vervloet, M., Deprès, A., Bréheret, E., Hare, J. P., Dennis, T. J., Kroto, H. W., Taylor, R., Walton, D. R. M., Electronic Spectra and Transitions of the Fullerene C_{60}, *Chem. Phys.* 1992, **160**, 451–466.

[307] Wirz, J., Electronic Structure and Photophysical Properties of Planar Conjugated Hydrocarbons with a 4n-Membered Ring, *Jerusalem Symp. Quantum Chem. Biochem.* 1977, **10**, 283–294.

[308] Höweler, U., Downing, J. W., Fleischhauer, J., Michl, J., MCD of Non-aromatic Cyclic π-Electron Systems. Part 1. The Perimeter Model for Antiaromatic 4N-electron [n]annulene biradicals [erratum to document], *J. Chem. Soc., Perkin Trans. 2* 1998, 2323.

[309] Fleischhauer, J., Michl, J., MCD of Nonaromatic Cyclic π-Electron Systems. 4. Explicit Relations between Molecular Structure and Spectra *J. Phys. Chem. A* 2000, **104**, 7776–7784.

[310] Shida, T., *Electronic Absorption Spectra of Radical Ions*, Elsevier, Amsterdam, 1988.

[311] Hudson, B. S., Kohler, B. E., A Low-lying Weak Transition in the Polyene α,ω-Diphenyloctatetraene, *Chem. Phys. Lett.* 1972, **14**, 299–304.

[312] Schulten, K., Karplus, M., On the Origin of a Low-lying Forbidden Transition in Polyenes and Related Molecules, *Chem. Phys. Lett.* 1972, **14**, 305–309.

[313] Zechmeister, L., LeRosen, A. L., Schroeder, W. A., Polgar, A., Pauling, L., Spectral Characteristic, Configuration of Some Stereoisomeric Carotenoids Including Prolycopene and Pro-γ-carotene, *J. Am. Chem. Soc.* 1943, **65**, 1940–1951.

[314] Zechmeister, L., Polgar, A., *Cis–trans* Isomerization and *cis*-Peak Effect in the α-Carotene Set and in Some Other Stereoisomeric Sets, *J. Am. Chem. Soc.* 1944, **66**, 137–144.

[315] Lunde, K., Zechmeister, L., *Cis–trans* Isomeric 1,6-Diphenylhexatrienes, *J. Am. Chem. Soc.* 1954, **76**, 2308–2313.

[316] Zhao, Y., Truhlar, D.G., Density Functionals with Broad Applicability in Chemistry, *Acc. Chem. Res.* 2008, **41**, 157–167.

[317] Borden, W. T., The Partnership between Electronic Structure Calculations and Experiments in the Study of Reactive Intermediates. In Moss, R. A., Platz, M. S., Jones, M. Jr. (eds), *Reactive Intermediate Chemistry*, John Wiley & Sons, Inc, Hoboken, NJ, 2004, pp. 961–1004.

[318] Salem, L., Rowland, C., The Electronic Properties of Diradicals, *Angew. Chem. Int. Ed. Engl.* 1972, **11**, 92–111.

[319] Michl, J., Havlas, Z., Spin–Orbit Coupling in Biradicals: Structural Aspects, *Pure Appl. Chem.* 1997, **69**, 785–790.

[320] Michl, J., Spin–Orbit Coupling in Biradicals. 1. The 2-Electrons-in-2-Orbitals Model Revisited, *J. Am. Chem. Soc.* 1996, **118**, 3568–3579.

[321] Havlas, Z., Michl, J., Prediction of an Inverse Heavy-atom Effect in $H-C-CH_2Br$: Bromine Substituent as a π Acceptor, *J. Am. Chem. Soc.* 2002, **124**, 5606–5607.

[322] Wan, P., Budac, D., Photodecarboxylation of Acids and Lactones. In: Horspool, W. M., Song, P.-S., (eds), *CRC Handbook of Organic Photochemistry and Photobiology*, CRC Press, Boca Raton, FL, 1995, pp. 384–392.

[323] Budac, D., Wan, P., Photodecarboxylation – Mechanism and Synthetic Utility, *J. Photochem. Photobiol. A* 1992, **67**, 135–166.

[324] Zimmerman, H. E., Alabugin, I. V., Energy Distribution and Redistribution and Chemical Reactivity. The Generalized Delta Overlap-density Method for Ground State and Electron

Transfer Reactions: a New Quantitative Counterpart of Electron Pushing, *J. Am. Chem. Soc.* 2001, **123**, 2265–2270.

[325] Van Riel, H. C. H. A., Lodder, G., Havinga, E., Photochemical Methoxide Exchange in Some Nitromethoxybenzenes – the Role of the Nitro Group in S_N2Ar^* Reactions, *J. Am. Chem. Soc.* 1981, **103**, 7257–7262.

[326] Havinga, E., de Jongh, R. O., Dorst, W., Photochemical Acceleration of the Hydrolysis of Nitrophenyl Phosphates and Nitrophenyl Sulfates, *Recl. Trav. Chim. Pays-Bas Belg.* 1956, **75**, 378–383.

[327] Zimmerman, H. E., Sandel, V. R., Mechanistic Organic Photochemistry. II. Solvolytic Photochemical Reactions, *J. Am. Chem. Soc.* 1963, **85**, 915–922.

[328] Seiler, P., Wirz, J., Structure and Photochemical Reactivity, Photohydrolysis of Trifluoromethyl-substituted Phenols and Naphthols, *Helv. Chim. Acta* 1972, **55**, 2693–2712.

[329] Seiler, P., Wirz, J., Photohydrolysis of Eight Isomeric Trifluoromethylnaphthols, *Tetrahedron Lett.* 1971, 1683–1686.

[330] Pincock, J. A., Photochemistry of Arylmethyl Esters in Nucleophilic Solvents: Radical Pair and Ion Pair Intermediates, *Acc. Chem. Res.* 1997, **30**, 43–49.

[331] Dauben, W. G., Salem, L., Turro, N. J., Classification of Photochemical Reactions, *Acc. Chem. Res.* 1975, **8**, 41–54.

[332] Ramseier, M., Senn, P., Wirz, J., Photohydration of Benzophenone in Aqueous Acid, *J. Phys. Chem. A* 2003, **107**, 3305–3315.

[333] Hou, Y., Wan, P., Formal Intramolecular Photoredox Chemistry of Anthraquinones in Aqueous Solution: Photodeprotection for Alcohols, Aldehydes and Ketones, *Photochem. Photobiol. Sci.* 2008, **7**, 588–596.

[334] Hou, Y., Wan, P., A Pentacene Intermediate Via Formal Intramolecular Photoredox of a 6,13-Pentacenequinone in Aqueous Solution, *Can. J. Chem.* 2007, **85**, 1023–1032.

[335] Basaric, N., Mitchell, D., Wan, P., Substituent Effects in the Intramolecular Photoredox Reactions of Benzophenones in Aqueous Solution, *Can. J. Chem.* 2007, **85**, 561–571.

[336] Woodward, R. B., Hoffmann, R., The Conservation of Orbital Symmetry, *Angew. Chem. Int. Ed. Engl.* 1969, **8**, 781–853.

[337] Wirz, J., Persy, G., Rommel, E., Murata, I., Nakasuji, K., Photoisomerization Pathways of 8,16-Methano[2.2]metacyclophane-1,9-diene. A Model Case for Adiabatic Electrocyclic Ring Closure in the Excited Singlet State, *Helv. Chim. Acta* 1984, **67**, 305–317.

[338] Shaik, S., Is My Chemical Universe Localized or Delocalized? Is There a Future for Chemical Concepts? *New J. Chem.* 2007, **31**, 2015–2028.

[339] Steiner, U. E., Magnetic Field Effects in Chemical Kinetics and Related Phenomena, *Chem. Rev.* 1989, **89**, 51–147.

[340] Gould, I. R., Ege, D., Moser, J. E., Farid, S., Efficiencies of Photoinduced Electron-transfer Reactions: Role of the Marcus Inverted Region in Return Electron Transfer within Geminate Radical-ion Pairs, *J. Am. Chem. Soc.* 1990, **112**, 4290–4301.

[341] Roth, H. D., Return Electron Transfer in Radical Ion Pairs of Triplet Multiplicity, *Pure Appl. Chem.* 2005, **77**, 1075–1085.

[342] Knibbe, H., Rehm, D., Weller, A., Thermodynamics of the Formation of Excited EDA (Electron Donor–Acceptor) Complexes, *Ber. Bunsen-Ges. Phys. Chem.* 1969, **73**, 839–845.

[343] Rossi, M., Buser, U., Haselbach, E., Multiple Charge-transfer Transitions in Alkylbenzene–TCNE Complexes, *Helv. Chim. Acta*, 1976, **59**, 1039–1053.

[344] Rehm, D., Weller, A., Kinetic and Mechanism of Electron Transfer in Fluorescence Quenching in Acetonitrile *Ber. Bunsen-Ges. Phys. Chem.* 1969, **73**, 834–839.

[345] Knibbe, H., Rehm, D., Weller, A., Intermediate, Kinetics of Fluorescence Quenching by Electron Transfer, *Ber. Bunsen-Ges. Phys. Chem.* 1968, **72**, 257–263.

[346] Marcus, R. A., Exchange Reaction, Electron Transfer Reactions Including Isotopic Exchange, *Discuss. Faraday Soc.* 1960, **29**, 21–31.
[347] Rehm, D., Weller, A., Kinetics of Fluorescence Quenching by Electron and H-Atom Transfer, *Isr. J. Chem.* 1970, **8**, 259–271.
[348] Zachariasse, K. A., Electron Transfer in the Weller group at the Free University of Amsterdam (1964–1971), *Spectrum* 2006, **19**, 22–28.
[349] Creutz, C., Taube, H., A Direct Approach to Measuring the Franck–Condon Barrier to Electron Transfer between Metal Ions, *J. Am. Chem. Soc.* 1969, **91**, 3988–3989.
[350] Kaim, W., Klein, A., Glöckle, M., Exploration of Mixed-valence Chemistry: Inventing New Analogues of the Creutz–Taube Ion, *Acc. Chem. Res.* 2000, **33**, 755–763.
[351] Day, P., Hush, N. S., Clark, R. J. H., Mixed Valence: Origins and Developments, *Philos. Trans. R. Soc. London, Ser. A* 2007, **366**, 5–14.
[352] Miller, J. R., Calcaterra, L. T., Closs, G. L., Intramolecular Long-distance Electron Transfer in Radical Anions. The Effect of Free Energy and Solvent on the Reaction Rates, *J. Am. Chem. Soc.*, 1984, **106**, 3047–3049.
[353] Liang, N., Miller, J. R., Closs, G. L., Temperature-independent Long-range Electron Transfer Reactions in the Marcus Inverted Region *J. Am. Chem. Soc.* 1990, **112**, 5353–5354.
[354] Siders, P., Marcus, R. A., Quantum Effects for Electron-transfer Reaction in the "Inverted Region" *J. Am. Chem. Soc.* 1981, **103**, 748–752.
[355] Bixon, M., Jortner, J., Charge Separation and Recombination in Isolated Supermolecules, *J. Phys. Chem.* 1993, **97**, 13061–13066.
[356] Gould, I. R., Farid, S., Dynamics of Bimolecular Photoinduced Electron-transfer Reactions, *Acc. Chem. Res.* 1996, **29**, 522–528.
[357] Serpa, C., Gomes, P. J. S., Arnaut, L. G., de Melo, J. S., Formosinho, S. J., Temperature Dependence of Ultra-exothermic Charge Recombinations, *ChemPhysChem* 2006, 2533–2539.
[358] Scholes, G. D., Jones, M., Kumar, S., Energetics of Photoinduced Electron-transfer Reactions Decided by Quantum Confinement, *J. Phys. Chem. C* 2007, **111**, 13777–13785.
[359] Khundkar, L. R., Perry, J. W., Hanson, J. E., Dervan, P. B., Weak Temperature Dependence of Electron Transfer Rates in Fixed-Distance Porphyrin–Quinone Model Systems, *J. Am. Chem. Soc.* 1994, **116**, 9700–9709.
[360] Closs, G. L., Johnson, M. D., Miller, J. R., Piotrowiak, P., A Connection between Intramolecular Long-range Electron, Hole, and Triplet Energy Transfers, *J. Am. Chem. Soc.* 1989, **111**, 3751–3753.
[361] Lippert, E., Lueder, W., Moll, F., Naegele, W., Boos, H., Prigge, H., Seibold-Blankenstein, I., Transformation of Electron Excitation Energy, *Angew. Chem. Int. Ed. Engl.* 1961, **73**, 695–706.
[362] Druzhinin, S. I., Ernsting, N. P., Kovalenko, S. A., Lustres, L. P., Senyushkina, T. A., Zachariasse, K. A., Dynamics of Ultrafast Intramolecular Charge Transfer with 4-(Dimethylamino)benzonitrile in Acetonitrile, *J. Phys. Chem. A* 2006, **110**, 2955–2969.
[363] Grabowski, Z. R., Rotkiewitz, K., Rettig, W., Structural Changes Accompanying Intramolecular Electron Transfer: Focus on Twisted Intramolecular Charge-transfer States and Structures, *Chem. Rev.* 2003, **103**, 3899–4031.
[364] Kang, T. J., Kahlow, M. A., Giser, D., Swallen, S., Nagarajan, V., Jarzeba, W., Barbara, P. F., Dynamic Solvent Effects in the Electron-transfer Kinetics of S_1 Bianthryls, *J. Phys. Chem.* 1988, **92**, 6800–6807.
[365] Roth, H. D., Biradicals by Triplet Recombination of Radical Ion Pairs, *Photochem. Photobiol. Sci.* 2008, **7**, 540–546.
[366] Stubbe, J., Nocera, D. G., Yee, C. S., Chang, M. C. Y., Radical Initiation in the Class I Ribonucleotide Reductase: Long-range Proton-coupled Electron Transfer?, *Chem. Rev.* 2003, **103**, 2167–2201.

[367] Lewis, F. D., Zhu, H., Daublain, P., Fiebig, T., Raytchev, M., Wang, Q., Shafirovich, V., Crossover from Superexchange to Hopping as the Mechanism for Photoinduced Charge Transfer in DNA Hairpin Conjugates, *J. Am. Chem. Soc.* 2005, **128**, 791–800.

[368] Lewis, F. D., Zhu, H., Daublain, P., Sigmund, K., Fiebig, T., Raytchev, M., Wang, Q., Shafirovich, V., Getting to Guanine: Mechanism And Dynamics of Charge Separation and Charge Recombination in DNA Revisited, *Photochem. Photobiol. Sci.* 2008, **7**, 534–539.

[369] Lewis, F. D., Daublain, P., Zhang, L., Cohen, B., Vura-Weis, J., Wasielewski, M. R., Shafirovich, V., Wang, Q., Raytchev, M., Fiebig, T., Reversible Bridge-mediated Excited-state Symmetry Breaking in Stilbene-linked DNA Dumbbells, *J. Chem. Phys. B* 2008, **112**, 3838–3843.

[370] Lewis, F. D., DNA Photonics, *Pure Appl. Chem.* 2006, **78**, 2287–2295.

[371] Schuster, G. B., Long-range Charge Transfer in DNA: Transient Structural Distortions Control the Distance Dependence, *Acc. Chem. Res.* 2000, **33**, 253–260.

[372] Gosh, A., Joy, A., Schuster, G. B., Douki, T., Cadet, J., Selective One-electron Oxidation of Duplex DNA Oligomers: Reaction at Thymines, *Org. Biomol. Chem.* 2008, **6**, 916–928.

[373] Giese, B., Napp, M., Jacques, O., Boudebous, H., Taylor, A. M., Wirz, J., Multistep Electron Transfer in Oligopeptides: Direct Observation of Radical Cation Intermediates, *Angew. Chem. Int. Ed.* 2005, **44**, 4073–4075.

[374] Cordes, M., Jacques, O., Kottgen, A., Jasper, C., Boudebous, H., Giese, B., Development of a Model System for the Study of Long Distance Electron Transfer in Peptides, *Adv. Synth. Catal.* 2008, **350**, 1053–1062.

[375] Giese, B., Electron Transfer through DNA and Peptides, *Bioorg. Med. Chem.* 2006, **14**, 6139–6143.

[376] Giese, B., Long-distance Charge Transport in DNA: the Hopping Mechanism, *Acc. Chem. Res.* 2000, **33**, 631–636.

[377] Turro, N. J., Barton, J. K., Paradigm, Supermolecules Electron Transfer, Chemistry at a Distance. What's the Problem? The Science or the Paradigm? *J. Biol. Inorg. Chem.* 1998, **3**, 201–209.

[378] Jortner, J., Bixon, M., Langenbacher, T., Michel-Beyerle, M. E., Charge Transfer and Transport in DNA, *Proc. Natl. Acad. Sci. USA* 1998, **95**, 12759–12765.

[379] Fiebig, T., Wagenknecht, H.-A., DNA Photonics– Photoinduced Electron Transfer in Synthetic DNA-Donor–Acceptor Systems, *Chimia* 2007, **61**, 133–139.

[380] Takada, T., Kawai, K., Fujitsuka, M., Majima, T., Contributions of the Distance-dependent Reorganization Energy and Proton-transfer to the Hole-transfer Process in DNA, *Chem. Eur. J.* 2005, **11**, 3835–3842.

[381] Fink, H.-W., Schönenberger, C., Electrical Conduction through DNA Molecules, *Nature* 1999, **398**, 407–410.

[382] Jackson, G., Porter, G., Acidity Constants in the Triplet State, *Proc. R. Soc. London, Ser. A* 1961, **260**, 13–30.

[383] Conrad, P. G., Givens, R. S., Hellrung, B., Rajesh, C. S., Ramseier, M., Wirz, J, *p*-Hydroxyphenacyl Phototriggers: the Reactive Excited State of Phosphate Photorelease, *J. Am. Chem. Soc.* 2000, **122**, 9346–9347.

[384] Bell, R. P., *The Tunnel Effect in Chemistry*, Chapman and Hall, London, 1980.

[385] Formosinho, S. J., Radiationless Transitions and Photochemical Reactivity, *Pure Appl. Chem.* 1986, **58**, 1173–1178.

[386] Al-Soufi, W., Eychmüller, A., Grellmann, K. H., Kinetics of the Photoenolization of 5,8-Dimethyl-1-tetralone. Hydrogen-transfer Tunnel Effects in the Excited Triplet State, *J. Phys. Chem.* 1991, **95**, 2022–2026.

[387] Campos, L. M., Warrier, M. V., Peterfy, K., Houk, K. N., Garcia-Garibay, M. A., Secondary α Isotope Effects on Deuterium Tunneling in Triplet *o*-Methylanthrones: Extraordinary Sensitivity to Barrier Width, *J. Am. Chem. Soc.* 2005, **127**, 10178–10179.

[388] Johnson, B. A., Kleinman, M. H., Turro, N. J., Garcia-Garibay, M. A., Hydrogen Atom Tunneling in Triplet *o*-Methylbenzocycloalkanones: Effects of Structure on Reaction Geometry and Excited State Configuration, *J. Org. Chem.* 2002, **67**, 6944–6953.

[389] Grellmann, K. H., Weller, H., Tauer, E., Tunnel Effect on the Kinetics of Hydrogen Shifts. The Enol–Ketone Transformation of 2-Methylacetophenone, *Chem. Phys. Lett.* 1983, **95**, 195–199.

[390] Moss, R. A., Platz, M. S., Jones, M. (eds), *Reactive Intermediate Chemistry*, Wiley-Interscience, New York, 2004.

[391] Platz, M. S., Moss, R. A., Jones, M. (eds), *Reviews of Reactive Intermediate Chemistry*, John Wiley & Sons, Inc., Hoboken, NJ, 2007.

[392] Shavitt, I., Geometry and Singlet–Triplet Energy Gap in Methylene: a Critical Review of Experimental and Theoretical Determinations, *Tetrahedron* 1985, **41**, 1531–1542.

[393] Leopold, D. G., Murray, K. K., Miller, A. E. S., Lineberger, W. C., Methylene: a Study of the X^3B_1 and a^1A_1 States by Photoelectron Spectroscopy of CH_2^- and CD_2, *J. Chem. Phys.* 1985, **83**, 4849–4865.

[394] Irikura, K. K., Goddard, W. A. III, Beauchamp, J. L., Singlet–Triplet Gaps in Substituted Carbenes CXY (X, Y = H, Fluoro, Chloro, Bromo, Iodo, Silyl), *J. Am. Chem. Soc.* 1992, **114**, 48–51.

[395] Worthington, S. E., Cramer, C. J., Density Functional Calculations of the Influence of Substitution on Singlet–Triplet Gaps in Carbenes and Vinylidenes, *J. Phys. Org. Chem.* 1997, **10**, 755–767.

[396] Griller, D., Hadel, L., Nazran, A. S., Platz, M. S., Wong, P. C., Scaiano, J. C., Fluorenylidene: Kinetic, Mechanisms *J. Am. Chem. Soc.* 1984, **106**, 2227–2235.

[397] Bonneau, R., Hellrung, B., Liu, M. T. H., Wirz, J., Adamantylidene Revisited: Flash Photolysis of Adamantanediazirine, *J. Photochem. Photobiol. A* 1998, **116**, 9–19.

[398] Bally, T., Matzinger, S., Truttmann, L., Platz, M. S., Morgan, S., Matrix Spectroscopy of 2-Adamantylidene, a Dialkylcarbene with Singlet Ground State, *Angew. Chem. Int. Ed. Engl.* 1994, 1994, 1964–1966.

[399] Kawano, M., Hirai, K., Tomioka, H., Ohashi, Y., Structure Determination of Triplet Diphenylcarbenes by *In Situ* X-ray Crystallographic Analysis, *J. Am. Chem. Soc.* 2007, **129**, 2383–2391.

[400] Itoh, T., Nakata, Y., Hirai, K., Tomioka, H., Triplet Diphenylcarbenes Protected by Trifluoromethyl and Bromine Groups. A Triplet Carbene Surviving a Day in Solution at Room Temperature, *J. Am. Chem. Soc.* 2006, **128**, 957–967.

[401] Bertrand, G., Stable Singlet Carbenes. In Moss, R. A., Platz, M. S., Jones, M. (eds), *Reactive Intermediate Chemistry*, John Wiley & Sons, Inc., Hoboken, NJ, 2004, pp. 329–373.

[402] Zhu, Z., Bally, T., Stracener, L. L., McMahon, R. J., Reversible Interconversion between Singlet and Triplet 2-Naphthyl(carbomethoxy)carbene, *J. Am. Chem. Soc.* 1999, **121**, 2863–2874.

[403] Wang, Y., Hadad, C. M., Toscano, J. P., Solvent Dependence of the 2-Naphthyl(carbomethoxy) carbene Singlet–Triplet Energy Gap, *J. Am. Chem. Soc.* 2002, **124**, 1761–1767.

[404] Hess, G. C., Kohler, B., Likhotvorik, I., Peon, J., Platz, M. S., Ultrafast Carbonylcarbene Formation and Spin Equilibration, *J. Am. Chem. Soc.* 2000, **122**, 8087–8088.

[405] Wang, J.-L., Likhotvorik, I., Platz, M. S., A Laser Flash Photolysis Study of 2-Naphthyl (carbomethoxy)carbene, *J. Am. Chem. Soc.* 1999, **121**, 2883–2890.

[406] Gritsan, N. P., Platz, M. S., Kinetic, Spectroscopy, and Computational Chemistry of Arylnitrenes, *Chem. Rev.* 2006, **106**, 3844–3867.

[407] Borden, W. T., Gritsan, N. P., Hadad, C. M., Karney, W. L., Kemnitz, C. R., Platz, M. S., The Interplay of Theory and Experiment in the Study of Phenylnitrene, *Acc. Chem. Res.* 2000, **33**, 765–771.

[408] Gritsan, N. P., Likhotvorik, I., Zhu, Z., Platz, M. S., Observation of Perfluoromethylnitrene in Cryogenic Matrixes, *J. Phys. Chem. A* 2001, **105**, 3039–3041.

[409] Huisgen, R., Appl, M., The Mechanism of the Ring Enlargement in the Decomposition of Phenyl Azide in Aniline, *Chem. Ber.* 1958, **91**, 12–21.

[410] Doering, W. v.E., Odum, R. A., Ring Enlargement in the Photolysis of Phenyl Azide, *Tetrahedron*, 1966, **22**, 81–93.

[411] Leyva, E., Platz, M. S., Persy, G., Wirz, J., Photochemistry of Phenyl Azide – the Role of Singlet and Triplet Phenylnitrene as Transient Intermediates, *J. Am. Chem. Soc.* 1986, **108**, 3783–3790.

[412] McClelland, R. A., Kahley, M. J., Davidse, P. A., Hadzialic, G., Acid–Base Properties of Arylnitrenium Ions *J. Am. Chem. Soc.* 1996, **118**, 4794–4803.

[413] Winter, A. H., Thomas, S. I., Kung, A. C., Falvey, D. E., Photochemical Generation of Nitrenium Ions from Protonated 1,1-Diarylhydrazines, *Org. Lett.* 2004, **6**, 4671–4674.

[414] Born, R., Burda, C., Senn, P., Wirz, J., Transient Absorption Spectra and Reaction Kinetics of Singlet Phenyl Nitrene and Its 2,4,6-Tribromo Derivative in Solution, *J. Am. Chem. Soc.* 1997, **119**, 5061–5062.

[415] Fishbein, J. C., McClelland, R. A., Halide Ion Trapping of Nitrenium Ions Formed in the Bamberger Rearrangement of N-Arylhydroxylamines. Lifetime of the Parent Phenylnitrenium Ion in Water, *Can. J. Chem.* 1996, **74**, 1321–1328.

[416] Wang, J., Kubicki, J., Platz, M. S., An Ultrafast Study of Phenyl Azide: the Direct Observation of Phenylnitrenium Ion, *Org. Lett.* 2007, **9**, 3973–3976.

[417] McClelland, R. A., Ahmad, A., Dicks, A. P., Licence, V. E., Spectroscopic Characterization of the Initial C_8 Intermediate in the Reaction of the 2-Fluorenylnitrenium Ion with 2′-Deoxyguanosine, *J. Am. Chem. Soc.* 1999, **121**, 3303–3310.

[418] McClelland, R. A., Postigo, A., Solvent Effects on the Reactivity of Fluorenyl Nitrenium Ion with DNA-like Probes, *Biophys. Chem.* 2006, **119**, 213–218.

[419] Winter, A. H., Gibson, H. H., Falvey, D. E., Carbazolyl Nitrenium Ion: Electron Configuration and Antiaromaticity Assessed by Laser Flash Photolysis, Trapping Rate Constants, Product Analysis, and Computational Studies, *J. Org. Chem.* 2007, **72**, 8186–8195.

[420] Cline, M. R., Mandel, S. M., Platz, M. S., Identification of the Reactive Intermediates Produced upon Photolysis of p-Azidoacetophenone and Its Tetrafluoro Analogue in Aqueous and Organic Solvents: Implications for Photoaffinity Labeling, *Biochemistry* 2007, **46**, 1981–1987.

[421] McCulla, R. D., Gohar, G. A., Hadad, C. M., Platz, M. S., Computational Study of the Curtius-like Rearrangements of Phosphoryl, Phosphinyl, and Phosphinoyl Azides and Their Corresponding Nitrenes, *J. Org. Chem.* 2007, **72**, 9426–9438.

[422] Rizk, M. S., Shi, X., Platz, M. S., Lifetimes and Reactivities of Some 1,2-Didehydroazepines Commonly Used in Photoaffinity Labeling Experiments in Aqueous Solutions, *Biochemistry* 2006, **45**, 543–551.

[423] Dietlin, C., Allonas, X., Defoin, A., Fouassier, J.-P., Theoretical and Experimental Study of the Norrish I Photodissociation of Aromatic Ketones, *Photochem. Photobiol. Sci.* 2008, **7**, 558–565.

[424] Fischer, H., Knuhl, B., Marque, S. R. A., Absolute Rate Constants for the Addition of the 1-(t-Butoxy)Carbonylethyl Radical onto Cyclic Alkenes in Solution, *Helv. Chim. Acta* 2006, **89**, 2327–2329.

[425] Henry, D. J., Coote, M. L., Gomez-Balderas, R., Radom, L., Comparison of the Kinetics and Thermodynamics for Methyl Radical Addition to C=C, C=O, and C=S Double Bonds, *J. Am. Chem. Soc.* 2004, **126**, 1732–1740.

[426] Maillard, B., Ingold, K. U., Scaiano, J. C., Rate Constants for the Reactions of Free Radicals with Oxygen in Solution, *J. Am. Chem. Soc.* 1983, **105**, 5095–5099.

[427] Font-Sanchis, E., Aliaga, C., Bejan, E. V., Cornejo, R., Scaiano, J.C., Generation and Reactivity Toward Oxygen of Carbon-centered Radicals Containing Indane, Indene, and Fluorenyl Moieties, *J. Org. Chem.* 2003, **68**, 3199–3204.

[428] Bargon, J., Fischer, H., Johnsen, U., Nuclear Magnetic Resonance Emission Lines During Fast Radical Reactions. I. Recording Methods and Examples, *Z. Naturforsch., Teil A* 1967, **22**, 1551–1555.

[429] Ward, H. R., Lawler, R. G., Nuclear Magnetic Resonance Emission and Enhanced Absorption in Rapid Organometallic Reactions, *J. Am. Chem. Soc.* 1967, **89**, 5518–5519.

[430] Bargon, J., The Discovery of Chemically Induced Dynamic Polarization (CIDNP), *Helv. Chim. Acta* 2006, **89**, 2082–2102.

[431] Goez, M., An Introduction to Chemically Induced Dynamic Nuclear Polarization, *Concepts Magn. Reson.* 1995, **7**, 69–86.

[432] Pine, S. H., Chemically-induced Dynamic Nuclear Polarization, *J. Chem. Educ.* 1972, **49**, 664–668.

[433] Kaptein, R., Chemically Induced Dynamic Nuclear Polarization. VIII. Spin Dynamics and Diffusion of Radical Pairs, *J. Am. Chem. Soc.* 1972, **94**, 6251–6262.

[434] Turro, N. J., Magnetic Field and Magnetic Isotope Effects in Organic Photochemical Reactions. A Novel Probe of Reaction Mechanisms and a Method for Enrichment of Magnetic Isotopes, *Acc. Chem. Res.* 1980, **13**, 369–377.

[435] Turro, N. J., Photochemistry of Organic Molecules in Microscopic Reactors, *Pure Appl. Chem.* 1986, **58**, 1219–1228.

[436] Roth, H. D., Organic Radical Ions. In Moss, R. A., Platz, M. S., Jones, M. Jr. (eds), *Reactive Intermediate Chemistry*, John Wiley & Sons, Inc, Hoboken, NJ, 2004, pp. 205–272.

[437] Weller, A., Staerk, H., Treichel, R., Magnetic-Field Effects on Geminate Radical-pair Recombination, *Faraday Discuss. Chem. Soc.* 1984, **78**, 271–278.

[438] Schulten, K., Weller, A., Exploring Fast Electron Transfer Processes by Magnetic Fields, *Biophys. J.* 1978, **24**, 295–305.

[439] Steenken, S., Warren, C. J., Gilbert, B. C., Generation of Radical Cations from Naphthalene and Some Derivatives, Both by Photoionization and Reaction with SO_4^-: Formation and Reactions Studied by Laser Flash Photolysis, *J. Chem. Soc., Perkin Trans.* 1990, **2**, 335–342.

[440] Brugman, C. J. M., Rettschnick, R. P. H., Hoytink, G. J., Quartet–Doublet Phosphorescence from an Aromatic Radical. Decacyclene Mononegative Ion, *Chem. Phys. Lett.* 1971, **8**, 263–264.

[441] Kothe, G., Kim, S. S., Weissman, S. I., Transient Magnetic Resonance of a Photoexcited Quartet State, *Chem. Phys. Lett.* 1980, **71**, 445–447.

[442] Hochlaf, M., Taylor, S., Eland, J. H. D., Quartet States of the Acetylene Cation: Electronic Structure Calculations and Spin–Orbit Coupling Terms, *J. Chem. Phys.* 2006, **125**, 214301/214301–214301/214308.

[443] Komiha, N., Rosmus, P., Maier, J. P., Low Lying Quartet States in Diacetylene, Triacetylene and Benzene Radical Cations, *Mol. Phys.* 2007, **105**, 893–897.

[444] Borden, W. T. (ed), *Diradicals*, John Wiley & Sons, Inc., New York, 1982.

[445] Wirz, J., Spectroscopic and Kinetic Investigations of Conjugated Biradical Intermediates, *Pure Appl. Chem.* 1984, **56**, 1289–1300.

[446] Borden, W. T., Davidson, E. R., Effects of Electron Repulsion in Conjugated Hydrocarbon Diradicals, *J. Am. Chem. Soc.* 1976, **99**, 4587–4594.

[447] Wenthold, P. G., Hu, J., Squires, R. R., Lineberger, W. C., Photoelectron Spectroscopy of the Trimethylenemethane Negative Ion, *J. Am. Soc. Mass Spectrom.* 1999, **10**, 800–809.

[448] Brabec, J., Pittner, J., The Singlet–Triplet Gap in Trimethylenmethane and the Ring-opening of Methylenecyclopropane, *J. Phys. Chem. A* 2006, **110**, 11765–11769.

[449] Hangarter, M.-A., Hoermann, A., Kamdzhilov, Y., Wirz, J., Primary Photoreactions of Phylloquinone (Vitamin K_1) and Plastoquinone-1 in Solution, *Photochem. Photobiol. Sci.* 2003, **2**, 524–535.

[450] Kita, F., Adam, W., Jordan, P., Nau, W. M., Wirz, J., 1,3-Cyclopentanediyl Diradicals: Substituent and Temperature Dependence of Triplet–Singlet Intersystem Crossing, *J. Am. Chem. Soc.* 1999, **121**, 9265–9275.

[451] Abe, M., Adam, W., Borden, W. T., Hattori, M., Hrovat, D. A., Nojima, M., Nozaki, K., Wirz, J., Effects of Spiroconjugation on the Calculated Singlet–Triplet Energy Gap in 2,2-Dialkoxycyclopentane-1,3-diyls and on the Experimental Electronic Absorption Spectra of Singlet 1,3-Diphenyl Derivatives. Assignment of the Lowest-energy Electronic Transition of Singlet Cyclopentane-1,3-diyls, *J. Am. Chem. Soc.* 2004, **126**, 574–582.

[452] McMasters, D. R., Wirz, J., Spectroscopy, Reactivity of Kekulé Hydrocarbons with Very Small Singlet–Triplet Gaps, *J. Am. Chem. Soc.* 2001, **123**, 238–246.

[453] Burnett, M. N., Boothe, R., Clark, E., Gisin, M., Hassaneen, H. M., Pagni, R. M., Persy, G., Smith, R. J., Wirz, J., 1,4-Perinaphthadiyl. Singlet- and Triplet-state Reactivity of a Conjugated Hydrocarbon Biradical, *J. Am. Chem. Soc.* 1988, **110**, 2527–2538.

[454] Adam, W., Platsch, H., Wirz, J., Oxygen Trapping and Thermochemistry of a Hydrocarbon Singlet Biradical: 1,3-Diphenylcyclopentane-1,3-diyl, *J. Am. Chem. Soc.* 1989, **111**, 6896–6898.

[455] Coms, F. D., Dougherty, D. A., Diphenylbicyclo[2.1.0]pentane. A Persistent Hydrocarbon with a Very Weak Carbon–Carbon Bond, *J. Am. Chem. Soc.* 1989, **111**, 6894–6896.

[456] Adam, W., Platsch, H., Sendelbach, J., Wirz, J., Determination of the Triplet Lifetimes of 1,3-Cyclopentanediyl Biradicals Derived from the Photodenitrogenation of Azoalkanes with Time-resolved Photoacoustic Calorimetry, *J. Org. Chem.* 1993, **58**, 1477–1482.

[457] Adam, W., Reinhard, G., Platsch, H., Wirz, J., Effect of 2,2-Dimethyl Substitution on the Lifetimes of Cyclic Hydrocarbon Triplet 1,3-Biradicals, *J. Am. Chem. Soc.* 1990, **112**, 4570–4571.

[458] Hasler, E., Gassmann, E., Wirz, J., Conjugated Biradical Intermediates: Spectroscopic, Kinetic, and Trapping Studies of 2,2-Dimethyl-1,3-Perinaphthadiyl, *Helv. Chim. Acta* 1985, **68**, 777–788.

[459] Engel, P. S., Lowe, K. L., The Lifetime of the 2,2-Dimethylcyclopentane-1,3-diyl Biradical by the Cyclopropylcarbinyl Radical Clock Method, *Tetrahedron Lett.* 1994, **35**, 2267–2270.

[460] De Feyter, S., Diau, E. W. G., Scala, A. A., Zewail, A. H., Femtosecond Dynamics of Diradicals: Transition States, Entropic Configurations and Stereochemistry, *Chem. Phys. Lett.* 1999, **303**, 249–260.

[461] De Feyter, S., Diau, E. W. G., Zewail, A. H., Femtosecond Dynamics of Norrish Type-II Reactions: Nonconcerted Hydrogen-transfer and Diradical Intermediacy, *Angew. Chem. Int. Ed.* 2000, **39**, 260–263.

[462] Givens, R. S., Heger, D., Hellrung, B., Kamdzhilov, Y., Mac, M., Conrad, P. G., Cope, E., Lee, J. I., Mata-Segreda, J. F., Schowen, R. L., Wirz, J., The Photo-Favorskii Reaction of *p*-Hydroxyphenacyl Compounds is Initiated by Water-assisted, Adiabatic Extrusion of a Triplet Biradical, *J. Am. Chem. Soc.* 2008, **130**, 3307–3309.

[463] McClelland, R. A., Carbocations. In Moss, R. A., Platz, M. S., Jones, M. (eds), *Reactive Intermediate Chemistry*, John Wiley & Sons, Inc., Hoboken, NJ, 2004, pp. 3–40.

[464] van Dorp, J. W. J., Lodder, G., Substituent Effects on the Photogeneration and Selectivity of Triaryl Vinyl Cations, *J. Org. Chem.* 2008, **73**, 5416–5428.

[465] Steenken, S., Ashokkumar, M., Maruthamuthu, P., McClelland, R. A., Making Photochemically Generated Phenyl Cations Visible by Addition to Aromatics: Production of Phenylcyclohexadienyl Cations and Their Reactions with Bases/Nucleophiles, *J. Am. Chem. Soc.* 1998, **120**, 11925–11931.

[466] Mecklenburg, S. L., Hilinski, E. F., Picosecond Spectroscopic Characterization of the 9-Fluorenyl Cation in Solution, *J. Am. Chem. Soc.* 1989, **111**, 5471–5472.

[467] McClelland, R. A., Mathivanan, N., Steenken, S., Laser Flash Photolysis of 9-Fluorenol. Production and Reactivities of the 9-Fluorenol Radical Cation and the 9-Fluorenyl Cation, *J. Am. Chem. Soc.* 1990, **112**, 4857–4861.

[468] Gurzadyan, G. G., Steenken, S., Solvent-dependent C—OH Homolysis and Heterolysis in Electronically Excited 9-Fluorenol: the Life and Solvation Time of the 9-Fluorenyl Cation in Water, *Chem. Eur. J.* 2001, **7**, 1808–1815.

[469] O'Neill, M. A., Cozens, F. L., Schepp, N. P., Generation and Direct Observation of the 9-Fluorenyl Cation in Non-acidic Zeolites, *Tetrahedron* 2000, **56**, 6969–6977.

[470] Courtney, M. C., MacCormack, A. C., More O'Ferrall, R. A., Comparison of pK_R Values of Fluorenyl and Anthracenyl Cations, *J. Phys. Org. Chem.* 2002, **15**, 529–539.

[471] Wirz, J., Kinetics of Proton Transfer Reactions Involving Carbon, *Pure Appl. Chem.* 1998, **70**, 2221–2232.

[472] Kresge, A. J., Keto–Enol Tautomerism of Phenols in Aqueous Solution, *Chemtracts* 2002, **15**, 212–215.

[473] Rappoport, Z., *The Chemistry of Enols*, John Wiley & Sons, Ltd, Chichester, 1990.

[474] Haspra, P., Sutter, A., Wirz, J., Acidity of Acetophenone Enol in Aqueous Solution, *Angew. Chem. Int. Ed. Engl.* 1978, **18**, 617–619.

[475] Capponi, M., Gut, I. G., Hellrung, B., Persy, G., Wirz, J., Ketonization Equilibria of Phenol in Aqueous Solution, *Can. J. Chem.* 1999, **77**, 605–613.

[476] Chiang, Y., Kresge, A. J., Hochstrasser, R., Wirz, J., Phenyl- and Mesitylnol. The First Generation and Direct Observation of Hydroxyacetylenes in Solution, *J. Am. Chem. Soc.* 1989, **111**, 2355–2357.

[477] Chiang, Y., Grant, A. S., Kresge, A. J., Pruszynski, P., Schepp, N. P., Wirz, J., Generation and Study of Ynamines by Laser Photolysis in Aqueous Solution, *Angew. Chem. Int. Ed. Engl.* 1991, **103**, 1407–1408.

[478] Chiang, Y., Grant, A. S., Guo, H. X., Kresge, A. J., Paine, S. W., Flash Photolytic Decarbonylation and Ring-opening of 2-(*N*-(Pentafluorophenyl)amino)-3-phenylcyclopropenone. Isomerization of the Resulting Ynamine to a Ketenimine, Hydration of the Ketenimine, and Hydrolysis of the Enamine Produced by Ring Opening, *J. Org. Chem.* 1997, **62**, 5363–5370.

[479] Saltiel, J., Waller, A. S., Sears, D. F. Jr., The Temperature and Medium Dependencies of *cis*-Stilbene Fluorescence. The Energetics of Twisting in the Lowest Excited Singlet State, *J. Am. Chem. Soc.* 1993, **115**, 2453–2465.

[480] Bernardi, F., Olivucci, M., Robb, M. A., The Role of Conical Intersections and Excited State Reaction Paths in Photochemical Pericyclic Reactions, *J. Photochem. Photobiol. A* 1997, **105**, 365–371.

[481] Wismonski-Knittel, T., Fischer, G., Fischer, E., Temperature Dependence of Photoisomerization. VIII. Excited-state Behavior of 1-Naphthyl-2-phenyl- and 1,2-Dinaphthylethylenes and Their Photocyclization Products, and Properties of the Latter, *J. Chem. Soc., Perkin Trans.* 2 1974, 1930–1940.

[482] Sension, R. J., Repinec, S. T., Szarka, A. Z., Hochstrasser, R. M., Femtosecond Laser Studies of the *cis*-Stilbene Photoisomerization Reactions, *J. Chem. Phys.* 1993, **98**, 6291–6315.

[483] Ishii, K., Takeuchi, S., Tahara, T., Pronounced Non-Condon Effect as the Origin of the Quantum Beat Observed in the Time-resolved Absorption Signal from Excited-state *cis*-Stilbene, *J. Phys. Chem. A* 2008, **112**, 2219–2227.

[484] Saltiel, J., Waller, A. S., Sears, D. F. Jr., Garrett, C.Z., Fluorescence Quantum Yields of *trans*-stilbene-d_0 and -d_2 in *n*-Hexane and *n*-Tetradecane: Medium and Deuterium Isotope Effects on Decay Processes, *J. Phys. Chem.* 1993, **97**, 2516–2522.

[485] Fischer, G., Seger, G., Muszkat, K. A., Fischer, E., Emissions of Sterically Hindered Stilbene Derivatives and Related Compounds. IV. Large Conformational Differences Between Ground and Excited States of Sterically Hindered Stilbenes. Implications Regarding Stokes Shifts and Viscosity or Temperature Dependence of Fluorescence Yields, *J. Chem. Soc., Perkin Trans.* 2 1975, 1569–1576.

[486] Yoshihara, K., Namiki, A., Sumitani, M., Nakashima, N., Picosecond Flash Photolysis of cis- and trans-Stilbene. Observation of an Intense Intramolecular Charge-Resonance Transition, *J. Chem. Phys.* 1979, **71**, 2892–2895.

[487] Gilbert, A., Cyclization of Stilbene and Its Derivatives. In Horspool, W. M., Lenci, F. (eds), *CRC Handbook of Organic Photochemistry and Photobiology*, 2nd edn, CRC Press LLC, Boca Raton, FL, 2004, Chapter 33. pp. 1–11.

[488] Saltiel, J., Sun, Y. P., Intrinsic Potential Energy Barrier for Twisting in the trans-Stilbene S_1 State in Hydrocarbon Solvents, *J. Phys. Chem.* 1989, **93**, 6246–6250.

[489] Kim, S. K., Fleming, G. R., Reorientation and Isomerization of trans-Stilbene in Alkane Solutions, *J. Phys. Chem.* 1988, **92**, 2168–2172.

[490] Hohlneicher, G., Wrzal, R., Lenoir, D., Frank, R., Two-photon Spectra of Stiff Stilbenes: a Contribution to the Assignment of the Low Lying Electronically Excited States of the Stilbene System, *J. Phys. Chem. A* 1999, **103**, 8969–8975.

[491] Goerner, H., Schulte-Frohlinde, D., Observation of the Triplet State of Stilbene in Fluid Solution. Determination of the Equilibrium Constant ($^3t^*-{}^3p^*$) and of the Rate Constant for Intersystem Crossing ($^3p^*-{}^1p$), *J. Phys. Chem.* 1981, **85**, 1835–1841.

[492] Saltiel, J., Ganapathy, S., Werking, C., The ΔH for Thermal trans/cis-Stilbene Isomerization: Do S_0 and T_1 Potential Energy Curves Cross?, *J. Phys. Chem.* 1987, **91**, 2755–2758.

[493] Bearpark, M. J., Bernardi, F., Clifford, S., Olivucci, M., Robb, M. A., Vreven, T., Cooperating Rings in cis-Stilbene Lead to an S_0/S_1 Conical Intersection, *J. Phys. Chem. A* 1997, **101**, 3841–3847.

[494] Gagliardi, L., Orlandi, G., Molina, V., Malmqvist, P.-A., Roos, B., Theoretical Study of the Lowest ^1B_u States of trans-Stilbene, *J. Phys. Chem. A* 2002, **106**, 7355–7361.

[495] Improta, R., Santoro, F., Excited-state Behavior of trans and cis Isomers of Stilbene and Stiff Stilbene: A TD-DFT Study, *J. Phys. Chem. A* 2005, **109**, 10058–10067.

[496] Quenneville, J., Martinez, T. J., Ab Initio Study of cis–trans Photoisomerization in Stilbene and Ethylene, *J. Phys. Chem. A* 2003, **107**, 829–837.

[497] Orlandi, G., Siebrand, W., Model for the Direct Photoisomerization of Stilbene, *Chem. Phys. Lett.* 1975, **30**, 352–354.

[498] Saltiel, J., Dmitrenko, O., Pillai, Z. S., Klima, R., Wang, S., Wharton, T., Huang, Z., N., van de Burgt, L. J., Arranz, J., Triplet and Ground State Potential Energy Surfaces of 1,4-Diphenyl-1,3-Butadiene: Theory and Experiment, *Photochem. Photobiol. Sci.* 2008, **7**, 566–577.

[499] Saltiel, J., Crowder, J. M., Wang, S., Mapping the Potential Energy Surfaces of the 1,6-Diphenyl-1,3,5-hexatriene Ground and Triplet States, *J. Am. Chem. Soc.* 1999, **121**, 895–902.

[500] Arai, T., Tokumaru, K., Photochemical One-way Adiabatic Isomerization of Aromatic Olefins, *Chem. Rev.* 1993, **93**, 23–39.

[501] Saltiel, J., Tarkalanov, N., Sears, D. F. Jr., Conformer-specific Adiabatic cis → trans Photoisomerization of cis-1-(2-Naphthyl)-2-phenylethene. A Striking Application of the NEER Principle, *J. Am. Chem. Soc.* 1995, **117**, 5586–5587.

[502] Adam, W., Kazakov, D. V., Kazakov, V. P., Singlet-oxygen Chemiluminescence in Peroxide Reactions, *Chem. Rev.* 2005, **105**, 3371–3387.

[503] Carpenter, B. K., Electronically Nonadiabatic Thermal Reactions of Organic Molecules, *Chem. Soc. Rev.* 2006, **35**, 736–747.

[504] Fraga, H., Firefly Luminescence: a Historical Perspective and Recent Developments, *Photochem. Photobiol. Sci.* 2008, **7**, 146–158.

[505] Matsumoto, M., Advanced Chemistry of Dioxetane-based Chemiluminescent Substrates Originating from Bioluminescence, *J. Photochem. Photobiol. C* 2004, **5**, 27–53.

[506] McCapra, F., Chemical Generation of Excited States: the Basis of Chemiluminescence and Bioluminescence, *Methods Enzymol.* 2000, **305**, 3–47.

[507] Turro, N. J., Lechtken, P., Schore, N. E., Schuster, G., Steinmetzer, H.-C., Yekta, A., Tetramethyl-1,2-Dioxetane – Experiments in Chemiexcitation, Chemiluminescence, Photochemistry, Chemical Dynamics, and Spectroscopy, *Acc. Chem. Res.* 1974, **7**, 97–105.

[508] Richter, M. M., Electrochemiluminescence (ECL), *Chem. Rev.* 2004, **104**, 3003–3036.

[509] Givens, R. S., Schowen, R. L., The Peroxyoxalate Chemiluminescence Reaction. In Birks, J. B. (ed), *Chemiluminescence and Photochemical Reaction Detection in Chromatography*, VCH, New York, 1989, pp. 125–147.

[510] Chandross, E. A., A New Chemiluminescent System, *Tetrahedron Lett.* 1963, 761–765.

[511] Rauhut, M. M., Chemiluminescence from Concerted Peroxide Decomposition Reactions, *Acc. Chem. Res.* 1969, **2**, 80–87.

[512] Tonkin, S. A., Bos, R., Dyson, G. A., Lim, K. F., Russell, R. A., Watson, S. P., Hindson, C. M., Barnett, N. W., Studies on the Mechanism of the Peroxyoxalate Chemiluminescence Reaction, *Anal. Chim. Acta* 2008, **614**, 173–181.

[513] Orlovic, M., Schowen, R. L., Givens, R. S., Alvarez, F., Matuszewski, B., Parekh, N., A Simplified Model for the Dynamics of Chemiluminescence in the Oxalate–Hydrogen Peroxide System: Toward a Reaction Mechanism, *J. Org. Chem.* 1989, **54**, 3606–3610.

[514] Zhang, Y., Zeng, X.-R., You, X.-Z., A New Complete Basis Set Model (CBS-QB3) Study on the Possible Intermediates in Chemiluminescence, *J. Chem. Phys.* 2000, **113**, 7731–7734.

[515] Silva, S. M., Wagner, K., Weiss, D., Beckert, R., Stevani, C. V., Baader, W. J., Studies on the Chemiexcitation Step in Peroxyoxalate Chemiluminescence Using Steroid-substituted Activators, *Luminescence* 2002, **17**, 362–369.

[516] Schuster, G. B., Chemiluminescence of Organic Peroxides. Conversion of Ground-state Reactants to Excited-state Products by the Chemically Initiated Electron-exchange Luminescence Mechanism, *Acc. Chem. Res.* 1979, **12**, 366–373.

[517] De Vico, L., Liu, Y.-J., Krogh, J. W., Lindh, R., Chemiluminescence of 1,2-Dioxetane. Reaction Mechanism Uncovered, *J. Phys. Chem. A* 2007, **111**, 8013–8019.

[518] Viviani, V. R., Arnoldi, F. G. C., Neto, A. J. S., Oehlmeyer, T. L., Bechara, E. J. H., Ohmiya, Y., The Structural Origin and Biological Function of pH Sensitivity in Firefly Luciferases, *Photochem. Photobiol. Sci.* 2008, **7**, 159–169.

[519] Berson, J. A., Non-Kekulé Molecules as Reactive Intermediates. In Moss, R. A., Platz, M. S., Jones, M. (eds), *Reactive Intermediate Chemistry*, John Wiley & Sons, Inc., Hoboken, NJ, 2004, pp. 165–203.

[520] Linstrom, J., Mallard, W. G. (eds), *NIST Chemistry WebBook*. NIST Standard Reference Database No. 69, National Institute of Standards and Technology, Gaithersburg, MD, 2005, http://webbook.nist.gov.

[521] Saltiel, J., Waller, A. S., Sears, D. F., Dynamics of *cis*-Stilbene Photoisomerization – the Adiabatic Pathway to Excited *trans*-Stilbene, *J. Photochem. Photobiol. A* 1992, **65**, 29–40.

[522] Friedrich, S., Griebel, R., Hohlneicher, G., Metz, F., Schneider, S., Description of the Radiative Properties of Unsaturated Molecules Containing a Triple Bond Based on a Quasi π-Model, *Chem. Phys.* 1973, **1**, 319–329.

[523] Kropp, P. J., Photorearrangement and Fragmentation of Alkenes. In Horspool, W. M., Lenci, F. (eds), *CRC Handbook of Organic Photochemistry and Photobiology*, 2nd edn, CRC Press LLC, Boca Raton, 2004, Chapter 13, pp. 1–15.

[524] Mori, T., Inoue, Y., C=C Photoinduced Isomerization Reactions. In Griesbeck, A. G., Mattay, J. (eds), *Synthetic Organic Photochemistry*, Marcel Dekker, New York, 2005, pp. 417–452.

[525] Saltiel, J., Sears, D. F. Jr., Ko, D.-H., Park, K.-M., Cis–trans Isomerization of Alkenes. In Horspool, W. M., Song, P.-S. (eds), *CRC Handbook of Organic Photochemistry and Photobiology*, CRC Press, Boca Raton, FL, 1995, pp. 3–15.

[526] Arai, T., Photochemical *cis–trans* Isomerization in the Triplet State. In Ramamurthy, V., Schanze, K. (eds), *Organic Molecular Photochemistry*, Vol. 3, Marcel Dekker, New York, 1999, pp. 131–167.

[527] Rao, V. J., Photochemical *cis–trans* Isomerization from the Singlet Excited State. In Ramamurthy, V., Schanze, K. (eds), *Organic Molecular Photochemistry*, Vol. 3, Marcel Dekker, New York, 1999, pp. 169–209.

[528] Kropp, P. J., Photorearrangement, Fragmentation of Alkenes. In Horspool, W. M., Song, P.-S. (eds), *CRC Handbook of Organic Photochemistry and Photobiology*, CRC Press, Boca Raton, FL, 1995, pp. 16–28.

[529] Waldeck, D. H., Photoisomerization Dynamics of Stilbenes, *Chem. Rev.* 1991, **91**, 415–436.

[530] Mori, T., Inoue, Y., Photochemical Isomerization of Cycloalkenes. In Horspool, W. M., Lenci, F. (eds), *CRC Handbook of Organic Photochemistry and Photobiology*, 2nd edn, CRC Press LLC, Boca Raton, FL, 2004, Chapter 16, pp. 1–16.

[531] Liu, R. S. H., Hammond, G. S., Hula-Twist: a Photochemical Reaction Mechanism Involving Simultaneous Configurational and Conformational Isomerization. In Horspool, W. M., Lenci, F. (eds), *CRC Handbook of Organic Photochemistry and Photobiology*, 2nd edn, CRC Press LLC, Boca Raton, FL, 2004, Chapter 26, pp. 1–11.

[532] Mattay, J., Griesbeck, A. G. (eds), Alkenes, Arylalkenes and Cycloalkenes. In *Photochemical Key Steps in Organic Synthesis*, VCH, Weinheim, 1994, pp. 201–267.

[533] Mazzucato, U., Momicchioli, F., Rotational Isomerism in *trans*-1,2-Diarylethylenes, *Chem. Rev.* 1991, **91**, 1679–1719.

[534] Olivucci, M. (ed), *Computational Photochemistry*, Elsevier, Amsterdam, 2005.

[535] Kutateladze, A. G. (ed), *Computational Methods in Photochemistry*, Vol. 13, CRC Press LLC, Boca Raton, FL, 2005.

[536] Ben-Nun, M., Molnar, F., Schulten, K., Martinez, T. J., The Role of Intersection Topography in Bond Selectivity of *cis–trans* Photoisomerization, *Proc. Natl. Acad. Sci. USA* 2002, **99**, 1769–1773.

[537] Ben-Nun, M., Martinez, T. J., Photodynamics of Ethylene: *Ab Initio* Studies of Conical Intersections, *Chem. Phys.* 2000, **259**, 237–248.

[538] Ben-Nun, M., Quenneville, J., Martinez, T. J., *Ab Initio* Multiple Spawning: Photochemistry from first Principles Quantum Molecular Dynamics, *J. Phys. Chem. A* 2000, **104**, 5161–5175.

[539] Olivucci, M., Ragazos, I. N., Bernardi, F., Robb, M. A., A Conical Intersection Mechanism for the Photochemistry of Butadiene – A MC-SCF Study, *J. Am. Chem. Soc.* 1993, **115**, 3710–3721.

[540] Ben-Nun, M., Martinez, T. J., *Ab Initio* Molecular Dynamics Study of *cis–trans* Photoisomerization in Ethylene, *Chem. Phys. Lett.* 1998, **298**, 57–65.

[541] Buenker, R. J., Bonacic-Koutecky, V., Pogliani, L., Potential-energy and Dipole-moment Surfaces for Simultaneous Torsion and Pyramidalization of Ethylene in Its Lowest-lying Singlet Excited States – A CI Study of the Sudden Polarization Effect, *J. Chem. Phys.* 1980, **73**, 1836–1849.

[542] Bonacic-Koutecky, V., Persico, M., Dohnert, D., Sevin, A., CI Study of Geometrical Relaxation in the Excited States of Butadiene – Energy Surfaces and Properties for Simultaneous Torsion and Elongation of One Double Bond, *J. Am. Chem. Soc.* 1982, **104**, 6900–6907.

[543] Ohmine, I., Morokuma, K., Photoisomerization of Polyenes – Reaction Coordinate and Trajectory in Triplet Mechanism, *J. Chem. Phys.* 1981, **74**, 564–569.

[544] Bonacic-Koutecky, V., Koutecky, J., Michl, J., Neutral and Charged Biradicals, Zwitterions, Funnels in S_1, and Proton Translocation – Their Role in Photochemistry, Photophysics, and Vision, *Angew. Chem. Int. Ed. Engl.* 1987, **26**, 170–189.

[545] Migani, A., Robb, M. A., Olivucci, M., Relationship between Photoisomerization Path and Intersection Space in a Retinal Chromophore Model, *J. Am. Chem. Soc.* 2003, **125**, 2804–2808.

[546] Fantacci, S., Migani, A., Olivucci, M., CASPT2/CASSCF and TDDFT/CASSCF Mapping of the Excited State Isomerization Path of a Minimal Model of the Retinal Chromophore, *J. Phys. Chem. A* 2004, **108**, 1208–1213.

[547] Ferre, N., Olivucci, M., Probing the Rhodopsin Cavity with Reduced Retinal Models at the CASPT2/CASSCF/AMBER Level of Theory, *J. Am. Chem. Soc.* 2003, **125**, 6868–6869.

[548] Orlandi, G., Palmieri, P., Poggi, G., *Ab Initio* Study of the *cis–trans* Photoisomerization of Stilbene, *J. Am. Chem. Soc.* 1979, **101**, 3492–3497.

[549] Molina, V., Merchan, M., Roos, B. O., Theoretical Study of the Electronic Spectrum of *trans*-Stilbene, *J. Phys. Chem. A* 1997, **101**, 3478–3487.

[550] Garavelli, M., Smith, B. R., Bearpark, M. J., Bernardi, F., Olivucci, M., Robb, M. A., Relaxation Paths and Dynamics of Photoexcited Polyene Chains: Evidence for Creation and Annihilation of Neutral Soliton Pairs, *J. Am. Chem. Soc.* 2000, **122**, 5568–5581.

[551] Ruiz, D. S., Cembran, A., Garavelli, M., Olivucci, M., Fuss, W., Structure of the Conical Intersections Driving the *cis–trans* Photoisomerization of Conjugated Molecules, *Photochem. Photobiol.* 2002, **76**, 622–633.

[552] Strambi, A., Coto, P. B., Frutos, L. M., Ferre, N., Olivucci, M., Relationship between the Excited State Relaxation Paths of Rhodopsin and Isorhodopsin, *J. Am. Chem. Soc.* 2008, **130**, 3382–3388.

[553] Saltiel, J., D'Agostino, J., Megarity, E. D., Metts, D., Neuberger, K. R., Wrighton, M., Zafiriou, O.C., The *cis–trans* Photoisomerization of Olefins, *Org. Photochem.* 1973, **3**, 1–113.

[554] Merer, A. J., Mulliken, R. S., Ultraviolet Spectra and Excited States of Ethylene and Its Alkyl Derivatives, *Chem. Rev.* 1969, **69**, 639–656.

[555] Inoue, Y., Daino, Y., Tai, A., Hakushi, T., Okada, T., Synchrotron-radiation Study of Weak Fluorescence from Neat Liquids of Simple Alkenes – Anomalous Excitation-Spectra as Evidence for Wavelength-dependent Photochemistry, *J. Am. Chem. Soc.* 1989, **111**, 5584–5586.

[556] Inoue, Y., Mukai, T., Hakushi, T., Wavelength-dependent Photochemistry of 2,3-Dimethyl-2-butene and 2-Octene in Solution, *Chem. Lett.* 1983, 1665–1668.

[557] Kropp, P. J., Snyder, J. J., Rawlings, P. C., Fravel, H. G., Photochemistry of Cycloalkenes. 9. Photodimerization of Cyclohexene, *J. Org. Chem.* 1980, **45**, 4471–4474.

[558] Ziegler, K., Wilms, H., Über Vielgliedrige Ringsysteme XIII: Ungesättigte Kohlenwasserstoff-8-Ringe, *Liebigs Ann. Chem.* 1950, **567**, 1–43.

[559] Dyck, R. H., McClure, D. S., Ultraviolet Spectra of Stilbene, *p*-Monohalogen Stilbenes, and Azobenzene and *trans* to *cis* Photoisomerization Process, *J. Chem. Phys.* 1962, **36**, 2326–2345.

[560] Sension, R. J., Repinec, S. T., Szarka, A. Z., Hochstrasser, R. M., Femtosecond Laser Studies of the *cis*-Stilbene Photoisomerization Reactions, *J. Chem. Phys.* 1993, **98**, 6291–6315.

[561] Mallory, F. B., Wood, C. S., Gordon, J. T., Photochemistry of Stilbenes. 3. Some Aspects of Mechanism of Photocyclization to Phenanthrenes, *J. Am. Chem. Soc.* 1964, **86**, 3094–3102.

[562] Hayakawa, J., Momotake, A., Arai, T., Water-soluble Stilbene Dendrimers, *Chem. Commun.* 2003, 94–95.

[563] Lewis, F. D., Oxman, J. D., Gibson, L. L., Hampsch, H. L., Quillen, S. L., Lewis Acid Catalysis of Photochemical Reactions. 4. Selective Isomerization of Cinnamic Esters, *J. Am. Chem. Soc.* 1986, **108**, 3005–3015.

[564] Jacobs, H. J. C., Havinga, E., Photochemistry of Vitamin D and Its Isomers and of Simple Trienes, *Adv. Photochem.* 1979, **11**, 305–373.

[565] Saltiel, J., Krishna, T. S. R., Turek, A. M., Photoisomerization of *cis*-1-(2-Naphthyl)-2-phenylethene in Methylcyclohexane at 77 K: No Hula-Twist, *J. Am. Chem. Soc.* 2005, **127**, 6938–6939.

[566] Warshel, A., Bicycle-pedal Model for 1st Step in Vision Process, *Nature* 1976, **260**, 679–683.

[567] Saltiel, J., Krishna, T. S. R., Turek, A. M., Clark, R. J., Photoisomerization of *cis,cis*-1,4-Diphenyl-1,3-Butadiene in Glassy Media at 77 K: the Bicycle-pedal Mechanism, *Chem. Commun.* 2006, 1506–1508.

[568] Saltiel, J., Krishna, T. S. R., Laohhasurayotin, S., Fort, K., Clark, R. J., Photoisomerization of *cis,cis*- to *trans,trans*-1,4-Diaryl-1,3-butadienes in the Solid State: the Bicycle-pedal Mechanism, *J. Phys. Chem. A* 2008, **112**, 199–209.

[569] Liu, R. S. H., Photoisomerization by Hula Twist: a Fundamental Supramolecular Photochemical Reaction, *Acc. Chem. Res.* 2001, **34**, 555–562.

[570] Yang, L. Y., Liu, R. S. H., Boarman, K. J., Wendt, N. L., Liu, J., New Aspects of Diphenylbutadiene Photochemistry. Regiospecific Hula-twist Photoisomerization, *J. Am. Chem. Soc.* 2005, **127**, 2404–2405.

[571] Saltiel, J., Bremer, M. A., Laohhasurayotin, S., Krishna, T. S. R., Photoisomerization of *cis,cis*- and *cis,trans*-1,4-di-*o*-tolyl-1,3-butadiene in Glassy Media at 77 K: One-bond Twist and Bicycle-pedal Mechanisms, *Angew. Chem.* 2008, **47**, 1237–1240.

[572] Maessen, P. A., Jacobs, H. J. C., Cornelisse, J., Havinga, E., Studies of Vitamin D and Related Compounds. 30. Photochemistry of Previtamin D_3 at 92 K – Formation of an Unstable Tachysterol Rotamer, *Angew. Chem. Int. Ed. Engl.* 1983, **22**, 718–719.

[573] Muller, A. M., Lochbrunner, S., Schmid, W. E., Fuss, W., Low-temperature Photochemistry of Previtamin D: a Hula-twist Isomerization of a Triene, *Angew. Chem. Int. Ed.* 1998, **37**, 505–507.

[574] Shichida, Y., Yoshizawa, T., Photochemical Aspect of Rhodopsin. In Horspool, W. M., Lenci, F. (eds), *CRC Handbook of Organic Photochemistry and Photobiology*, 2nd edn, CRC Press LLC, Boca Raton, FL, 2004, Chapter 125, pp. 1–13.

[575] Frutos, L. M., Andruniow, T., Santoro, F., Ferre, N., Olivucci, M., Tracking the Excited-state Time Evolution of the Visual Pigment with Multiconfigurational Quantum Chemistry, *Proc. Natl. Acad. Sci. USA* 2007, **104**, 7764–7769.

[576] Wang, Q., Schoenlein, R. W., Peteanu, L. A., Mathies, R. A., Shank, C. V., Vibrationally Coherent Photochemistry in the Femtosecond Primary Event of Vision, *Science* 1994, **266**, 422–424.

[577] Song, L., El-Sayed, M. A., Lanyi, J. K., Protein Catalysis of the Retinal Subpicosecond Photoisomerization in the Primary Process of Bacteriorhodopsin Photosynthesis, *Science* 1993, **261**, 891–894.

[578] McDonagh, A. F., Palma, L. A., Lightner, D. A., Blue Light and Bilirubin Excretion, *Science* 1980, **208**, 145–151.

[579] McDonagh, A. F., Palma, L. A., Trull, F. R., Lightner, D. A., Phototherapy for Neonatal Jaundice – Configurational Isomers of Bilirubin, *J. Am. Chem. Soc.* 1982, **104**, 6865–6867.

[580] Zietz, B., Gillbro, T., Initial Photochemistry of Bilirubin Probed by Femtosecond Spectroscopy, *J. Chem. Phys. B* 2007, **111**, 11997–12003.

[581] Snyder, J. J., Tise, F. P., Davis, R. D., Kropp, P. J., Photochemistry of Alkenes. 7. *E–Z* Isomerization of Alkenes Sensitized with Benzene and Derivatives, *J. Org. Chem.* 1981, **46**, 3609–3611.

[582] Swenton, J. S., Photoisomerization of *cis*-Cyclooctene to *trans*-Cyclooctene, *J. Org. Chem.* 1969, **34**, 3217–3218.

[583] Inoue, Y., Yamasaki, N., Yokoyama, T., Tai, A., Enantiodifferentiating Z–E Photoisomerization of Cyclooctene Sensitized by Chiral Polyalkyl Benzenepolycarboxylates, *J. Org. Chem.* 1992, **57**, 1332–1345.

[584] Inoue, Y., Asymmetric Photochemical Reactions in Solution, *Chem. Rev.* 1992, **92**, 741–770.

[585] Rau, H., Direct Asymmetric Photochemistry with Circularly Polarized Light. In Inoue, Y., Ramamurthy, V. (eds), *Chiral Photochemistry*, Vol. 11, Marcel Dekker, New York, 2004, pp. 1–44.

[586] Feringa, B. L., van Delden, R. A., Koumura, N., Geertsema, E. M., Chiroptical Molecular Switches, *Chem. Rev.* 2000, **100**, 1789–1816.
[587] Bernstein, W. J., Calvin, M., Buchardt, O., Absolute Asymmetric Synthesis. 1. On Mechanism of Photochemical Synthesis of Nonracemic Helicenes with Circularly Polarized Light – Wavelength Dependence of Optical Yield of Octahelicene, *J. Am. Chem. Soc.* 1972, **94**, 494–498.
[588] Sonoda, Y., [2 + 2] Photocycloadditions in the Solid State. In Horspool, W. M., Lenci, F. (eds), *CRC Handbook of Organic Photochemistry and Photobiology*, 2nd edn, CRC Press LLC, Boca Raton, FL, 2004, Chapter 73, pp. 1–15.
[589] Koshima, H., Chiral Solid-state Photochemistry Including Supramolecular Approaches. In Inoue, Y., Ramamurthy, V. (eds), *Chiral Photochemistry*, Vol. 11, Marcel Dekker, New York, 2004, pp. 485–532.
[590] Scheffer, J. R., The Solid-state Ionic Chiral Auxiliary Approach to Asymmetric Induction in Photochemical Reactions. In Inoue, Y., Ramamurthy, V. (eds), *Chiral Photochemistry*, Vol. 11, Marcel Dekker, New York, 2004, pp. 463–484.
[591] Grosch, B., Bach, T., Template-induced Enantioselective Photochemical Reactions in Solution. In Inoue, Y., Ramamurthy, V. (eds), *Chiral Photochemistry*, Vol. 11, Marcel Dekker, New York, 2004, pp. 315–340.
[592] Ramamurthy, V., Natarajan, A., Lakshmi, S. K., Karthikeyan, S., Shailaja, J., Sivaguru, J., Chiral Photochemistry Within Zeolites. Inoue, Y., Ramamurthy, V. (eds), *Chiral Photochemistry*, Vol. 11, Marcel Dekker, New York, 2004, pp. 563–632.
[593] Inoue, Y., Yamasaki, N., Yokoyama, T., Tai, A., Highly Enantiodifferentiating Photoisomerization of Cyclooctene by Congested and or Triplex-forming Chiral Sensitizers, *J. Org. Chem.* 1993, **58**, 1011–1018.
[594] Schenck, G. O., Steinmetz, R., Neuartige durch Benzophenon Photosensibilisierte Additionen von Maleinsäureanhydrid an Benzol und andere Aromaten, *Tetrahedron Lett.* 1960, **1**, 1–8.
[595] Saltiel, J., Neuberger, K. R., Wrighton, M., The Nature of the Intermediates in the Sensitized *cis–trans* Photoisomerization of Alkenes, *J. Am. Chem. Soc.* 1969, **91**, 3658–3659.
[596] Leigh, W. J., Diene/Cyclobutene Photochemistry. In Horspool, W. M., Song, P.-S. (eds), *CRC Handbook of Organic Photochemistry and Photobiology*, CRC Press, Boca Raton, FL, 1995, pp. 123–142.
[597] Laarhoven, W. H., Jacobs, H. J. C., Photochemistry of Acyclic 1,3, 5-Trienes and Related Compounds. In Horspool, W. M., Song, P.-S. (eds), *CRC Handbook of Organic Photochemistry and Photobiology*, CRC Press, Boca Raton, FL, 1995, pp. 143–154.
[598] Jacobs, H. J. C., Photochemistry of Vitamin D and Related Compounds. In Horspool, W. M., Song, P.-S. (eds), *CRC Handbook of Organic Photochemistry and Photobiology*, CRC Press, Boca Raton, FL, 1995, pp. 155–164.
[599] Gilbert, A., Cyclization of Stilbene and Its Derivatives. In Horspool, W. M., Song, P.-S. (eds), *CRC Handbook of Organic Photochemistry and Photobiology*, CRC Press, Boca Raton, FL, 1995, pp. 291–300.
[600] Dunkin, I. R., Low Temperature Matrix Photochemistry of Alkenes. In Horspool, W. M., Lenci, F. (eds), *CRC Handbook of Organic Photochemistry and Photobiology*, 2nd edn, CRC Press LLC, Boca Raton, FL, 2004, Chapter 12, pp. 1–17.
[601] Beaudry, C. M., Malerich, J. P., Trauner, D., Biosynthetic and Biomimetic Electrocyclizations, *Chem. Rev.* 2005, **105**, 4757–4778.
[602] Hoffmann, N., Photochemical Reactions as Key Steps in Organic Synthesis, *Chem. Rev.* 2008, **108**, 1052–1103.
[603] Li, X. Y., He, F. C., Tian, A. M., Yan, G. S., Study on Photochemistry of Concerted $[1,j]$-Sigmatropic and $[i,j]$-Sigmatropic Rearrangements by the Classical Path Method, *THEOCHEM* 1995, **342**, 181–186.

[604] Morihashi, K., Kikuchi, O., Suzuki, K., Non-adiabatic Coupling Constants for the Disrotatory and Conrotatory Isomerization Paths Between Butadiene and Cyclobutene, *Chem. Phys. Lett.* 1982, **90**, 346–350.

[605] Share, P. E., Kompa, K. L., Peyerimhoff, S. D., Vanhemert, M. C., An MRD-CI Investigation of the Photochemical Isomerization of Cyclohexadiene to Hexatriene, *Chem. Phys.* 1988, **120**, 411–419.

[606] Fuss, W., Hering, P., Kompa, K. L., Lochbrunner, S., Schikarski, T., Schmid, W. E., Trushin, S. A., Ultrafast Photochemical Pericyclic Reactions and Isomerizations of Small Polyenes, *Ber. Bunsen-Ges. Phys. Chem.* 1997, **101**, 500–509.

[607] Bernardi, F., Olivucci, M., Robb, M. A., Tonachini, G., Can a Photochemical Reaction Be Concerted? – A Theoretical Study of the Photochemical Sigmatropic Rearrangement of But-1-ene, *J. Am. Chem. Soc.* 1992, **114**, 5805–5812.

[608] Garavelli, M., Bernardi, F., Moliner, V., Olivucci, M., Intrinsically Competitive Photoinduced Polycyclization and Double-bond Shift through a Boatlike Conical Intersection, *Angew. Chem. Int. Ed.* 2001, **40**, 1466–1468.

[609] Garavelli, M., Frabboni, B., Fato, M., Celani, P., Bernardi, F., Robb, M. A., Olivucci, M., Photochemistry of Highly Alkylated Dienes: Computational Evidence for a Concerted Formation of Bicyclobutane, *J. Am. Chem. Soc.* 1999, **121**, 1537–1545.

[610] Garavelli, M., Page, C. S., Celani, P., Olivucci, M., Schmid, W. E., Trushin, S. A., Fuss, W., Reaction Path of a sub-200 fs Photochemical Electrocyclic Reaction, *J. Phys. Chem. A* 2001, **105**, 4458–4469.

[611] Vanderlinden, P., Boue, S., Direct Photolysis of Penta-1,3-Dienes –Recognition of Wavelength-dependent Behavior in Solution, *J. Chem. Soc., Chem. Commun.* 1975, 932–933.

[612] Dauben, W. G., Kellogg, M. S., Photochemistry of *cis*-Fused Bicyclo[4.*n*.0]-2,4-Dienes. Ground-state Conformational Control, *J. Am. Chem. Soc.* 1980, **102**, 4456–4463.

[613] Gielen, J. W. J., Jacobs, H. J. C., Havinga, E., Influence of Wavelength on Photochemistry of E-Hexa-1,3,5-Trienes and Z-Hexa-1,3,5-Trienes, *Tetrahedron Lett.* 1976, 3751–3754.

[614] Bois, F., Gardette, D., Gramain, J. C., A New Asymmetric Synthesis of (S)-(+)-Pipecoline and (S)-(+)- and (R)-(−)-Coniine by Reductive Photocyclization of Dienamides, *Tetrahedron Lett.* 2000, **41**, 8769–8772.

[615] Holick, M. F., Vitamin D Deficiency, *N. Engl. J. Med.* 2007, **357**, 266–281.

[616] Zhu, G. D., Okamura, W. H., Synthesis of Vitamin D (Calciferol), *Chem. Rev.* 1995, **95**, 1877–1952.

[617] Saltiel, J., Cires, L., Turek, A. M., Conformer-specific Photochemistry in the Vitamin D Field. In Horspool, W. M., Lenci, F. (eds), *CRC Handbook of Organic Photochemistry and Photobiology*, 2nd edn, CRC Press LLC, Boca Raton, FL, 2004.

[618] Jacobs, H. J. C., Photochemistry of Conjugated Trienes – Vitamin D Revisited, *Pure Appl. Chem.* 1995, **67**, 63–70.

[619] Havinga, E., Schlatmann, J., Remarks on Specificities of Photochemical and Thermal Transformations in Vitamin D Field, *Tetrahedron* 1961, **16**, 146–152.

[620] Dauben, W. G., Disanayaka, B., Funhoff, D. J. H., Kohler, B. E., Schilke, D. E., Zhou, B. L., Polyene 2^1A_g and 1^1B_u States and the Photochemistry of Previtamin D_3, *J. Am. Chem. Soc.* 1991, **113**, 8367–8374.

[621] Enas, J. D., Palenzuela, J. A., Okamura, W. H., Studies on Vitamin-D (Calciferol) and Its Analogs. 37. A-Homo-11-hydroxy-3-deoxyvitamin D – Ring Size and π-Facial Selectivity Effects on the 1,7-Sigmatropic Hydrogen Shift of Previtamin D to Vitamin D, *J. Am. Chem. Soc.* 1991, **113**, 1355–1363.

[622] Laarhoven, W. H., Photochemical Cyclizations and Intramolecular Cycloadditions of Conjugated Arylolefins.1. Photocyclization with Dehydrogenation, *Recl. Trav. Chim. Pays-Bas* 1983, **102**, 185–204.

[623] Martin, R. H., Marchant, M. J., Baes, M., Syntheses in Field of Polycyclic Aromatic Compounds. 31. Rapid Syntheses of Hexa and Heptahelicene, *Helv. Chim. Acta* 1971, **54**, 358–360.

[624] Bouas-Laurent, H., Durr, H., Organic Photochromism, *Pure Appl. Chem.* 2001, **73**, 639–665.

[625] Yamaguchi, T., Uchida, K., Irie, M., Asymmetric Photocyclization of Diarylethene Derivatives, *J. Am. Chem. Soc.* 1997, **119**, 6066–6071.

[626] Cookson, R. C., Hudec, J., Sharma, M., Retention of Configuration at C-1 of Allyl Group in a Photochemical 1,3-Allylic Shift of a Benzyl Group, *J. Chem. Soc. D* 1971, 108.

[627] Kiefer, E. F., Tanna, C. H., Alternative Electrocyclic Pathways. Photolysis and Thermolysis of Dimethylallene Dimers, *J. Am. Chem. Soc.* 1969, **91**, 4478–4480.

[628] Singh, V., Alam, S. Q., Intramolecular Diels–Alder Reaction in 1-Oxaspiro[2.5]octa-5,7-dien-4-one and Sigmatropic Shifts in Excited States: Novel Route to Sterpuranes and Linear Triquinanes: Formal Total Synthesis of (±)-Coriolin, *Chem. Commun.* 1999, 2519–2520.

[629] Armesto, D., Ortiz, M. J., Agarrabeitia, A. R., Recent Advances in Di-π-methane Photochemistry – A New Look at a Classical Reaction. In Ramamurthy, V., Schanze, K. (eds), *Molecular and Supramolecular Photochemistry*, Vol. 9, Marcel Dekker, New York, 2003, pp. 1–42.

[630] Armesto, D., Ortiz, M. J., Agarrabeitia, A. R., Di-π-methane Rearrangement. In Griesbeck, A. G., Mattay, J. (eds), *Synthetic Organic Photochemistry*, Vol. 12, Marcel Dekker, New York, 2005, pp. 161–187.

[631] Rao, V. J., Griesbeck, A. G., Oxa-di-π-methane Rearrangement. In Griesbeck, A.G., Mattay, J. (eds), *Synthetic Organic Photochemistry*, Vol. 12, Marcel Dekker, New York, 2005, pp. 189–210.

[632] Zimmerman, H. E., Armesto, D., Synthetic Aspects of the Di-π-methane Rearrangement, *Chem. Rev.* 1996, **96**, 3065–3112.

[633] Zimmerman, H. E., The Di-π-methane Rearrangement. In Horspool, W. M., Song, P.-S. (eds), *CRC Handbook of Organic Photochemistry and Photobiology*, CRC Press, Boca Raton, FL, 1995, pp. 184–193.

[634] Tsuno, T., Sugiyama, K., The Photochemical Reactivity of the Allenyl–Vinyl Methane System. Horspool, W.M., Lenci, F. (eds), *CRC Handbook of Organic Photochemistry and Photobiology*, 2nd edn, CRC Press LLC, Boca Raton, FL, 2004, Chapter 30, pp. 1–15.

[635] Singh, V., Photochemical Rearrangements in β, γ-Unsaturated Enones: the Oxa-di-π-methane Rearrangement. In Horspool, W. M., Lenci, F. (eds), *CRC Handbook of Organic Photochemistry and Photobiology*, 2nd edn, CRC Press LLC, Boca Raton, FL, 2004, pp. 1–34.

[636] Armesto, D., Ortiz, M. J., Agarrabeitia, A. R., Novel Di-π-methane Rearrangements Promoted by Photoelectron Transfer and Triplet Sensitization. In Horspool, W. M., Lenci, F. (eds), *CRC Handbook of Organic Photochemistry and Photobiology*, 2nd edn, CRC Press LLC, Boca Raton, FL, 2004, Chapter 95, pp. 1–16.

[637] Liao, C.-C., Yang, P.-H., Photorearrangements of Benzobarrelenes and Related Analogues. In Horspool, W. M., Song, P.-S. (eds), *CRC Handbook of Organic Photochemistry and Photobiology*, CRC Press, Boca Raton, FL, 1995, pp. 194–203.

[638] Scheffer, J. R., Yang, J., The Photochemistry of Dibenzobarrelene (9,10-Ethenoanthracene) and Its Derivatives. In Horspool, W. M., Song, P.-S. (eds), *CRC Handbook of Organic Photochemistry and Photobiology*, CRC Press, Boca Raton, FL, 1995, pp. 204–221.

[639] Liao, C.-C., Peddinti, R. K., Photochemistry of Heteroarene-fused Barrelenes (Chapter 32). In Horspool, W. M., Lenci, F. (eds), *CRC Handbook of Organic Photochemistry and Photobiology*, 2nd edn, CRC Press LLC, Boca Raton, FL, 2004, pp. 1–17.

[640] Margaretha, P., Photorearrangement Reactions of Cyclohex-2-enones. In Horspool, W. M., Lenci, F. (eds), *CRC Handbook of Organic Photochemistry and Photobiology*, 2nd edn, CRC Press LLC, Boca Raton, FL, 2004, Chapter 76, pp. 1–12.

[641] Schuster, D. I., Photorearrangement Reactions of Cyclohexenones. In Horspool, W. M., Song, P.-S. (eds), *CRC Handbook of Organic Photochemistry and Photobiology*, CRC Press, Boca Raton, FL, 1995, pp. 579–592.

[642] Armesto, D., The Aza-di-π-methane Rearrangement. In Horspool, W. M., Song, P.-S. (eds), *CRC Handbook of Organic Photochemistry and Photobiology*, CRC Press, Boca Raton, FL, 1995, pp. 915–936.

[643] Hixson, S. S., Mariano, P. S., Zimmerman, H. E., Di-π-methane and Oxa-di-π-methane Rearrangements, *Chem. Rev.* 1973, **73**, 531–551.

[644] Zimmerman, H. E., Sulzbach, H. M., Tollefson, M. B., Experimental and Theoretical Exploration of the Detailed Mechanism of the Rearrangement of Barrelenes to Semibullvalenes – Diradical Intermediates and Transition-states, *J. Am. Chem. Soc.* 1993, **115**, 6548–6556.

[645] Zimmerman, H. E., Kutateladze, A. G., Maekawa, Y., Mangette, J. E., Excited-state Reactivity as a Function of Diradical Structure – Evidence for 2 Triplet Cyclopropyldicarbinyl Diradical Intermediates with Differing Reactivity, *J. Am. Chem. Soc.* 1994, **116**, 9795–9796.

[646] Zimmerman, H. E., Kutateladze, A. G., Novel Dissection-analysis of Spin Orbit Coupling in the Type-B Cyclohexenone Photorearrangement – What Controls Photoreactivity? – Mechanistic and Exploratory Organic Photochemistry, *J. Org. Chem.* 1995, **60**, 6008–6009.

[647] Garavelli, M., Bernardi, F., Cembran, A., Castano, O., Frutos, L. M., Merchan, M., Olivucci, M., Cyclooctatetraene Computational Photo- and Thermal Chemistry: a Reactivity Model for Conjugated Hydrocarbons, *J. Am. Chem. Soc.* 2002, **124**, 13770–13789.

[648] Zimmerman, H. E., Grunewald, G. L., Chemistry of Barrelene. III. A Unique Photo-isomerization to Semibullvalene, *J. Am. Chem. Soc.* 1966, **88**, 183–184.

[649] Zimmerman, H. E., Mariano, P. S., Di-π-methane Rearrangement. Interaction of Electronically Excited Vinyl Chromophores. Mechanistic and Exploratory Organic Photochemistry 41, *J. Am. Chem. Soc.* 1969, **91**, 1718–1727.

[650] Zimmerman, H. E., Binkley, R. W., Givens, R. S., Sherwin, M. A., Mechanistic Organic Photochemistry. XXIV. Mechanism of Conversion of Barrelene to Semibullvalene. A General Photochemical Process, *J. Am. Chem. Soc.* 1967, **89**, 3932–3933.

[651] Quenemoen, K., Borden, W. T., Davidson, E. R., Feller, D., Some Aspects of the Triplet Di-π-methane Rearrangement – Comparison of the Ring-opening of Cyclopropyldicarbinyl and Cyclopropylcarbinyl, *J. Am. Chem. Soc.* 1985, **107**, 5054–5059.

[652] Demuth, M., Lemmer, D., Schaffner, K., Electron Spin-resonance and IR Evidence for Intermediates in the Di-π-methane Photorearrangement of a Naphthobarrelene-like Compound after Low-temperature UV Irradiation, *J. Am. Chem. Soc.* 1980, **102**, 5407–5409.

[653] Reguero, M., Bernardi, F., Jones, H., Olivucci, M., Ragazos, I. N., Robb, M. A., A Concerted Nonadiabatic Reaction Path for the Singlet Di-π-methane Rearrangement, *J. Am. Chem. Soc.* 1993, **115**, 2073–2074.

[654] Zimmerman, H. E., Pratt, A. C., Unsymmetrical Substitution and Direction of Di-π-methane Rearrangement – Mechanistic and Exploratory Organic Photochemistry, 56, *J. Am. Chem. Soc.* 1970, **92**, 6259–6267.

[655] Zimmerman, H. E., Klun, R. T., Mechanistic and Exploratory Organic Photochemistry. 112. Di-π-methane Rearrangement of Systems with Simple Vinyl Moieties, *Tetrahedron* 1978, **34**, 1775–1803.

[656] Look, S. A., Fenical, W., Vanengen, D., Clardy, J., Erythrolides – Unique Marine Diterpenoids Interrelated by a Naturally-occurring Di-π-methane Rearrangement, *J. Am. Chem. Soc.* 1984, **106**, 5026–5027.

[657] Tenney, L. P., Boykin, D. W., Lutz, R. E., Novel Photocyclization of a Highly Phenylated β,γ-Unsaturated Ketone to a Cyclopropyl Ketone Involving Benzoyl Group Migration, *J. Am. Chem. Soc.* 1966, **88**, 1835–1836.

[658] Dauben, W. G., Kellogg, M. S., Seeman, J. I., Spitzer, W. A., Photochemical Rearrangement of an Acyclic β,γ-Unsaturated Ketone to a Conjugated Cyclopropyl Ketone – An Oxa-di-π-methane Rearrangement, *J. Am. Chem. Soc.* 1970, **92**, 1786–1787.

[659] Houk, K. N., Photochemistry and Spectroscopy of β, γ-Unsaturated Carbonyl Compounds, *Chem. Rev.* 1976, **76**, 1–74.

[660] Zimmerman, H. E., Cassel, J. M., Unusual Rearrangements in Di-π-methane Systems – Mechanistic and Exploratory Organic Photochemistry, *J. Org. Chem.* 1989, **54**, 3800–3816.

[661] Armesto, D., Martin, J. A. F., Perezossorio, R., Horspool, W. M., A Novel Aza-di-π-methane Rearrangement: the Photoreaction of 4,4-Dimethyl-1,6,6-triphenyl-2-aza-hexa-2,5-diene, *Tetrahedron Lett.* 1982, **23**, 2149–2152.

[662] Kropp, P. J., Photoreactions of Alkenes in Protic Media. In Horspool, W. M., Lenci, F. (eds), *CRC Handbook of Organic Photochemistry and Photobiology*, 2nd edn, CRC Press LLC, Boca Raton, FL, 2004, Chapter 9, pp. 1–11.

[663] Kropp, P. J., Photoreactions of Alkenes in Protic Media. In Horspool, W. M., Song, P.-S. (eds), *CRC Handbook of Organic Photochemistry and Photobiology*, CRC Press, Boca Raton, FL, 1995, pp. 105–114.

[664] Kropp, P. J., Photochemistry of Alkenes in Solution, *Org. Photochem.* 1979, **4**, 1–142.

[665] Lewis, F. D., Crompton, E. M., SET Addition of Amines to Alkenes. In Horspool, W. M., Lenci, F. (eds), *CRC Handbook of Organic Photochemistry and Photobiology*, 2nd edn, CRC Press LLC, Boca Raton, FL, 2004, Chapter 7, pp. 1–18.

[666] Lewis, F. D., Bassani, D.M., Reddy, G.D., Styrene–Amine and Stilbene–Amine Intramolecular Addition Reactions, *Pure Appl. Chem.* 1992, **64**, 1271–1277.

[667] Bunce, N. J., Photochemical Reactions of Arenes with Amines. In Horspool, W. M., Song, P.-S. (eds), *CRC Handbook of Organic Photochemistry and Photobiology*, CRC Press, Boca Raton, FL, 1995, pp. 266–279.

[668] Trinquier, G., Paillous, N., Lattes, A., Malrieu, J. P., Ground and Excited-state Conformations of an *ortho*-Allyl Aniline and Their Photochemical Implications a PCILO Study, *New J. Chem.* 1977, **1**, 403–411.

[669] Kavarnos, G. J., Turro, N. J., Photosensitization by Reversible Electron Transfer – Theories, Experimental Evidence, and Examples, *Chem. Rev.* 1986, **86**, 401–449.

[670] Kavarnos, G. J., *Fundamentals of Photoinduced Electron Transfer*, VCH, New York, 1993.

[671] Kropp, P. J., Reardon, E. J., Gaibel, Z. L. F., Williard, K. F., Hattaway, J. H., Photochemistry of Alkenes. Direct Irradiation in Hydroxylic Media, *J. Am. Chem. Soc.* 1973, **95**, 7058–7067.

[672] Leigh, W. J., Cook, B. H. O., Stereospecific (Conrotatory) Photochemical Ring Opening of Alkylcyclobutenes in the Gas Phase and in Solution. Ring Opening from the Rydberg Excited State or by Hot Ground State Reaction? *J. Org. Chem.* 1999, **64**, 5256–5263.

[673] McEwen, J., Yates, K., Photohydration of Styrenes and Phenylacetylenes – General Acid Catalysis and Brønsted Relationships, *J. Am. Chem. Soc.* 1987, **109**, 5800–5808.

[674] Wan, P., Culshaw, S., Yates, K., Photohydration of Aromatic Alkenes and Alkynes, *J. Am. Chem. Soc.* 1982, **104**, 2509–2515.

[675] Chiang, Y., Kresge, A. J., Capponi, M., Wirz, J., Direct Observation of Acetophenone Enol Formed by Photohydration of Phenylacetylene, *Helv. Chim. Acta* 1986, **69**, 1331–1332.

[676] Wan, P., Davis, M. J., Teo, M. A., Photoaddition of Water and Alcohols to 3-Nitrostyrenes – Structure Reactivity and Solvent Effects, *J. Org. Chem.* 1989, **54**, 1354–1359.

[677] Shim, S. C., Kim, D. S., Yoo, D. J., Wada, T., Inoue, Y., Diastereoselectivity Control in Photosensitized Addition of Methanol to (R)-(+)-Limonene, *J. Org. Chem.* 2002, **67**, 5718–5726.

[678] Lewis, F. D., Ho, T. I., *trans*-Stilbene–Amine Exciplexes – Photochemical Addition of Secondary and Tertiary Amines to Stilbene, *J. Am. Chem. Soc.* 1977, **99**, 7991–7996.

[679] Lewis, F. D., Reddy, G. D., Bassani, D. M., Schneider, S., Gahr, M., Chain-length-dependent and Solvent-dependent Intramolecular Proton Transfer in Styrene Amine Exciplexes, *J. Am. Chem. Soc.* 1994, **116**, 597–605.

[680] Fleming, S. A., Photocycloaddition of Alkenes to Excited Alkenes. In Griesbeck, A. G., Mattay, J. (eds), *Synthetic Organic Photochemistry*, Marcel Dekker, New York, 2005, pp. 141–160.

[681] Schreiber, S. L., [2 + 2] Photocycloadditions in the Synthesis of Chiral Molecules, *Science* 1985, **227**, 857–863.

[682] Oppolzer, W., Intramolecular [2 + 2] Photoaddition Cyclobutane Fragmentation Sequence in Organic Synthesis, *Acc. Chem. Res.* 1982, **15**, 135–141.

[683] Grosch, B., Bach, T., Enantioselective Photocycloaddition Reactions in Solution. In Horspool, W.M., Lenci, F. (eds), *CRC Handbook of Organic Photochemistry and Photobiology*, 2nd edn, CRC Press LLC, Boca Raton, FL, 2004, Chapter 61, pp. 1–14.

[684] Ghosh, S., Copper(I)-catalyzed Inter- and Intramolecular [2 + 2] Photocycloaddition Reactions of Alkenes. In Horspool, W. M., Lenci, F. (eds), *CRC Handbook of Organic Photochemistry and Photobiology*, 2nd edn, CRC Press LLC, Boca Raton, FL, 2004, Chapter 18, pp. 1–24.

[685] Kaupp, G., [2 + 2] Cyclobutane Synthesis (Liquid Phase). Horspool, W. M., Song, P.-S. (eds), *CRC Handbook of Organic Photochemistry and Photobiology*, CRC Press, Boca Raton, FL, 1995, pp. 29–49.

[686] Kaupp, G., Cyclobutane Synthesis in the Solid Phase. In Horspool, W. M., Song, P.-S. (eds), *CRC Handbook of Organic Photochemistry and Photobiology*, CRC Press, Boca Raton, FL, 1995, pp. 50–63.

[687] Gleiter, R., Treptow, B., Photochemical Synthesis of Cage Compounds: Propellaprismanes and Their Precursors. In Horspool, W. M., Song, P.-S. (eds), *CRC Handbook of Organic Photochemistry and Photobiology*, CRC Press, Boca Raton, FL, 1995, pp. 64–83.

[688] Langer, K., Mattay, J., Copper(I)-catalyzed Intra- and Intermolecular Photocycloaddition Reactions of Alkenes. In Horspool, W. M., Song, P.-S. (eds), *CRC Handbook of Organic Photochemistry and Photobiology*, CRC Press, Boca Raton, FL, 1995, pp. 84–104.

[689] Bach, T., Stereoselective Intermolecular [2 + 2]-Photocycloaddition Reactions and their Application in Synthesis, *Synthesis* 1998, 683–703.

[690] Sieburth, S. M., Photocycloadditions of Alkenes (Dienes) to Dienes ([4 + 2]/[4 + 4]). In Griesbeck, A. G., Mattay, J. (eds), *Synthetic Organic Photochemistry*, Marcel Dekker, New York, 2005, pp. 239–268.

[691] Nishimura, J., Nakamura, Y., Yamazaki, T., Inokuma, S., Photochemical Synthesis of Cyclophanes. In Horspool, W. M., Lenci, F. (eds), *CRC Handbook of Organic Photochemistry and Photobiology*, 2nd edn, CRC Press LLC, Boca Raton, FL, 2004, Chapter 19, pp. 1–15.

[692] Winkler, J. D., Bowen, C. M., Liotta, F., [2 + 2]-Photocycloaddition/Fragmentation Strategies for the Synthesis of Natural and Unnatural Products, *Chem. Rev.* 1995, **95**, 2003–2020.

[693] Lee-Ruff, E., Mladenova, G., Enantiomerically Pure Cyclobutane Derivatives and their Use in Organic Synthesis, *Chem. Rev.* 2003, **103**, 1449–1483.

[694] Namyslo, J. C., Kaufmann, D. E., The Application of Cyclobutane Derivatives in Organic Synthesis, *Chem. Rev.* 2003, **103**, 1485–1537.

[695] Bernardi, F., Olivucci, M., Robb, M. A., Predicting Forbidden and Allowed Cycloaddition Reactions – Potential Surface-Topology and Its Rationalization, *Acc. Chem. Res.* 1990, **23**, 405–412.

[696] Bernardi, F., De, S., Olivucci, M., Robb, M. A., Mechanism of Ground-state Forbidden Photochemical Pericyclic Reactions – Evidence for Real Conical Intersections, *J. Am. Chem. Soc.* 1990, **112**, 1737–1744.

[697] Wittekindt, C., Klessinger, M., Intramolecular Photocycloaddition of Nonconjugated Dienes, *J. Inform. Rec.* 1998, **24**, 229–233.
[698] Allen, F. H., Mahon, M. F., Raithby, P. R., Shields, G. P., Sparkes, H. A., New Light on the Mechanism of the Solid State [2 + 2] Cycloaddition of Alkenes: a Database Analysis, *New J. Chem.* 2005, **29**, 182–187.
[699] Bernardi, F., Bottoni, A., Olivucci, M., Venturini, A., Robb, M. A., *Ab Initio* MC-SCF Study of Thermal and Photochemical [2 + 2] Cycloadditions, *J. Chem. Soc., Faraday Trans.* 1994, **90**, 1617–1630.
[700] Bentzien, J., Klessinger, M., Theoretical Investigations on the Regiochemistry and Stereochemistry of the Photochemical [2 + 2] Cycloaddition of Propene *J. Org. Chem.* 1994, **59**, 4887–4894.
[701] Caldwell, R. A., Diaz, J. F., Hrncir, D. C., Unett, D. J., Alken, Triplets as 1,2-Biradicals – The Photoaddition of *p*-Acetylstyrene to Styrene, *J. Am. Chem. Soc.* 1994, **116**, 8138–8145.
[702] Unett, D. J., Caldwell, R. A., Hrncir, D. C., Photodimerization of 1-Phenylcyclohexene. A Novel Transient–Transient Component, *J. Am. Chem. Soc.* 1996, **118**, 1682–1689.
[703] Takahashi, Y., Okitsu, O., Ando, M., Miyashi, T., Electron Transfer-induced Intramolecular [2 + 2] Cycloaddition of 2,6-Diarylhepta-1,6-Dienes, *Tetrahedron Lett.* 1994, **35**, 3953–3956.
[704] Asaoka, S., Ooi, M., Jiang, P. Y., Wada, T., Inoue, Y., Enantiodifferentiating Photocyclodimerization of Cyclohexa-1,3-diene Sensitized by Chiral Arenecarboxylates, *J. Chem. Soc., Perkin Trans. 2* 2000, 77–84.
[705] Salomon, R. G., Homogeneous Metal Catalysis in Organic Photochemistry, *Tetrahedron* 1983, **39**, 485–575.
[706] Salomon, R. G., Folting, K., Streib, W. E., Kochi, J. K., Copper(I) Catalysis in Photocycloadditions. 2. Cyclopentene, Cyclohexene, and Cycloheptene, *J. Am. Chem. Soc.* 1974, **96**, 1145–1152.
[707] Trecker, D. J., Henry, J. P., McKeon, J. E., Photodimerization of Metal-complexed Olefins, *J. Am. Chem. Soc.* 1965, **87**, 3261–3263.
[708] Zimmerman, H. E., Kamm, K. S., Werthemann, D. P., Mechanisms of Electron Demotion – Direct Measurement of Internal Conversion and Intersystem Crossing Rates – Mechanistic Organic Photochemistry, *J. Am. Chem. Soc.* 1975, **97**, 3718–3725.
[709] Yamazaki, H., Cvetanovic, R. J., Irwin, R. S., Kinetics of Stereospecific Photochemical Cyclodimerization of 2-Butene in Liquid Phase, *J. Am. Chem. Soc.* 1976, **98**, 2198–2205.
[710] Avasthi, K., Raychaudhuri, S. R., Salomon, R. G., Copper(I) Catalysis of Olefin Photoreactions. 13. Synthesis of Bicyclic Vinylcyclobutanes via Copper(I)-catalyzed Intramolecular $2\pi + 2\pi$ Photocycloadditions of Conjugated Dienes to Alkenes, *J. Org. Chem.* 1984, **49**, 4322–4324.
[711] Panda, J., Ghosh, S., A New Stereoselective Route to the Carbocyclic Nucleoside Cyclobut-A, *J. Chem. Soc., Perkin Trans. 1* 2001, 3013–3016.
[712] Syamala, M. S., Ramamurthy, V., Consequences of Hydrophobic Association in Photoreactions – Photodimerization of Stilbenes in Water *J. Org. Chem.* 1986, **51**, 3712–3715.
[713] Ramamurthy, V., *Photochemistry in Organized and Constrained Media*, John Wiley & Sons, Inc., New York, 1991.
[714] Schmidt, G. M. J., Topochemistry. 3. Crystal Chemistry of Some *trans*-Cinnamic Acids, *J. Chem. Soc.* 1964, 2014–2021.
[715] Addadi, L., Vanmil, J., Lahav, M., Photo-polymerization in Chiral Crystals. 4. Engineering of Chiral Crystals for Asymmetric [$2\pi + 2\pi$] Photo-polymerization – Execution of an Absolute Asymmetric Synthesis with Quantitative Enantiomeric Yield, *J. Am. Chem. Soc.* 1982, **104**, 3422–3429.
[716] Novak, K., Enkelmann, V., Wegner, G., Wagener, K. B., Crystallographic Study of a Single-crystal to Single-crystal Photodimerization and Its Thermal Reverse Reaction, *Angew. Chem. Int. Ed. Engl.* 1993, **32**, 1614–1616.

[717] Lee, T. S., Lee, S. J., Shim, S. C., [2 + 2] Photocycloaddition Reaction of Aryl-1,3-Butadiynes with Some Olefins, *J. Org. Chem.* 1990, **55**, 4544–4549.

[718] Ward, S. C., Fleming, S. A., [2 + 2] Photocycloaddition of Cinnamyloxy Silanes, *J. Org. Chem.* 1994, **59**, 6476–6479.

[719] Bradford, C .L., Fleming, S. A., Ward, S. C., Regio-controlled Ene–Yne Photochemical [2 + 2] Cycloaddition Using Silicon as a Tether, *Tetrahedron Lett.* 1995, **36**, 4189–4192.

[720] Nishimura, J., Horikoshi, Y., Wada, Y., Takahashi, H., Sato, M., Intramolecular [2 + 2] Photocycloaddition. 10. Conformationally Stable *syn*-[2.2]Metacyclophanes, *J. Am. Chem. Soc.* 1991, **113**, 3485–3489.

[721] Arnold, D. R., Trecker, D. J., Whipple, E. B., Stereochemistry of Pentacyclo[8.2.1.1^{4,7}.O^{2,9}.O^{3,8}]tetradecanes and Dienes. Norbornene and Norbornadiene Dimers, *J. Am. Chem. Soc.* 1965, **87**, 2596–2602.

[722] Arnold, D. R., Hinman, R. L., Glick, A. H., Chemical Properties of the Carbonyl Normal π^* State – The Photochemical Preparation of Oxetanes, *Tetrahedron Lett.* 1964, 1425–1430.

[723] Liu, R. S. H., Turro, N. J., Hammond, G. S., Mechanisms of Photochemical Reactions in Solution. 31. Activation and Deactivation of Conjugated Dienes by Energy Transfer, *J. Am. Chem. Soc.* 1965, **87**, 3406–3412.

[724] Olah, G. A., *Cage Hydrocarbons*, Wiley-VCH Verlag GmbH, Weinheim, 1990.

[725] Shinmyozu, T., Nogita, R., Akita, M., Lim, C., Photochemical Synthesis of Cage Compounds. In Horspool, W. M., Lenci, F. (eds), *CRC Handbook of Organic Photochemistry and Photobiology*, 2nd edn, CRC Press LLC, Boca Raton, FL, 2004, Chapter 22, pp. 1–21.

[726] Eaton, P. E., Cole, T. W., Cubane, *J. Am. Chem. Soc.* 1964, **86**, 3157–3157.

[727] Gleiter, R., Brand, S., Generation of Octamethylcuneane and Octamethylcubane from *syn*-Octamethyltricyclo[4.2.0.0^{2,5}]octa-3,7-diene, *Tetrahedron Lett.* 1994, **35**, 4969–4972.

[728] Friedel, M. G., Cichon, M. K., Carell, T., DNA Damage and Repair: Photochemistry. In Horspool, W. M., Lenci, F. (eds), *CRC Handbook of Organic Photochemistry and Photobiology*, 2nd edn, CRC Press LLC, Boca Raton, FL, 2004, Chapter 141, pp. 1–22.

[729] Mitchell, D. L., DNA Damage and Repair. In Horspool, W. M., Lenci, F. (eds), *CRC Handbook of Organic Photochemistry and Photobiology*, 2nd edn, CRC Press LLC, Boca Raton, FL, 2004, Chapter 140, pp. 1–8.

[730] Broo, A., A Theoretical Investigation of the Physical Reason for the Very Different Luminescence Properties of the Two Isomers Adenine and 2-Aminopurine, *J. Phys. Chem. A* 1998, **102**, 526–531.

[731] Crespo-Hernandez, C. E., Cohen, B., Hare, P. M., Kohler, B., Ultrafast Excited-state Dynamics in Nucleic Acids, *Chem. Rev.* 2004, **104**, 1977–2019.

[732] Abo-Riziq, A., Grace, L., Nir, E., Kabelac, M., Hobza, P., de Vries, M. S., Photochemical Selectivity in Guanine–Cytosine Base-pair Structures, *Proc. Natl. Acad. Sci. USA* 2005, **102**, 20–23.

[733] Cadet, J., Berger, M., Douki, T., Morin, B., Raoul, S., Ravanat, J. L., Spinelli, S., Effects of UV and Visible Radiation on DNA – Final Base Damage, *Biol. Chem.* 1997, **378**, 1275–1286.

[734] Ravanat, J. L., Douki, T., Cadet, J., Direct and Indirect Effects of UV Radiation on DNA and Its Components, *J. Photochem. Photobiol. B* 2001, **63**, 88–102.

[735] Zhang, R. B., Eriksson, L. A., A Triplet Mechanism for the Formation of Cyclobutane Pyrimidine Dimers in UV-irradiated DNA, *J. Chem. Phys. B* 2006, **110**, 7556–7562.

[736] Stern, R. S., Psorale, Ultraviolet a Light Therapy for Psoriasis, *N. Engl. J. Med.* 2007, **357**, 682–690.

[737] Dall'Acqua, F., Viola, G., Vedaldi, D., Molecular Basis of Psoralen Photochemotherapy. In Horspool, W. M., Lenci, F. (eds), *CRC Handbook of Organic Photochemistry and Photobiology*, 2nd edn, CRC Press LLC, Boca Raton, FL, 2004, Chapter 142, pp. 1–17.

[738] Bergman, R. G., Reactive 1,4-Dehydroaromatics, *Acc. Chem. Res.* 1973, **6**, 25–31.

[739] Jones, G. B., Russell, K. C., The Photo-Bergman Cycloaromatization of Enediynes. In Horspool, W. M., Lenci, F. (eds), *CRC Handbook of Organic Photochemistry and Photobiology*, 2nd edn, CRC Press LLC, Boca Raton, FL, 2004, pp. 1–21.

[740] Evenzahav, A., Turro, N. J., Photochemical Rearrangement of Enediynes: Is a "Photo-Bergman" Cyclization a Possibility? *J. Am. Chem. Soc.* 1998, **120**, 1835–1841.

[741] Schuster, D. I., Lem, G., Kaprinidis, N. A., New Insights into an Old Mechanism – [2 + 2]-Photocycloaddition of Enones to Alkenes, *Chem. Rev.* 1993, **93**, 3–22.

[742] Crimmins, M. T., Synthetic Applications of Intramolecular Enone Olefin Photocycloadditions, *Chem. Rev.* 1988, **88**, 1453–1473.

[743] Schuster, D. I., Mechanistic Issues in [2 + 2]-Photocycloadditions of Cyclic Enones to Alkenes. In Horspool, W. M., Lenci, F. (eds), *CRC Handbook of Organic Photochemistry and Photobiology*, 2nd edn, CRC Press LLC, Boca Raton, FL, 2004, Chapter 72, pp. 1–24.

[744] Pete, J. P., [2 + 2]-Photocycloaddition Reactions of Cyclopentenones with Alkenes. In Horspool, W. M., Lenci, F. (eds), *CRC Handbook of Organic Photochemistry and Photobiology*, 2nd edn, CRC Press LLC, Boca Raton, FL, 2004, Chapter 71, pp. 1–14.

[745] Margaretha, P., Photocycloaddition of Cycloalk-2-enones to Alkenes. In Griesbeck, A.G., Mattay, J. (eds), *Synthetic Organic Photochemistry*, Marcel Dekker, New York, 2005, pp. 211–237.

[746] Mattay, J., Intramolecular Photocycloadditions to Enones: Influence of the Chain Length. In Horspool, W. M., Song, P.-S. (eds), *CRC Handbook of Organic Photochemistry and Photobiology*, CRC Press, Boca Raton, FL, 1995, pp. 618–633.

[747] Weedon, A. C., Photocycloaddition Reactions of Cyclopentenones with Alkenes. In Horspool, W. M., Song, P.-S. (eds), *CRC Handbook of Organic Photochemistry and Photobiology*, CRC Press, Boca Raton, FL, 1995, pp. 634–651.

[748] Schuster, D. I., [2 + 2] Photocycloaddition of Cyclohexenones to Alkenes. In Horspool, W. M., Song, P.-S. (eds), *CRC Handbook of Organic Photochemistry and Photobiology*, CRC Press, Boca Raton, FL, 1995, pp. 652–669.

[749] Weedon, A. C., [2 + 2] Photocycloaddition Reactions of Enolized 1,3-Diketones with Alkenes: the de Mayo Reaction. In Horspool, W. M., Song, P.-S. (eds), *CRC Handbook of Organic Photochemistry and Photobiology*, CRC Press, Boca Raton, FL, 1995, pp. 670–684.

[750] Eaton, P. E., Photochemical Reactions of Simple Alicyclic Enones, *Acc. Chem. Res.* 1968, **1**, 50–57.

[751] Mattay, J., Griesbeck, A. G. (eds), Carbonyl Compounds. In *Photochemical Key Steps in Organic Synthesis*, VCH, Weinheim, 1994, pp. 11–118.

[752] Garcia-Exposito, E., Bearpark, M. J., Ortuno, R. M., Robb, M. A., Branchadell, V., Theoretical Study of the Photochemical [2 + 2]-Cycloadditions of Cyclic and Acyclic α,β-Unsaturated Carbonyl Compounds to Ethylene, *J. Org. Chem.* 2002, **67**, 6070–6077.

[753] Wilsey, S., Gonzalez, L., Robb, M. A., Houk, K. N., Ground- and Excited-state Surfaces for the [2 + 2]-Photocycloaddition of α,β-Enones to Alkenes, *J. Am. Chem. Soc.* 2000, **122**, 5866–5876.

[754] Zimmerman, H. E., Sebek, P., Photochemistry in a Crystalline Cage. Control of the Type-B Bicyclic Reaction Course: Mechanistic and Exploratory Organic Photochemistry, *J. Am. Chem. Soc.* 1997, **119**, 3677–3690.

[755] Zimmerman, H. E., Zhu, Z. N., General Theoretical Treatments of Solid-state Photochemical Rearrangements and a Variety of Contrasting Crystal Versus Solution Photochemistry, *J. Am. Chem. Soc.* 1995, **117**, 5245–5262.

[756] Zimmerman, H. E., Mitkin, O. D., Conical Intersection Control of Heterocyclic Photochemical Bond Scission, *J. Am. Chem. Soc.* 2006, **128**, 12743–12749.

[757] Zimmerman, H. E., Suryanarayan, V., Organic Photochemical Rearrangements of Triplets and Zwitterions, Mechanistic and Exploratory Organic Photochemistry, *Eur. J. Org. Chem.* 2007, 4091–4102.

[758] Grob, C. A., Baumann, W., Die 1,4-Eliminierung Unter Fragmentierung, *Helv. Chim. Acta* 1955, **38**, 594–610.
[759] Corey, E. J., Lemahieu, R., Mitra, R. B., Bass, J. D., Study of Photochemical Reactions of 2-Cyclohexenones with Substituted Olefins, *J. Am. Chem. Soc.* 1964, **86**, 5570–5583.
[760] de Mayo, P., Enone Photoannelation, *Acc. Chem. Res.* 1971, **4**, 41–47.
[761] Kearns, D. R., Marsh, G., Schaffne, K., Excited Singlet and Triplet States of a Cyclic Conjugated Enone, *J. Chem. Phys.* 1968, **49**, 3316–3317.
[762] Hastings, D. J., Weedon, A. C., Origin of the Regioselectivity in the Photochemical Cycloaddition Reactions of Cyclic Enones with Alkenes – Chemical Trapping Evidence for the Structures, Mechanism of Formation, and Fates of 1,4-Biradical Intermediates, *J. Am. Chem. Soc.* 1991, **113**, 8525–8527.
[763] Shimada, Y., Nakamura, M., Suzuka, T., Matsui, J., Tatsumi, R., Tsutsumi, K., Morimoto, T., Kurosawa, H., Kakiuchi, K., A New Route for the Construction of the AB-ring Core of Taxol, *Tetrahedron Lett.* 2003, **44**, 1401–1403.
[764] Becker, D., Nagler, M., Sahali, Y., Haddad, N., Regiochemistry and Stereochemistry of Intramolecular [2 + 2] Photocycloaddition of Carbon Carbon Double Bonds to Cyclohexenones, *J. Org. Chem.* 1991, **56**, 4537–4543.
[765] Srinivas, R., Carlough, K. H., Mercury ($^3P_1$) Photosensitized Internal Cycloaddition Reactions in 1,4-, 1,5-, and 1,6-Dienes, *J. Am. Chem. Soc.* 1967, **89**, 4932–4936.
[766] Schroder, C., Wolff, S., Agosta, W. C., Biradical Reversion in the Intramolecular Photochemistry of Carbonyl-substituted 1,5-Hexadienes, *J. Am. Chem. Soc.* 1987, **109**, 5491–5497.
[767] de Mayo, P., Takeshit, H., Photochemical Syntheses. 6. Formation of Heptandiones from Acetylacetone and Alkenes, *Can. J. Chem.*, 1963, **41**, 440–449.
[768] Begley, M. J., Mellor, M., Pattenden, G., New Approach to Fused Carbocycles – Intramolecular Photocyclizations of 1,3-Dione Enol Acetates, *J. Chem. Soc., Chem. Commun.* 1979, 235–236.
[769] Minter, D. E., Winslow, C. D., A Photochemical Approach to the Galanthan Ring System, *J. Org. Chem.* 2004, **69**, 1603–1606.
[770] Cruciani, G., Margaretha, P., Photorearrangement of 4,4-Dimethylcyclohex-2-Enones with Alkyl or Fluoro Substituents at C(5) and C(6) – in Search of the Mechanism, *Helv. Chim. Acta* 1990, **73**, 890–895.
[771] Zimmerman, H. E., Lewis, R. G., McCullough, J. J., Padwa, A., Staley, S. W., Semmelha, M., Mechanistic, Exploratory Photochemistry, X. V., The relation of Cyclohexenone to Cyclohexadienone Rearrangements, *J. Am. Chem. Soc.* 1966, **88**, 1965–1973.
[772] Dauben, W. G., Spitzer, W. A., Kellogg, M. S., Photochemistry of 4-Methyl-4-Phenyl-2-Cyclohexenone – Effect of Solvent on Excited State, *J. Am. Chem. Soc.* 1971, **93**, 3674–3677.
[773] Zimmerman, H. E., Nesterov, E. E., Development of Experimental and Theoretical Crystal Lattice Organic Photochemistry: the Quantitative Cavity. Mechanistic and Exploratory Organic Photochemistry, *Acc. Chem. Res.* 2002, **35**, 77–85.
[774] Zimmerman, H. E., Schuster, D. I., A New Approach to Mechanistic Organic Photochemistry. 4. Photochemical Rearrangements of 4,4-Diphenylcyclohexadienone, *J. Am. Chem. Soc.* 1962, **84**, 4527–4540.
[775] Schuster, D. I., Mechanisms of Photochemical Transformations of Cross-conjugated Cyclohexadienones, *Acc. Chem. Res.* 1978, **11**, 65–73.
[776] Matlin, A. R., Photocycloaddition/Trapping Reactions of Cross-conjugated Cyclic Dienones: Capture of Oxyallyl Intermediates. In Horspool, W. M., Lenci, F. (eds), *CRC Handbook of Organic Photochemistry and Photobiology*, 2nd edn, CRC Press LLC, Boca Raton, FL, 2004, Chapter 81, pp. 1–12.
[777] Blay, G., Photochemical Rearrangements of 6/6- and 6/5-Fused Cross-conjugated Cyclohexadienones. In Horspool, W. M., Lenci, F. (eds), *CRC Handbook of Organic*

Photochemistry and Photobiology, 2nd edn, CRC Press LLC, Boca Raton, FL, 2004, Chapter 80, pp. 1–21.

[778] Arigoni, D., Bosshard, H., Bruderer, H., Büchi, G., Jeger, O., Krebaum, L. J., Photochemische Reaktionen. 2. Uber Gegenseitige Beziehungen und Umwandlungen bei Bestrahlungsprodukten des Santonins, Helv. Chim. Acta 1957, **40**, 1732–1749.

[779] Schaffner-Sabba, K., α-Santonin – Photochemistry in Protic Solvents and Pyrolysis, Helv. Chim. Acta 1969, **52**, 1237–1249.

[780] Dauben, W. G., Van Riel, H. C. H. A., Robbins, J. D., Wagner, G. J., Photochemistry of cis-1-Phenylcyclohexene. Proof of Involvement of trans Isomer in Reaction Processes, J. Am. Chem. Soc. 1979, **101**, 6383–6389.

[781] Nickon, A., Ilao, M. C., Stern, A. G., Summers, M. F., Hydrogen Trajectories in Alkene to Carbene Rearrangements. Unequal Deuterium Isotope Effects for the Axial and Equatorial Paths, J. Am. Chem. Soc. 1992, **114**, 9230–9232.

[782] McMurry, J. E., Choy, W., Total Synthesis of α-Panasinsene and β-Panasinsene, Tetrahedron Lett. 1980, **21**, 2477–2480.

[783] Lo, P. C. K., Snapper, M. L., Intramolecula, [2 + 2] Photocycloaddition/Thermal Fragmentation Approach toward 5-8-5 Ring Systems, Org. Lett. 2001, **3**, 2819–2821.

[784] Pincock, J. A., The Photochemistry of Substituted Benzenes: Phototranspositions and the Photoadditions of Alcohols. In Horspool, W. M., Lenci, F. (eds), CRC Handbook of Organic Photochemistry and Photobiology, 2nd edn, CRC Press LLC, Boca Raton, FL, 2004, Chapter 46, pp. 1–19.

[785] Gilbert, A., Ring Isomerization of Benzene and Naphthalene Derivatives. In Horspool, W. M., Song, P.-S. (eds), CRC Handbook of Organic Photochemistry and Photobiology, CRC Press, Boca Raton, FL, 1995, pp. 229–236.

[786] Mariano, P. S., A New Look at Pyridinium Salt Photochemistry. Horspool, W. M., Lenci, F. (eds), CRC Handbook of Organic Photochemistry and Photobiology, 2nd edn, CRC Press LLC, Boca Raton, FL, 2004, Chapter 100, pp. 1–10.

[787] Pavlik, J. W., Phototransposition, Photo-ring Contraction Reactions of 4-Pyrones and 4-Hydroxypyrylium Cations. In Horspool, W. M., Song, P.-S. (eds), CRC Handbook of Organic Photochemistry and Photobiology, CRC Press, Boca Raton, FL, 1995, pp. 237–249.

[788] Bryce-Smith, D., Gilbert, A., Organic Photochemistry of Benzene. Part 1, Tetrahedron 1976, **32**, 1309–1326.

[789] Johnson, R. P., Daoust, K. J., Electrocyclic Ring Opening Modes of Dewar Benzenes: Ab Initio Predictions for Mobius Benzene and trans-Dewar Benzene as New C_6H_6 Isomers, J. Am. Chem. Soc. 1996, **118**, 7381–7385.

[790] Dreyer, J., Klessinger, M., The Photochemical Formation of Fulvene from Benzene via Prefulvene – A Theoretical Study, Chem. Eur. J. 1996, **2**, 335–341.

[791] Frank, I., Grimme, S., Peyerimhoff, S. D., Ab Initio Study of the Isomerization of Substituted Benzenes and [6]Paracyclophanes to the Dewar Benzene Isomers, J. Am. Chem. Soc. 1994, **116**, 5949–5953.

[792] Palmer, M. H., A Reinterpretation of the UV-photoelectron Spectra of Dewar Benzene, Norbornadiene and Barrelene by Ab Initio Configuration Interaction Calculations, J. Mol. Struct. 1987, **161**, 333–345.

[793] Sobolewski, A. L., Domcke, W., Photophysically Relevant Potential Energy Functions of Low-lying Singlet States of Benzene, Pyridine and Pyrazine – An Ab Initio Study, Chem. Phys. Lett. 1991, **180**, 381–386.

[794] Xu, X. F., Cao, Z. X., Zhang, Q. E., What Definitively Controls the Photochemical Activity of Methylbenzonitriles and Methylanisoles? Insights from Theory, J. Phys. Chem. A 2007, **111**, 5775–5783.

[795] Wilzbach, K. E., Ritscher, J. S., Kaplan, L., Benzvalene Tricyclic Valence Isomer of Benzene, *J. Am. Chem. Soc.* 1967, **89**, 1031–1032.

[796] Bryce-Smith, D., Gilbert, A., Robinson, D. A., Direct Transformation of Second Excited Singlet State of Benzene into Dewar Benzene, *Angew. Chem. Int. Ed. Engl.* 1971, **10**, 745–746.

[797] Wilzbach, K. E., Kaplan, L., Photoisomerization of Dialkylbenzenes, *J. Am. Chem. Soc.* 1964, **86**, 2307–2308.

[798] Den Besten, I. E., Kaplan, L., Wilzbach, K. E., Photoisomerization of tri-*t*-Butylbenzenes. Photochemical Interconversion of Benzvalenes, *J. Am. Chem. Soc.* 1968, **90**, 5868–5872.

[799] Pavlik, J. W., Laohhasurayotin, S., The Vapor-phase Phototransposition Chemistry of Pyridine: Deuterium Labeling Studies, *J. Org. Chem.* 2008, **73**, 2746–2752.

[800] Barltrop, J. A., Summers, A. J. H., Dawes, K., Day, A. C., Photohydrolysis of 2,4,6-Trimethylpyrylium Perchlorate – Evidence for Isomerization to an Oxoniabenzvalene Intermediate, *J. Chem. Soc., Chem. Commun.* 1972, 1240–1241.

[801] Pavlik, J. W., Spada, A. P., Snead, T. E., Photochemistry of 4-Hydroxypyrylium Cations in Aqueous Sulfuric Acid *J. Org. Chem.* 1985, **50**, 3046–3050.

[802] Wender, P. A., Dore, T. M., Intra- and Intermolecular Cycloadditions of Benzene Derivatives. In Horspool, W. M., Song, P.-S. (eds), *CRC Handbook of Organic Photochemistry and Photobiology*, CRC Press, Boca Raton, FL, 1995, pp. 280–290.

[803] Sieburth, S. M., Photochemical Reactivity of Pyridones. In Horspool, W. M., Lenci, F. (eds), *CRC Handbook of Organic Photochemistry and Photobiology*, 2nd edn, CRC Press LLC, Boca Raton, FL, 2004, Chapter 103, pp. 1–18.

[804] Corneliesse, J., de Haan, R., *Ortho* Photocycloaddition Reactions of Aromatic Compounds. In Ramamurthy, V., Schanze, K. (eds), *Understanding and Manipulating Excited-state Processes*, Marcel Dekker, New York, 2001, pp. 1–126.

[805] Mizuno, K., Maeda, H., Sugimoto, A., Chiyonobu, K., Photocycloaddition and Photoaddition Reactions of Aromatic Compounds. In Ramamurthy, V., Schanze, K. (eds), *Understanding and Manipulating Excited-state Processes*, Marcel Dekker, New York, 2001, pp. 127–241.

[806] Wender, P. A., Ternansky, R., Delong, M., Singh, S., Olivero, A., Rice, K., Arene Alkene Cycloadditions and Organic Synthesis, *Pure Appl. Chem.* 1990, **62**, 1597–1602.

[807] Cornelisse, J., The *meta* Photocycloaddition of Arenes to Alkenes, *Chem. Rev.* 1993, **93**, 615–669.

[808] Dekeukeleire, D., He, S. L., Photochemical Strategies for the Construction of Polycyclic Molecules, *Chem. Rev.* 1993, **93**, 359–380.

[809] Hoffmann, N., *Ortho*-, *meta*-, and *para*-Photocycloaddition of Arenes. In Griesbeck, A. G., Mattay, J. (eds), *Synthetic Organic Photochemistry*, Marcel Dekker, New York, 2005, pp. 529–552.

[810] Hoffmann, N., Photochemical Cycloaddition between Benzene Derivatives and Alkenes, *Synthesis* 2004, 481–495.

[811] Chappell, D., Russell, A. T., From α-Cedrene to Crinipellin B and Onward: 25 Years of the Alkene–Arene *m*-Photocycloaddition Reaction in Natural Product Synthesis, *Org. Biomol. Chem.* 2006, **4**, 4409–4430.

[812] McCullough, J. J., Photoadditions of Aromatic Compounds, *Chem. Rev.* 1987, **87**, 811–860.

[813] Sotzmann, A., Mattay, J., Photochemical Reaction of Fullerenes and Fullerene Derivatives. In Horspool, W. M., Lenci, F. (eds), *CRC Handbook of Organic Photochemistry and Photobiology*, 2nd edn, CRC Press LLC, Boca Raton, FL, 2004, Chapter 28, pp. 1–42.

[814] Stehouwer, A. M., van der Hart, J. A., Mulder, J. J. C., Cornelisse, J., The *meta* Photocycloaddition of Benzene to Ethylene – *Ab Initio* Calculation of a Symmetrical Pathway, *THEOCHEM* 1992, **92**, 333–338.

[815] van der Hart, J. A., Mulder, J. J. C., Cornelisse, J., The *meta* Photocycloaddition of Benzene to Ethylene: Semi-empirical Calculations, *THEOCHEM* 1987, **36**, 1–10.

[816] Gilbert, A., Intra- and Intermolecular Cycloadditions of Benzene Derivatives. In Horspool, W. M., Lenci, F. (eds), *CRC Handbook of Organic Photochemistry and Photobiology*, 2nd edn, CRC Press LLC, Boca Raton, FL, 2004, Chapter 41, pp. 1–11.

[817] Bryce-Smith, D., Deshpande, R. R., Gilbert, A., Mechanism of Photoaddition of Maleic Anhydride to Benzene, *Tetrahedron Lett.* 1975, 1627–1630.

[818] Ohashi, M., Tanaka, Y., Yamada, S., [2 + 2] Cycloaddition versus Substitution in Photochemical Reactions of Methoxybenzene–Acrylonitrile Systems, *Tetrahedron Lett.* 1977, **18**, 3629–3632.

[819] Sket, B., Zupan, M., [2 + 2] Photoaddition of Acetylenes to Hexafluorobenzene – Isolation of Bicyclo[4.2.0]octatriene Derivatives, *J. Am. Chem. Soc.* 1977, **99**, 3504–3505.

[820] Aoyama, H., Arata, Y., Omote, Y., Intramolecular Photocycloaddition of *N*-Benzylstyrylacetamides – [2 + 2] Addition of Styrenes to Benzenes, *J. Chem. Soc., Chem. Commun.* 1990, 736–737.

[821] Maeda, H., Waseda, S., Mizuno, K., Stereoselective, [$2\pi + 2\pi$] Photocycloaddition of Arylalkenes to Chrysene, *Chem. Lett.* 2000, 1238–1239.

[822] Sakamoto, M., Sano, T., Takahashi, M., Yamaguchi, K., Fujita, T., Watanabe, S., Photochemistry of Heteroaromatics – A Novel Photocycloaddition of 2-Alkoxy-3-cyanopyridines with Methacrylonitrile, *Chem. Commun.* 1996, 1349–1350.

[823] Guldi, D. M., Prato, M., Excited-state Properties of C-60 Fullerene Derivatives, *Acc. Chem. Res.* 2000, **33**, 695–703.

[824] Foote, C. S., Photophysical and Photochemical Properties of Fullerenes, *Top. Curr. Chem.* 1994, **169**, 347–363.

[825] Vassilikogiannakis, G., Orfanopoulos, M., [2 + 2] Photocycloadditions of *cis/trans*-4-Propenylanisole to C_{60}. A Step-wise Mechanism, *Tetrahedron Lett.* 1997, **38**, 4323–4326.

[826] Guo, L. W., Gao, X., Zhang, D. W., Wu, S. H., Wu, H. M., Li, Y. J., Wilson, S. R., Richardson, C. F., Schuster, D. I., Alkaloid–Fullerene Systems Through Photocycloaddition Reactions, *J. Org. Chem.* 2000, **65**, 3804–3810.

[827] Cheng, K. L., Wagner, P. J., Biradical Rearrangements During Intramolecular Cycloaddition of Double Bonds to Triplet Benzenes, *J. Am. Chem. Soc.* 1994, **116**, 7945–7946.

[828] Bowry, V. W., Lusztyk, J., Ingold, K. U., Calibration of a New Horologery of Fast Radical Clocks – Ring-opening Rates for Ring Alkyl-substituted and α-Alkyl-substituted Cyclopropylcarbinyl Radicals and for the Bicyclo[2.1.0]pent-2-yl Radical, *J. Am. Chem. Soc.* 1991, **113**, 5687–5698.

[829] Griller, D., Ingold, K. U., Free-radical Clocks, *Acc. Chem. Res.* 1980, **13**, 317–323.

[830] Mattay, J., Runsink, J., Piccirilli, J. A., Jans, A. W. H., Cornelisse, J., Selectivity and Charge Transfer in Photoreactions of Donor–Acceptor Systems. 8. Photochemical Cycloadditions of 1,3-Dioxoles to Anisole, *J. Chem. Soc., Perkin Trans. 1* 1987, 15–20.

[831] Timmermans, J. L., Wamelink, M. P., Lodder, G., Cornelisse, J., Diastereoselective Intramolecular *meta*-Photocycloaddition of Side-chain-substituted 5-(2-Methoxyphenyl)pent-1-enes, *Eur. J. Org. Chem.* 1999, 463–470.

[832] Okada, K., Samizo, F., Oda, M., Photochemical Reactions of (9-Anthryl)methyl Methyl Fumarate and Maleate – Application to Asymmetric [4 + 2]-Photocycloaddition Reaction, *Tetrahedron Lett.* 1987, **28**, 3819–3822.

[833] Albini, A., Fasani, E., Faiardi, D., Charge-transfer and Exciplex Pathway in the Photocycloaddition of 9-Anthracenecarbonitrile with Anthracene and Naphthalenes, *J. Org. Chem.* 1987, **52**, 155–157.

[834] Lim, C., Yasutake, M., Shinmyozu, T., Formation of a Novel Cage Compound with a Pentacyclo[6.3.0^{14,11}.0^{2,6}.0^{5,10}]dodecane Skeleton by Photolysis of [3$_4$](1,2,4,5)Cyclophane, *Angew. Chem. Int. Ed.* 2000, **39**, 578–580.

[835] Okamoto, H., Satake, K., Ishida, H., Kimura, M., Photoreaction of a 2,11-Diaza[3.3] paracyclophane Derivative: Formation of Octahedrane by Photochemical Dimerization of Benzene, *J. Am. Chem. Soc.* 2006, **128**, 16508–16509.

[836] Karapire, C., Icli, S., Photochemical Aromatic Substitution. In Horspool, W. M., Lenci, F. (eds), *CRC Handbook of Organic Photochemistry and Photobiology*, 2nd edn, CRC Press LLC, Boca Raton, FL, 2004, Chapter 37, pp. 1–14.

[837] Mangion, D., Arnold, D. R., The Photochemical Nucleophile–Olefin Combination, Aromatic Substitution (Photo-NOCAS) Reaction. In Horspool, W. M., Lenci, F. (eds), *CRC Handbook of Organic Photochemistry and Photobiology*, 2nd edn, CRC Press LLC, Boca Raton, FL, 2004, Chapter 40, pp. 1–40.

[838] Fagnoni, M., Albini, A., Photonucleophilic Substitution Reactions. In Ramamurthy, V., Schanze, K. S. (eds), *Organic Photochemistry and Photophysics*, Vol. 14, CRC Press, Boca Raton, FL, 2006, pp. 131–177.

[839] Corneliesse, J., Photochemical Aromatic Substitution. In Horspool, W. M., Song, P.-S. (eds), *CRC Handbook of Organic Photochemistry and Photobiology*, CRC Press, Boca Raton, FL, 1995, pp. 250–265.

[840] Rossi, R. A., Photoinduced Aromatic Nucleophilic Substitution Reactions. In Griesbeck, A. G., Mattay, J. (eds), *Synthetic Organic Photochemistry*, Marcel Dekker, New York, 2005, pp. 495–527.

[841] Beugelmans, R., The Photostimulated S$_{RN}$1 Process: Reactions of Haloarenes with Enolates. In Horspool, W. M., Song, P.-S. (eds), *CRC Handbook of Organic Photochemistry and Photobiology*, Boca Raton, FL, 1995, pp. 1200–1217.

[842] Bunce, N. J., Photochemical C–X Bond Cleavage in Arenes. In Horspool, W. M., Song, P.-S. (eds), *CRC Handbook of Organic Photochemistry and Photobiology*, CRC Press, Boca Raton, FL, 1995, pp. 1181–1192.

[843] Arnold, D. R., Chan, M. S. W., McManus, K. A., Photochemical Nucleophile–Olefin Combination, Aromatic Substitution (Photo-NOCAS) Reaction. 12. Factors Controlling the Regiochemistry of the Reaction with Alcohol as the Nucleophile, *Can. J. Chem.* 1996, **74**, 2143–2166.

[844] Galli, C., Gentili, P., Guarnieri, A., Calculation of the LUMO Energy of the Substitution Product of the Aromatic S$_{RN}$1 Reaction, *Gazz. Chim. Ital.* 1997, **127**, 159–164.

[845] Freccero, M., Fagnoni, M., Albini, A., Homolytic vs. Heterolytic Paths in the Photochemistry of Haloanilines, *J. Am. Chem. Soc.* 2003, **125**, 13182–13190.

[846] Pinter, B., De Proft, F., Veszpremi, T., Geerlings, P., Theoretical Study of the Orientation Rules in Photonucleophilic Aromatic Substitutions, *J. Org. Chem.* 2008, **73**, 1243–1252.

[847] Mella, M., Coppo, P., Guizzardi, B., Fagnoni, M., Freccero, M., Albini, A., Photoinduced, Ionic Meerwein Arylation of Olefins, *J. Org. Chem.* 2001, **66**, 6344–6352.

[848] Choudhry, G. G., Webster, G. R. B., Hutzinger, O., Environmentally Significant Photochemistry of Chlorinated Benzenes and Their Derivatives in Aquatic Systems, *Toxicol. Environ. Chem.* 1986, **13**, 27–83.

[849] Schutt, L., Bunce, N. J., Photodehalogenation of Aryl Halides. In Horspool, W. M., Lenci, F. (eds), *CRC Handbook of Organic Photochemistry and Photobiology*, 2nd edn, CRC Press LLC, Boca Raton, FL, 2004, Chapter 38, pp. 1–18.

[850] Mangion, D., Arnold, D. R., Photochemical Nucleophile–Olefin Combination, Aromatic Substitution Reaction. Its Synthetic Development and Mechanistic Exploration, *Acc. Chem. Res.* 2002, **35**, 297–304.

[851] Torriani, R., Mella, M., Fasani, E., Albini, A., On the Mechanism of the Photochemical Reaction between 1,4-Dicyanobenzene and 2,3-Dimethylbutene in the Presence of Nucleophiles, *Tetrahedron* 1997, **53**, 2573–2580.

[852] Rossi, R. A., Penénori, A. B., The Photostimulated $S_{RN}1$ Process: Reaction of Haloarenes with Carbanions. In Horspool, W. M., Lenci, F. (eds), *CRC Handbook of Organic Photochemistry and Photobiology*, 2nd edn, CRC Press LLC, Boca Raton, FL, 2004, Chapter 47, pp. 1–24.

[853] Borosky, G. L., Pierini, A. B., Rossi, R. A., Differences in Reactivity of Stabilized Carbanions with Haloarenes in the Initiation and Propagation Steps of the $S_{RN}1$ Mechanism in DMSO, *J. Org. Chem.* 1992, **57**, 247–252.

[854] Chowdhry, V., Westheimer, F. H., Photoaffinity Labeling of Biological Systems, *Annu. Rev. Biochem.* 1979, **48**, 293–325.

[855] Cantos, A., Marquet, J., Morenomanas, M., Gonzalezlafont, A., Lluch, J. M., Bertran, J., On the Regioselectivity of 4-Nitroanisole Photosubstitution with Primary Amines – A Mechanistic and Theoretical Study, *J. Org. Chem.* 1990, **55**, 3303–3310.

[856] Howell, N., Pincock, J. A., Stefanova, R., The Phototransposition in Acetonitrile and the Photoaddition of 2,2,2-Trifluoroethanol to the Six Isomers of Dimethylbenzonitrile, *J. Org. Chem.* 2000, **65**, 6173–6178.

[857] Nuss, J. M., Chinn, J. P., Murphy, M. M., Substituent Control of Excited-state Reactivity. The Intramolecular *ortho* Arene–Olefin Photocycloaddition, *J. Am. Chem. Soc.* 1995, **117**, 6801–6802.

[858] deLijser, H. J. P., Arnold, D. R., Radical Ions in Photochemistry. 44. The Photo-NOCAS Reaction with Acetonitrile as the Nucleophile, *J. Org. Chem.* 1997, **62**, 8432–8438.

[859] Fessner, W. D., Sedelmeier, G., Spurr, P. R., Rihs, G., Prinzbach, H., "Pagodane": the Efficient Synthesis of a Novel, Versatile Molecular Framework, *J. Am. Chem. Soc.* 1987, **109**, 4626–4642.

[860] Al-Jalal, N., Gilbert, A., Heath, P., Photocycloaddition of Ethenes to Cyanoanisoles, *Tetrahedron* 1988, **44**, 1449–1459.

[861] Vanossi, M., Mella, M., Albini, A., 2 + 2 + 2 Cycloaddition vs. Radical Ion Chemistry in the Photoreactions of 1,2,4,5-Benzenetetracarbonitrile with Alkenes in Acetonitrile, *J. Am. Chem. Soc.* 1994, **116**, 10070–10075.

[862] Rubin, M. B., Photoinduced Intermolecular Hydrogen Abstraction Reactions of Ketones. In Horspool, W. M., Song, P.-S. (eds), *CRC Handbook of Organic Photochemistry and Photobiology*, CRC Press, Boca Raton, FL, 1995, pp. 430–436.

[863] Wagner, P. J., Park, B.-S., Photoinduced Hydrogen Atom Abstraction by Carbonyl Compounds. In Padwa, A. (ed), *Organic Photochemistry*, Vol. 11, Marcel Dekker, New York, 1991, pp. 227–366.

[864] Nau, W. M., Pischel, U., Photoreactivity of n,π* Excited Azoalkanes and Ketones. In Ramamurthy, V., Schanze, K. S. (eds), *Organic Photochemistry and Photophysics*, Vol. 14, CRC Press, Boca Raton, FL, 2006, pp. 75–129.

[865] Scaiano, J. C., Intermolecular Photoreductions of Ketones, *J. Photochem.* 1973/74, **2**, 81–118.

[866] Nau, W. M., Greiner, G., Wall, J., Rau, H., Olivucci, M., Robb, M. A., The Mechanism for Hydrogen Abstraction by n,π* Excited Singlet States: Evidence for Thermal Activation and Deactivation through a Conical Intersection, *Angew. Chem. Int. Ed.* 1998, **37**, 98–101.

[867] Nau, W. M., Greiner, G., Rau, H., Olivucci, M., Robb, M. A., Discrimination Between Hydrogen Atom and Proton Abstraction in the Quenching of n,π* Singlet-Excited States by Protic Solvents, *Ber. Bunsen-Ges. Phys. Chem.* 1998, **102**, 486–492.

[868] Sinicropi, A., Pogni, R., Basosi, R., Robb, M. A., Gramlich, G., Nau, W. M., Olivucci, M., Fluorescence Quenching by Sequential Hydrogen, Electron, and Proton Transfer in the Proximity of a Conical Intersection, *Angew. Chem. Int. Ed.* 2001, **40**, 4185–4189.

[869] Jacques, P., ^{3}CTC as the Main Step in the Quenching of ^{3}BP by Electron and Hydrogen Donors, *J. Photochem. Photobiol. A* 1991, **56**, 159–163.
[870] Sinicropi, A., Pischel, U., Basosi, R., Nau, W. M., Olivucci, M., Conical Intersections in Charge-transfer Induced Quenching, *Angew. Chem. Int. Ed.* 2000, **39**, 4582–4586.
[871] Ciamician, G., Silber, P., Chemische Lichtwirkungen, *Chem. Ber.* 1900, **33**, 2913–2914.
[872] Rubin, M. B., Hydrogen Abstraction Reactions of α-Diketones. In Horspool, W. M., Song, P.-S. (eds), *CRC Handbook of Organic Photochemistry and Photobiology*, CRC Press, Boca Raton, FL, 1995, pp. 437–448.
[873] Paul, H., Small, R. D., Scaiano, J. C., Hydrogen Abstraction by *t*-Butoxy Radicals – Laser Photolysis and Electron Spin Resonance Study, *J. Am. Chem. Soc.* 1978, **100**, 4520–4527.
[874] Luo, Y.-R., *Handbook of Bond Dissociation Energies in Organic Compounds*, CRC Press, Boca Raton, FL, 2003.
[875] Cohen, S. G., Parola, A., Parsons, G. H. Jr., Photoreduction by Amines, *Chem. Rev.* 1973, **73**, 141–161.
[876] Cossy, J., Belotti, D., Generation of Ketyl Radical Anions by Photoinduced Electron Transfer (PET) between Ketones and Amines. Synthetic Applications, *Tetrahedron* 2006, **62**, 6459–6470.
[877] Reynolds, J. L., Erdner, K. R., Jones, P. B., Photoreduction of Benzophenones by Amines in Room-Temperature Ionic Liquids, *Org. Lett.* 2002, **4**, 917–919.
[878] Chiappe, C., Pieraccini, D., Ionic Liquids: Solvent Properties and Organic Reactivity, *J. Phys. Org. Chem.* 2005, **18**, 275–297.
[879] Griesbeck, A. G., Bondock, S., Oxetane Formation: Stereocontrol. In Horspool, W. M., Lenci, F. (eds), *CRC Handbook of Organic Photochemistry and Photobiology*, 2nd edn, CRC Press LLC, Boca Raton, FL, 2004, Chapter 59, pp. 1–19.
[880] Griesbeck, A. G., Bondock, S., Oxetane Formation: Intermolecular Additions. In Horspool, W. M., Lenci, F. (eds), *CRC Handbook of Organic Photochemistry and Photobiology*, 2nd edn, CRC Press LLC, Boca Raton, FL, 2004, Chapter 60, pp. 1–21.
[881] Griesbeck, A.G., Photocycloadditions of Alkenes to Excited Carbonyls. In Griesbeck, A.G., Mattay, J. (eds), *Synthetic Organic Photochemistry*, Marcel Dekker, New York, 2005, pp. 89–139.
[882] Griesbeck, A. G., Abe, M., Bondock, S., Selectivity Control in Electron Spin Inversion Processes: Regio- and Stereochemistry of Paternò–Büchi Photocycloadditions as a Powerful Tool for Mapping Intersystem Crossing Processes, *Acc. Chem. Res.* 2004, **37**, 919–928.
[883] Muller, F., Mattay, J., Photocycloadditions – Control by Energy and Electron Transfer, *Chem. Rev.* 1993, **93**, 99–117.
[884] Minaev, B. F., Agren, H., Spin–Orbit Coupling in Oxygen Containing Diradicals, *THEOCHEM* 1998, **434**, 193–206.
[885] Kutateladze, A. G., Conformational Analysis of Singlet–Triplet State Mixing in Paternò–Büchi Diradicals, *J. Am. Chem. Soc.* 2001, **123**, 9279–9282.
[886] Griesbeck, A. G., Spin Selectivity in Photochemistry: a Tool for Organic Synthesis, *Synlett* 2003, 451–472.
[887] Paternò, E., Chieffi, G., Sintesi in Chimica Organica per Mezzo della Luce. Nota II. Composti degli Idrocarburi non Saturi con Aldeidi e Chetoni, *Gazz. Chim. Ital.* 1909, **39**, 341–361.
[888] Büchi, G., Inman, C. G., Lipinsky, E. S., Light-catalyzed Organic Reactions. I. The Reaction of Carbonyl Compounds with 2-Methyl-2-butene in the Presence of Ultraviolet Light, *J. Am. Chem. Soc.* 1954, **76**, 4327–4331.
[889] Turro, N. J., Wriede, P., The Photocycloaddition of Acetone to 1-Methoxy-1-butene. A Comparison of Singlet and Triplet Mechanism and Singlet and Triplet Biradical Intermediates, *J. Am. Chem. Soc.* 1970, **92**, 320–329.
[890] Freilich, S. C., Peters, K. S., Observation of the 1,4-Biradical in the Paternò–Büchi Reaction, *J. Am. Chem. Soc.* 1981, **103**, 6255–6257.

[891] Freilich, S. C., Peters, K. S., Picosecond Dynamics of the Paternò–Büchi Reaction, *J. Am. Chem. Soc.* 1985, **107**, 3819–3822.

[892] Turro, N. J., Farrington, G. L., Quenching of the Fluorescence of 2-Norbornanone and Derivatives by Electron-rich and Electron-poor Ethylenes, *J. Am. Chem. Soc.* 1980, **102**, 6051–6055.

[893] Turro, N. J., Dalton, C. J., Dawes, K., Farrington, G., Hautala, R., Morton, D., Niemczyk, M., Schore, N., Molecular Photochemistry of Alkanones in Solution. α-Cleavage, Hydrogen Abstraction, Cycloaddition, and Sensitization Reactions, *Acc. Chem. Res.* 1972, **5**, 92–101.

[894] Ashby, E. C., Boone, J. R., Mechanism of Lithium Aluminum Hydride Reduction of Ketones. Kinetics of Reduction of Mesityl Phenyl Ketone, *J. Am. Chem. Soc.* 1976, **98**, 5524–5531.

[895] Griesbeck, A. G., Mauder, H., Stadtmuller, S., Intersystem Crossing in Triplet 1,4-Biradicals – Conformational Memory Effects on the Stereoselectivity of Photocycloaddition Reactions, *Acc. Chem. Res.* 1994, **27**, 70–75.

[896] Palmer, I. J., Ragazos, I. N., Bernardi, F., Olivucci, M., Robb, M. A., An MC-SCF Study of the (Photochemical) Paternò–Büchi Reaction, *J. Am. Chem. Soc.* 1994, **116**, 2121–2132.

[897] Yang, N. C., Kimura, M., Eisenhardt, W., Paternò–Büchi Reactions of Aromatic Aldehydes with 2-Butenes and their Implication on the Rate of Intersystem Crossing of Aromatic Aldehydes, *J. Am. Chem. Soc.* 1973, **95**, 5058–5060.

[898] Griesbeck, A. G., Mauder, H., Peters, K., Peters, E. M., Vonschnering, H. G., Photocycloadditions with α-Naphthaldehyde and β-Naphthaldehyde – Complete Inversion of Diastereoselectivity as a Consequence of Differently Configurated Electronic States, *Chem. Ber.* 1991, **124**, 407–410.

[899] Griesbeck, A. G., Buhr, S., Fiege, M., Schmickler, H., Lex, J., Stereoselectivity of Triplet Photocycloadditions: Diene–Carbonyl Reactions and Solvent Effects, *J. Org. Chem.* 1998, **63**, 3847–3854.

[900] Bach, T., Bergmann, H., Harms, K., High Facial Diastereoselectivity in the Photocycloaddition of a Chiral Aromatic Aldehyde and an Enamide Induced by Intermolecular Hydrogen Bonding, *J. Am. Chem. Soc.* 1999, **121**, 10650–10651.

[901] Bach, T., Bergmann, H., Brummerhop, H., Lewis, W., Harms, K., The [2 + 2]-Photocycloaddition of Aromatic Aldehydes and Ketones to 3,4-Dihydro-2-pyridones: Regioselectivity, Diastereoselectivity, and Reductive Ring Opening of the Product Oxetanes, *Chem. Eur. J.* 2001, **7**, 4512–4521.

[902] Iriondo-Alberdi, J., Perea-Buceta, J. E., Greaney, M. F., A Paternò–Büchi Approach to the Synthesis of Merrilactone A, *Org. Lett.* 2005, **7**, 3969–3971.

[903] Garcia-Garibay, M. A., Campos, L. M., Photochemical Decarbonylation of Ketones: Recent Advances and Reactions in Crystalline Solids. In Horspool, W. M., Lenci, F. (eds), *CRC Handbook of Organic Photochemistry and Photobiology*, 2nd edn, CRC Press LLC, Boca Raton, FL, 2004, Chapter 48, pp. 1–41.

[904] Bohne, C., Norrish Type 1 Processes of Ketones: Selected Examples and Synthetic Applications. In Horspool, W. M., Song, P.-S. (eds), *CRC Handbook of Organic Photochemistry and Photobiology*, CRC Press, Boca Raton, FL, 1995, pp. 423–429.

[905] Bohne, C., Norrish Type I Processes of Ketones: Basic Concepts. In Horspool, W. M., Song, P.-S. (eds), *CRC Handbook of Organic Photochemistry and Photobiology*, CRC Press, Boca Raton, FL, 1995, pp. 416–422.

[906] Roberts, S. M., Carbene Formation in the Photochemistry of Cyclic Ketones. In Horspool, W. M., Lenci, F. (eds), *CRC Handbook of Organic Photochemistry and Photobiology*, 2nd edn, CRC Press LLC, Boca Raton, FL, 2004, Chapter 49, pp. 1–6.

[907] Rubin, M. B., Photochemistry of Vicinal Polycarbonyl Compounds. In Horspool, W. M., Lenci, F. (eds), *CRC Handbook of Organic Photochemistry and Photobiology*, 2nd edn, CRC Press LLC, Boca Raton, FL, 2004, Chapter 50, pp. 1–14.

[908] Shinmyozu, T., Nogita, R., Akita, M., Lim, C., Photochemical Routes to Cyclophanes Involving Decarbonylation Reactions and Related Process. In Horspool, W. M., Lenci, F. (eds), *CRC Handbook of Organic Photochemistry and Photobiology*, 2nd edn, CRC Press LLC, Boca Raton, FL, 2004, Chapter 51, pp. 1–6.

[909] Chatgilialoglu, C., Crich, D., Komatsu, M., Ryu, I., Chemistry of Acyl Radicals, *Chem. Rev.* 1999, **99**, 1991–2069.

[910] Jackson, W. M., Okabe, H., Photodissociation Dynamics of Small Molecules, *Adv. Photochem.* 1986, **13**, 1–94.

[911] Diau, E. W. G., Kotting, C., Zewail, A. H., Femtochemistry of Norrish Type I Reactions: I. Experimental and Theoretical Studies of Acetone and Related Ketones on the S_1 Surface, *ChemPhysChem* 2001, **2**, 273–293.

[912] Diau, E. W. G., Kotting, C., Zewail, A. H., Femtochemistry of Norrish Type I Reactions: II. The Anomalous Predissociation Dynamics of Cyclobutanone on the S_1 Surface, *ChemPhysChem* 2001, **2**, 294–309.

[913] Sakurai, H., Kato, S., A Theoretical Study of the Norrish Type I Reaction of Acetone, *THEOCHEM* 1999, **462**, 145–152.

[914] He, H. Y., Fang, W.H., Phillips, D. L., Photochemistry of Butyrophenone: Combined Complete-active-space Self-consistent Field and Density Functional Theory Study of Norrish Type I and II Reactions, *J. Phys. Chem. A* 2004, **108**, 5386–5392.

[915] Campos, L. M., Mortko, C. J., Garcia-Garibay, M. A., Norrish Type I vs. Norrish–Yang Type II in the Solid State Photochemistry of *cis*-2,6-Di(1-cyclohexenyl)cyclohexanone: a Computational Study, *Mol. Cryst. Liq. Cryst.* 2006, **456**, 15–24.

[916] Dietlin, C., Allonas, X., Defoin, A., Fouassier, J.-P., Theoretical and Experimental Study of the Norrish I Photodissociation of Aromatic Ketones, *Photochem. Photobiol. Sci.* 2008, **7**, 558–565.

[917] Norrish, R. G. W., Appleyard, M. E. S., Primary Photochemical Reactions. Part IV. Decomposition of Methyl Ethyl Ketone and Methyl Butyl Ketone, *J. Chem. Soc.* 1934, 874–880.

[918] Lee, E. K. C., Hemminger, J. C., Rusbult, C. F., Unusual Photochemistry of Cyclobutanone Near Its Predissociation Threshold, *J. Am. Chem. Soc.* 1971, **93**, 1867–1871.

[919] Lewis, F. D., Magyar, J. G., Photoreduction and α-Cleavage of Aryl Alkyl Ketones, *J. Org. Chem.* 1972, **37**, 2102–2107.

[920] Weiss, R. G., The Norrish Type I Reaction in Cycloalkanone Photochemistry. In Padwa, A. (ed), *Organic Photochemistry*, Vol. 5, Marcel Dekker, New York, 1981, pp. 347–420.

[921] Lewis, F. D., Magyar, J. G., Cage Effects in the Photochemistry of (*S*)-(+)-2-Phenylpropiophenone, *J. Am. Chem. Soc.* 1973, **95**, 5973–5976.

[922] Yang, N.-C., Feit, E. D., Hui, M. H., Turro, N. J., Dalton, J. C., Photochemistry of di-*tert*-Butyl Ketone and Structural Effects on the Rate and Efficiency of Intersystem Crossing of Aliphatic Ketones, *J. Am. Chem. Soc.* 1970, **92**, 6974–6976.

[923] Kraus, J. W., Calvert, J. G., The Disproportionation and Combination Reactions of Butyl Free Radicals, *J. Am. Chem. Soc.* 1957, **79**, 5921–5926.

[924] Ramamurthy, V., Eaton, D. F., Caspar, J. V., Photochemical and Photophysical Studies of Organic Molecules Included Within Zeolites, *Acc. Chem. Res.* 1992, **25**, 299–307.

[925] Engel, P. S., Photochemistry of Dibenzyl Ketone, *J. Am. Chem. Soc.* 1970, **92**, 6074–6076.

[926] Gould, I. R., Baretz, B. H., Turro, N. J., Primary Processes in the Type I Photocleavage of Dibenzyl Ketones – A Pulsed Laser and Photochemically Induced Dynamic Nuclear-Polarization Study, *J. Phys. Chem.* 1987, **91**, 925–929.

[927] Turro, N. J., Cherry, W. R., Photoreactions in Detergent Solutions. Enhancement of Regioselectivity Resulting from the Reduced Dimensionality of Substrates Sequestered in a Micelle, *J. Am. Chem. Soc.* 1978, **100**, 7431–7432.

[928] Keating, A. E., Garcia-Garibay, M. A., Photochemical Solid-to-Solid Reactions. In Ramamurthy, V., Schanze, K. S. (eds), *Molecular and Supramolecular Photochemistry*, Vol. 2, Marcel Dekker, New York, 1998, pp. 195–248.

[929] Choi, T., Cizmeciyan, D., Khan, S. I., Garcia-Garibay, M. A., An Efficient Solid-to-Solid Reaction via a Steady-state Phase Separation Mechanism, *J. Am. Chem. Soc.* 1995, **117**, 12893–12894.

[930] Morton, D. R., Lee-Ruff, E., Southam, R. M., Turro, N. J., Molecular Photochemistry. XXVII. Photochemical Ring Expansion of Cyclobutanone, Substituted Cyclobutanones, and Related Cyclic Ketones, *J. Am. Chem. Soc.* 1970, **92**, 4349–4357.

[931] Yates, P., Loutfy, R. O., Photochemical Ring Expansion of Cyclic Ketones via Cyclic Oxacarbenes, *Acc. Chem. Res.* 1975, **8**, 209–216.

[932] Burns, C. S., Heyerick, A., De Keukeleire, D., Forbes, M. D. E., Mechanism for Formation of the Lightstruck Flavor in Beer Revealed by Time-resolved Electron Paramagnetic Resonance, *Chem. Eur. J.* 2001, **7**, 4553–4561.

[933] Wagner, P. J., Klán, P., Norrish Type II Photoelimination of Ketones: Cleavage of 1,4-Biradicals Formed by α-Hydrogen Abstraction. In Horspool, W. M., Lenci, F. (eds), *CRC Handbook of Organic Photochemistry and Photobiology*, 2nd edn, CRC Press LLC, Boca Raton, FL, 2004, Chapter 52, pp. 1–31.

[934] Wagner, P. J., 1,5-Biradicals and 5-Membered Rings Generated by δ-Hydrogen Abstraction in Photoexcited Ketones, *Acc. Chem. Res.* 1989, **22**, 83–91.

[935] Wagner, P. J., Type II Photoelimination and Photocyclization of Ketones, *Acc. Chem. Res.* 1971, **4**, 168–177.

[936] Weiss, R. G., Norrish Type II Processes of Ketones: Influence of Environment. In Horspool, W. M., Song, P.-S. (eds), *CRC Handbook of Organic Photochemistry and Photobiology*, CRC Press, Boca Raton, FL, 1995, pp. 471–483.

[937] Hasegawa, T., Norrish Type II Processes of Ketones: Influence of Environment. In Horspool, W. M., Lenci, F. (eds), *CRC Handbook of Organic Photochemistry and Photobiology*, 2nd edn, CRC Press LLC, Boca Raton, FL, 2004, Chapter 55, pp. 1–14.

[938] Wagner, P. J., Abstraction of γ-Hydrogens by Excited Carbonyls. In Griesbeck, A. G., Mattay, J. (eds), *Synthetic Organic Photochemistry*, Marcel Dekker, New York, 2005, pp. 11–39.

[939] Scaiano, J. C., Laser Flash-photolysis Studies of the Reactions of Some 1,4-Biradicals, *Acc. Chem. Res.* 1982, **15**, 252–258.

[940] Chandra, A. K., Rao, V. S., Two-dimensional Tunneling of Hydrogen in a Norrish Type II Process of a Ketone, *Chem. Phys. Lett.* 1997, **270**, 87–92.

[941] Rao, V. S., Chandra, A. K., An *Ab Initio* Treatment of the Norrish Type II Process in Pentane-2-one and the Role of Tunneling of Hydrogen, *Chem. Phys.* 1997, **214**, 103–112.

[942] Sauers, R. R., Edberg, L. A., Modeling of Norrish Type II Reactions by Semiempirical and *Ab Initio* Methodology, *J. Org. Chem.* 1994, **59**, 7061–7066.

[943] Morita, A., Kato, S., Theoretical Study on the Intersystem Crossing Mechanism of a Diradical in Norrish Type II Reactions in Solution, *J. Phys. Chem.* 1993, **97**, 3298–3313.

[944] Dewar, M. J. S., Doubleday, C., MINDO-3 Study of Norrish Type II Reaction of Butanal, *J. Am. Chem. Soc.* 1978, **100**, 4935–4941.

[945] Ihmels, H., Scheffer, J. R., The Norrish Type II Reaction in the Crystalline State: Toward a Better Understanding of the Geometric Requirements for γ-Hydrogen Atom Abstraction, *Tetrahedron* 1999, **55**, 885–907.

[946] Sengupta, D., Chandra, A. K., Studies on the Norrish Type II Reactions of Aliphatic α-Diketones and the Accompanying Cyclization and Disproportionation of 1,4-Biradicals, *J. Photochem. Photobiol. A* 1993, **75**, 151–162.

[947] Yang, N. C., Yang, D.-H., Cyclobutanol Formation from Irradiation of Ketones, *J. Am. Chem. Soc.* 1958, **80**, 2913–2914.

[948] Wagner, P. J., Differences between Singlet and Triplet State Type II Photoelimination of Aliphatic Ketones, *Tetrahedron Lett.* 1968, **9**, 5385–5388.

[949] Wagner, P. J., Kemppainen, A. E., Schott, H. N., Effects of Ring Substituents on the Type II Photoreactions of Phenyl Ketones. How Interactions Between Nearby Excited Triplets Affect Chemical Reactivity, *J. Am. Chem. Soc.* 1973, **95**, 5604–5614.

[950] Small, R. D., Scaiano, J. C., Photochemistry of Phenyl Alkyl Ketones – Lifetime of Intermediate Biradicals, *J. Phys. Chem.* 1977, **81**, 2126–2131.

[951] Wagner, P. J., Kelso, P. A., Kemppainen, A. E., McGrath, J. M., Schott, H. N., Zepp, R. G., Type II Photoprocesses of Phenyl Ketones. A Glimpse at the Behavior of 1,4-Biradicals, *J. Am. Chem. Soc.* 1972, **94**, 7506–7512.

[952] Wagner, P. J., Kemppainen, A. E., Type II Photoprocesses of Phenyl Ketones. Triplet State Reactivity as a Function of γ-and δ-Substitution, *J. Am. Chem. Soc.* 1972, **94**, 7495–7499.

[953] Zepp, R. G., Gumz, M. M., Miller, W. L., Gao, H., Photoreaction of Valerophenone in Aqueous Solution, *J. Phys. Chem. A* 1998, **102**, 5716–5723.

[954] Rabeck, J. F., *Polymer Photodegradation: Mechanisms and Experimental Methods*, Chapman and Hall, London, 1995.

[955] Golemba, F. J., Guillet, J. E., Photochemistry of Ketone Polymers. VII. Polymers and Copolymers of Phenyl Vinyl Ketone, *Macromolecules* 1972, **5**, 212–216.

[956] Zweig, A., Henderson, W. A., Singlet Oxygen and Polymer Photooxidations. 1. Sensitizers, Quenchers, and Reactants, *J. Polym. Sci., Part A – Polym. Chem.* 1975, **13**, 717–736.

[957] Chen, S., Patrick, B. O., Scheffer, J. R., Enantioselective Photochemical Synthesis of a Simple Alkene via the Solid State Ionic Chiral Auxiliary Approach, *J. Org. Chem.* 2004, **69**, 2711–2718.

[958] Chong, K. C. W., Scheffer, J. R., Thermal and Photochemical Transformation of Conformational Chirality into Configurational Chirality in the Crystalline State, *J. Am. Chem. Soc.* 2003, **125**, 4040–4041.

[959] Wagner, P. J., Yang Photocyclization: Coupling of Biradicals Formed by Intramolecular Hydrogen Abstraction of Ketones. In Horspool, W. M., Lenci, F. (eds), *CRC Handbook of Organic Photochemistry and Photobiology*, 2nd edn, CRC Press LLC, Boca Raton, FL, 2004, Chapter 58, pp. 1–70.

[960] Wessig, P., Mühling, O., Abstraction of (γ ± n)-Hydrogen by Excited Carbonyls. In Griesbeck, A. G., Mattay, J. (eds), *Synthetic Organic Photochemistry*, Vol. 12, Marcel Dekker, New York, 2005, pp. 41–87.

[961] Wessig, P., Regioselective Photochemical Synthesis of Carbo- and Heterocyclic Compounds: the Norrish/Yang Reaction. In Horspool, W. M., Lenci, F. (eds), *CRC Handbook of Organic Photochemistry and Photobiology*, 2nd edn, CRC Press LLC, Boca Raton, FL, 2004, Chapter 57, pp. 1–20.

[962] Oelgemöller, M., Griesbeck, A. G., Photoinduced Electron Transfer Processes of Phthalimides. In Horspool, W. M., Lenci, F. (eds), *CRC Handbook of Organic Photochemistry and Photobiology*, 2nd edn, CRC Press LLC, Boca Raton, FL, 2004, Chapter 84, pp. 1–19.

[963] Yoshioka, M., Miyazoe, S., Hasegawa, T., Photochemical Reaction of 3-Hydroxy-1-(*o*-methylaryl)alkan-1-ones. Formation of Cyclopropane-1,2-diols and Benzocyclobutenols through β-Hydrogen and γ-Hydrogen Abstractions, *J. Chem. Soc., Perkin Trans. 1* 1993, 2781–2786.

[964] Lewis, F. D., Hilliard, T. A., Photochemistry of Methyl-substituted Butyrophenones, *J. Am. Chem. Soc.* 1972, **94**, 3852–3858.

[965] Lewis, F. D., Johnson, R. W., Ruden, R. A., Photochemistry of Bicycloalkyl Phenyl Ketones, *J. Am. Chem. Soc.* 1972, **94**, 4292–4297.

[966] Wagner, P. J., Chiu, C., Preferential 1,4- vs. 1,6-Hydrogen Transfer in a 1,5-Biradical. Photochemistry of β-Ethoxypropiophenone, *J. Am. Chem. Soc.* 1979, **101**, 7134–7135.

[967] Giese, B., Wettstein, P., Stahelin, C., Barbosa, F., Neuburger, M., Zehnder, M., Wessig, P., Memory of Chirality in Photochemistry, *Angew. Chem. Int. Ed.* 1999, **38**, 2586–2587.
[968] Zhou, B., Wagner, P. J., Long-range Triplet Hydrogen Abstraction – Photochemical Formation of 2-Tetralols from β-Arylpropiophenones, *J. Am. Chem. Soc.* 1989, **111**, 6796–6799.
[969] Kraus, G. A., Wu, Y. S., 1,5-Hydrogen and 1,9-Hydrogen Atom Abstractions – Photochemical Strategies for Radical Cyclizations, *J. Am. Chem. Soc.* 1992, **114**, 8705–8707.
[970] Hu, S. K., Neckers, D. C., Photochemical Reactions of Alkoxy-containing Alkyl Phenyl-glyoxylates: Remote Hydrogen Abstraction, *J. Chem. Soc., Perkin Trans. 2* 1997, 1751–1754.
[971] Griesbeck, A. G., Oelgemöller, M., Lex, J., Photochemistry of MTM- and MTE-esters of ω-Phthalimido Carboxylic Acids: Macrocyclization versus Deprotection, *J. Org. Chem.* 2000, **65**, 9028–9032.
[972] Yoon, U. C., Jin, Y. X., Oh, S. W., Park, C. H., Park, J. H., Campana, C. F., Cai, X. L., Duesler, E. N., Mariano, P. S., A Synthetic Strategy for the Preparation of Cyclic Peptide Mimetics Based on SET-promoted Photocyclization Processes, *J. Am. Chem. Soc.* 2003, **125**, 10664–10671.
[973] Cossy, J., Belotti, D., Leblanc, C., Total Synthesis of (±)-Actinidine and of (±)-Isooxyskytanthine, *J. Org. Chem.* 1993, **58**, 2351–2354.
[974] Sammes, P. G., Photoenolisation, *Tetrahedron* 1976, **32**, 405.
[975] Leonenko, Z. V., Gritsan, N. P., Quantum Chemical Study of the Intramolecular Transfer of Hydrogen in o-Methylacetophenone and 1-Alkylanthraquinones, *J. Struct. Chem.* 1997, **38**, 536–543.
[976] Garcia-Garibay, M. A., Gamarnik, A., Bise, R., Pang, L., Jenks, W. S., Primary Isotope Effects on Excited-state Hydrogen-atom Transfer Reactions – Activated and Tunneling Mechanisms in an *ortho*-Methylanthrone, *J. Am. Chem. Soc.* 1995, **117**, 10264–10275.
[977] Sengupta, D., Chandra, A. K., Role of Tunneling of Hydrogen in Photoenolization of a Ketone, *Int. J. Quantum Chem.* 1994, **52**, 1317–1328.
[978] Yang, N. C., Rivas, C., A New Photochemical Primary Process. The Photochemical Enolization of o-Substituted Benzophenones, *J. Am. Chem. Soc.* 1961, **83**, 2213–2213.
[979] Haag, R., Wirz, J., Wagner, P. J., The Photoenolization of 2-Methylacetophenone and Related Compounds, *Helv. Chim. Acta* 1977, **60**, 2595–2607.
[980] Das, P. K., Encinas, M. V., Small, R. D., Scaiano, J. C., Photoenolization of o-Alkyl-substituted Carbonyl Compounds – Use of Electron Transfer Processes to Characterize Transient Intermediates, *J. Am. Chem. Soc.* 1979, **101**, 6965–6970.
[981] Wagner, P. J., Sobczak, M., Park, B. S., Stereoselectivity in o-Alkylphenyl Ketone Photochemistry: How Many o-Xylylenes Can One Ketone Form? *J. Am. Chem. Soc.* 1998, **120**, 2488–2489.
[982] Connolly, T. J., Durst, T., Photochemically Generated Bicyclic o-Quinodimethanes: Photoenolization of Bicyclic Aldehydes and Ketones, *Tetrahedron* 1997, **53**, 15969–15982.
[983] Nicolaou, K. C., Gray, D. L. F., Tae, J. S., Total Synthesis of Hamigerans and Analogues thereof. Photochemical Generation and Diels–Alder Trapping of Hydroxy-o-Quinodimethanes, *J. Am. Chem. Soc.* 2004, **126**, 613–627.
[984] Bergmark, W. R., Barnes, C., Clark, J., Paparian, S., Marynowski, S., Photoenolization with α-Chloro Substituents, *J. Org. Chem.* 1985, **50**, 5612–5615.
[985] Pelliccioli, A. P., Klán, P., Zabadal, M., Wirz, J., Photorelease of HCl from o-Methylphenacyl Chloride Proceeds through the Z-Xylylenol, *J. Am. Chem. Soc.* 2001, **123**, 7931–7932.
[986] Zabadal, M., Pelliccioli, A. P., Klán, P., Wirz, J., 2,5-Dimethylphenacyl Esters: a Photoremovable Protecting Group for Carboxylic Acids, *J. Phys. Chem. A* 2001, **105**, 10329–10333.
[987] Plistil, L., Solomek, T., Wirz, J., Heger, D., Klán, P., Photochemistry of 2-Alkoxymethyl-5-methylphenacyl Chloride and Benzoate, *J. Org. Chem.* 2006, **71**, 8050–8058.

[988] Pospisil, T., Veetil, A. T., Lovely Angel, P. A., Klán, P., Photochemical Synthesis of Substituted Indan-1-ones Related to Donepezil, *Photochem. Photobiol. Sci.* 2008, **7**, 625–632.

[989] Literák, J., Wirz, J., Klán, P., 2,5-Dimethylphenacyl Carbonates: A Photoremovable Protecting Group for Alcohols and Phenols, *Photochem. Photobiol. Sci.* 2005, **4**, 43–46.

[990] Gilbert, A., 1,4-Quinone Cycloaddition Reactions with Alkenes, Alkynes, and Related Compounds. In Horspool, W. M., Lenci, F. (eds), *CRC Handbook of Organic Photochemistry and Photobiology*, 2nd edn, CRC Press LLC, Boca Raton, FL, 2004, Chapter 87, pp. 1–16.

[991] Kokubo, K., Oshima, T., Photochemistry of Homoquinones. In Horspool, W. M., Lenci, F. (eds), *CRC Handbook of Organic Photochemistry and Photobiology*, 2nd edn, CRC Press LLC, Boca Raton, FL, 2004, Chapter 74, pp. 1–16.

[992] Oelgemöller, M., Mattay, J., The "Photochemical Friedel–Crafts Acylation" of Quinones: from the Beginnings of Organic Photochemistry to Modern Solar Chemical Applications. In Horspool, W. M., Lenci, F. (eds), *CRC Handbook of Organic Photochemistry and Photobiology*, 2nd edn, CRC Press LLC, Boca Raton, FL, 2004, Chapter 88, pp. 1–16.

[993] Creed, D., 1,4-Quinone Cycloaddition Reactions with Alkenes, Alkynes, and Related Compounds. Horspool, W. M., Song, P.-S. (eds), *CRC Handbook of Organic Photochemistry and Photobiology*, Boca Raton, FL, 1995, pp. 737–747.

[994] Maruyama, K., Kubo, Y., Photochemical Hydrogen Abstraction Reactions of Quinones. In Horspool, W. M., Song, P.-S. (eds), *CRC Handbook of Organic Photochemistry and Photobiology*, Boca Raton, FL, 1995, pp. 748–756.

[995] Bruce, J. M., Light-induced Reactions of Quinones, *Q. Rev.* 1967, **21**, 405–428.

[996] Honda, Y., Hada, M., Ehara, M., Nakatsuji, H., Ground and Excited States of Singlet, Cation Doublet, and Anion Doublet States of *o*-Benzoquinone: a Theoretical Study, *J. Phys. Chem. A* 2007, **111**, 2634–2639.

[997] Honda, Y., Hada, M., Ehara, M., Nakatsuji, H., Excited and Ionized States of *p*-Benzoquinone and Its Anion Radical: SAC-CI Theoretical Study, *J. Phys. Chem. A* 2002, **106**, 3838–3849.

[998] Pan, Y., Fu, Y., Liu, S. X., Yu, H. Z., Gao, Y. H., Guo, Q. X., Yu, S. Q., Studies on Photoinduced H-atom and Electron Transfer Reactions of *o*-Naphthoquinones by Laser Flash Photolysis, *J. Phys. Chem. A* 2006, **110**, 7316–7322.

[999] Chiang, Y., Kresge, A.J., Hellrung, B., Schunemann, P., Wirz, J., Flash Photolysis of 5-Methyl-1,4-Naphthoquinone in Aqueous Solution: Kinetics and Mechanism of Photoenolization and of Enol Trapping, *Helv. Chim. Acta* 1997, **80**, 1106–1121.

[1000] Schnapp, K.A., Wilson, R.M., Ho, D.M., Creed, D., Caldwell, R.A., Benzoquinone–Olefin Exciplexes – the Observation and Chemistry of the *p*-Benzoquinone Tetraphenylallene Exciplex, *J. Am. Chem. Soc.* 1990, **112**, 3700–3702.

[1001] Goez, M., Frisch, I., Photocycloadditions of Quinones with Quadricyclane and Norbornadiene – a Mechanistic Study, *J. Am. Chem. Soc.* 1995, **117**, 10486–10502.

[1002] Kobayashi, K., Shimizu, H., Sasaki, A., Suginome, H., Photoinduced Molecular Transformations. 140. New One-step General Synthesis of Naphtho[2,3-*b*]furan-4,9-diones and their 2,3-Dihydro Derivatives by the Regioselective [3 + 2] Photoaddition of 2-Hydroxy-1,4-naphthoquinones with Various Alkynes and Alkenes – Application of the Photoaddition to a Two-step Synthesis of Maturinone, *J. Org. Chem.* 1993, **58**, 4614–4618.

[1003] Maruyama, K., Otsuki, T., Naruta, Y., Photochemical Reaction of 9,10-Phenanthrenequinone with Hydrogen Donors – Behavior of Radicals in Solution as Studied by CIDNP, *Bull. Chem. Soc. Jpn.* 1976, **49**, 791–795.

[1004] Oelgemöller, M., Schiel, C., Frohlich, R., Mattay, J., The "Photo-Friedel–Crafts Acylation" of 1,4-Naphthoquinones, *Eur. J. Org. Chem.* 2002, 2465–2474.

[1005] Kraus, G. A., Kirihara, M., Quinone Photochemistry – a General Synthesis of Acylhydroquinones, *J. Org. Chem.* 1992, **57**, 3256–3257.
[1006] Schiel, C., Oelgemöller, M., Ortner, J., Mattay, J., Green Photochemistry: the Solar-Chemical Photo-Friedel–Crafts Acylation of Quinones, *Green Chem.* 2001, **3**, 224–228.
[1007] Oelgemöller, M., Jung, C., Mattay, J., Green Photochemistry: Production of Fine Chemicals with Sunlight, *Pure Appl. Chem.* 2007, **79**, 1939–1947.
[1008] Oelgemöller, M., Healy, N., de Oliveira, L., Jung, C., Mattay, J., Green Photochemistry: Solar–Chemical Synthesis of Juglone with Medium Concentrated Sunlight, *Green Chem.* 2006, **8**, 831–834.
[1009] Esser, P., Pohlmann, B., Scharf, H. D., The Photochemical Synthesis of Fine Chemicals with Sunlight, *Angew. Chem. Int. Ed.* 1994, **33**, 2009–2023.
[1010] Jung, C., Funken, K. H., Ortner, J., PROPHIS: Parabolic Trough-facility for Organic Photochemical Syntheses in Sunlight, *Photochem. Photobiol. Sci.* 2005, **4**, 409–411.
[1011] Pitchumani, K., Madhavan, D., Induced Diastereoselectivity in Photodecarboxylation Reactions. In Pitchumani, K., Madhavan, D. (eds), *CRC Handbook of Organic Photochemistry and Photobiology*, 2nd edn, CRC Press LLC, Boca Raton, FL, 2004, Chapter 65, pp. 1–14.
[1012] Miranda, M. G., Galindo, F., Photo-Fries Reaction and Related Processes. In Pitchumani, K., Madhavan, D. (eds), *CRC Handbook of Organic Photochemistry and Photobiology*, 2nd edn, CRC Press LLC, Boca Raton, FL, 2004, Chapter 42, pp. 1–11.
[1013] Pincock, J. A., The Photochemistry of Esters of Carboxylic Acids. In Horspool, W. M., Lenci, F. (eds), *CRC Handbook of Organic Photochemistry and Photobiology*, 2nd edn, CRC Press LLC, Boca Raton, FL, 2004, Chapter 66, pp. 1–17.
[1014] Dalko, P. I., The Photochemistry of Barton Esters. In Horspool, W. M., Lenci, F. (eds), *CRC Handbook of Organic Photochemistry and Photobiology*, 2nd edn, CRC Press LLC, Boca Raton, FL, 2004, Chapter 67, pp. 1–23.
[1015] Givens, R. S., Conrad, I. P. G., Yousef, A. L., Lee, J.-I., Photoremovable Protecting Groups. In Horspool, W. M., Lenci, F. (eds), *CRC Handbook of Organic Photochemistry and Photobiology*, 2nd edn, CRC Press LLC, Boca Raton, FL, 2004, Chapter 69, pp. 1–46.
[1016] Piva, O., Photodeconjugation of Enones and Carboxylic Acid Derivatives. In Horspool, W. M., Lenci, F. (eds), *CRC Handbook of Organic Photochemistry and Photobiology*, 2nd edn, CRC Press LLC, Boca Raton, FL, 2004, Chapter 70, pp. 1–18.
[1017] Pincock, J. A., The Photochemistry of Esters of Carboxylic Acids. In Horspool, W. M., Song, P.-S. (eds), *CRC Handbook of Organic Photochemistry and Photobiology*, CRC Press, Boca Raton, FL, 1995, pp. 393–407.
[1018] Coyle, J. D., Photochemistry of Carboxylic Acid Derivatives, *Chem. Rev.* 1978, **78**, 97–123.
[1019] Fang, W. H., Liu, R. Z., Photodissociation of Acrylic Acid in the Gas Phase: an *Ab Initio* Study, *J. Am. Chem. Soc.* 2000, **122**, 10886–10894.
[1020] Steuhl, H. M., Klessinger, M., Excited States of Cyclic Conjugated Anions: a Theoretical Study of the Photodecarboxylation of Cycloheptatriene and Cyclopentadiene Carboxylate Anions, *J. Chem. Soc., Perkin Trans. 2* 1998, 2035–2038.
[1021] Li, J., Zhang, F., Fang, W. H., Probing Photophysical and Photochemical Processes of Benzoic Acid from *Ab Initio* Calculations, *J. Phys. Chem. A* 2005, **109**, 7718–7724.
[1022] Staikova, M., Oh, M., Donaldson, D. J., Overtone-induced Decarboxylation: a Potential Sink for Atmospheric Diacids, *J. Phys. Chem. A* 2005, **109**, 597–602.
[1023] Ding, W. J., Fang, W. H., Liu, R. Z., Mechanisms of Unimolecular Reactions for Ground-state Pyruvic Acid, *Acta Phys. Chim. Sin.* 2004, **20**, 911–916.
[1024] Pritchina, E. A., Gritsan, N. P., Burdzinski, G. T., Platz, M. S., Study of Acyl Group Migration by Femtosecond Transient Absorption Spectroscopy and Computational Chemistry, *J. Phys. Chem. A* 2007, **111**, 10483–10489.

[1025] Boscá, F., Marín, M. L., Miranda, M. A., Photodecarboxylation of Acids and Lactones: Antiinflammatory Drugs. In Horspool, W. M., Lenci, F. (eds), *CRC Handbook of Organic Photochemistry and Photobiology*, 2nd edn, CRC Press LLC, Boca Raton, FL, 2004, Chapter 64, pp. 1–10.

[1026] Epling, G. A., Lopes, A., Fragmentation Pathways in Photolysis of Phenylacetic Acid, *J. Am. Chem. Soc.* 1977, **99**, 2700–2704.

[1027] Meiggs, T. O., Grosswei, Li, Miller, S. I., Extinction Coefficient and Recombination Rate of Benzyl Radicals.1. Photolysis of Sodium Phenylacetate, *J. Am. Chem. Soc.* 1972, **94**, 7981–7986.

[1028] Bosca, F., Miranda, M. A., Photosensitizing Drugs Containing the Benzophenone Chromophore, *J. Photochem. Photobiol. B* 1998, **43**, 1–26.

[1029] Monti, S., Sortino, S., DeGuidi, G., Marconi, G., Photochemistry of 2-(3-Benzoylphenyl) propionic Acid (Ketoprofen). 1. A Picosecond and Nanosecond Time-resolved Study in Aqueous Solution, *J. Chem. Soc., Faraday Trans.* 1997, **93**, 2269–2275.

[1030] Decosta, D. P., Pincock, J. A., Photochemistry of Substituted 1-Naphthylmethyl Esters of Phenylacetic and 3-Phenylpropanoic Acid – Radical Pairs, Ion Pairs, and Marcus Electron-transfer, *J. Am. Chem. Soc.* 1993, **115**, 2180–2190.

[1031] Havinga, E., Dejongh, R. O., Dorst, W., Photochemical Acceleration of the Hydrolysis of Nitrophenyl Phosphates and Nitrophenyl Sulphates, *Recl. Trav. Chim. Pays-Bas* 1956, **75**, 378–383.

[1032] Zimmerman, H. E., The *meta* Effect in Organic Photochemistry – Mechanistic and Exploratory Organic Photochemistry, *J. Am. Chem. Soc.* 1995, **117**, 8988–8991.

[1033] Zimmerman, H. E., *Meta–ortho* Effect in Organic Photochemistry: Mechanistic and Exploratory Organic Photochemistry, *J. Phys. Chem. A* 1998, **102**, 5616–5621.

[1034] Goeldner, M., Givens, R. S., *Dynamic Studies in Biology*, Wiley-VCH Verlag GmbH, Weinheim, 2005.

[1035] Pelliccioli, A. P., Wirz, J., Photoremovable Protecting Groups: Reaction Mechanisms and Applications, *Photochem. Photobiol. Sci.* 2002, **1**, 441–458.

[1036] Conrad, P. G., Givens, R. S., Weber, J. F. W., Kandler, K., New Phototriggers: Extending the *p*-Hydroxyphenacyl π–π^* Absorption Range, *Org. Lett.* 2000, **2**, 1545–1547.

[1037] Kandler, K., Givens, R. S., Katz, L. C., Photostimulation with Caged Glutamate. In Yuste, R., Lanni, R. F., Konnerth, A. (eds), *Imaging Neurons: a Laboratory Manual*, Cold Spring Harbor Laboratory Press, Cold Spring Harbor, NY, 1997, Chapter 27, pp. 1–9.

[1038] Murai, A., Abiko, A., Ono, M., Masamune, T., Studies on the Phytoalexins. 31. Synthetic Studies of Rishitin and Related-Compounds. 11. Synthesis of Aubergenone, a Sesquiterpenoid Phytoalexin from Diseased Eggplants, *Bull. Chem. Soc. Jpn.* 1982, **55**, 1191–1194.

[1039] Sato, T., Niino, H., Yabe, A., Consecutive Photolyses of Naphthalenedicarboxylic Anhydrides in Low Temperature Matrixes: Experimental and Computational Studies on Naphthynes and Benzocyclopentadienylideneketenes, *J. Phys. Chem. A* 2001, **105**, 7790–7798.

[1040] Wenk, H. H., Winkler, M., Sander, W., One Century of Aryne Chemistry, *Angew. Chem. Int. Ed.* 2003, **42**, 502–528.

[1041] Cai, X., Sakamoto, M., Yamaji, M., Fujitsuka, M., Majima, T., C–O Bond Cleavage of Esters with a Naphthyl Group in the Higher Triplet Excited State during Two-color Two-laser Flash Photolysis, *Chem. Eur. J.* 2007, **13**, 3143–3149.

[1042] Andrew, D., Islet, B. T. D., Margaritis, A., Weedon, A. C., Photo-Fries Rearrangement of Naphthyl Acetate in Supercritical Carbon Dioxide – Chemical Evidence for Solvent–Solute Clustering, *J. Am. Chem. Soc.* 1995, **117**, 6132–6133.

[1043] Bitterwolf, T. E., Organometallic Photochemistry at the End of Its First Century, *J. Organomet. Chem.* 2004, **689**, 3939–3952.

[1044] Lees, A. J., Quantitative Photochemistry of Organometallic Complexes: Insight to Their Photophysical and Photoreactivity Mechanisms, *Coord. Chem. Rev.* 2001, **211**, 255–278.

[1045] Sun, S. S., Lees, A. J., Transition Metal Based Supramolecular Systems: Synthesis, Photophysics, Photochemistry and their Potential Applications as Luminescent Anion Chemosensors, *Coord. Chem. Rev.* 2002, **230**, 171–192.

[1046] Vlcek, A., The Life and Times of Excited States of Organometallic and Coordination Compounds, *Coord. Chem. Rev.* 2000, **200**, 933–977.

[1047] Vogler, A., Kunkely, H., Charge Transfer Excitation of Organometallic Compounds – Spectroscopy and Photochemistry, *Coord. Chem. Rev.* 2004, **248**, 273–278.

[1048] Klassen, J. K., Selke, M., Sorensen, A. A., Yang, G. K., Metal–Ligand Bond-dissociation Energies in CpMn(Co)$_2$L Complexes, *J. Am. Chem. Soc.* 1990, **112**, 1267–1268.

[1049] Pannell, K. H., Rozell, J. M., Hernandez, C., Organometalloidal Derivatives of the Transition Metals. 21. Synthesis and Photochemical Deoligomerizations of a Series of Isomeric Disilyliron Complexes – (η^5-C$_5$H$_5$)Fe(Co)$_2$Si$_2$Ph$_{3-n}$Me$_{2+n}$, *J. Am. Chem. Soc.* 1989, **111**, 4482–4485.

[1050] Attig, T. G., Wojcicki, A., Stereospecificity at Iron Center of Decarbonylation of an Iron–Acetyl Complex, *J. Organomet. Chem.* 1974, **82**, 397–415.

[1051] Lian, T., Bromberg, S. E., Yang, H., Proulx, G., Bergman, R. G., Harris, C. B., Femtosecond IR Studies of Alkane C–H Bond Activation by Organometallic Compounds: Direct Observation of Reactive Intermediates in Room Temperature Solutions, *J. Am. Chem. Soc.* 1996, **118**, 3769–3770.

[1052] Friedrich, L. E., Bower, J. D., Detection of an Oxetene Intermediate in Photoreaction of Benzaldehyde with 2-Butyne, *J. Am. Chem. Soc.* 1973, **95**, 6869–6870.

[1053] Wagner, P. J., Liu, K. C., Noguchi, Y., Monoradical Rearrangements of the 1,4-Biradicals Involved in Norrish Type-II Photoreactions, *J. Am. Chem. Soc.* 1981, **103**, 3837–3841.

[1054] Garcia, H., Iborra, S., Primo, J., Miranda, M. A., 6-Endo-dig vs. 5-Exo-dig Ring Closure in *o*-Hydroxyaryl Phenylethynyl Ketones. A New Approach to the Synthesis of Flavones and Aurones, *J. Org. Chem.* 1986, **51**, 4432–4436.

[1055] Kurabaya, K., Mukai, T., Organic Photochemistry 21. Photochemical and Thermal Behavior of Bicyclo[4.2.1]nona-2,4,7-trien-9-one, *Tetrahedron Lett.* 1972, 1049–1052.

[1056] Yoshioka, M., Suzuki, T., Oka, M., Photochemical-Reaction of Phenyl-substituted 1,3-Diketones, *Bull. Chem. Soc. Jpn.* 1984, **57**, 1604–1607.

[1057] Rau, H., Spectroscopic Properties of Organic Azo-Compounds, *Angew. Chem. Int. Ed. Engl.* 1973, **12**, 224–235.

[1058] Brinton, R. K., Volman, D. H., The Ultraviolet Absorption Spectra of Gaseous Diazomethane and Diazoethane – Evidence for the Existence of Ethylidine Radicals in Diazoethane Photolysis, *J. Chem. Phys.* 1951, **19**, 1394–1395.

[1059] Nau, W. M., Zhang, X. Y., An Exceedingly Long-lived Fluorescent State as a Distinct Structural and Dynamic Probe for Supramolecular Association: an Exploratory Study of Host–Guest Complexation by Cyclodextrins, *J. Am. Chem. Soc.* 1999, **121**, 8022–8032.

[1060] Spellane, P. J., Gouterman, M., Antipas, A., Kim, S., Liu, Y.C., Porphyrins. 40. Electronic Spectra and 4-Orbital Energies of Free-base, Zinc, Copper, and Palladium Tetrakis (perfluorophenyl)porphyrins, *Inorg. Chem.* 1980, **19**, 386–391.

[1061] Suginome, H., *E,Z*-Isomerization and Accompanying Photoreactions of Oximes, Oxime Ethers, Nitrones, Hydrazones, Imines, Azo and Azoxy Compounds, and Various Applications. In Horspool, W. M., Lenci, F. (eds), *CRC Handbook of Organic Photochemistry and Photobiology*, 2nd edn, CRC Press LLC, Boca Raton, FL, 2004, Chapter 94, pp. 1–55.

[1062] Knoll, K., Photoisomerism of Azobenzenes. In Horspool, W. M., Lenci, F. (eds), *CRC Handbook of Organic Photochemistry and Photobiology*, 2nd edn, CRC Press LLC, Boca Raton, FL, 2004, Chapter 89, pp. 1–89.

[1063] Engel, P. S., Mechanism of the Thermal and Photochemical Decomposition of Azoalkanes, *Chem. Rev.* 1980, **80**, 99–150.
[1064] Engel, P. S., Steel, C., Photochemistry of Aliphatic Azo-Compounds in Solution, *Acc. Chem. Res.* 1973, **6**, 275–281.
[1065] Pratt, A. C., Photochemistry of Imines, *Chem. Soc. Rev.* 1977, **6**, 63–81.
[1066] Padwa, A., Photochemistry of Carbon–Nitrogen Double Bond, *Chem. Rev.* 1977, **77**, 37–68.
[1067] Spence, G. G., Taylor, E. C., Buchardt, O., Photochemical Reactions of Azoxy Compounds, Nitrones, and Aromatic Amine *N*-Oxides, *Chem. Rev.* 1970, **70**, 231–265.
[1068] Kumar, G. S., Neckers, D. C., Photochemistry of Azobenzene-containing Polymers, *Chem. Rev.* 1989, **89**, 1915–1925.
[1069] Rau, H., Photoisomerization of Azobenzenes. In Rabeck, J. (ed), *Photochemistry and Photophysics*, Vol. 1, CRC Press, Boca Raton, FL, 1990, pp. 119–141.
[1070] Griffith, J., Selected Aspects of Photochemistry. 2. Photochemistry of Azobenzene and Its Derivatives, *Chem. Soc. Rev.* 1972, **1**, 481–493.
[1071] Ishikawa, T., Noro, T., Shoda, T., Theoretical Study on the Photoisomerization of Azobenzene, *J. Chem. Phys.* 2001, **115**, 7503–7512.
[1072] Cattaneo, P., Persico, M., An *Ab Initio* Study of the Photochemistry of Azobenzene, *Phys. Chem. Chem. Phys.* 1999, **1**, 4739–4743.
[1073] Cisnetti, F., Ballardini, R., Credi, A., Gandolfi, M. T., Masiero, S., Negri, F., Pieraccini, S., Spada, G. P., Photochemical and Electronic Properties of Conjugated Bis(azo) Compounds: an Experimental and Computational Study, *Chem. Eur. J.* 2004, **10**, 2011–2021.
[1074] Gagliardi, L., Orlandi, G., Bernardi, F., Cembran, A., Garavelli, M., A Theoretical Study of the Lowest Electronic States of Azobenzene: the Role of Torsion Coordinate in the *cis–trans* Photoisomerization, *Theor. Chem. Acc.* 2004, **111**, 363–372.
[1075] Cembran, A., Bernardi, F., Garavelli, M., Gagliardi, L., Orlandi, G., On the Mechanism of the *cis–trans* Isomerization in the Lowest Electronic States of Azobenzene: S_0, S_1, and T_1, *J. Am. Chem. Soc.* 2004, **126**, 3234–3243.
[1076] Norikane, Y., Tamaoki, N., Photochemical and Thermal *cis/trans* Isomerization of Cyclic and Noncyclic Azobenzene Dimers: Effect of a Cyclic Structure on Isomerization, *Eur. J. Org. Chem.* 2006, 1296–1302.
[1077] Tiago, M. L., Ismail-Beigi, S., Louie, S. G., Photoisomerization of Azobenzene from First Principles Constrained Density-Functional Calculations, *J. Chem. Phys.* 2005, **122**, 094311.
[1078] Granucci, G., Persico, M., Excited State Dynamics with the Direct Trajectory Surface Hopping Method: Azobenzene and Its Derivatives as a Case Study, *Theor. Chem. Acc.* 2007, **117**, 1131–1143.
[1079] Conti, I., Garavelli, M., Orlandi, G., The Different Photoisomerization Efficiency of Azobenzene in the Lowest n,π* and π,π* Singlets: the Role of a Phantom State, *J. Am. Chem. Soc.* 2008, **130**, 5216–5230.
[1080] Monti, S., Orlandi, G., Palmieri, P., Features of the Photochemically Active State Surfaces of Azobenzene, *Chem. Phys.* 1982, **71**, 87–99.
[1081] Rau, H., Luddecke, E., On the Rotation–Inversion Controversy on Photoisomerization of Azobenzenes – Experimental Proof of Inversion, *J. Am. Chem. Soc.* 1982, **104**, 1616–1620.
[1082] Bonacic-Koutecky, V., Michl, J., Photochemical *syn–anti* Isomerization of a Schiff Base – a Two-dimensional Description of a Conical Intersection in Formaldimine, *Theor. Chim. Acta* 1985, **68**, 45–55.
[1083] Engel, P. S., Melaugh, R. A., Page, M. A., Szilagyi, S., Timberlake, J. W., Stable *cis*-Dialkyldiazenes (Azoalkanes) – *cis*-Di-1-adamantyldiazene and *cis*-Di-1-norbornyldiazene, *J. Am. Chem. Soc.* 1976, **98**, 1971–1972.
[1084] Gisin, M., Wirz, J., Photolysis of Azo Precursors of 2,3-Naphthoquinodimethane and 1,8-Naphthoquinodimethane, *Helv. Chim. Acta* 1976, **59**, 2273–2277.

[1085] Adam, W., Fragale, G., Klapstein, D., Nau, W. M., Wirz, J., Phosphorescence and Transient Absorption of Azoalkane Triplet States, *J. Am. Chem. Soc.* 1995, **117**, 12578–12592.

[1086] Engel, P. S., Horsey, D. W., Scholz, J. N., Karatsu, T., Kitamura, A., Intramolecular Triplet Energy-transfer in Ester-linked Bichromophoric Azoalkanes and Naphthalenes, *J. Phys. Chem.* 1992, **96**, 7524–7535.

[1087] Caldwell, R. A., Helms, A. M., Engel, P. S., Wu, A. Y., Triplet Energy and Lifetime of 2,3-Diazabicyclo[2.2.2]oct-1-ene, *J. Phys. Chem.* 1996, **100**, 17716–17717.

[1088] Clark, W.D. K., Steel, C., Photochemistry of 2,3-Diazabicyclo[2.2.2]Oct-2-Ene, *J. Am. Chem. Soc.* 1971, **93**, 6347–6355.

[1089] Nagele, T., Hoche, R., Zinth, W., Wachtveitl, J., Femtosecond Photoisomerization of *cis*-Azobenzene, *Chem. Phys. Lett.* 1997, **272**, 489–495.

[1090] Bortolus, P., Monti, S., *Cis–trans* Photoisomerization of Azobenzene – Solvent and Triplet Donor Effects, *J. Phys. Chem.* 1979, **83**, 648–652.

[1091] Forber, C. L., Kelusky, E. C., Bunce, N. J., Zerner, M. C., Electronic Spectra of *cis*-Azobenzenes and *trans*-Azobenzenes – Consequences of *ortho*-Substitution, *J. Am. Chem. Soc.* 1985, **107**, 5884–5890.

[1092] Hasler, E., Hormann, A., Persy, G., Platsch, H., Wirz, J., Singlet and Triplet Biradical Intermediates in the Valence Isomerization of 2,7-Dihydro-2,2,7,7-Tetramethylpyrene, *J. Am. Chem. Soc.* 1993, **115**, 5400–5409.

[1093] Crano, J. C., Guglielmetti, R. J., *Organic Photochromic and Thermochromic Compounds. Vol. 1: Main Photochromic Families*, Plenum Press, New York, 1999.

[1094] Crano, J. C., Guglielmetti, R. J., *Organic Photochromic and Thermochromic Compounds. Vol. 2: Physicochemical Studies, Biological Applications, and Thermochromism*, Plenum Press, New York, 1999.

[1095] Dürr, H., Bouas-Laurent, H., *Photochromism: Molecules and Systems*, Elsevier Science, Amsterdam, 2003.

[1096] Bechinger, C., Ferrer, S., Zaban, A., Sprague, J., Gregg, B. A., Photoelectrochromic Windows and Displays, *Nature* 1996, **383**, 608–610.

[1097] Irie, M., Diarylethenes for Memories and Switches, *Chem. Rev.* 2000, **100**, 1685–1716.

[1098] Yokoyama, Y., Fulgides for Memories and Switches, *Chem. Rev.* 2000, **100**, 1717–1739.

[1099] Berkovic, G., Krongauz, V., Weiss, V., Spiropyrans and Spirooxazines for Memories and Switches, *Chem. Rev.* 2000, **100**, 1741–1753.

[1100] Kawata, S., Kawata, Y., Three-dimensional Optical Data Storage Using Photochromic Materials, *Chem. Rev.* 2000, **100**, 1777–1788.

[1101] Ahmed, S. A., Abdel-Wahab, A.-M.A., Dürr, H., Photochromic Nitrogen-containing Compounds. In Horspool, W. M., Lenci, F. (eds), *CRC Handbook of Organic Photochemistry and Photobiology*, 2nd edn, CRC Press LLC, Boca Raton, FL, 2004, Chapter 96, pp. 1–25.

[1102] Crano, J. C., Flood, T., Knowles, D., Kumar, A., VanGemert, B., Photochromic Compounds: Chemistry and Application in Ophthalmic Lenses, *Pure Appl. Chem.* 1996, **68**, 1395–1398.

[1103] Feringa, B. L., Jager, W. F., Delange, B., Organic Materials for Reversible Optical Data Storage, *Tetrahedron* 1993, **49**, 8267–8310.

[1104] Balzani, V., Venturi, M., Credi, A., *Molecular Devices and Machines*, Wiley-VCH Verlag GmbH, Weinheim, 2003.

[1105] Ichimura, K., Photoalignment of Liquid-crystal Systems, *Chem. Rev.* 2000, **100**, 1847–1873.

[1106] Mustroph, H., Stollenwerk, M., Bressau, V., Current Developments in Optical Data Storage with Organic Dyes, *Angew. Chem. Int. Ed.* 2006, **45**, 2016–2035.

[1107] Cook, M. J., Nygard, A. M., Wang, Z. X., Russell, D. A., An Evanescent Field Driven Monomolecular Layer Photoswitch: Coordination and Release of Metallated Macrocycles, *Chem. Commun.* 2002, 1056–1057.

[1108] Shinkai, S., Nakaji, T., Ogawa, T., Shigematsu, K., Manabe, O., Photoresponsive Crown Ethers. 2. Photocontrol of Ion Extraction and Ion Transport by a Bis(crown Ether) with a Butterfly-like Motion, *J. Am. Chem. Soc.* 1981, **103**, 111–115.

[1109] Suginome, H., Takahashi, H., Stereochemical Aspects of Photo-Beckmann Rearrangement – Stereochemical Integrity of Terminus of Migrating Carbon in Photo-Beckmann Rearrangements of 5-α-Cholestan-6-one and 5-β-Cholestan-6-one Oximes, *Bull. Chem. Soc. Jpn.* 1975, **48**, 576–582.

[1110] Celius, T. C., Wang, Y., Toscano, J. P., Photochemical Reactivity of α-Diazocarbonyl Compounds. In Horspool, W. M., Lenci, F. (eds), *CRC Handbook of Organic Photochemistry and Photobiology*, 2nd edn, CRC Press LLC, Boca Raton, FL, 2004, Chapter 90, pp. 1–16.

[1111] Grimshaw, J., Photochemistry of Aryl Diazonium Salts, Triazoles and Tetrazoles. In Horspool, W. M., Lenci, F. (eds), *CRC Handbook of Organic Photochemistry and Photobiology*, 2nd edn, CRC Press LLC, Boca Raton, FL, 2004, Chapter 43, pp. 1–17.

[1112] Bucher, G., Photochemical Reactivity of Azides. In Horspool, W. M., Lenci, F. (eds), *CRC Handbook of Organic Photochemistry and Photobiology*, 2nd edn, CRC Press LLC, Boca Raton, FL, 2004, Chapter 44, pp. 1–31.

[1113] Abraham, H.-W., Photogenerated Nitrene Addition to π-Bonds. In Griesbeck, A. G., Mattay, J. (eds), *Synthetic Organic Photochemistry*, Marcel Dekker, New York, 2005, pp. 391–416.

[1114] Dürr, H., Abdel-Wahab, A.-M.A., Carbene Formation by Extrusion of Nitrogen. In Horspool, W. M., Song, P.-S. (eds), *CRC Handbook of Organic Photochemistry and Photobiology*, CRC Press, Boca Raton, FL, 1995, pp. 954–983.

[1115] Abdel-Wahab, A.-M.A., Ahmed, S. A., Dürr, H., Carbene Formation by Extrusion of Nitrogen. In Horspool, W. M., Lenci, F. (eds), *CRC Handbook of Organic Photochemistry and Photobiology*, 2nd edn, CRC Press LLC, Boca Raton, FL, 2004, Chapter 91, pp. 1–37.

[1116] Padwa, A., Azirine Photochemistry, *Acc. Chem. Res.* 1976, **9**, 371–378.

[1117] Pavlik, J. W., Photoisomerization of Some Nitrogen-containing Hetero Aromatic Compounds. In Horspool, W. M., Lenci, F. (eds), *CRC Handbook of Organic Photochemistry and Photobiology*, 2nd edn, CRC Press LLC, Boca Raton, FL, 2004, Chapter 97, pp. 1–22.

[1118] Cattaneo, P., Persico, N., Semiclassical Simulations of Azomethane Photochemistry in the Gas Phase and in Solution, *J. Am. Chem. Soc.* 2001, **123**, 7638–7645.

[1119] Cattaneo, P., Persico, M., Diabatic and Adiabatic Potential Energy Surfaces for Azomethane Photochemistry, *Theor. Chem. Acc.* 2000, **103**, 390–398.

[1120] Cattaneo, P., Persico, M., Semi-classical Treatment of the Photofragmentation of Azomethane, *Chem. Phys. Lett.* 1998, **289**, 160–166.

[1121] Liu, R. F., Cui, Q., Dunn, K. M., Morokuma, K., *Ab Initio* Molecular Orbital Study of the Mechanism of Photodissociation of *trans*-Azomethane, *J. Chem. Phys.* 1996, **105**, 2333–2345.

[1122] Maier, G., Eckwert, J., Bothur, A., Reisenauer, H. P., Schmidt, C., Photochemical Fragmentation of Unsubstituted Tetrazole, 1,2,3-Triazole, and 1,2, 4-Triazole: First Matrix-spectroscopic Identification of Nitrilimine HCNNH, *Liebigs Ann. Chem.* 1996, 1041–1053.

[1123] Bigot, B., Sevin, A., Devaquet, A., Theoretical *Ab Initio* SCF Investigation of Photochemical Behavior of 3-Membered Rings. 2. Azirine, *J. Am. Chem. Soc.* 1978, **100**, 6924–6929.

[1124] Shustov, G. V., Liu, M. T. H., Houk, K. N., Facile Formation of Azines from Reactions of Singlet Methylene and Dimethylcarbene with Precursor Diazirines: Theoretical Explorations, *Can. J. Chem.* 1999, **77**, 540–549.

[1125] Samartzis, P. C., Wodtke, A. M., Casting a New Light on Azide Photochemistry: Photolytic Production of Cyclic-N_3, *Phys. Chem. Chem. Phys.* 2007, **9**, 3054–3066.

[1126] Abu-Eittah, R. H., Mohamed, A. A., Al-Omar, A. M., Theoretical Investigation of the Decomposition of Acyl Azides: Molecular Orbital Treatment, *Int. J. Quantum Chem.* 2006, **106**, 863–875.

[1127] Kemnitz, C. R., Karney, W. L., Borden, W. T., Why Are Nitrenes More Stable Than Carbenes? An *Ab Initio* Study, *J. Am. Chem. Soc.* 1998, **120**, 3499–3503.

[1128] O'Brien, J. M., Czuba, E., Hastie, D. R., Francisco, J. S., Shepson, P. B., Determination of the Hydroxy Nitrate Yields from the Reaction of C_2–C_6 Alkenes with OH in the Presence of NO, *J. Phys. Chem. A* 1998, **102**, 8903–8908.

[1129] Klessinger, M., Bornemann, C., Theoretical Study of the Ring Opening Reactions of 2*H*-Azirines – A Classification of Substituent Effects, *J. Phys. Org. Chem.* 2002, **15**, 514–518.

[1130] Arenas, J. F., Lopez-Tocon, I., Otero, J. C., Soto, J., Carbene Formation in Its Lower Singlet State from Photoexcited 3*H*-Diazirine or Diazomethane. A Combined CASPT2 and *Ab Initio* Direct Dynamics Trajectory Study, *J. Am. Chem. Soc.* 2002, **124**, 1728–1735.

[1131] Smith, P., Rosenberg, A. M., The Kinetics of the Photolysis of 2,2′-Azo-bis-isobutyronitrile, *J. Am. Chem. Soc.* 1959, **81**, 2037–2043.

[1132] Jaffe, A. B., Skinner, K. J., McBride, J. M., Solvent Steric Effects. II. The Free-radical Chemistry of Azobisisobutyronitrile and Azobis-3-cyano-3-pentane in Viscous and Crystalline Media, *J. Am. Chem. Soc.* 1972, **94**, 8510–8515.

[1133] Schmittel, M., Ruchardt, C., Aliphatic Azo Compounds. 16. Stereoisomerization and Homolytic Decomposition of *cis*- and *trans*-Bridgehead Diazenes, *J. Am. Chem. Soc.* 1987, **109**, 2750–2759.

[1134] Decker, C., The Use of UV Irradiation in Polymerization, *Polym. Int.* 1998, **45**, 133–141.

[1135] Padwa, A., Rosenthal, R. J., Dent, W., Filho, P., Turro, N. J., Hrovat, D. A., Gould, I. R., Steady-state and Laser Photolysis Studies of Substituted 2*H*-Azirines – Spectroscopy, Absolute Rates, and Arrhenius Behavior for the Reaction of Nitrile Ylides with Electron Deficient Olefins, *J. Org. Chem.* 1984, **49**, 3174–3180.

[1136] Orton, E., Collins, S. T., Pimentel, G. C., Molecular Structure of the Nitrile Ylide Derived from 3-Phenyl-2*H*-azirine in a Nitrogen Matrix, *J. Phys. Chem.* 1986, **90**, 6139–6143.

[1137] Inui, H., Murata, S., Control of C–C and C–N Bond Cleavage of 2*H*-Azirine by Means of the Excitation Wavelength: Studies in Matrices and in Solutions, *Chem. Lett.* 2001, 832–833.

[1138] Gilgen, P., Heimgartner, H., Schmid, H., Review on Photochemistry of 2*H*-Azirines, *Heterocycles* 1977, **6**, 143–212.

[1139] Inui, H., Murata, S., Mechanism of Photochemical Rearrangement of 2*H*-Azirines in Low-temperature Matrices: Chemical Evidences for the Participation of Vibrationally Hot Molecules, *Chem. Phys. Lett.* 2002, **359**, 267–272.

[1140] Padwa, A., Dharan, M., Smolanoff, J., Wetmore, S. I., Observations on Scope of Photoinduced 1,3-Dipolar Addition Reactions of Arylazirines, *J. Am. Chem. Soc.* 1973, **95**, 1945–1954.

[1141] Padwa, A., Smolanoff, J., Wetmore, S. I., Photochemical Transformations of Small Ring Heterocyclic Compounds. 48. Further Studies on Photocycloaddition and Photodimerization Reactions of Arylazirines, *J. Org. Chem.* 1973, **38**, 1333–1340.

[1142] Liu, M. T. H., The Thermolysis and Photolysis of Diazirines, *Chem. Soc. Rev.* 1982, **11**, 127–140.

[1143] Smith, R. A. G., Knowles, J. R., Preparation and Photolysis of 3-Aryl-3*H*-diazirines, *J. Chem. Soc., Perkin Trans. 2* 1975, 686–694.

[1144] Platz, M. S., Huang, H. Y., Ford, F., Toscano, J., Photochemical Rearrangements of Diazirines and Thermal Rearrangements of Carbenes *Pure Appl. Chem.* 1997, **69**, 803–807.

[1145] Celius, T. C., Toscano, J. P., The Photochemistry of Diazirines. In Horspool, W. M., Lenci, F. (eds), *CRC Handbook of Organic Photochemistry and Photobiology*, 2nd edn, CRC Press LLC, Boca Raton, FL, 2004, Chapter 92, pp. 1–10.

[1146] Branchadell, V., Muray, E., Oliva, A., Ortuno, R. M., Rodriguez-Garcia, C., Theoretical Study of the Mechanism of the Addition of Diazomethane to Ethylene and Formaldehyde. Comparison of Conventional *Ab Initio* and Density Functional Methods, *J. Phys. Chem. A* 1998, **102**, 10106–10112.

[1147] Dormán, G., Photoaffinity Labeling in Biological Signal Transduction, *Top. Curr. Chem.* 2001, **211**, 169–225.
[1148] Ye, T., McKervey, M. A., Organic Synthesis with α-Diazocarbonyl Compounds, *Chem. Rev.* 1994, **94**, 1091–1160.
[1149] Fenwick, J., Frater, G., Ogi, K., Strausz, O. P., Mechanism of Wolff Rearrangement. 4. Role of Oxirene in Photolysis of α-Diazo Ketones and Ketenes, *J. Am. Chem. Soc.* 1973, **95**, 124–132.
[1150] Tomioka, H., Okuno, H., Izawa, Y., Mechanism of the Photochemical Wolff Rearrangement – The Role of Conformation in the Photolysis of α-Diazo Carbonyl Compounds, *J. Org. Chem.* 1980, **45**, 5278–5283.
[1151] Kirmse, W., 100 Years of the Wolff Rearrangement, *Eur. J. Org. Chem.* 2002, 2193–2256.
[1152] Barra, M., Fisher, T. A., Cernigliaro, G. J., Sinta, R., Scaiano, J. C., On the Photodecomposition Mechanism of *ortho*-Diazonaphthoquinones, *J. Am. Chem. Soc.* 1992, **114**, 2630–2634.
[1153] Almstead, J. I. K., Urwyler, B., Wirz, J., Flash Photolysis of α-Diazonaphthoquinones in Aqueous Solution – Determination of Rates and Equilibria for Keto–Enol Tautomerization of 1-Indene-3-carboxylic Acid, *J. Am. Chem. Soc.* 1994, **116**, 954–960.
[1154] Cava, M. P., Spangler, R. J., 2-Carbomethoxybenzocyclobutenone. Synthesis of a Photochemically Sensitive Small-ring System by a Pyrolytic Wolff Rearrangement, *J. Am. Chem. Soc.* 1967, **89**, 4550–4551.
[1155] Banks, J. T., Scaiano, J. C., Laser Drop and Low Intensity Photolysis of 2-Diazo-1,3-Indandione: Evidence for a Propadienone Intermediate, *J. Photochem. Photobiol. A* 1996, **96**, 31–33.
[1156] Trozzolo, A. M., Electronic Spectroscopy of Arylmethylenes, *Acc. Chem. Res.* 1968, **1**, 329–335.
[1157] Eisenthal, K. B., Turro, N. J., Aikawa, M., Butcher, J. A., Dupuy, C., Hefferon, G., Hetherington, W., Korenowski, G. M., McAuliffe, M. J., Dynamic and Energetics of the Singlet–Triplet Interconversion of Diphenylcarbene, *J. Am. Chem. Soc.* 1980, **102**, 6563–6565.
[1158] Eisenthal, K. B., Turro, N. J., Sitzmann, E. V., Gould, I. R., Hefferon, G., Langan, J., Cha, Y., Singlet–Triplet Interconversion of Diphenylmethylene – Energetics, Dynamics and Reactivities of Different Spin States, *Tetrahedron* 1985, **41**, 1543–1554.
[1159] Guella, G., Ascenzi, D., Franceschi, P., Tosi, P., Gas-phase Synthesis and Detection of the Benzenediazonium Ion, $C_6H_5N_2{}^+$. A Joint Atmospheric Pressure Chemical Ionization and Guided Ion Beam Experiment, *Rapid Commun. Mass Spectrom.* 2005, **19**, 1951–1955.
[1160] Winkler, M., Sander, W., Generation and Reactivity of the Phenyl Cation in Cryogenic Argon Matrices: Monitoring the Reactions with Nitrogen and Carbon Monoxide Directly by IR Spectroscopy, *J. Org. Chem.* 2006, **71**, 6357–6367.
[1161] Slegt, M., Overkleeft, H.S., Lodder, G., Fingerprints of Singlet and Triplet Phenyl Cations, *Eur. J. Org. Chem.* 2007, 5364–5375.
[1162] Labbe, G., Decomposition and Addition Reactions of Organic Azides, *Chem. Rev.* 1969, **69**, 345–363.
[1163] Lwowski, W., Demauriac, R. A., Thompson, M., Wilde, R. E., Chen, S. Y., Curtius and Lossen Rearrangements. 3. Photolysis of Certain Carbamoyl Azides, *J. Org. Chem.* 1975, **40**, 2608–2612.
[1164] Tsuchia, T., Nitrene Formation by Photoextrusion of Nitrogen from Azides. In Horspool, W. M., Song, P.-S. (eds), *CRC Handbook of Organic Photochemistry and Photobiology*, CRC Press, Boca Raton, FL, 1995, pp. 984–991.
[1165] Schrock, A. K., Schuster, G. B., Photochemistry of Phenyl Azide – Chemical Properties of the Transient Intermediates, *J. Am. Chem. Soc.* 1984, **106**, 5228–5234.

[1166] Kotzyba-Hibert, F., Kapfer, I., Goeldner, M., Recent Trends in Photoaffinity Labeling, *Angew. Chem. Int. Ed. Engl.* 1995, **34**, 1296–1312.
[1167] Vodovozova, E. L., Photoaffinity Labeling and Its Application in Structural Biology, *Biochemistry (Moscow)* 2007, **72**, 1–20.
[1168] Tomohiro, T., Hashimoto, M., Hatanaka, Y., Cross-linking Chemistry and Biology: Development of Multifunctional Photoaffinity Probes, *Chem. Record* 2005, **5**, 385–395.
[1169] Dormán, G., Prestwich, G. D., Benzophenone Photophores in Biochemistry, *Biochemistry* 1994, **33**, 5661–5673.
[1170] Fleming, S. A., Chemical Reagents in Photoaffinity Labeling, *Tetrahedron* 1995, **51**, 12479–12520.
[1171] Miller, D. J., Moody, C. J., Synthetic Applications of the O–H Insertion Reactions of Carbenes and Carbenoids Derived from Diazocarbonyl and Related Diazocompounds, *Tetrahedron* 1995, **51**, 10811–10843.
[1172] Admasu, A., Gudmundsdottir, A. D., Platz, M. S., Watt, D. S., Kwiatkowski, S., Crocker, P. J., A Laser Flash Photolysis Study of *p*-Tolyl(trifluoromethyl)carbene, *J. Chem. Soc., Perkin Trans. 2* 1998, 1093–1099.
[1173] Husi, H., Luyten, M. A., Zurini, M. G. M., Mapping of the Immunophilin-immunosuppressant Site of Interaction on Calcineurin, *J. Biol. Chem.* 1994, **269**, 14199–14204.
[1174] Rasenick, M. M., Talluri, M., Dunn, W. J., Photoaffinity Guanosine 5′-Triphosphate Analogs as a Tool for the Study of GTP-binding Proteins, *Methods Mol. Biol.* 1994, **237**, 100–110.
[1175] Albini, A., Bettinetti, G. F., Minoli, G., 1,3-Benzoxazepine and 3,1-Benzoxazepine, *Tetrahedron Lett.* 1979, 3761–3764.
[1176] Suginome, H., Remote Functionalization by Alkoxyl Radicals Generated by the Photolysis of Nitrite Esters: the Barton Reaction and Related Reactions of Nitrite Esters. In Horspool, W. M., Lenci, F. (eds), *CRC Handbook of Organic Photochemistry and Photobiology*, 2nd edn, CRC Press LLC, Boca Raton, FL, 2004, Chapter 102, pp. 1–16.
[1177] Barton, D. H. R., Beaton, J. M., Geller, L. E., Pechet, M. M., A New Photochemical Reaction, *J. Am. Chem. Soc.* 1960, **82**, 2640–2641.
[1178] Akhtar, M., Pechet, M. M., Mechanism of Barton Reaction, *J. Am. Chem. Soc.* 1964, **86**, 265–268.
[1179] Wang, H., Burda, C., Persy, G., Wirz, J., Photochemistry of 1*H*-Benzotriazole in Aqueous Solution: a Photolatent Base, *J. Am. Chem. Soc.* 2000, **122**, 5849–5855.
[1180] Barltrop, J. A., Colinday, A., Ring Permutations – Novel Approach to Aromatic Phototransposition Reactions, *J. Chem. Soc., Chem. Commun.* 1975, 177–179.
[1181] Chyba, C.F., Atmospheric Science – Rethinking Earth's Early Atmosphere, *Science* 2005, **308**, 962–963.
[1182] Lazcano, A., Miller, S. L., The Origin and Early Evolution of Life: Prebiotic Chemistry, the Pre-RNA World, and Time, *Cell* 1996, **85**, 793–798.
[1183] Dondi, D., Merli, D., Pretali, L., Fagnoni, M., Albini, A., Serpone, N., Prebiotic Chemistry: Chemical Evolution of Organics on the Primitive Earth under Simulated Prebiotic Conditions, *Photochem. Photobiol. Sci.* 2007, **6**, 1210–1217.
[1184] Allamandola, L. J., Bernstein, M. P., Sandford, S. A., Walker, R. L., Evolution of Interstellar Ices, *Space Sci. Rev.* 1999, **90**, 219–232.
[1185] Bernstein, M. P., Allamandola, L. J., Sandford, S. A., Complex Organics in Laboratory Simulations of Interstellar/Cometary Ices, *Adv. Space Res.* 1997, **19**, 991–998.
[1186] Meierhenrich, U. J., Thiemann, W. H. P., Photochemical Concepts on the Origin of Biomolecular Asymmetry, *Orig. Life Evol. Biosph.* 2004, **34**, 111–121.
[1187] Döpp, D., Photochemical Reactivity of the Nitro Group. In Horspool, W. M., Song, P.-S. (eds), *CRC Handbook of Organic Photochemistry and Photobiology*, CRC Press, Boca Raton, FL, 1995, pp. 1019–1062.

[1188] Li, Y. M., Sun, J. L., Yin, H. M., Han, K. L., He, G. Z., Photodissociation of Nitrobenzene at 266 nm: Experimental and Theoretical Approach, *J. Chem. Phys.* 2003, **118**, 6244–6249.

[1189] Li, Y. M., Sun, J. L., Han, K. L., He, G. Z., Li, Z. J., The Dynamics of NO Radical Formation in the UV 266 nm Photodissociation of Nitroethane, *Chem. Phys. Lett.* 2006, **421**, 232–236.

[1190] Dunkin, I. R., Gebicki, J., Kiszka, M., Sanin-Leira, D., Phototautomerism of *o*-Nitrobenzyl Compounds: *o*-Quinonoid *aci*-Nitro Species Studied by Matrix Isolation and DFT Calculations, *J. Chem. Soc., Perkin Trans.* 2001, **2**, 1414–1425.

[1191] Glenewinkel-Meyer, T., Crim, F. F., The Isomerization of Nitrobenzene to Phenylnitrite, *THEOCHEM* 1995, **337**, 209–224.

[1192] Hashimot, S., Kana, K., Photochemical Reduction of Nitrobenzene and Its Reduction Intermediates. 10. Photochemical Reduction of Monosubstituted Nitrobenzenes in 2-Propanol, *Bull. Chem. Soc. Jpn.* 1972, **45**, 549–553.

[1193] Takezaki, M., Hirota, N., Terazima, M., Excited State Dynamics of Nitrobenzene Studied by the Time-resolved Transient Grating Method *Prog. Nat. Sci.* 1996, **6**, S453–S456.

[1194] Wubbels, G. G., Jordan, J. W., Mills, N. S., Hydrochloric Acid Catalyzed Photoreduction of Nitrobenzene by 2-Propanol – Question of Protonation in Excited-state, *J. Am. Chem. Soc.* 1973, **95**, 1281–1285.

[1195] Wubbels, G. G., Letsinger, R. L., Photoreactions of Nitrobenzene and Monosubstituted Nitrobenzenes with Hydrochloric Acid – Evidence Concerning Reaction Mechanism, *J. Am. Chem. Soc.* 1974, **96**, 6698–6706.

[1196] Schworer, M., Wirz, J., Photochemical Reaction Mechanisms of 2-Nitrobenzyl Compounds in Solution I. 2-Nitrotoluene: Thermodynamic and Kinetic Parameters of the *aci*-Nitro Tautomer, *Helv. Chim. Acta* 2001, **84**, 1441–1458.

[1197] Morrison, H., *Biological Applications of Photochemical Switches* Vol., 2, John Wiley and Sons, Inc., New York, 1993.

[1198] Mayer, G., Heckel, A., Biologically Active Molecules with a "Light Switch", *Angew. Chem. Int. Ed.* 2006, **45**, 4900–4921.

[1199] Pillai, V. N. R., Photoremovable Protecting Groups in Organic Synthesis, *Synthesis* 1980, 1–26.

[1200] Bochet, C. G., Photolabile Protecting Groups and Linkers, *J. Chem. Soc., Perkin Trans. 1* 2002, 125–142.

[1201] Derrer, S., Flachsmann, F., Plessis, C., Stang, M., Applied Photochemistry Light Controlled Perfume Release *Chimia* 2007, **61**, 665–669.

[1202] Denk, W., Strickler, J. H., Webb, W. W., 2-Photon Laser Scanning Fluorescence Microscopy, *Science* 1990, **248**, 73–76.

[1203] Kaplan, J. H., Forbush, B., Hoffman, J. F., Rapid Photolytic Release of Adenosine 5′-Triphosphate from a Protected Analog – Utilization by Na–K Pump of Human Red Blood-cell Ghosts, *Biochemistry* 1978, **17**, 1929–1935.

[1204] Walker, J. W., Reid, G. P., McCray, J. A., Trentham, D. R., Photolabile 1-(2-nitrophenyl)ethyl Phosphate Esters of Adenine Nucleotide Analogs – Synthesis and Mechanism of Photolysis, *J. Am. Chem. Soc.* 1988, **110**, 7170–7177.

[1205] Il'ichev, Y. V., Schworer, M. A., Wirz, J., Photochemical Reaction Mechanisms of 2-Nitrobenzyl Compounds: Methyl Ethers and Caged ATP, *J. Am. Chem. Soc.* 2004, **126**, 4581–4595.

[1206] Hellrung, B., Kamdzhilov, Y., Schworer, M., Wirz, J., Photorelease of Alcohols from 2-Nitrobenzyl Ethers Proceeds via Hemiacetals and May Be Further Retarded by Buffers Intercepting the Primary *aci*-Nitro Intermediates, *J. Am. Chem. Soc.* 2005, **127**, 8934–8935.

[1207] Gaplovsky, M., Il'ichev, Y.V., Kamdzhilov, Y., Kombarova, S.V., Mac, M., Schworer, M.A., Wirz, J., Photochemical Reaction Mechanisms of 2-Nitrobenzyl Compounds: 2-Nitrobenzyl Alcohols form 2-Nitroso Hydrates by Dual Proton Transfer, *Photochem. Photobiol. Sci.* 2005, **4**, 33–42.

[1208] Nicolaou, K. C., Winssinger, N., Pastor, J., DeRoose, F., A General and Highly Efficient Solid Phase Synthesis of Oligosaccharides. Total Synthesis of a Heptasaccharide Phytoalexin Elicitor (HPE), *J. Am. Chem. Soc.* 1997, **119**, 449–450.

[1209] Guerrero, L., Smart, O. S., Weston, C. J., Burns, D. C., Woolley, G. A., Allemann, R. K., Photochemical Regulation of DNA-binding Specificity of MyoD, *Angew. Chem. Int. Ed.* 2005, **44**, 7778–7782.

[1210] Bennett, I. M., Farfano, H. M. V., Bogani, F., Primak, A., Liddell, P. A., Otero, L., Sereno, L., Silber, J. J., Moore, A. L., Moore, T. A., Gust, D., Active Transport of Ca^{2+} by an Artificial Photosynthetic Membrane, *Nature* 2002, **420**, 398–401.

[1211] Blanc, A., Bochet, C. G., Wavelength-controlled Orthogonal Photolysis of Protecting Groups, *J. Org. Chem.* 2002, **67**, 5567–5577.

[1212] Yasuda, M., Shiragami, T., Matsumoto, J., Yamashita, T., Shima, K., Photoamination with Ammonia and Amines. In Ramamurthy, V., Schanze, K. S. (eds), *Organic Photochemistry and Photophysics*, Vol. 14, CRC Press, Boca Raton, FL, 2006, pp. 207–253.

[1213] Burdzinski, G., Kubicki, J., Maciejewski, A., Steer, R. P., Velate, S., Yeow, E. K. L., Photochemistry and Photophysics of Highly Excited Valence States of Polyatomic Molecules: Thioketones, and Metalloporphyrins. In Ramamurthy, V., Schanze, K. S. (eds), *Organic Photochemistry and Photophysics*, Vol. 14, CRC Press, Boca Raton, FL, 2006, pp. 75–129.

[1214] Meunier, B., Metalloporphyrins as Versatile Catalysts for Oxidation Reactions and Oxidative DNA Cleavage, *Chem. Rev.* 1992, **92**, 1411–1456.

[1215] Oelgemöller, M., Bunte, J. O., Mattay, J., Photoinduced Electron Transfer Cyclizations via Radical Ions. In Griesbeck, A. G., Mattay, J. (eds), *Synthetic Organic Photochemistry*, Marcel Dekker, New York, 2005, pp. 269–297.

[1216] Whitten, D. G., Photoinduced Electron Transfer Reactions of Metal Complexes in Solution, *Acc. Chem. Res.* 1980, **13**, 83–90.

[1217] Gould, I. R., Young, R. H., Moody, R. E., Farid, S., Contact and Solvent-separated Geminate Radical Ion Pairs in Electron Transfer Photochemistry, *J. Phys. Chem.* 1991, **95**, 2068–2080.

[1218] Weller, A., Photoinduced Electron Transfer in Solution – Exciplex and Radical Ion-pair Formation Free Enthalpies and Their Solvent Dependence, *Z. Phys. Chem.* 1982, **133**, 93–98.

[1219] Mattay, J., Vondenhof, M., Contact and Solvent-separated Radical Ion Pairs in Organic Photochemistry, *Top. Curr. Chem.* 1991, **159**, 219–255.

[1220] Veillard, A., *Ab Initio* Calculations of Transition Metal Organometallics – Structure and Molecular Properties, *Chem. Rev.* 1991, **91**, 743–766.

[1221] Newton, M. D., Quantum Chemical Probes of Electron Transfer Kinetics – The Nature of Donor–Acceptor Interactions, *Chem. Rev.* 1991, **91**, 767–792.

[1222] Lewis, F. D., Reddy, G. D., Schneider, S., Gahr, M., Photophysical and Photochemical Behavior of Intramolecular Styrene–Amine Exciplexes, *J. Am. Chem. Soc.* 1991, **113**, 3498–3506.

[1223] Sobolewski, A. L., Domcke, W., Photoinduced Electron and Proton Transfer in Phenol and Its Clusters with Water and Ammonia, *J. Phys. Chem. A* 2001, **105**, 9275–9283.

[1224] Jacques, P., Burget, D., Allonas, X., On the Quantitative Appraisal of the Free Energy Change ΔG_{ET} in Photoinduced Electron Transfer, *New J. Chem.* 1996, **20**, 933–937.

[1225] Lewis, F. D., Kultgen, S. G., Photochemical Synthesis of Medium-ring Azalactams from *N*-(Aminoalkyl)-2-stilbene Carboxamides, *J. Photochem. Photobiol. A* 1998, **112**, 159–164.

[1226] Wubbels, G. G., Sevetson, B. R., Sanders, H., Competitive Catalysis and Quenching by Amines of Photo-Smiles Rearrangement as Evidence for a Zwitterionic Triplet as the Proton-donating Intermediate, *J. Am. Chem. Soc.* 1989, **111**, 1018–1022.

[1227] Falvey, D. E., Sundararajan, C., Photoremovable Protecting Groups Based on Electron Transfer Chemistry, *Photochem. Photobiol. Sci.* 2004, **3**, 831–838.

[1228] Banerjee, A., Falvey, D. E., Direct Photolysis of Phenacyl Protecting Groups Studied by Laser Flash Photolysis: an Excited State Hydrogen Atom Abstraction Pathway Leads to Formation of Carboxylic Acids and Acetophenone, *J. Am. Chem. Soc.* 1998, **120**, 2965–2966.

[1229] Literák, J., Dostalová, A., Klán, P., Chain Mechanism in the Photocleavage of Phenacyl and Pyridacyl Esters in the Presence of Hydrogen Donors, *J. Org. Chem.* 2006, **71**, 713–723.

[1230] Banerjee, A., Falvey, D. E., Protecting Groups that Can Be Removed Through Photochemical Electron Transfer: Mechanistic and Product Studies on Photosensitized Release of Carboxylates from Phenacyl Esters, *J. Org. Chem.* 1997, **62**, 6245–6251.

[1231] Majima, T., Pac, C., Nakasone, A., Sakurai, H., Redox-photosensitized Reactions. 7. Aromatic Hydrocarbon-photosensitized Electron-transfer Reactions of Furan, Methylated Furans,1,1-Diphenylethylene, and Indene with *p*-Dicyanobenzene *J. Am. Chem. Soc.* 1981, **103**, 4499–4508.

[1232] Zhang, X. M., Mariano, P. S., Mechanistic Details for SET-promoted Photoadditions of Amines to Conjugated Enones Arising from Studies of Aniline–Cyclohexenone Photoreactions, *J. Org. Chem.* 1991, **56**, 1655–1660.

[1233] Jeon, Y. T., Lee, C. P., Mariano, P. S., Radical Cyclization Reactions of α-Silyl Amine α,β-Unsaturated Ketone and Ester Systems Promoted by Single Electron Transfer Photosensitization, *J. Am. Chem. Soc.* 1991, **113**, 8847–8863.

[1234] Goeller, F., Heinemann, C., Demuth, M., Investigations of Cascade Cyclizations of Terpenoid Polyalkenes via Radical Cations. A Biomimetic-type Synthesis of (±)-3-Hydroxy-spongian-16-one, *Synthesis* 2001, 1114–1116.

[1235] Durham, B., Caspar, J. V., Nagle, J. K., Meyer, T. J., Photochemistry of Ru(Bpy)$_3^{2+}$, *J. Am. Chem. Soc.* 1982, **104**, 4803–4810.

[1236] Segawa, H., Shimidzu, T., Honda, K., A Novel Photosensitized Polymerization of Pyrrole, *J. Chem. Soc., Chem. Commun.* 1989, 132–133.

[1237] Kato, H., Asakura, K., Kudo, A., Highly Efficient Water Splitting into H_2 and O_2 Over Lanthanum-doped $NaTaO_3$ Photocatalysts with High Crystallinity and Surface Nanostructure, *J. Am. Chem. Soc.* 2003, **125**, 3082–3089.

[1238] Elvington, M., Brown, J., Arachchige, S. M., Brewer, K. J., Photocatalytic Hydrogen Production from Water Employing a Ru, Rh, Ru Molecular Device for Photoinitiated Electron Collection, *J. Am. Chem. Soc.* 2007, **129**, 10644–10645.

[1239] Ballardini, R., Balzani, V., Credi, A., Gandolfi, M. T., Venturi, M., Artificial Molecular-level Machines: Which Energy to Make them Work? *Acc. Chem. Res.* 2001, **34**, 445–455.

[1240] Browne, W. R., Feringa, B. L., Making Molecular Machines Work, *Nat. Nanotech.* 2006, **1**, 25–35.

[1241] Balzani, V., Credi, A., Ferrer, B., Silvi, S., Venturi, M., Artificial Molecular Motors and Machines: Design Principles and Prototype Systems, *Top. Curr. Chem.* 2005, **262**, 1–28.

[1242] Balzani, V., Credi, A., Raymo, F. M., Stoddart, J. F., Artificial Molecular Machines, *Angew. Chem. Int. Ed.* 2000, **39**, 3349–3391.

[1243] Vacek, J., Michl, J., Artificial Surface-mounted Molecular Rotors: Molecular Dynamics Simulations, *Adv. Funct. Mater.* 2007, **17**, 730–739.

[1244] Sauvage, J. P., Transition Metal-containing Rotaxanes and Catenanes in Motion: Toward Molecular Machines and Motors, *Acc. Chem. Res.* 1998, **31**, 611–619.

[1245] van Delden, R. A., ter Wiel, M. K. J., Pollard, M. M., Vicario, J., Koumura, N., Feringa, B. L., Unidirectional Molecular Motor on a Gold Surface, *Nature* 2005, **437**, 1337–1340.

[1246] Balzani, V., Clemente-Leon, M., Credi, A., Ferrer, B., Venturi, M., Flood, A. H., Stoddart, J. F., Autonomous Artificial Nanomotor Powered by Sunlight, *Proc. Natl. Acad. Sci. USA* 2006, **103**, 1178–1183.

[1247] Stemp, E. D. A., Arkin, M. R., Barton, J. K., Oxidation of Guanine in DNA by Ru(phen)(II)(dppz)$^{3+}$ Using the Flash-quench Technique, *J. Am. Chem. Soc.* 1997, **119**, 2921–2925.

[1248] Szacilowski, K., Macyk, W., Drzewiecka-Matuszek, A., Brindell, M., Stochel, G., Bioinorganic Photochemistry: Frontiers and Mechanisms, *Chem. Rev.* 2005, **105**, 2647–2694.

[1249] Boyle, R. W., Dolphin, D., Structure and Biodistribution Relationships of Photodynamic Sensitizers, *Photochem. Photobiol.* 1996, **64**, 469–485.

[1250] Tsuchiya, S., Intramolecular Electron Transfer of Diporphyrins Comprised of Electron-deficient Porphyrin and Electron-rich Porphyrin with Photocontrolled Isomerization, *J. Am. Chem. Soc.* 1999, **121**, 48–53.

[1251] Barton, D. H., Beaton, J. M., A Synthesis of Aldosterone Acetate, *J. Am. Chem. Soc.* 1961, **83**, 4083–4089.

[1252] Horspool, W. M., Kershaw, J. R., Murray, A. W., Stevenson, G. M., Photolysis of 4-substituted 1,2,3-Benzotriazine-3-N-oxides, *J. Am. Chem. Soc.* 1973, **95**, 2390–2391.

[1253] Xu, W., Jeon, Y. T., Hasegawa, E., Yoon, U. C., Mariano, P. S., Novel Electron-transfer Photocyclization Reactions of α-Silyl Amine α,β-Unsaturated Ketone and Ester Systems, *J. Am. Chem. Soc.* 1989, **111**, 406–408.

[1254] Moriconi, E. J., Murray, J. J., Pyrolysis and Photolysis of 1-Methyl-3-Diazooxindole. Base Decomposition of Isatin 2-Tosylhydrazone, *J. Org. Chem.* 1964, **29**, 3577–3584.

[1255] Gee, K. R., Niu, L., Schaper, K., Jayaraman, V., Hess, G. P., Synthesis and Photochemistry of a Photolabile Precursor of N-Methyl-D-aspartate (NMDA) that is Photolyzed in the Microsecond Time Region and is Suitable for Chemical Kinetic Investigations of the NMDA Receptor, *Biochemistry* 1999, **38**, 3140–3147.

[1256] Suginome, H., Kaji, M., and Yamada, S., Photo-Induced Molecular Transformations. 87. Regiospecific Photo-Beckmann Rearrangement of Steroidal α,β-Unsaturated Ketone Oximes: Synthesis of Some Steroidal Enamino Lactams, *J. Chem. Soc., Perkin Trans. 1*, 1988, 321–326.

[1257] Falk, K. J., Steer, R. P., Photophysics and Intramolecular Photochemistry of Adamantanethione, Thiocamphor, and Thiofenchone Excited to Their 2nd Excited Singlet States – Evidence for Subpicosecond Photoprocesses, *J. Am. Chem. Soc.* 1989, **111**, 6518–6524.

[1258] Petiau, M., Fabian, J., The Thiocarbonyl Chromophore. A Time-dependent Density-functional Study, *THEOCHEM* 2001, **538**, 253–260.

[1259] Pushkara Rao, V., Nageshwer Rao, B., Ramamurthy, V., Thiocarbonyl: Photochemical Hydrogen Abstraction. In Horspool, W. M., Song, P.-S. (eds), *CRC Handbook of Organic Photochemistry and Photobiology*, CRC Press, Boca Raton, FL, 1995, pp. 793–802.

[1260] Ramamurthy, V., Nageshwer Rao, B., Pushkara Rao, V., Solution Photochemistry of Thioketones. In Horspool, W. M., Song, P.-S. (eds), *CRC Handbook of Organic Photochemistry and Photobiology*, CRC Press, Boca Raton, FL, 1995, pp. 775–792.

[1261] Maciejewski, A., Steer, R. P., The Photophysics, Physical Photochemistry, and Related Spectroscopy of Thiocarbonyls, *Chem. Rev.* 1993, **93**, 67–98.

[1262] Steer, R. P., Ramamurthy, V., Photophysics and Intramolecular Photochemistry of Thiones in Solution, *Acc. Chem. Res.* 1988, **21**, 380–386.

[1263] Sakamoto, M., Photochemical Aspects of Thiocarbonyl Compounds in the Solid-state, *Org. Solid State React.* 2005, **254**, 207–232.

[1264] Coyle, J. D., The Photochemistry of Thiocarbonyl Compounds, *Tetrahedron* 1985, **41**, 5393–5425.

[1265] Lin, L., Ding, W. J., Fang, W. H., Liu, R. Z., Theoretical Prediction of the Structures and Reactivity of Thiocarbonyl Compounds in Excited States, *Acta Chim. Sin.* 2003, **61**, 1–7.

[1266] Sikorski, M., Khmelinskii, I. V., Augustyniak, W., Wilkinson, F., Triplet State Decay of Some Thioketones in Solution, *J. Chem. Soc., Faraday Trans.* 1996, **92**, 3487–3490.

[1267] Sustmann, R., Sicking, W., Huisgen, R., Regiochemistry in Cycloadditions of Diazomethane to Thioformaldehyde and Thioketones *J. Org. Chem.* 1993, **58**, 82–89.

[1268] Rao, V. P., Chandrasekhar, J., Ramamurthy, V., Thermal and Photochemical Cycloaddition Reactions of Thiocarbonyls – A Qualitative Molecular-Orbital Analysis, *J. Chem. Soc., Perkin Trans. 2* 1988, 647–659.

[1269] Sumathi, K., Chandra, A. K., A Comparative Study of the Photochemical Hydrogen-Abstraction Reactions of a Ketone and a Thione, *J. Photochem. Photobiol. A* 1988, **43**, 313–327.

[1270] Bigot, B., Theoretical Study on the Origin of the Behavior of Ketones and Thiones in Hydrogen Photoabstraction Reactions, *Isr. J. Chem.* 1983, **23**, 116–123.

[1271] Fu, T. Y., Scheffer, J. R., Trotter, J., Crystal Structure–Reactivity Relationships in the Solid State Photochemistry of 2,4,6-Triisopropylthiobenzophenone: C=O···H versus C=S···H Abstraction Geometry, *Tetrahedron Lett.* 1996, **37**, 2125–2128.

[1272] Ho, K. W., de Mayo, P., Thione Photochemistry. On the Mechanism of Photocyclization of Aralkyl Thiones, *J. Am. Chem. Soc.* 1979, **101**, 5725–5732.

[1273] Okazaki, R., Ishii, A., Fukuda, N., Oyama, H., Inamoto, N., Thermal and Photochemical Reactions of a Stable Thiobenzaldehyde, 2,4,6-Tri-*t*-butylthiobenzaldehyde, *Tetrahedron Lett.* 1984, **25**, 849–852.

[1274] Couture, A., Gomez, J., de Mayo, P., Thione Photochemistry. 31. Abstraction and Cyclization at the β-Position of Aralkyl Thiones from 2 Excited States, *J. Org. Chem.* 1981, **46**, 2010–2016.

[1275] Kumar, C. V., Qin, L., Das, P. K., Aromatic Thioketone Triplets and Their Quenching Behavior Towards Oxygen and Di-*t*-butylnitroxy Radical – A Laser-flash Photolysis Study, *J. Chem. Soc, Faraday Trans. 2*, 1984, **80**, 783–793.

[1276] Ohno, A., Ohnishi, Y., Tsuchihashi, G., Photocycloaddition of Thiocarbonyl Compounds to Olefins. Reaction of Thiobenzophenone with Various Types of Olefins. V, *J. Am. Chem. Soc.* 1969, **91**, 5038–5045.

[1277] Still, I. W. J., Photochemistry of Organic Sulfur Compounds. In Bernardi, F., Csizmadia, I. G., Mangini, A. (eds), *Studies in Organic Chemistry*, Vol. 19, Elsevier, Amsterdam, 1985, pp. 596–658.

[1278] Coyle, J. D., Photochemistry of Organic Sulfur Compounds, *Chem. Soc. Rev.* 1975, **4**, 523–532.

[1279] Pillai, V. N. R., Photochemical Methods for Protection and Deprotection of Sulfur-containing Compounds. In Horspool, W. M., Song, P.-S. (eds), *CRC Handbook of Organic Photochemistry and Photobiology*, CRC Press, Boca Raton, FL, 1995, pp. 766–774.

[1280] Cubbage, J. W., Jenks, W. S., Computational Studies of the Ground and Excited State Potentials of DMSO and H_2SO: Relevance to Photostereomutation, *J. Phys. Chem. A* 2001, **105**, 10588–10595.

[1281] Gerwens, H., Jug, K., SINDO1 Study of the Photoreaction of Tetramethylene Sulfone, *J. Comput. Chem.* 1995, **16**, 405–413.

[1282] Langler, R. F., Marini, Z. A., Pincock, J. A., Photochemistry of Benzylic Sulfonyl Compounds – Preparation of Sulfones and Sulfinic Acids, *Can. J. Chem.* 1978, **56**, 903–907.

[1283] Izawa, Y., Kuromiya, N., Photolysis of Methyl Benzenesulfonate in Methanol, *Bull. Chem. Soc. Jpn.* 1975, **48**, 3197–3199.

[1284] Givens, R. S., Matuszewski, B., Photoextrusion Reactions – Comparative Mechanistic Study of SO_2 Photoextrusion, *Tetrahedron Lett.* 1978, 861–864.

[1285] Givens, R. S., Olsen, R. J., Wylie, P. L., Mechanistic Studies in Photochemistry. 21. Photoextrusion of Sulfur Dioxide – General Route to [2.2]Cyclophanes, *J. Org. Chem.* 1979, **44**, 1608–1613.

[1286] Pete, J. P., Portella, C., Photolysis of Alkyl Arenesulfonates – Influence of Bases and Reaction Mechanism, *Bull. Soc. Chim. Fr.* 1980, 275–282.

[1287] Zen, S., Tashima, S., Koto, S., Photolysis of Sugar Tosylate. A New Procedure for the De-*O*-tosylation, *Bull. Chem. Soc. Jpn.* 1968, **41**, 3025–3025.

[1288] Masnovi, J., Koholic, D. J., Berki, R. J., Binkley, R. W., Reductive Cleavage of Sulfonates – Deprotection of Carbohydrate Tosylates by Photoinduced Electron Transfer, *J. Am. Chem. Soc.* 1987, **109**, 2851–2853.

[1289] Binkley, R. W., Koholic, D. J., Photoremovable Hydroxyl Group Protection – Use of the *p*-Tolysulfonyl Protecting Group in β-Disaccharide Synthesis, *J. Org. Chem.* 1989, **54**, 3577–3581.

[1290] Schultz, A. G., Schlessinger, R. H., The Role of Sulphenate Esters in Sulphoxide Photoracemization, *J. Chem. Soc. D* 1970, 1294–1295.

[1291] Sakamoto, M., Aoyama, H., Omote, Y., Photochemical Reactions of Acyclic Monothioimides – A Novel Photorearrangement Involving 1,2-Thiobenzoyl Shift, *J. Org. Chem.* 1984, **49**, 1837–1838.

[1292] Harmata, M., Herron, B. F., Photochemical Activation of Trimethylsilylmethyl Allylic Sulfones for Intramolecular 4 + 3 Cycloaddition, *Tetrahedron Lett.* 1993, **34**, 5381–5384.

[1293] Bolton, J. R., Chen, K. S., Lawrence, A. H., de Mayo, P., Thione Photochemistry. Photoreduction of Adamantanethione, *J. Am. Chem. Soc.* 1975, **97**, 1832–1837.

[1294] Givens, R. S., Hrinczenko, B., Liu, J. H. S., Matuszewski, B., Tholencollison, J., Photoextrusion of SO_2 from Arylmethyl Sulfones. Exploration of the Mechanism by Chemical Trapping, Chiral, and CIDNP Probes, *J. Am. Chem. Soc.* 1984, **106**, 1779–1789.

[1295] Ingold, K. U., Lusztyk, J., Raner, K. D., The Unusual and the Unexpected in an Old Reaction – The Photochlorination of Alkanes with Molecular Chlorine in Solution, *Acc. Chem. Res.* 1990, **23**, 219–225.

[1296] Dneprovskii, A. S., Kuznetsov, D. V., Eliseenkov, E. V., Fletcher, B., Tanko, J. M., Free Radical Chlorinations in Halogenated Solvents: Are There Any Solvents Which Are Truly Noncomplexing? *J. Org. Chem.* 1998, **63**, 8860–8864.

[1297] Alexander, A. J., Kim, Z. H., Kandel, S. A., Zare, R. N., Rakitzis, T. P., Asano, Y., Yabushita, S., Oriented Chlorine Atoms as a Probe of the Nonadiabatic Photodissociation Dynamics of Molecular Chlorine, *J. Chem. Phys.* 2000, **113**, 9022–9031.

[1298] Kim, Z. H., Alexander, A. J., Kandel, S. A., Rakitzis, T. P., Zare, R. N., Orientation as a Probe of Photodissociation Dynamics, *Faraday Discuss.* 1999, 27–36.

[1299] Rangel, C., Navarrete, M., Corchado, J. C., Espinosa-Garcia, J., Potential Energy Surface, Kinetics, and Dynamics Study of the $Cl + CH_4 \rightarrow HCl + CH_3$ Reaction, *J. Chem. Phys.* 2006, 124.

[1300] Murray, C., Orr-Ewing, A. J., The Dynamics of Chlorine Atom Reactions with Polyatomic Organic Molecules, *Int. Rev. Phys. Chem.* 2004, **23**, 435–482.

[1301] Rudic, S., Murray, C., Harvey, J. N., Orr-Ewing, A. J., On-the-fly *Ab Initio* Trajectory Calculations of the Dynamics of Cl Atom Reactions with Methane, Ethane and Methanol, *J. Chem. Phys.* 2004, **120**, 186–198.

[1302] Smith, G. W., Williams, H. D., Some Reactions of Adamantane and Adamantane Derivatives, *J. Org. Chem.* 1961, **26**, 2207–2212.

[1303] Poutsma, M. L., Chlorination Studies of Unsaturated Materials in Nonpolar Media. 3. Competition between Ionic and Free-radical Reactions During Chlorination of Isomeric Butenes and Allyl Chloride, *J. Am. Chem. Soc.* 1965, **87**, 2172–2183.

[1304] Russell, G. A., Deboer, C., Substitutions at Saturated Carbon–Hydrogen Bonds Utilizing Molecular Bromine or Bromotrichloromethane, *J. Am. Chem. Soc.* 1963, **85**, 3136–3139.

[1305] Calo, V., Lopez, L., Pesce, G., Regio-selective and Stereo-selective Free-radical Bromination of Steroidal α,β-Unsaturated Ketones, *J. Chem. Soc., Perkin Trans. 2* 1976, 247–248.

[1306] Chow, Y. L., Zhao, D. C., The Presence of 2 Reactive Intermediates in the Photolysis of *N*-Bromosuccinimide – Kinetic Proofs, *J. Org. Chem.* 1989, **54**, 530–534.

[1307] Tanner, D. D., Ruo, T. C.S., Takiguchi, H., Guillaume, A., Reed, D. W., Setiloane, B. P., Tan, S. L., Meintzer, C. P., On the Mechanism of *N*-Bromosuccinimide Brominations – Bromination of Cyclohexane and Cyclopentane with *N*-Bromosuccinimide, *J. Org. Chem.* 1983, **48**, 2743–2747.

[1308] Fischer, M., Industrial Applications of Photochemical Syntheses, *Angew. Chem. Int. Ed. Engl.* 1978, **17**, 16–26.

[1309] Heinisch, E., Kettrup, A., Bergheim, W., Martens, D., Wenzel, S., Persistent Chlorinated Hydrocarbons (PCHC), Source Oriented Monitoring in Aquatic Media – 3. The Isomers of Hexachlorocyclohexane, *Fresenius Environ. Bull.* 2005, **14**, 444–462.

[1310] Liu, R. S.H., Asato, A. E., Photochemistry and Synthesis of Stereoisomers of Vitamin A, *Tetrahedron* 1984, **40**, 1931–1969.

[1311] Pape, M., Industrial Applications of Photochemistry, *Pure Appl. Chem.* 1975, **41**, 535–558.

[1312] Monnerie, N., Ortner, J., Economic Evaluation of the Industrial Photosynthesis of Rose Oxide via Lamp or Solar Operated Photooxidation of Citronellol, *J. Solar Energy Eng.* 2001, **123**, 171–174.

[1313] Alt, L., The Photochemical Industry: Historical Essays in Business Strategy and Internationalization, *Bus. Econ. Hist.* 1987, **16**, 183–190.

[1314] Kropp, P. J., Photobehavior of Alkyl Halides. In Horspool, W. M., Lenci, F. (eds), *CRC Handbook of Organic Photochemistry and Photobiology*, 2nd edn, CRC Press LLC, Boca Raton, FL, 2004, Chapter 1, pp. 1–32.

[1315] Kitamura, T., C–X Bond Fission in Alkene Systems. In Horspool, W. M., Song, P.-S. (eds), *CRC Handbook of Organic Photochemistry and Photobiology*, CRC Press, Boca Raton, FL, 1995, pp. 1171–1180.

[1316] Grimshaw, J., Desilva, A. P., Photochemistry and Photocyclization of Aryl Halides, *Chem. Soc. Rev.* 1981, **10**, 181–203.

[1317] Kropp, P. J., Photobehavior of Alkylhalides in Solution – Radical, Carbocation, and Carbene Intermediates, *Acc. Chem. Res.* 1984, **17**, 131–137.

[1318] Kessar, S. V., Mankotia, A. K.S., Photocyclization of Haloarenes. In Horspool, W. M., Song, P.-S. (eds), *CRC Handbook of Organic Photochemistry and Photobiology*, CRC Press, Boca Raton, FL, 1995, pp. 1218–1228.

[1319] Suginome, H., Reaction and Synthetic Application of Oxygen-centered Radicals Photochemically Generated from Alkyl Hypohalites. In Horspool, W. M., Lenci, F. (eds), *CRC Handbook of Organic Photochemistry and Photobiology*, 2nd edn, CRC Press LLC, Boca Raton, FL, 2004, Chapter 109, pp. 1–16.

[1320] Albini, A., Fagnoni, M., Photoinduced CX Cleavage of Benzylic Substrates. In Griesbeck, A. G., Mattay, J. (eds), *Synthetic Organic Photochemistry*, Marcel Dekker, New York, 2005, pp. 453–494.

[1321] Fleming, S. A., Pincock, J. A., Photochemical Cleavage reactions of Benzyl–Heteroatom Sigma Bonds. In Ramamurthy, V., Schanze, K. (eds), *Organic Molecular Photochemistry*, Vol. 3, Marcel Dekker, New York, 1999, pp. 211–281.

[1322] Rozgonyi, T., Gonzalez, L., Photochemistry of CH_2BrCl: an *Ab Initio* and Dynamical Study, *J. Phys. Chem. A* 2002, **106**, 11150–11161.

[1323] Liu, K., Zhao, H. M., Wang, C. X., Zhang, A. H., Ma, S. Y., Li, Z. H., A Theoretical Study of Bond Selective Photochemistry in CH_2BrI, *J. Chem. Phys.* 2005, **122**, 44310.

[1324] Tian, Y. C., Liu, Y. J., Fang, W. H., Theoretical Investigation on *o*-, *m*-, and *p*-Chlorotoluene Photodissociations at 193 and 266 nm, *J. Chem. Phys.* 2007, **127**, 044309.

[1325] Ji, L., Tang, Y., Zhu, R. S., Wei, Z. R., Zhang, B., Photodissociation Dynamics of Allyl Bromide at 234, 265, and 267 nm *J. Chem. Phys.* 2006, **125**, 164307.

[1326] Parsons, B. F., Butler, L. J., Ruscic, B., Theoretical Investigation of the Transition States Leading to HCl Elimination in 2-Chloropropene, *Mol. Phys.* 2002, **100**, 865–874.

[1327] Zhu, R. S., Zhang, H., Wang, G. J., Gu, X. B., Han, K. L., He, G. Z., Lou, N. Q., Photodissociation of o-Dichlorobenzene at 266 nm, Chem. Phys. 1999, **248**, 285–292.

[1328] Katayanagi, H., Yonekuira, N., Suzuki, T., C–Br Bond Rupture in 193 nm Photodissociation of Vinyl Bromide, Chem. Phys. 1998, **231**, 345–353.

[1329] Wang, G. J., Zhu, R. S., Zhang, H., Han, K. L., He, G. Z., Lou, N. Q., Photodissociation of Chlorobenzene at 266 nm, Chem. Phys. Lett. 1998, **288**, 429–432.

[1330] Liu, Y. J., Tian, Y. C., Fang, W. H., Spin–Orbit Ab Initio Investigation of the Photolysis of o-, m-, and p-Bromotoluene, J. Chem. Phys. 2008, **128**, 064307.

[1331] Liu, Y. J., Ajitha, D., Krogh, J. W., Tarnovsky, A. N., Lindh, R., Spin–Orbit Ab Initio Investigation of the Photolysis of Bromoiodomethane, ChemPhysChem 2006, **7**, 955–963.

[1332] Zhu, R. S., Tang, B. F., Ji, L., Tang, Y., Zhang, B., Measurement of Photolysis Branching Ratios of 2-Bromopropane at 234 and 267 nm, Chem. Phys. Lett. 2005, **405**, 58–62.

[1333] Tang, B. F., Zhu, R. S., Tang, Y., Ji, L., Zhang, B., Photodissociation of Bromobenzene at 267 and 234 nm: Experimental and Theoretical Investigation of the Photodissociation Mechanism, Chem. Phys. Lett. 2003, **381**, 617–622.

[1334] Balasubramanian, A., Substituent and Solvent Effects on n,σ* Transition of Alkyl Iodides, Indian J. Chem. 1963, **1**, 329–330.

[1335] Shepson, P. B., Heicklen, J., Photooxidation of Ethyl Iodide at 22 °C, J. Phys. Chem. 1981, **85**, 2691–2694.

[1336] Kropp, P. J., Poindexter, G. S., Pienta, N. J., Hamilton, D. C., Photochemistry of Alkyl Halides. 4. 1-Norbornyl, 1-Norbornylmethyl, 1-Adamantyl and 2-Adamantyl, and 1-Octyl Bromides and Iodides, J. Am. Chem. Soc. 1976, **98**, 8135–8144.

[1337] Luef, W., Keese, R., Synthesis of 1-Hydroxynorbornene from Norcamphor, Chimia 1982, **36**, 81–82.

[1338] Kharasch, M. S., Reinmuth, O., Urry, W. H., Reactions of Atoms and Free Radicals in Solution. 11. The Addition of Bromotrichloromethane to Olefins, J. Am. Chem. Soc. 1947, **69**, 1105–1110.

[1339] McNeely, S. A., Kropp, P. J., Photochemistry of Alkyl Halides. 3. Generation of Vinyl Cations, J. Am. Chem. Soc. 1976, **98**, 4319–4320.

[1340] Bunce, N. J., Bergsma, J. P., Bergsma, M. D., Degraaf, W., Kumar, Y., Ravanal, L., Structure and Mechanism in the Photoreduction of Aryl Chlorides in Alkane Solvents, J. Org. Chem. 1980, **45**, 3708–3713.

[1341] Pinhey, J. T., Rigby, R. D.G., Photoreduction of Chloro- and Bromo-aromatic Compounds, Tetrahedron Lett. 1969, 1267–1270.

[1342] Henderson, W. A., Lopresti, R., Zweig, A., Photolytic Rearrangement and Halogen-dependent Photocylization of Halophenylnaphthalenes. II., J. Am. Chem. Soc. 1969, **91**, 6049–6057.

[1343] Bunce, N. J., Kumar, Y., Ravanal, L., Safe, S., Photochemistry of Chlorinated Biphenyls in iso-Octane Solution, J. Chem. Soc., Perkin Trans. 2 1978, 880–884.

[1344] Bonnichon, F., Richard, C., Grabner, G., Formation of an α-Ketocarbene by Photolysis of Aqueous 2-Bromophenol Chem. Commun. 2001, 73–74.

[1345] Urwyler, B., Wirz, J., The Tautomeric Equilibrium between Cyclopentadienyl-1-carboxylic Acid and Fulvene-6,6-diol in Aqueous Solution, Angew. Chem. Int. Ed. Engl. 1990, **29**, 790–792.

[1346] Guyon, C., Boule, P., Lemaire, J., Photochemistry and the Environment. 3. Formation of Cyclopentadienic Acid by Irradiation of 2-Chlorophenol in Basic Aqueous Solution, Tetrahedron Lett. 1982, **23**, 1581–1584.

[1347] Konstantinov, A., Kingsmill, C. A., Ferguson, G., Bunce, N. J., Successive Photosubstitution of Hexachlorobenzene with Cyanide Ion, J. Am. Chem. Soc. 1998, **120**, 5464–5468.

[1348] Reddy, D. S., Sollott, G. P., Eaton, P. E., Photolysis of Cubyl Iodides – Access to the Cubyl Cation, J. Org. Chem. 1989, **54**, 722–723.

[1349] Kitamura, T., Photochemistry of Hypervalent Iodine Compounds. In Horspool, W. M., Lenci, F. (eds), *CRC Handbook of Organic Photochemistry and Photobiology*, 2nd edn, CRC Press LLC, Boca Raton, FL, 2004, Chapter 110, pp. 1–16.

[1350] Dektar, J. L., Hacker, N. P., Photochemistry of Diaryliodonium Salts, *J. Org. Chem.* 1990, **55**, 639–647.

[1351] Crivello, J. V., Lam, J. H.W., Diaryliodonium Salts – New Class of Photoinitiators for Cationic Polymerization, *Macromolecules* 1977, **10**, 1307–1315.

[1352] Anbar, M., Ginsburg, D., Organic Hypohalites, *Chem. Rev.* 1954, **54**, 925–958.

[1353] Akhtar, M., Barton, D. H.R., Reactions at Position 19 in Steroid Nucleus. Convenient Synthesis of 19-Norsteroids, *J. Am. Chem. Soc.* 1964, **86**, 1528–1536.

[1354] Semmelhack, M. F., Bargar, T., Photostimulated Nucleophilic Aromatic Substitution for Halides with Carbon Nucleophiles. Preparative and Mechanistic Aspects, *J. Am. Chem. Soc.* 1980, **102**, 7765–7774.

[1355] Ahmed, S. A., Awad, I. M.A., Abdel-Wahab, A. M.A., A Highly Efficient Photochemical Bromination as a New Method for Preparation of Mono, Bis and Fused Pyrazole Derivatives, *Photochem. Photobiol. Sci.* 2002, **1**, 84–86.

[1356] Jenner, E. L., Intramolecular Hydrogen Abstraction in a Primary Alkoxy Radical, *J. Org. Chem* **1962**, 1031, **27**.

[1357] Vaillard, S. E., Postigo, A., Rossi, R. A., Syntheses of 3-Substituted 2,3-Dihydrobenzofuranes,1,2-Dihydronaphtho(2,1-*b*)furanes, and 2,3-Dihydro-1*H*-indoles by Tandem Ring Closure – $S_{RN}1$ Reactions *J. Org. Chem.* 2002, **67**, 8500–8506.

[1358] Lissi, E. A., Lemp, E., Zanocco, A. L., Singlet-oxygen Reaction: Solvent and Compartmentalization Effects. In Ramamurthy, V., Schanze, K. (eds), *Understanding and Manipulating Excited-state Processes*, Marcel Dekker, New York, 2001, pp. 287–316.

[1359] Foote, C. S., Photosensitized Oxygenations and Role of Singlet Oxygen, *Acc. Chem. Res.* 1968, **1**, 104–110.

[1360] Schweitzer, C., Schmidt, R., Physical Mechanisms of Generation and Deactivation of Singlet Oxygen, *Chem. Rev.* 2003, **103**, 1685–1757.

[1361] Ogilby, P. R., Solvent Effects on the Radiative Transitions of Singlet Oxygen, *Acc. Chem. Res.* 1999, **32**, 512–519.

[1362] Slanger, T. G., Copeland, R. A., Energetic Oxygen in the Upper Atmosphere and the Laboratory, *Chem. Rev.* 2003, **103**, 4731–4765.

[1363] Lissi, E. A., Encinas, M. V., Lemp, E., Rubio, M. A., Singlet Oxygen O_2 ($^1\Delta_g$) Bimolecular Processes – Solvent and Compartmentalization Effects, *Chem. Rev.* 1993, **93**, 699–723.

[1364] Keilin, D., Hartree, E. F., Absorption Spectrum of Oxygen, *Nature* 1950, **165**, 543–544.

[1365] Gollnick, K., Photooxygenation Reactions in Solution, *Adv. Photochem.* 1968, **6**, 1–114.

[1366] Foote, C. S., Definition of Type I and Type II Photosensitized Oxidation, *Photochem. Photobiol.* 1991, **54**, 659–659.

[1367] Hutzinger, O., *The Handbook of Environmental Chemistry*, Springer, Berlin, 1982.

[1368] Molina, L. T., Molina, M. J., Absolute Absorption Cross-sections of Ozone in the 185-nm to 350-nm Wavelength Range, *J. Geophys. Res.* 1986, **91**, 14501–14508.

[1369] Molina, M. J., Rowland, F. S., Stratospheric Sink for Chlorofluoromethanes – Chlorine Atomic-catalysed Destruction of Ozone, *Nature* 1974, **249**, 810–812.

[1370] Molina, M. J., Molina, L. T., Kolb, C. E., Gas-phase and Heterogeneous Chemical Kinetics of the Troposphere and Stratosphere, *Annu. Rev. Phys. Chem.* 1996, **47**, 327–367.

[1371] Domine, F., Shepson, P. B., Air–Snow Interactions and Atmospheric Chemistry, *Science* 2002, **297**, 1506–1510.

[1372] Grannas, A. M., Jones, A. E., Dibb, J., Ammann, M., Anastasio, C., Beine, H. J., Bergin, M., Bottenheim, J., Boxe, C. S., Carver, G., Chen, G., Crawford, J. H., Domine, F., Frey, M. M., Guzman, M. I., Heard, D. E., Helmig, D., Hoffmann, M. R., Honrath, R. E., Huey, L. G.,

Hutterli, M., Jacobi, H. W., Klán, P., Lefer, B., McConnell, J., Plane, J., Sander, R., Savarino, J., Shepson, P. B., Simpson, W. R., Sodeau, J. R., von Glasow, R., Weller, R., Wolff, E. W., Zhu, T., An Overview of Snow Photochemistry: Evidence, Mechanisms and Impacts, *Atmos. Chem. Phys.* 2007, **7**, 4329–4373.

[1373] Atkinson, R., Atmospheric Chemistry of VOCs and NO$_x$, *Atmos. Environ.* 2000, **34**, 2063–2101.

[1374] Chameides, W. L., Lindsay, R. W., Richardson, J., Kiang, C. S., The Role of Biogenic Hydrocarbons in Urban Photochemical Smog – Atlanta as a Case Study, *Science* 1988, **241**, 1473–1475.

[1375] Pitts, J. N., Khan, A. U., Smith, E. B., Wayne, R. P., Singlet Oxygen in Environmental Sciences Singlet Molecular Oxygen and Photochemical Air Pollution, *Environ. Sci. Technol.* 1969, **3**, 241–247.

[1376] Griesbeck, A. G., El-Idreesy, T. T., Adam, W., Krebs, O., Ene-reactions with Singlet Oxygen. In Horspool, W. M., Lenci, F. (eds), *CRC Handbook of Organic Photochemistry and Photobiology*, 2nd edn, CRC Press LLC, Boca Raton, FL, 2004, Chapter 8, pp. 1–20.

[1377] Orfanopoulos, M., Singlet-oxygen Ene-sensitized Photooxygenations: Stereochemistry and Mechanisms. In Ramamurthy, V., Schanze, K. (eds), *Understanding and Manipulating Excited-state Processes*, Marcel Dekker, New York, 2001, pp. 243–285.

[1378] Skovsen, E., Snyder, J. W., Lambert, J. D.C., Ogilby, P. R., Lifetime and Diffusion of Singlet Oxygen in a Cell, *J. Chem. Phys. B* 2005, **109**, 8570–8573.

[1379] Schmidt, R., Brauer, H. D., Radiationless Deactivation of Singlet Oxygen ($^1\Delta_g$) by Solvent Molecules, *J. Am. Chem. Soc.* 1987, **109**, 6976–6981.

[1380] Garner, A., Wilkinson, F., Quenching of Triplet States by Molecular Oxygen and Role of Charge-transfer Interactions, *Chem. Phys. Lett.* 1977, **45**, 432–435.

[1381] Harber, L. C., Bickers, D. R., Drug Induced Photosensitivity (Phototoxic and Photoallergic Drug Reactions). In Harber, L. C., Bickers, D. R. (eds), *Photosensitivity Diseases. Principles of Diagnosis and Treatment*, 2nd edn, Marcel Decker, Toronto, 1986, pp. 160–202.

[1382] Moore, D. E., Drug-induced Cutaneous Photosensitivity – Incidence, Mechanism, Prevention and Management, *Drug Safety* 2002, **25**, 345–372.

[1383] Hasan, T., Kochevar, I. E., McAuliffe, D. J., Cooperman, B. S., Abdulah, D., Mechanism of Tetracycline Phototoxicity, *J. Invest. Dermatol.* 1984, **83**, 179–183.

[1384] Griesbeck, A. G., Gudipati, M. S., Endoperoxides: Thermal and Photochemical Reactions and Spectroscopy. In Horspool, W. M., Lenci, F. (eds), *CRC Handbook of Organic Photochemistry and Photobiology*, 2nd edn, CRC Press LLC, Boca Raton, FL, 2004, Chapter 108, pp. 1–15.

[1385] Aubry, J. M., Pierlot, C., Rigaudy, J., Schmidt, R., Reversible Binding of Oxygen to Aromatic Compounds, *Acc. Chem. Res.* 2003, **36**, 668–675.

[1386] Jones, I. T.N., Wayne, R. P., Photolysis of Ozone by 254-, 313-, and 334-nm Radiation, *J. Chem. Phys.* 1969, **51**, 3617–3618.

[1387] Rigaudy, J., Photorearrangements of Endoperoxides. In Horspool, W. M., Song, P.-S. (eds), *CRC Handbook of Organic Photochemistry and Photobiology*, CRC Press, Boca Raton, FL, 1995, pp. 325–334.

[1388] Getoff, N., Generation of $^1O_2$ by Microwave Discharge and Some Characteristic Reactions – A Short Review, *Radiat. Phys. Chem.* 1995, **45**, 609–614.

[1389] Foyer, C. H., Descourvieres, P., Kunert, K. J., Protection against Oxygen Radicals – An Important Defense Mechanism Studied in Transgenic Plants, *Plant Cell Environ.* 1994, **17**, 507–523.

[1390] Dougherty, T. J., Levy, J. G., Clinical Applications of Photodynamic Therapy. In Horspool, W. M., Lenci, F. (eds), *CRC Handbook of Organic Photochemistry and Photobiology*, 2nd edn, CRC Press LLC, Boca Raton, FL, 2004, Chapter 147, pp. 1–17.

[1391] Jori, G., Photodynamic Therapy: Basic and Preclinical Aspects. In Horspool, W. M., Lenci, F. (eds), *CRC Handbook of Organic Photochemistry and Photobiology*, 2nd edn, CRC Press LLC, Boca Raton, FL, 2004, Chapter 146, pp. 1–10.

[1392] Henderson, B. W., Gollnick, S. O., Mechanistic Principles of Photodynamic Therapy. In Horspool, W. M., Lenci, F. (eds), *CRC Handbook of Organic Photochemistry and Photobiology*, 2nd edn, CRC Press LLC, Boca Raton, FL, 2004, Chapter 145, pp. 1–25.

[1393] Bonnett, R., *Chemical Aspects of Photodynamic Therapy*, CRC Press, Boca Raton, FL, 2000.

[1394] Patrice, T., *Photodynamic Therapy*, Royal Society of Chemistry, Cambridge, 2004.

[1395] Dougherty, T. J., Gomer, C. J., Henderson, B. W., Jori, G., Kessel, D., Korbelik, M., Moan, J., Peng, Q., Photodynamic Therapy, *J. Nat. Cancer Inst.* 1998, **90**, 889–905.

[1396] Bonnett, R., Photosensitizers of the Porphyrin and Phthalocyanine Series for Photodynamic Therapy, *Chem. Soc. Rev.* 1995, **24**, 19–33.

[1397] Phillips, D., The Photochemistry of Sensitizers for Photodynamic Therapy, *Pure Appl. Chem.* 1995, **67**, 117–126.

[1398] Henderson, B. W., Dougherty, T. J., How Does Photodynamic Therapy Work, *Photochem. Photobiol.* 1992, **55**, 145–157.

[1399] Karu, T., Primary and Secondary Mechanisms of Action of Visible to near-IR Radiation on Cells, *J. Photochem. Photobiol. B* 1999, **49**, 1–17.

[1400] Oleinick, N. L., Morris, R. L., Belichenko, T., The Role of Apoptosis in Response to Photodynamic Therapy: What, Where, Why, and How, *Photochem. Photobiol. Sci.* 2002, **1**, 1–21.

[1401] Kochevar, I. E., Lynch, M. C., Zhuang, S. G., Lambert, C. R., Singlet Oxygen, But Not Oxidizing Radicals, Induces Apoptosis in HL-60 Cells, *Photochem. Photobiol.* 2000, **72**, 548–553.

[1402] Snyder, J. W., Zebger, I., Gao, Z., Poulsen, L., Frederiksen, P. K., Skovsen, E., McIlroy, S. P., Klinger, M., Andersen, L. K., Ogilby, P. R., Singlet Oxygen Microscope: from Phase-separated Polymers to Single Biological Cells, *Acc. Chem. Res.* 2004, **37**, 894–901.

[1403] Häder, D.-P., Photoecolog and Environmental Photobiology. In Horspool, W. M., Song, P.-S. (eds), *CRC Handbook of Organic Photochemistry and Photobiology*, CRC Press, Boca Raton, FL, 1995, pp. 1392–1401.

[1404] Zepp, R. G., Callaghan, T. V., Erickson, D. J., Effects of Enhanced Solar Ultraviolet Radiation on Biogeochemical Cycles, *J. Photochem. Photobiol. B* 1998, **46**, 69–82.

[1405] Moran, M. A., Zepp, R. G., Role of Photoreactions in the Formation of Biologically Labile Compounds from Dissolved Organic Matter, *Limnol. Oceanogr.* 1997, **42**, 1307–1316.

[1406] Kieber, R. J., Willey, J. D., Whitehead, R. F., Reid, S. N., Photobleaching of Chromophoric Dissolved Organic Matter (CDOM) in Rainwater, *J. Atmos. Chem.* 2007, **58**, 219–235.

[1407] Canonica, S., Laubscher, H.-U., Inhibitory Effect of Dissolved Organic Matter on Triplet-induced Oxidation of Aquatic Contaminants, *Photochem. Photobiol. Sci.* 2008, **7**, 547–551.

[1408] Mopper, K., Zhou, X. L., Kieber, R. J., Kieber, D. J., Sikorski, R. J., Jones, R. D., Photochemical Degradation of Dissolved Organic Carbon and Its Impact on the Oceanic Carbon Cycle, *Nature* 1991, **353**, 60–62.

[1409] Frimmel, F. H., Photochemical Aspects Related to Humic Substances, *Environ. Int.* 1994, **20**, 373–385.

[1410] Canonica, S., Kohn, T., Mac, M., Real, F. J., Wirz, J., Von Gunten, U., Photosensitizer Method to Determine Rate Constants for the Reaction of Carbonate Radical with Organic Compounds, *Environ. Sci. Technol.* 2005, **39**, 9182–9188.

[1411] Canonica, S., Hellrung, B., Wirz, J., Oxidation of Phenols by Triplet Aromatic Ketones in Aqueous Solution, *J. Phys. Chem. A* 2000, **104**, 1226–1232.

[1412] Lesser, M. P., Oxidative Stress in Marine Environments: Biochemistry and Physiological Ecology, *Annu. Rev. Physiol.* 2006, **68**, 253–278.

[1413] Miles, C. J., Brezonik, P. L., Oxygen Consumption in Humic Colored Waters by a Photochemical Ferrous–Ferric Catalytic Cycle, *Environ. Sci. Technol.* 1981, **15**, 1089–1095.

[1414] Haberlein, A., Häder, D. P., UV Effects on Photosynthetic Oxygen Production and Chromoprotein Composition in a Fresh-water Flagellate Cryptomonas, *Acta Protozool.* 1992, **31**, 85–92.

[1415] Klán, P., Klánová, J., Holoubek, I., Cupr, P., Photochemical Activity of Organic Compounds in Ice Induced by Sunlight Irradiation: the Svalbard Project, *Geophys. Res. Lett.* 2003, **30**, art. no. 1313.

[1416] Klán, P., Holoubek, I., Ice (Photo)chemistry. Ice as a Medium for Long-term (Photo)chemical Transformations – Environmental Implications, *Chemosphere* 2002, **46**, 1201–1210.

[1417] Matykiewiczová, N., Klánová, J., Klán, P., Photochemical Degradation of PCBs in Snow, *Environ. Sci. Technol.* 2007, **41**, 8308–8314.

[1418] Dolinová, J., Ruzicka, R., Kurková, R., Klánová, J., Klán, P., Oxidation of Aromatic and Aliphatic Hydrocarbons by OH Radicals Photochemically Generated from H_2O_2 in Ice, *Environ. Sci. Technol.* 2006, **40**, 7668–7674.

[1419] Adam, W., Griesbeck, A. G., Photooxygenation of 1, 3-Dienes. In Horspool, W. M., Song, P.-S. (eds), *CRC Handbook of Organic Photochemistry and Photobiology*, CRC Press, Boca Raton, FL, 1995, pp. 311–324.

[1420] Griesbeck, A. G., Ene Reactions with Singlet Oxygen. In Horspool, W. M., Song, P.-S. (eds), *CRC Handbook of Organic Photochemistry and Photobiology*, CRC Press, Boca Raton, FL, 1995, pp. 301–310.

[1421] Iesce, M. R., Photooxygenation of the $[4+2]$ and $[2+2]$ Type. In Griesbeck, A. G., Mattay, J. (eds), *Synthetic Organic Photochemistry*, Marcel Dekker, New York, 2005, pp. 299–363.

[1422] Frimer, A. A., Reaction of Singlet Oxygen with Olefins – Question of Mechanism, *Chem. Rev.* 1979, **79**, 359–387.

[1423] Stephenson, L. M., Grdina, M. J., Orfanopoulos, M., Mechanism of the Ene Reaction Between Singlet Oxygen and Olefins, *Acc. Chem. Res.* 1980, **13**, 419–425.

[1424] Adam, W., Saha-Moller, C. R., Schambony, S. B., Schmid, K. S., Wirth, T., Stereocontrolled Photooxygenations – A Valuable Synthetic Tool, *Photochem. Photobiol.* 1999, **70**, 476–483.

[1425] Albini, A., Fagnoni, M., Oxidation of Aromatics. In Horspool, W. M., Lenci, F. (eds), *CRC Handbook of Organic Photochemistry and Photobiology*, 2nd edn, CRC Press LLC, Boca Raton, FL, 2004, Chapter 45, pp. 1–19.

[1426] Solomon, M., Sivaguru, J., Jockusch, S., Adam, W., Turro, N. J., Vibrational Deactivation of Singlet Oxygen: Does It Play a Role in Stereoselectivity During Photooxygenation? *Photochem. Photobiol. Sci.* 2008, **7**, 531–533.

[1427] Maranzana, A., Ghigo, G., Tonachini, G., Diradical and Peroxirane Pathways in the $[\pi 2 + \pi 2]$ Cycloaddition Reactions of $^1\Delta_g$ Dioxygen with Ethene, Methyl Vinyl Ether, and Butadiene: a Density Functional and Multireference Perturbation Theory Study, *J. Am. Chem. Soc.* 2000, **122**, 1414–1423.

[1428] Singleton, D. A., Hang, C., Szymanski, M. J., Meyer, M. P., Leach, A. G., Kuwata, K. T., Chen, J. S., Greer, A., Foote, C. S., Houk, K. N., Mechanism of Ene Reactions of Singlet Oxygen. A Two-step No-intermediate Mechanism, *J. Am. Chem. Soc.* 2003, **125**, 1319–1328.

[1429] Ghigo, G., Maranzana, A., Causa, M., Tonachini, G., Theoretical Mechanistic Studies on Oxidation Reactions of Some Saturated and Unsaturated Organic Molecules, *Theor. Chem. Acc.* 2007, **117**, 699–707.

[1430] Bobrowski, M., Liwo, A., Oldziej, S., Jeziorek, D., Ossowski, T., CAS MCSCF/CAS MCQDPT2 Study of the Mechanism of Singlet Oxygen Addition to 1,3-Butadiene and Benzene, *J. Am. Chem. Soc.* 2000, **122**, 8112–8119.

[1431] McCarrick, M. A., Wu, Y. D., Houk, K. N., Hetero-Diels–Alder Reaction Transition Structures-Reactivity, Stereoselectivity, Catalysis, Solvent Effects, and the *exo*-Lone Pair Effect, *J. Org. Chem.* 1993, **58**, 3330–3343.

[1432] Jursic, B. S., Zdravkovski, Z., Reaction of Imidazoles with Ethylene and Singlet Oxygen – An Ab Initio Theoretical Study, *J. Org. Chem.* 1995, **60**, 2865–2869.

[1433] Corral, I., Gonzalez, L., The Electronic Excited States of a Model Organic Endoperoxide: a Comparison of TD-DFT and *Ab Initio* Methods, *Chem. Phys. Lett.* 2007, **446**, 262–267.

[1434] Jefford, C. W., The Photooxygenation of Olefins and the Role of Zwitterionic Peroxides, *Chem. Soc. Rev.* 1993, **22**, 59–66.

[1435] Gorman, A. A., Gould, I. R., Hamblett, I., Time-resolved Study of the Solvent and Temperature Dependence of Singlet Oxygen ($^1\Delta_g$) Reactivity toward Enol Ethers – Reactivity Parameters Typical of Rapid Reversible Exciplex Formation, *J. Am. Chem. Soc.* 1982, **104**, 7098–7104.

[1436] Wieringa, J. H., Wynberg, H., Strating, J., Adam, W., Adamantylideneadamantane Peroxide, a Stable 1,2-Dioxetane, *Tetrahedron Lett.* 1972, 169–172.

[1437] Schuster, G. B., Turro, N. J., Steinmetzer, H. C., Schaap, A. P., Faler, G., Adam, W., Liu, J. C., Adamantylideneadamantane-1,2-Dioxetane – Investigation of Chemiluminescence and Decomposition Kinetics of an Unusually Stable 1,2-Dioxetane, *J. Am. Chem. Soc.* 1975, **97**, 7110–7118.

[1438] Wilkinson, F., Helman, W. P., Ross, A. B., Rate Constants for the Decay and Reactions of the Lowest Electronically Excited Singlet State of Molecular Oxygen in Solution – An Expanded and Revised Compilation, *J. Phys. Chem. Ref. Data* 1995, **24**, 663–1021.

[1439] Greer, A., Vassilikogiannakis, G., Lee, K. C., Koffas, T. S., Nahm, K., Foote, C. S., Reaction of Singlet Oxygen with *trans*-4-Propenylanisole. Formation of [2+2] Products with Added Acid, *J. Org. Chem.* 2000, **65**, 6876–6878.

[1440] Turro, N. J., Lechtken, P., Schore, N. E., Schuster, G., Steinmetzer, H. C., Yekta, A., Tetramethyl-1,2-Dioxetane – Experiments in Chemiexcitation, Chemiluminescence, Photochemistry, Chemical Dynamics, and Spectroscopy, *Acc. Chem. Res.* 1974, **7**, 97–105.

[1441] Orito, K., Kurokawa, Y., Itoh, M., On the Synthetic Approach to the Protopine Alkaloids, *Tetrahedron* 1980, **36**, 617–621.

[1442] Cermola, F., Iesce, M. R., Substituent and Solvent Effects on the Photosensitized Oxygenation of 5,6-Dihydro-1,4-Oxathiins. Intramolecular Oxygen Transfer vs. Normal Cleavage of the Dioxetane Intermediates, *J. Org. Chem.* 2002, **67**, 4937–4944.

[1443] Adam, W., Prein, M., π-Facial Diastereoselectivity in the [4+2] Cycloaddition of Singlet Oxygen as a Mechanistic Probe, *Acc. Chem. Res.* 1996, **29**, 275–283.

[1444] Sevin, F., McKee, M. L., Reactions of 1,3-Cyclohexadiene with Singlet Oxygen. A Theoretical Study, *J. Am. Chem. Soc.* 2001, **123**, 4591–4600.

[1445] Aubry, J. M., Mandardcazin, B., Rougee, M., Bensasson, R. V., Kinetic Studies of Singlet Oxygen [4+2] -Cycloadditions with Cyclic 1,3-Dienes in 28 Solvents, *J. Am. Chem. Soc.* 1995, **117**, 9159–9164.

[1446] Shing, T. K. M., Tam, E. K. W., (−)-Quinic Acid in Organic Synthesis. 8. Enantiospecific Syntheses of (+)-Crotepoxide, (+)-Boesenoxide, (+)-β-Senepoxide, (+)-Pipoxide acetate, (−)-*iso*-Crotepoxide, (−)-Senepoxide, and (−)-Tingtanoxide from (−)-Quinic Acid, *J. Org. Chem.* 1998, **63**, 1547–1554.

[1447] Corey, E. J., Roberts, B. E., Total Synthesis of Dysidiolide, *J. Am. Chem. Soc.* 1997, **119**, 12425–12431.

[1448] Sheu, C., Foote, C. S., Reactivity toward Singlet Oxygen of a 7,8-Dihydro-8-Oxoguanosine (8-Hydroxyguanosine) Formed by Photooxidation of a Guanosine Derivative, *J. Am. Chem. Soc.* 1995, **117**, 6439–6442.

[1449] Rigaudy, J., Scribe, P., Breliere, C., Photochemical Transformations of Endoperoxides Derived from Polycyclic Aromatic Hydrocarbons. 1. Case of the Photooxide of 9,10-Diphenyl Anthracene – Synthesis and Properties of the Diepoxide Isomer, *Tetrahedron* 1981, **37**, 2585–2593.

[1450] Clennan, E. L., Photooxygenation of the Ene Type. In Griesbeck, A. G., Mattay, J. (eds), *Synthetic Organic Photochemistry*, Marcel Dekker, New York, 2005, pp. 365–390.

[1451] Maranzana, A., Ghigo, G., Tonachini, G., The $^1\Delta_g$ Dioxygen Ene Reaction with Propene: a Density Functional and Multireference Perturbation Theory Mechanistic Study, *Chem. Eur. J.* 2003, **9**, 2616–2626.

[1452] Adam, W., Bottke, N., Engels, B., Krebs, O., An Experimental and Computational Study on the Reactivity and Regioselectivity for the Nitrosoarene Ene Reaction: Comparison with Triazolinedione and Singlet Oxygen, *J. Am. Chem. Soc.* 2001, **123**, 5542–5548.

[1453] Yoshioka, Y., Tsunesada, T., Yamaguchi, K., Saito, I., CASSCF, MP2, and CASMP2 Studies on Addition Reaction of Singlet Molecular Oxygen to Ethylene Molecule, *Int. J. Quantum Chem.* 1997, **65**, 787–801.

[1454] Schenck, G. O., Eggert, H., Denk, W., Photochemische Reaktionen. 3. Uber die Bildung von Hydroperoxyden bei Photosensibilisierten Reaktionen von O_2 mit Geeigneten Akzeptoren, Insbesondere mit α-Pinen und β-Pinen, *Justus Liebigs Ann. Chem.* 1953, **584**, 177–198.

[1455] Yamaguchi, K., Fueno, T., Saito, I., Matsuura, T., Houk, K. N., On the Concerted Mechanism of the Ene Reaction of Singlet Molecular Oxygen with Olefins – an *Ab Initio* MO Study, *Tetrahedron Lett.* 1981, **22**, 749–752.

[1456] Poon, T. H. W., Pringle, K., Foote, C. S., Reaction of Cyclooctenes with Singlet Oxygen – Trapping of a Perepoxide Intermediate, *J. Am. Chem. Soc.* 1995, **117**, 7611–7618.

[1457] Hurst, J. R., Wilson, S. L., Schuster, G. B., The Ene Reaction of Singlet Oxygen – Kinetic and Product Evidence in Support of a Perepoxide Intermediate, *Tetrahedron* 1985, **41**, 2191–2197.

[1458] Gorman, A. A., Hamblett, I., Lambert, C., Spencer, B., Standen, M. C., Identification of Both Preequilibrium and Diffusion Limits for Reaction of Singlet Oxygen, $O_2(^1\Delta_g)$, with Both Physical and Chemical Quenchers – Variable-temperature, Time-resolved Infrared Luminescence Studies, *J. Am. Chem. Soc.* 1988, **110**, 8053–8059.

[1459] Orfanopoulos, M., Stephenson, L. M., Stereochemistry of the Singlet Oxygen Olefin Ene Reaction, *J. Am. Chem. Soc.* 1980, **102**, 1417–1418.

[1460] Griesbeck, A. G., Fiege, M., Gudipati, M. S., Wagner, R., Photooxygenation of 2,4-Dimethyl-1,3-Pentadiene: Solvent Dependence of the Chemical (Ene Reaction and [4 + 2] Cycloaddition) and Physical Quenching of Singlet Oxygen, *Eur. J. Org. Chem* 1998, 2833–2838.

[1461] Orfanopoulos, M., Grdina, S. M. B., Stephenson, L. M., Site Specificity in the Singlet Oxygen–Trisubstituted Olefin Reaction, *J. Am. Chem. Soc.* 1979, **101**, 275–276.

[1462] Acton, N., Roth, R. J., On the Conversion of Dihydroartemisinic Acid into Artemisinin, *J. Org. Chem.* 1992, **57**, 3610–3614.

[1463] Stratakis, M., Froudakis, G., Site Specificity in the Photooxidation of Some Trisubstituted Alkenes in Thionin-supported Zeolite Na-Y. On the Role of the Alkali Metal Cation, *Org. Lett.* 2000, **2**, 1369–1372.

[1464] Ramamurthy, V., Sanderson, D. R., Eaton, D. F., Control of Dye Assembly Within Zeolites – Role of Water, *J. Am. Chem. Soc.* 1993, **115**, 10438–10439.

[1465] Adam, W., Balci, M., Photooxygenation of 1,3,5-Cycloheptatriene. Isolation and Characterization of Endoperoxides, *J. Am. Chem. Soc.* 1979, **101**, 7537–7541.

[1466] Salamci, E., Secen, H., Sutbeyaz, Y., Balci, M., A Concise and Convenient Synthesis of DL-*proto*-Quercitol and DL-*gala*-Quercitol via Ene Reaction of Singlet Oxygen Combined with [2 + 4] Cycloaddition to Cyclohexadiene, *J. Org. Chem.* 1997, **62**, 2453–2457.

[1467] Matsumoto, M., Kondo, K., Sensitized Photooxygenation of Linear Monoterpenes Bearing Conjugated Double Bonds, *J. Org. Chem.* 1975, **40**, 2259–2260.

[1468] Thompson, A., Lever, J. R., Canella, K. A., Miura, K., Posner, G. H., Seliger, H. H., Chemiluminescence Mechanism and Quantum Yield of Synthetic Vinylpyrene Analogs of Benzo[*a*]pyrene-7,8-Dihydrodiol, *J. Am. Chem. Soc.* 1986, **108**, 4498–4504.

[1469] Fagnoni, M., Dondi, D., Ravelli, D., Albini, A., Photocatalysis for the Formation of the C—C Bond, *Chem. Rev.* 2007, **107**, 2725–2756.

[1470] Gruber, H. F., Photoinitiators for Free-radical Polymerization, *Prog. Polym. Sci.* 1992, **17**, 953–1044.

[1471] Monroe, B. M., Weed, G. C., Photoinitiators for Free-radical-initiated Photoimaging Systems, *Chem. Rev.* 1993, **93**, 435–448.

[1472] Heelis, P. F., The Photophysical and Photochemical Properties of Flavins (Isoalloxazines), *Chem. Soc. Rev.* 1982, **11**, 15–39.

[1473] Muller, F., Mattay, J., [3 + 2] Cycloadditions with Azirine Radical Cations – A New Synthesis of N-Substituted Imidazoles, *Angew. Chem. Int. Ed. Engl.* 1991, **30**, 1336–1337.

[1474] Bertrand, S., Glapski, C., Hoffmann, N., Pete, J. P., Highly Efficient Photochemical Addition of Tertiary Amines to Electron Deficient Alkenes. Diastereoselective Addition to (5R)-5-Menthyloxy-2-5H-furanone, *Tetrahedron Lett.* 1999, **40**, 3169–3172.

[1475] de Alvarenga, E. S., Cardin, C. J., Mann, J., An Unexpected Photoadduct of N-Carbomethoxymethylpyrrolidine with a Chiral Butenolide and Benzophenone: X-ray Structure and Synthetic Utility, *Tetrahedron* 1997, **53**, 1457–1466.

[1476] Blankenship, R. E., *Molecular Mechanisms of Photosynthesis*, Blackwell Science, Oxford, 2002.

[1477] Balzani, V., Credi, A., Venturi, M., Photochemical Conversion of Solar Energy, *ChemSusChem* 2008, **1**, 2–35.

[1478] McDermott, G., Prince, S. M., Freer, A. A., Hawthornthwaitelawless, A. M., Papiz, M. Z., Cogdell, R. J., Isaacs, N. W., Crystal Structure of an Integral Membrane Light-harvesting Complex from Photosynthetic Bacteria, *Nature* 1995, **374**, 517–521.

[1479] Pullerits, T., Sundstrom, V., Photosynthetic Light-harvesting Pigment Protein Complexes: Toward Understanding How and Why, *Acc. Chem. Res.* 1996, **29**, 381–389.

[1480] Engel, G. S., Calhoun, T. R., Read, E. L., Ahn, T. K., Mancal, T., Cheng, Y. C., Blankenship, R. E., Fleming, G. R., Evidence for Wavelike Energy Transfer Through Quantum Coherence in Photosynthetic Systems, *Nature* 2007, **446**, 782–786.

[1481] Mathis, P., Photosynthetic Reaction Centers. In Horspool, W. M., Lenci, F. (eds), *CRC Handbook of Organic Photochemistry and Photobiology*, 2nd edn, CRC Press LLC, Boca Raton, FL, 2004, Chapter 118, pp. 1–12.

[1482] Deisenhofer, J., Epp, O., Miki, K., Huber, R., Michel, H., Structure of the Protein Subunits in the Photosynthetic Reaction Center of *Rhodopseudomonas viridis* at 3 Å Resolution, *Nature* 1985, **318**, 618–624.

[1483] Barber, J., Photosystem II: An Enzyme of Global Significance, *Biochem. Soc. Trans.* 2006, **34**, 619–631.

[1484] Osterloh, F. E., Inorganic Materials as Catalysts for Photochemical Splitting of Water, *Chem. Mater.* 2008, **20**, 35–54.

[1485] Gust, D., Moore, T. A., Moore, A. L., Mimicking Photosynthetic Solar Energy Transduction, *Acc. Chem. Res.* 2001, **34**, 40–48.

[1486] Esswein, M. J., Nocera, D. G., Hydrogen Production by Molecular Photocatalysis, *Chem. Rev.* 2007, **107**, 4022–4047.

[1487] Fukuzumi, S., Development of Bioinspired Artificial Photosynthetic Systems, *Phys. Chem. Chem. Phys.* 2008, **10**, 2283–2297.

[1488] Ritterskamp, P., Kuklya, A., Wustkamp, M. A., Kerpen, K., Weidenthaler, C., Demuth, M., A Titanium Disilicide Derived Semiconducting Catalyst for Water Splitting Under Solar Radiation – Reversible Storage of Oxygen and Hydrogen, *Angew. Chem. Int. Ed.* 2007, **46**, 7770–7774.

[1489] Nowotny, J., Sorrell, C. C., Bak, T., Sheppard, L. R., Solar Hydrogen: Unresolved Problems in Solid-state Science, *Solar Energy* 2005, **78**, 593–602.

[1490] Kuciauskas, D., Liddell, P. A., Lin, S., Johnson, T. E., Weghorn, S. J., Lindsey, J. S., Moore, A. L., Moore, T. A., Gust, D., An Artificial Photosynthetic Antenna Reaction Center Complex, *J. Am. Chem. Soc.* 1999, **121**, 8604–8614.

[1491] Geraghty, N. W.A., Hannan, J. J., Functionalisation of Cycloalkanes: the Photomediated Reaction of Cycloalkanes with Alkynes, *Tetrahedron Lett.* 2001, **42**, 3211–3213.

[1492] Fouassier, J.-P., *Photoinitiation, Photopolymerization, and Photocuring: Fundamentals and Applications*, Carl Hanser Verlag, Munich, 1995.

[1493] Kaur, M., Srivastava, A. K., Photopolymerization: a Review, *J. Macromol. Sci., Polym. Rev.* 2002, **C42**, 481–512.

[1494] Allen, N. S., Marin, M. C., Edge, M., Davies, D. W., Garrett, J., Jones, F., Navaratnam, S., Parsons, B. J., Photochemistry and Photoinduced Chemical Crosslinking Activity of Type I & II Co-reactive Photoinitiators in Acrylated Prepolymers *J. Photochem. Photobiol. A* 1999, **126**, 135–149.

[1495] Rutsch, W., Dietliker, K., Leppard, D., Kohler, M., Misev, L., Kolczak, U., Rist, G., Recent Developments in Photoinitiators, *Prog. Org. Catal.* 1996, **27**, 227–239.

[1496] Valdes-Aguilera, O., Pathak, C. P., Shi, J., Watson, D., Neckers, D. C., Photopolymerization Studies Using Visible-light Photoinitiators, *Macromolecules* 1992, **25**, 541–547.

[1497] Chatterjee, S., Davis, P. D., Gottschalk, P., Kurz, M. E., Sauerwein, B., Yang, X. Q., Schuster, G. B., Photochemistry of Carbocyanine Alkyltriphenylborate Salts: Intra-ion-pair Electron-transfer and the Chemistry of Boranyl Radicals, *J. Am. Chem. Soc.* 1990, **112**, 6329–6338.

[1498] Lyoo, W. S., Ha, W. S., Preparation of Syndiotacticity-rich High Molecular Weight Poly(vinyl alcohol) Microfibrillar Fiber by Photoinitiated Bulk Polymerization and Saponification, *J. Polym. Sci., Part A – Polym. Chem.* 1997, **35**, 55–67.

[1499] Terazima, M., Nogami, Y., Tominaga, T., Diffusion of a Radical from an Initiator of a Free Radical Polymerization: a Radical from AIBN *Chem. Phys. Lett.* 2000, **332**, 503–507.

[1500] Crivello, J. V., Cationic Polymerization – Iodonium and Sulfonium Salt Photoinitiators, *Adv. Polym. Sci.* 1984, **62**, 1–48.

[1501] Tasdelen, M. A., Kiskan, B., Yagci, Y., Photoinitiated Free Radical Polymerization using Benzoxazines as Hydrogen Donors, *Macromol. Rapid Commun.* 2006, **27**, 1539–1544.

[1502] Allen, N. S., Mallon, D., Timms, A. W., Green, W. A., Catalina, F., Corrales, T., Navaratnam, S., Parsons, B. J., Photochemistry and Photocuring Activity of Novel 1-Halogeno-4-Propoxythioxanthones, *J. Chem. Soc., Faraday Trans.* 1994, **90**, 83–92.

[1503] Pamedytyte, V., Abadie, M. J. M., Makuska, R., Photopolymerization of N,N-Dimethylaminoethylmethacrylate Studied by Photocalorimetry *J. Appl. Polym. Sci.* 2002, **86**, 579–588.

[1504] Jockusch, S., Landis, M. S., Freiermuth, B., Turro, N. J., Photochemistry and Photophysics of α-Hydroxy Ketones, *Macromolecules* 2001, **34**, 1619–1626.

[1505] Endruweit, A., Johnson, M. S., Long, A. C., Curing of Composite Components by Ultraviolet Radiation: a Review, *Polym. Compos.* 2006, **27**, 119–128.

[1506] Gates, B. D., Xu, Q. B., Stewart, M., Ryan, D., Willson, C. G., Whitesides, G. M., New Approaches to Nanofabrication: Molding, Printing, and Other Techniques, *Chem. Rev.* 2005, **105**, 1171–1196.

[1507] Willson, C. G., Trinque, B. C., The Evolution of Materials for the Photolithographic Process, *J. Photopolym. Sci. Technol.* 2003, **16**, 621–627.

[1508] MacDonald, S. A., Willson, C. G., Frechet, J. M.J., Chemical Amplification in High-resolution Imaging Systems, *Acc. Chem. Res.* 1994, **27**, 151–158.

[1509] Dektar, J. L., Hacker, N. P., Triphenylsulfonium Salt Photochemistry – New Evidence for Triplet Excited-state Reactions, *J. Org. Chem.* 1988, **53**, 1833–1835.

[1510] Reiser, A., Huang, J. P., He, X., Yeh, T. F., Jha, S., Shih, H. Y., Kim, M. S., Han, Y. K., Yan, K., The Molecular Mechanism of Novolak–Diazonaphthoquinone Resists, *Eur. Polym. J.* 2002, **38**, 619–629.

[1511] Reiser, A., Shih, H. Y., Yeh, T. F., Huang, J. P., Novolak–Diazoquinone Resists: the Imaging Systems of the Computer Chip, *Angew. Chem. Int. Ed. Engl.* 1996, **35**, 2428–2440.
[1512] Maag, K., Lenhard, W., Loffles, H., New UV Curing systems for Automotive Applications, *Prog. Org. Catal.* 2000, **40**, 93–97.
[1513] Allen, N. S., Photoinitiators for UV and Visible Curing of Coatings: Mechanisms and Properties, *J. Photochem. Photobiol. A* 1996, **100**, 101–107.
[1514] Lindén, L. A., Applied Photochemistry in Dental Science, *Proc. Indian Acad. Sci., Chem. Sci.* 1993, **105**, 405–419.
[1515] Moon, J. H., Han, H. S., Shul, Y. G., Jang, D. H., Ro, M. D., Yun, D. S., A Study on UV-curable Coatings for HD-DVD: Primer and Top Coats *Prog. Org. Catal.* 2007, **59**, 106–114.
[1516] Subramanian, K., Krishnasamy, V., Nanjundan, S., Reddy, A. V.R., Photosensitive Polymer: Synthesis, Characterization and Properties of a Polymer Having Pendant Photocrosslinkable Group, *Eur. Polym. J.* 2000, **36**, 2343–2350.
[1517] Schmitt, H., Frey, L., Ryssel, H., Rommel, M., Lehrer, C., UV Nanoimprint Materials: Surface Energies, Residual Layers, and Imprint Quality, *J. Vac. Sci. Technol. B* 2007, **25**, 785–790.
[1518] Andreozzi, R., Caprio, V., Insola, A., Marotta, R., Advanced Oxidation Processes (AOP) for Water Purification and Recovery, *Catal. Today* 1999, **53**, 51–59.
[1519] Legrini, O., Oliveros, E., Braun, A. M., Photochemical Processes for Water Treatment, *Chem. Rev.* 1993, **93**, 671–698.
[1520] Burrows, H. D., Canle, M., Santaballa, J. A., Steenken, S., Reaction Pathways and Mechanisms of Photodegradation of Pesticides, *J. Photochem. Photobiol. B* 2002, **67**, 71–108.
[1521] Fox, M. A., Organic Heterogeneous Photocatalysis – Chemical Conversions Sensitized by Irradiated Semiconductors, *Acc. Chem. Res.* 1983, **16**, 314–321.
[1522] Linsebigler, A. L., Lu, G. Q., Yates, J. T., Photocatalysis on TiO_2 Surfaces – Principles, Mechanisms, and Selected Results, *Chem. Rev.* 1995, **95**, 735–758.
[1523] Hoffmann, M. R., Martin, S. T., Choi, W. Y., Bahnemann, D. W., Environmental Applications of Semiconductor Photocatalysis, *Chem. Rev.* 1995, **95**, 69–96.
[1524] Kalyanasundaram, K., Grätzel, M., Applications of Functionalized Transition Metal Complexes in Photonic and Optoelectronic Devices, *Coord. Chem. Rev.* 1998, **177**, 347–414.
[1525] Fox, M. A., Selective Formation of Organic Compounds by Photoelectrosynthesis at Semiconductor Particles, *Top. Curr. Chem.* 1987, **142**, 71–99.
[1526] Koval, C. A., Howard, J. N., Electron-transfer at Semiconductor Electrode Liquid Electrolyte Interfaces, *Chem. Rev.* 1992, **92**, 411–433.
[1527] Zepp, R. G., Faust, B. C., Hoigne, J., Hydroxyl Radical Formation in Aqueous Reactions (pH 3–8) of Iron(II) with Hydrogen Peroxide – The Photo-Fenton Reaction, *Environ. Sci. Technol.* 1992, **26**, 313–319.
[1528] Safarzadeh-Amiri, A., Bolton, J. R., Cater, S. R., Ferrioxalate-mediated Photodegradation of Organic Pollutants in Contaminated Water, *Water Res.* 1997, **31**, 787–798.
[1529] Fallmann, H., Krutzler, T., Bauer, R., Malato, S., Blanco, J., Applicability of the Photo-Fenton Method for Treating Water Containing Pesticides, *Catal. Today* 1999, **54**, 309–319.
[1530] O'Connor, J. M., Friese, S. J., Rodgers, B. L., A Transition-metal-catalyzed Enediyne Cycloaromatization, *J. Am. Chem. Soc.* 2005, **127**, 16342–16343.
[1531] Branchadell, V., Crevisy, C., Gree, R., From Allylic Alcohols to Aldols by Using Iron Carbonyls as Catalysts: Computational Study on a Novel Tandem Isomerization-Aldolization Reaction, *Chem. Eur. J.* 2004, **10**, 5795–5803.
[1532] Bastard, G., Brum, J. A., Ferreira, R., Electronic States in Semiconductor Heterostructures, *Solid State Phys., Adv. Res. Appl.* 1991, **44**, 229–415.
[1533] Hagfeldt, A., Grätzel, M., Molecular Photovoltaic, *Acc. Chem. Res.* 2000, **33**, 269–277.

[1534] Henglein, A.,Catalysis of Photochemical Reactions by Colloidal Semiconductors, *Pure Appl. Chem.* 1984, **56**, 1215–1224.

[1535] Peng, X. G., Manna, L., Yang, W. D., Wickham, J., Scher, E., Kadavanich, A., Alivisatos, A. P., Shape Control of CdSe Nanocrystals, *Nature* 2000, **404**, 59–61.

[1536] Hoffman, A. J., Carraway, E. R., Hoffmann, M. R., Photocatalytic Production of H_2O_2 and Organic Peroxides on Quantum-sized Semiconductor Colloids, *Environ. Sci. Technol.* 1994, **28**, 776–785.

[1537] Alivisatos, A. P., Semiconductor Clusters, Nanocrystals, and Quantum Dots, *Science* 1996, **271**, 933–937.

[1538] Dayal, S., Burda, C., One- and Two-photon Induced QD-based Energy Transfer and the Influence of Multiple QD Excitations, *Photochem. Photobiol. Sci.* 2008, **7**, 605–613.

[1539] Burda, C., Chen, X. B., Narayanan, R., El-Sayed, M. A., Chemistry and Properties of Nanocrystals of Different Shapes, *Chem. Rev.* 2005, **105**, 1025–1102.

[1540] Grätzel, M., Photoelectrochemical Cells, *Nature* 2001, **414**, 338–344.

[1541] Brabec, C. J., Organic Photovoltaics: Technology and Market, *Solar Energy Mater.* 2004, **83**, 273–292.

[1542] Green, M. A., *Third Generation Photovoltaics: Advanced Solar Energy Conversion*, Springer, New York, 2003.

[1543] Lewis, N. S., Toward Cost-Effective Solar Energy Use, *Science* 2007, **315**, 798–801.

[1544] Crabtree, G. W., Lewis, N. S., Solar Energy Conversion, *Phys. Today* 2007, **60**, 37–42.

[1545] Grätzel, M., Dye-sensitized Solar Cells, *J. Photochem. Photobiol. C* 2003, **4**, 145–153.

[1546] Paci, I., Johnson, J. C., Chen, X. D., Rana, G., Popovic, D., David, D. E., Nozik, A. J., Ratner, M. A., Michl, J., Singlet Fission for Dye-sensitized Solar Cells: Can a Suitable Sensitizer be Found? *J. Am. Chem. Soc.* 2006, **128**, 16546–16553.

[1547] Tadaaki, T., *Photographic Sensitivity: Theory and Mechanisms*, Oxford University Press, Oxford, 1995.

[1548] Borsenberger, P. M., Weiss, D. S., *Organic Photoreceptors for Xerography*, Marcel Dekker, New York, 1998.

[1549] Petritz, R. L., Theory of Photoconductivity in Semiconductor Films, *Phys. Rev.* 1956, **104**, 1508–1516.

[1550] Law, K. Y., Organic Photoconductive Materials – Recent Trends and Developments, *Chem. Rev.* 1993, **93**, 449–486.

[1551] Loutfy, R. O., Hor, A. M., Hsiao, C. K., Baranyi, G., Kazmaier, P., Organic Photoconductive Materials, *Pure Appl. Chem.* 1988, **60**, 1047–1054.

[1552] Fox, M. A., Chen, C. C., Mechanistic Features of the Semiconductor Photocatalyzed Olefin-to-Carbonyl Oxidative Cleavage, *J. Am. Chem. Soc.* 1981, **103**, 6757–6759.

[1553] Harada, H., Sakata, T., Ueda, T., Effect of Semiconductor on Photocatalytic Decomposition of Lactic Acid, *J. Am. Chem. Soc.* 1985, **107**, 1773–1774.

[1554] Mills, A., Morris, S., Davies, R., Photomineralisation of 4-Chlorophenol Sensitized by Titanium Dioxide – A Study of the Intermediates, *J. Photochem. Photobiol. A* 1993, **70**, 183–191.

[1555] Mills, A., Morris, S., Photomineralization of 4-Chlorophenol Sensitized by Titanium Dioxide – A Study of the Initial Kinetics of Carbon Dioxide Photogeneration, *J. Photochem. Photobiol. A* 1993, **71**, 75–83.

[1556] Pavlik, J. W., Tantayanon, S., Photocatalytic Oxidations of Lactams and N-Acylamines, *J. Am. Chem. Soc.* 1981, **103**, 6755–6757.

[1557] Hopfner, M., Weiss, H., Meissner, D., Heinemann, F. W., Kisch, H., Semiconductor Photocatalysis Type B: Synthesis of Unsaturated α-Amino Esters from Imines and Olefins Photocatalyzed by Silica-supported Cadmium Sulfide, *Photochem. Photobiol. Sci.* 2002, 696–703.

[1558] Rinderhagen, H., Mattay, J., Synthetic Applications in Radical/Radical Cationic Cascade Reactions, *Chem. Eur. J.* 2004, **10**, 851–874.

[1559] Li, S. J., Wu, F. P., Li, M. Z., Wang, E. J., Host/Guest Complex of Me-β-CD/2,2-Dimethoxy-2-phenyl Acetophenone for Initiation of Aqueous Photopolymerization: Kinetics and Mechanism, Polymer 2005, **46**, 11934–11939.

[1560] Corey, E. J., Chang, X.-M., *The Logic of Chemical Synthesis*, John Wiley and Sons, Inc., New York, 1995.

[1561] *NIST Standard Reference Database No. 69*, National Institute of Standards and Technology, Gaithersburg, MD, 2005, http://webbook.nist.gov.

[1562] Mirkin, V. I., Glossary of Terms Used in Theoretical Organic Chemistry, *Pure Appl. Chem.* 1999, **71**, 1919–1981.

[1563] Muller, P., Glossary of Terms Used in Physical Organic Chemistry, *Pure Appl. Chem.* 1994, **66**, 1077–1184.

[1564] Mohr, P. J., Taylor, B. N., Newell, D. B., CODATA Recommended Values of the Fundamental Physical Constants: 2006, *Rev. Mod. Phys.* 2008, **80**, 633–730.

[1565] *Landolt-Börnstein, Zahlenwerte und Funktionen*, Springer, Berlin, 1969, Transportphänomene, Vol. 5a.

[1566] Nikam, P. S., Shirsat, L. N., Hasan, M., Density and Viscosity Studies, *J. Chem. Eng. Data* 1998, **43**, 732–737.

[1567] Aminabhavi, T. M., Patil, V. B., Aralaguppi, M. I., Phayde, H. T.S., Density, Viscosity, and Refractive Index of the Binary Mixtures of Cyclohexane with Hexane, Heptane, Octane, Nonane, and Decane, *J. Chem. Eng. Data* 1996, **41**, 521–525.

[1568] Hien, N. Q., Ponter, A. P., Peier, W., Density and Viscosity of Carbon Tetrachloride Solutions, *J. Chem. Eng. Data* 1978, **23**, 54–55.

[1569] Joshi, S. S., Aminabhavi, T. M., Shukla, S. S., Densities and Viscosities of Binary Liquid Mixtures of Anisole with Methanol and Benzene, *J. Chem. Eng. Data* 1990, **35**, 187–189.

[1570] Harris, K. R., Malhotra, R., Woolf, L. A., Temperature and Density Dependence of the Viscosity of Octane and Toluene, *J. Chem. Eng. Data* 1997, **42**, 1254–1260.

[1571] Magazu, S., Migliardo, F., Malomuzh, N. P., Blazhnov, I. V., Theoretical and Experimental Models on Viscosity: I. Glycerol, *J. Phys. Chem. B* 2007, **111**, 9563–9570.

[1572] Viswanath, D. S., Natarajan, G., *Data Book on the Viscosity of Liquids*, Hemisphere, New York, 1989.

[1573] Streitwieser, A., *Molecular Orbital Theory for Organic Chemists*, John Wiley & Sons, Inc., New York, 1961.

[1574] Klemp, D., Nickel, B., Relative Quantum Yield of the $S_2 \rightarrow S_1$ Fluorescence from Azulene, *Chem. Phys. Lett.* 1986, **130**, 493–497.

索 引

A

AIBN，389
ATP，329
ATP 合成酶，384
爱因斯坦系数，27
安息香二甲醚基团，332
氨基甲酸酯，302
氨基酸，240，326
氨基乙酰丙酸，368
胺，231
薁，36，142，148，163
奥卡姆剃刀原理，93，167

B

Born 解释，16，18，126，135，145
八甲基立方烷，239
八面体，259
巴顿反应，309，325
半导体，385，397，399
半瞬烯，226
包裹晶体，218
胞嘧啶，240
饱和度，11
贝克曼型光重排，316
本征函数，12，19
本征值，19
苯，249，252，257，354
苯胺，307
苯并吡喃，313
苯并噁嗪，389
苯并三氮唑，325
苯并氧氮杂卓，324
苯多羧酸酯，218
苯酚，261
苯基苯丙酮，277
苯基氮杂丙烯啶，318
苯基阳离子，261，361
苯基自由基，361
苯甲醚，253，257
苯甲醛，273，293，318
苯甲酸苯酯，301
苯甲酰甲基酯，335
苯醌，296
苯类芳烃，248
苯硫酚，344
苯戊酮，283
苯氧基自由基，303
苯乙胺，285
苯乙酮，228，238，266，285，294
苯乙烯，232，371
苯乙烯胺，232
苯乙烯基氧鎓三氟甲基磺酸盐，236
泵浦-探测光谱，87
吡啶，251，254，307
吡啶盐，251
吡咯，337
吡喃鎓盐，251
吡喃阳离子，251
吡唑，325
闭壳，127
闭壳构型，127，138
苄基苯基酮，276
变分定理，18

标准电极电位，313
标准正交，19，30，128
表面活性剂，279
冰，326，369
丙酮，53，148，205，266
丙烯基苯，402
丙烯基茴香醚，371
丙烯腈，382
丙烯酸甲酯，318
丙烯酰胺，221
波函数，12
波函数中的对称性，135，139
波数，79
玻恩-奥本海默近似，13，20
玻尔磁子，14
卟啉，308，341，367，386
卟啉症，368
补骨脂素，241，366
捕光天线，383，386
捕获剂，88，116
不饱和羰基化合物，242
不饱和烃，208
不饱和酮，34，242
不饱和亚胺，228
不饱和酯，213
不对称合成，217，218，230，274
不可约表示，135
不相交双自由基，190
布居数反转，28，70
步进扫描 FTIR，101

C

Ca^{2+} 输运，329
CIDNP，187
CIEEL，205
Coulson-Rushbrooke 成对定理，152
彩色照相，401
产氢，338，388

产生负像，392
产生正像，392
产氧，385
产氧复合物，385
长距离分子内抽氢，289
超分子化学，212，315
超共轭效应，145
超交换机制，175
超精细耦合，34，157
超临界溶剂，303
超氧阴离子，364
持久性环境污染物，359
重氮化合物，319，322
重氮甲烷，308，319
重氮萘醌，393
重氮烷烃，319
重氮盐，260，321
重氮-茚-1，3-二酮，320
重组，277
重组能，171
抽氢，269，271，278，286，292，296，297，
　325，327，345，352，356
臭氧，364，367
臭氧层，240
臭氧化物，367
臭氧减少，365
臭氧空洞，365
垂直跃迁，37
醇，229
次碘酸酯，361
次级同位素效应，180
次卤酸酯，361
次氯酸酯，361
次溴酸酯，361
从头算，125，151
猝灭，111，346
催化，233，306

D

DDT, 359
d→d 跃迁, 305
de Mayo 反应, 245, 290
Debye 单位, 29
Dewar 的 PMO 理论, 142
Dexter 机制, 52
Dexter 机制能量传递, 52
Diels-Alder 反应, 257, 293
DNA, 47, 55, 174, 240, 319, 322, 340, 374
DNA 光化学稳定性, 240
DVD, 313
Dysidiolide, 374
哒嗪, 307
打印效果, 401
大环化合物, 290
大气, 326, 364
单重态, 16
单重态-单重态能量传递, 50
单重态能量传递, 51
单重态氧, 43, 59, 241, 366, 376
单重态氧显微镜, 369
单分子光谱, 122
单键扭曲, 214
单晶到单晶的反应, 235
单位爱因斯坦, 35, 101
单位矩阵, 94
胆钙化醇, 221
胆红素, 216
淡水, 369
蛋白磷酸酶抑制剂, 374
蛋白质, 322, 383
蛋白质光调控, 329
蛋白质折叠, 48, 49, 123
氮宾, 321, 322
氮消除, 311, 320, 325
氮杂丙烯啶, 318, 382
氮杂二-π-甲烷, 227
氮杂萘 N-氧化物, 324
氮杂内酰胺, 334
导带, 396
倒置光动力因子, 106
等吸收点, 95, 105
低压汞灯, 67
地表水, 369
第三通道, 37
点群, 135
碘苯, 262, 361
碘代立方烷, 361
碘代联苯, 361
碘甲烷, 356
电荷分离, 384, 386, 398
电荷复合, 384
电荷密度, 131
电荷耦合器件 (CCD), 73
电荷转移, 233, 253
电荷转移复合物, 174, 253
电荷转移激发态, 169
电荷转移态, 174
电荷转移吸收, 169
电荷转移跃迁, 144
电化学电位, 397
电环化反应, 212, 219, 223
电离势, 270, 357
电子给体, 270, 336
电子构型, 127, 138
电子空穴, 396
电子受体, 336
电子态, 11
电子跃迁矩, 30, 135
电子转移, 111, 167, 171-173, 261, 290, 300, 321, 335, 358, 381, 386, 396
电子转移自由能, 168
叠氮苯, 184
叠氮化物, 183, 321, 323

丁二炔，237
丁醛，298
丁烯腈，253
定域双自由基，189
动力学时钟，257
动力学同位素效应，179，376
冻结核近似，128
杜瓦苯，250
煅烧，398
对称操作，135
对称矩阵，94
对称性规则，219，232
对称性禁阻跃迁，139
对称性匹配孤对电子，265
对甲苯磺酸酯，348
对角矩阵，94
对旋模式，219
对映差向光异构化，218
对映体差，218
对映体过量，217，285
多吡啶配合物，400
多重性，14，16，23，42
多环芳烃，253，311
多卤代烃，357
多氯联苯，359
多溴联苯醚，359

E

ECL，205
EDA 复合物，169
Einstein 方程，8
El Sayed 规则，34，157，267
ene 反应，355，371，376
erythrolide A，226
E-Z 光异构化，186，202，342
E-Z 异构化，26，108，202，208，210，339
噁二唑，325
蒽，39，43，65，124，141，149，163，169，205，258
蒽醌，175，266
二-π-甲烷重排，225
二苯并-p-二噁英，359
二苯基重氮甲烷，320
二苯基甲撑，320
二苯基卡宾，320
二苯基乙烯，208，212，222，231，312
二苯基乙烯基环丙烷，226
二苯甲醇，270
二苯酮，35，53，70，117，121，148，161，194，238，267，270，322，382，388
二苄基酮，278
二重态，16
二氮杂环蕃，259
二氮杂双环[2，2，1]庚-2-烯，311
二氮杂双环[2，2，2]辛-2-烯，55，308，311
二芳基乙烯，222
二级光反应，101
二级速率方程，91
二级微扰，133
二甲苯，216，230，250
二甲基苯胺，338
二聚，233
二氢-2，2，7，7-四甲基芘，313
二氢吡啶酮，274
二氢卟酚，308
二氢菲，212，222
二氢呋喃，273
二氰基乙烯，273
二叔丁基酮，278
二烯，296，370，376
二向色滤色片，72
二氧化钛，395，403
二氧化碳，303
二氧杂环丁烷，370
二乙氧基乙烯，272

二元体系，386

F

Fenton 试剂，394
Franck‑Condon 积分，218，378
Franck‑Condon 原理，37，38，61，159
Fraunhofer 线，2
FRET，45
Förster，5
Förster 共振能量传递，45
Förster 临界传递距离，46
Förster 循环，176
发光，25
发光坐标转换为波数，83
发色团，4
发射光谱校正，83
反 Markovnikov 产物，336
反 Markovnikov 加成，229
反对称函数，17，137
反芳香，158，186
反射旋转，135
反斯托克斯位移，39
反应机理，167
反应腔，278
反应中心，383
方酸，401
芳香重氮盐，260
芳基叠氮化物，321
芳基磺酸酯，260
芳基烯烃，212，229，235
芳基阳离子，260，321
芳香化合物，248，259，370，373，403
芳香腈，335
芳香碳氢化合物（芳烃），33，36，58，142，169
芳香酮，269，277，282，286
芳香硝基化合物，327
芳香性 Hückel 规则，130

芳香族砜，348
非 Kekulé 双自由基，190
非不相交双自由基，190
非垂直能量传递，54
非对映选择性，225
非辐射能量传递，45
非键分子轨道（NBMO），143
非交叉规则，63
非交替碳氢化合物（NAH），142
非绝热反应，63，204
非绝热势能面，63
非均相光催化，109
非均相光催化剂，338
非线性光学，71
非协同机制，233
非甾体抗炎药（NSAID），300
菲，222
沸石，218，378
费米黄金规则，32，45，157，173
费米空穴，18，127，146
分子标尺，46
分子电子器件，342
分子轨道（MO），125
分子机器，338
分子内电荷转移（ICT），173
分子内电子转移，172
分子内环化，232
酚醛树脂（Novolak），393
砜，347，348
氟代苯乙酮，360
氟利昂，365
俘精酸酐，313
浮游植物，369
辐射功率，82
辐射能量传递，43
辐射强度，44
辐射寿命，111
辐射跃迁，23

腐植酸，369
富勒烯，255，387
富烯，250

G

GABA，302
GFP，123
Grob 裂解，242，282
Grätzel 电池，400
干涉，9
感光，215
高胆红素血症，216
高级氧化过程（AOP），395
高价碘化物，361，389
高能辐射，326
高压汞灯，68
各向异性，85
庚二烯，244
共轭双自由基，189
共价单重态，189
共聚焦显微镜，123
共敏化剂，336
构型图，152
构型相互作用（CI），152
构造原理，126
固态光化学，285
关环反应，359
冠醚，315
光-Bergman 反应，241
光-Diels-Alder 反应，257
光-Fenton 过程，394
光-Fries 重排，302
光-Smiles 重排，335
光-Wolff 重排，319，320，360，393
光胺化，334
光变态反应，366
光卟啉，368
光不稳定化合物，328

光不稳定连接体，330
光成像，355，392，401
光重排，250，299，317
光催化，395，381
光催化剂，338，379，381
光催化降解（治理），403
光催化氧化，403
光电倍增管，8，72
光电导，395
光电二极管，73，93，118
光电化学电池，399，400
光电效应，8，72
光动力治疗，367
光毒性，300，366
光断裂，328
光二聚，236，239，240
光反应活性基态构象控制，213
光伏电池，398，399
光腐蚀，398
光复活，240
光合作用，2，383
光红素，216
光化学 Friedel-Crafts 酰基化，298
光化学-NOCAS，261
光化学触发，328
光化学反应器，76
光化学工业，354
光化学交联，355
光化学开关，328，330，339
光化学疗法，241
光化学亲核试剂-烯烃联合芳香取代，261
光化学去消旋化，217
光化学损伤，240
光化学外消旋化，277
光化学烟雾，365
光还原，269，327，356-358
光环化，220，242，286
光环加成，232，241，271，347

光活化化合物，301
光活化基团，322
光活化香水，329
光活化荧光团，329
光加成，255，296
光解酶，240
光解水，385，386
光聚合，355，389，391
光开关，313
光刻，319，355，392
光刻胶，392
光老化，284
光疗，216，241
光裂解，299，317，327，347，356，389
光卤化，351，354
光氯化，352，354
光敏化，216，227，230，238，336，366，380
光敏剂，338，342，368，379，400
光敏聚合，337
光敏性，300，366
光排出 SO_2，348
光盘，313
光谱重叠积分，44，46，47
光谱带通，82
光谱辐射功率，26，82，102
光谱辐射强度，44
光谱极小，61
光谱色，10
光亲和标记，186，263，319，322
光亲核加成，228
光亲核取代，259，263，334，356，360
光氰化，360
光驱动"梭"，339
光取代，259
光去共轭，304
光山道年，247
光山道年酸，247
光释放基团，329

光酸，178
光缩环，251
光脱除保护基团，198，295，301，349
光脱卤，358
光脱羧，299，302
光脱羰，278，304
光稳态，107，210，213，220，223，250，293，310，312
光物理过程，22
光烯醇，292
光烯醇化，200，292
光系统Ⅰ，Ⅱ，385
光消除，287
光信号转导，215
光溴化，352
光选择，84
光学活性光敏剂，218
光学开关，313
光学信息存储，223，313
光亚硝酰化，355
光阳极，400
光氧化，366，370，375
光氧化还原过程，394
光移位，249，326
光异构化，250
光抑制，369
光引发，389
光引发剂，318，355，379
光诱导电子转移，231，260，286，330
光质子化，228
光致变色，223，236，312，328，339
光子，8
光子计数，80
光子上转换，84
光子通量，102
归一化波函数，17
硅，399
硅基化合物，237

轨道角动量，14
过渡金属，233
过渡金属均相光催化，394
过渡金属配合物，304
过渡金属异相光催化，395
过环氧化物，371，376
过氧化氢，394
过氧化草酸酯化学发光，205
过氧乙酰硝酸酯（PANs），365

H

Hamigerans，293
Hartree-Fock，147
Hartree-Fock 极限，151
Heisenberg 不确定性原理，23，71，100
HOMO-LUMO 跃迁，248
Hückel 分子轨道（HMO），128
Hückel 算符，131
Hückel 行列式，129
哈密顿算符，12
海洋，369
含氮化合物，307
含硫化合物，343
含氯氟烃，365
含氧化合物，265
黑色素，367
黑体辐射源，2，27，43
洪德定则（Hund 定则），18，59，127
呼啦扭曲，214
互补色，11
化学发光，204，371
化学激发，204
化妆品，313，329
坏死，368
还原，270，397
环[3,3,3]吖嗪，36，142，148
环丙基，256
环丁-A，234

环丁醇，293
环丁烷，232，242，296
环丁烯，220
环蕃，237，258
环芳香化，241，395
环庚烯，211
环化，245
环己-2,5-二酮，245
环己-2-烯酮，245，336
环己酮肟，316
环己烯，230，239
环加成，237，296，345，370
环境化学，359
环境限制，234，278，284
环境治理，395，403
环酮，276
环烷烃，230，388
环戊二醇，279
环戊烯，211
环戊烯酮，243
环烯烃，230
环辛四烯，226
环辛烯，211，217，218
环状偶氮化合物，311
环状烯酮，A 型反应，245
环状烯酮，B 型反应，245
黄体酮，353
磺酸酯，348
挥发性有机物（VOCs），365
回避交叉，63
彗星，326
混合价化合物，171

I

isooxyskytanthine，291

J

Jabłonski 图，22

"简易"机制能量传递，43
机理探针，256
基础组，19
基元过程，90，167
基质，120
基质隔离，120
基质光化学，319
激发能，269，276，344，356
激发态氧，342
激光打印机，401
激基缔合物，56
激基复合物，57，115，168，231，233，242，253，270，296，359，376
激子，383，396，399
激子跳跃能量传递，50
激子相互作用，56
级联反应，336
即时荧光，58
集成电路，319
己胺，263
己内酰胺，354
加色，11
甲苯，216
甲基丙烯酸酯，391
甲基环己烯，230
甲基紫精，403
甲氧基苄基乙酸酯，301
价带，396
间位效应，301
间戊二烯，114
减色，11
简并，17
简并波函数，130
简并轨道微扰，134，136
渐进因子分析，99
键序，131
降冰片二烯，296
降冰片酮，273

降莰烷卤化物，356
交换积分，146，191
交替碳氢化合物（AH），142
胶束，278
接触离子对，168
截止滤色片，67，89
借助振动，38
金刚烷硫酮，344
金属卟啉，342
金属到金属电荷转移，305
金属到配体电荷转移，305
金属酶，385
禁阻跃迁，31
晶体表面，235
腈，335
静电复印，401
静态猝灭，116
镜像关系，38，79
久期方程，19，128，146
久期行列式，19，128，146
聚（苯基乙烯基酮），284
聚苯乙烯，284，330
聚吡咯，337
聚合物，284，337，355
聚合物光降解，281
聚集体，236，279
聚甲基丙烯酸酯，393
聚碳酸酯，313
聚乙烯，284
聚乙烯醇肉桂酸酯，394
决速步，179
绝热反应，63
均一反应，95
菌绿素，308

K

Kasha 规则，35，248，344
Kekulé 双自由基，190，192

Koopmans 定理，142，147
卡宾，211，319
抗生素，366
柯歇斯（Curtius）重排，321
可再生能源，298
克罗内克 δ（Kronecker's δ），19，94
刻蚀，392
库仑积分，128
库仑排斥积分，146
矿化，395
醌，296，298，313，383
扩环，321，322
扩散控制反应，40

L

Landau-Zener 模型，63，204
LASER，28，69，70
LED，338
Lewis 酸催化，213
Lumiketone，245
Lyman-α 发射，326
蓝藻，384
类胡萝卜素，383
类双自由基，190
棱晶烷，250
冷冻-抽真空-解冻方法，75
离去基团，329
离子液，270
离子自由基，231，389
立方烷，239
立体化学，235
立体专一性，232
立体专一性反应，232
连续波激光器，70
联苯基叔丁基酮，276
联乙酰（2,3-丁二酮），53，65，81，266，269
链式反应，262，389
两个芳环的光环加成，258

两性离子，182，246，253，271，371
量的计算，6
量纲，6
量子产率，35，101，210
量子点，71，399
量子计数器，82
量子效率，41
钌（Ⅱ）（邻菲罗啉）二吡啶并吩嗪复合物，340
裂环，375
裂解，242
裂解能，276，305，348，351
邻苯二甲酰亚胺，290
林丹（lindane），354
磷光，25，81，371
磷光光谱校正，82
磷光激发光谱，81
磷光寿命，25
磷光坐标转换为波数，82
硫代苯甲醛，346
硫代二苯酮，345，347
硫代羰基化合物，345
硫化镉，398
硫化锌，398
硫脲，344
硫酮，345
硫杂蒽酮，344，389
六次甲基四胺，326
六氟苯，253
六氯苯，360
六氯环己烷，354
六元体系，387
笼锁化合物，328
笼效应，40，278
笼状化合物，239，259，360
漏斗，63
卤代芳烃，260，358，359
卤代酚，360
卤代联苯，358

卤代烷，356
卤化物，350
卤化银，401
卤素分子，351
露光计，102，103，283，374
绿色光化学，298
绿色植物，384
氯，351
氯苯，261
氯化选择性，352
氯加成，352
螺吡喃，313
螺噁嗪，313
螺烯，217，222
落膜式反应器，76

M

Marcus 反转区，170，172，384
Markovnikov 加成，229，230
Meisenheimer 复合物，261
merrilactone A，275
meta -或 1，3 -光环加成，252，257
Mulliken 符号，135
麦角钙化醇，221
麦角固醇，355
玫瑰醚，355
酶的活性，329
密度泛函理论，125，157
嘧啶，240
面内转换，310
敏化，52，115
模板诱导对映体选择性光反应，218
摩尔吸光系数，96，99
目标因子转换，96，99

N

$N，N$ -二甲基苯胺，335
N_2 光消除，311

NEER 原理，204，213，222
Norrish Ⅱ型反应，161，196，200，281
Norrish Ⅰ型反应，186，197，275
Norrish Ⅰ型反应断裂/环化反应比，283
N -甲基- N -三甲基硅甲苯胺，336
N -甲基苯胺，335
N -溴代琥珀酰亚胺（NBS），353
N -氧化物，324
纳米机器，339
纳米技术，255，313，329，339
纳米加工，392
萘，22，53，81，141，152，154，164，168，207
萘醌，35，266，297
萘醌甲烯，160
内过滤效应，80
内过氧化物，194，363，367，370
内球电子转移，172
内源性光敏剂，368
内酯，302
内转换（IC），24，43
能量传递，43，380
能量传递临界距离，46
能量传递取向因子，47
能隙定律，32
尼龙- 6，355
逆合成光化学，406
逆矩阵，94
逆向电子转移（电子回传，RET），168，172，187，205
黏合剂，393
鸟苷，374
鸟嘌呤，341
柠檬烯，231
牛皮癣，241
扭曲的分子内电荷转移（TICT），174
浓度猝灭，45，116

O

ortho-或1,2-光环加成,252,253
o-硝基苄基,329
o-硝基苄基衍生物,328
偶氮苯,107,185,307,313,315,342
偶氮吡啶,313
偶氮化合物,311,318
偶氮甲烷,308
偶氮双降冰片烷,311
偶氮烷烃,192,307,313
偶极矩,18
偶极矩算符,18

P

para-或1,4-光环加成,250,255
Paternò-Büchi 反应(垂直接近),269
Paternò-Büchi 反应(进攻C原子),270
Paternò-Büchi 反应(进攻O原子),270
Paternò-Büchi 反应(平行接近),219,240,271,272,347
Pauli 原理,14,17,126,138,189
PBDE,359
PCB,359
PCDD,359
PDT,367
Perrin 图,22
pH-速率关系,202
Platt 符号,85
Platt 周边模型,154
PMO 理论,144
Prefulvene,250
P-型延迟荧光,58
攀援山橙碱,256
配体到金属电荷转移(LMCT),305
配体到配体电荷转移(LLCT),305
配位,313
盆苯,250

皮肤,221,366
芘,36,55,56,58,85
疲劳(光致变色),313
啤酒,280
频率梳,71
频哪醇,269,270
平均链长,351
平面分子内电荷转移(PICT),174
葡萄糖醛酸,216

Q

Q-开关激光器,70
期望值,18
奇异矩阵,94
奇异值分解,94
歧化反应,278
气溶胶颗粒,326
起波滤色片,67
潜像,392,401
嵌入剂,341
强度,44
羟基自由基,365,403
亲核加成,228
亲核试剂,262
青蒿素,377
氢醌,330,401
氰钴氨,342
䓛,254
区域控制,235
区域选择性,225
去氢胆固醇,221,222,355
全息,236
醛,265
炔,302
炔胺,200
炔醇,200
炔烃,208,228,232,237
群论,135

R

Rayonet 反应器，67
Rehm-Weller 方程，170
Rydberg 态，211，228
热带，31
"热带"机制，54
热基态反应，120
人工光合作用，385
人为污染物，403
溶剂分离离子对，168
溶解有机物，369
肉桂酸甲酯，254
乳酸，403
锐钛矿，398
瑞利散射，11

S

Schenck 机制，219，376，389
Schönflies 符号，135
SI 基本单位，6
SI 基本量，6
Skell 假设，182
Slater 行列式，127，146
S_N1^*，356，360
S_N1Ar^*，260
S_N2Ar^*，261，334，360
Soret 带，308
$S_{R+N}1Ar^*$，262
$S_{R-N}1Ar^*$，262
Stepurane，224
Stern-Volmer 方程，113
Stern-Volmer 曲线，115，117
Stokes-Einstein 公式，41
Strickler-Berg 关系，28
三（2，2′-联吡啶）钌（Ⅱ）离子，341
三（4-甲基苯基）卟啉，342
三重态，16

三重态-单重态能量传递，50
三重态激基缔合物，57
三重态敏化，115
三重态敏化剂，211
三重态敏化能量传递，53
三重态-三重态能量传递，49，53
三重态-三重态湮灭，36，43，58，88
三氮唑，325
三丁基锡烷，269
三氟甲基磺酸二苯基碘鎓盐，361
三氯溴甲烷，357
三烯，220，221
三元体系，330，386
色彩的感知，10
色调，11
色"三角"，10
杀虫剂，354
山道年，246，302
神经递质，329
神经元，302
生命起源前的化学，240
生物发光，204，205
生物分子，322
矢量，14，94
势能面（PES），13，61，204
视黄醇，215，355
视觉，10，215
视紫红质，215，313
手性晶格，285
手性空间群，285
手性控制，217
手性助剂，285
寿命，26，111
受激发射，27
曙红，58
束缚的烯烃，237
树枝形分子，212
双（三氟甲基）硫代双烯酮，344

双重荧光, 174
双光子激发, 329
双环 [2, 1, 0] 戊烷, 193
双环 [2, 2, 2] 辛-2, 5, 7-三烯, 226
双环 [2, 2, 2] 辛酮, 224
双环 [3, 1, 0] 己酮, 245
双环 [4, 3, 0] 壬-2, 4-二烯, 220
双环氧化物, 375
双能级发光, 36
双烯类捕获剂, 293
双自由基, 65, 115, 188, 225, 226, 232, 241, 242, 250, 271, 279, 281, 287, 293, 296, 302, 319, 346, 349, 364, 370, 377
双自由基定义, 189
双自由基环化反应, 282
水溶液, 235
顺式峰, 156
顺式环蕃, 259
顺式效应, 376
顺旋模式, 219
斯托克斯位移, 25, 38
四 (m-羟基苯基) 卟啉, 368
四 (全氟苯基) 卟啉锌, 308
四苯基卟啉, 366, 372, 374
四苯基卟啉锌, 313
四吡咯, 308
四重态, 188
四氮唑, 325
四环素, 367
四甲基乙烯, 228
速率常数, 110
速甾醇, 214
酸式硝基异构体, 328
算符, 12, 18
隧穿效应, 346
羧酸, 299, 304
羧酸芳基酯, 302

羧酸酯, 300
锁模激光器, 70

T

太阳 UV 辐射, 369
太阳常数, 2
太阳辐射, 3, 67, 240, 337
太阳模拟器, 78
太阳能存储, 3
太阳能转换, 385
酞菁, 401
碳水化合物, 349
碳酸酯, 302
羰基化合物, 265, 268, 271, 286
羰游基自由基, 200
特氟龙卟啉, 342
特征标表, 136
条纹相机, 74, 83
跳跃机制, 175
铁离子, 394
铁氧化还原蛋白, 385
通过键相互作用, 195
通过空间相互作用, 195
同方差, 116
同面接近, 224, 232
同位素效应, 33, 346
铜 (Ⅰ) 催化, 233, 239
酮, 265, 275
酮洛芬, 300
酮烯醇化, 201
桶烯, 226
透过率, 26
图像增强器, 8, 73
涂料, 393
兔子耳朵, 265
脱硅烷基, 336
脱氢苯, 241
脱氢氮杂卓, 322

脱氢蛇麻酸，280
脱羧，291
脱羰，275-277

U

UVA、UVB、UVC 辐射，2
UV 固化，355，393
UV 纳米压印光刻，394
UV 稳定剂，285

V

Vavilov 规则，37，344

W

Woodward-Hoffmann 规则，163，205，219，224，233
外球电子转移，172
烷基胺，334
烷基苯，352
烷基碘化物，356
烷基芳基硫酮，345
烷基酮，282
烷基溴化物，356
烷烃，351
烷氧自由基，269，282
微波放电，367
微扰理论，20，125，132
微扰算符，20
微通道板，74
维生素 A，215，355
维生素 D，214，221
稳态近似，41，110
肟，310，316
无(非)辐射跃迁，23，32
无量纲量，6
五羰基铁，395
五原子规则，244
物理量，6

X

吸光度，26
吸收光谱，208，248，265，307，312，344，350
吸收光谱随溶剂位移，266
吸收率，26
吸收系数（参见摩尔吸收系数），372
烯胺，372
烯丙基迁移，224
烯醇，200，229，245
烯醇化物，262
烯烃，212，228，231，232，271，370，375
烯酮，227，233，360
系间窜越，24，157，233，248，269，282，347，358
细胞凋亡，368
细胞毒性，367
细胞色素 c，383
细胞死亡，240，368
细菌脱镁叶绿素，383
细菌叶绿素，383
酰胺，404
酰基叠氮化物，321
酰基移位，224
酰基自由基，275
相关图，160
相关误差，126，151
相遇复合物，40
香料，355
香茅醇，355
消除，196
硝基苯，307，327
硝基苯乙烯，229
硝基烷烃，327
硝酸氯，365
硝酮，324
小环化合物，280
效率，41，47，91，109，110

协同机制, 225, 232, 370
辛-2-烯, 211
辛硫醇连接体, 339
锌卟啉, 386
新生儿黄疸, 216
信号通道, 323
信号转导级联反应, 215
星际空间, 326
胸腺嘧啶, 240
修饰二氧化钛, 398, 403
溴, 351
溴代乙烯, 357
虚拟轨道, 147
旋转木马, 103
选择规则, 30
雪, 369
血卟啉, 368
血红蛋白, 342
血红素加氧酶, 216

Y

牙科高分子材料, 393
亚胺, 310, 316
亚砜, 349
亚磺酸酯, 349
亚甲蓝, 355, 366, 371, 377
亚硝酸酯, 325
延迟荧光, 58
颜色正交法, 332
眼科透镜, 313
阳离子聚合, 361, 389
阳离子自由基中间体, 262
氧猝灭, 43, 60
氧催化系间窜越（氧催化ISC）, 60, 194
氧分子（氧气）, 2
氧化, 363
氧化氮, 365
氧化过程, 397

氧化还原反应, 397
氧化还原光敏化, 336
氧化还原循环, 330
氧化加成, 305
氧气压力法, 82
氧杂[3, 3, 3]螺桨烷, 275
氧杂吖丙啶, 324
氧杂蒽酮, 53, 58
氧杂二-π-甲烷重排, 227
氧杂环丁烷, 238, 271, 295
氧杂卡宾中间体, 280
叶立德, 182, 318
叶绿素, 308, 355
一级速率方程, 92
一级微扰, 132
一氧化氮, 325
一氧化碳, 304
乙醛, 273
乙炔苯, 254
乙酸-1-萘酯, 303
乙酸苯酯, 303
乙酸乙酯, 301
乙烯基碘化物, 357
乙烯基阳离子, 357
乙酰胺, 327
以波导形式照射, 313
异丙醇钛, 398
异莙荙草酮, 280
异面进攻, 224, 303
异氰酸酯, 321
因子分析, 94, 96
阴离子自由基中间体, 261
银微粒, 401
吲哚, 307
荧光, 25, 79, 249
荧光猝灭, 272
荧光光谱校正, 82
荧光激发光谱, 80

荧光去偏振，45
荧光寿命，82，111
荧光素，39，58
荧光相关光谱，123
荧光坐标转换为波数，83
硬化，355
油墨，392
油漆，392
有机碘(Ⅲ)化合物，361
有机合成，329
有机晶体，235，279
有机晶体光化学，235，285
有机污染物，395
宇称禁阻跃迁，154
预维生素 D，214，221
原卟啉 IX，368
原初光产物，25
原初光化学过程，25
原初同位素效应，180
原始大气，326
原维生素 D，221，355
原子单位，417
原子轨道（AO），12
原子轨道线性组合（LCAO），19，126
圆偏振光，217
跃迁距，30

振子强度，31，78
正方形矩阵，20，94
脂肪醛，273
脂肪酮，269，282
脂肪族砜，348
脂肪族烯烃，210，211，217
脂质体，330
质子泵，384
质子转移，176，391
中压汞灯，67
重原子效应，158，196，212，248，358
周环反应，219
主成分分析，94
助色团，4，210
转置矩阵，94
锥形交叉，63
准量子产率，106，108
紫彬醇，244
紫细菌，383
自猝灭，113
自建模，99
自洽场，146
自行车脚踏板机制，214
自旋-轨道耦合，16，32，157，194
自旋角动量，16
自旋统计因子，42
自旋中心位移，289
自由基反应，318
自由基反应引发剂，318
自由基芳香取代，359
自由基链式机理，351
自由基时钟，257
组合合成，330
最低未占分子轨道（LUMO），138
最高占据分子轨道（HOMO），138
最小运动路径，232，235，279
作用光谱，80

Z

Zimmerman 反应，225
杂化，265
杂环化合物，254
占有数，130
樟脑酮，393
照相，401
照相复制，401
振动弛豫，24，32，42
振动能量再分布（IVR），24，32，63
振动跃迁，23，28，31

其他

α-重氮羰基化合物，319
α-断裂，275
α-二酮，269
α-甲基丙基苯基甲酮，287
α-酮卡宾，360
β-抽氢，287
β，γ-烯酮，227
β-烷氧基酮，288
γ-氨基丁酸，302
γ-氨基丁酸酯，302
γ-抽氢，287
δ-抽氢，288
ε-抽氢，289
σ-迁移光重排，224，245
1，1-二苯乙烯，336
1，2-二酮，245
1，3-二酮，245
1，3-二烯，209
1，3-二氧杂环戊烯，257
1，3-戊二烯，220，376
1，4-二氢萘并二氮杂卓，311
1，4-二氰基苯，261，336
1，4-二氰基萘，382
1，4-萘醌，296
1-氯代金刚烷，352
2，2，4，4-四甲基环丁酮，280
2，2'-偶氮二异丁腈，318
2，3-二丙基萘，242
2，3-二氯丁烷，352
2，5-二甲基苯甲酰甲基，295
2，5-二甲基己三烯，221
2，6-二苯基环己酮，279
2-丙醇（异丙醇），242，269，327
2-丁烯，233，352
2-甲基苯乙酮，302
2-甲基双环［2，2，2］辛烷，288
2-环戊烯酮，252
2-萘酚，178
2-萘甲醛，274
2-烷基苯基酮，292
2-硝基甲苯，328
2-硝基藜芦基团，332
2-溴苯酚，358，360
2-亚硝基苯乙酮，329
3，4-二甲基戊-2-烯，216
$3H$-二氮杂环丙烯，319，322
4-苯基二苯酮，271
4-氯苯胺，261
4-羟基苯甲酰甲基，302
4-硝基苯甲醚，263
9，10-二氰基蒽，336
9，10-菲醌，298
11-顺式-视黄醛，215
Ⅰ型光氧化，364
Ⅰ型光引发剂，389
Ⅱ型光氧化，366
Ⅱ型光引发剂，389